呼伦贝尔草原植物图鉴

辛晓平 陈宝瑞 赵利清 唐华俊 等 著

科学出版社

北京

内 容 简 介

本书是面向草原生态工作者的物种野外鉴定工具书,以科学、准确、直观为主要目标,全面系统地描述了呼伦贝尔草原的植物种类、形态特征和地理分布,收录了呼伦贝尔草原和沙地植物、林地和湿地边缘植物68科343属806种植物。本书参照新版《中国植物志》和《内蒙古植物志》更新了检索表,应用了大量原色照片和鉴别特征图片,图文并茂,便于不同领域研究者更加直观、科学、准确地鉴别物种,是呼伦贝尔开展草原科学研究、生态修复、保护建设和合理利用的重要参考资料。

本书可供从事植物分类、植被生态、草地资源及相关学科的教学、科研、专业技术人员等参考。

图书在版编目(CIP)数据

呼伦贝尔草原植物图鉴 / 辛晓平等著. —北京:科学出版社,2019.11
ISBN 978-7-03-062256-3

Ⅰ. ①呼… Ⅱ. ①辛… Ⅲ. ①草原–植物–呼伦贝尔市 – 图集
Ⅳ. ①Q948.526.3-64

中国版本图书馆CIP数据核字(2019)第200248号

责任编辑:李秀伟　白　雪／责任校对:郑金红
责任印制:肖　兴／书籍设计:北京美光设计制版有限公司

科学出版社 出版
北京东黄城根北街16号
邮政编码:100717
http://www.sciencep.com

北京汇瑞嘉合文化发展有限公司 印刷
科学出版社发行　各地新华书店经销

*

2019年11月第 一 版　开本:889×1194 1/16
2019年11月第一次印刷　印张:54 1/2
字数:1 760 000

定价:820.00元

(如有印装质量问题,我社负责调换)

序 一

呼伦贝尔草原是我国目前原生植被保存较好的草原生态系统类型，其中分布在大兴安岭西麓与呼伦贝尔高原交汇处的近两万平方公里草甸草原，是欧亚大陆东端草甸草原的核心区域，也是中国草原植物物种多样性最丰富、最具特色的区域。呼伦贝尔草原生态系统的地貌可分为两个部分：一是呼伦贝尔高平原，即广阔的蒙古高原的东北边缘部分，在地质构造上属于内陆华夏系沉降带；另一是大兴安岭西北麓低山丘陵区，地质构造属于大兴安岭新华夏系隆起带的西北边缘部分。呼伦贝尔草原地貌、植被及植物区系是经历了漫长的地质演化、气候变迁和生物发展逐渐形成的。

植被发育历程：呼伦贝尔草原和整个欧亚大陆草原一样，经历了草原化、荒漠化、草原化的过程。第三纪渐新世以来，由于陆地抬升、特提斯海退出，季风环流取代了行星风系环流，干旱化程度增强，气温趋于下降，整个内蒙古地区经历了以草原化过程为主的时期，植被由针叶林及夏绿阔叶林向疏林草原与草原演变。第四纪以来，东亚季风环流进一步强化，对第四纪冰期产生深刻影响，草原植被进入了以荒漠化为总趋势的环境演变时期。全新世以来，随着冰期结束、气温转暖、降水增多，禾本科植物逐渐成为我国北方植被的主要组成成分，现代欧亚草原景观基本形成。

区系起源方面：呼伦贝尔草原地处欧亚草原区、欧亚针叶林区和东亚夏绿阔叶林区的交界处，具有复杂多样的植物区系组成：达乌尔—蒙古成分是构成呼伦贝尔草原的基本成分，而草甸和沼泽植被主要是由泛北极成分、古北极成分和东古北极成分构成，东西伯利亚成分和东亚成分是构成森林和灌丛植被的基本成分。但是，与其他欧亚草原区域相比，呼伦贝尔草原较少受到特提斯海退和荒漠化过程影响，干旱的古地中海成分在呼伦贝尔草原区极为少见；湿润的东亚成分经由大兴安岭生物通道进入呼伦贝尔高原，大大丰富了呼伦贝尔草原的植物区系组成和生物多样性。

植物分类是植被和生态系统研究的前提和基础，越是在植物多样性丰富的地区，植物分类难度越大，越需要科学准确的工具书。长期以来，欧美各国、日本及我国学者陆续对呼伦贝尔植物及其区系起源开展了大量调查研究，出版了《"北蒙古"植物区系资料》（1902）、《"满蒙"植物目录》（1925）、《海拉尔附近的植物相》（1937）、《博克图附近的植物相》（1937）、《内蒙古植物志》（1985、1998）等相关著作，为内蒙古植物分类打下良好基础。

认识自然是一个没有尽头的探索过程，植物分类研究也需要与时俱进，需要通过对现代植被的调查研究，不断更新、修正和完善我们对草原植物和植被的认识。但遗憾的是，由于植物分类属于基础性工作，看似平淡无奇、缺乏实用价值，在科研评估中难有抢眼的亮点，很难得到科学基金支撑，中国原有的一支堪称世界一流的植物分类劲旅，经过近30年的逐渐磨蚀，老人"凋谢"，青壮年少有问津，使植物分类学出现了人才断层。我曾多次呼吁社会有识之士对"命悬一线"的植物分类学伸出援手，但收效甚微。目前我国已进入后工业化时代，面临生态文明建设的重大任务，植物分类这一基础学科研究亟待加强。

《呼伦贝尔草原植物图鉴》具有振衰发微的时代效应，更有其突出的地域性特色。本书在编写过程中发现1个新种，2个中国新分布记录种，21个呼伦贝尔市新分布记录种，完善了植物分类分布知识；参照新版《中国植物志》和《内蒙古植物志》更新了检索表，可以更加科学准确地鉴别物种；应用了大量原色照片和鉴别特征图片，便于不同领域研究者更加直观地识别物种，图文并茂，是识别草原植物工具书之上品，为深入认识呼伦贝尔草原、保护和建设草原生态文明提供了基础资料。

中国农业科学院呼伦贝尔草原生态系统国家野外科学观测研究站研究人员不畏艰难、不怕寂寞、不计个人利害，将两代人十余年坚持不懈所获成果凝聚为《呼伦贝尔草原植物图鉴》专著。这种心怀家国、忠诚于科学的态度难能可贵。该书的撰写和出版无异于草业学界植物分类领域的一声报晓鸡啼。我衷心高兴，热烈祝贺！

序于涵虚草舍

2019年中秋

序 二

呼伦贝尔草原位于内蒙古草原的最北部，是中国北方最优美富饶的草原区域。其东侧与大兴安岭森林区相毗连，西边与蒙古国东部草原和俄罗斯外贝加尔草原相邻接，成为亚洲中部蒙古高原草原区东翼的重要组成部分。呼伦贝尔草原占有独特的地理环境和生态条件，位于 47º39'～50º20'N、115º31'～120º34'E。行政区划包括海拉尔区、满洲里市、陈巴尔虎旗、鄂温克族自治旗、新巴尔虎左旗、新巴尔虎右旗，向北延续到额尔古纳市的南部，总面积近 8.8 万 km^2。

呼伦贝尔草原作为中国北方草原的一部分共同起源于距今约 2500 万年的新生代古近纪的渐新世时期，经历了从以森林为主要景观类型向草原演化的漫长而起伏的历史过程。直到第四纪更新世，形成了以温带半干旱气候区为主的草原景观。在长期的演化过程中，选育了以多年生耐冬寒的旱生化草本植物种类组合，成为草原生态系统的第一性生产者。在向半湿润气候过渡的地带，拥有更丰富的植物种类多样性，构成了草甸草原和森林草原景观，这是呼伦贝尔草原演化的重要特征。

呼伦贝尔草原的地貌与大地构造正处于大兴安岭隆起带和呼伦贝尔沉降带的主轴交错区，是我国东北部的新华夏构造体系的一部分。在呼伦贝尔草原东部构成一系列轴向褶皱的背斜与向斜构造，成为条状复合分布的低山丘陵地貌，包括侵蚀低山丘陵和熔岩低山丘陵，海拔 800～1000m。这是形成森林草原景观和发育草甸草原的地质地貌条件。由此往西，进入呼伦贝尔高平原区，海拔 600～750m，最西部是新巴尔虎右旗的克鲁伦河下游地区，是以呼伦湖、贝尔湖及乌尔逊河为中心的高平原区，海拔 550～650m，是广阔的典型草原地带。

在呼伦贝尔草原中部与南部，有三条沿着北西西—南东东方向呈条带状分布的风积沙地，即海拉尔沙地、阿木古郎沙地和红花尔基沙地。这是更新世以来，西风侵蚀堆积作用形成的地貌类型，并培育了适应风沙土的许多沙生灌木和草本植物种类。景观生态地带和沙地的居间分布，构成了呼伦贝尔草原地区景观多样性和生态交替性的地理格局。

发源于大兴安岭的一系列河流，如海拉尔河、莫尔格勒河、根河、激流河等，沿着向西的流向，汇入呼伦贝尔草原西北界的额尔古纳河。此外，源于贝尔湖的乌尔逊河及发源于境外的克鲁伦河流入呼伦湖之后也汇入额尔古纳河。沿着这些河流形成宽阔的冲积平原。河床沿岸的河漫滩是形成多种草甸与沼泽植被的良好生境。呼伦贝尔草原的河流与湖泊构成了水量丰富的外流水系，这是内蒙古草原地区之内最优越的草原水系，可给呼伦贝尔草原提供丰富的水资源和良好的水环境。

呼伦贝尔草原是远离海洋的内陆高原地区的一部分，位于我国北方的中温带最北部，靠近大兴安岭北部的寒温带，属于温带大陆性季风气候。在东亚季风环流系统中，主要受蒙古高压控制，是年总热量很低的地区。气候的主要特点是：四季分明、夏季短暂、冬季严寒、干旱多风、日照充足。呼伦贝尔草原气候条件的年际波动性和季节差异是十分显著的，这是草原生态系统生产力和植被的物种组成发生变化的主要因素。

  复杂的地貌、多样的生境兼以水系纵横切割，形成了呼伦贝尔草原丰富的景观多样性，适应于不同的气候环境，形成了丰富的植被生态类型和草原植物群落类型。呼伦贝尔草原东部的森林草原地带内，丘陵低山地区有零散分布的兴安落叶松林和白桦林，反映出草原与森林交错的生态特征；山地、沙地和湿地分布的灌丛植被，既丰富了呼伦贝尔草原区的生物多样性，也增强了生态系统的环境稳定性与生产功能；呼伦贝尔河流沿岸宽阔的河漫滩地，草甸草原带的低山丘陵谷地，孕育了呼伦贝尔草原植物种类最丰富的草甸与沼泽植被，也是生产力最高的草地生态系统；呼伦贝尔高原占据显域地境的地带性植被，构成了景观与生态多样性的主体。因气候条件的地带差异，在高平原中东部分布着草甸草原群落，高原西部属于典型草原群落类型。

  呼伦贝尔草原区的植物群落多样性是构成该区景观生态结构和功能的主要内涵，然而植物群落多样性是由植物种类多样性所决定的。《呼伦贝尔草原植物图鉴》经过全面调查采集和拍摄，共获得维管植物 806 种。其中，蕨类植物 5 种，裸子植物 3 种，双子叶植物 634 种，单子叶植物 164 种，分属 68 科 343 属，表明呼伦贝尔草原的植物种类多样性是我国北方草原最丰富的地区之一。

刘钟龄

2019 年 7 月

序 三

呼伦贝尔是湖的名称，这里有内蒙古最大的湖泊。呼伦贝尔最有名气的是大草原，除了地带性分布的草原和森林，还有隐域分布的湿地和沙地，各生态类型在内蒙古甚至在中国北部都是上佳的。最难得的是呼伦贝尔地处欧亚草原区、欧洲—西伯利亚针叶林区、东南亚阔叶林区三大植被区的交汇处：欧亚草原区东西两端最湿润，西部的欧洲部分大都被开垦，如匈牙利、罗马尼亚、乌克兰，最东部的呼伦贝尔草原基本保持天然状态；大兴安岭北部森林是欧洲—西伯利亚针叶林区蛇状南伸部分；大兴安岭东南麓大面积天然阔叶林是物种最丰富的地区。在地质历史时期，大兴安岭是西伯利亚与东亚生物交流传输的通道。在冰期，来自欧亚、西伯利亚及北极的植物顺大兴安岭和草原南下东移，间冰期又通过大兴安岭北上，造就了丰饶的生物乐园和基因宝库，呼伦贝尔也成为多个文明的诞生地、孕育所和成长壮大的基地。

从植物区系看，呼伦贝尔有较为丰富的东亚区系成分，包括中国东北、华北种；广布温带成分如泛北极种、古北极种和东北北极种是湿地的主要成分；达乌里—蒙古、亚洲中部种等是草原的主要建造者；还有主要组成水生植被和田间杂草的世界广布种。最有特色、我国内地非常稀少的，是来自欧洲—西伯利亚和北极的植物，包括欧洲—西伯利亚、西伯利亚、东西伯利亚、环北极、北极高山种100多种，集中分布于大兴安岭泰加林，这里往往是其分布的南界。呼伦贝尔虽然缺少古老和特有成分，但由于汇集了来自各地植物区系的精华，是内蒙古列入自治区重点保护植物种类最多的盟市。

呼伦贝尔大部分地区为半干旱区，又受西伯利亚寒流的影响，是我国纬度最高、最寒冷的地区，很多人将我国草原与同为温带草原的美国草原相比，认为二者相差不多。美国草原划分为高草普列利、混合普列利和矮草普列利。我国草原划分为草甸草原、典型草原和荒漠草原。美国的高草普列利大部分已被开垦成为美国农牧重点生长基地，我国草甸草原甚至典型草原也效仿美国，在过去几十年被大面积开垦。实际上中美草原有很大区别，美国高草普列利年均降雨量600～1000mm，折合成我国亩产干草329～987斤，牧草以C4植物为主。我国草甸草原主要在呼伦贝尔和锡林郭勒（东部），年均降雨量350～400（500）mm，平均亩产干草277斤（现在不到原来的一半），以C3植物为主。已开垦的南美潘帕斯草原年均降雨量800～1200mm，苏联欧洲北方草原每平方米80种维管植物，欧美草原的水热条件明显优于我国。由于掠夺式开发引起的严重沙尘暴，罗斯福总统曾说"我们让大草原干了它不该做的事情"。近20年，我国对草原水土涵养、防风固沙等生态功能的认识逐步深入，呼伦贝尔草原生态保护也成为热点话题。

认识植物是草原生态保护的基础，保护草原、森林，要从一棵棵小草、一个个小生命开始，首先要了解它们，才能更好地保护和利用它们。《呼伦贝尔草原植物图鉴》从空间上覆盖了大兴安岭西麓及呼伦贝尔高原的草原、草甸、沙地、湿地边缘和林缘草地等多种植被；时间上覆盖了降雨丰富的 2013～2014 年和极为干旱的 2015～2017 年，本书在编写过程中发现 1 个新种，2 个中国新分布记录种，21 个呼伦贝尔市新分布记录种，完善了呼伦贝尔植物生态学基础知识，为认识呼伦贝尔草原、开展生态保护建设和学术研究准备了科学、准确、直观的分类工具。

刘书润

2019 年 8 月

前 言

呼伦贝尔草原是我国北方草原最有代表性的地区，地处东部季风区与西北干旱区的交汇处，同时受到东北—西南走向的大兴安岭影响，造就了复杂多变的气候条件和复杂的地形条件；兼以额尔古纳河水系对地形纵横切割，形成多样的景观生态类型，孕育了丰富的植物区系。在大兴安岭西侧草原植被沿经向分布更替，而岭东植被垂直分布明显。从宏观生态地理格局看，呼伦贝尔草原是东北地区生态安全体系的重要组成部分，地理位置正处在冬季风由西伯利亚入侵我国东北地区的大通道上，与大兴安岭森林相匹配共同构成了我国东北地区西侧一道强大的生态防护带，大大减缓了西北寒流与严酷气候的侵袭，关系着东北地区的整体生态安全。从宏观生产格局看，呼伦贝尔草原是我国北方草原畜牧业最具代表性的地区，由于突出的草地资源优势和优秀的环境，其家畜品种和乳、肉、毛、皮等产品都占有重要地位，对于开创现代草原畜牧业发展道路、建设"山水林田湖草"生命共同体具有重要意义。

植物分类学是草原生态学野外研究的基础，但大部分研究人员对呼伦贝尔草原植物分类并不熟悉。自 2005 年呼伦贝尔草原生态系统国家野外科学观测研究站成为国家站，每年有大批科学家依托台站开展草原生态学研究。由于呼伦贝尔站本身有大量的观测工作要开展，能够派出的植物分类技术人员捉襟见肘。植物分类可借鉴的著述主要有《内蒙古植物志》《东北草本植物志》《东北草本植物检索表》《呼伦贝尔植物检索表》。《内蒙古植物志》共收录野生植物 2167 种，《东北草本植物志》《东北草本植物检索表》共收录草本植物 3103 种，在指导呼伦贝尔草原野外工作中针对性不够强，检索困难；《呼伦贝尔植物检索表》共收录呼伦贝尔野生植物 1354 种，但物种描述相对简单，非植物专业研究者难以准确定种。鉴于上述原因，2007 年我们开始筹划《呼伦贝尔草原植物图鉴》，根据草原生态学野外工作需要，为来呼伦贝尔从事草原研究的专家学者提供科学、准确、直观的分类学参考工具。本书从计划到出版经历了 12 年时间：

2007～2008 年，整理历史文献资料、确定植物名录。本书收录的物种范围包括草原、草甸、沙地草原变型、湿地边缘和林缘草地的植物物种。

2008～2012 年生长季，野外考察，采集植物照片和标本，鉴定物种。实物照片是帮助野外定种的主要依据，野外照片采集包括植物全株、主要器官及鉴定特征微距照片，细微结构可部分采用手工绘图。

2013～2015 年，梳理植物名录和照片，进行部分植物标本和照片补采。

2016～2018 年，编制检索表，撰写物种描述文字，植物照片查缺补漏。

2019 年，定稿出版。

本书定位是面向草原生态工作者的物种野外鉴定工具书，以科学、准确、直观为主要目标，包括植物检索表和植物图鉴正文两部分。本书所收录物种及采用图片经历了几番讨论修改，目前共收录呼伦贝尔草原和沙地植物、林地和湿地边缘植物共68科343属806种，菊科、禾本科、豆科物种数量占前三甲，分别为135种、81种、70种，之后依次是蔷薇科、石竹科、藜科、毛茛科、十字花科、玄参科，其中包括新种1种[呼伦白头翁 *Pulsatilla hulunensis* (L. Q. Zhao) L. Q. Zhao et Y. Z. Zhao]，中国新记录种2种[平卧棘豆 *Oxrytropis prostrate* (Pall.) DC 和丛棘豆 *Oxrytropis caespitosa* (Pall.) Pers]，呼伦贝尔新记录种21种。本书共采用彩色照片2648幅，其中2500余幅是在呼伦贝尔草原采集的实物照片，11幅来自中国数字植物标本馆，其余照片由赵利清老师提供；共采用细微结构手绘图17幅。本书科属顺序，蕨类植物采用秦仁昌系统（1978），裸子植物采用郑万钧系统（1978），被子植物采用恩格勒系统（1936）。

本书策划阶段，在刘钟龄先生指导下系统梳理了呼伦贝尔草原植物学考察和研究历程，包括19世纪后半叶以来日、美和欧洲各国及我国学者陆续对呼伦贝尔植物及其区系起源开展的调查研究。例如，1899年俄国植物学家帕里滨基于呼伦贝尔草原及大兴安岭的考察，采集植物标本2000多份，结合了前期俄国人在中国采集的标本资料，1902年起发表了《"北蒙古"植物区系资料》；1905年以来，日本人到中国东北地区和内蒙古东部采集了大量植物标本，由东京帝国大学矢部吉祯整理出版了《"南满"植物名录》（1912），三浦密城发表了《"满蒙"植物目录》（1925）、《"满洲"植物志第2辑、第3辑禾本科、豆科》，佐藤润平发表了《"满蒙"植物写真辑》（1934），北川政夫发表了《海拉尔附近的植物相》（1937）、《博克图附近的植物相》（1937）、《"满洲"植物考》（1939）等；20世纪50年代，内蒙古自治区人民政府及有关部门基于前人的工作，开展了全面的植被考察研究，采集植物标本10 000余份，初步查清了内蒙古植物约2000种，编纂了《内蒙古植物志》等一系列参考资料。《内蒙古植物志》及《中国植物志》是本书最主要的参考资料。

本书在学习和梳理前人研究的基础上，依托呼伦贝尔草原生态系统国家野外站，开展了近十年草原植物采集和标本鉴定工作，积累了大量原色照片，基于此，比较全面系统地描述了呼伦贝尔草原的植物种类、形态特征和地理分布，是呼伦贝尔开展草原科学研究、生态修复、保护建设和合理利用的重要参考资料。

本书除呼伦贝尔站全体工作人员，还邀请了内蒙古及呼伦贝尔草原生态和植物分类专家参加，主要分工及负责人如下：

总体策划：唐华俊、辛晓平

技术顾问：刘钟龄、刘书润、蒋景纯

野外考察：辛晓平、陈宝瑞、赵利清，呼伦贝尔站其他工作人员

标本鉴定：赵利清、黄学文

标本制作：黄学文

手绘图：田新智

检索表编制：赵利清

物种描述：陈宝瑞、赵利清，呼伦贝尔站其他工作人员

统稿修改：陈宝瑞、辛晓平

定稿出版：辛晓平、陈宝瑞

这项工作历时12年终于完稿，令人十分感慨。第一，呼伦贝尔站的工作需求是我们编写《呼伦贝尔草原植物图鉴》的初衷，反过来，伴随着这本书的进展，呼伦贝尔站也逐渐成长、迈向成熟，培养出了一批植物分类方面有造诣的学者和技术人员；第二，因为种种原因，本书编写中存在拖沓和暂停，但是我们从未想过放弃，甚至也正因为前后经历了足够长的时间，才会遇到2013年、2014年两个连续丰雨年份，我们才会于2014年在草甸草原采集到了绥草、扁蕾、瘤毛獐牙菜等物种，让我们见识到大自然的神奇和潜力。

此外，我们要特别感谢三位老一辈专家——刘钟龄、刘书润、蒋景纯，他们不但全程参与了本书总体策划、名录确定、书稿统稿的多次会议讨论，刘书润和蒋景纯先生还分别参加了一年和三年野外考察，刘钟龄先生以80岁高龄多次到呼伦贝尔进行指导。他们在学术上的严谨、对草原研究的赤子之心，也是我们学习的榜样。感谢任继周、刘钟龄、刘书润先生为本书作序。任继周先生对本书的高度评价，以及他对草原基础性工作的殷切期望，对我们是鼓励、是鞭策，更是踏实为学的动力；刘钟龄、刘书润两位先生分别从生态地理、区系起源角度阐释了呼伦贝尔植物的起源和特征，拓展了本书的深度和科学意义。

同时，我们要特别感谢呼伦贝尔国家野外站运行经费（农业农村部）、国家野外台站网络运行补助奖励经费（科技部）、国家牧草产业技术体系项目专项经费（CARS-34）的支持，使得这项工作可以最终完成；感谢国家重点研发计划项目"北方草甸退化草地治理技术与示范（2016YFC0500600）"、中美政府间合作项目"草地碳收支监测评估技术合作研究（2017YFE0104500）"在后期给予的经费支持。

植物分类学的研究是没有止境的，本书出版只是对呼伦贝尔国家野外站近十年植物分类工作的一个总结，兼以水平所限，难免有疏漏之处，敬请批评指正。

辛晓平

2019年8月

目 录

序 一
序 二
序 三
前 言

卷柏科	Selaginellaceae	6
木贼科	Equisetaceae	7
中国蕨科	Sinopteridaceae	8
岩蕨科	Woodsiaceae	9
麻黄科	Ephedraceae	10
杨柳科	Salicaceae	13
榆科	Ulmaceae	15
桑科	Moraceae	18
荨麻科	Urticaceae	19
檀香科	Santalaceae	23
蓼科	Polygonaceae	28
藜科	Chenopodiaceae	51
苋科	Amaranthaceae	84
马齿苋科	Portulaceae	87
石竹科	Caryophyllaceae	88
毛茛科	Ranunculaceae	117
芍药科	Paeoniaceae	152
防己科	Menispermaceae	153
罂粟科	Papaveraceae	154
十字花科	Cruciferae	159
景天科	Crassulaceae	190
虎耳草科	Saxifragaceae	197
蔷薇科	Rosaceae	201
豆科	Leguminosae	244
牻牛儿苗科	Geraniaceae	316

亚麻科	Linaceae	325
蒺藜科	Zygophyllaceae	327
芸香科	Rutaceae	330
远志科	Polygalaceae	332
大戟科	Euphorbiaceae	334
锦葵科	Malvaceae	339
金丝桃科	Hypericaceae	342
柽柳科	Tamaricaceae	344
堇菜科	Violaceae	345
瑞香科	Thymelaeaceae	350
千屈菜科	Lythraceae	351
柳叶菜科	Onagraceae	352
伞形科	Umbelliferae	353
报春花科	Primulaceae	375
白花丹科	Plumbaginaceae	385
龙胆科	Gentianaceae	389
萝藦科	Asclepiadaceae	401
旋花科	Convolvulaceae	405
花荵科	Polemoniaceae	413
紫草科	Boraginaceae	414
马鞭草科	Verbenaceae	428
唇形科	Labiatae	429
茄科	Solanaceae	452
玄参科	Scrophulariaceae	456
紫葳科	Bignoniaceae	483
列当科	Orobanchaceae	484
车前科	Plantaginaceae	486
茜草科	Rubiaceae	489
忍冬科	Caprifoliaceae	495

败酱科	Valerianaceae	497
川续断科	Dipsacaceae	501
葫芦科	Cucurbitaceae	504
桔梗科	Campanulaceae	505
菊科	Compositae	516
水麦冬科	Juncaginaceae	655
禾本科	Gramineae	657
莎草科	Cyperaceae	754
天南星科	Araceae	780
鸭跖草科	Commelinaceae	781
灯心草科	Juncaceae	782
百合科	Liliaceae	786
鸢尾科	Iridaceae	814
兰科	Orchidaceae	824

索　引

……827

分科检索表

1 植物无花，无种子，以孢子繁殖 ··· 2
1 植物有花，以种子繁殖 ·· 5
2 叶退化或细小呈鳞片形、钻形或披针形，远不如茎那样发达 ·· 3
2 叶远较茎发达，一型 ·· 4
3 茎为细长圆筒形，直立，中空，有明显的节，单生或在节上有轮生枝；无真正的叶，叶退化成轮生管状而有锯齿的鞘，包围在茎的节上；孢子囊多数，生于盾状鳞片形的孢子叶下面，在枝顶形成单生的孢子叶球 ··· 木贼科 Equisetaceae
3 茎匍匐，有背腹之分，多分枝，无明显的节，具叶；叶二型，通常为鳞片形，扁平，背腹各2列或呈4行排列，或少叶一型，钻形，螺旋状着生，腹叶基部有1小舌状体（叶舌）；孢子囊肾形，单生于枝顶的叶腋，或聚成孢子囊穗；孢子异形 ··· 卷柏科 Selaginellaceae
4 孢子囊通常生于正常叶边缘的小脉顶端，幼时圆形，分离，成熟时往往汇合成条形；囊群盖连续不断或为不同程度的断裂；根状茎和叶柄具鳞片 ··· 中国蕨科 Sinopteridaceae
4 孢子囊群圆形，生于叶背，远离叶边；囊群盖下位，生于孢子囊群托基部，向上包被孢子囊群，球形、钵状、杯状或碟形，有时撕裂成睫毛状；叶柄质脆而易断，通常有关节 ······························· 岩蕨科 Woodsiaceae
5 胚珠外露，不包于子房内；种子外露，不包于果皮内；花具假花被；胚珠顶端具珠被管；叶退化成鳞片状，膜质，对生，稀轮生；灌木或草本状灌木 ·· 麻黄科 Ephedraceae
5 胚珠包于子房内；种子包于果皮内 ·· 6
6 子叶2；花通常4~5基数；叶通常具网状叶脉，稀具平行或弧形叶脉 ······································· 7
6 子叶1；花常3基数；叶通常有平行叶脉 ··· 77
7 无花瓣；花萼有或无，或花萼呈花瓣状 ··· 8
7 花有花萼和花瓣 ··· 23
8 花单性，雌雄花都组成柔荑花序；蒴果；种子被毛 ··· 杨柳科 Salicaceae
8 花单性、两性或杂性，但不形成柔荑花序 ·· 9
9 子房每室含多数胚珠；离生心皮；蓇葖果 ·· 毛茛科 Ranunculaceae
9 子房每室含1至数枚胚珠 ·· 10
10 雄花成球状头状花序，雌花2个同生于具钩刺的总苞中 ·············· 菊科 Compositae（苍耳属 Xanthium）
10 雌雄花非上述情况 ··· 11
11 心皮2至多数，离生；聚合瘦果 ··· 毛茛科 Ranunculaceae
11 心皮单一或数个合生 ··· 12
12 子房下位或半下位；多年生半寄生草本 ·· 檀香科 Santalaceae
12 子房上位 ··· 13
13 具膜质托叶鞘 ··· 蓼科 Polygonaceae
13 无托叶鞘 ··· 14

14 杯状聚伞花序；无花萼；植株具乳汁	**大戟科 Euphorbiaceae（大戟属 Euphorbia）**
14 非杯状聚伞花序；花具花萼	**15**
15 花萼呈花瓣状	**16**
15 花萼不呈花瓣状或无花萼	**18**
16 雄蕊为花萼裂片的 2 倍或同数，但二者合生；花萼筒状	**瑞香科 Thymelaeaceae**
16 雄蕊与花萼裂片同数，二者不合生	**17**
17 花排成头状或紧密穗状；羽状复叶	**蔷薇科 Rosaceae（地榆属 Sanguisorba）**
17 花单生叶腋；单叶	**报春花科 Primulaceae（海乳草属 Glaux）**
18 花柱单一；常有刺毛；陆生植物	**荨麻科 Urticaceae**
18 花柱 2 或更多	**19**
19 掌状复叶或掌状分裂，具掌状脉，有宿存的托叶	**大麻科 Cannabaceae**
19 叶有羽状脉，无托叶或托叶早落	**20**
20 胞果，稀为浆果；无托叶	**21**
20 蒴果、翅果或核果；托叶脱落	**22**
21 花有干膜质苞片	**苋科 Amaranthaceae**
21 花无干膜质苞片	**藜科 Chenopodiaceae**
22 蒴果；花单性	**大戟科 Euphorbiaceae**
22 翅果或核果；花两性；雄蕊 4～8	**榆科 Ulmaceae**
23 花瓣分离	**24**
23 花瓣合生或基部多少合生	**54**
24 雄蕊多数，10 以上，超过花瓣的 2 倍	**25**
24 雄蕊 10 或更少，如多于 10 时则不超过花瓣的 2 倍	**36**
25 子房下位或半下位，陆生植物	**26**
25 子房上位	**27**
26 肉质草本；花萼裂片 2；蒴果盖裂	**马齿苋科 Portulaceae**
26 木本；梨果	**蔷薇科 Rosaceae**
27 周位花；萼片 4～5；花瓣 4～5；雄蕊多数，三者均着生在花托的边缘	**蔷薇科 Rosaceae**
27 下位花	**28**
28 心皮离生	**29**
28 心皮合生	**33**
29 茎缠绕或攀援	**30**
29 茎直立	**31**
30 叶对生；花两性；心皮多数，瘦果	**毛茛科 Ranunculaceae（铁线莲属 Clematis）**
30 叶互生；花单性；心皮 3～6；核果黑紫色	**防己科 Menispermaceae**
31 常有托叶；种子无胚乳；雄蕊轮状排列于花托的边缘	**蔷薇科 Rosaceae**
31 无托叶；种子有胚乳；雄蕊螺旋状排列于花托上	**32**
32 花大型；具花盘	**芍药科 Paeoniaceae**
32 花小型；无花盘	**毛茛科 Ranunculaceae**

33 单体雄蕊；花药1室	锦葵科 Malvaceae
33 非上述情况	34
34 雄蕊花丝合生成3～5束	藤黄科 Clusiaceae
34 雄蕊离生	35
35 植株具乳汁；萼片2；花瓣4	罂粟科 Papaveraceae
35 植株无乳汁；萼片4～5，大小一样；子房3～5室；中轴胎座；浆果状核果或蒴果 …… 蒺藜科 Zygophyllaceae（白刺属 Nitraria 和骆驼蓬属 Peganum）	
36 成熟雄蕊与花瓣同数且对生	37
36 成熟雄蕊与花瓣不同数，或同数与花瓣互生	38
37 心皮5～10，分离；聚合瘦果；草本	蔷薇科 Rosaceae（地蔷薇属 Chamaerhodos）
37 合生心皮；子房1室；萼片2；花瓣4；雄蕊4；花药纵裂；心皮2，合生；草本 …… 罂粟科 Papaveraceae（角茴香属 Hypecoum）	
38 子房下位	39
38 子房上位	41
39 复伞形或伞形花序；双悬果；草本	伞形科 Umbelliferae
39 非伞形或复伞形花序	40
40 陆生草本；萼片2或4；花瓣2或4；雄蕊2或8	柳叶菜科 Onagraceae
40 木本植物；子房1室，含多数胚珠；浆果	虎耳草科 Saxifragaceae（茶藨属 Ribes）
41 叶片上具透明腺点	芸香科 Rutaceae
41 叶片上无透明腺点	42
42 心皮离生；肉质草本	景天科 Crassulaceae
42 心皮单一或数个合生	43
43 心皮1；蝶形花冠，花瓣4～5，花萼4～5，雄蕊（9）+1或8～10分离；荚果	豆科 Leguminosae
43 心皮2或数个合生	44
44 花冠"十"字形；雄蕊6，四强雄蕊，稀2～4；角果	十字花科 Cruciferae
44 非上述情况	45
45 子房1室	46
45 子房2至多室	49
46 特立中央胎座或基生胎座	石竹科 Caryophyllaceae
46 侧膜胎座	47
47 花辐射对称；花瓣内侧无鳞片状附属物；种子被毛	柽柳科 Tamaricaceae
47 花两侧对称，有距；种子无毛	48
48 花2基数；雌蕊2心皮合生	罂粟科 Papaveraceae（紫堇属 Corydalis）
48 花5基数；雌蕊3心皮合生	堇菜科 Violaceae
49 花两侧对称；萼片5，雄蕊8	远志科 Polygalaceae
49 花辐射对称；雄蕊与花瓣同数，或为其2倍	50
50 双数羽状复叶；草本	蒺藜科 Zygophyllaceae（蒺藜属 Tribulus）
50 单叶；草本；花药纵裂	51

51	花瓣和雄蕊都着生在花萼管上	千屈菜科 Lythraceae
51	花瓣和雄蕊都着生在花托上，萼片离生	52
52	有假雄蕊或无；蒴果，每室具多数种子	虎耳草科 Saxifragaceae
52	无假雄蕊；蒴果或核果，每室具种子1～2粒	53
53	雄蕊花丝基部合生；花柱分离	亚麻科 Linaceae
53	雄蕊分离；花柱合生	牻牛儿苗科 Geraniaceae
54	雄蕊与花冠裂片同数而对生	55
54	雄蕊与花冠裂片同数而互生，或较花冠裂片少而互生	56
55	花柱1；果实含数个至多数种子	报春花科 Primulaceae
55	花柱5；果实含1粒种子	白花丹科 Plumbaginaceae
56	子房上位	57
56	子房下位	71
57	雌蕊有2子房，2条花柱在顶端合生，柱头1；雄蕊互相连合；花粉粒常连合成花粉块	萝藦科 Asclepiadaceae
57	非上述情况	58
58	子房4深裂；花柱着生在子房基部	59
58	子房不深裂；花柱自子房顶端伸出	60
59	叶对生；花冠两侧对称，唇形	唇形科 Labiatae
59	叶互生；花冠辐射对称	紫草科 Boraginaceae
60	花冠辐射对称，不呈唇形	61
60	花冠两侧对称，常唇形；陆生植物	68
61	雄蕊2；草本	玄参科 Scrophulariaceae
61	雄蕊4～5	62
62	子房1室；侧膜胎座；叶对生；花冠裂片旋转状或复瓦状排列；陆生植物	龙胆科 Gentianaceae
62	子房2至多室	63
63	无叶寄生草质藤本	旋花科 Convolvulaceae（菟丝子属 Cuscuta）
63	自养绿色植物	64
64	雄蕊4；草本；叶基生	车前科 Plantaginaceae
64	雄蕊5	65
65	花冠完整，几无裂片；萼片离生或仅基部合生	旋花科 Convolvulaceae
65	花冠明显具裂片；萼片合生	66
66	子房3室	花荵科 Polemoniaceae
66	子房2室	67
67	子房每室1～2胚珠；核果状	紫草科 Boraginaceae（紫丹属 Tournefortia）
67	子房每室多数胚珠；浆果或蒴果	茄科 Solanaceae
68	寄生草本；叶退化成鳞片状	列当科 Orobanchaceae
68	自养绿色植物	69
69	子房2～4室，每室有1～2胚珠	马鞭草科 Verbenaceae
69	子房每室有几个或多数胚珠	70

70	种子有翅，无胚乳；子房 1 室；侧膜胎座，有时因侧膜胎座深入而为 2 室，呈中央胎座	**紫葳科 Bignoniaceae**
70	种子无翅，有胚乳	**玄参科 Scrophulariaceae**
71	草质藤本，有卷须；瓠果	**葫芦科 Cucurbitaceae**
71	茎直立或藤本，无卷须；非瓠果	72
72	头状花序	73
72	非头状花序	74
73	雄蕊花药合生，花丝分离，为聚药雄蕊	**菊科 Compositae**
73	雄蕊离生	**川续断科 Dipsacaceae**
74	雄蕊较花冠裂片少；子房 3 或 4 室，仅其中 1 或 2 时可成熟；陆生草本	**败酱科 Valerianaceae**
74	雄蕊与花冠裂片同数或为其 2 倍	75
75	具托叶，叶轮生或对生；草质藤本	**茜草科 Rubiaceae**
75	无托叶；雄蕊与花冠裂片同数；花药 2 室	76
76	木本；无乳汁或液汁	**忍冬科 Caprifoliaceae**
76	草本；有乳汁或液汁	**桔梗科 Campanulaceae**
77	无花被；花包藏在颖片（壳状鳞片）中，由 1 至多数花形成小穗	78
77	有花被；心皮合生	79
78	秆多少呈三棱形，实心；茎生叶成 3 行排列；叶鞘闭合；小坚果	**莎草科 Cyperaceae**
78	秆圆筒形，通常中空；茎生叶成 2 行排列；叶鞘常在一侧开裂；颖果	**禾本科 Gramineae**
79	子房上位	80
79	子房下位	84
80	肉穗花序	**天南星科 Araceae（菖蒲属 Acorus）**
80	非肉穗花序	81
81	花小，花被片绿色，风媒	82
81	花大，花被片有明显的色彩，虫媒	83
82	穗形总状花序；蒴果自宿存的中轴上裂为 3～6 瓣，每果瓣内仅有 1 种子	**水麦冬科 Juncaginaceae**
82	圆锥花序、伞形花序或头状花序；蒴果室背开裂，内有 3 至多数种子	**灯心草科 Juncaceae**
83	花被分为花萼与花冠；叶互生，基部具鞘；顶生或腋生的聚伞花序；雄蕊 6 或 3	**鸭跖草科 Commelinaceae**
83	花被裂片彼此相同；雄蕊 6 或 4，彼此相同；陆生植物	**百合科 Liliaceae**
84	花辐射对称；茎直立；叶具平行叶脉；花大，两性	**鸢尾科 Iridaceae**
84	花两侧对称；雄蕊 1 或 2，常和花柱合生	**兰科 Orchidaceae**

卷柏科 Selaginellaceae

卷柏属 Selaginella Spring

1 茎下部黄褐色；叶条状披针形，背部具深沟，边缘有纤毛状齿，先端具长白刚毛 ………… **1 西伯利亚卷柏 S. sibirica**
1 茎下部鲜红色；叶卵形，背部具龙骨状凸起，边缘具窄的膜质白边，有微锯齿，先端具短突尖 ………………………………………………………………………………… **2 圆枝卷柏 S. sanguinolenta**

西伯利亚卷柏 *Selaginella sibirica* (Milde) Hieron.

蒙名 西伯日—麻特日音—好木苏

形态特征 植株灰绿色。主茎匍匐，分枝短而多数，斜升，随处生有根托。叶密生，覆瓦状排列，条状披针形或条状矩圆形，长 2.4～2.5mm，宽 0.4～0.5mm，背部具深沟，边缘有纤毛状齿，顶端具白色长刚毛。孢子囊穗单生于枝端，四棱形，长 7～15mm，直径 1.5～2mm；孢子叶狭卵状三角形，长 2～2.5mm，宽约 1mm，背部具深沟，边缘有纤毛状齿，先端具白色长刚毛。大孢子囊位于孢子囊穗下部，小孢子囊位于上部。

生境 多年生中生草本。生于山顶岩石阴面，山坡岩面。

产牙克石市、额尔古纳市、鄂伦春自治旗。

圆枝卷柏
Selaginella sanguinolenta (L.) Spring

别名 红枝卷柏

蒙名 乌兰—麻特日音—好木苏

形态特征 植株密生，灰绿色，高 10～25cm。茎细而坚实，圆柱形，斜升，下部少分枝，常为鲜红色，上部密生分枝。叶紧贴于茎上，覆瓦状排列，长卵形，长 1.4～1.6mm，宽 0.6～0.8mm，基部稍下延而抱茎，边缘具狭的膜质白边，有微锯齿，背部龙骨状凸起，先端有钝突尖。孢子囊穗单生于枝顶端，四棱形，长 1～5cm，直径 1～1.5mm；孢子叶卵状三角形，长 1.4～1.5mm，宽 0.7～1mm，

背部龙骨状凸起，边缘干膜质，有微齿，先端急尖。

生境 多年生中生草本。生于阳坡岩石上。

产牙克石市、额尔古纳市、根河市、鄂伦春自治旗。

木贼科 Equisetaceae

木贼属 Equisetum L.

问荆 *Equisetum arvense* L.

别名 土麻黄

蒙名 那日存—额布苏

形态特征 根状茎匍匐，具球茎，向上生出地上茎。茎二型，生殖茎早春生出，淡黄褐色，无叶绿素，不分枝，高 8～25cm，粗 1～3mm，具 10～14 条浅肋棱；叶鞘筒漏斗形，长 5～17mm，叶鞘齿 3～5，棕褐色，质厚，每齿由 2～3 小齿连合而成；孢子叶球有柄，长椭圆形，钝头，长 1.5～3.3cm，粗 5～8mm；孢子叶六角盾形，下生 6～8 个孢子囊。孢子成熟后，生殖茎渐枯萎，营养茎由同一根状茎生出，绿色，高 25～40cm，粗 1.5～3mm，中央腔直径约 1mm，具肋棱 6～12，沿棱具小瘤状凸起，槽内气孔 2 纵列，每列具 2 行气孔；叶鞘筒长 7～8mm，鞘齿条状披针形，黑褐色，具膜质白边，背部具 1 浅沟。分枝轮生，3～4 棱，斜升挺直，常不再分枝。

生境 多年生中生草本。生于森林带和草原带的草地、河边、沙地。

产呼伦贝尔市各旗、市、区。

经济价值 全草入药，能清热、利尿、止血、止咳，主治小便不利、热淋、吐血、衄血、月经过多、咳嗽气喘。全草入蒙药（蒙药名：呼呼格—额布苏），能利尿、止血、化痞，主治尿闭、石淋、尿道烧痛、淋症、水肿、创伤出血。夏季牛和马乐食，干草羊喜食。

中国蕨科 Sinopteridaceae

粉背蕨属 Aleuritopteris Fee

银粉背蕨 *Aleuritopteris argentea* (Gmel.) Fee

别名 五角叶粉背蕨

蒙名 孟棍—奥衣麻

形态特征 植株高 15～25cm。根状茎直立或斜升，被有亮黑色披针形的鳞片，边缘红棕色。叶簇生，厚纸质，上面暗绿色，下面有乳白色或淡黄色粉粒，叶柄长 6～20cm，栗棕色，有光泽，基部疏被鳞片；向上光滑，叶五角形，长 5～6cm，宽约相等，三出，基部有一对羽片最大，无柄，长 2～5cm，宽 2～3.5cm，近三角形，羽状；小羽片 3～5 对，条状披针形或披针形，羽轴下侧的小羽片较上侧的大，基部下侧 1 片特大，长 1～3cm，宽 5～15mm，浅裂，其余向上各片渐小，稍有齿或全缘；羽片近菱形，先端羽裂，渐尖，基部楔形下延有柄或无柄，羽状，羽片条形，基部以狭翅彼此相连，基部一对最大，两侧或仅下侧有几个短裂片，叶脉羽状，侧脉 2 叉，不明显。孢子囊群生于小脉顶端，成熟时汇合成条形，囊群盖条形连续，厚膜质，全缘或略带有细圆齿。孢子圆形，周壁表面具颗粒状纹饰。

生境 多年生旱中生草本。生于石灰岩石缝中。产扎兰屯市、额尔古纳市、鄂伦春自治旗。

经济价值 全草入药，能活血通经、祛湿、止咳，主治月经不调、经闭腹痛、赤白带下、咳嗽、咯血。也入蒙药（蒙药名：吉斯—额布苏），能愈伤、明目、舒筋、调经补身、止咳，主治骨折损伤、月经不调、视力减退、肺结核咳嗽、止血。

岩蕨科 Woodsiaceae

岩蕨属 Woodsia R. Br.

岩蕨 *Woodsia ilvensis* (L.) R. Br.

蒙名 巴日阿格扎—奥衣麻

形态特征 植株高 12～20cm。根状茎短、直立，顶端连同叶柄基部密被褐色卵形及披针形鳞片。叶簇生、纸质，上面密被灰白色节状长柔毛，下面密被淡褐色节状长毛及狭披针形的鳞片；叶柄淡栗色，有光泽，长 5～12cm，中部以上被有与叶轴同样的毛及鳞片，中部以下有 1 关节；叶片矩圆状披针形，长 7～13（17）cm，宽 1.5～3cm，渐尖头，二回羽状深裂；羽片 15～20 对，互生，相距 3～9mm，下部 2～3 对羽片稍缩小，中部羽片长 10～17mm，宽 5～7mm，三角状披针形或矩圆状披针形，先端钝，基部截形，对称，羽状深裂；裂片矩圆形，全缘；叶脉羽状，侧脉单 1，不达叶边。孢子囊群圆形，生于侧脉顶端；囊群盖下位，浅碟形，不规则的 5～6 裂，边缘细裂成淡褐色长毛。孢子周壁具褶皱，形成明显大网状，表面有小刺。

生境 多年生中生草本。生于山坡石缝中。

产牙克石市、额尔古纳市、根河市、鄂温克族自治旗。

麻黄科 Ephedraceae

麻黄属 Ephedra Torun ex L.

1 叶裂片锐三角形，先端急尖；种子 2 粒；草本状灌木 ··· **1 草麻黄 E. sinica**
1 叶裂片钝三角形，先端钝或钝尖；种子 1 粒 ··· **2**
2 矮小垫状小灌木，高 3～10cm；叶鞘长 1～1.5mm ·· **2 单子麻黄 E. monosperma**
2 直立灌木，高可达 1m；叶鞘长 1.8～2mm ·· **3 木贼麻黄 E. equisetina**

草麻黄 *Ephedra sinica* Stapf

别名 麻黄

蒙名 哲格日根讷

形态特征 植株高达 30cm，稀较高。基部多分枝，丛生；木质茎短或成匍匐状，小枝直立或稍弯曲，具细纵槽纹，触之有粗糙感，节间长 2～4（5.5）cm，直径 1～1.5（2）mm。叶 2 裂，鞘占全长的 1/3～2/3，裂片锐三角形，长 0.5（0.7）mm，先端急尖，上部膜质薄，围绕基部的变厚，几全为褐色，其余略为白色。雄球花为复穗状，长约 14mm，具总梗，梗长 2.5mm，苞片长为 4 对，淡黄绿色，雄蕊 7～8（10），花丝合生或顶端稍分离；雌球花单生，顶生于当年生枝，腋生于老枝，具短梗，长 1～1.5mm，幼花卵圆形或矩圆状卵圆形，苞片 4 对，下面或中间的苞片卵形，先端锐尖或近锐尖，下面的苞片长 1～2mm，基部合生，中间的苞片较宽，合生部分占 1/4～1/3，边缘膜质，其余为暗黄绿色，最上一对合生部分长达 1/2 以上；雄花 2，珠被管长 1～1.5mm，直立或顶端稍弯曲，管口裂缝窄长，占全长的 1/4～1/2，常疏被毛；雄球花成熟时苞片肉质，红色，矩圆状卵形或近圆球形，长 6～8mm，直径长 5～6mm。种子通常 2 粒，包于红色肉质苞片内，不外露或与苞片等长，长卵形，长约 6mm，直径约 3mm，深褐色，一侧扁平或凹，一侧凸起，具 2 条槽纹，较光滑。花期 5～6 月，种子 8～9 月成熟。

生境 旱生草本状灌木。生于丘陵坡地、平原、沙地，为石质和沙质草原的伴生种，局部地段可形成群聚。

产满洲里市、牧业四旗（鄂温克族自治旗、陈巴尔虎旗、新巴尔虎左旗、新巴尔虎右旗）。

经济价值 茎入药（药材名：麻黄），能发汗、散寒、平喘、利尿，主治风寒感冒、喘咳、支气管炎、水肿。根入药（药材名：麻黄根），能止汗，主治自汗、盗汗。茎也入蒙药（蒙药名：哲日根），能发汗、清肝、化痞、消肿、治伤、止血，主治黄疸性肝炎、创伤出血、子宫出血、吐血、便血、咯血、劳热、内伤。在冬季羊和骆驼乐食其干草。

单子麻黄 *Ephedra monosperma* Gmel. ex C. A. Mey.

别名 小麻黄

蒙名 雅曼—哲格日根讷

形态特征 植株高3～10cm。木质茎短小，埋于地下，长而多节，弯曲并有节结状凸起，有节部生根，地上部枝丛生；绿色小枝较开展，常弯曲，具细纵槽纹，光滑，节间短，长0.8～2cm，直径0.8～1mm。叶2裂，裂片短三角形，长0.5mm，先端急尖或钝尖，膜质鞘长1～1.5mm，上部膜质，围绕基部的显著变厚，呈褐色环，其余为白色。雄球花多呈复穗状，单生枝顶或对生于节上，长3～4mm，直径2～4mm，苞片3～4对，近圆形，带绿色，两侧具较宽的膜质边缘，合生部分近1/2，雄蕊7～8，花丝完全合生；雌球花单生枝顶，对生于节上，具短而弯曲的梗，梗长0.9mm，苞片3对，下面的一对基部合生，宽卵圆形，具膜质缘，最上一对苞片圆形，约1/2合生，雌花通常1，稀2，珠被管多为长而弯曲，稀较短直。雌球花成熟时苞片肉质，红色稍带白粉，卵圆形或矩圆状卵形，长约6mm，直径3～4mm。种子1粒，外露，三角状矩圆形，长约5mm，直径约3mm，棕褐色，具不等长纵纹。花期6月，种子8月成熟。

生境 旱生矮小草本状灌木。喜生于森林草原和草原带的石质山坡或山顶石缝，也见于荒漠区山地草原带的干燥山坡。

产牙克石市、额尔古纳市、新巴尔虎右旗。

经济价值 在冬季羊和骆驼均乐食其干枝叶。

木贼麻黄 *Ephedra equisetina* Bunge

别名 山麻黄

蒙名 哈日—哲格日根讷

形态特征 植株高达1m。木质茎粗长,直立或部分呈匍匐状,灰褐色,茎皮呈不规则纵裂,中部茎枝直径2.5～4mm;小枝细,直径约1mm,直立,具不甚明显的纵槽纹,稍被白粉,光滑,节间长1.5～3cm。叶2裂,裂片短三角形,长0.5mm,先端钝或稍尖,鞘长1.8～2mm。雄球花穗状,1～3(4)集生于节上,近无梗,卵圆形,长2.5～4mm,宽2～2.5mm,苞片3～4对,基部约1/3合生,雄蕊6～8,花丝合生,稍露出;雌球花常2朵对生于节上,长卵圆形,苞片3对,最下一对卵状菱形,先端钝,中间一对为长卵形,最上一对为椭圆形,近1/3或稍高处合生,先端稍尖,边缘膜质,其余为淡褐色,雌花1～2,珠被管长1.5～2mm,直立,稍弯曲。雌球花成熟时苞片肉质,红色,长约8mm,直径约5mm,近无梗。种子常为1粒,棕褐色,长卵状矩圆形,长6mm,直径约3mm,顶部压扁似鸭嘴状,两面凸起,基部具4槽纹。花期5～6月,种子8～9月成熟。

生境 旱生直立灌木。生于干旱与半干旱地区的山顶、山谷、沙地及石砾上。

产新巴尔虎右旗。

经济价值 茎入药,也入蒙药(蒙药名:哈日—哲日根),功能主治同草麻黄;全株可作固沙造林的灌木树种。

杨柳科 Salicaceae

柳属 Salix L.

1 树皮和老枝黄白色，有光泽；叶两面光滑无毛，边缘具细密腺齿；雄花具雄蕊2，分离；子房疏被柔毛 ··· **1 黄柳 S. gordejevii**
1 树皮非黄白色，不具光泽；幼叶两面被绢毛，后渐脱落，叶全缘或具不明显的腺齿；雄花具雄蕊2，完全合生；子房无毛 ··· **2 小穗柳 S. microstachya**

黄柳 *Salix gordejevii* Y. L. Chang et Skv.

蒙名 协日—巴日嘎苏

形态特征 植株高1～2m。树皮淡黄白色，不裂。一年生枝黄色，有光泽，当年幼枝黄褐色，细长，无毛；芽长圆形，无毛或微被毛。叶狭条形，长3～8cm，宽3～5mm，先端渐尖，基部楔形，边缘具细密腺齿（叶幼时腺齿不明显），上面深绿色，下面苍白色，两面光滑无毛；托叶条形，长3～5mm，边缘腺点，脱落；叶柄长2～5mm。花序先叶开放，矩圆形，长1.5～2.5cm，无总梗；苞片倒卵形或卵形，长1.5～2mm，具柔毛，先端黑褐色；腺体1，腹生；雄花具雄蕊2，分离，花丝无毛；子房矩圆形，长2～3mm，疏被柔毛；花柱极短，柱头2裂。蒴果长3～4mm。花期4～5月，果期5～6月。

生境 旱中生灌木。生于森林草原及干草原地带的固定、半固定沙地，为沙地柳灌丛的建群种或优势种。

产海拉尔区、牙克石市、扎兰屯市、新巴尔虎左旗。

经济价值 为森林草原及干草原地带的固沙造林树种，也可作薪炭柴；羊和骆驼乐食其嫩枝与叶。

小穗柳 *Salix microstachya* Turcz. ex Trautv.

蒙名 宝日—巴日嘎苏

形态特征 植株高1～2m，二年生枝黄褐色或淡黄色，当年枝细长，常弯曲或下垂，幼时被绢毛，后渐脱落。叶条形或条状披针形，长1.5～4.5cm，宽2～5mm，先端渐尖，基部楔形，边缘全缘或有不明显的疏齿，幼时两面密被绢毛，后渐脱落；叶柄长1～3mm；无托叶。花序与叶同时开放，细圆柱形，长1～2cm，直径3～4mm，具短梗，其上着生小形叶，花序轴具柔毛；苞片淡黄褐色或褐色，倒卵形或卵状椭圆形，先端近于截形，有不规则的齿牙，基部具长柔毛；腺体1，腹生；雄花有2雄蕊，完全合生，花药黄色，球形，花丝光滑无毛；子房卵状圆锥形，无毛；花柱明显，柱头2裂。蒴果长3～4mm，无毛。花期5月，果期6月。

生境 湿中生灌木。生于森林草原带的沙丘间低地及沙区河流两岸，为沙地或河岸柳灌丛的优势种。

产海拉尔区。

经济价值 固沙树种；枝条可供编织；羊和骆驼乐食其嫩枝叶。

榆科 Ulmaceae

榆属 Ulmus L.

1 叶最宽处在中下部或近中部；枝条疏散、开展，无木栓翅 …………………………………………………… **1 榆 U. pumila**
1 叶最宽处多在中部以上；枝条具木栓翅 ………………………………………………………………………… **2**
2 一年生或二年生枝上常有扁平而对生的木栓翅；果被毛 ……………………………… **2 大果榆 U. macrocarpa**
2 小枝周围常有全面膨大而不规则纵裂的木栓翅；果无毛 ……………………… **3 春榆 U. davidiana var. japonica**

榆 *Ulmus pumila* L.

别名 白榆、榆树、家榆

蒙名 海拉苏

形态特征 植株高达25m，胸径1m，在干瘠之地长成灌木状。幼树树皮平滑，灰褐色或浅灰色，大树之皮暗灰色，不规则深纵裂，粗糙。小枝无毛或有毛，淡黄灰色、淡褐灰色或灰色，稀褐黄色或黄色，有散生皮孔，无膨大的木栓层及凸起的木栓翅；冬芽近球形或卵圆形，芽鳞背面无毛，内层芽鳞的边缘具白色长柔毛。叶椭圆状卵形、长卵形、椭圆状披针形或卵状披针形，长2～8cm，宽1.2～3.5cm，先端渐尖或长渐尖，基部偏斜或近对称，一侧楔形至圆，另一侧圆至半心脏形，叶面平滑无毛，叶背幼时有短柔毛，后变无毛或部分脉腋有簇生毛，边缘具重锯齿或单锯齿，侧脉每边9～16条，叶柄长4～10mm，通常仅上面有短柔毛。花先叶开放，在去年生枝的叶腋呈簇生状。翅果近圆形，稀倒卵状圆形，长1.2～2cm，除顶端缺口柱头面被毛外，余处无毛，果核部分位于翅果的中部，上端不接近或接近缺口，成熟前后其色与果翅相同。初淡绿色，后白黄色，宿存花被无毛，4浅裂，裂片边缘有毛，果梗较花被为短，长1～2mm，被（或稀无）短柔毛。花果期3～6月。

生境 旱中生落叶乔木。常见于森林草原及草原地带的山地、沟谷及固定沙地，在干草原和荒漠草原带往往沿着古河道的两岸稀疏生长或在固定沙地形成榆树疏林，形成特殊的稀树景观。

产呼伦贝尔市各旗、市、区。

经济价值 边材窄，淡黄褐色，心材暗灰褐色，纹理直，结构略粗，坚实耐用。供家具、车辆、农具、器具、桥梁、建筑等用。树皮肉含淀粉及黏性物，磨成粉称榆皮面。掺和面粉中可食用，并为作醋原料；枝皮纤维坚韧，可代麻制绳索、麻袋或作人造棉与造纸原料；幼嫩翅果与面粉混拌可蒸食，老果含油25%，可供医药和轻工业、化学工业用；叶可作饲料。树皮、叶及翅果均可药用，能安神、利小便。

大果榆 *Ulmus macrocarpa* Hance

别名 黄榆、蒙古黄榆

蒙名 得力图

形态特征 植株高可达10余米。树皮灰色或灰褐色，浅纵裂。一年生或二年生枝黄褐色或灰褐色，幼时被疏毛，后光滑无毛，其两侧有时具扁平的木栓翅。叶厚革质，粗糙，倒卵状圆形、宽倒卵形或倒卵形，少为宽椭圆形，叶的大小变化甚大，长3～10cm，宽2～6cm，先端短尾状尖或凸尖，基部圆形、楔形或微心形，近对称或稍微斜，上面被硬毛，后脱落而留下凸起的毛迹，下面具疏毛，脉上较密，边缘具短而钝的重锯齿，少为单齿；叶柄长3～10mm，被柔毛。花5～9簇生于去年枝上或生于当年枝基部；花被钟状，上部5深裂，裂片边缘具长毛，宿存。翅果倒卵形、近圆形或宽椭圆形，长2～3.5cm，宽1.5～2.5cm，两面及边缘具柔毛，果核位于翅果中部；果柄长2～4mm，被柔毛。花期4月，果期5～6月。2n=28。

生境 旱中生落叶乔木或灌木。生于森林草原带和草原带海拔700～1800m的山地、沟谷及固定沙地，可形成片状大果榆灌丛。

产呼伦贝尔市各旗、市、区。

经济价值 木材坚硬，组织致密，可制车辆及各种用具。种子含油量较高，油的脂肪酸主要以癸酸占优势，癸酸为医药和轻工业、化学工业中制作药剂和塑料增塑剂等不可缺少的原料；果实可制成中药材"芜荑"，能杀虫、消积，主治虫积腹痛、小儿疳泻、冷痢、恶疮；也为固沟固坡的水土保持树种。

春榆 *Ulmus davidiana* Planch. var. *japonica* (Rehd.) Nakai

别名 沙榆

蒙名 哈日—海拉苏

形态特征 树皮浅灰色，不规则开裂。幼枝被疏或密的柔毛，小枝周围有时有全面膨大而不规则纵裂的木栓层。叶倒卵形或倒卵状椭圆形，长3～10cm，宽1.5～4cm，先端尾状渐凸尖，基部歪斜，叶面散生硬毛，后脱落，常留有毛迹，不粗糙或粗糙，叶缘具较整齐的重锯齿；叶柄长5～10mm，被毛。花簇生于去年枝上，萼钟状，4浅裂。翅果倒卵形或倒卵状椭圆形，长1～1.5cm，宽7～10mm，果核深褐色，位于翅果的中上部，先端接近缺口，果翅较薄，色深，果核、果翅均无毛；果梗长约2mm。花期4～5月，果期5～6月。

生境 中生乔木。生于森林带和草原带的河岸、沟谷及山麓。

产牙克石市、扎兰屯市、额尔古纳市、根河市。

经济价值 木材优良，花纹美丽，供建筑、造船、家具等用。

桑科 Moraceae

大麻属 Cannabis L.

野大麻 *Cannabis sativa* L. f. *ruderalis* (Janisch.) Chu

蒙名 哲日力格—敖鲁苏

野大麻为大麻（*Cannabis sativa* L.）的一个变型。与正种之区别：植株较矮小，叶及果实均较小，瘦果长约3mm，直径约2mm，成熟时表面具棕色大理石状花纹，基部具关节。

形态特征 植株高1～3m。根木质化。茎直立，皮层富纤维，灰绿色，具纵沟，密被短柔毛。叶互生或下部的对生，掌状复叶，小叶3～7(11)，生于茎顶的具1～3小叶，披针形至条状披针形，两端渐尖，边缘具粗锯齿，上面深绿色，粗糙，被短硬毛，下面淡绿色，密被灰白色毡毛；叶柄长4～15cm，半圆柱形，上有纵沟，密被短绵毛；托叶侧生，线状披针形，长8～10mm，先端渐尖，密被短绵毛。花单性，雌雄异株，雄株名牡麻或枲麻，雌株名苴麻或苎麻；花序生于上叶的叶腋，雄花排列成长而疏散的圆锥花序，淡黄绿色，萼片5，长卵形，背面及边缘均有短毛，无花瓣；雄穗5，长约5mm，花丝细长，花药大，黄色，悬垂，富于花粉；雌花序呈短穗状，绿色，每朵花在外具1卵形苞片，先端渐尖，内有1薄膜状花被，紧包子房，两者背面均有短柔毛，雌蕊1，子房球形无柄；花柱二歧。瘦果扁卵形，硬质，灰色，基部无关节，难以脱落，表面光滑而有细网纹，全被宿存的黄褐色苞片所包裹。花期7～8月，果期9～10月。$2n=20$。

生境 一年生中生草本。生于草原及向阳干山坡，固定沙丘及丘间低地。

产海拉尔区、牙克石市、扎兰屯市、莫力达瓦达斡尔族自治旗、鄂温克族自治旗、陈巴尔虎旗、新巴尔虎左旗、新巴尔虎右旗。

经济价值 叶干后羊食，种仁入蒙药（蒙药名：和仁—敖老森—乌日），功能主治同大麻。

荨麻科 Urticaceae

1 叶对生；植株具螫毛 ··· **1 荨麻属 Urtica**
1 叶互生，全缘；植株无螫毛 ··· **2 墙草属 Parietaria**

荨麻属 Urtica L.

1 叶掌状 3 深裂或 3 全裂，裂片再呈缺刻状羽状深裂 ··································· **1 麻叶荨麻 U. cannabina**
1 叶不分裂，披针形、矩圆状披针形或狭卵状披针形，稀狭椭圆形，边缘具粗锯齿，上面绿色，密布点状钟乳体 ······
 ·· **2 狭叶荨麻 U. angustifolia**

麻叶荨麻 *Urtica cannabina* L.

别名 燋麻
蒙名 哈拉盖
形态特征 全株被柔毛和螫毛；具匍匐根状茎。茎直立，高 100～200cm，丛生，通常不分枝，具纵棱和槽。叶片轮廓五角形，长 4～13cm，宽 3.5～13cm，掌状 3 深裂或 3 全裂，裂片再呈缺刻状羽状深裂或羽状缺刻，小裂片边缘具疏生缺刻状锯齿，最下部的小裂片外侧边缘具 1 枚长尖齿，各裂片顶端小裂片细长，条状披针形，叶上面深绿色，叶脉凹入，疏生短伏毛或近于无毛，密生小颗粒状钟乳体，下面淡绿色，叶脉稍隆起，被短伏毛和疏生螫毛；叶柄长 1.5～8cm；托叶披针形或宽条形，离生，长 7～10mm。花单性，雌雄同株或异株，同株者雄花序生于下方；穗状聚伞花序丛生于茎上

部叶腋间，分枝，长达 12cm，具密生花簇；苞膜质，透明，卵圆形；雄花直径约 2mm，花被 4 深裂，裂片宽椭圆状卵形，长 1.5mm，先端尖而略呈盔状，雄蕊 4，花丝扁，长于花被裂片，花药椭圆形，黄色，退化子房杯状，浅黄色；雌花花被 4 中裂，裂片椭圆形，背生 2 枚裂片花后增大，宽椭圆形，较瘦果长，包着瘦果，侧生 2 枚裂片小。瘦果宽椭圆状卵形或宽卵形，长 1.5～2mm，稍扁，光滑，具少数褐色斑点。花期 7～8 月，果期 8～9 月。2n=52。

生境 多年生中生杂草。生于人和畜经常活动的干燥山坡、丘陵坡地、沙丘坡地、山野路旁、居民点附近。

产海拉尔区、牙克石市、扎兰屯市、额尔古纳市、鄂伦春自治旗、新巴尔虎左旗、新巴尔虎右旗。

经济价值 全草入药，能祛风、化痞、解毒、温胃，主治风湿、胃寒、糖尿病、痞症、产后抽风、小儿惊风、荨麻疹，也能解虫蛇咬伤之毒等。茎皮纤维可作纺织和制绳索的原料。嫩茎叶可作蔬菜食用。青鲜时羊和骆驼喜采食，牛乐吃。全草入蒙药（蒙药名：哈拉盖—敖嘎）。主治腰腿及关节疼痛、虫咬伤。

狭叶荨麻 *Urtica angustifolia* Fisch. ex Hornem.

别名 螫麻子

蒙名 奥存—哈拉盖

形态特征 全株密被短柔毛与疏生螫毛，具匍匐根状茎。茎直立，高40～150cm，通常单一或稍分枝，四棱形，其棱较钝。叶对生，矩圆状披针形、披针形或狭卵状披针形，稀狭椭圆形，长5～12cm，宽1.2～3cm，先端渐尖，基部近圆形或宽心形，稀近截形，边缘具粗锯齿，齿端锐尖，有时向内稍弯，上面绿色，密布点状钟乳体，下面淡绿色，主脉3条，上面稍凹入，下面较明显隆起；叶柄较短，长0.5～2cm；托叶狭披针形或条形，离生，膜质，长5～9mm。花单性，雌雄异株；花序在茎上部叶腋丛生，穗状或多分枝成狭圆锥状，长2～5cm，花较密集成簇，断续着生；苞片长约1mm，膜质；雄花具极短柄或近于无柄，直径约2mm，花被4深裂，裂片椭圆形或卵状椭圆形，长约1.8mm，先端钝尖，内弯；雄蕊4，花丝细而稍扁，花药宽椭圆形，退化雌蕊杯状；雌花无柄，花被片4，矩圆形或椭圆形，背生2枚花被片后增大，宽椭圆形，紧包瘦果，比瘦果稍长；子房矩圆形或长卵形，成熟后黄色，长1～1.2mm，被包于宿存花被内。花期7～8月，果期8～9月。2n=52。

生境 多年生中生草本。生于山地林缘、灌丛间、溪沟边、湿地，也见于山野阴湿处、水边沙丘灌丛间。

产牙克石市、扎兰屯市、额尔古纳市、阿荣旗、鄂伦春自治旗、鄂温克族自治旗、陈巴尔虎旗、新巴尔虎左旗。

经济价值 茎皮纤维是很好的纺织、绳索、纸张原料。茎叶含鞣质，可提制栲胶。全草入药，效用与麻叶荨麻相同。幼嫩时可作野菜吃。青鲜时马、牛、羊和骆驼均喜采食。全草入蒙药（蒙药名：奥存—哈拉盖），功能主治同麻叶荨麻。

墙草属 Parietaria L.

小花墙草 *Parietaria micrantha* Ledeb.

别名 墙草

蒙名 麻查日干那

形态特征 全株无螯毛。茎细而柔弱，稍肉质，直立或平卧，高10～30cm，长达50cm，多分枝，散生微柔毛或几无毛。叶互生，卵形、菱状卵形或宽椭圆形，长5～30mm，宽3～20mm，先端微尖或钝尖，基部圆形、宽椭圆形或微心形，有时偏斜，全缘，两面被疏生柔毛，上面密布细点状钟乳体；叶柄长2～15mm，有柔毛。花杂性，在叶腋组成具3～5花的聚伞花序，两性花生于花序下部，其余为雌花；花梗短，有毛；苞片狭披针形，与花被近等长，有短毛；两性花花被4深裂，极少5深裂，裂片狭椭圆形，雄蕊4，与花被裂片对生；雌花花被筒状钟形，先端4浅裂，极少5浅裂，花后成膜质并宿存；子房椭圆形或卵圆形；花柱极短，柱头较长。瘦果宽卵形或卵形，长1～1.5mm，稍扁平，具光泽，成熟后黑色，略长于宿存花被。种子椭圆形，两端尖。花期7～8月，果期8～9月。$2n=16$。

生境 一年生中生草本。生于山坡阴湿处、石隙间或湿地上。

产牙克石市、扎兰屯市。

经济价值 全草入药，有拔脓消肿之效。

檀香科 Santalaceae

百蕊草属 Thesium L.

1 叶具 3 主脉，先端锐尖，边缘微粗糙；果实成熟时果柄不反折；总花梗通常不呈"之"字形曲折 ··· **1 长叶百蕊草 T. longifolium**
1 叶通常具 1 主脉 ··· 2
2 花长 8mm；子房柄长 0.8～1mm；宿存花被片比果长 ················· **5 短苞百蕊草 T. brevibracteatum**
2 宿存花被片比果短或近等长 ··· 3
3 宿存花被片与果近等长 ·· **4 砾地百蕊草 T. saxatile**
3 宿存花被片比果短 ··· 4
4 叶先端钝或微尖，两面微粗糙；花长 4mm，花梗长 4～7mm；果实成熟时果柄反折，果实表面具纵脉，不呈网状；花轴呈"之"字形曲折 ··· **2 急折百蕊草 T. refractum**
4 叶先端渐尖或急尖；花小，长 2.5～3mm，花梗长不超过 3mm；果实表面具网脉 ············ **3 百蕊草 T. chinense**

长叶百蕊草 *Thesium longifolium* Turcz.

蒙名 乌日特—麦令嘎日

形态特征 根直生，稍肥厚，多分枝，顶部多头。茎丛生，直立或外围者基部斜，高 15～50cm，具纵棱，中上部分枝多，枝较直，无毛。叶互生，条形或条状披针形，长 2～4.5cm，宽 1～2.5mm，稍肉质，先端锐尖，顶端淡黄色，基部稍狭窄，全缘，边缘微粗糙，主脉 3 条，茎下部有时有小形叶或鳞片状叶；无叶柄。花单生叶腋，长 4～5mm，在茎枝上部集生成总状花序或圆锥花序；花梗长 4～20mm，有细纵棱；苞片 1，叶状，条形，长约 1cm；小苞片 2，狭披针形，长约 4.5mm，先端尖，边缘粗糙，花被白色或绿白色，长 2.5～3.5mm，基部筒状，与子房合生，上部 5 深裂，裂片条形或条状披针形，先端钝尖而稍内曲，背面绿色，有 1 条纵棱，边缘微粗糙或具小形耳状凸起，筒部具明显的纵脉棱；雄蕊 5，生于花被裂片基部，与其对生，短于或等长于花被裂片，花丝细而短，花药矩圆形，淡黄色；子房下位，倒圆锥形，长约 2mm，无毛，子房柄长 0.5mm；花柱内藏柱头圆球形，浅黄色。坚果近球形或椭圆状球形，长 3.5～4mm，通常黄绿色，顶端有宿存花被及花柱；果实表面具 5～8 条明显的纵脉棱和少数分叉的侧脉棱，但绝不形成网状脉棱；果梗长 4～14mm。种子 1 粒，球形，浅黄色。花期 5～7 月，果期 7～8 月。

生境 多年生中旱生草本。生于森林带和草原带的沙地、沙质草原、山坡、山地草原、林缘、灌丛中，也见于山顶草地、草甸上。

产额尔古纳市、根河市。

经济价值 全草入药，能祛风清热、解痉，主治感冒、中暑、小儿肺炎、咳嗽、惊风。

檀香科

急折百蕊草 *Thesium refractum* C. A. Mey.

蒙名 毛瑞—麦令嘎日

形态特征 根直生，粗壮，顶部多分枝，稍肥厚。茎数条至多条丛生，高20～45cm，具明显的纵棱。叶互生，条形或条状披针形，长2.5～5cm，宽2～2.5mm，先端通常钝或微尖，顶端浅黄色，基部收狭不下延，全缘，两面微粗糙，主脉通常1条，有时基部有不明显的3条脉；无叶柄。花长4～6mm，在茎枝上部集成总状花序或圆锥花序；总花梗呈"之"字形曲折，尤其在果熟期更明显；花梗长5～8mm，有纵棱，花后外倾并渐反折；苞片1，长6～8mm，叶状，开展，先端尖，全缘；小苞片2，条形，长2.5～4mm；花被白色或浅绿白色，长1～3mm，筒状或宽漏斗状，下部与子房合生，上部5深裂，裂片条状披针形先端钝尖而甚内曲，背面有1条纵棱，中部两侧具小形耳状凸起，筒部有明显的脉棱；雄蕊5，内藏；子房椭圆形，长约3mm，无毛，子房柄长0.2～0.3mm；花柱圆柱形，比花被裂片短。坚果椭圆形或卵形，长约3mm，宽2～2.5mm，常黄绿色，顶端具宿存花被及花柱，宿存花被长1.5～2.5mm；果实表面具4～10条不明显的纵脉棱和少数分叉的侧脉棱，但不形成网状脉棱；果梗长达1cm，熟时反折。种子1粒，椭圆形或球形，黄色。花期6～7月，果期7～9月。

生境 多年生中旱生草本。生于森林带和草原带的山坡草地、砾石质坡地、草原、林缘、草甸。

产额尔古纳市、根河市、牙克石市、莫力达瓦达斡尔族自治旗、鄂温克族自治旗、陈巴尔虎旗、新巴尔虎左旗、新巴尔虎右旗。

经济价值 全草入药，能清热解痉、利湿消疳，主治小儿肺炎、支气管炎、肝炎、小儿惊风、腓胸肌痉挛、风湿骨痛、小儿疳积、血小板减少性紫癜。

百蕊草 *Thesium chinense* Turcz.

别名 珍珠草

蒙名 麦令嘎日

形态特征 根直生，顶部有时多头。茎直立或近直立，高15～45cm，丛生或有时单生，纤细，圆柱状，具纵棱，无毛，上部多分枝。叶互生，条形，长1.5～4.5cm，宽1～2mm，先端渐尖或急尖，全缘，具软骨质顶尖，稍肉质，主脉1条，明显；无叶柄。花两性，小型，单生叶腋，花梗极短，长不超过4mm；苞片1，叶状，条形，通常比花长3～4倍，小苞片2，狭条形，长2～6mm，花被绿白色，长2～3mm，下部合生成筒状钟形，顶端具5浅裂，裂片内面有不太明显的束毛，先端锐尖而稍内曲，下部与子房合生；雄蕊5，生于花被筒近喉部或花被裂片的基部，与其对生，花丝短，不伸出花被之外；子房下位；花柱极短，不超出雄蕊，近圆锥形。坚果球形、椭圆形或椭圆状球形，长2～3mm，直径1.5～2mm，绿色或黄绿色，顶端具宿存花被，表面具明显的网状脉棱，果梗长不超过4mm。花期5～6月，果期6～7月。

生境 多年生旱生草本。生于阔叶林带和草原带的砾石质坡地、干燥草坡、山地草原、林缘、灌丛间、沙地边缘及河谷干草地。

产扎兰屯市。

经济价值 全草入药，能清热解毒、补肾涩精，主治急性乳腺炎、肺炎、肺脓肿、扁桃体炎、上呼吸道感染、肾虚腰痛、头昏、遗精等。

砾地百蕊草 *Thesium saxatile* Turcz. ex A. DC.

形态特征 根直生，稍肥厚，多分枝。茎数条至多条丛生，高 10～30cm，枝较直，具纵棱，中上部分枝多。叶互生，条形或条状披针形，长 3cm 左右，主脉通常 1 条，茎枝上部集成总状花序或圆锥花序；花梗长 10～15mm，有纵棱，花后外倾并渐反折；苞片 3 枚，侧面苞片差不多和花一样，中部稍长，花梗和苞片边缘微粗糙；花长 5～7mm，裂片条状披针形先端钝尖而甚内曲，筒部有明显的脉棱；坚果长 3mm 左右，果梗长 1～1.5mm，纵脉棱和少数分叉的侧脉棱，但不形成网状脉棱。

生境 多年生旱生草本。生长于砾石质山坡、草原、林缘、沙地及草甸上。

产新巴尔虎左旗。

短苞百蕊草 *Thesium brevibracteatum* Tam.

蒙名 奥呼日—麦令嘎日

形态特征 根直立，黄褐色或黄棕色，顶部多分枝。茎数条丛生，常直立，或基部斜升，高 25～30cm，有明显的纵棱，横切面呈四棱形，上部分枝多。叶稀疏，条形，长 2～3.5cm，宽 2～2.5mm，先端短尖，稍肉质，基部渐狭，边缘有肉质微刺，两面微粗糙，主脉 1 条；叶无柄。花单生叶腋或稀 2～3 朵聚生，长约 8mm，茎枝上部集成总状花序或圆锥花序；花梗长 5mm，微粗糙，多向上稍弧形弯曲；苞叶 1 枚，狭条形，长 5～7mm，小苞片 2 枚，狭条形或钻形，长约 3mm；花被白色或淡绿白色，与子房合生的花被管呈圆筒状，长约 3mm，花被裂片 5，狭矩圆形或宽条形，长 4～5mm，先端内曲，雄蕊 5，长约 2mm，子房柄长 0.8～1mm，花柱圆柱形，长约 2.5mm。坚果卵形，近球形或宽椭圆形，长 3～3.5mm，宽 2.5～3mm，通常黄绿色，顶端宿存花被长 3.8～4.5mm，比果长；果实表面有 10 条左右明显的纵脉棱和近平行或斜出的少数分叉的侧脉棱，但不形成网状脉棱；果梗长 5～8mm；种子 1，矩圆形或近球形，淡黄色。花期 7～8 月，果期 8～9 月。

生境 多年生旱生草本。生于沙地、沙丘阳坡、山坡向阳处、干旱草原。

产新巴尔虎左旗。

蓼科 Polygonaceae

1 灌木	**1 木蓼属 Atraphaxis**
1 草本	2
2 花被片5，稀4～6裂；瘦果与花被片等长或微露出	**4 蓼属 Polygonum**
2 花被片6	3
3 瘦果不具翅；雄蕊通常6，内轮花被片果时通常增大	**2 酸模属 Rumex**
3 瘦果具翅；雄蕊通常9，内轮花被片果时不增大	**3 大黄属 Rheum**

木蓼属 Atraphaxis L.

东北木蓼 *Atraphaxis manshurica* Kitag.

别名 东北针枝蓼

蒙名 照巴戈日—额木根—希力毕

形态特征 植株高约1m。主干粗壮，上部多分枝，老枝灰褐色呈条状剥离；木质枝向上直伸，不分枝或上部分枝，树皮淡褐色呈纤细状纵裂；当年生枝圆柱形，褐色，具条纹，无毛。托叶鞘圆筒状，基部褐色，具2条纤细的脉纹，上部斜形、膜质、透明，顶端2裂；叶绿色，革质，近无柄，倒披针状长圆形或线形，长1.5～3cm，2～12mm，顶端钝，具短尖，基部渐狭，全缘或稍具波状牙齿，两面无毛，具明显的网脉。花2～4生于一苞内，总状花序生于当年生枝顶端，不分枝或分枝组成圆锥状；花梗粗壮，中上部具关节，花被片5，粉红色，内轮花被片椭圆形、宽椭圆形或卵状椭圆形，顶端圆钝，基部宽楔形或圆形，外轮花被片长圆形，果时向下反折。瘦果狭卵形，长4～6mm，具3棱，顶端尖，基部宽楔形，暗褐色，光亮，无毛，密被颗粒状小点。花果期7～9月。

生境 沙生中旱生灌木。生于典型草原地带东北部的沙地和碎石质坡地。

产新巴尔虎右旗。

经济价值 可作固沙植物，饲用价值与沙木蓼近似。

酸模属 Rumex L.

1 一年生草本；叶茎生 ………………………………………………………………………………………… 2
1 多年生草本；具基生叶 ………………………………………………………………………………………… 3
2 内轮花被片边缘具 1～3 对针状刺，各片背面均有小瘤 ………………………………… **6 长刺酸模 R. maritimus**
2 内轮花被片边缘具 1～3 对针状刺，仅 1 片背面有小瘤 ……………………………… **7 盐生酸模 R. marschallianus**
3 基生叶和茎下部叶的基部为戟形或箭形 …………………………………………………………………… 4
3 基生叶和茎下部叶的基部为楔形、圆形或心形 ………………………………………………………… 5
4 叶基部为戟形，两侧有耳状裂片，直伸或稍弯 ……………………………………… **1 小酸模 R. acetosella**
4 叶基部为箭形 ………………………………………………………………………………………………… 6
5 根为须根；叶卵状长圆形 ……………………………………………………………………… **2 酸模 R. acetosa**
5 根为直根；叶卵状长圆形或长圆状披针形 …………………………………………… **3 东北酸模 R. thyrsiflorus**
6 叶披针形或矩圆状披针形，边缘皱波状，两面均无毛 ……………………………… **4 皱叶酸模 R. crispus**
6 叶三角状卵形或三角状心形，全缘或微皱波状，背面脉上被糙硬短毛 ………… **5 毛脉酸模 R. gmelinii**

小酸模 *Rumex acetosella* L.

蒙名 吉吉格—爱日干纳

形态特征 植株高 15～50cm。根状茎横走。茎单一或多数，直立，细弱，常呈"之"字形曲折，具纵条纹，无毛，一般在花序处分枝。茎下部叶柄长 2～5cm，叶披针形或条状披针形，长 1.5～6.5cm，宽 1.5～6mm，先端渐尖，基部戟形，两侧耳状裂片较短而狭，外展或向上弯，全缘，无毛，茎上部叶无柄或近无柄；托叶鞘白色，撕裂。花序总状，构成疏松的圆锥花序；花单性，雌雄异株，2～7簇生在一起，花梗长 2～2.5mm，无关节，花被片 6，2 轮；雄花花被片直立，外花被片较狭，椭圆形，内花被片宽椭圆形，长约 1.5mm，宽约 1mm，雄蕊 6，花丝极短，花药较大，长约 1mm；雌花之外花被片椭圆形，内花被片菱形或宽卵形，长 1～2mm，宽 1～1.8mm，有隆起的网脉，果时内花被片不增大或稍增大，子房三棱形，柱头画笔状。瘦果椭圆形，有 3 棱，长不超过 1mm，淡褐色，有光泽。花期 6～7 月，果期 7～8 月。2n=14，28。

生境 多年生旱中生草本。生于草甸草原及典型草原地带的沙地、丘陵坡地、砾石地和路旁。

产海拉尔区、满洲里市、扎兰屯市、额尔古纳市、鄂温克族自治旗、陈巴尔虎旗、新巴尔虎左旗、新巴尔虎右旗。

经济价值 夏、秋季节绵羊、山羊采食其嫩枝叶。

酸模 *Rumex acetosa* L.

别名 山羊蹄、酸溜溜、酸不溜

蒙名 爱日干纳

形态特征 植株高 30～80cm。须根。茎直立，中空，通常不分枝，有纵沟纹，无毛。基生叶与茎下部叶具长柄，柄长 6～10cm；叶卵状矩圆形，长 2.5～12cm，宽 1.5～3cm，先端钝或锐尖，基部简箭形，全缘，有时略呈波状，上面无毛，下面叶脉及叶缘常具乳头状凸起；茎上部叶较狭小，披针形；托叶鞘长 1～2cm，后侧破裂。花序狭圆锥状，顶生，分枝稀疏，纤细，弯曲，花单性，雌雄异株；苞片三角形，膜质，褐色，具乳头状凸起；花梗中部具关节；花被片 6，2 轮，红色；雄花花被片直立，椭圆形，外花被片较狭小，内花被片长约 2mm，宽约 1mm，雄蕊 6，花丝甚短，花药大，长约 1.5mm；雌花之外花被片椭圆形，反折，内花被片直立，果时增大，圆形，近全缘，基部心形，有网纹；子房三棱形，柱头画笔状，紫红色。瘦果椭圆形，有 3 棱，角棱锐，两端尖，长约 2mm，宽约 1mm，暗褐色，有光泽。花期 6～7 月，果期 7～8 月。$2n=14$。

生境 多年生中生草本。生于森林带和草原带的山地、林缘、草甸、路旁等。

产牙克石市、额尔古纳市、鄂伦春自治旗、鄂温克族自治旗、陈巴尔虎旗、新巴尔虎右旗。

经济价值 全草入药，能凉血、解毒、通便、杀虫，主治内出血、痢疾、便秘、内痔出血；外用治疥癣、疔疮、神经性皮炎、湿疹等。根入蒙药（蒙药名：爱日干纳），主治痧疾、丹毒、乳腺炎、腮腺炎、骨折、金伤。嫩茎叶味酸可作蔬菜食用。夏季山羊、绵羊乐采食其绿叶，牧民认为此草泡水供羊饮用，有增进食欲之效，也可作猪饲料，根叶含鞣质，可提制栲胶。

东北酸模 *Rumex thyrsiflorus* Finjerh.

别名 直根酸模

蒙名 满吉—爱日干纳

形态特征 植株高 30～100cm。根垂直，木质，粗大，有时分枝。茎直立，具纵深沟，无毛或被乳头状凸起。基生叶与茎下部叶具长柄，柄长 6～14cm；叶卵状矩圆形或矩圆状披针形，长 3～15cm，宽 0.8～2cm，先端渐尖或锐尖，基部箭形，两裂片往下向外伸展，狭而尖，全缘或具不明显的细齿或呈波状，两面无毛或沿叶及叶缘被短刺毛与乳头状凸起；茎上部叶渐次狭小，无柄或有短柄，抱茎。圆锥花序顶生，花单性，雌雄异株；苞片三角形，膜质，褐色；花梗中部以下有关节；花被片 6，2 轮，红紫色；雄花花被片直立，椭圆形，外花被片较狭小，内花被片长约 2mm，宽约 1mm，雄蕊 6，花丝甚短，花药长约 1mm；雌花之外花被片椭圆形，反折，内花被片直立，果时增大呈圆状宽卵形或近肾形，先端圆形或稍近截形或微心形，基部心形，边缘稍具圆齿；子房三棱形，柱头画笔状，紫红色。瘦果椭圆形，有 3 棱，角棱锐，两端尖，长 1.9～2.2mm，宽 1～1.5mm，暗褐色，有光泽，花被宿存。花期 6～7 月，果期 7～8 月。

生境 多年生中生草本。生于草原区东部山地、河边、低湿地和比较湿润的固定沙地，为草甸、草甸化草原群落和沙地植被的伴生种。

产海拉尔区、阿荣旗、鄂温克族自治旗、陈巴尔虎旗、新巴尔虎左旗。

皱叶酸模 *Rumex crispus* L.

别名 羊蹄、土大黄

蒙名 衣曼—爱日干纳

形态特征 植株高 50～80cm。根粗大，断面黄棕色，味苦。茎直立，单生，通常不分枝，具浅沟槽，无毛。叶柄比叶稍短，叶片薄纸质，披针形或矩圆状披针形，长 9～25cm，宽 1.5～4cm，先端急尖或渐尖，基部楔形，边缘皱波状，两面均无毛；茎上部叶渐小，披针形或狭披针形，具短柄；托叶鞘筒状，常破裂脱落。花两性，多数花簇生于叶腋，或在叶腋形成短的总状花序，合成一狭长的圆锥花序；花梗细，长 2～5mm，果时稍伸长，中部以下具关节；花被片 6，外花被片椭圆形，长约 1mm，内花被片宽卵形，先端锐尖或钝，基部浅心形，边缘微波状或全缘，网纹明显，各具 1 小瘤；小瘤卵形，长 1.7～2.5mm；雄蕊 6；花柱 3，柱头画笔状。瘦果椭圆形，有 3 棱，角棱锐，褐色，有光泽，长约 3mm。花果期 6～9 月。$2n=60$。

生境 多年生中生草本。生于阔叶林区及草原区的山地、沟谷、河边，也进入荒漠区海拔较高的山地，为草甸、草甸化草原和山地草原群落的伴生种和杂草。

产牙克石市、莫力达瓦达斡尔族自治旗、鄂伦春自治旗、新巴尔虎左旗、新巴尔虎右旗。

经济价值 根入药，能清热解毒、止血、通便、杀虫，主治鼻出血、功能性子宫出血、血小板减少性紫癜、慢性肝炎、肛周炎、大便秘结；外用治外痔、急性乳腺炎、黄水疮、疖肿、皮癣等。根和叶均含鞣质，可提制栲胶。根也入蒙药（蒙药名：衣曼—爱日干纳）。

毛脉酸模 *Rumex gmelinii* Turcz. ex Ledeb.

蒙名 乌苏图—爱日干纳

形态特征 植株高 30～120cm。根状茎肥厚。茎直立，粗壮，具沟槽，无毛，微红或淡黄色，中空。基生叶与茎下部叶具长柄，柄长达 30cm，具沟；叶较大，三角状卵形或三角状心形，长 8～14cm，基部宽 7～13cm，先端钝头，基部深心形，全缘或微皱波状，上面无毛，下面脉上被糙硬短毛；茎上部叶较小，三角状狭卵形或披针形，基本微心开；托叶鞘长筒状，易破裂。圆锥花序，通常多少具叶，直立；花两性，多数花朵簇状轮生，花簇疏离；花梗较长，长 2～8mm，中下部具关节；花被片 6，外花被片卵形，长约 2mm，内花被片果时增大，椭圆状卵形，宽卵形或圆形，长 3.5～6mm，宽 3～4mm，圆头，基部圆形，全缘或微波状，背面无小瘤；雄蕊 6，花药大，花丝短；花柱 3，侧生，柱头画笔状。瘦果三棱形，深褐色，有光泽。花期 6～8 月，果期 8～9 月。$2n=10$。

生境 多年生湿中生草本。多散生于森林区和草原区的河岸、林缘、草甸或山地，为草甸、沼泽化草甸群落的伴生种。

产海拉尔区、牙克石市、额尔古纳市、根河市、莫力达瓦达斡尔族自治旗、鄂伦春自治旗、鄂温克族自治旗、陈巴尔虎旗、新巴尔虎左旗、新巴尔虎右旗。

经济价值 根作蒙药（蒙药名：霍日根—其赫），功能主治同酸模。

长刺酸模 *Rumex maritimus* L.

蒙名 麻日斥乃—爱日干纳

形态特征 植株高15～50cm。茎直立,分枝,具明显的棱和沟槽,无毛或被短柔毛。叶具短柄,长5～30mm；叶披针形或狭披针形,长1.5～9cm,宽3～15mm,先端锐尖或渐尖,基部楔形,全缘,两面无毛,茎下部者较宽大,有时为长椭圆形,上部者较狭小；托叶鞘通常易破裂。花两性,多数花簇轮生于叶腋,组成顶生具叶的圆锥花序,愈至顶端花簇间隔越密；花梗长1～1.5mm,果时稍伸长且向下弯曲,下部具关节；花被片6,绿色,花时内外花被片几等长,雄蕊凸出于花被片外；外花被片狭椭圆形,长约1mm,果时外展；内花被片卵状矩圆形或三角状卵形,长2.5～3mm,宽1～1.3mm,边缘具2个针刺状齿,长近于或超过内花被片,背面各具1矩圆形或矩圆状卵形的小瘤,小瘤长1～1.5mm,有不甚明显的网纹；雄蕊9；子房三棱状卵形；花柱3,纤细,柱头画笔状,瘦果三棱状宽卵形,长约1.5mm,尖头,黄褐色,光亮。花果期6～9月。2*n*=20,40。

生境 一年生耐盐中生草本。生于河流沿岸及湖滨盐渍化低地,为草甸和盐渍化草甸的伴生种。

产海拉尔区、牙克石市、额尔古纳市、鄂温克族自治旗。

经济价值 全草入药,能杀虫、清热、凉血,主治痈疮肿痛、秃疮、疥癣、跌打肿痛。

盐生酸模 *Rumex marschallianus* Rchb.

别名 马氏酸模

蒙名 好吉日萨格—爱日干纳

形态特征 植株高 10～30cm。具须根。茎直立，细弱，具纵沟纹，紫红色，有分枝。叶柄长 6～20mm；叶披针形或椭圆状披针形，长 1～3cm，宽 5～7mm，先端锐尖或渐尖，基部楔形或圆形，边缘皱波状，茎上部叶较狭，柄短；托叶鞘通常破裂脱落。花两性，多数花簇轮生于叶腋，组成具叶的圆锥花序；花具小梗，梗长 1～1.5mm，基部具关节；花被片 6，外花被片椭圆形，内花被片果时增大，宽卵形或三角状宽卵形，长 1.6～2.1mm，宽 0.8～1.2mm，先端渐尖，基部圆形，边缘具 2～3 对针状长刺，长 1.5～3mm，具网纹，仅 1 枚内花被片具 1 小瘤，瘤椭圆形，长 1mm，其他 2 枚无瘤，但各具长刺 3 对，较前者短。瘦果三棱状卵形，长约 1mm，黄褐色，有光泽。花果期 7～8 月。$2n=40$。

生境 一年生耐盐中生草本。群生或散生于草原区湖滨及河岸低湿地或泥泞地，为盐渍化草甸、草甸和沼泽化草甸群落的伴生种。

产新巴尔虎右旗、乌尔逊河沿岸。

大黄属 Rheum L.

波叶大黄 *Rheum rhabarbarum* L. (= *Rheum undulatum* L.)

蒙名 道乐给牙拉森—给西古纳

形态特征 植株高 0.6～1.5m。根肥大。茎直立，粗壮，具细纵沟纹，无毛，通常不分枝。基生叶大，叶柄长 7～12cm，半圆柱形，甚壮硬；叶三角状卵形至宽卵形，长 10～16cm，宽 8～14cm，先端钝，基部心形，边缘具强皱波，有 5 条由基部射出的粗大叶脉，叶柄、叶脉及叶缘被短毛；茎生叶较小，具短柄或近无柄，叶卵形，边缘呈波状；托叶鞘长卵形，暗褐色，下部抱茎，不脱落。圆锥花序直立顶生；苞片小，肉质通常破裂而不完全，内含 3～5 花；花梗纤细，中部以下具关节；花白色，直径 2～3mm，花被片 6，卵形或近圆形，排成 2 轮，外轮 3 片较厚而小，花后向背面反曲；雄蕊 9；子房三角状卵形；花柱 3，向下弯曲；极短，柱头扩大，稍呈圆片形。瘦果卵状椭圆形，长 8～9mm，宽 6.5～7.5mm，具 3 棱，沿棱有宽翅，先端略凹陷，基部近心形，具宿存花被。$2n=22, 44$。

生境 多年生中生草本。散生于针叶林区、森林草原区山地的石质山坡、碎石坡麓及富含砾石的冲刷沟内，为山地草原群落的伴生种，也零星见于草原地带北部山前地带的草原群落中。

产满洲里市、牙克石市。

经济价值 根入药，能清热解毒、止血、祛瘀、通便、杀虫，主治便秘、疟腮、痈疖肿毒、跌打损伤、烫火伤、瘀血肿痛、吐血、衄血等。多作兽药用。根又可作工业染料的原料及提制栲胶，栽培叶可作蔬菜食用。

蓼属 Polygonum L.

1 叶基部具关节	**1 萹蓄 P. aviculare**
1 叶基部不具关节，托叶鞘不分裂或 2 裂	**2**
2 叶披针形，具腺点且咀嚼有辣味	**2 水蓼 P. hydropiper**
2 叶咀嚼无辣味	**3**
3 托叶鞘圆筒状，先端截形，花序穗状	**4**
3 托叶鞘斜形	**6**
4 多年生草本，水生或陆生	**3 两栖蓼 P. amphibium**
4 一年生草本	**5**
5 茎具稀疏的倒生钩刺；叶披针形或宽披针形，上面有或无紫黑色斑痕	**4 柳叶刺蓼 P. bungeanum**
5 茎平滑；叶披针形、矩圆形或矩圆状椭圆形，上面常有紫黑色新月形斑痕	**5 酸模叶蓼 P. lapathifolium**
6 植株不具肥厚、肉质的根状茎，地上茎直立分枝或缠绕	**7**
6 植株具肥厚、肉质的根状茎，地上茎不分枝；叶柄上部具下延的翅	**12**
7 叶基部略呈戟形，具 2 个钝的或稍尖的小裂片；瘦果黑色	**6 西伯利亚蓼 P. sibiricum**
7 叶基部楔形或圆形，无小裂片；瘦果褐色	**8**
8 一年生草本	**9**
8 多年生草本；茎直立且分枝	**10**
9 茎缠绕、细弱，无刺；果期果梗比花被短，无翅；花被片通常也无翅	**7 卷茎蓼 P. convolvulus**
9 茎蔓生或近直立，沿茎棱具倒生钩刺；叶长卵状披针形，基部箭形	**8 箭叶蓼 P. sieboldii**
10 植株较小；叶极狭，狭条形，宽 0.5～3mm；瘦果通常较花被片短或与之等长	**9 细叶蓼 P. angustifolium**
10 植株通常高大；叶较宽，为 0.5～2（3）cm	**11**
11 植株几乎由基部开展呈叉状分枝，外观构成圆球形；叶披针形、椭圆形、矩圆形以至矩圆状条形；瘦果较大，长 5～6mm	**10 叉分蓼 P. divaricatum**
11 植株不由基部分枝，仅上部分枝；叶卵状披针形；瘦果较小，长 3.5～4mm	**11 高山蓼 P. alpinum**
12 基生叶和茎下部叶近革质，矩圆状披针形、披针形至狭卵形，基部圆形、截形或微心形	**12 拳参 P. bistorta**
12 叶为草质，基生叶和茎下部叶基部楔形	**13 狐尾蓼 P. alopecuroides**

萹蓄 *Polygonum aviculare* L.

别名 萹竹竹、异叶蓼

蒙名 布敦纳音—苏勒

形态特征 植株高 10～40cm。茎平卧或斜升，稀直立，由基部分枝，绿色，具纵沟纹，无毛，基部圆柱形，幼具棱角。叶具短柄或近无柄；叶狭椭圆形、矩圆状倒卵形、披针形、条状披针形或近条形，长 1～3cm，宽 5～13mm，先端钝圆或锐尖，基部楔形，全缘，蓝绿色，两面均无毛，侧脉明显，叶基部具关节；托叶鞘下部褐色，上部白色透明，先端多裂，有不明显的脉纹。花几遍生于茎上，常 1～5 簇生于叶腋；花梗细而短，顶部有关节；花被 5 深裂，裂片椭圆形，长约 2mm，绿色，边缘白色或淡红色；雄蕊 8，比花被片短；花柱 3，柱头头状。瘦果卵形，具 3 棱，长约 3mm，黑色或褐色，表面具不明显的细纹和小点，无光泽，微露出于宿存花被之外。花果期 6～9 月。$2n=20, 40, 22$。

生境 一年生中生草本。群生或散生于田野、路旁、村舍附近或河边湿地等处，为盐渍化草甸和草甸群落的伴生种。

产呼伦贝尔市各旗、市、区。

经济价值 全草入药（药材名：蓄），能清热利尿、祛湿杀虫，主治热淋、黄疸、疥癣湿痒、女子阴痒、阴疮、阴道滴虫。又为优等饲用植物，山羊、绵羊夏、秋季乐食嫩枝叶，冬、春季采食较差，有时牛、马也乐食，并为猪的优良饲料。耐践踏，再生性强。

水蓼 *Polygonum hydropiper* L.

别名 辣蓼

蒙名 奥存—希没乐得格

形态特征 植株高30～60cm。茎直立或斜升，不分枝或基部分枝，无毛，基部节上常生根。叶具短柄，叶披针形，长3～7cm，宽5～15mm，先端渐尖，基部狭楔形，全缘，两面被黑褐色腺点，有时沿主脉被稀疏硬伏毛，叶缘具缘毛；托叶鞘筒状，长约1cm，褐色，被稀疏短伏毛，先端截形，具短睫毛。总状花序呈穗状，顶生或腋生，长4～7cm，常弯垂，花疏生，下部间断；苞漏斗状，先端斜形，具腺点及睫毛或近无毛；花通常3～5簇生于1苞内，花梗比苞长；花被4～5深裂，淡绿色或粉红色，密被褐色腺点，裂片倒卵形或矩圆形，大小不等；雄蕊通常6，稀8，包于花被内；花柱2～3，基部稍合生，柱头头状。瘦果卵形，长2～3mm，通常一面平另一面凸，稀三棱形，暗褐色，有小点，稍有光泽，外被宿存花被。花果期8～9月。2*n*=20，22。

生境 一年生中生—湿生草本。多散生或群生于森林带、森林草原带、草原带的低湿地、水边或路旁。

产海拉尔区、额尔古纳市、鄂温克族自治旗、陈巴尔虎旗。

经济价值 全草或根、叶入药（药材名：辣蓼），能祛风利湿、散瘀止痛、解毒消肿、杀虫止痒，主治痢疾、胃肠炎、腹泻、风湿性关节痛、跌打肿痛、功能性子宫出血；外用治毒蛇咬伤、皮肤湿疹。也作蒙药（蒙药名：楚马悉）。

两栖蓼 *Polygonum amphibium* L.

别名 醋柳

蒙名 努日音—希没落得格

形态特征 水陆两生植物,生于水中者:茎横走,无毛,节部生不定根。叶浮于水面,具长柄,叶矩圆形或矩圆状披针形,长5～12cm,宽2.5～4cm,先端锐尖或钝,基部通常为心形,有时为圆形,两面均无毛,上面有光泽,主脉下凹,下面主脉凸起,侧脉多数,几与主脉垂直;托叶鞘筒状,长约1.5cm,平滑,顶端截形,生于陆地者:茎直立或斜升,分枝或不分枝,被长硬毛,绿色稀为淡红色;叶有短柄或近无柄,矩圆状披针形,长5～14cm,宽1～2cm,先端渐尖,两面及叶缘均被伏硬毛,上面中心常有1暗色斑迹,侧脉与主脉成锐角,托叶鞘被长硬毛。花序通常顶生,椭圆形或圆柱形,为紧密的穗状花序,长2～4cm,总花梗较长,有时在总花梗基部侧生1个较小的花穗;苞片三角形,内含3～4花;花梗极短;花被粉红色,稀白色,5深裂,长约4mm,裂片卵状匙形,覆瓦状排列;雄蕊通常5,与花被片互生而包于其内,花药粉红色;花柱2,基部合生,露出于花被外;子房倒卵形,略扁平。$2n=66,88$。

生境 多年生水生—中生草本。生于河溪岸边、湖滨、低湿地以至农田。

产呼伦贝尔市各旗、市、区。

柳叶刺蓼 *Polygonum bungeanum* Turcz.

别名 本氏蓼

蒙名 乌日格斯图—塔日纳

形态特征 植株高 30～60cm。茎直立，具倒生钩刺。叶柄长约 1cm，被短硬伏毛；叶片披针形或宽披针形，长 2～13cm，宽 7～25mm，先端锐尖或稍钝，基部楔形或近楔形，上面仅沿叶脉生短硬伏毛，下面被短硬伏毛，边缘有缘毛；托叶鞘圆筒状，顶端截形，被硬伏毛，边缘生长睫毛。花序由数个花穗组成，花穗细长，圆柱状，长可达 10cm；下垂，花序轴密被腺毛；苞片漏斗状，绿色或淡紫红色，无毛或生腺毛，顶端斜截形，花排列稀疏，小型，白色或粉红色，具短梗，花被 5 深裂，裂片椭圆形，顶端钝圆；雄蕊 7～8；花柱 2，中部以下合生，柱头头状。瘦果圆扁豆形，两面稍凸出，黑色，无光泽，直径约 3mm，外被宿存花被。花果期 7～8 月。

生境 一年生中生草本。常散生于夏绿阔叶林区和草原区的沙质地、田边和路旁湿地。

产牙克石市、扎兰屯市、阿荣旗、鄂伦春自治旗、鄂温克族自治旗。

酸模叶蓼 *Polygonum lapathifolium* L.

别名 旱苗蓼、大马蓼

蒙名 好日根—希没乐得格

形态特征 植株高 30～80cm。茎直立，有分枝，无毛，通常紫红色，节部膨大。叶柄短，有短粗硬刺毛；叶片披针形、矩圆形或矩圆状椭圆形，长 5～15cm，宽 0.5～3cm，先端渐尖或全缘，叶缘被刺毛；托叶鞘筒状，长 1～2cm，淡褐色，无毛，具多数脉，先端截形，无缘毛或具稀疏缘毛。圆锥花序由数个花穗组成，花穗顶生或腋生，长 4～6cm，近乎直立，具长梗，侧生者梗较短，密被腺；苞漏斗状、边缘斜形并具稀疏缘毛，内含数花；花被淡绿色或粉红色，长 2～2.5mm，通常 4 深裂，被腺点，外侧 2 裂片各具 3 条明显凸起的脉纹；雄蕊通常 6；花柱 2，近基部分离，向外弯曲。瘦果宽卵形，扁平，微具棱，长 2～3mm，黑褐色，光亮，包于宿存的花被内。花期 6～8 月，果期 7～10 月。2n=22。

生境 一年生湿中生草本，轻度耐盐。多散生于阔叶林带、森林草原、草原及荒漠带的低湿草甸、河谷草甸和山地草甸，常为伴生种。

产呼伦贝尔市各旗、市、区。

经济价值 全草入蒙药（蒙药名：乌兰—初麻孜），能利尿、消肿、止痛、止吐，主治关节痛、疥、脓疱疮等。

西伯利亚蓼 *Polygonum sibiricum* Laxm.

别名 剪刀股、醋柳

蒙名 西伯日—希没乐得格

形态特征 植株高5～30cm。具细长的根状茎。茎斜升或近直立，通常自基部分枝，无毛；节间短。叶有短柄；叶片近肉质，矩圆形、披针形、长椭圆形或条形，长2～15cm，宽2～20mm，先端锐尖或钝，基部略呈戟形，且向下渐狭而成叶柄，两侧小裂片钝或稍尖，有时不发育则基部为楔形，全缘，两面无毛，具腺点。花序为顶生的圆锥花序，由数个花穗相集而成，花穗细弱，花簇着生间断，不密集；苞宽漏斗状，上端截形或具小尖头，无毛，通常内含花5～6；花具短梗，中部以上具关节，时常下垂；花被5深裂，黄绿色，裂片近矩圆形，长约3mm；雄蕊7～8，与花被近等长；花柱3，甚短，柱头头状。瘦果卵形，具3棱，棱钝，黑色，平滑而有光泽，长2.5～3mm，包于宿存花被内或略露出。花期6～7月，果期8～9月。$2n=20$。

生境 多年生耐盐中生草本。广布于草原和荒漠地带的盐渍化草甸、盐湿低地，局部还可形成群落，也散见于路旁、田野，为农田杂草。

产海拉尔区、满洲里市、牙克石市、阿荣旗、莫力达瓦达斡尔族自治旗、鄂温克族自治旗、陈巴尔虎旗、新巴尔虎左旗、新巴尔虎右旗。

经济价值 中等饲用植物，骆驼、绵羊、山羊乐采食其嫩枝叶。根入药，治水肿。

卷茎蓼 *Polygonum convolvulus* L.

别名 荞麦蔓

蒙名 萨嘎得音—奥日阳古

形态特征 茎缠绕，细弱，有不明显的条棱，粗糙或生疏柔毛，稀平滑，常分枝。叶有柄，长达 3cm，棱上具极小的钩刺；叶片三角状卵心形或戟状卵心形，长 1.5～6cm，宽 1～5cm，先端渐尖，基部心形至戟形，两面无毛或沿叶脉和边缘疏生乳头状小凸起；托叶鞘短，斜截形，褐色，长达 4mm，具乳头状小凸起。花聚集为腋生之花簇，向上而成为间断具叶的总状花序；苞近膜质，具绿色的脊，表面被乳头状凸起，通常内含 2～4 花；花梗上端具关节，比花被短；花被淡绿色，边缘白色，长达 3mm，5 浅裂，果时稍增大，里面的裂片 2，宽卵形，外面的裂片 3，舟状，背部具脊或狭翅，时常被乳头状凸起；雄蕊 8，比花被短；花柱短，柱头 3，头状。瘦果椭圆形，具 3 棱，两端尖，长约 3mm，黑色，表面具小点，无光泽，全体包于花被内。花果期 7～8 月。$2n=20，40$。

生境 一年生中生草本。多散生于阔叶林带、森林草原带和草原带的山地、草甸和农田。

产海拉尔区、牙克石市、额尔古纳市、鄂温克族自治旗、陈巴尔虎旗。

箭叶蓼 *Polygonum sieboldii* Meisn.

蒙名 苏门—希没乐得格

形态特征 茎蔓生或近直立，长达1m，有分枝，具4棱，沿棱具倒生钩刺。叶具短柄，长1～2cm，柄上具1～4排钩刺，有时近无柄；叶长卵状披针形，长2～10cm，宽（0.8）1～2.5cm，先端锐尖或微钝，基部箭形，具卵状三角形的叶耳，上面无毛或疏生长伏毛，下面沿中脉疏生钩刺；托叶鞘膜质，长5～10mm，棕色，有明显的纵脉，无毛，开裂。花序头状，成对顶生或腋生，花密集，但数目不多，总花梗无毛；苞长卵形，锐尖；花被5深裂，白色或粉红色；雄蕊8；花柱3。瘦果三棱形，长约3mm，黑色，包于宿存花被内。$2n=40$。

生境 一年生中生草本。多散生于山间谷地、河边和低湿地，为草甸、沼泽化草甸的伴生种。

产牙克石市、扎兰屯市、额尔古纳市、阿荣旗、莫力达瓦达斡尔族自治旗、鄂伦春自治旗、鄂温克族自治旗。

经济价值 全草入药，能祛风除湿、清热解毒、治风湿性关节炎。

蓼科

细叶蓼 *Polygonum angustifolium* Pall.

蒙名 好您—塔日纳

形态特征 植株高15～70cm。茎直立，多分枝，开展，稀少量分枝，具细纵沟纹，通常无毛。叶狭条形至矩圆状条形，长2～6cm，宽0.5～3mm，先端渐尖或锐尖，基部渐狭，边缘常反卷，稀扁平，两面通常无毛，稀具疏长毛，下面主脉显著隆起；营养枝上部的叶常密生；托叶鞘微透明，脉纹明显，常破裂。圆锥花序无叶或于下部具叶，疏散，由多数腋生和顶生的花穗组成；苞卵形，膜质，褐色，内含1～3花；花梗无毛，上端具关节，长1～2mm；花被白色或乳白色，5深裂，长2～2.5mm，果时长3mm左右，裂片倒卵形或倒卵状披针形，大小略相等，开展；雄蕊7～8，比花被短；花柱3，柱头头状。瘦果卵状菱形，具3棱，长约2.5mm，褐色，有光泽，包于宿存花被内。花果期7～8月。2n=20。

生境 多年生旱中生草本。多散生于森林、森林草原带的林缘草甸和山地草甸草原，为伴生种。

产海拉尔区、满洲里市、鄂温克族自治旗、陈巴尔虎旗、新巴尔虎左旗、新巴尔虎右旗。

经济价值 青鲜状态牛、羊、马、骆驼乐食，干枯后采食较差。

叉分蓼 *Polygonum divaricatum* L.

别名 酸不溜

蒙名 希没乐得格

形态特征 植株高70～150cm。茎直立或斜升，有细沟纹，疏生柔毛或无毛，中空，节部通常膨胀，多分枝，常呈叉状，疏散而开展，外观构成圆球形的株丛。叶具短柄或近无柄，叶披针形、椭圆形以至矩圆状条形，长5～12cm，宽0.5～2cm，先端锐尖、渐尖或微钝，基部渐狭，全缘或缘部略呈波状，两面被疏长毛或无毛，边缘常具缘毛或无毛；托叶鞘褐色，脉纹明显，有毛或无毛，常破裂而脱落。花序顶生，大型，为疏松开展的圆锥花序；苞卵形，长2～3mm，膜质，褐色，内含2～3朵花；花梗无毛，上端有关节，长2～2.5mm；花被白色或淡黄色，5深裂，长2.5～4mm，裂片椭圆形，大小略相等，开展；雄蕊7～8，比花被短；花柱3，柱头头状。瘦果卵状菱形或椭圆形，具3锐棱，长5～6（7）mm，比花被长约1倍，黄褐色，有光泽。花期6～7月，果期8～9月。$2n=100$。

生境 多年生旱中生草本。生于森林草原、山地草原的草甸和坡地，以及草原区的固定沙地，为草原沙地建群种或沙质草原的优势种。

产海拉尔区、满洲里市、牙克石市、额尔古纳市、阿荣旗、鄂温克族自治旗、新巴尔虎旗。

经济价值 中等饲用植物，青鲜的或干后的茎叶绵羊、山羊乐食，马、骆驼有时也采食一些。根含鞣质，可提制栲胶。

高山蓼 *Polygonum alpinum* All.

别名 兴安蓼

蒙名 塔格音—塔日纳

形态特征 植株高50～120cm。茎直立，微呈"之"字形曲折，下部常疏生长毛，上部毛较少，淡紫红色或绿色，具纵沟纹，上部常分枝，但侧枝较短，通常疏生长毛。叶稍具短柄，卵状披针形至披针形，长3～8cm，宽1～2（3）cm，先端渐尖，基部楔形，稀近圆形，全缘，上面深绿色，粗糙或近平滑，下面淡绿色，两面被柔毛，边缘密被缘毛；托叶鞘褐色、具疏长毛。圆锥花序顶生，通常无毛，几乎无叶或有时花序的侧枝下具1条状披针形叶；苞卵状披针形，背部具褐色龙骨状凸起，基部包围花梗，边缘及下部有时微有毛，内含2～4花；花具短梗，顶部具关节；花被乳白色，5深裂，裂片卵状椭圆形，长2～3mm，果时长3～3.5mm；雄蕊8；花柱3，柱头头状。瘦果三棱形，淡褐色，有光泽，常露出花被外，长3.5～4mm。花期7～8月，果期8～9月。$2n$=20，22。

生境 寒生—中生草甸植物，草本。散生于森林和森林草原地带的林缘草甸和山地杂草类草甸。

产牙克石市、扎兰屯市、额尔古纳市、鄂温克族自治旗、新巴尔虎左旗、新巴尔虎右旗。

经济价值 牛与绵羊乐食其枝叶。全草入蒙药（蒙药名：阿古兰—希没乐得格）。功能主治同叉分蓼。

拳参 *Polygonum bistorta* L.

别名 紫参、草河车

蒙名 乌和日—没和日

形态特征 植株高20～80cm。根状茎肥厚，弯曲，外皮黑褐色，多须根，具残留的老叶。茎直立，较细弱，不分枝，无毛，通常2～3自根状茎上发出。茎生叶具长柄，叶矩圆状披针形、披针形至狭卵形，长4～18cm，宽1～3cm，先端锐尖或渐尖，基部钝圆或截形，有时近心形，稀宽楔形，沿叶柄下延成狭翅，边缘通常外卷，两面无毛，稀被乳头状凸起或短粗毛；托叶鞘筒状，长3～6cm，上部锈褐色，下部绿色，无毛或有毛，茎上部叶较狭小，条形或狭披针形，无柄或抱茎。花序穗状，顶生，圆柱状，通常长3～9cm，宽1～1.5cm，花密集；苞片卵形或椭圆形，淡褐色，膜质，内含4花；花梗纤细，顶端具关节，较苞片长；花被白色或粉红色，5深裂，裂片椭圆形；雄蕊8，与花被片近等长；花柱3。瘦果椭圆形，具3棱，长约3mm，红褐色或黑色，有光泽，常露于宿存花被外。花期6～7月，果期8～9月。2n=24，48。

生境 多年生中生草本。多散生于山地草甸和林缘。

产海拉尔区、扎兰屯市。

经济价值 根状茎入药，能清热解毒、凉血止血、镇静收敛，主治肝炎、细菌性痢疾、肠炎、慢性气管炎、痔疮出血、子宫出血；外用治口腔炎、牙龈炎、痈疖肿毒。也作蒙药（蒙药名：没和日），能清肺热、解毒、止泻、消肿，主治感冒、肺热、瘟疫、脉热、肠刺痛、关节肿痛。

狐尾蓼 *Polygonum alopecuroides* Turcz. ex Besser

蒙名 哈日—没和日

形态特征 植株高80～100cm。根状茎肥厚，块根状，向上弯曲，黑色，常具残留的老叶。茎直立，具（6）8～12个节。基生叶具长柄，柄长10～20cm；叶片草质，狭矩圆形、狭矩圆状披针形或条状披针形，包括下延部分在内长10～13（20）cm，宽1～2cm，先端渐尖，基部楔形，通常全缘，有时具不明显的细齿，干后常向下面反卷，上面绿色，下面带灰蓝色，无毛；茎下部叶柄短，中、上部者常无柄，叶狭三角状披针形、条形或刺毛状，长约5cm，茎下部者锈色，上端流苏状或斜形整齐，茎中、上部者褐绿色，上端干膜质状锈色。花序穗状，顶生，圆柱状，长3～6.5cm，宽约1cm；苞膜质，近透明，中间为龙骨状，锈色，宽椭圆形，具尾尖；花被白色或粉红色，5深裂，裂片椭圆形；雄蕊8，常露出花被外；花柱3，柱头头状。瘦果菱状卵形，具3棱，长约3mm，宽约1.8mm，先端短尖，基部渐狭，棕褐色，有光泽。花果期6～8月。

生境 多年生中生草本。生于针叶林地带和森林草原地带的山地河谷草甸，为禾草、杂类草草甸的伴生种。

产牙克石市、扎兰屯市、额尔古纳市、阿荣旗、莫力达瓦达斡尔族自治旗、鄂伦春自治旗、鄂温克族自治旗、陈巴尔虎旗。

经济价值 根状茎入药，功能主治同拳参。牛、羊乐食其枝叶。

藜科 Chenopodiaceae

1 具肉质叶的半灌木或植株具星状毛的半灌木 ·· 2
1 一年生草本或植株被单毛的半灌木 ·· 3
2 叶肉质圆柱形或瘤状，多汁；植株无毛 ··· **1 盐爪爪属 Kalidium**
2 叶扁平，非肉质；植株被星状毛 ··· **2 驼绒藜属 Krascheninnikovia**
3 叶圆柱形或半圆柱形 ··· 4
3 叶扁平 ·· 8
4 叶对生 ·· **3 盐角草属 Salicornia**
4 叶互生 ·· 5
5 植株被长柔毛，呈灰白色；果时花被片背面中部生 5 个刺状或锥状附属物；胞果横生 ········ **4 雾冰藜属 Bassia**
5 植株无毛或被乳突状短硬毛或被蛛丝状毛；叶绿色或灰绿色，不呈灰白色 ··· 6
6 植株无毛或叶片先端具芒尖，但不呈刺状；果时花被片背面增厚或延伸成角状或翅状凸起；胞果横生、斜生或直立 ·· **5 碱蓬属 Suaeda**
6 植株被蛛丝状毛或乳突状短硬毛，稀无毛，但叶先端具刺尖；果时花被片背面具发达的翅状附属物 ············ 7
7 植株被乳突状短硬毛，稀无毛，但叶先端具刺尖；果时花被片背面中部生翅状附属物或有时为鸡冠状凸起 ···
 ··· **6 猪毛菜属 Salsola**
7 植株被蛛丝状毛（植株幼时尤为明显，成熟植物主要在花序周围明显）；果时花被片背面近顶部生膜质翅；胞果横生 ·· **7 蛛丝蓬属 Micropeplis**
8 植株被毛 ·· 9
8 植株无毛，被粉层或有糠秕状被覆物，极少有乳头状凸起 ·· 12
9 植株被星状毛 ·· 10
9 植株被单毛，花被附属物翅状，有脉纹 ··· **8 地肤属 Kochia**
10 叶具柄；花单性，雌雄同株，雄花生于枝端集成短穗状花序，雌花生于叶腋，有花被 ········· **9 轴藜属 Axyris**
10 叶无柄；花两性 ·· 11
11 叶和苞片先端针刺状；胞果顶端 2 喙与果核近等长；种子与果皮分离 ················· **10 沙蓬属 Agriophyllum**
11 叶和苞片先端锐尖，不呈针刺状；胞果顶端 2 喙长为果核的 1/8～1/5；种子与果皮贴生 ······ **11 虫实属 Corispermum**
12 花单性，雌花无花被；子房、胞果着生于 2 特化的苞片内 ··································· **12 滨藜属 Atriplex**
12 花两性，雌花有花被；子房、胞果无苞片 ··· **13 藜属 Chenopodium**

盐爪爪属 Kalidium Moq.

1 叶长 4～10mm；穗状花序较粗，直径 3～4mm ……………………………………………… **1 盐爪爪 K. foliatum**
1 叶长在 3mm 以下或不发育；穗状花序细，直径 1.5～3mm …………………………………………… **2**
2 小枝细弱；叶瘤状，先端钝；穗状花序与枝条区别不明显 ………………………… **2 细枝盐爪爪 K. gracile**
2 小枝较粗壮；叶卵形，长 1.5～3mm，先端锐尖；穗状花序与枝条有明显的区别 …… **3 尖叶盐爪爪 K. cuspidatum**

盐爪爪 *Kalidium foliatum* (Pall.) Moq.

别名 着叶盐爪爪、碱柴、灰碱柴

蒙名 巴达日格纳

形态特征 植株高 20～50cm。茎直立或斜升，多分枝；枝灰褐色，幼枝稍为草质，带黄白色。叶圆柱形，长 4～6mm，宽 0.7～1.5mm，先端钝或稍尖，基部半抱茎，直伸或稍弯，灰绿色。花序穗状，圆柱状或卵形，长 8～20mm，直径 2～4mm；每 3 朵花生于 1 鳞状苞片内。胞果圆形，直径约 1mm，红褐色。种子与果同形。花果期 7～8 月。

生境 多年生盐生旱生半灌木。广布于草原区和荒漠区的盐碱土上，尤喜潮湿疏松的盐渍化土，经常在湖盆外围、盐湿低地和盐渍化沙地上形成大面积的盐湿荒漠，也以伴生种或亚优势种的形式出现于芨芨草盐渍化草甸中。

产新巴尔虎右旗。

经济价值 为中等饲用植物。秋末至春季返青前，骆驼喜食，羊、马稍食，牛通常不食。青鲜状态除骆驼少量采食外，其他家畜均不食。

细枝盐爪爪 *Kalidium gracile* Fenzl

别名 绿碱柴

蒙名 希日—巴达日格纳

形态特征 植株高10～30cm。茎直立，多分枝；老枝红褐色或灰褐色，幼枝纤细，黄褐色。叶不发达，瘤状，先端钝，基部狭窄，黄绿色。花序穗状，圆柱状，细弱，长1～3.5cm，直径约1.5mm；第1朵花生于1鳞状苞片内。胞果卵形。种子与果同形。花果期7～8月。

生境 多年生盐生旱生半灌木。生于草原区和荒漠区盐湖外围和盐碱土上。散生或群聚，可为盐湖外围、河流尾端低湿洼地的建群种，形成盐生荒漠，也进入芨芨草盐渍化草甸，为伴生成分。

产新巴尔虎右旗。

经济价值 饲用价值同盐爪爪。

尖叶盐爪爪 *Kalidium cuspidatum* (Ung.-Sternb.) Grub.

别名 灰碱柴

蒙名 苏布格日—巴达日格纳

形态特征 植株高 10～30cm。茎多由基部组成，枝斜升；老枝灰褐色，幼枝较细弱，黄褐色或带黄白色。叶卵形，长 1.5～3mm，先端锐尖，边缘膜质，基部半抱茎，灰蓝色。花序穗状，圆柱状或卵状，长 5～15mm，直径 1.5～3mm；每 3 朵花生于 1 鳞状苞片内。胞果圆形，直径约 1mm。种子与果同形。花果期 7～8 月。

生境 多年生盐生旱生半灌木。生于草原区和荒漠区的盐渍化土或盐碱土上。在湖盆外围、盐渍低地常形成单一群落，有时也进入盐渍化草甸，为伴生种。

产新巴尔虎左旗、新巴尔虎右旗。

经济价值 饲用价值同盐爪爪。

驼绒藜属 Krascheninnikovia Gueldenstaedt [= Ceratoides (Tourn.) Gagnebin]

驼绒藜 *Krascheninnikovia ceratoides* (L.) Gueldenstaedt [= *Ceratoides lateens* (J. F. Gmel.]

别名 优若藜

蒙名 特斯格

形态特征 植株高 0.3～1m，分枝多集中于下部。叶较小，条形、条状披针形、披针形或矩圆形，长 1～2cm，宽 2～5mm，先端锐尖或钝，基部渐狭，楔形或圆形，全缘，1 脉，有时近基部有 2 条不甚显著的侧脉，极稀为羽状，两面均有星状毛。雄花序较短而紧密，长达 4cm；雌花管椭圆形，长 3～4mm，密被星状毛，花管裂片角状，其长为管长的 1/3，叉开，先端锐尖，果时管外具 4 束长毛，其长约与管长相等。胞果椭圆形或倒卵形，被毛。果期 6～9 月。$2n=36，52$。

生境 强旱生半灌木。生于草原区西部和荒漠区沙质、沙砾质土壤，为小针茅草原伴生种，在草原化荒漠向典型荒漠过渡地带可形成大面积的驼绒藜群落，也出现在其他荒漠群落中。

产新巴尔虎左旗、新巴尔虎右旗。

经济价值 优等饲用植物。家畜采食其当年生枝条。在各种家畜中，骆驼、山羊、绵羊四季均喜食，而以秋冬为最喜食，绵羊与山羊除喜食其嫩枝外也喜食其花序，马四季均喜食，牛的适口性较差。在干旱地区有引种驯化价值。

盐角草属 Salicornia L.

盐角草 *Salicornia europaea* L.

别名 海蓬子、草盐角

蒙名 希日和日苏

形态特征 植株高 5～30cm。茎直立，多分枝；枝灰绿色或为紫红色。叶鳞片状，长 1.5mm，先端锐尖，基部连合成鞘状，边缘膜质。穗状花序有短梗，圆柱状，长 1～5cm；花每 3 朵成 1 簇，着生于肉质花序轴两侧的凹陷内；花被上部扁平；雄蕊 1 或 2，花药矩圆形。胞果卵形，果皮膜质，包于膨胀的花被内。种子矩圆形，长 1～1.5mm。花果期 6～8 月。$2n=18$。

生境 一年生盐生中生草本。生于盐湖或盐渍低地，可组成一年生草本盐生植被。

产海拉尔区、满洲里市、鄂温克族自治旗、陈巴尔虎旗、新巴尔虎左旗、新巴尔虎右旗。

经济价值 植物体含有大量盐分，家畜不乐食，如多食易引起下痢。工业上作为制造碳酸钠的原料。

雾冰藜属 Bassia All.

雾冰藜 *Bassia dasyphylla* (Fisch. et C. A. Mey.) Kuntze

别名 巴西藜、肯诺藜、五星蒿、星状刺果藜

蒙名 马能—哈麻哈格

形态特征 植株高 5～30cm，全株被灰白色长毛。茎直立，具条纹，黄绿色或浅红色，多分枝，开展，细弱，后变硬。叶肉质，圆柱状或半圆柱状条形，长 0.3～1.5cm，宽 1～5mm，先端钝，基部渐狭。花单生或 2 朵集生于叶腋，但仅 1 花发育；花被球状壶形，草质，5 浅裂，果时在裂片背侧中部生 5 个锥状附属物，呈五角星状。胞果卵形。种子横生，近圆形，压扁，直径 1～2mm，平滑，黑褐色。花果期 8～10 月。$2n=18$。

生境 一年生旱生草本。散生或群生于草原区和荒漠区的沙质和沙砾质土壤上，也见于沙质撂荒地和固定沙地，稍耐盐。

产陈巴尔虎旗、新巴尔虎左旗、新巴尔虎右旗。

经济价值 中等饲用植物。夏末秋初马乐食，秋季绵羊、山羊、骆驼乐食。

碱蓬属 Suaeda L.

1 花簇有柄，柄着生于叶下部，与叶具共同的柄；花被片果期常呈五角星形 ··· **1 碱蓬 S. glauca**
1 花簇无柄，生于叶腋；花被片果期有翅或凸出物，或发育成角状 ··· **2**
2 花期花被裂片的形状、大小不相等，其中一裂片较发达；果期呈不等长的角状凸起 ········· **2 角果碱蓬 S. corniculata**
2 花期花被裂片略均等；果期各裂片的背部发育成隆脊或凸出物，基部发育成横生的翅状凸起 ······ **3 盐地碱蓬 S. salsa**

碱蓬 *Suaeda glauca* Bunge

别名 猪尾巴草、灰绿碱蓬

蒙名 和日斯

形态特征 植株高30～60cm。茎直立，圆柱形，浅绿色，具条纹，上部多分枝，分枝细长，斜升或开展。叶条形，半圆柱状或扁平，灰绿色，长1.5～3（5）cm，宽0.7～1.5mm，先端钝或稍尖，光滑或被粉粒，通常稍向上弯曲；茎上部叶渐变短。花两性，单生或2～5簇生于叶腋的短柄上，或呈团伞状，通常与叶具共同之柄；小苞片短于花被，卵形，锐尖；花被片5，矩圆形，向内包卷，果时花被增厚，具隆脊，呈五角星形。胞果有二型，其一扁平，圆形，紧包于五角星形的花被内；另一呈球形，上端稍裸露，花被不为五角星形。种子近圆形，横生或直立，有颗粒状点纹，直径约2mm，黑色。花期7～8月，果期9月。

生境 一年生盐生湿生草本。生于盐渍化和盐碱湿润的土壤上。群聚或零星分布，能形成群落或层片。

产阿荣旗、鄂温克族自治旗、陈巴尔虎旗、新巴尔虎左旗、新巴尔虎右旗。

经济价值 中等饲用植物。骆驼采食，山羊、绵羊采食较少。碱蓬是一种良好的油料植物，种子油可做肥皂和油漆等。此外，全株含有丰富的碳酸钾，在印染工业、玻璃工业、化学工业上可作多种化学制品的原料。

角果碱蓬 *Suaeda corniculata* (C.A. Mey.) Bunge

蒙名 额伯日特—和日斯

形态特征 植株高 10～30cm。全株深绿色，秋季变紫红色，晚秋常变黑色，无毛。茎粗壮，由基部分枝，斜升或直立，有红色条纹，枝细长，开展。叶条形、半圆柱状，长 1～2cm，宽 0.7～1.5mm，先端渐尖，基部渐狭，常被粉粒。花两性或雌性，3～6 簇生于叶腋，呈团伞状；小苞片短于花被；花被片 5，肉质或稍肉质，向上包卷，包住果实，果时背部生不等大的角状凸起，其中之一发育伸长成长角状；雄蕊 5，花药极小，近圆形；柱头 2；花柱不明显。胞果圆形，稍扁。种子横生或斜生，直径 1～1.5mm，黑色或黄褐色，有光泽，具清晰的点纹。花期 8～9 月，果期 9～10 月。

生境 一年生盐生湿生草本。生于盐碱或盐湿土壤，群集或零星分布，形成群落或层片。在内蒙古可与芨芨草盐生草甸形成镶嵌分布的复合群落，在盐湖、水泡子外围形成优势群落。

产海拉尔区、鄂温克族自治旗、陈巴尔虎旗、新巴尔虎左旗、新巴尔虎右旗。

经济价值 用途同碱蓬。

盐地碱蓬 *Suaeda salsa* (L.) Pall.

别名 黄须菜、翅碱蓬

蒙名 哈日—和日斯

形态特征 植株高 10～50cm，绿色，晚秋变红紫色或墨绿色。茎直立，圆柱形，无毛，有红紫色条纹；上部多分枝或由基部分枝，枝细弱，有时茎不分枝。叶条形、半圆柱状，长 1～3cm，宽 1～2mm，先端尖或急尖，枝上部叶较短。团伞花序，通常含 3～5 花，腋生，在分枝上排列成间断的穗状花序，花两性或兼有雌性，小苞片短于花被，卵形或椭圆形，膜质，白色；花被半球形，花被片基部合生，果时各花被片背显著隆起，成为兜状或龙骨状，基部具大小不等的翅状凸起；雄蕊 5，花药卵形或椭圆形；柱头 2，丝状有乳头；花柱不明显。种子横生，双凸镜形或斜卵形，直径 0.8～1.5mm，黑色，表面有光泽，网点纹不清晰或仅边缘较清晰。花果期 8～10 月。$2n=18$。

生境 一年生盐生湿生草本。生于盐碱或盐湿土壤上。星散或群集分布。在盐碱湖滨、河岸、洼地常形成群落。

产满洲里市、鄂温克族自治旗、陈巴尔虎旗、新巴尔虎左旗、新巴尔虎右旗。

猪毛菜属 Salsola L.

1 叶先端有白色硬刺尖，叶边缘常被硬毛状缘毛；果翅发达 ·················· **2 刺沙蓬 S. tragus**
1 叶先端具小刺尖，叶边缘常不具硬毛状缘毛；果翅不发达 ·················· **1 猪毛菜 S. collina**

猪毛菜 *Salsola collina* Pall.

别名 山叉明棵、札蓬棵、沙蓬

蒙名 哈木呼乐

形态特征 植株高 30～60cm。茎近直立，通常由基部分枝，开展，茎及枝淡绿色，有白色或紫色条纹，被稀疏的短糙硬毛或无毛。叶条状圆柱形，肉质，长 2～5cm，宽 0.5～1mm，先端具小刺尖，基部稍扩展，下延，深绿色，有时带红色，无毛或被短糙硬毛。花通常多数，生于茎及枝上端，排列为细长的穗状花序，稀单生于叶腋；苞片卵形，具锐长尖，绿色，边缘膜质，背面有白色隆脊，花后变硬；小苞片狭披针形，先端具针尖，花被片披针形膜质透明，直立，长约 2mm，较短于苞，果时背部生有鸡冠状革质凸起，有时为 2 浅裂；雄蕊 5，稍超出花被，花丝基部扩展，花药矩圆形，顶部无附属物；柱头丝形，长为花柱的 1.5～2 倍。胞果倒卵形，果皮膜质。种子倒卵形，顶端截形。花期 7～9 月，果期 8～10 月。2n=18。

生境 一年生旱中生草本。喜生于松软的沙质土壤上，为温带地区的常见种，经常进入草原和荒漠群落中形成伴生种，也为农田、撂荒地杂草，可形成群落或纯群落。

产呼伦贝尔市各旗、市、区。

经济价值 用途同刺沙蓬。

刺沙蓬 *Salsola tragus* L. (= *Salsola pestifer* A. Nelson)

别名 沙蓬、苏联猪毛菜

蒙名 乌日格斯图—哈木呼乐

形态特征 植株高15～50cm。茎直立或斜升，由基部分枝，坚硬，绿色，圆筒形或稍有棱，具白色或紫红色条纹，无毛或具乳头状短糙硬毛。叶互生，条状圆柱形，肉质，长1.5～4cm，厚1～2mm，先端有白色硬刺尖，基部稍扩展，边缘干膜质，两面苍绿色，无毛或有短糙硬毛，边缘常被硬毛状缘毛。花1～2生于苞腋，通常在茎及枝的上端排列成为穗状花序；小苞片卵形，边缘干膜质，全缘或具有微小锯齿，先端具刺尖，质硬；花被片5，锥形或长卵形，直立，长约2mm，其中有2片较短而狭，花期为透明膜质，果时于背侧中部横生5个干膜质或近革质翅，其中3个翅较大，肾形、扇形或倒卵形，淡紫红色或无毛，后期常变为灰褐色，具多数扇状脉纹，水平开展，或稍向上，顶端有不规则圆齿，另2个翅较小，匙形，各翅边缘互相衔接或重叠；全部翅（包括花被）直径4～10mm；花被片的上端为薄膜质，聚集在中央部，形成圆锥状，高出于翅，基部变厚硬包围果实；雄蕊5，花药矩圆形，顶部无附属物；柱头2裂，丝形，长为花柱的3～4倍。胞果倒卵形，果皮膜质。种子横生。花期7～9月，果期9～10月。$2n=36$。

生境 一年生旱中生草本。生于砂质或沙砾质土壤上，喜疏松土壤，也进入农田成为杂草。多雨年份在荒漠草原和荒漠群落中常形成发达的层片。

产呼伦贝尔市各旗、市、区。

经济价值 良等饲用植物。青鲜状态或干枯后均为骆驼所喜食，绵羊、山羊在青鲜时乐食，干枯后则利用较差，牛马稍采食。全草入药，能清热凉血、降血压，主治高血压。

蛛丝蓬属 Micropeplis Bunge

蛛丝蓬 *Micropeplis arachnoidea* (Moq.) Bunge

别名 蛛丝盐生草、白茎盐生草、小盐大戟

蒙名 好希—哈麻哈格

形态特征 植株高 10～40cm。茎直立，自基部分枝；枝互生，灰白色，幼时被蛛丝状毛，毛以后脱落。叶互生，肉质，圆柱形，长 3～10mm，宽 1.5～2mm，先端钝，有时生小短尖，叶腋有锦毛。花小，杂性，通常 2～3 簇生于叶腋；小苞片 2，卵形，背部隆起，边缘膜质；花被片 5，宽披针形，膜质，先端钝或尖，全缘或有齿，果时自背侧的近顶部生翅；翅半圆形，膜质，透明；雄花的花被常缺；雄蕊 5，花药矩圆形；柱头 2，丝形。胞果宽卵形，背腹压扁，果皮膜质，灰褐色。种子圆形，横生，直径 1～1.5mm；胚螺旋状。花果期 7～9 月。

生境 一年生耐盐碱旱中生草本。多生于荒漠地带的碱化土壤、石质残丘、覆沙坡地、沟谷、干河床沙地或砾石戈壁滩上，为荒漠群落的常见伴生种，沿盐渍化低地也进入荒漠草原地带，但一般很少进入典型草原地带。

产新巴尔虎右旗。

经济价值 中等饲用植物。骆驼乐食，山羊、绵羊采食较差。

地肤属 Kochia Roth

1 小半灌木；叶条形或狭条形 ··· **1 木地肤 K. prostrata**
1 一年生草本；叶扁平，披针形至条状披针形 ··· **2**
2 花下面无束生长柔毛 ··· **2 地肤 K. scoparia**
2 花下面具束生长柔毛 ·· **2a 碱地肤 K. scoparia var. sieversiana**

木地肤 *Kochia prostrata* (L.) Schrad.

别名 伏地肤

蒙名 道格特日嘎纳

形态特征 植株高 10～60cm。根粗壮，木质。茎基部木质化，浅红色或黄褐色；分枝多而密，于短茎上呈丛生状，枝斜升，纤细，被白色柔毛，有时被长绵毛，上部近无毛。叶于短枝上呈簇生状，叶条形或狭条形，长 0.5～2cm，宽 0.5～1.5mm，先端锐尖或渐尖，两面被疏或密的柔毛。花单生或 2～3 集生于叶腋，或于枝端构成复穗状花序，花无梗，不具苞，花被壶形或球形，密被柔毛；花被片 5，密生柔毛，果时变革质，自背部横生 5 个干膜质薄翅，翅菱形或宽倒卵形，顶端边缘有不规则钝齿，基部渐狭，具多数暗褐色扇状脉纹，水平开展；雄蕊 5，花丝条形，花药卵形；花柱短，柱头 2，有羽毛状凸起。胞果扁球形，果皮近膜质，紫褐色。种子横生，卵形或近圆形，黑褐色，直径 1.5～2mm。花果期 6～9 月。$2n=18$。

生境 旱生小半灌木，生态变异幅度很大。多生于草原区和荒漠区东部的栗钙土和棕钙土上，为草原和荒漠草原群落的恒有伴生种，在小针茅—葱类草原中可成为亚优势种，也可进入部分草原化荒漠群落。

产海拉尔区、满洲里市、牙克石市、阿荣旗、鄂伦春自治旗、鄂温克族自治旗、陈巴尔虎旗、新巴尔虎左旗、新巴尔虎右旗。

经济价值 优等饲用植物。绵羊、山羊和骆驼喜食，在秋冬更喜食。一般认为秋季对绵羊、山羊有抓膘作用。马、牛在春季和夏季一般采食，结实后则喜食。

地肤 *Kochia scoparia* (L.) Schrad.

别名 扫帚菜

蒙名 疏日—诺高

形态特征 植株高50～100cm。茎直立，粗壮，常自基部分枝，多斜升，具条纹，淡绿色或浅红色，至晚秋变为红色，幼枝有白色柔毛。叶无柄，叶披针形至条状披针形，长2～5cm，宽3～7mm，扁平，先端渐尖，基部渐狭成柄状，全缘，无毛或被柔毛，边缘常有白色长毛，逐渐脱落，淡绿色或黄绿色，通常具3条纵脉。花无梗，通常单生或2朵生于叶脉，于枝上排成稀疏的穗状花序；花被片5，基部合生，黄绿色，卵形，背部近先端处有绿色隆脊及横生的龙骨状凸起，果时龙骨状凸起发育为横生的翅，翅短，卵形，膜质，全缘或有钝齿。胞果扁球形，包于花被内。种子与果同形，直径约2mm，黑色。花期6～9月，果期8～10月。$2n=18$。

生境 一年生中生草本。多见于夏绿阔叶林区和草原区的撂荒地、路旁、村边，散生或群生，也为常见农田杂草。

产呼伦贝尔市各旗、市、区。

经济价值 嫩茎叶可供食用。果实及全草入药（果实药材名：地肤子），能清湿热、利尿、祛风止痒，主治尿痛、尿急、小便不利、皮肤瘙痒；外用治皮癣及阴囊湿疹。种子含油量约15%，供食用及工业用。

碱地肤 *Kochia scoparia* (L.) Schrad. var. *sieversiana* (Pall.) Ulbr. ex Aschers. et Graebn.

别名 秃扫儿

蒙名 好吉日萨格—道格特日嘎纳

形态特征 本变种与正种的区别在于：花下有较密的束生柔毛。

生境 一年生旱中生草本。广布于草原带和荒漠地带，多生长在盐碱化的低湿地和质地疏松的撂荒地上，也为常见农田杂草和居民点附近伴人植物。

产海拉尔区、满洲里市、鄂温克族自治旗、陈巴尔虎旗、新巴尔虎左旗、新巴尔虎右旗。

经济价值 中等饲用植物。骆驼、羊和牛乐食，青嫩时可作猪饲料。药用同地肤。

藜 科

轴藜属 Axyris L.

1 叶较大，长 3～7cm，披针形，下面星状毛较密；果实长椭圆状倒卵形，不具同心圆状皱纹，顶端附属物较大，1 个，冠状，其中央微凹 ··· **1 轴藜 A. amaranthoides**
1 叶较小，长 0.5～3.5cm，椭圆形、卵形或矩圆状披针形，两面均密被星状毛；果实宽椭圆状倒卵形，侧面具同心圆状皱纹，顶端附属物较小，2 个，三角状 ·· **2 杂配轴藜 A. hybrida**

轴藜 *Axyris amaranthoides* L.

蒙名 查干—图如

形态特征 植株高 20～80cm。茎直立，粗壮，圆柱形，稍具条纹，幼时被星状毛，后期大部脱落，多分枝，常集中于中部以上，纤细，下部枝较长，越向上越短。叶具短柄，先端渐尖，具小尖头，基部渐狭，全缘，下面密被星状毛，后期毛脱落，茎生叶较大，披针形，长 3～7cm，宽 0.5～1.3cm，脉显著；枝生叶及苞片较小，狭披针形或狭倒卵形，长约 1cm，宽 2～3mm，边缘通常内卷。雄花序呈穗状，花被片 3，膜质，狭矩圆形，背面密被星状毛，后期脱落，雄蕊 3，比花被片短或等长；雌花花被片 3，膜质，背部密被星状毛，侧生的 2 个花被片较大，宽卵形或近圆形，近苞片处的花被片较小，矩圆形，果时均增大，包被果实。胞果长椭圆状倒卵形，侧扁，长 2～3mm，灰黑色，顶端有 1 冠状附属物，其中央微凹。花果期 8～9 月。$2n=18$。

生境 一年生中生农田杂草。散生于森林区和草原区的沙质撂荒地和居民点周围。

产海拉尔区、满洲里市、牙克石市、扎兰屯市、额尔古纳市、鄂伦春自治旗。

杂配轴藜 *Axyris hybrida* L.

蒙名 额日力斯—查干—图如

形态特征 植株高 5 ～ 40cm。茎直立，由基部分枝，枝通常斜升，幼时被星状毛，后期脱落。叶具短柄，叶片卵形、椭圆形或矩圆状披针形，长 0.5 ～ 3.5cm，宽 0.2 ～ 1cm，先端钝或渐尖，具小尖头，基部楔形，全缘，下面叶脉明显，两面均密被星状毛。雄花序穗状，花被片 3，膜质，矩圆形，背面密被星状毛，后期脱落，雄蕊 3，伸出花被外；雌花无梗，通常构成聚伞花序生于叶腋，苞片披针形或卵形，背面密被星状毛，花被片 3，背部密被星状毛。胞果宽椭圆状倒卵形，长 1.5 ～ 2mm，宽约 1.5mm，侧面具同心圆状皱纹，顶端有 2 个小的三角状附属物。花果期 7 ～ 8 月。

生境 一年生中生杂草，为沙质撂荒地上常见植物，也见于固定沙地、干河床。

产海拉尔区、牙克石市、鄂伦春自治旗、陈巴尔虎旗、新巴尔虎右旗。

沙蓬属 Agriophyllum M. Bieb.

沙蓬 *Agriophyllum squarrosum* (L.) Moquin-Tandon [= *Agriophyllum pungens* (Vahl) Link ex A. Dietr.]

别名 沙米、登相子

蒙名 楚力给日

形态特征 植株高 15～50cm。茎坚硬，浅绿色，具不明显条棱，幼时全株密被分枝状毛，后脱落；多分枝，最下部枝条通常对生或轮生，平卧，上部枝条互生，斜展。叶无柄，披针形至条形，长1.3～7cm，宽 4～10mm，先端渐尖有小刺尖，基部渐狭，有 3～9 条纵行的脉，幼时下面密被分枝状毛，后脱落。花序穗状，紧密，宽卵形或椭圆状，无梗，通常 1（3）个着生叶腋；苞片宽卵形，先端急缩具短刺尖，后期反折；花被片 1～3，膜质；雄蕊 2～3，花丝扁平，锥形，花药宽卵形；子房扁卵形，被毛，柱头 2。胞果圆形或椭圆形，两面扁平或背面稍凸，除基部外周围有翅，顶部具果喙，果喙深裂成 2 个条状扁平的小喙，在小喙先端外侧各有 1 小齿。种子近圆形，扁平，光滑。花果期 8～10 月。

生境 一年生沙生旱生草本。生于流动、半流动沙地和沙丘。在草原区沙地和沙漠中分布极为广泛，往往可以形成大面积的先锋植物群落。

产海拉尔区、鄂温克族自治旗、陈巴尔虎旗、新巴尔虎左旗、新巴尔虎右旗。

经济价值 良好饲用植物。骆驼终年喜食。山羊、绵羊仅乐食其幼嫩的茎叶，牛、马采食较差。开花后即迅速粗老而多刺，家畜多不食。种子可作精料补饲家畜，或磨粉后煮熬成糊，喂缺奶羔羊，作幼畜的代乳品。此外，农牧民常采收其种子为米而食用。种子萌发力甚强且快，在流动沙丘上遇雨便萌发，具有特殊的先期固沙性能，故在荒漠地带是一种先锋固沙植物。种子作蒙药（蒙药名：曲里赫勒），能发表解热，主治感冒发热、肾炎。

虫实属 Corispermum L.

1 果实顶端下陷成不同程度的缺刻	2
1 果实顶端锐尖或圆形，不成缺刻	4
2 穗状花序圆柱状，纤细，疏松；果实矩圆状椭圆形，长（3.1～4.0）mm×（2.5～3）mm	**1 长穗虫实 C. elongatum**
2 穗状花序棍棒状，粗壮，紧密或仅在花序基部具少数疏离的花	3
3 果实椭圆形或倒卵状椭圆形	**2 软毛虫实 C. puberulum**
3 果实宽倒卵形	**3 辽西虫实 C. dilutum**
4 穗状花序通常圆柱形，稍细，直径通常为 5mm 以上	**4 兴安虫实 C. chinganicum**
4 穗状花序圆柱状，疏松，细长，苞片明显由叶片过渡成狭卵形，直径不足 5mm	**5 蒙古虫实 C. mongolicum**

长穗虫实 *Corispermum elongatum* Bunge

蒙名 图如特—哈麻哈格

形态特征 植株高 18～50cm。茎直立，圆柱形，疏生毛；分枝多，呈帚状，最下部分枝较长，斜升，上部分枝通常斜展。叶狭条形，长 3～5cm，宽 2～4mm，先端渐尖，具小尖头，基部渐狭，1 脉，深绿色。穗状花序圆柱状，较稀疏，延长，长 3～11cm，通常 5～8cm，直径约 6mm，下部的花疏离至稀疏，上部稍密；苞片披针形至卵形，先端渐尖或骤尖，基部圆形，具白色膜质边缘，1～3 脉，绿色，果期毛脱落；花被片 3，雄蕊 5，超过花被片。果实矩圆状椭圆形，长 3.1～4mm，宽 2.5～3mm，顶端具浅而宽的缺刻，基部圆楔形，背部凸起，中央扁平，腹部凹入，无毛；果喙较短，长 0.7mm，直立；翅宽 0.4～0.7mm，为果核宽的 1/6～1/2，不透明，边缘具不规则细齿、全缘或呈波状。花果期 7～9 月。

生境 一年生沙生旱生草本。生于草原区的沙地和沙丘上。

产海拉尔区、鄂温克族自治旗、陈巴尔虎旗、新巴尔虎左旗、新巴尔虎右旗。

软毛虫实 *Corispermum puberulum* Iljin

蒙名 乌苏图—哈麻哈格

形态特征 植株高15～50cm。茎直立，粗壮，圆柱形，基部多分枝，最下部分枝较长，斜升，上部分枝较短，斜展，淡绿色或紫红色，具条纹，疏生星状毛。叶条形或披针形，长1～3cm，宽3～5mm，先端渐尖，具小尖头，基部渐狭，1脉，无毛或疏生星状毛。穗状花序粗壮，紧密，棍棒形或圆柱形，通常长3～5cm，直径约0.8cm；苞片披针形至宽卵形，先端渐尖或骤尖，基部圆形，1～3脉，具宽的白色膜质边缘，疏生星状毛，全部掩盖果实；花被片1～3，近轴花被片1，椭圆形或宽倒卵形，顶端圆形，近全缘，远轴2，较小或不发育；雄蕊1～5，较花被片长。果实宽椭圆形或倒卵状椭圆形，长3～4mm，宽2～3.5mm，顶端圆形，基部近心形，背面微凸起，中央扁平，腹面凹入或略扁平，两面均被星状毛；果核椭圆形，黄绿色；果喙明显，喙尖直立；果翅较宽，为果核宽的1/6～1/3，最宽达1/2，薄，不透明，边缘全缘或具不规则的细齿。花期6～9月。

生境 一年生沙生旱生草本。生于草原带的沙地、沙丘、沙质撂荒地。

产新巴尔虎左旗。

辽西虫实 *Corispermum dilutum* (Kitag.) Tsien et C. G. Ma

蒙名 额乐存—哈麻哈格

形态特征 植株高5～30cm。茎直立，圆柱形，绿色或下部紫色，稍被星状毛，果时毛脱离；由基部分枝，最下部分枝较长，斜升或平卧，上部分枝较短，斜展。叶条形，长2.5～4.5cm，宽2～6cm，通常宽约3mm，先端锐尖，具小尖头，基部渐狭，1脉，绿色，疏生星状毛。穗状花序倒卵状或棍棒状，长1～3（10）cm，直径1～1.5cm，紧密，苞片宽披针形、卵形至宽卵形，长5～10（22）mm，宽4～6mm，先端锐尖或骤尖，具小尖头，基部圆形，3脉，具宽的白色膜质边缘，其上部有明显的乳头状凸起；花被片3，近轴花被片1，宽椭圆形或近圆形，长约1.2mm，顶端具不规则小齿；远轴2，小，三角形；雄蕊3～5，超过花被片。果实倒宽卵形，长3.5～4.5mm，宽2.5～4mm，顶端具明显的钝角状缺刻，基部心形或近心形，背部凸起，腹部凹入，无毛；果核倒卵形，黄绿色，具少数褐色斑纹和泡状凸起；果喙长约0.8mm，喙尖为喙长的1/3～1/2，直立；翅较宽，约0.7mm，黄褐色，不透明，边缘具不规则细齿。花果期7～9月。

生境 一年生沙生旱生草本。生于草原区的沙地或沙丘上。

产鄂温克族自治旗。

兴安虫实 *Corispermum chinganicum* Iljin var. *chinganicum*

蒙名 虎日恩—哈麻哈格

形态特征 植株高10～50cm。茎直立,圆柱形,绿色或紫红色,由基部分枝,下部分枝较长,斜升,上部分枝较短,斜展,初期疏生长柔毛,后无毛。叶条形,长2～5cm,宽约2mm,先端渐尖,具小尖头,基部渐狭,1脉。穗状花序圆柱形,稍紧密,长(1.5)4～5cm,直径3～8mm,通常约5mm;苞片披针形至卵形或宽卵形,先端渐尖或骤尖,1～3脉,具较宽的白色膜质边缘,全部包被果实;花被片3,近轴花被片1,宽椭圆形,顶端具不规则的细齿;雄蕊1～5,稍超过花被片。果实矩圆状倒卵形或宽椭圆形,长3～3.5(3.75)mm,宽1.5～2mm,顶端圆形,基部近圆形或近心形,背部凸起,腹面扁平,无毛;果核椭圆形,灰绿色至橄榄色,后期为暗褐色,有光泽,常具褐色斑点或无,无翅或翅狭窄,为果核的1/8～1/7,浅黄色,不透明,全缘;小喙粗短,为喙长的1/4～1/3。花果期6～8月。

生境 一年生沙生旱生草本。生于草原和荒漠草原的沙质土壤上,也出现于荒漠区湖边沙荒地和干河床。

产海拉尔区、陈巴尔虎旗、新巴尔虎左旗、新巴尔虎右旗。

经济价值 良等饲用植物。骆驼青绿时采食,干枯后十分喜食。绵羊、山羊在青绿时采食较少,秋冬采食,马少食,牛通常不食。牧民常收集其籽实做饲料,补喂瘦弱畜及幼畜。

蒙古虫实 *Corispermum mongolicum* Iljin

蒙名 蒙古乐—哈麻哈格

形态特征 植株高10～35cm。茎直立，圆柱形，被星状毛，通常分枝集中于基部，最下部分枝较长，平卧或斜升，上部分枝较短，斜展。叶条形或倒披针形，长1.5～2.5cm，宽0.2～0.5cm，先端锐尖，具小尖头，基部渐狭，1脉。穗状花序细长，不紧密，圆柱形，苞片条状披针形至卵形，长5～20mm，宽约2mm，先端渐尖，基部渐狭，1脉，被星状毛，具宽的白色膜质边缘，全部包被果实；花被片1，矩圆形或宽椭圆形，顶端具不规则细齿；雄蕊1～5，超出花被片。果实宽椭圆形至矩圆状椭圆形，长1.5～2.25（3）mm（通常2mm），宽1～1.5mm，顶端近圆形，基部楔形，背部具瘤状凸起，腹面凹入；果核与果同形，黑色、黑褐色到褐色，有光泽，通常具瘤状凸起，无毛；果喙短，喙尖为缘长的1/2；翅极窄，几近于无翅，浅黄色，全缘。花果期7～9月。

生境 一年生沙生旱生草本。生于荒漠区和草原区的沙质土壤、戈壁和沙丘上，在荒漠群落中可形成层片。

产新巴尔虎右旗。

经济价值 用途同兴安虫实。

滨藜属 Atriplex L.

1 茎中部叶披针形至条形，较窄，长度为宽度的 3 倍以上；果苞菱形至卵状菱形，被粉，边缘合生的部位几达中部，上部分离 ·· **1 滨藜 A. patens**
1 叶较宽，长度不超过宽度的 2 倍；果苞边缘全部合生或仅顶部分离 ·· **2**
2 叶非肉质，下面密被粉粒，银白色，边缘具不整齐的波状钝牙齿，中部的 1 对大，呈裂齿状；果苞生有多数短棘状凸起 ·· **2 西伯利亚滨藜 A. sibirica**
2 叶肉质，下面被粉粒，后期脱落，不呈银白色，边缘全缘或微波状；果苞不具棘状凸起或具 1～3 个棘状凸起 ······
·· **3 野滨藜 A. fera**

滨藜 *Atriplex patens* (Litv.) Iljin

别名 碱灰菜

蒙名 绍日苏—嘎古代

形态特征 植株高 20～80cm。茎直立，有条纹，上部多分枝；枝细弱，斜生。叶互生，在茎基部的近对生，柄长 5～15mm，叶披针形至条形，长 3～9cm，宽 4～15mm，先端尖或微钝，基部渐狭，边缘有不规则的弯锯齿或全缘，两面稍有粉粒。花单性，雌雄同株；团伞花簇形成稍疏散的穗状花序，腋生；雄花花被片 4～5，雄蕊和花被片同数；雌花无花被，有 2 个苞片，苞片中部以下合生，果时为三角状菱形，表面疏生粉粒或有时生有小凸起，上半部边缘常有齿，下半部全缘。种子近圆形，扁，红褐色或褐色，光滑，直径 1～2mm。花果期 7～10 月。

生境 一年生盐生中生草本。生于草原区和荒漠区的盐渍化土壤上。

产满洲里市、额尔古纳市、鄂伦春自治旗、鄂温克族自治旗、陈巴尔虎旗、新巴尔虎左旗、新巴尔虎右旗。

西伯利亚滨藜 *Atriplex sibirica* L.

别名 刺果粉藜、麻落粒

蒙名 西伯日—绍日乃

形态特征 植株高 20～50cm。茎直立，钝四棱形，通常由基部分枝，被白粉粒；枝斜生，有条纹。叶互生，具短柄；叶菱状卵形、卵状三角形或宽三角形，长 3～5（6）cm，宽 1.5～3（6）cm，先端微钝，基部宽楔形，边缘具不整齐的波状钝牙齿，中部的 1 对齿较大呈裂片状，稀近全缘，上面绿色，平滑或稍有白粉，下面密被粉粒，银白色。花单性，雌雄同株，簇生于叶腋，成团伞花序，于茎上部构成重穗状花序；雄花花被片 5，雄蕊 3～5，生花托上；雌花无花被，为 2 个合生苞片包围，果时苞片膨大，木质，宽卵形或近圆形，两面凸，膨大，呈球状，顶端具牙齿，基部楔形，有短柄，表面被白粉，生多数短棘状凸起。胞果卵形或近圆形，果皮薄，贴附种子。种子直立，圆形，两面凸，稍呈扁球形，红褐色或淡黄褐色，直径 2～2.5mm。花期 7～8 月，果期 8～9 月。

生境 一年生盐生中生草本。生于草原区和荒漠区的盐渍化土壤上，也散见于路边及居民点附近。

产满洲里市、鄂温克族自治旗、陈巴尔虎旗、新巴尔虎左旗、新巴尔虎右旗。

经济价值 中等饲用植物。在内蒙古西部地区秋、冬季节，除马以外，羊、骆驼、牛均乐食，而以骆驼利用最好，青鲜时各种家畜一般不采食。果实入药，能清肝明目、祛风活血、消肿，主治头痛、皮肤瘙痒、乳汁不通。

野滨藜 *Atriplex fera* (L.) Bunge

别名 三齿滨藜、三齿粉藜

蒙名 希日古恩—绍日乃

形态特征 植株高30～60cm。茎直立或斜升，钝四棱形，具条纹，黄绿色，通常多分枝，有时不分枝。叶互生，叶柄长8～20mm，叶卵状披针形或矩圆状卵形，长2.5～7cm，宽5～25mm，先端钝或渐尖，基部宽楔形或近圆形，全缘或微波状缘，两面绿色或灰绿色，上面稍被粉粒，下面被粉粒，后期渐脱落。花单性，雌雄同株，簇生于叶腋，成团伞花序；雄花4～5基数，早脱落；雌花无花被，有2个苞片，苞片的边缘全部合生，果时两面膨胀，包住果实，呈卵形、宽卵形或椭圆形，木质化，具明显的梗，顶端具3齿，中间的1齿稍尖，两侧者稍短而钝，表面被粉状小膜片，不具棘状凸起，或具1～3个棘状凸起。果皮薄膜质，与种子紧贴。种子直立，圆形，稍压扁，暗褐色，直径1.5～2mm。花期7～8月，果期8～9月。

生境 一年生盐生中生草本。生于草原区的湖滨、河岸、低湿的盐渍化土及盐碱土上，也生于居民点、路旁及沟渠附近。

产鄂温克族自治旗、陈巴尔虎旗、新巴尔虎左旗、新巴尔虎右旗。

经济价值 中等饲用植物。干枯后除马以外，各种家畜均乐食。

藜属 Chenopodium L.

1 叶肉质；植株体有粉；叶下面灰绿色；花被片 3～4 ·· **1 灰绿藜 C. glaucum**
1 叶非肉质；花被片多为 5 ·· **2**
2 叶全缘或仅具 1 对侧裂片 ·· **3**
2 叶缘多少有齿；植株多少被粉粒 ·· **6**
3 叶三角状戟形、长三角状菱形或卵状戟形，在中部以下有 1 对分裂的侧裂片；花序细瘦，花排列稀疏，花被果时不
  增厚 ·· **2 菱叶藜 C. bryoniaefolium**
3 叶全缘 ·· **4**
4 叶较宽，卵形、宽卵形、三角状卵形、长卵形或菱状卵形，先端具短尖头，边缘具透明的环边；花簇生 ············
  ··· **3 尖头叶藜 C. acuminatum**
4 叶条形或条状披针形，先端不具短尖头；花单生，排列成复二歧式聚伞花序 ·· **5**
5 花序末端的不育枝呈针刺状 ··· **4 刺藜 C. aristatum**
5 花序末端无不育枝发育的针刺 ··· **5 矮藜 C. minimum**
6 叶呈掌状裂；种子直径通常 2～3mm，表面具明显的深凹点 ······························ **6 杂配藜 C. hybridum**
6 叶三角状卵形、菱状卵形，有时呈狭卵形或披针形，非三裂状和掌状浅裂 ······················ **7 藜 C. album**

灰绿藜 *Chenopodium glaucum* L.

别名 水灰菜

蒙名 呼和—诺干—诺衣乐

形态特征 植株高 15～30cm。茎通常由基部分枝，斜升或平卧，有沟槽及红色或绿色条纹，无毛。叶有短柄，柄长 3～10mm，叶片稍厚，带肉质，矩圆状卵形、椭圆形、卵状披针形、披针形或条形，长 2～4cm，宽 7～15mm，先端钝或锐尖，基部渐狭，边缘具波状牙齿，稀近全缘，上面深绿色，下面灰绿色或淡紫红色，密被粉粒，中脉黄绿色。花序穗状或复穗状，顶生或腋生；花被片 3～4，稀为 5，狭矩圆形，先端钝，内曲，背部绿色，边缘白色膜质，无毛；雄蕊通常 3～4，稀 1～5，花丝较短；柱头 2，甚短。胞果不完全包于花被内，果皮薄膜质。种子横生，稀斜生，扁球形，暗褐色，有光泽，直径约 1mm。花期 6～9 月，果期 8～10 月。2n=18。

生境 一年生耐盐中生杂草。生于草原区和森林草原区的居民点附近和轻度盐渍化农田。

产呼伦贝尔市各旗、市、区。

经济价值 中等饲用植物。骆驼喜食，又为养猪的良好饲料。

菱叶藜 *Chenopodium bryoniaefolium* Bunge

蒙名 古日伯乐金—诺衣乐

形态特征 植株高 30～80cm。茎直立，绿色，具条纹，光滑无毛，不分枝或分枝，枝细长，斜升。叶具细长柄，叶三角状戟形、长三角状菱形或卵状戟形，先端锐尖或稍钝，基部宽楔形，两侧各有 1 个牙齿状裂片，裂片稍向外伸展，锐尖或钝头，整个叶片呈三裂状，上面绿色，下面疏被白粉而呈白绿色；上部叶渐小，近矩圆形或椭圆状披针形。花无梗，单生于小枝或少数花聚为团伞花簇，再形成宽阔的疏圆锥花序；花被片 5，宽倒卵形或椭圆形，先端钝，背部具绿色的龙骨状隆脊，半包被果实。果皮薄，与种子紧贴，具不平整的放射状线纹。种子横生，暗褐色或近黑色，有光泽，直径 1.25～1.5mm，具放射状网纹。花期 7 月，果期 8 月。

生境 一年生中生杂草。生于森林带和草原带的湿润而肥沃的土壤上，偶见于河岸低湿地。

产牙克石市。

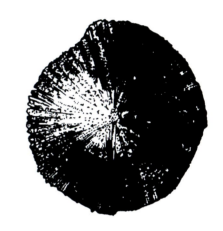

尖头叶藜 *Chenopodium acuminatum* Willd.

别名 绿珠藜、渐尖藜、油杓杓

蒙名 道古日格—诺衣乐

形态特征 植株高 10～30cm。茎直立，分枝或不分枝，枝通常平卧或斜升，粗壮或细弱，无毛，具条纹，有时带紫红色。叶具柄，长 1～3cm；叶卵形、宽卵形、三角状卵形、长卵形或菱状卵形，长 2～4cm，宽 1～3cm，先端钝圆或锐尖，具短尖头，基部宽楔形或圆形，有时近平截，全缘，通常具红色或黄褐色半透明的环边，上面无毛，淡绿色，下面被粉粒，灰白色或带红色；茎上部叶渐狭小，几为卵状披针形或披针形。花每 8～10 朵聚生为团伞花簇，花簇紧密地排列于花枝上，形成有分枝的圆柱形花穗，或再聚为尖塔形大圆锥花序；花序轴密生玻璃管状毛；花被片 5，宽卵形，背部中央具绿色龙骨状隆脊，边缘膜质，白色，向内弯曲，疏被膜质透明的片状毛，果时包被果实，全部呈五角星状；雄蕊 5，花丝极短。胞果扁球形，近黑色，具不明显放射状细纹及细点，稍有光泽。种子横生，直径约 1mm，黑色，有光泽，表面有不规则点纹。花期 6～8 月，果期 8～9 月。$2n=18$。

生境 一年生中生杂草。生于草原区的盐碱地、河岸沙质地、撂荒地和居民点的沙壤土上。

产海拉尔区、满洲里市、额尔古纳市、鄂温克族自治旗、陈巴尔虎旗、新巴尔虎左旗、新巴尔虎右旗。

经济价值 开花结实后，山羊、绵羊采食其籽实，青绿时骆驼稍采食。又为养猪饲料。种子可榨油。

刺藜 *Chenopodium aristatum* L. [= *Dysphania aristata* (L.) Mosyakin & Clemants]

别名 野鸡冠子花、刺穗藜、针尖藜

蒙名 塔黑彦—希乐毕—诺高

形态特征 植株高10～25cm。茎直立，圆柱形，稍有角棱，具条纹，淡绿色，或老时带红色，无毛或疏生毛，多分枝，开展，下部枝较长，上部者较短。叶条形或条状披针形，长2～5cm，宽3～7mm，先端锐尖或钝，基渐狭成不明显之叶柄，全缘，两面无毛，秋季变成红色，中脉明显。二歧聚伞花序，分枝多而密，枝先端具刺芒，花近无梗，生于刺状枝腋内；花被片5，距圆形，长0.5mm，先端钝圆或尖，背部绿色，稍具隆脊，边缘膜质白色或带粉红色，内曲；雄蕊5，不外露。胞果上下压扁，圆形，果皮膜质，不全包于花被内。种子横生，扁圆形，黑褐色，有光泽，直径约0.5mm；胚球形。花果期8～10月。$2n=18$。

生境 一年生中生杂草。生于森林区和草原区的沙质地或固定沙地，为农田杂草。

产呼伦贝尔市各旗、市、区。

经济价值 夏季各种家畜稍采食。全草入药，能祛风止痒，主治皮肤瘙痒、荨麻疹。

矮藜 *Chenopodium minimum* W. Wang et P. Y. Fu

形态特征 本变种与正种的区别在于花序末端无不育枝发育的针刺。

生境 一年生中生杂草。生长于山沟、干河床、撂荒地、田边、路旁沙质地。

产牙克石市、扎兰屯市、新巴尔虎左旗、新巴尔虎右旗。

杂配藜 *Chenopodium hybridum* L.

别名 大叶藜、血见愁

蒙名 额日力斯—诺衣乐

形态特征 植株高40～90cm。茎直立，粗壮，具5锐棱，无毛，基部通常不分枝，枝细长，斜伸。叶具长柄，长2～7cm；叶片质薄，宽卵形或卵状三角形，长5～9cm，宽4～6.5cm，先端锐尖或渐尖，基部微心形或几为圆状截形，边缘具不整齐微弯缺刻状渐尖或锐尖的裂片，两面无毛，下面叶脉凸起，黄绿色。花序圆锥状，较疏散，顶生或腋生；花两性兼有雌性；花被片5，卵形，先端圆钝，基部合生，边缘膜质，背部具肥厚隆脊，腹面凹，包被果实。胞果双凸镜形，果皮薄膜质，具蜂窝状的四至六角形网纹。种子横生，扁圆形，两面凸，直径1.5～2mm，黑色，无光泽，边缘具钝棱，表面具明显的深洼点；胚环形。花期8～9月，果期9～10月。2n=18。

生境 一年生中生杂草。生于林缘、山地沟谷、河边及居民点附近。

产牙克石市、额尔古纳市、根河市、鄂伦春自治旗、新巴尔虎左旗、新巴尔虎右旗。

经济价值 种子可榨油及酿酒。地上部分入药，能调经、止血，主治月经不调、功能性子宫出血、吐血、衄血、咯血、尿血。嫩枝叶可作猪饲料。

藜 *Chenopodium album* L.

别名 白藜、灰菜

蒙名 诺衣乐

形态特征 植株高 30 ~ 120cm。茎直立，粗壮，圆柱形，具棱，有沟槽及红色或紫色的条纹，嫩时被白色粉粒，多分枝，枝斜升或开展。叶具长柄，叶三角状卵形或菱状卵形，有时上部的叶呈狭卵形或披针形，长 3 ~ 6cm，宽 1.5 ~ 5cm，先端钝或尖，基部楔形，边缘具不整齐的波状牙齿，或稍呈缺刻状，稀近全缘，上面深绿色，下面灰白色或淡紫色，密被灰白色粉粒。花黄绿色，每 8 ~ 15 花或更多聚成团伞花簇，多数花簇排成腋生或顶生的圆锥花序；花被片 5，宽卵形至椭圆形，被粉粒，背部具纵隆脊，边缘膜质，先端钝或微尖；雄蕊 5，伸出花被外；花柱短，柱头 2。胞果全包于花被内或顶端稍露，果皮薄，初被小泡状凸起，后期小泡脱落变成皱纹，与种子紧贴。种子横生，两面凸或呈扁球形，直径 1 ~ 1.3mm，光亮，近黑色，表面有浅沟纹及点洼；胚环形。花期 8 ~ 9 月，果期 9 ~ 10 月。$2n=18, 36, 54$。

生境 一年生中生杂草。生于田间、路旁、荒地、居民点附近和河岸低湿地。

产呼伦贝尔市各旗、市、区。

经济价值 养猪的优良饲料，终年均可利用，生饲或煮后喂。牛也乐食，骆驼、羊利用较差；一般以干枯时利用较好，为中等饲用植物。全草及果实入药，能止痢、止痒，主治痢疾腹泻、皮肤湿毒瘙痒。全草入蒙药（蒙药名：诺衣乐），能解表、止痒、治伤、解毒，主治金伤、心热、皮肤瘙痒等。

苋科 Amaranthaceae

苋属 Amaranthus L.

1 叶被柔毛；茎直立，粗壮，被短柔毛 …………………………………………………… **1 反枝苋 A. retroflexus**
1 叶无毛；茎平卧、斜升或直立，无毛或微被毛 …………………………………………………………… **2**
2 叶先端具深微缺，微缺中间具1小芒尖或无；花簇生于叶腋，生于茎顶及分枝顶端者形成长穗状花序或圆锥花序；花被片3，胞果不开裂 ……………………………………………………………………………… **2 凹头苋 A. lividus**
2 叶先端钝圆、稍微凹或锐尖，不深微凹；胞果环状横裂 ………………………………………………… **3**
3 叶具白色或淡绿色边缘，边缘通常不呈微波状；茎平卧或斜升；花簇小形，腋生；花被片通常4，有时5 ………………………………………………………………………………………………… **3 北美苋 A. blitoides**
3 叶缘绿色，呈微波状；茎斜升或直立；花簇腋生或成短穗状花序；花被片3 ……… **4 白苋 A. albus**

反枝苋 *Amaranthus retroflexus* L.

别名 西风古、野千穗谷、野苋菜

蒙名 阿日白—诺高

形态特征 植株高20～60cm。茎直立，粗壮，分枝或不分枝，被短柔毛，淡绿色，有时具淡紫色条纹，略有钝棱。叶片椭圆状卵形或菱状卵形，长5～10cm，宽3～6cm，先端锐尖或微缺，具小凸尖，基部楔形，全缘或波状缘，两面及边缘被柔毛，下面毛较密，叶脉隆起；叶柄长3～5cm，有柔毛。圆锥花序顶生及腋生，直立，由多数穗状序组成，顶生花穗较侧生者长；苞片及小苞片锥状，长4～6mm，远较花被为长，顶端针芒状，背部具隆脊，边缘透明膜质；花被片5，矩圆形或倒披针形，长约2mm，先端锐尖或微凹，具芒尖，透明膜质，有绿色隆起的中肋；雄蕊5，超出花被；柱头3，长刺锥状。胞果扁卵形，环状横裂，包于宿存的花被内。种子近球形，直径约1mm，黑色或黑褐色，边缘钝。花期7～8月，果期8～9月。2n=34。

生境 一年生中生杂草。多生于田间、路旁、住宅附近。

产呼伦贝尔市各旗、市、区。

经济价值 嫩茎叶可食，为良好的养猪、养鸡饲料；植株可作绿肥。全草入药，能清热解毒、利尿止痛、止痢，主治痈肿疮毒、便秘、下痢。

凹头苋 *Amaranthus blitum* L. (= *Amaranthus lividus* L.)

形态特征 植株高10～30cm，全株无毛。茎伏卧而上升，由基部分枝，淡绿色或紫红色。叶互生，着生较密，叶柄长1～4cm；叶卵形或菱状卵形，长1.5～4.5cm，宽1～3cm，基部广楔形，先端具深微缺，微缺中间具1小芒尖，或特微小而不显，边缘全缘或略呈微波状，表面绿色，背面淡绿，叶脉隆起，两面均无毛。花簇绿色，小形，团集生于全部叶腋，生于茎顶及分枝顶端者形成长穗状花序，乃至圆锥状花序；苞小形，花被片3，长圆形乃至倒披针形，长1.5～2mm，比果实短，向内弯，先端尖锐，背部具绿色隆脊；雄蕊3，柱头3，具细齿状毛，果熟时柱头脱落。胞果近于扁圆形，略有皱缩，不开裂。种子圆形，稍扁，黑色至黑褐色，有光泽，直径约1.2mm，边缘锐。花期7～8月，果期8～9月。

生境 一年生中生杂草。生于草原带的田边、路旁、居民地附近的杂草地上。

产呼伦贝尔市各旗、市、区。

经济价值 茎叶可作猪饲料。

北美苋 *Amaranthus blitoides* S. Watson

蒙名 虎日—萨日伯乐吉

形态特征 植株高15～30cm，茎平卧或斜升，通常由基部分枝，绿白色，具条棱，无毛或近无毛。叶片倒卵形、匙形至矩圆状倒披针形，长0.5～2cm，宽0.3～1.5cm，先端钝或锐尖，具小凸尖，基部楔形，全缘，具白色边缘，上面绿色，下面淡绿色，叶脉隆起，两面无毛，叶柄长5～15mm。花簇小形，腋生，有少数花；苞片及小苞片披针形，长约3mm；花被片通常4，有时5，雄花的卵状披针形，先端短渐尖，雌花的矩圆状披针形，长短不一，基部成软骨质肥厚。胞果椭圆形，长约2mm，环状横裂。种子卵形，直径1.3～1.6mm，黑色，有光泽。花期8～9月，果期9～10月。$2n=32$。

生境 一年生中生杂草。生于草原带的田边、路旁、居民地附近等。

产呼伦贝尔市各旗、市、区。

白苋 *Amaranthus albus* L.

蒙名 查干—阿日白—诺高

形态特征 植株高 20 ～ 30cm。茎斜升或直立，由基部分枝，分枝铺散，绿白色，无毛或有时被糙毛。叶小而多，叶倒卵形或匙形，长 8 ～ 20mm，宽 3 ～ 6mm，先端圆钝或微凹，具凸尖，基部渐狭，边缘微波状，两面无毛；叶柄长 3 ～ 5mm。花簇腋生，或成短穗状花序；苞片及小苞片钻形，长 2 ～ 2.5mm，稍坚硬，顶端长锥状锐尖，向外反曲，背面具龙骨；花被片 3，长约 1mm，稍呈薄膜状，雄花的矩圆形，先端长渐尖，雌花的矩圆形或钻形，先端短渐尖；雄蕊伸出花外；柱头 3。胞果扁平，倒卵形，长约 1.3mm，黑褐色，皱缩，环状横裂。种子近球形，直径约 1mm，黑色至黑棕色，边缘锐。花期 7 ～ 8 月，果期 9 月。$2n=32$，34。

生境 一年生中生杂草。生于草原带的田边、路旁、居民地附近的杂草地上。

产鄂温克族自治旗、新巴尔虎左旗、新巴尔虎右旗。

经济价值 幼嫩时可作青贮饲料。

马齿苋科 Portulaceae

马齿苋属 Portulaca L.

马齿苋 *Portulaca oleracea* L.

别名 马齿草、马苋菜

蒙名 娜仁—淖嘎

形态特征 全株光滑无毛。茎平卧或斜升，长10～25cm，多分枝，淡绿色或红紫色。叶肥厚肉质，倒卵状楔形或匙状楔形，长6～20mm，宽4～10mm，先端圆钝，平截或微凹，基部宽楔形，全缘，中脉微隆起；叶柄短粗。花小，黄色，3～5簇生于枝顶，直径4～5mm，无梗；总苞片4～5，叶状，近轮生；萼片2，对生，盔形，左右压扁，长约4mm，先端锐尖，背部具翅状隆脊；花瓣5，黄色，倒卵状矩圆形或倒心形，顶端微凹，较萼片长；雄蕊8～12，长约12mm，花药黄色；雌蕊1，子房半下位，1室；花柱比雄蕊稍长，顶端4～6，条形。蒴果圆锥形，长约5mm，自中部横裂成帽盖状。种子多数，细小，黑色，有光泽，肾状卵圆形。花期7～8月，果期8～10月。$2n=54$。

生境 一年生肉质中生草本。生于田间、路旁、菜园，为习见田间杂草。

产呼伦贝尔市各旗、市、区。

经济价值 全草入药，能清热利湿、凉血解毒、利尿，主治细菌性痢疾、急性胃肠炎、急性乳腺炎、痔疮出血、尿血、赤白带下、蛇虫咬伤、疔疮肿毒、急性湿疹、过敏性皮炎、尿道炎等。可作土农药，用来杀虫、防治植物病害。嫩茎叶可作蔬菜，也可作饲料。

石竹科 Caryophyllaceae

1 植株具膜质托叶 ···	1 牛漆姑草属 Spergularia
1 植株无托叶 ···	2
2 花萼分离 ···	3
2 花萼合生 ···	7
3 花瓣全缘 ···	4
3 花瓣先端二浅裂至全裂，稀无花瓣 ···	6
4 蒴果瓣先端再二裂，即蒴果裂片为柱头数的 2 倍 ··································	5
4 蒴果瓣先端不再开裂，即蒴果裂片与柱头数相等 ·································	6 高山漆姑草属 Minuartia
5 种子周边有小瘤状凸起，种脐旁无种阜；生于石质山坡 ···························	2 蚤缀属 Arenaria
5 种子平滑，有光泽，种脐旁有种阜；生于林下、草甸潮湿处 ·····················	3 种阜草属 Moehringia
6 花瓣全裂或深裂；花柱 3，稀 2；蒴果 4～6 瓣裂 ·································	4 繁缕属 Stellaria
6 花瓣浅裂或仅至 1/2 或凹缺；花柱 5，稀 3～4；蒴果 10 齿裂 ·····················	5 卷耳属 Cerastium
7 花柱 3～5 ···	8
7 花柱 2 ··	11
8 花萼 5 深裂；萼裂片条形，叶状，比花瓣长；花瓣无附属物；萼和花瓣间无雌雄蕊柄 ···	7 麦毒草属 Agrostemma
8 花萼 5 齿裂；花瓣具鳞片状附属物；萼和花瓣间具雌雄蕊柄 ·······················	9
9 蒴果 5 齿裂或 5 瓣裂，齿数与花柱同数 ··	8 剪秋罗属 Lychnis
9 蒴果 6 齿裂或 10 瓣裂，齿数 2 倍于花柱 ···	10
10 子房或蒴果 1 室；雌雄蕊柄极短，长不过 1mm；花萼革质或草质 ···············	9 女娄菜属 Melandrium
10 子房或蒴果基部 3 室，上部 1 室；雌雄蕊柄较长，长 1mm 以上；花萼薄膜质或纸质 ···	10 麦瓶草属 Silene
11 花萼下部有苞片，花萼管状或钟状，无棱角，革质 ·······························	12 石竹属 Dianthus
11 花萼下部无苞片 ···	12
12 花萼草质或脉间呈膜质，基部不膨大，无棱角 ···································	11 丝石竹属 Gypsophila
12 花萼草质，基部膨大，先端狭窄，具 5 条棱角 ···································	13 王不留行属 Vaccaria

牛漆姑草属 Spergularia (Pers.) J. et C. Presl

牛漆姑草 Spergularia salina J. et C. Presl Spergularia marina (L.) Griseb.

别名 拟膝姑

蒙名 达嘎木

形态特征 主根粗壮，侧根多数，呈须状，淡褐黄色。茎铺散，多分枝，具节，下部平卧，无毛，上部稍直立，被腺毛，长 5～20cm。叶稍肉质，条形，长 5～25mm，宽 1～1.5mm，先端钝，带突尖，基部渐狭，全缘，近无毛，有时顶部叶稍被腺毛；托叶膜质，三角状卵形，长 1.5～2mm，基部合生。蝎尾状聚伞花序生枝顶端；花梗长 1～2mm，被腺毛；萼片卵状披针形，长约 3mm，宽约 1.6mm，先端钝，背部被腺毛，具白色宽膜质边缘；花瓣淡粉紫色或白色，椭圆形，长 1～2mm；雄蕊 5 或 2～3；子房卵形，稍扁；花柱 3。蒴果卵形，长约 4mm，先端锐尖，3 瓣裂。种子近卵形，长 0.5～0.7mm，褐色，稍扁，多数无翅，只基部少数周边具宽膜质翅。花期6～7月，果期7～9月。2n=18，36。

生境 一年生耐盐中生草本。生于盐渍化草甸及沙质轻度盐碱地。

产鄂温克族自治旗、新巴尔虎左旗、新巴尔虎右旗。

蚤缀属 Arenaria L.

1 一年生或二年生草本，无基生叶丛；叶卵形，两面疏生腺点；花瓣比花萼短 ············ **1 卵叶蚤缀 A. serpyllifolia**
1 多年生草本，具基生叶丛；叶狭线形或狭线状锥形；花瓣比萼片长 ·· 2
2 植株基部具长的坚硬的黄褐色老叶残余物；叶在基部形成一个明显的鞘；基生叶较长，长7～25cm；植株不呈垫状，基部无木质枝 ·· **2 灯心草蚤缀 A. juncea**
2 植株基部不具上述形态的老叶残余物；基生叶较短，长2～6cm；植株呈垫状丛生，基部具多数木质枝 ············
··· **3 毛梗蚤缀 A. capillaris**

卵叶蚤缀 Arenaria serpyllifolia L.

别名 鹅不食草、蚤缀、无心菜

蒙名 温得格乐金—得伯和日格纳

形态特征 植株高8～15cm。茎数条，直立，密被下弯的短毛和短腺毛。叶无柄，卵形，长3～4mm，宽2～3mm，先端尖，基部广楔形，边缘具睫毛，两面疏生腺点和疏被短腺毛，通常具5～7条弧形叶脉。聚伞花序顶生；苞片叶状，小形；花梗纤细，长6～9mm，被下弯的短毛；萼片5，卵状披针形，长3～4mm，先端渐尖，边缘白色宽膜质，有时疏生睫毛，具3脉，背面疏生腺毛和被短毛；花瓣5，白色，倒卵形，比萼片短1/3或几乎一半；雄蕊10，短于萼片；子房卵形；花柱3。蒴果卵形，与萼片近等长，3瓣裂，裂瓣再2裂。种子多数，肾形，黑色，长约0.5mm，表面被条状微凸起。花期5～6月，果期6～7月。2n=20，40，44。

生境 一年生中生杂草。生于石质山坡、路旁荒地及田野中。

产牙克石市、根河市。

经济价值 全草入药，能清热解毒、明目、止咳，主治目赤、咳嗽、齿龈炎、咽喉痛。

灯心草蚤缀 *Arenaria juncea* Bieb.

别名　毛轴鹅不食、毛轴蚤缀、老牛筋

蒙名　查干—得伯和日格纳

形态特征　植株高 20～50cm。主根圆柱形，粗而伸长，褐色，顶端多头，由此丛生茎与叶簇。茎直立，多数，丛生，基部包被多数褐黄色老叶残余物，中部和下部无毛，上部被腺毛。基生叶狭条形，如丝状，长 7～25cm，宽 0.5～1mm，坚硬，先端渐细尖，基部增宽呈鞘状，边缘狭软骨质，具微细尖齿状毛；茎生叶与基生叶同形而较短，向上逐渐变短，基部合生而抱茎。二歧聚伞花序顶生；苞片披针形至卵形，先端锐尖，边缘宽膜质，密被腺毛；花梗直立，长 1～3cm，密被腺毛；萼片卵状披针形，长 4～5mm，先端渐尖，边缘宽膜质，背面被腺毛；花瓣白色，矩圆状倒卵形，长 7～10mm，宽 4～5mm，先端圆形；雄蕊 2 轮，每轮 5，外轮雄蕊基部增宽且具腺体；子房近球形；花柱 3 条。蒴果卵形，与萼片近等长，6 瓣裂。种子矩圆状卵形，长约 2mm，黑褐色，稍扁，被小瘤状凸起。花果期 6～9 月。

生境　多年生旱生草本。生于森林带和草原带的石质山坡、平坦草原。

产海拉尔区、牙克石市、额尔古纳市、根河市、莫力达瓦达斡尔族自治旗、鄂伦春自治旗、鄂温克族自治旗、陈巴尔虎旗。

经济价值　根曾作"山银柴胡"入药，能清热凉血；也入蒙药（蒙药名：查干—得伯和日格纳），能清肺、破痞，主治外痞、肺热咳嗽。

毛梗蚤缀 *Arenaria capillaris* Poir.

别名 兴安鹅不食、毛叶老牛筋

蒙名 得伯和日格纳

形态特征 植株高8～15cm，全株无毛。主根圆柱状，黑褐色，顶部多头。植株基部具多数木质化多分枝的老茎，由此丛生多数直立茎和叶簇。茎基部包被枯黄色的老叶残余，基生叶簇生，丝状钻形，长2～6cm，宽0.3～0.5mm，顶端短尖头，边缘狭软骨质，具微细尖齿状毛，基部膨大成鞘状；茎生叶2～4对，与基生叶同形而较短，长5～20mm，基部合生而抱茎。二歧聚伞花序顶生，苞片披针形至卵形，先端具短尖，边缘宽膜质；花梗纤细，直立，长5～15mm；萼片狭卵形或椭圆形状卵形，长4～5mm，宽2～2.5mm，先端锐尖，边缘宽膜质；花瓣白色，倒卵形，长7～8mm，宽4～5mm，先端圆形或微凹；雄蕊2轮，每轮5，外轮雄蕊基部增宽且具腺体；子房近球形；花柱3条。蒴果椭圆状卵形，长4～5mm，6齿裂。种子近卵形，长1.2～1.5mm，黑褐色，稍扁，被小瘤状凸起。花期6～7月，果期8～9月。$2n=22$。

生境 多年生旱生草本。生于森林带和草原带的石质干山坡、山顶石缝间。

产满洲里市、牙克石市、额尔古纳市、根河市、鄂温克族自治旗、鄂伦春自治旗、陈巴尔虎旗、新巴尔虎左旗、新巴尔虎右旗。

经济价值 根入蒙药（蒙药名：得伯和日格纳），功能主治同灯心草蚤缀。

种阜草属 Moehringia L.

种阜草 *Moehringia lateriflora* (L.) Fenzl

别名 莫石竹

蒙名 奥衣音—查干

形态特征 植株高 5～20cm，具细长白色的根状茎。茎纤细，下部斜倚，上部直立，单一或分枝，密被短毛。叶椭圆形或矩圆状披针形，长 1～2cm，宽 0.5～1cm，先端钝或稍尖，基部宽楔形，全缘具睫毛，两面被细微的颗粒状小凸起，上面淡绿色，下面灰绿色，沿脉有短毛；叶柄极短，长约 1mm。聚伞花序具 1～3 花，顶生或腋生；花梗纤细，长 1～4cm，被短毛，中部有 1 对披针形膜质小苞片；萼片卵形或椭圆形，长约 2mm，先端钝，背面中脉常被短毛，边缘宽膜质；花瓣白色，矩圆状倒卵形，长约 4mm，全缘；雄蕊 10，花丝下部有细毛；子房卵形；花柱 3 条。蒴果长卵球形，长 3～3.5mm，6 瓣裂。种子亮黑色，肾状扁球形，长约 1.1mm，宽约 0.8mm，平滑，种脐旁有种阜。花果期 6～8 月。$2n=48$。

生境 多年生中生草本。生于森林带和草原带的山地林下、灌丛、沟谷溪边。

产海拉尔区、牙克石市、扎兰屯市、额尔古纳市、根河市、莫力达瓦达斡尔族自治旗、鄂伦春自治旗、鄂温克族自治旗。

繁缕属 Stellaria L.

1 全株伏生绢毛，叶广披针形或长圆状披针形；花瓣掌状 5～7 中裂；种子被蜂窝状小窝 …… **1 垂梗繁缕 S. radians**
1 植株被其他种类的毛或无毛；花瓣 2 裂或无花瓣 ………………………………………………………………… 2
2 茎下部叶具长柄，茎及花梗侧生 1 列短柔毛，无腺毛；一年生或二年生草本；花瓣比萼片稍短 …… **2 繁缕 S. media**
2 叶全部无柄或近无柄；多年生草本 ……………………………………………………………………………… 3
3 直根，粗壮；蒴果约为萼片长的 1/2 ……………………………………………………………………………… 4
3 根状茎细长；蒴果比萼片长或近等长 …………………………………………………………………………… 6
4 植株被卷曲短柔毛；茎不为二歧式分枝，丛生；叶条形或披针状条形，叶长 10～25mm，宽 1～2mm ………
……………………………………………………………………………………… **3 兴安繁缕 S. cherleriae**
4 植株被腺毛或腺质柔毛；茎圆柱形，由基部二歧式分枝，全株呈球形；萼片披针形，长 4～5mm，先端锐尖 … 5
5 叶卵形或卵状披针形，叶长 5～16mm，宽 3～8mm ……………………………… **4 叉歧繁缕 S. dichotoma**
5 叶矩圆状披针形、披针形或条状披针形，长达 3cm，宽 1.5～5mm ………… **4a 银柴胡 S. dichotoma** var. **lanceolata**
6 苞叶叶状，草质，无膜质边缘；花单生于叶腋或顶生；萼片披针形，长约 5mm，中脉明显；叶宽 0.5～2mm ……
………………………………………………………………………………………… **5 细叶繁缕 S. filicaulis**
6 苞叶膜质；二歧聚伞花序；萼片披针形，长 4～6mm；叶宽 1.5～3mm ……………… **6 沼繁缕 S. palustris**

垂梗繁缕 *Stellaria radians* L.

别名 遂瓣繁缕

蒙名 查察日根—阿吉干纳

形态特征 植株高 40～60cm，全株伏生绢毛，呈灰绿色。根状茎匍匐，分枝。茎直立或斜升，四棱形，上部有分枝。叶宽披针形或矩圆状披针形，长 3～9cm，宽 1～2.5cm，先端渐尖或长渐尖，基部楔形，全缘，背面毛较密，中脉特别明显，无柄。二歧聚伞花序顶生；苞片叶状，较小；花梗 1～3cm，花后下垂；萼片长卵形，长 6～7mm，先端稍钝，背面密被绢毛，内侧者边缘膜质；花瓣白色，宽倒卵形，长 8～10mm，掌状 5～7 中裂，裂片条形；雄蕊 10，比花瓣短，花丝基部稍连生；子房卵形；花柱 3。蒴果卵形，有光泽，比萼片稍长。种子肾形，呈褐色，长约 2mm，表面具蜂巢状小穴。花期 6～8 月，果期 7～9 月。

生境 多年生湿中生草本。生于森林带和草原带沼泽草甸、河边、沟谷草甸、林下。

产海拉尔区、牙克石市、扎兰屯市、额尔古纳市、根河市、莫力达瓦达斡尔族自治旗、鄂伦春自治旗、陈巴尔虎旗、新巴尔虎左旗。

繁缕 *Stellaria media* (L.) Cyrllus

蒙名 阿吉干纳

形态特征 植株高10～20cm，全株鲜绿色。茎纤弱，多分枝，直立或斜升，被1行纵向的短柔毛，下部节上生不定根。叶卵形或宽卵形，长1～2cm，宽8～15mm，先端锐尖，基部近圆形或近心形，全缘，两面无毛；下部和中部叶有长柄，上部叶具短柄或无柄。顶生二歧聚伞花序；花梗纤细，长5～20mm，被1行短柔毛；萼片5，披针形，长约4mm，先端钝，边缘宽膜质，背面被腺毛，花瓣5，白色，比萼片短，2深裂，裂片近条形；雄蕊5，比花瓣短；花柱3条。蒴果宽卵形，比萼片稍长，6瓣裂，包在宿存花萼内，具多数种子。种子近球形，直径约1mm，稍扁，褐色，表面具瘤状凸起，边缘凸起半球形。花果期7～9月。$2n=36$，40，42。

生境 一年生或二年生中生杂草。生于村舍附近杂草地、农田中。

产满洲里市、牙克石市、额尔古纳市、鄂温克族自治旗、新巴尔虎右旗。

经济价值 茎叶和种子供药用，能凉血、消炎，主治积年恶疮、分娩后子宫收缩痛、盲肠周围炎，又能促进乳汁的分泌。嫩苗可作蔬菜，也可作饲料。

兴安繁缕 *Stellaria cherleriae* (Fisch. ex Ser.) Williams

别名 东北繁缕

蒙名 兴安—阿吉干纳

形态特征 植株高 10～25cm。主根常粗壮，有分枝。茎多数成密丛，直立或斜升，被卷曲柔毛，基部常木质化。叶条形或披针状条形，长 10～25mm，宽 1～2mm，稍肉质，先端锐尖，基部渐狭，全缘，下半部边缘有时具睫毛，两面无毛，下面中脉隆起。二歧状聚伞花序，顶生或腋生，花序分枝较长，呈伞房状；苞片条状披针形，长约 3mm，叶状，边缘膜质；花梗 3～14mm，被短柔毛；萼片矩圆状披针形，长 4～5mm，先端急尖，边缘宽膜质，中脉凸起；花瓣白色，长为萼片的 1/3～1/2，叉状 2 深裂，裂片条形；雄蕊 5 长、5 短，长者基部膨大；子房近球形；花柱 3 条。蒴果卵形，包藏在宿存花萼内，长比萼片短一半，6 瓣裂，常含 2 种子。种子黑褐色，椭圆状倒卵形，长 1～1.5mm，表面有小瘤状凸起。花果期 6～8 月。

生境 多年生旱生草本。生于森林草原带的向阳石质山坡、山顶石缝间。

产满洲里市、牙克石市、额尔古纳市、鄂温克族自治旗、新巴尔虎右旗。

叉歧繁缕 *Stellaria dichotoma* L.

别名 叉繁缕

蒙名 特门—章给拉嘎

形态特征 全株呈扁球形，高 15～30cm。主根粗长，圆柱形，直径约 1cm，灰黄褐色，深入地下。茎多数丛生，由基部开始多次二歧式分枝，被腺毛或腺质柔毛，节部膨大。叶无柄、卵形、卵状矩圆形或卵状披针形，长 4～15mm，宽 3～7mm，先端锐尖或渐尖，基部圆形或近心形，稍抱茎，全缘，两面被腺毛或腺质柔毛，有时近无毛，下面主脉隆起。二歧聚伞花序生枝顶，具多数花；苞片和叶同形而较小；花梗纤细，长 8～16mm；萼片披针形，长 4～5mm，宽约 1.5mm，先端锐尖，膜质边缘稍内卷，背面多少被腺毛或腺质柔毛，有时近无毛；花瓣白色，近椭圆形，长约 4mm，宽约 2mm，二叉状分裂至中部，具爪；雄蕊 5 长、5 短，基部稍合生，长雄蕊基部增粗且有黄色蜜腺；子房宽倒卵形；花柱 3 条。蒴果宽椭圆形，长约 3mm，直径约 2mm，全部包藏在宿存花萼内，含种子 1～3，稀 4 或 5；果梗下垂，长达 25mm。种子宽卵形，长 1.8～2mm，褐黑色，表面有小瘤状凸起。花果期 6～8 月。

生境 多年生旱生草本。生于森林带和草原带的向阳石质山坡、山顶石缝间、固定沙丘。

产呼伦贝尔市各旗、市、区。

经济价值 根入蒙药（蒙药名：特门—章给拉嘎），能清肺、止咳、锁脉、止血，主治肺热咳嗽、慢性气管炎、肺脓肿。

银柴胡 *Stellaria dichotoma* L. var. *lanceolata* Bge.

别名 披针叶叉繁缕、狭叶歧繁缕

蒙名 那林—那布其特—特门—章给拉嘎

形态特征 本变种与正种的不同点在于：叶披针形、条状披针形、短圆状披针形，长5～25mm，宽1.5～5mm，顶端渐尖。蒴果常具1种子。花期6～7月，果期7～8月。

生境 多年生旱生草本。生于森林草原带和草原带的固定或半固定沙丘、向阳石质山坡、山顶石缝间、沙质草原。

产满洲里市、牙克石市、额尔古纳市、鄂伦春自治旗、鄂温克族自治旗、新巴尔虎左旗、新巴尔虎右旗。

经济价值 根供药用，为中药"银柴胡"的正品，能清热凉血，主治阴虚发热、久疟、小儿疳热。

细叶繁缕 *Stellaria filicaulis* Makino

蒙名 那林—阿吉干纳

形态特征 植株高15～30cm。全株光滑无毛，根状茎细长。茎直立，较细，上部分枝，具4棱。叶条形或狭条形，长2～4cm，宽0.5～1.5mm，先端长渐尖，中脉1条，上面凹陷，下面隆起。花单生于茎顶或上部叶腋；苞片叶状，草质，无膜质边缘；花梗细长，丝状，长达5cm，向上斜伸；萼片披针形，长约5mm，先端渐尖，边缘宽膜质，中脉明显；花瓣白色，比萼片稍长，2深裂达基部，裂片条形；雄蕊10，花丝下部稍加宽；子房椭圆形；花柱3。蒴果卵状矩圆形，成熟时比萼片稍长，麦秆黄色，具多数种子。种子椭圆形，稍扁平，长约0.7mm，深褐色，表面具规整的皱纹状凸起。花果期6～8月。

生境 多年生湿中生草本。生于森林带和草原带的河滩草甸。

产海拉尔区、牙克石市、扎兰屯市、额尔古纳市、根河市、阿荣旗、莫力达瓦达斡尔族自治旗、鄂伦春自治旗、鄂温克族自治旗、陈巴尔虎旗、新巴尔虎左旗。

沼繁缕　*Stellaria palustris* Ehrh. Retz.

别名　沼生繁缕

蒙名　纳木根—阿吉干纳

形态特征　植株高 15～30cm，通常无毛。根状茎细。茎直立或斜升，四棱形，分枝，有时疏被柔毛。叶条状披针形或近条形，长 2～4cm，宽 1.5～3mm，先端渐尖，基部稍狭，边缘有时具睫毛，中脉 1 条，上面凹陷，下面隆起，无柄。二歧聚伞花序顶生或腋生；苞片小，卵状披针形，白膜质；花梗长达 4cm；萼片 5，披针形，长 4～6mm，先端渐尖，边缘膜质，具 3 或 1 明显的脉；花瓣白色，与萼片近等长或稍长；雄蕊 10；子房卵形；花柱 3。蒴果卵状矩圆形，比萼片稍长，具多数种子。种子近圆形，稍扁，黑褐色，直径约 0.8mm，表面具皱纹状凸起。花果期 6～8 月。$2n=130$。

生境　多年生湿中生草本。生于草原带和森林草原带的河滩草甸、沟谷草甸、白桦林下、固定沙丘阴坡。

产海拉尔区、牙克石市、额尔古纳市、陈巴尔虎旗、新巴尔虎左旗。

卷耳属 Cerastium L.

1 植株无毛；叶条形或条状披针形，宽 1～3mm	**1a 无毛卷耳 C. arvense var. glabellum**
1 植株被毛	2
2 植株密被多细胞的柔毛，茎上部至萼片被腺毛；花瓣比萼片稍短，萼片长 5～7mm	**2 腺毛簇生卷耳 C. caespitosum var. glandulosum**
2 植株被短柔毛，茎上部混生腺毛；花瓣比萼片长 1～1.5 倍	**1 卷耳 C. arvense**

卷耳 *Cerastium arvense* L.

蒙名 淘高仁朝日

形态特征 植株高 10～30cm。根状茎细长，淡黄白色，节部有鳞叶与须根。茎直立、疏丛生，密生短柔毛，上部混生腺毛。叶披针形、矩圆状披针形或条状披针形，长 1～2.5cm，宽 3～5mm，先端锐尖。基部近圆形或渐狭，两面被柔毛，有时混生腺毛。二歧聚伞花序顶生；总花轴和花梗密被腺毛，花梗长 6～10mm，花后延长达 20mm，上部常下垂；苞片叶状，卵状披针形，密被腺毛；萼片矩圆状披针形，长 5～6mm，先端稍尖，边缘宽膜质，背面密被腺毛；花瓣白色，倒卵形，比萼片长 1～1.5 倍，顶端 2 浅裂；雄蕊 10，比花瓣短；子房宽卵形；花柱 5 条。蒴果圆筒形，长约 1cm，上部稍偏斜，10 齿裂，裂片三角形，麦秆黄色，有光泽。种子圆肾形，稍扁，长约 0.8mm，表面被小瘤状凸起。花期 5～7 月，果期 7～8 月。$2n=36, 38$。

生境 多年生中生草本。生于森林带和草原带的山地林缘、草甸、山沟溪边。

产海拉尔区、牙克石市、根河市、莫力达瓦达斡尔族自治旗鄂温克族自治旗、鄂伦春自治旗、新巴尔虎左旗。

无毛卷耳 *Cerastium arvense* L. var. *glabellum* Fenzl

蒙名 给乐格日—淘高仁朝日

形态特征 本变种与正种的区别在于：全株无毛。

生境 中生草本。生于草原沙质地、沙丘樟子松林下。

产海拉尔区、鄂温克族自治旗。

腺毛簇生卷耳 *Cerastium caespitosum* Gilib. var. *glandulosum* Wirtgen

别名 卷耳

蒙名 乌苏图—淘高仁朝日

形态特征 植株高15～30cm。茎斜升，单一或簇生，具纵向沟棱，密被多细胞的单毛，上部常混生多细胞腺毛。叶无柄，卵状披针形或矩圆状披针形，长1～3cm，宽3～10mm，先端锐尖，基部渐狭，全缘，两面密被多细胞单毛，下面中脉稍凸起。二歧聚伞花序生枝顶；苞片叶状，卵状披针形，密生多细胞单毛和腺毛；花序轴与花梗密生多细胞腺毛或混生多细胞单毛，花梗长5～10mm，花后延长达20mm，下垂；萼片披针形或矩圆状披针形，长5～6mm，先端锐尖，背面密生多细胞腺毛，边缘宽膜质；花瓣白色，倒卵状矩圆形，比萼片稍短。先端2浅裂；雄蕊10；子房宽卵形；花柱5条。蒴果圆筒形，长12～14mm，直径3～4mm，上部稍偏斜且稍细，膜质，有光泽，10齿裂，裂齿直立或稍外倾。种子卵状扁球形，长约0.8mm，棕色，表面被小瘤状凸起。花期6～7月，果期7～8月。

生境 多年生中生草本，有时为一年生或二年生草本。生于林缘、草甸。

产牙克石市、鄂伦春自治旗。

高山漆姑草属（米努草属）Minuartia L.

高山漆姑草 *Minuartia laricina* (L.) Mattf.

别名 石米努草

蒙名 塔格音—阿拉嘎力格—其其格

形态特征 植株高 10～30cm。茎丛生，单一，上升，被细短毛。叶线状锥形，无柄，长 5～15cm，宽 0.5～1mm，具 1 脉，先端渐尖，两面无毛，基部边缘疏生长睫毛，上部多少被短刺毛，叶腋内具叶簇，基部叶腋有时具短缩的分枝。花单生或成聚伞花序；花梗长 5～20mm，被细短毛；萼片矩圆状披针形，长 4～5mm，先端钝或稍钝，背面无毛，具 3 脉，边缘膜质，花瓣白色，倒卵状矩圆形，长 6～10mm，宽 3～3.5mm，先端圆钝，雄蕊 10，花丝向下部加宽；花柱 3。蒴果矩圆状锥形，长 7～10mm。种子近卵形，边缘具流苏状篦齿，成盘状，成熟时褐黑色，表面微具条状凸起。花期 6～8 月，果期 7～9 月。

生境 多年生中生草本。生于森林带的山坡、林缘、林下及河边柳林下。

产牙克石市、额尔古纳市、根河市、莫力达瓦达斡尔族自治旗、鄂伦春自治旗、陈巴尔虎旗。

麦毒草属 Agrostemma L.

麦毒草 *Agrostemma githago* L.

别名 麦仙翁

蒙名 哈如—其其格

形态特征 植株高30～90cm，全株密被白色长硬毛。茎直立，单一，有时上部分枝。叶条形或条状披针形，长3～12cm，宽2～12mm，基部合生或稍连合，先端渐尖，背面中脉凸起。花单生于茎顶或分枝顶端；花萼5深裂，萼筒圆筒形，长10～14mm，具10条隆起的脉，顶部稍狭细，花后萼筒加粗，萼裂片条形，叶状，比萼筒长，长可达3.5cm，具1脉；花瓣5，紫红色，比萼裂片短许多或稍短，倒卵形至楔形，基部渐狭成爪，爪部白色，顶端微缺；雄蕊10，两轮，外轮雄蕊的基部与花瓣连合；子房1室；花柱5，细长，直立，被长硬毛，与雄蕊近等长。蒴果卵形，比萼筒稍长，5齿裂，齿片向外反卷。种子肾形，成熟时黑色，长2.5～3mm，表面密被较长的疣状凸起。花期7～8月，果期8～9月。$2n=24, 48$。

生境 一年生中生杂草。生于森林带和草原带的麦田内、田间路旁、沟谷草地。

产额尔古纳市、莫力达瓦达斡尔族自治旗、鄂伦春自治旗、鄂温克族自治旗、陈巴尔虎旗、新巴尔虎左旗。

经济价值 全草入药，治百日咳、妇女出血症。种子、茎叶均有毒，牲畜误食后能中毒。

剪秋罗属 Lychnis L.

狭叶剪秋罗 *Lychnis sibilica* L.

蒙名 西伯日—谁没给力格—其其格

形态特征 植株高7～20cm，全株被短柔毛。直根，木质，根状茎多头。茎多数，纤细，直立或斜升。基生叶莲座状，倒披针形或矩圆状倒披针形，基部渐狭成柄，先端渐尖，早枯；茎生叶条状披针形或条形，长1～4cm，宽2～4mm，先端渐尖，基部稍抱茎。花小，1～7或更多集生于茎顶成二歧聚伞花序；花梗长2～30mm；苞片叶状；花萼钟状棍棒形，长5～7mm，被短腺毛，主脉10条，萼片三角状，钝头，边缘白膜质；雌雄蕊柄短，长仅1mm；花瓣白色或粉红色，比花萼长0.5～1倍，楔形，先端二叉状浅裂，裂达瓣片长的1/4～1/3，瓣片基部有2枚广椭圆形的鳞片状附属物；雄蕊10，2轮；子房棍棒形；花柱5。蒴果卵形，5齿裂。种子肾形，长约0.8mm，表面被短条形疣状凸起。花期6～7月，果期7～8月。$2n=24$。

生境 多年生中生草本。生于森林带和森林草原带的樟子松林下、丘顶、盐生草甸、山坡。

产海拉尔区、牙克石市、额尔古纳市、根河市、鄂温克族自治旗、陈巴尔虎旗、新巴尔虎左旗。

石竹科

女娄菜属 Melandrium Roehl.

1 植株密被腺质柔毛；花萼长 13～15mm；花瓣片 2 浅裂；多年生草本 ············ **1 兴安女娄菜 M. brachypetalum**
1 植株密被短曲柔毛；花萼长不过 10mm；一年生或二年生草本 ··· **2**
2 茎生叶披针形，宽 2～8mm；花萼密被短柔毛；花瓣片 2 中裂 ·················· **2 女娄菜 M. apricum**
2 茎生叶条状披针形，宽 1.5～2mm；花萼密被腺毛；花瓣片 2 浅裂 ········ **3 内蒙古女娄菜 M. orientalimongolicum**

兴安女娄菜 *Melandrium brachypetalum* (Horn.) Fenzl

蒙名 兴安内—苏尼吉没乐—其其格

形态特征 植株高 20～50cm。茎丛生，直立，密被腺质柔毛，下部常稍带紫色。基生叶具长柄，叶条状倒披针形，长 2～4cm，宽 4～10mm，先端锐尖，基部渐狭，全缘，两面密被短柔毛，下面中脉明显凸起；茎生叶无柄，披针形或条状披针形，长 4～8cm，宽 4～14mm，顶端渐尖，基部渐狭，稍抱茎，两面密生短柔毛。聚伞状圆锥花序，具少数花，顶生或腋生，极少单花；花梗长 4～10mm，密被腺毛，花后伸长；苞片叶状，披针状条形，长 6～15mm；密被腺毛；花萼圆筒形，长 10～13mm，密被腺毛，具 10 纵脉，脉间白膜质，萼齿 5，三角形，边缘宽膜质，果期萼膨大；花瓣粉红色至紫红色，与萼近等长或稍长，瓣片倒宽卵形，先端 2 浅裂，爪倒披针形，瓣片与爪间有 2 鳞片；花丝基部或下部疏生长睫毛；子房矩圆状圆筒形；花柱 5 条；雌雄蕊柄长约 1mm。蒴果椭圆状圆筒形，长 10～13mm，10 齿裂，深黄色，有光泽。种子圆肾形，长约 0.9mm，稍扁，棕褐色，被较尖的小瘤状凸起。花期 6～7 月，果期 7～8 月。$2n=48$。

生境 多年生中生草本。生于森林带和草原带的山地林缘、草甸。

产牙克石市、扎兰屯市、额尔古纳市、鄂伦春自治旗。

女娄菜 *Melandrium apricum* (Turcz. ex Fisch. et Mey.) Rohrb.

别名 桃色女娄菜

蒙名 苏尼吉没乐—其其格

形态特征 全株密被倒生短柔毛。茎直立，高10～40cm，基部多分枝。叶条状披针形或披针形，长2～5cm，宽2～8mm，先端锐尖，基部渐狭，全缘，中脉在下面明显凸起，下部叶具柄，上部叶无柄。聚伞花序顶生和腋生；苞片披针形或条形，先端长渐尖，紧贴花梗；花梗近直立，长短不一；萼片椭圆形，长6～8mm，密被短柔毛，具10条纵脉，果期膨大呈卵形，顶端5裂，裂片近披针形或三角形，边缘膜质；花瓣白色或粉红色，与萼近等长或稍长，瓣片倒卵形，先端2浅裂，基部渐狭成长爪，瓣片与爪间有2鳞片；花丝基部被毛；子房长椭圆形；花柱3。蒴果卵形或椭圆状卵形，长8～9mm，具短柄，顶端6齿裂，包藏在宿存花萼内。种子圆肾形，黑褐色，表面被钝的瘤状凸起。花期5～7月，果期7～8月。

生境 一年生或二年生中旱生草本。生于石砾质坡地、固定沙地、疏林及草原中。

产海拉尔区、牙克石市、扎兰屯市、阿荣旗、莫力达瓦达斡尔族自治旗、鄂温克族自治旗、陈巴尔虎旗、新巴尔虎左旗。

经济价值 全草入药，能下乳、利尿、清热、凉血，也作蒙药用。

内蒙古女娄菜 *Melandrium orientalimongolicum* (Kozhevn.) Y. Z. Zhao

蒙名 蒙古乐—苏尼吉没乐—其其格

形态特征 植株密被短曲柔毛。茎直立，高15～30cm，单一或数条丛生。基生叶莲座状，匙形或条状倒披针形，长2～8cm，宽3～10cm，先端急尖，基部渐狭成柄状；茎生叶条状披针形，长2～4cm，宽1.5～2mm，无柄。聚伞花序顶生和腋生；苞片条形；花梗直立，长短不一，密被腺毛；花萼筒状，长约8mm，密被腺毛，具10条纵脉，果期膨大呈卵形，顶端5裂，裂片三角形，边缘膜质；花瓣白色或粉红色，比萼长，长约10mm，先端2浅裂，基部渐狭长爪，瓣片与爪间有2鳞片状附属物；子房矩圆形；花柱3～5。蒴果卵形，具短柄，顶端6～10齿裂，包藏在宿存花萼内。种子圆肾形，表面被疣状凸起。花期6～7月，果期7～8月。

生境 一年生或二年生中生草本。生于草原区的低湿草甸或撂荒地。

产牙克石市、新巴尔虎左旗。

麦瓶草属 Silene L.

1 根数条，略呈细纺锤形；植株呈灰绿色，无毛；叶披针形或卵状披针形；花萼膨大成囊泡状，具20条纵脉 ················· **1 狗筋麦瓶草 S. vulgaris**
1 直根或具细长匍匐的根状茎；植株不呈灰绿色；花萼不膨大，具10条纵脉 ················· **2**
2 根状茎细长、匍匐且分枝；叶具1条明显的中脉；花萼被毛，瓣片2中裂 ················· **2 毛萼麦瓶草 S. repens**
2 直根，不具细长的根状茎；花萼无毛 ················· **3 旱麦瓶草 S. jenisseensis**

狗筋麦瓶草 *Silene vulgaris* (Moench) Garcke [= *Silene venosa* (Gilib.) Aschers.]

蒙名 哈特日音—舍日格纳

形态特征 植株高40～100cm，全株无毛，呈灰绿色。根数条，圆柱状，具纵条棱。茎直立，丛生，上部分枝。叶披针形至卵状披针形，长3～8cm，宽5～25mm，茎下部叶渐狭成短柄，先端急尖或渐尖，全缘或边缘具刺状微齿，中脉明显，茎上部叶无柄，基部抱茎，全缘。聚伞花序，大型，花较稀疏；花梗长短不等，长5～25mm；萼筒宽卵形，膜质，膨大成囊泡状，无毛，长14～16mm，宽7～10mm，具20条纵脉，脉间由多数网状细脉相连，常带紫堇色，萼齿宽三角形，边缘具白色短毛；雌雄蕊柄长约2mm，无毛；花瓣白色，长15～17mm，瓣片2深裂，爪上部加宽，基部渐狭，喉部无附属物；雄蕊超出花冠；子房卵形，长约3mm。蒴果球形，直径约8mm，平滑而有光泽，6齿裂。种子肾形，黑褐色，长约1.5mm，宽约1.2mm，表面被乳头状凸起。花期6～8月，果期7～9月。

生境 多年生中生草本。生于森林带沟谷草甸。

产牙克石市、额尔古纳市、根河市、莫力达瓦达斡尔族自治旗、鄂伦春自治旗、鄂温克族自治旗、陈巴尔虎旗、新巴尔虎左旗。

经济价值 全草药用，能治疗妇女病、丹毒和祛痰。幼嫩植株可作野菜食用。根富含皂苷，可代肥皂用。

毛萼麦瓶草 *Silene repens* Patr.

别名 蔓麦瓶草、匍生蝇子草

蒙名 模乐和—舍日格纳

形态特征 植株高 15～50cm。根状茎细长，匍匐地面。茎直立或斜升，有分枝，被短柔毛。叶条状披针形、条形或条状倒披针形，长 1.5～4.5cm，宽（1）2～8mm，先端锐尖，基部渐狭，全缘，两面被短柔毛或近无毛。聚伞状狭圆锥花序生于茎顶；苞片叶状，披针形，常被短柔毛；花梗长 3～6mm，被短柔毛；萼筒棍棒形，长 12～14mm，直径 3～5mm，具 10 条纵脉，密被短柔毛，萼齿宽卵形，先端钝，边缘宽膜质；花瓣白色、淡黄白色或淡绿白色，瓣片开展，顶端 2 深裂，瓣片与爪之间有 2 鳞片，基部具长爪；雄蕊 10；子房矩圆柱形，无毛；花柱 3；雌雄蕊柄长 4～8mm，被短柔毛。蒴果卵状矩圆形，长 5～7mm。种子圆肾形，长约 1mm，黑褐色，表面被短条形的细微凸起。花果期 6～9 月。$2n=24$。

生境 多年生中生草本。生于山坡草地、固定沙丘、山沟溪边、林下、林缘草甸、沟谷草甸、河滩草甸、泉水边及撂荒地。

产海拉尔区、满洲里市、牙克石市、扎兰屯市、额尔古纳市、根河市、鄂温克族自治旗、鄂伦春自治旗、陈巴尔虎旗、新巴尔虎左旗、新巴尔虎右旗。

旱麦瓶草 *Silene jenisseensis* Willd.

别名 麦瓶草、山蚂蚱

蒙名 额乐存—舍日格纳

形态特征 多年生草本，高20～50cm。直根粗长，直径6～12mm，黄褐色或黑褐色，顶部具多头。茎几个至10余个丛生，直立或斜升，无毛或基部被短糙毛，基部常包被枯黄色残叶。基生叶簇生，多数，具长柄，柄长1～3cm，叶披针状条形，长3～5cm，宽1～3mm，先端长渐尖，基部渐狭，全缘或有微齿状凸起，两面无毛或稍被疏短毛，茎生叶3～5对，与基生叶相似但较小。聚伞状圆锥花序顶生或腋生，具花10余朵；苞片卵形，先端长尾状，边缘宽膜质，具睫毛，基部合生；花梗长3～6mm，果期延长；花萼筒状，长8～9mm，无毛，具10纵脉，先端脉网结，脉间白色膜质，果期膨大呈管状钟形，萼齿三角状卵形，边缘宽膜质，具短睫毛；花瓣白色，长约12mm，瓣片4～5mm，开展，2中裂，裂片矩圆形，爪倒披针形，瓣片与爪间有2小鳞片；雄蕊5长，5短；子房矩圆状圆柱形；花柱3条；雌雄蕊柄长约3mm，被短柔毛。蒴果宽卵形，长约6mm，包藏在花萼内，6齿裂。种子圆肾形，长约1mm，黄褐色，被条状细微凸起。花期6～8月，果期7～8月。$2n=24$。

生境 多年生旱生草本。生于森林草原带和草原带的砾石质山地、草原及固定沙地。

产海拉尔区、牙克石市、根河市、鄂伦春自治旗、鄂温克族自治旗、陈巴尔虎旗、新巴尔虎左旗、新巴尔虎右旗。

经济价值 根入药，能清热凉血。

丝石竹属 Gypsophila L.

1 叶条状披针形，宽 2.5 ～ 8mm ········· **1 草原丝石竹 G. davurica**

1 叶条形，宽 1 ～ 2mm ········· **1a 狭叶草原丝石竹 G. davurica** var. **angustifolia**

草原丝石竹 *Gypsophila davurica* Turcz. ex Fenzl

别名 草原石头花、北丝石竹

蒙名 达古日—台日

形态特征 植株高 30 ～ 70cm，全株无毛。直根粗长，圆柱形，灰黄褐色；根状茎分歧，灰黄褐色，木质化，有多数不定芽。茎多数丛生，直立或稍斜升，二歧式分枝。叶条状披针形，长 2.5 ～ 5cm，宽 2.5 ～ 8mm，先端锐尖，基部渐狭，全缘，灰绿色，中脉在下面明显凸起。聚伞状圆锥花序顶生或腋生，具多数小花；苞片卵状披针形，长 2 ～ 4mm，膜质，有时带紫色，先端尾尖，花梗长 2 ～ 4mm；花萼管状钟形，果期呈钟形，长 2.5 ～ 3.5mm，具 5 条纵脉，脉有时带紫绿色，脉间白膜质，先端具 5 萼，齿卵状三角形，先端锐尖，边缘膜质；花瓣白色或粉红色，倒卵状披针形，长 6 ～ 7mm，先端微凹；雄蕊比花瓣稍短；子房椭圆形；花柱 2。蒴果卵状球形，长约 4mm，4 瓣裂。种子圆肾形，两侧压扁，直径约 1.2mm，黑褐色，两侧被矩圆状小凸起，背部被小瘤状凸起。花期 7 ～ 8 月，果期 8 ～ 9 月。

生境 多年生旱生草本。生于草原区东部的典型草原、山地草原。

产海拉尔区、满洲里市、扎兰屯市、额尔古纳市、鄂温克族自治旗、陈巴尔虎旗、新巴尔虎左旗、新巴尔虎右旗。

经济价值 根含皂苷，用于纺织、染料、香料、食品等工业。根入药，能逐水、利尿，主治水肿胀满、胸胁满闷、小便不利。此外根可作肥皂代用品，可洗濯羊毛和毛织品。

狭叶草原丝石竹 *Gypsophila davurica* Turcz. ex Fenzl var. *angustifolia* Fenzl

别名 狭叶草原霞草

蒙名 那林—达古日—台日

形态特征 本变种与正种的区别在于：叶狭窄，宽1～2mm。

生境 旱生草本。生于草原、砾石质草原、固定沙地。局部可形成层片，并为常见伴生种。

产满洲里市、新巴尔虎左旗、新巴尔虎右旗。

石竹科

石竹属 Dianthus L.

1 植株具横走的根茎；花瓣上缘细裂成流苏状；萼下苞片 2～3 对，苞片长为萼的 1/4，先端具长凸尖 ··· **1 瞿麦 D. superbus**
1 植株不具横走根茎；花瓣上缘有不规则牙齿 ·· 2
2 萼下苞片 1～2 对；苞片与萼近等长 ·· **2 簇茎石竹 D. repens**
2 萼下苞片 2～3 对；苞片长约为萼的 1/2 ··· 3
3 茎光滑无毛 ·· **3 石竹 D. chinensis**
3 茎粗糙或被短糙毛 ·· **3a 兴安石竹 D. chinensis** var. **veraicolor**

瞿麦 *Dianthus superbus* L.

别名 洛阳花

蒙名 高要—巴希卡

形态特征 植株高 30～50cm。根状茎横走。茎丛生，直立，无毛，上部稍分枝。叶条状披针形或条形，长 3～8cm，宽 3～6mm，先端渐尖，基部呈短鞘状围抱节上，全缘，中脉在下面凸起。聚伞花序顶生，有时呈圆锥状，稀单生，苞片 4～6，倒卵形，长 6～10mm，宽 4～5mm，先端骤凸；萼筒圆筒形，长 2.5～3.5cm，直径约 4mm，常带紫色，具多数纵脉，萼齿 5，直立，披针形，长 4～5mm，先端渐尖；花瓣 5，淡紫红色，稀白色，长 4～5cm，瓣片边缘细裂成流苏状，基部有须毛，爪与萼近等长。蒴果狭圆筒形，包于宿存萼内，与萼近等长。种子扁宽卵形，长约 2mm，边缘具翅。花果期 7～9 月。$2n=30$，60。

生境 多年生中生草本。生于夏绿阔叶林带的林缘、疏林下、草甸、沟谷溪边。

产满洲里市、牙克石市、扎兰屯市、额尔古纳市、阿荣旗、莫力达瓦达斡尔族自治旗、鄂伦春自治旗、鄂温克族自治旗、新巴尔虎左旗。

经济价值 地上部分入药（药材名：瞿麦），能清湿热、利小便、活血通经，主治膀胱炎、尿道炎、泌尿系统结石、妇女闭经、外阴糜烂、皮肤湿疮。地上部分也入蒙药（蒙药名：高要—巴沙嘎），能凉血、止刺痛、解毒，主治血热、血刺痛、肝热、痧症、产褥热。也可作观赏植物。

簇茎石竹 *Dianthus repens* Willd.

蒙名 宝特力格—巴希卡

形态特征 植株高达30cm，全株光滑无毛。直根粗壮；根状茎多分歧。茎多数，密丛生，直立或上升。叶条形或条状披针形，长3～5cm，宽2～3mm，先端渐尖，基部渐狭，叶脉1或3条，中脉明显。花顶生，单一或有时2朵；萼下苞片1～2对，外面1对条形，叶状，比萼长或近等长，内面1对卵状披针形，比萼短，先端具长凸尖，边缘膜质；萼筒长12～16mm，粗4～5mm，有时带紫色，萼齿直立，披针形，具凸尖，长3～4mm，边缘膜质，具微细睫毛；雌雄蕊柄长约1mm；花瓣倒卵状楔形，紫红色，长22～30mm，上部宽8～10mm，上缘具不规则的细长牙齿，喉部表面具暗紫色彩圈并簇生长软毛，爪长14～15mm。蒴果狭圆筒形，包于宿存萼内，比萼短。种子圆盘状，中央凸起，直径约1.5mm，边缘具翅。花期6～8月，果期8～9月。$2n=60$。

生境 多年生中生草本。生于森林带的山地草甸。

产扎兰屯市、额尔古纳市、莫力达瓦达斡尔族自治旗、鄂伦春自治旗、新巴尔虎左旗、新巴尔虎右旗。

石竹 *Dianthus chinensis* L.

别名 洛阳花

蒙名 巴希卡—其其格

形态特征 植株高20～40cm，全株带粉绿色。茎常自基部簇生，直立，无毛，上部分枝。叶披针状条形或条形，长3～7cm，宽3～6mm，先端渐尖，基部渐狭合生抱茎，全缘，两面平滑无毛，粉绿色，下面中脉明显凸起。花顶生，单一或2～3成聚伞花序；花下有苞片2～3对，苞片卵形，长约为萼的一半，先端尾尖，边缘膜质，有睫毛；花萼圆筒形，长15～18mm，直径4～5mm，具多数纵脉，萼齿披针形，长约5mm，先端锐尖，边缘膜质，具细睫毛；花瓣瓣片平展，卵状三角形，长13～15mm，边缘有不整齐齿裂，通常红紫色、粉红色或白色，具长爪，爪长16～18mm，瓣片与爪间有斑纹与须毛；雄蕊10；子房矩圆形；花柱2。蒴果矩圆状圆筒形，与萼近等长，4齿裂。种子宽卵形，稍扁，灰黑色，边缘有狭翅，表面有短条状细凸起。花果期6～9月。$2n=30，60$。

生境 多年生旱中生草本。生于森林带和草原带的山地草甸及草甸草原。

产牙克石市、扎兰屯市、额尔古纳市、阿荣旗、鄂伦春自治旗、陈巴尔虎旗、新巴尔虎右旗。

经济价值 用途与瞿麦同。

兴安石竹 *Dianthus chinensis* L. var. *veraicolor* (Fisch. ex Link) Ma

蒙名 兴安—巴希卡

形态特征 本变种与正种的区别在于：茎多少被短糙毛或近无毛而粗糙，叶通常粗糙，植株多少密丛生。

生境 多年生旱中生草本。生于草原、草甸草原，为常见的伴生植物。

产海拉尔区、满洲里市、牙克石市、扎兰屯市、额尔古纳市、根河市、阿荣旗、莫力达瓦达斡尔族自治旗、鄂伦春自治旗、鄂温克族自治旗、陈巴尔虎旗、新巴尔虎左旗。

经济价值 用途与瞿麦同。

王不留行属 Vaccaria Medic

王不留行 *Vaccaria hispanica* (Neck.) Garcke

别名 麦蓝菜

蒙名 阿拉坦—谁没给力格—其其格

形态特征 植株高25～50cm，全株平滑无毛，稍被白粉，呈灰绿色。茎直立，圆筒形，中空，上部二叉状分枝。叶卵状披针形或披针形，长3～7cm，宽1～2cm，先端锐尖，基部圆形或近心形，稍抱茎，全缘，中脉在下面明显凸起；无叶柄。聚伞花序顶生，呈伞房状，具多数花；花梗细长，长1～4cm；苞片叶状，较小，边缘膜质；萼筒卵状圆筒形，长1～1.3cm，直径3～4mm，具5条翅状凸起的脉棱，棱间绿白色，膜质花后萼筒中下部膨大而先端狭，呈卵球形，萼齿5，三角形，先端锐尖，边缘膜质；花瓣淡红色，长14～17mm，瓣片倒卵形，顶端有不整齐牙齿，下部渐狭成长爪；雄蕊10，隐于萼筒内；子房椭圆形；花柱2。蒴果卵形，顶端4裂，包藏在宿存花萼内。种子球形，黑色，直径约2mm，表面密被小瘤状凸起。花期6～7月，果期7～8月。$2n=30$。

生境 一年生中生草本。内蒙古有少量栽培，有时逸出，野生于田边或混生于麦田间。

产扎兰屯市、鄂伦春自治旗。

经济价值 种子入药（药材名：王不留行），能活血通经、消肿止痛、催生下乳，主治月经不调、乳汁缺乏、难产、痈肿疔毒等；又可作兽药，能利尿、消炎、止血。种子含淀粉，可酿酒和制醋。此外，种子可榨油，作机器润滑油。

毛茛科 Ranunculaceae

1 花两侧对称 ··· 2
1 花辐射对称 ··· 3
2 花有距，上萼片基部伸长成距 ··· **12 翠雀属 Delphinium**
2 花无距，上萼片盔形、圆筒形或船形 ··· **13 乌头属 Aconitum**
3 叶对生 ··· **11 铁线莲属 Clematis**
3 叶互生或基生 ·· 4
4 子房具数颗或多数胚珠；果实为蓇葖果或浆果 ·· 5
4 子房具 1 胚珠；果实为瘦果 ·· 8
5 单叶 ·· 6
5 基生叶为一至三回三出复叶 ·· 7
6 无花瓣；叶不分裂，基部心形；花黄色或白色 ··· **1 驴蹄草属 Caltha**
6 有花瓣；叶掌状分裂；花金黄色或橙黄色 ·· **2 金莲花属 Trollius**
7 花具白色、膜质退化雄蕊；花瓣基部有长距，一朵花有 5 个长距 ···························· **3 楼斗菜属 Aquilegia**
7 花无退化雄蕊，花瓣漏斗状，二唇形，具短柄而无距 ·· **4 蓝堇草属 Leptopyrum**
8 无花瓣；萼片花瓣状，通常紫红色或白色 ·· 9
8 有花瓣；萼片绿色 ··· 11
9 花下无总苞；多数小花组成圆锥状或聚伞状花序，稀总状花序 ································ **5 唐松草属 Thalictrum**
9 花下具总苞 ··· 10
10 果实成熟时花柱不伸长成羽毛状；花单生或为聚伞花序；总苞片基部离生 ·············· **6 银莲花属 Anemone**
10 果实成熟时花柱伸长成羽毛状；花单生；总苞片基部合生 ··································· **7 白头翁属 Pulsatilla**
11 花瓣无蜜槽 ··· **8 侧金盏花属 Adonis**
11 花瓣内侧基部具蜜槽 ··· 12
12 果有纵肋；植株具匍匐茎；单叶 ··· **9 水葫芦苗属 Halerpestes**
12 果平滑或有瘤状凸起；植株通常无匍匐茎；单叶或三出复叶 ································ **10 毛茛属 Ranunculus**

驴蹄草属 Caltha L.

三角叶驴蹄草 *Caltha palustris* L. var. *sibirica* Regel

别名 西伯日—巴拉白

蒙名 西伯利亚驴蹄草

形态特征 植株高 20～50cm，全株无毛。根状茎缩短，具多数粗壮的须根。茎直立或上升，单一或上部分枝。叶片多为三角状肾形，边缘只在下部有齿，其他部分微波状或近全缘。单歧聚伞花序，花 2 朵；花梗长 2～10cm；萼片 5，黄色，倒卵形或倒卵状椭圆形，长 1～1.8cm，宽 0.6～1.2cm，先端钝圆，脉纹明显；雄蕊长 5～7mm；5～15，无柄，有短花柱。蓇葖果长 1～1.5cm；种子多数，卵状矩圆形，长 1.5～2mm，黑褐色。花期 6～7 月，果期 7 月。2n=16，28，32。

生境 多年生轻度耐盐湿中生草本。生于森林带和草原带的沼泽草甸、盐渍化草甸、河岸。

产海拉尔区、牙克石市、扎兰屯市、额尔古纳市、根河市、阿荣旗、莫力达瓦达斡尔族自治旗、鄂伦春自治旗、鄂温克族自治旗、陈巴尔虎旗。

经济价值 全草有毒，在放牧场上于饲料缺乏季节，牲畜误食，可引起中毒，但干草中毒素减少。全草入药，能祛风、散寒，主治头晕目眩、周身疼痛；外用治烧伤、化脓性创伤或皮肤病。

金莲花属 Trollius L.

短瓣金莲花 *Trollius ledebouri* Reichb. Ic. Pl. Crit.

蒙名 宝古尼—阿拉坦花

形态特征 植株高达 110cm，全株无毛。根状茎短粗，着生多数须根。茎直立，单一或上部稍分枝。基生叶 2～3，具长柄，叶柄基部加宽，抱茎，边缘膜质；叶五角形，长 4～7cm，宽 8～13cm，基部心形，3 全裂，中央全裂片菱形，3 中裂，边缘有小裂片及三角形小牙齿，侧全裂片斜扇形，不等 2 深裂近基部；叶柄长 10～30cm；茎生叶与基生叶相似，上部的较小而柄变短。花单生或 2～3 生于茎顶或分枝顶端；花橙黄色，开展，直径 3～5cm；苞片无柄，3 裂；花梗长 5～15cm；萼片 5～10，花瓣状，黄色，椭圆状卵形、倒卵形或椭圆形，顶端圆形，有不明显的浅齿，长 1.2～3cm，宽 1～1.5cm；花瓣 10～22，比雄蕊长，但比萼片短，条形，长 1～1.5cm，宽约 1mm；雄蕊长达 9mm，花药长 3.5mm。蓇葖果 20～30，长约 8mm，喙长约 1mm。种子多数，黑褐色，近椭圆形，长 1.2～1.5mm。花期 6～7 月，果期 7～8 月。$2n=16$。

生境 多年生湿中生草本。生于森林带的林缘草甸、沟谷湿草甸及河滩湿草甸，是常见的草甸伴生种。

产牙克石市、扎兰屯市、根河市、阿荣旗、莫力达瓦达斡尔族自治旗、鄂伦春自治旗、鄂温克族自治旗、额尔古纳市。

经济价值 花入药，能清热解毒，主治上呼吸道感染，急、慢性扁桃体炎，肠炎，痢疾，疮疖脓肿，外伤感染，急性中耳炎，急性结膜炎，急性淋巴管炎；也作蒙药用，能止血消炎、愈创解毒，主治疮疖痈疽及外伤等。花大而鲜艳，可供观赏。

耧斗菜属 Aquilegia L.

耧斗菜 *Aquilegia viridiflora* Pall.

别名 血见愁

蒙名 乌日乐其—额布斯

形态特征 植株高 20～40cm。直根粗大，圆柱形，粗达 1.5cm，黑褐色。茎直立，上部稍分枝，被短柔毛和腺毛。基生叶多数，有长柄，长达 15cm，被短柔毛和腺毛，柄基部加宽，二回三出复叶；中央小叶楔状倒卵形，长 1.5～3.5cm，宽 1～3.5cm，具短柄，柄长 1～5mm，侧生小叶歪倒卵形，无柄，小叶 3 浅裂至中裂，小裂片具 2～3 个圆齿，上面绿色，无毛，下面灰绿色带黄色，被短柔毛；茎生叶少数，与基生叶同形而较小，或只一回三出，具柄或无柄。单歧聚伞花序；花梗长 2～5cm，被腺毛和短柔毛；花黄绿色；萼片卵形至卵状披针形，长 1.2～1.5cm，宽 5～8mm，与花瓣瓣片近等长，先端渐尖，里面无毛，外面疏被毛；花瓣瓣片长约 1.4cm，上部宽达 1.5cm，先端圆状截形，两面无毛，距细长，长约 1.8cm，直伸或稍弯；雄蕊多数，比花瓣长，伸出花外，花丝丝状，花药黄色；退化雄蕊白色膜质，条状披针形，长 7～8mm；心皮 4～6，通常 5，密被腺毛和柔毛；花柱细丝状，显著超出花的其他部分。蓇葖果直立，被毛，长约 2cm，相互靠近，宿存花柱细长，与果近等长，稍弯曲。种子狭卵形，长约 2mm，宽约 0.7mm，黑色，有光泽，三棱状，其中有 1 棱较宽，种皮密布点状皱纹。花期 5～6 月，果期 7 月。$2n=14$。

生境 多年生旱中生草本。生于森林带、草原带和荒漠带的石质山坡的灌丛间与基岩露头上及沟谷中。

产海拉尔区、满洲里市、牙克石市、额尔古纳市、根河市、莫力达瓦达斡尔族自治旗、鄂温克族自治旗、陈巴尔虎旗。

经济价值 全草入药，能调经止血、清热解毒，主治月经不调、功能性子宫出血、痢疾、腹痛；也作蒙药（蒙药名：乌日乐其—额布斯），能调经、治伤、止痛，主治阴道疾病、死胎、胎衣不下、金伤、骨折。

紫花耧斗菜 *Aquilegia viridiflora* Pall. f. *atropurpurea* (Willd.) Kitalg.
[= *Aquilegia viridiflora* Pall. var. *atropurpurea* (Willd.) Finet et Gagnep.]

别名 铁山耧斗菜

蒙名 保日—乌日乐其—额布斯

形态特征 本变型与正种的区别在于：花较小，萼片灰绿色带紫色，花瓣暗紫色。

生境 多年生旱中生草本。生于石质山坡、丘陵、山地岩石缝中。

产额尔古纳市、阿荣旗。

蓝堇草属 Leptopyrum Reichb.

蓝堇草 *Leptopyrum fumarioides* (L.) Reichb.

蒙名 巴日巴达

形态特征 植株高 5～30cm，全株无毛，呈灰绿色。根直，细长，黄褐色。茎直立或上升，通常从基部分枝。基生叶多数，丛生，通常为二回三出复叶，具长柄，叶卵形或三角形，长 2～4cm，宽 1.5～3cm，中央小叶柄较长，约 1.5cm，侧生小叶柄较短，5～7mm，小叶 3 全裂，裂片又 2～3 浅裂，小裂片狭倒卵形，宽 1～3mm，先端钝圆；茎下部叶通常互生，具柄，叶柄基部加宽成鞘，叶鞘上侧具 2 个条形叶耳；茎上部叶对生至轮生，具短柄，几全部加宽成鞘，叶片二至三回三出复叶；叶灰蓝绿色，两面无毛。单歧聚伞花序具 2 至数花；苞片叶状；花梗近丝状，长 1～4cm；萼片 5，淡黄色，椭圆形，长约 4mm，宽 1.5～2mm，先端尖；花瓣 4～5，漏斗状，长约 1mm，与萼片互生，比萼片显著短，二唇形，下唇比上唇显著短，微缺，上唇全缘；雄蕊 10～15，花丝丝状，长约 2.5mm，花药近球形；心皮 5～20，无毛。蓇葖果条状矩圆形，长达 1cm，宽约 2mm，内含种子多数，果喙直伸。种子暗褐色，近椭圆形或卵形，长 0.6～0.8mm，宽 0.4～0.6mm，两端稍尖，表面密被小瘤状凸起。花期 6 月，果期 6～7 月。2n=14。

生境 一年生中生草本。生于田野、路边或向阳山坡。

产呼伦贝尔市各旗、市、区。

经济价值 全草入药，可治心血管疾病，有时用于治疗胃肠道疾病和伤寒。

唐松草属 Thalictrum L.

1 植株具短腺毛，小叶背面较密 ·· **1 香唐松草 Th. foetidum**
1 植株不被腺毛 ··· **2**
2 茎呈"之"字形弯曲；花丝不呈棒状加粗，心皮 1～3；瘦果新月形或纺锤形，长 5～8mm ···································
··· **2 展枝唐松草 Th. squarrosum**
2 茎直立，不呈"之"字形弯曲；心皮 3～13；瘦果椭圆形或卵形，长 2～6mm ··· **3**
3 花丝棒状加粗，长 4～6mm ·· **4**
3 花丝不呈棒状加粗，长 2～4mm ·· **5**
4 小叶近圆形、肾状圆形或倒卵形，先端 3 浅裂至深裂，边缘不反卷 ················ **3 瓣蕊唐松草 Th. petaloideum**
4 小叶不裂或 2～3 全裂或深裂，不裂小叶和裂片卵状披针形、披针形至条状披针形，边缘全部反卷 ···················
··· **3a 卷叶唐松草 Th. petaloideum var. supradecompositum**
5 茎生叶向上直展，与茎紧贴；瘦果长约 2mm ·· **4 箭头唐松草 Th. simplex**
5 茎生叶斜展；瘦果长 2～3mm ·· **5 东亚唐松草 Th. minus var. hypoleucum**

香唐松草 *Thalictrum foetidum* L.

别名 腺毛唐松草

蒙名 乌努日特—查存—其其格

形态特征 植株高 20～50cm。根状茎较粗，具多数须根。茎具纵槽，基部近无毛，上部被短腺毛。茎生叶三至四回三出羽状复叶，基部叶具较长的柄，柄长达 4cm。上部叶柄较短，密被短腺毛或短柔毛，叶柄基部两侧加宽，呈膜质鞘状；复叶轮廓宽三角形，长约 10cm，小叶具短柄，密被短腺毛或短柔毛，小叶卵形、宽倒卵形或近圆形，长 2～10mm，宽 2～9mm，基部微心形或圆状楔形，先端 3 浅裂，裂片全缘或具 2～3 个钝牙齿，上面绿色，下面灰绿色，两面均被短腺毛或短柔毛，下面较密，叶脉上面凹陷，下面明显隆起。圆锥花序疏松，被短腺毛；花小，直径 5～7mm，通常下垂；花梗长 0.5～12cm；萼片 5，淡黄绿色，稍带暗紫色，卵形，长约 3mm，宽约 1.5mm；无花瓣；雄蕊多数，比萼片长 1.5～2 倍，花丝丝状，长 3～5mm，花药黄色，条形，长 1.5～3mm，比花丝粗，具短尖；心皮 4～9 或更多，子房无柄，柱头具翅，长三角形。瘦果扁，卵形或倒卵形，长 2～5mm，具 8 条纵肋，被短腺毛，果喙长约 1mm，微弯。花期 8 月，果期 9 月。$2n=14$。

生境 多年生中旱生草本。生于山地草原及灌丛中。

产满洲里市、牙克石市、扎兰屯市、额尔古纳市、根河市、陈巴尔虎旗、新巴尔虎左旗、新巴尔虎右旗。

经济价值 种子油可供工业用。全草可供药用。

毛茛科 124

展枝唐松草 *Thalictrum squarrosum* Steph. ex Willd.

别名 叉枝唐松草、歧序唐松草、坚唐松草

蒙名 莎格莎嘎日—查存—其其格、汉腾、铁木尔—额布斯

形态特征 植株高达1m。须根发达，灰褐色。茎呈"之"字形弯曲，常自中部二叉状分枝，分枝多，通常无毛。叶集生于茎下部和中部，近向上直展，具短柄，基部加宽呈膜质鞘状，为三至四回三出羽状复叶，小叶具短柄或近无柄，顶生小叶柄较长，小叶卵形、倒卵形或宽倒卵形，长6～20mm，宽3～15mm，基部圆形或楔形，顶端通常具3个大牙齿或全缘，有时上部3浅裂，中裂片具3个牙齿，上面绿色，下面色淡，两面无毛，脉在下面稍隆起。圆锥花序近二叉状分枝，呈伞房状，花梗长1.5～3cm，基部具披针形小苞；花直径5～7mm；萼片4，淡黄绿色，稍带紫色，狭卵形，长3～5mm，宽1.2～2mm；无花瓣；雄蕊7～10，花丝细，长2～5mm，花药条形，长约3mm，比花丝粗，先端渐尖；心皮1～3，无柄，柱头三角形，有翼。瘦果新月形或纺锤形，一面直，另一面呈弓形弯曲，长5～8mm，宽1.2～2mm，两面稍扁，具8～12条凸起的弓形纵肋，果喙微弯，长约1.5mm。花期7～8月，果期8～9月。$2n=42$。

生境 多年生中旱生草本。生于典型草原、沙质草原群落中，为常见的伴生植物。

产呼伦贝尔市各旗、市、区。

经济价值 全草入药，有毒，能清热解毒、健胃、制酸、发汗，主治夏季头痛头晕、吐酸水、胃灼热；也作蒙药用。种子含油，供工业用。叶含鞣质，可提制栲胶。秋季山羊、绵羊稍采食。

瓣蕊唐松草 *Thalictrum petaloideum* L.

别名 肾叶唐松草、花唐松草、马尾黄连

蒙名 查存—其其格

形态特征 植株高 20～60cm，全株无毛。根状茎细直，外面被多数枯叶柄纤维，下端生多数须根，细长，暗褐色。茎直立，具纵细沟。基生叶通常 2～4，有柄，柄长约 5cm，三至四回三出羽状复叶，小叶近圆形、宽倒卵形或肾状圆形，长 3～12mm，宽 2～15mm，基部微心形、圆形或楔形，先端 2～3 圆齿状浅裂或 3 中裂至深裂，不裂小叶卵形或倒卵形，边缘不反卷或有时稍反卷；茎生叶通常 2～4，上部者具短柄至近无柄，叶柄两侧加宽成翼状鞘，小叶形状与基生叶同形，但较小。花多数，较密集，生于茎顶部，呈伞房状聚伞花序；萼片 4，白色，卵形，长 3～5mm，先端圆，早落；无花瓣；雄蕊多数，长 5～12mm，花丝中上部呈棍棒状，狭倒披针形，花药黄色，椭圆形；心皮 4～13，无柄；花柱短，柱头狭椭圆形，稍外弯。瘦果无梗，卵状椭圆形，长 4～6mm，宽 2～3mm，先端尖，呈喙状，稍弯曲，具 8 条纵肋棱。花期 6～7 月，果期 8 月。$2n=14$。

生境 多年生旱中生杂类草。生于森林带和草原带的草甸、草甸草原及山地沟谷中。

产牙克石市、扎兰屯市、额尔古纳市、根河市、鄂伦春自治旗、鄂温克族自治旗、陈巴尔虎旗、新巴尔虎左旗。

经济价值 根入药，能清热燥湿、泻火解毒，主治肠炎、痢疾、黄疸、目赤肿痛；也作蒙药用。种子入蒙药（蒙药名：查存—其其格），能消食、开胃，主治肺热咳嗽、咯血、失眠、肺脓肿、消化不良、恶心。

卷叶唐松草 *Thalictrum petaloideum* L. var. *supradecompositum* (Nakai) Kitag.

别名 蒙古唐松草、狭裂瓣蕊唐松草

蒙名 保日吉给日—查存—其其格

形态特征 本变种与正种的区别在于：小叶全缘或2～3全裂或深裂，全缘小叶和裂片为条状披针形、披针形或卵状披针形，边缘全部反卷。

生境 多年生中旱生杂类草。生于干燥草原和沙丘上，为草原中旱生杂类草。

产海拉尔区、新巴尔虎左旗、新巴尔虎右旗。

经济价值 药用价值同正种。

箭头唐松草 *Thalictrum simplex* L.

别名 水黄连、黄唐松草

蒙名 楚斯、希日—查存—其其格

形态特征 植株高50～100cm，全株无毛。茎直立，通常不分枝，具纵条棱。基生叶为二至三回三出羽状复叶，叶柄长3～7cm，基部加宽，半抱茎，小叶宽倒卵状楔形、椭圆状楔形或矩圆形，长1～2cm，宽0.7～2cm，具短柄或无柄，基部楔形至近圆形，先端通常3浅裂或全缘，小裂片先端钝

或圆；下部茎生叶为二回三出羽状复叶，具柄，柄长 2～5cm，小叶倒卵状楔形、椭圆状楔形或矩圆形，长 1.5～2.5cm，宽 0.8～2cm，基部楔形，稀近圆形，先端通常 2～3 浅裂，小裂片先端钝、圆或锐尖，中部茎生叶为二回三出羽状复叶，无柄或具短柄，叶柄两侧加宽呈棕褐色的膜质鞘，上部边缘有细齿，小叶椭圆状楔形或宽披针形，长 2～3cm，宽 0.5～1.5cm，基部楔形或近圆形，先端通常有 2～3 个大牙齿，牙齿先端锐尖；上部茎生叶为一回三出羽状复叶，小叶披针形至条状披针形，基部楔形，全缘或先端具 2～3 个大牙齿，牙齿尖锐；小叶质厚，边缘稍反卷，上面深绿色，下面灰绿色，叶脉隆起。圆锥花序生于茎顶，分枝向上直展；花多数，花梗长 2～3mm，花直径约 6mm；萼片 4，淡黄绿色，卵形或椭圆形，长 2～3mm，边缘膜质；无花瓣；雄蕊多数，花丝丝状，长 2～3mm，花药黄色，长约 2mm，比花丝粗，先端具短尖；心皮 4～12，心皮梗长约 1cm，柱头箭头状，宿存。瘦果椭圆形或狭卵形，长约 2mm，宽约 1.5mm，具 3～9 条明显的纵棱。花期 7～8 月，果期 8～9 月。2n=56。

生境　多年生中生杂类草。生于森林带和草原带的河滩草甸及山地灌丛、林缘草甸。

产呼伦贝尔市各旗、市、区。

经济价值　全草入药，能清热解毒、消肺、祛湿，主治黄疸、腹痛、泻痢、目赤红肿、咳嗽、气喘；外用治热毒疮疡；也作蒙药用。种子油可供制油漆用。

东亚唐松草　*Thalictrum minus* L. var. *hypoleucum* (Sieb. et Zucc.) Miq.

别名　腾唐松草、小金花

蒙名　淘木—查存—其其格

形态特征　植株高 60～120cm，全株无毛。茎直立，具纵棱。下部叶为三至四回三出羽状复叶，有柄，柄长达 4cm，基部有狭鞘，复叶长达 20cm，上部叶二至三回三出羽状复叶，有短柄或无柄，小叶纸质或薄革质，楔状倒卵形、宽倒卵形或狭菱形，小叶较大，长宽 1.5～4cm，背面有白粉，粉绿色，脉隆起，脉网明显。圆锥花序长达 30cm；花梗长 3～8mm；萼片 4，淡黄绿色，外面带紫色，狭椭圆形，长约 3.5mm，宽约 1.5mm，边缘膜质；无花瓣，雄蕊多数，长约 7mm，花药条形，长约 3mm，顶端具短尖头，花丝丝状；心皮 3～5，无柄，柱头正三角状箭头形。瘦果狭椭圆球形，稍扁，长约 3mm，有 8 条纵棱。花期 7～8 月，果期 8～9 月。2n=28，42。

生境　多年生中生草本。生于山地灌丛、林缘、林下、沟谷草甸。

产满洲里市、牙克石市、额尔古纳市、根河市、鄂温克族自治旗、新巴尔虎左旗。

经济价值　根入药，能清热燥湿、凉血解毒，主治渗出性皮炎、痢疾、肠炎、口舌生疮、结膜炎、扁桃体炎；也作蒙药用。干后家畜采食一些，幼嫩时植物含氢氰酸，家畜采食过多可引起中毒。

银莲花属 Anemone L.

1 基生叶早枯；花序二歧状分枝；总苞苞片2，无柄；心皮无毛 ……………………………… **1 二歧银莲花 A. dichotoma**
1 具基生叶；花序不呈二歧状分枝；总苞苞片3，具柄；心皮、瘦果密被长柔毛 …………… **2 大花银莲花 A. silvestris**

二歧银莲花 *Anemone dichotoma* L.

别名 草玉梅

蒙名 保根—查干—其其格

形态特征 植株高20～70cm。根状茎横走，细长，暗褐色。花葶直立，被贴伏柔毛，基部有数枚膜质鳞片。基生叶1，早脱落。总苞片2，位于茎上部分枝处，对生，无柄，苞片3深裂，裂片狭楔形、矩圆形至矩圆状披针形，长4～10cm，宽1～3cm，中下部全缘，上部具少数缺刻状尖牙齿，上面疏被毛或近无毛，下面及边缘被短柔毛；花序二至三回二歧分枝；花单生于分枝顶端，自总苞间抽出花梗，花梗长达9cm，密被贴伏短柔毛；萼片通常5～6，白色或外面稍带淡紫红色，不等大，倒卵形或椭圆形，长0.7～1.2cm，外面被短柔毛，里面无毛；无花瓣；雄蕊多数，花丝条形，长约4mm；心皮约30，无毛。聚合果近球形，直径约1.2cm；瘦果狭卵形，两侧扁，长5～7mm，宽2～2.5mm。花期6月，果期7月。2n=14，28。

生境 多年生中生草本。生于森林带的林下、林缘草甸及沟谷、河岸草甸。

产呼伦贝尔市各旗、市、区。

大花银莲花 *Anemone silvestris* L.

别名 林生银莲花

蒙名 奥依音—保根—查干—其其格

形态特征 植株高 20～60cm。根状茎横走或直生，生多数须根，暗褐色。基生叶 2～5，叶柄长 3～10cm，被长柔毛；叶近五角形，长 1～5.5cm，宽 2～8cm，3 全裂，中央全裂片菱形或倒卵状菱形，又 3 中裂，侧全裂片不等 2 深裂。裂片不裂或浅裂，有疏牙齿，上面近无毛或疏被毛，下面疏被毛。总苞片 3，具柄，柄长 1～2cm，被柔毛，与叶同形；花单生于顶端，花梗长达 20cm，被柔毛；花大型，直径 3.5～5cm；萼片 5，椭圆形或倒卵形，长 1.5～2.5cm，宽 1～1.7cm，里面白色，无毛，外面白色微带紫色，被曲柔毛或仅中部被毛；无花瓣；雄蕊多数，长约 4mm，花丝丝形，花药近球形；心皮多数（180～240），长约 1mm，子房密被短柔毛，柱头球形，无柄。聚合果直径约 1cm，密集呈棉团状；瘦果长约 2mm，密被白色长绵毛。花期 6～7 月，果期 7～8 月。$2n=16$。

生境 多年生中生草本。生于森林带和草原带的山地林下、林缘及沟谷草甸。

产海拉尔区、牙克石市、额尔古纳市、根河市、莫力达瓦达斡尔族自治旗、鄂伦春自治旗、鄂温克族自治旗、陈巴尔虎旗、新巴尔虎左旗。

白头翁属 Pulsatilla Adans.

1 叶 3 全裂	2
1 叶羽状分裂	3
2 中裂片具长柄，侧裂片近无柄，2～3 浅裂至深裂，最终裂片卵形	**1 白头翁 P. chinensis**
2 叶掌状 3 全裂，裂片再细裂，最终裂片线状披针形，宽 1～2mm	**2 掌叶白头翁 P. patens var. multifida**
3 叶一至二回羽状分裂，叶缘无毛，最终裂片宽，2～5mm	**3 兴安白头翁 P. dahurica**
3 叶二至三回羽状分裂，最终裂片细，宽 1～2mm	4
4 叶下部第一回裂片具长柄	5
4 叶下部第一回裂片无柄	6
5 花萼 6，蓝紫色，长椭圆形或椭圆状披针形；花期花梗与苞片近等长	**4 细叶白头翁 P. turczaninovii**
5 花萼多数，淡粉红色，条状披针形或条形；花期花梗长，远超出总苞片	**5 呼伦白头翁 P. hulunensis**
6 叶具 2～3 对第一回裂片，叶柄密被开展的长柔毛	**6 蒙古白头翁 P. ambigua**
6 叶具 3 对以上第一回裂片，叶柄被贴伏或稍开展的长柔毛	7
7 萼片蓝紫色，长 2～3cm	**7 细裂白头翁 P. tenuiloba**
7 萼片黄白色，长 1～2cm	**8 黄花白头翁 P. sukaczevii**

白头翁 *Pulsatilla chinensis* (Bunge) Regel.

别名 毛姑朵花

蒙名 额格乐—伊日贵

形态特征 植株高 15～50cm，全株密被白色柔毛，早春时毛更密。根状茎粗壮，具直根数条。基生叶数枚，叶宽卵形，长 4～14cm，宽 6～16cm，3 全裂，中全裂片有短柄或近无柄，宽卵形，3 深裂，深裂片楔状倒卵形，全缘或有疏齿，上面变无毛，下面被长柔毛；叶柄长 5～20cm，密被长柔毛。花葶 1～2，被长柔毛；总苞 3 深裂，裂片又 2～3 深裂，小裂片全缘或先端具 2～3 齿，条形或披针形，里面无毛，外面密被长柔毛；花柄长 2～5cm，结果时长达 20cm；花直立，钟状；萼片蓝紫色，矩圆状卵形，长 3～5cm，宽 1～2cm，里面无毛，外面密被长伏毛；雄蕊长约为萼片之半。瘦果纺锤形，扁，长 3～4mm，被长柔毛，宿存花柱长 4～6.5cm，被开展的长柔毛，末端无毛。花期 5～6 月，果期 6～7 月。

生境 多年生中生草本。生于森林带和草原带的山地林缘和草甸。

产牙克石市、扎兰屯市、阿荣旗、莫力达瓦达斡尔族自治旗。

经济价值 根及根状茎入药，能清热解毒、消炎镇痛、镇静抗痉、收敛止泻，主治痢疾、肠胃炎、气管炎、经血闭止、衄血等；外用治痔疮肿瘤。也可作兽药，治牲畜痢疾、母畜子宫炎等。水浸液可作土农药，可防治地老虎、蚜虫、粘虫、马铃薯晚疫病、小麦锈病等。

掌叶白头翁 *Pulsatilla patens* (L.) Mill. var. *multifida* (Pritz.) S. H. Li et Y. H. Huang
[= *Pulsatilla patens* (L.) Mill. subsp. *multifida* (Pritz.) Zamels]

蒙名 萨日巴嘎日—古拉盖

形态特征 植株高达40cm。根状茎粗壮，黑褐色。基生叶近圆状心形或肾形，长2～5cm，宽4～7cm，3全裂，中全裂片具短柄，侧全裂片无柄，裂片菱形，2～3深裂，深裂片再2～3裂或不整齐的羽状分裂，末回裂片条状披针形或披针形，全缘或先端具2～3齿，上面变无毛，下面被长柔毛；叶柄长5～28cm，被开展的长柔毛。花葶直立，被开展的长柔毛；总苞长3～5cm，密被长柔毛，管部长8～12mm，裂片狭条形，宽0.5～1.2mm；花梗被长柔毛，果期伸长；花直立；萼片蓝紫色，矩圆状卵形，长2.5～4cm，宽8～15mm，里面无毛，外面疏被长柔毛，先端渐尖；雄蕊长约为萼片之半。瘦果纺锤形，长约4mm，宽1.5～2mm，被柔毛，宿存花柱长约3.5cm，密被白色柔毛。花期5～6月，果期7月。$2n=16, 32$。

生境 多年生中生草本。生于森林带的林间草甸和上地草甸。

产牙克石市、扎兰屯市、额尔古纳市、根河市、阿荣旗、鄂伦春自治旗、鄂温克族自治旗。

兴安白头翁 *Pulsatilla dahurica* (Fisch. ex DC.) Spreng.

蒙名 达古日—伊日贵

形态特征 植株高达40cm。根状茎粗壮，黑褐色。基生叶叶片卵形，长4～8cm，宽3～6cm，3全裂或近似羽状分裂，中央全裂片具长柄，又3全裂，末回裂片狭楔形或宽条形，全缘或上部有2～3齿，宽2～5mm，上面近无毛，下面沿脉疏被柔毛；叶柄长达16cm，被柔毛，花葶2～4，直立，被柔毛；总苞掌状深裂，筒长约1cm，裂片条形至条状披针形，里面无毛，外面密被长柔毛；花梗果期伸长，被长柔毛；花近直立；萼片暗紫色，椭圆状卵形，长约2cm，宽约1cm，顶端钝尖，里面无毛，外面密被白色长柔毛；雄蕊长约为萼片之2/3。瘦果纺锤形，长约3mm，密被柔毛，宿存花柱长达6cm，被近平展的长柔毛。花期5～6月初，果期6～7月。$2n=16$。

生境 多年生中生草本。生于森林带的山地河岸草甸、石砾地、林间空地。

产扎兰屯市、额尔古纳市、阿荣旗、莫力达瓦达斡尔族自治旗。

经济价值 根及根状茎入药，对治疗阿米巴痢疾功效显著。

细叶白头翁 *Pulsatilla turczaninovii* Kryl. et Serg.

别名　毛姑朵花

蒙名　古拉盖—花儿、那林—高乐贵

形态特征　植株高 10～40cm，植株基部密包被纤维状的枯叶柄残余。根粗大，垂直，暗褐色。基生叶多数，通常与花同时长出，叶柄长达 14cm，被白色柔毛；叶卵形，长 4～14cm，宽 2～7cm，二至三回羽状分裂，第一回羽片通常对生或近对生，中下部的裂片具柄，顶部的裂片无柄，裂片羽状深裂，第二回裂片再羽状分裂，最终裂片条形或披针状条形，宽 1～2mm，全缘或具 2～3 个牙齿，成长叶两面无毛或沿叶脉稍被长柔毛。总苞叶掌状深裂，裂片条形或倒披针状条形，全缘或 2～3 分裂，里面无毛，外面被长柔毛，基部联合呈管状，管长 3～4mm；花葶疏或密被白色柔毛；花向上开展；萼片 6，蓝紫色或蓝紫红色，长椭圆形或椭圆状披针形，长 2.5～4cm，宽达 1.4cm，外面密被伏毛；雄蕊多数，比萼片短约一半。瘦果狭卵形，宿存花柱长 3～6cm，弯曲，密被白色羽毛。花果期 5～6 月。$2n=16$。

生境　多年生中旱生草本。生于典型草原及森林草原带的草原与草甸草原群落中，可在群落下层形成早春开花的杂类草层片，也可见于山地灌丛中。

产海拉尔区、满洲里市、牙克石市、扎兰屯市、额尔古纳市、阿荣旗、莫力达瓦达斡尔族自治旗、鄂温克族自治旗、陈巴尔虎旗、新巴尔虎左旗、新巴尔虎右旗。

经济价值　根入药（药材名：白头翁），能清热解毒、凉血止痢、消炎退肿，主治细菌性痢疾、阿米巴痢疾、鼻衄、痔疮出血、湿热带下、淋巴结核、疮疡；也作蒙药（蒙药名：伊日贵）。早春为山羊、绵羊乐食。

呼伦白头翁 *Pulsatilla hulunensis* (L. Q. Zhao) L. Q. Zhao et Y. Z. Zhao

形态特征 多年生草本，高 10～20cm，植株基部包被密的纤维状的残存枯叶柄。根粗大，垂直。基生叶多数，通常与花同时长出，叶柄长达 10cm，密被开展的白色长柔毛；花期叶片轮廓卵形，长 3～8cm，宽 2～5cm，3～4 回羽状分裂，第 1 回羽片通常对生或近对生，中下部的裂片具柄，裂片全裂，末回裂片条形或披针状条形，宽约 1mm，全缘或具 2～3 个牙齿，先端锐尖，花后期叶背面沿叶脉被长柔毛。总苞叶掌状深裂，裂片条形，全缘或 2～3 分裂，里面疏被柔毛或近无毛，外面被密被开展的长柔毛，基部联合；花葶疏或密被白色长柔毛，花期超过总苞一倍；花向上开展；萼片多数（多可达 18 枚），淡粉红色，狭长椭圆形或狭椭圆状披针形，长 1.5～3cm，宽达 7mm，外面沿脉密被开展的长柔毛；雄蕊多数，长为萼片的 2/3。花柱密被白色柔毛。花果期 5 月。

生境 中旱生草本。生于草原区花岗岩石质丘陵草地上。

产陈巴尔虎旗。

蒙古白头翁 *Pulsatilla ambigua* Turcz. ex Pritz.

别名 北白头翁

蒙名 伊日贵、呼和—高乐贵

形态特征 植株高 5～8cm，植株基部密包被纤维状的枯叶柄残余。根粗直，暗褐色。基生叶少数，通常与花同时长出，叶柄密被开展的白色长柔毛，长约 4cm，叶宽卵形，近羽状分裂，有羽 2 对，中央全裂片近无柄或具短柄，又 3 全裂，小裂片条状披针形，宽约 1.5mm，全绿或具少数尖牙齿，被长柔毛。总苞叶掌状深裂，小裂片又 2～3 深裂或羽状分裂，小裂片条形，里面无毛，外面密被长柔毛，基部联合呈管状，管长约 2mm。花葶密被白色长柔毛，花钟形，先下垂，后直立；萼片通常 6，蓝紫色，狭卵形至长椭圆形，长约 2.8cm，宽约 1cm，外面被伏长柔毛，里面无毛，先端钝圆；雄蕊多数，长约为萼片之半；心皮多数。瘦果狭卵形，宿存花柱长约 3cm，密被白色羽毛。花果期 5～6 月。2n=16，32。

生境 多年生中旱生草本。生于森林草原带和典型草原带的山地草原或灌丛。

产莫力达瓦达斡尔族自治旗、鄂温克族自治旗、陈巴尔虎旗、新巴尔虎左旗、新巴尔虎右旗。

经济价值 用途同细叶白头翁。

细裂白头翁 *Pulsatilla tenuiloba* (Hayek) Juz.

蒙名 萨拉没乐—伊日贵

形态特征 植株高约8cm。根状茎粗壮，具基生叶枯叶叶柄残余；直根暗褐色。基生叶狭矩圆形，长约5cm，宽约2cm，二回羽状全裂，小裂片狭条形，先端尖锐，宽0.5～1mm，两面星散长柔毛；叶柄长约2.5mm，被白色贴伏或稍开展的长柔毛。总苞3深裂，裂片又羽状分裂，小裂片狭条形，宽0.5～1mm，里面无毛，外面密被白色长柔毛。花葶单一，在花期密被贴伏或稍开展的白色长柔毛，果期疏被毛；萼片蓝紫色，半开展，狭椭圆形，长2～3cm，宽6～10mm，里面无毛，外面密被伏毛；雄蕊长约为萼片之半；心皮密被柔毛；瘦果长椭圆形，先端具尾状的宿存花柱，长约2cm，稍弯曲，下部密被白色长柔毛，上部被短伏毛，顶端无毛。花果期6月，7月下旬时出现二次开花现象。

生境 多年生中旱生草本。生于草原区的丘陵石质坡地。

产新巴尔虎右旗克鲁伦河北部中蒙国境线处。

黄花白头翁 *Pulsatilla sukaczevii* Juz.

蒙名 希日—高乐贵

形态特征 植株高约15cm，植株基部密包被纤维状枯叶柄残余。根粗壮，垂直，暗褐色。基生叶多数，丛生状，叶柄长约5cm，被白色长柔毛，基部稍加宽，密被稍开展的白色长柔毛；叶片轮廓长椭圆形，长约5cm，宽约2cm，二回羽状全裂，小裂片条形或狭披针状条形，宽0.5～1mm，边缘及两面疏被白色长柔毛。总苞叶3深裂，裂片的中下部两侧常各具1侧裂片，裂片又羽状分裂，小裂片狭条形，宽0.5～1mm，上面无毛，下面密被白色长柔毛。花葶在花期密被贴伏或稍开展的白色长柔毛，果期疏被毛；萼片6或较多，开展，黄色，有时白色，椭圆形或狭椭圆形，长1～2cm，宽0.5～1cm，外面稍带紫色，密被伏毛，里面无毛；雄蕊多数，长约为萼片之半；心皮多数，密被柔毛。瘦果长椭圆形，先端具尾状的宿存花柱，长2～2.5cm，下部被斜展的长柔毛，上部密被贴伏的短毛，顶端无毛。花果期5～6月，7月下旬有时出现二次开花现象。

生境 多年生中旱生草本。生于草原区石质山地及丘陵坡地和沟谷中。

产满洲里市、新巴尔虎右旗。

经济价值 药用同细叶白头翁。

侧金盏花属 Adonis L.

北侧金盏花 Adonis sibirica Patr. ex Ledeb.

蒙名 西伯日—阿拉坦—浑达嘎

形态特征 植株开花初期高约30cm，后期可达60cm，除心皮外，全部无毛。根状茎粗壮而短，直径可达2.5cm。茎丛生，单一或极少分枝，粗3～5mm，基部被鞘状鳞片，褐色。叶无柄，叶卵形或三角形，长达6cm，宽达4cm，二至三回羽状细裂，末回裂片条状披针形，有时有小齿，宽1～1.5mm。花直径3.5～6cm；萼片5～6，黄绿色，圆卵形，长1～1.5cm，宽6～8mm，先端狭窄；花瓣黄色，狭倒卵形，长1.8～2.3cm，宽6～8mm，先端近圆形或钝；雄蕊长约5mm，花药矩圆形，长约1.5mm。瘦果倒卵球形，长约4mm，被稀疏短柔毛，果喙长约1mm，向下弯曲。花期5月下旬至6月初。$2n=16$。

生境 多年生中生草本。生于森林带的山地林缘草甸。

产额尔古纳市、根河市、新巴尔虎左旗。

经济价值 全株入药，可作强心剂和利尿药。

水葫芦苗属 Halerpestes Greene

1 叶卵状梯形，长 1.2～4cm；花较大，直径 2cm，花瓣 6～9；聚合果长约 1cm ········ **1 长叶碱毛茛 H. ruthenica**
1 叶近圆形，长 0.4～1.5cm；花小，直径约 7mm，花瓣 5；聚合果长约 6mm ············ **2 水葫芦苗 H. sarmentosa**

长叶碱毛茛 *Halerpestes ruthenica* (Jacq.) Ovcz.

别名 金戴戴、黄戴戴

蒙名 格乐—其其格

形态特征 植株高 10～25cm。具细长的匍匐茎，节上生根长叶。叶全部基生，具长柄，柄长 2～14cm，基部加宽成鞘，无毛或近无毛；叶宽梯形或卵状梯形，长 1.2～4cm，宽 0.7～2.5cm，基部宽楔形、近截形、圆形或微心形，两侧常全缘，稀有牙齿，先端具 3（稀 5）个圆齿，中央牙齿较大，两面无毛，近革质。花葶较粗而直，疏被柔毛，单一或上部分枝，具 1～3（4）花；苞片披针状条形，长约 1cm，基部加宽，膜质，抱茎，着生在分枝处；花直径约 2cm；萼片 5，淡绿色，膜质，狭卵形，长约 7mm，外面有毛；花瓣 6～9，黄色，狭倒卵形，长约 10mm，宽约 5mm，基部狭窄，具短爪，有蜜槽，先端钝圆；花托圆柱形，被柔毛。聚合果球形或卵形，长约 1cm，瘦果扁，斜倒卵形，长约 3mm，具纵肋，先端有微弯的果喙。花期 5～6 月，果期 7 月。$2n=48$。

生境 多年生轻度耐盐的湿中生草本。生于低湿地草甸及轻度盐渍化草甸，可成为草甸优势成分，并常与碱毛茛在同一群落中混生。

产海拉尔区、满洲里市、鄂温克族自治旗、陈巴尔虎旗、新巴尔虎左旗、新巴尔虎右旗。

经济价值 蒙医称此草治咽喉病。

水葫芦苗 *Halerpestes sarmentosa* (Adams) Kom. & Aliss.

别名 圆叶碱毛茛

蒙名 那木格音—格乐—其其格

形态特征 植株高 3～12cm。具细长的匍匐茎，节上生根长叶，无毛。叶全部基生，具长柄。柄长 1～10cm，无毛或稍被毛，基部加宽成鞘状；叶近圆形、肾形或宽卵形，长 0.4～1.5cm，宽度稍大于长度，基部宽楔形、截形或微心形，先端 3 或 5 浅裂，有时 3 中裂，无毛，基出脉 3 条。花葶 1～4，由基部抽出或由苞腋伸出两个花梗，直立，近无毛；苞片条形；花直径约 7mm；萼片 5，淡绿色，宽椭圆形，长约 3.5mm，无毛；花瓣 5，黄色，狭椭圆形，长约 3mm，宽约 1.5mm，基部具爪，爪长约 1mm，蜜槽位于爪的上部；花托长椭圆形或圆柱形，被短毛。聚合果椭圆形或卵形，长约 6mm，宽约 4mm；瘦果狭倒卵形，长约 1.5mm，两面扁而稍臌凸，具明显的纵肋，顶端具短喙。花期 5～7 月，果期 6～8 月。

生境 多年生轻度耐盐的湿中生草本。生于森林带和草原带的低湿地草甸及轻度盐渍化草甸，可成为草甸优势种。

产海拉尔区、满洲里市、牙克石市、扎兰屯市、额尔古纳市、根河市、鄂温克族自治旗、陈巴尔虎旗、新巴尔虎左旗、新巴尔虎右旗。

经济价值 全草作蒙药用，能利水消肿、祛风除湿，主治关节炎及各种水肿。

毛茛属 Ranunculus L.

1 一年生草本；瘦果近圆形，具细皱纹，喙极短，长约 0.1mm ············ **1 石龙芮 R. sceleratus**
1 多年生草本 ··· 2
2 叶为一至二回三出复叶；茎匍匐，下部结上生根，近无毛；花瓣密槽上有分离的小瓣片；瘦果扁平 ·········
·· **2 匍枝毛茛 R. repens**
2 叶为单叶，掌状分裂或具齿 ·· 3
3 花瓣密槽上有分离的小瓣片，瘦果扁平，宽为厚的 5 倍以上；叶两面被糙伏毛 ············ **3 毛茛 R. japonicus**
3 花瓣密槽呈点状或杯状袋穴；瘦果卵球形，稍扁，宽为厚的 1～3 倍；叶近无毛或稀疏被柔毛 ············ 4
4 基生叶通常 1～2，叶肾形或圆状肾形，边缘有齿或缺刻；茎基部有 2 枚膜质鞘；瘦果被短绒毛或近无毛 ······
·· **4 单叶毛茛 R. monophyllus**
4 基生叶 3～10，叶圆状肾形，掌状 6～11 深裂或齿裂；茎基部无膜质叶鞘；瘦果近无毛 ··· **5 掌裂毛茛 R. rigescens**

石龙芮 *Ranunculus sceleratus* L.

蒙名 乌热乐和格—其其格

形态特征 植株高约 30cm。须根细长成束状，淡褐色。茎直立，无毛，稀上部疏被毛，中空，具纵槽，分枝，稍肉质。基生叶具长柄，柄长 4～8cm，叶肾形，长 2～3cm，宽 3～4.5cm，3～5 深裂，裂片楔形，再 2～3 浅裂，小裂片具牙齿，两面无毛；茎生叶与基生叶同形，叶柄较短，分裂或不分裂，裂片较狭。聚伞花序多花，花梗近无毛或微被毛；花直径约 7mm；萼片 5，卵状椭圆形，长约 3mm，膜质，反卷，外面被柔毛；花瓣 5，倒卵形，长约 4mm，黄色；花托矩圆形，长约 7mm，宽约 3mm，被柔毛。聚合果矩圆形，长约 8mm，宽约 5mm；瘦果多数（70～130），近圆形，长约 1mm，两侧扁，无毛，果喙极短。花果期 7～9 月。$2n=16, 32$。

生境 一年生或二年生湿生草本。生于森林带和草原带的沼泽草甸及草甸。

产呼伦贝尔市各旗、市、区。

经济价值 全草入药，有毒，能消肿、拔毒、散结、截疟；外用治淋巴结核、疟疾、蛇咬伤、慢性下肢溃疡；本品不能内服；也作蒙药用。马、牛、羊采食过多发生肠胃炎、下痢或便血等中毒现象，而以花期毒性最剧烈，植物干后，毒性消失。

匍枝毛茛 *Ranunculus repens* L.

别名　伏生毛茛

蒙名　哲乐图—好乐得存—其其格

形态特征　植株高 10～60cm。须根发达，较粗壮。茎上升或稍直立，近无毛或疏被毛，粗壮，具纵槽，上部分枝，具匍匐枝，有时枝很长，节上生根长叶。基生叶具长柄，长达 20cm，三出复叶，小叶具柄，长 1～2cm，中央小叶柄最长，小叶 3 全裂或 3 深裂，裂片菱形或楔形，裂片再 3 中裂或浅裂，小裂片具缺刻状牙齿，叶两面近无毛或疏被短毛；茎生叶与基生叶同形，但叶柄短。聚伞花序，花着生于分枝顶端，花梗长 1～4cm，被伏毛；花直径约 2cm；萼片 5，卵形，长约 5mm，宽约 3mm，淡褐色，具脉纹，疏被短伏毛，边缘膜质；花瓣 5，稀较多，鲜黄色，有光泽，倒卵形，长 8～13mm，宽 5～8mm；花托圆锥形，长约 3mm，有毛。聚合果球形，直径约 8mm；瘦果倒卵形，长约 2.5mm；具边棱，两侧压扁，密布凹点，无毛，果味先端稍弯曲。花期 6～7 月，果期 7 月。$2n=16$，32。

生境　多年生湿中生草本。生于森林带和草原带的草甸及沼泽草甸。

产海拉尔区、牙克石市、扎兰屯市、额尔古纳市、根河市、阿荣旗、鄂伦春自治旗、鄂温克族自治旗、陈巴尔虎旗。

经济价值　国外民间治瘰疬及止血用。

毛茛 *Ranunculus japonicus* Thunb.

蒙名 好乐得存—其其格

形态特征 植株高 15～60cm。根状茎短缩，有时地下具横走的根状茎，须根发达成束状。茎直立，常在上部多分枝，被伸展毛或近无毛；基生叶丛生，具长柄，长达 20～30cm，被展毛或近无毛；叶五角形，基部心形，长 2.5～6cm，宽 4～10cm，3 深裂至全裂，中央裂片楔状倒卵形或菱形，上部 3 浅裂，侧裂片歪倒卵形，不等 2 浅裂，边缘具尖牙齿；叶两面被伏毛，有时背面毛较密；茎生叶少数，似基生叶，但叶裂片狭窄，牙齿较尖，具短柄或近无柄，上部叶 3 全裂，裂片披针形，再分裂或具尖牙齿；苞叶条状披针形，全缘，有毛，聚伞花序，多花；花梗细长，密被伏毛；花直径 1.5～2.3cm；萼片 5，卵状椭圆形，长约 6mm，边缘膜质，外面被长毛；花瓣 5，鲜黄色，倒卵形，长 7～12mm，宽 5～8mm，基部狭楔形，里面具蜜槽，先端钝圆，有光泽；花托小，长约 2mm，无毛。聚合果球形，直径约 7mm；瘦果倒卵形，长约 3mm，两面扁或微凸，无毛，边缘有狭边，果喙短。花果期 6～9 月。$2n=14$，16。

生境 多年生湿中生草本。生于森林带和草原带的山地林缘草甸、沟谷草甸、沼泽草甸中。

产牙克石市、扎兰屯市、额尔古纳市、根河市、阿荣旗、鄂伦春自治旗、鄂温克族自治旗、新巴尔虎左旗、新巴尔虎右旗。

经济价值 全草入药，有毒，能利湿、消肿、止痛、退翳、截疟；外用治胃痛、黄疸、疟疾、淋巴结核、角膜薄翳；也作蒙药用。家畜采食后，能引起肠胃炎、肾脏炎、发生疝痛、下痢、尿血，最后痉挛至死。

单叶毛茛 *Ranunculus monophyllus* Ovcz.

蒙名 甘查嘎日特—好乐得存—其其格

形态特征 根状茎斜升，长1～3cm，簇生多数细瘦的须根。茎直立，单一或上部有1～2分枝，高20～30cm，无毛。基生叶通常1，有时较多，叶圆肾形，长1.5～3cm，宽1.5～5cm，基部心形，不分裂，边缘有细密锯齿或粗圆齿，齿端有小硬点，无毛或边缘与叶脉稍有毛；叶柄长5～15cm，无毛，基部有鞘，常有2枚无叶的苞片存在。茎生叶1～2，无柄，叶长2～4cm，3～7掌状全裂或深裂，裂片披针形至线形，宽2～4mm，全缘。花单生，直径约1.5cm；萼片椭圆形，长4～5mm，外面生疏柔毛；花瓣5，黄色或上面变白色，倒卵圆形，长6～7mm，宽约5mm，基部狭窄成爪，蜜槽呈杯状袋穴，花药长圆形，长1.5～2mm；花托生细毛。聚合果卵球形，直径6～10mm；瘦果卵球形，较扁，长约2mm或较大，稍扁，有背肋和腹肋，密生短毛，喙长约1mm，直伸或钩状。花果期5～7月。

生境 多年生湿中生草本。生于森林带的河岸湿草甸及山地沟谷湿草甸。

产牙克石市、额尔古纳市。

掌裂毛茛 *Ranunculus rigescens* Tucz. ex Ovcz.

蒙名 塔拉音—好乐得存—其其格

形态特征 植株高 10～15cm。须根细长或成束状，淡褐色。茎直立或斜升，自下部分枝，基部残存枯叶柄，无毛或被长细柔毛。基生叶多数，叶柄长 2～4cm，疏被长细柔毛，叶圆状肾形或近圆形，长 1～2cm，宽 1.5cm，掌状 5～11 深裂，少中裂或浅裂，裂片倒披针形，全缘或具牙齿状缺刻，叶基部浅心形，两面被稀疏长细柔毛；茎生叶 3～5 全裂至基部，无柄，基部加宽成叶鞘状，裂片条形至披针状条形，长 1.5～3cm，宽约 1.5mm，被稀疏长细柔毛；裂片或牙齿先端均具胼胝体状钝点。花着生于分枝顶端，直径 1～1.5cm；花梗密被长细柔毛；萼片 5，宽卵形，长约 4mm，边缘膜质，外面带紫色，密被长细柔毛；花瓣 5，宽倒卵形，长约 7mm，黄色，基部楔形，渐狭，先端钝圆或少有牙齿；花托矩圆形，长约 6mm，宽约 3mm，密被短毛。聚合果近球形，直径约 7mm；瘦果倒卵状椭圆形，直径约 1.5mm，两面鼓凸，密被细毛或近无毛，果缘直或稍弯曲。花期 5～6 月，果期 7 月。

生境 多年生中生草本。生于山地沟谷草甸、泉边。

产扎兰屯市、牙克石市、额尔古纳市。

铁线莲属 Clematis L.

1 直立草本,叶一至二回羽状全裂,裂片全缘;萼片通常6,稀4～8,水平开展,白色 **1 棉团铁线莲 C. hexapetala**
1 攀援草质藤本,叶三至四回羽状分裂;萼片4,淡黄色 ················· **2 芹叶铁线莲 C. aethusifolia**

棉团铁线莲 *Clematis hexapetala* Pall.

别名 山蓼、山棉花

蒙名 依日绘、哈得衣日音—查干—额布斯

形态特征 植株高40～100cm。根状茎粗壮,具多数须根,黑褐色。茎直立,圆柱形,有纵纹,疏被短柔毛或近无毛,基部有时具1对单叶或具枯叶纤维。叶对生,近革质,为一至二回羽状全裂;具柄,长0.5～3.5cm,叶柄基部稍加宽,微抱茎,疏被长柔毛;裂片矩圆状披针形至条状披针形,长3～9cm,宽0.1～3cm,两端渐尖,全缘,两面叶脉明显,近无毛或疏被长柔毛。聚伞花序腋生或顶生,通常3花;苞叶条状披针形;花梗被柔毛;萼片6,稀4或8,白色,狭倒卵形,长1～1.5cm,宽5～9mm,顶端圆形,里面无毛,外面密被白色绵毡毛,花蕾时绵毛更密,像棉球,开花时萼片平展,后逐渐向下反折;无花瓣;雄蕊多数,长约9mm,花药条形,黄色,花丝与花药近等长,条形,褐色,无毛;心皮多数,密被柔毛。瘦果多数,倒卵形,扁平,长约4mm,宽约3mm,被紧贴的柔毛,羽毛状宿存花柱长达2.2cm,羽毛污白色。花期6～8月,果期7～9月。$2n=16$。

生境 多年生中旱生草本。生于森林、典型草原、森林草原及山地草原带的草原及灌丛群落中,是草原杂类草层片的常见种,也生于固定沙丘或山坡林缘、林下。

产呼伦贝尔市各旗、市、区。

经济价值 根入药(药材名:威灵仙),能祛风湿、通经络、止痛,主治风湿性关节痛、手足麻木、偏头痛、鱼骨硬喉;也作蒙药(蒙药名:依日绘),效用同芹叶铁线莲。也可作农药,对马铃薯疫病和红蜘蛛有良好的防治作用。在青鲜状态时牛与骆驼乐食,马与羊通常不采食。

芹叶铁线莲 *Clematis aethusifolia* Turcz.

别名 细叶铁线莲、断肠草

蒙名 那林—那布其特—奥日牙木格

形态特征 根细长。枝纤细,长达 2m,直径约 2mm,具细纵棱,棕褐色,疏被短柔毛或近无毛。叶对生,三至四回羽状细裂,长 7～14cm;羽片 3～5 对,长 1.5～5cm,末回裂片披针状条形,宽 0.5～2mm,两面稍有毛;叶柄长约 2cm,疏被柔毛。聚伞花序腋生,具 1～3 花;花梗细长,长达 9cm,疏被柔毛,顶端下弯;苞片叶状;花萼钟形,淡黄色,萼片 4,矩圆形或狭卵形,长 1～1.8cm,宽 3～5mm,有三条明显的脉纹,外面疏被柔毛,沿边缘密生短柔毛,里面无毛,先端稍向外反卷;无花瓣;雄蕊多数,长度约为萼片之半,花丝条状披针形,向基部逐渐加宽,疏被柔毛,花药无毛,长椭圆形,长约为花丝的三分之一;心皮多数,被柔毛。瘦果倒卵形,扁,红棕色,长约 4.5mm,宽约 3mm,羽毛状宿存花柱长达 3cm。花期 7～8 月,果期 9 月。$2n=16$。

生境 旱中生草质藤本。生于石质山坡及沙地柳丛中,也见于河谷草甸。

产莫力达瓦达斡尔族自治旗。

经济价值 全草入药,有毒,能祛风除湿、活血止痛,主治风湿性腰腿疼痛,多作外洗药;也作蒙药(蒙药名:查干牙芒),能消食、健胃、散结,主治消化不良、肠痛;外用除疮、排脓。

翠雀属 Delphinium L.

1 叶掌状多裂，裂片线形，宽 1～2mm；退化雄蕊蓝紫色，与萼片同色；花序、蓇葖果均被短柔毛 …… **1 翠雀 D. grandiflorum**

1 叶掌状 3～5 深裂，裂片较宽；退化雄蕊黑褐色；花序、蓇葖果无毛 …………… **2 东北高翠雀 D. korshinskyanum**

翠雀 *Delphinium grandiflorum* L.

别名 大花飞燕草、鸽子花、摇咀咀花

蒙名 伯日—其其格

形态特征 植株高 20～65cm。直根，暗褐色。茎直立，单一或分枝，全株被反曲的短柔毛。基生叶与茎下部叶具长柄，柄长达 10cm，中上部叶柄较短，最上部叶近无柄；叶圆肾形，长 2～6cm，宽 4～8cm，掌状 3 全裂，裂片再细裂，小裂片条形，宽 0.5～2mm。总状花序具花 3～15，花梗上部具 2 枚条形或钻形小苞片，长 3～4mm；萼片 5，蓝色、紫蓝色或粉紫色，椭圆形或卵形，长 1.2～1.8cm，宽 0.6～1cm，上萼片向后伸长成中空的距，距长 1.7～2.3cm，钻形，末端稍向下弯曲，外面密被白色短毛；花瓣 2，瓣片小，白色，基部有距，伸入萼距中；退化雄蕊 2，瓣片蓝色，宽倒卵形，里面中部有一小撮黄色髯毛及鸡冠状凸起，基部有爪，爪具短凸起；雄蕊多数，花丝下部加宽，花药深蓝色及紫黑色。蓇葖果 3，长 1.5～2cm，宽 3～5mm，密被短毛，具宿存花柱。种子多数，四面体形，具膜质翅。花期 7～8 月，果期 8～9 月。$2n=16, 32$。

生境 多年生旱中生草本。生于森林草原、山地草原及典型草原带的草甸草原、沙质草原及灌丛中，也可生于山地草甸及河谷草甸中，是草甸草原的常见杂类草。

产呼伦贝尔市各旗、市、区。

经济价值 全草入药，有毒，能泻火止痛、杀虫；外用治牙痛、关节疼痛、疮痈溃疡、灭虱；也作蒙药（蒙药名：扎杠）治肠炎、腹泻。花大而鲜艳，可供观赏。家畜一般不采食，偶有中毒者，家畜呼吸困难，血液循环发生障碍，心脏、神经、肌肉麻痹，产生痉挛。

东北高翠雀 *Delphinium korshinskyanum* Nevski

别名 科氏飞燕草

蒙名 淘日格—伯日—其其格

形态特征 植株高40～120cm。茎直立，单一，被伸展的白色长毛。叶柄长4～18cm，茎下部者长，上部者渐短，基部加宽，上面具沟，被白色长毛；叶圆状心形，长5～7cm，掌状3深裂，中裂片长菱形，中下部渐狭，楔形，全缘，中上部3浅裂，裂片具缺刻和牙齿，两侧裂片再3深裂，内侧裂片形状与中裂片相似，最外侧的裂片较小，再2深裂，裂片具缺刻和牙齿；叶上面绿色，被伏毛，下面灰绿色，沿叶脉被白色长毛，边缘具睫毛。总状花序单一或基部有分枝，花序轴无毛；花梗长1～4cm，上部渐短，无毛或散生白色长毛；小苞片2，条形，长约6mm，宽约1mm，边缘密被长睫毛；着生在花梗上部。常带蓝紫色；苞比小苞片长，长1～1.5cm，边缘密被长睫毛，着生于花梗基部；萼片5，暗蓝紫色，卵形，长1.2～1.4cm，宽4～6mm，外面无毛或散生白色长毛，上萼片基部伸长成距，长1.5～1.8cm，基部粗约3mm，先端常向上弯，外面散生白色长毛；花瓣2，瓣片披针形，具距，无毛；退化雄蕊2，瓣片黑褐色，椭圆形，先端2裂，被黄色髯毛，爪无毛。蓇葖果3，无毛。花期7～8月，果期8月。

生境 多年生中生草本。生于森林带的河滩草甸及山地五花草甸。

产牙克石市、额尔古纳市、根河市、鄂伦春自治旗、鄂温克族自治旗、陈巴尔虎旗。

经济价值 可作杀虫剂，能灭杀蝇和蟑螂。

乌头属 Aconitum L.

1 叶裂片宽，末回裂片披针形或狭卵形；花序轴光滑无毛 ·· **1 草乌头 A. kusnezoffii**

1 叶裂片细，末回裂片条形或狭条形，两面无毛；上萼片盔形或船形；花序轴和花梗疏被贴伏反曲的短柔毛 ············
·· **2 华北乌头 A. jeholense var. angustium**

草乌头 *Aconitum kusnezoffii* Reichb.

别名 北乌头、草乌、断肠草

蒙名 曼钦哈日—好日苏

形态特征 植株高 60～150cm。块根通常 2～3 个连生在一起，倒圆锥形或纺锤状圆锥形，长 2.5～5cm，宽 1～2cm，外皮暗褐色。茎直立，粗壮，无毛，光滑。叶互生，茎下部叶具长柄，向上柄渐短，柄长 2～8cm；茎中部叶的叶片轮廓五角形，柄长 9～16cm，宽 10～20cm，3 全裂，中央裂片菱形，渐尖，近羽状深裂，小裂片披针形，具尖牙齿，侧裂片不等 2 深裂，内侧裂片与中央裂片略同形，外侧裂片歪菱形或披针形，稍小，上面疏被短曲毛，下面无毛，近革质。总状花序顶生，常分枝，花多而密，长达 40cm；花序轴与花梗无毛；花梗通常比花长，梗长 1.8～5cm，顶端加粗；小苞片条形，着生在花梗中下部；萼片蓝紫色，外面几无毛，上萼片盔形或高盔形，高 1.5～2.5cm，下缘长 1.3～2cm，侧萼片宽歪倒卵形，长 1.2～1.8cm，里面疏被长毛，下萼片不等长，矩圆形，长 1～1.5cm，宽 3～6mm；花瓣无毛，瓣片宽 3～4mm，距钩状，长 1～4mm，唇长 3～5mm，稍向上卷曲；雄蕊无毛，花丝下部加宽，全缘或有 2 小齿，上部细丝状，花药椭圆形，黑色；心皮 4～5，无毛。蓇葖果长 1～2cm；种子扁椭圆球形，长约 2.5mm，沿棱具狭翅，只一面生横膜翅。花期 7～9 月，果期 9 月。

生境 多年生中生草本。生于阔叶林下、林缘草甸及沟谷草甸。

产扎兰屯市、牙克石市、根河市、鄂温克自治旗、新巴尔虎左旗。

经济价值 块根和叶入药。块根（药材名：草乌）有大毒，能祛风散寒、除湿止痛，主治风湿性关节疼痛、半身不遂、手足枸挛、心腹冷痛，也作蒙药用（蒙药名：奔瓦）；叶作蒙药用（蒙药名：奔瓦音—拿布其），能清热、止痛，主治肠炎、痢疾、头痛、牙痛、白喉等。

华北乌头 *Aconitum jeholense* Nakai et Kitag. var. *angustium* (W. T. Wang) Y. Z. Zhao

别名 狭裂准噶乌头

蒙名 奥木日阿特音—好日苏

形态特征 块根倒圆锥形，较大，长 2～5cm，粗 0.5～1cm；茎高大，高 70～120cm，粗壮，疏被反曲短柔毛或近无毛；叶较大，长 4～9cm，宽 6～12cm；总状花序长，10～40cm，有花 10～35 朵，花序轴及花梗疏被短曲柔毛或近无毛；上萼片浅盔形；心皮 3～5，明显不同。

生境 多年生中生草本。生于桦树林下，林缘及山地草甸。

产新巴尔虎左旗。

芍药科 Paeoniaceae

芍药属 Paeonia L.

芍药 *Paeonia lactiflora* Pall.

蒙名 查那—其其格

形态特征 植株高 50～70cm，稀达 1m。根圆柱形，长达 50cm，粗达 3cm，外皮紫褐色或棕褐色。茎圆柱形，上部略分枝，淡绿色，常略带红色，无毛。茎下部的叶为二回三出复叶，长达 25cm，具长柄；小叶狭卵形、椭圆状披针形或狭椭圆形，长 7～12cm，宽 2～4cm，先端急尖或渐尖，基部楔形，边缘密生乳白色的骨质小齿，以手触之，有粗糙感；上面绿色，下面灰绿色，下部叶脉稍隆起，被稀疏短柔毛，侧脉 5～7 对；叶柄长 6～10cm，圆柱形，淡绿色，略带红色，无毛。花顶生并腋生，直径 7～12cm，稀达 19cm；苞片 3～5，披针形，绿色，长 3～6cm；萼片 3～4，宽卵形，直径 1.5～2cm，绿色，边缘带红色，背面被极疏毛或无毛，顶端圆形或长尾状骤尖，骤尖长约 1cm；花瓣 9～13，倒卵形，长 3～5cm，宽 1～2.5cm，白色、粉红色或紫红色；雄蕊多数，长 1～1.5cm，花药黄色；花盘高约 2mm，顶部边缘不整齐，带淡红色；心皮 3～5，无毛，柱头淡紫红色。蓇葖果卵状圆锥形，长 3～3.5cm，宽约 1.3mm，先端变狭而成喙状。种子近球形，直径约 6mm，紫黑色或暗褐色，有光泽。花期 5～7 月，果期 7～8 月。$2n=10, 20$。

生境 多年生旱中生草本。生于森林带和草原带的山地和石质丘陵的灌丛、林缘、山地草甸及草甸草原群落中。

产除新巴尔虎右旗、满洲里市外，呼伦贝尔市均有分布。

经济价值 根入药（药材名：赤芍），能清热凉血、活血散瘀，主治血热吐衄、肝火目赤、血瘀痛经、月经闭止、疮疡肿毒、跌打损伤；也作蒙药（蒙药名：乌兰—察那），能活血、凉血、散瘀，主治血热、血瘀痛经。花大而美，可供观赏。根和叶含鞣质，可提制栲胶。

防己科 Menispermaceae

蝙蝠葛属 Menispermum L.

蝙蝠葛 *Menispermum dahuricum* DC.

别名 山豆根、苦豆根、山豆秧根

蒙名 哈日—敖日阳古

形态特征 植株长达10余米。根状茎细长，圆柱形，外皮黄棕色或黑褐色，断面黄白色，味极苦。茎圆柱形，有细纵棱纹，被稀疏短柔毛。单叶互生，叶肾圆形至心脏形，长和宽5～14cm，先端尖或短渐尖，基部心形或截形，边缘有3至7浅裂，裂片三角形，上面绿色，被稀疏短柔毛，下面苍白色，毛较密，有5～7条掌状脉；叶柄盾状着生，长达15cm，无托叶。花白色或黄绿色，成腋生圆锥花序；总花梗长3～6cm，花梗长5～7mm，基部具条状披针形的小苞片；萼片约6，披针形或长卵形，长2～3mm，宽1～1.5mm；花瓣约6，肾圆形或倒卵形，长2～3mm，宽2～2.5mm，肉质，边缘内卷，具明显的爪；雄花有雄蕊10～16，花药球形，4室，鲜黄色；雌花有退化，雄蕊6～12，心皮3，分离，子房上位，1室。核果肾圆形，长6～8mm，宽7～9mm，熟时黑紫色，内果皮坚硬，半月形，内含1种子。花期6月，果期8～9月。2n=52，54。

生境 缠绕性落叶中生灌木。生于森林带和草原带的山地林缘、灌丛、沟谷。

产海拉尔区、扎兰屯市、牙克石市、额尔古纳市、阿荣旗、莫力达瓦达斡尔族自治旗、鄂伦春自治旗、鄂温克族自治旗、陈巴尔虎旗。

经济价值 根和根状茎入药（药材名：北豆根），能清热解毒、消肿止疼、利咽、通便、抗癌，主治急性咽喉口腔肿疼、扁桃体炎、牙眼肿痛、肺热咳嗽、湿热黄疸、痈疖肿毒、便秘、食道癌、胃癌。根和根状茎也入蒙药（蒙药名：哈日—敖日秧古）。能清热、止渴，主治骨热、丹毒、口渴、皮肤病、热性"协日乌素"、血热。

罂粟科 Papaveraceae

1 植株有乳汁；雄蕊多数，萼片大，花蕾期完全包被花冠 ··· 2
1 植株无乳汁；雄蕊4或6，萼片小，花蕾期不包被花冠 ··· 3
2 植物体含黄红色乳汁；蒴果长角果状，成熟时2瓣裂开；柱头头状 ·············· **1 白屈菜属 Chelidonium**
2 植物体含白色乳汁；蒴果矩圆形、宽卵形或球形，成熟时孔裂；柱头盘状 ··············· **2 罂粟属 Papaver**
3 花冠辐射对称，花瓣无距或囊状物；雄蕊4，分离 ································· **3 角茴香属 Hypecoum**
3 花冠两侧对称，外轮上方1片基部有距；雄蕊6，合生成2束 ························· **4 紫堇属 Corydalis**

白屈菜属 Chelidonium L.

白屈菜 *Chelidonium majus* L.

别名 山黄连

蒙名 希古得日格纳、希日—好日

形态特征 植株高30～50cm。主根粗壮，长圆锥形，暗褐色，具多数侧根。茎直立，多分枝，具纵沟棱，被细短柔毛。叶椭圆形或卵形，长5～15cm，宽4～8cm，单数羽状全裂，侧裂片1～6对，裂片卵形、倒卵形或披针形，先端钝形，边缘具不整齐的羽状浅裂和钝圆齿，上面绿色，无毛，下面粉白色，被短柔毛。伞形花序顶生和腋生；花梗纤细，长5～8mm；萼片2，椭圆形，长约5mm，疏生柔毛，早落，花瓣4，黄色，倒卵形，长7～9mm，宽6～8mm，先端圆形或微凹；雄蕊多数，长约5mm；子房圆柱形；花柱短，柱头头状，先端2浅裂。蒴果条状圆柱形，长2.5～4cm，宽约2mm，种子间稍收缩，无毛。种子多数，宽卵形，长约1mm，黑褐色，表面有光泽和网纹。花期6～7月，果期8月。$2n=12$。

生境 多年生中生草本。生于森林带和草原带的山地林缘、林下、沟谷溪边。

产海拉尔区、满洲里市、牙克石市、额尔古纳市、根河市、鄂温克族自治旗、陈巴尔虎旗、新巴尔虎左旗。

经济价值 全草入药，有毒，能清热解毒、止痛、止咳，主治胃炎、胃溃疡、腹痛、肠炎、痢疾、黄疸、慢性支气管炎、百日咳；外用治水田皮炎、毒虫咬伤。全草也入蒙药（蒙药名：希古得日格纳）。能清热解毒、燥脓、治伤。主治瘟疫热、结喉、发症、麻疹、肠刺痛、金伤。

罂粟属 Papaver L.

野罂粟 *Papaver nudicaule* L.

别名 野大烟、山大烟

蒙名 哲日利格—阿木—其其格

形态特征 主根圆柱形，木质化，黑褐色。叶全部基生，叶矩圆形、狭卵形或卵形，长（1）3～5（7）cm，宽（5）15～30（40）mm，羽状深裂或近二回羽状深裂，一回深裂片卵形或披针形，再羽状深裂，最终小裂片狭矩圆形、披针形或狭长三角形，先端钝，全缘，两面被刚毛或长硬毛，多少被白粉；叶柄长（1）3～6（10）cm，两侧具狭翅，被刚毛或长硬毛。花葶1至多条，高10～60cm，被刚毛状硬毛；花蕾卵形或卵状球形，常下垂；花黄色、橙黄色、淡黄色，稀白色，直径2～6cm；萼片2，卵形，被铡毛状硬毛；花瓣外2片较大，内2片较小，倒卵形，长1.5～3cm，边缘具细圆齿；花丝细丝状，淡黄色，花药矩圆形。蒴果矩圆形或倒卵状球形，长1～1.5cm，直径5～10cm，被刚毛，稀无毛，宿存盘状柱头常6辐射状裂片。种子多数肾形，褐色。花期5～7月，果期7～8月。2n=14，28。

生境 多年生旱中生草本。生于森林带和草原带的山地林缘、草甸、草原、固定沙丘。

产呼伦贝尔市各旗、市、区。

经济价值 药用果实（药材名：山米壳），能敛止咳、涩肠、止泻，主治久咳、久泻、脱肛、胃痛、神经性头痛。花入蒙药（蒙药名：哲日利格—阿木—其其格），能止痛。

角茴香属 Hypecoum L.

角茴香 *Hypecoum erectum* L.

蒙名 嘎伦—塔巴格

形态特征 植株高 10～30cm，全株被白粉。基生叶呈莲座状，轮廓椭圆形或倒披针形，长 2～9cm，宽 5～15mm，二至三回羽状全裂，一回全裂片 2～6 对，二回全裂片 1～4 对，最终小裂片细条形或丝形，先端尖；叶柄长 2～2.5cm。花葶 1 至多条，直立或斜升，聚伞花序，具少数或多数分枝；苞片叶状细裂；花淡黄色；萼片 2，卵状披针形，边缘膜质，长约 3mm，宽约 1mm；花瓣 4，外面 2 瓣较大，倒三角形，顶端有圆裂片，内面 2 瓣较小，倒卵状楔形，上部 3 裂，中裂片长矩圆形；雄蕊 4，长约 8mm，花丝下半部有狭翅；雌蕊 1，子房长圆柱形，长约 8mm，柱头 2 深裂，长约 1mm，胚珠多数。蒴果条形，长 3.5～5cm，种子间有横隔，2 瓣开裂。种子黑色，有明显的"十"字形凸起。$2n=16$。

生境 一年生中生草本。生于草原与荒漠草原地带的砾石质坡地、沙质地、盐渍化草甸等处，多为零星散生。

产海拉尔区、满洲里市、鄂伦春自治旗、新巴尔虎左旗、新巴尔虎右旗。

经济价值 根及全草入药，能泻火、解热、镇咳，主治气管炎、咳嗽、感冒发烧、菌痢。全草入蒙药（蒙药名：嘎伦—塔巴格）。能清热，解毒。主治流感、瘟疫、黄疸、陈刺痛、结喉、发症、转筋痛、麻疹、炽热、劳热、讧热、毒热。

紫堇属 Corydalis Vent.

1 植株有球状块茎，花蓝色或蓝紫色；多年生草本 ··· **1 齿瓣延胡索 C. turtschaninovii**
1 植株无块茎，花黄色，较小，连距长 6 ～ 8mm；一年生或二年生草本 ···················· **2 北紫堇 C. sibirica**

齿瓣延胡索 *Corydalis turtschaninovii* Bess.

蒙名 希都日呼—萨巴乐干纳

形态特征 块茎球状，直径 1 ～ 3cm，外被数层栓皮，棕黄色或黄褐色，皮内黄色，味苦且麻。茎直立或倾斜。高 10 ～ 30cm，单一或由下部鳞片叶腋分出 2 ～ 3 枝。叶二回三出深裂或全裂，最终裂片披针形或狭卵形，长 1 ～ 5cm，宽 0.5 ～ 1.5cm。总状花序密集，花 20 ～ 30；苞片半圆形，先端栉齿状半裂或深裂；花蓝色或蓝紫色，长 1 ～ 2.5cm，花冠唇形，4 瓣，2 轮，基部连合，外轮上瓣最大，瓣片边缘具微波状牙齿，顶端微凹，中具一明显突尖，基部延伸成一长距，内轮 2 片较狭小，先端连合，包围雄蕊及柱头；雄蕊 6，3 枚成 1 束，雌蕊 1；花柱细长。蒴果线形或扁圆柱形，长 0.7 ～ 2.5cm，柱头宿存，成熟时 2 瓣裂。种子细小，多数，黑色，扁肾形。花期 4 ～ 5 月，果期 5 ～ 6 月。

生境 多年生中生草本。生于森林带和草原带的山地林缘、沟谷草甸、河滩及溪沟边。

产牙克石市、额尔古纳市、鄂伦春自治旗、鄂温克族自治旗、陈巴尔虎旗。

北紫堇 *Corydalis sibirica* (L. f.) Pers.

蒙名 西伯日—萨巴乐干纳

形态特征 全株无毛。茎纤细,直立或斜升,高 10～30cm,有分枝,具纵棱。叶灰绿色,具细长的叶柄,叶卵形,长 2～4cm,宽 1.5～3.5cm,二至三出羽状全裂,第一回全裂片具柄,第二回近无柄或无柄,常三出深裂,最终小裂片倒披针形或矩圆形,长 3～8mm,宽 1～3mm。总状花序短缩,有少数花;苞片披针形或条形,与花梗等长或稍长;花瓣黄色,外轮上面 1 片连距长约 6mm,背面有龙骨状凸起,边缘细波状,距圆筒形,长约 3mm,直径约 1.5mm,末端钝圆,下面 1 片近楔形,长约 3mm,先端具短尖,内轮 2 花瓣顶端靠合,长约 3mm,瓣片近矩圆形,具长爪。蒴果倒披针形或矩圆形,长 6～10mm,宽 2～4mm,扁平,顶端圆形,具长约 1.5mm 的宿存花柱,基部楔形;果梗长 3～4mm,下垂。种子肾状扁球形,亮黑色,平滑,直径约 1.5mm。花果期 6～8 月。$2n=12$。

生境 一年生或二年生中生草本。生于森林带和草原带的山地林下、沟谷溪边。

产牙克石市、额尔古纳市、根河市、鄂伦春自治旗。

经济价值 全草入蒙药(蒙药名:西伯日—好如海—其其格)。能清热、治伤、消肿。主治流感、伤热、隐热、烫伤。

十字花科 Cruciferae

1 植株被单毛或光滑无毛 ··· 2
1 植株被丁字毛或星状毛或分叉毛 ··· 9
2 短角果 ··· 3
2 长角果 ··· 7
3 短角果具翅 ··· 4
3 短角果无翅 ··· 6
4 花黄色，短角果扁平，矩圆形或倒披针形 ··································· **1 菘蓝属 Isatis**
4 花白色，短角果圆形、倒卵形、卵形或心形 ··· 5
5 短角果周围具翅 ·· **5 遏蓝菜属 Thlaspi**
5 短角果顶端具短翅 ··· **6 独行菜属 Lepidium**
6 花黄色；成熟角果开裂 ··· **4 葶菜属 Rorippa**
6 花白色；成熟角果不裂 ··· **3 匙荠属 Bunias**
7 花黄色；长角果细长圆柱形；叶羽状分裂 ··· **12 大蒜芥属 Sisymbrium**
7 花紫色、淡红色或白色 ··· 8
8 长雄蕊成对合生；单叶全缘，稀具齿 ··· **13 花旗杆属 Dontostemon**
8 长雄蕊分离；叶大头羽裂或为羽状复叶，稀单叶 ··· **14 碎米荠属 Cardamine**
9 短角果 ·· 10
9 长角果 ·· 15
10 成熟短角果倒三角状心形；花白色；茎生叶全缘或具齿，基部箭形且抱茎 ············· **10 荠属 Capsella**
10 成熟角果不为上述形状 ·· 11
11 茎生叶基部箭形抱茎 ··· 12
11 茎生叶不抱茎 ··· 13
12 果球形，表面具网纹，纹间呈蜂窝状 ··· **2 球果荠属 Neslia**
12 果倒卵形，果瓣有明显凸起的中脉或几无脉 ······································· **7 亚麻荠属 Camelina**
13 小半灌木；全株密被星状毛而呈灰白色；果近圆形或卵形，膨胀；花白色或玫红色 ··· **11 燥原荠属 Ptilotricum**
13 一年生或多年生草本；花黄色或白色，少玫红色或紫色 ··· 14
14 果近圆形、宽椭圆形或宽倒卵形，边缘具窄翅，顶端微凹；花丝具齿或翅；花黄色 ······· **9 庭荠属 Alyssum**
14 果卵形、椭圆形或披针形，边缘无窄翅，顶端锐尖或钝尖；花丝无齿或翅；花黄色或白色，少红色或紫色
 ··· **8 葶苈属 Draba**
15 叶2～3回羽状分裂；一、二年生草本；花黄色 ······································ **15 播娘蒿属 Descurainia**
15 叶不分裂，全缘或具齿，稀羽状分裂 ·· 16
16 花黄色或橙色 ··· **16 糖芥属 Erysimum**
16 花白色、淡紫色或淡红色 ·· 17
17 茎生叶基部通常不抱茎；植株密被毛而呈灰白色；果瓣无明显中脉 ················ **17 曙南芥属 Stevenia**
17 茎生叶基部通常抱茎；植株疏被毛而呈淡绿色；果瓣具明显中脉 ···················· **18 南芥属 Arabis**

菘蓝属 Isatis L.

三肋菘蓝 *Isatis costata* C. A. Mey.

别名 肋果菘蓝

蒙名 苏达拉图—呼呼日格纳

形态特征 一年生或二年生草本，高30～80cm，全株稍被蓝粉霜，无毛。茎直立，上部稍分枝。基生叶条形或椭圆状条形，长5～10cm，宽5～15mm，顶端钝，基部渐狭，全缘，近无柄；茎一叶无柄，披针形或条状披针形，比基生叶小，基部耳垂状，抱茎。总状花序顶生或腋生，组成圆锥状花序，花小，长1.5～2.5mm，黄色，花梗丝状，长2～4mm，萼片矩圆形至长椭圆形，长1.5～2mm，边缘宽膜质；花瓣倒卵形，长2.5～3mm。短角果成熟时倒卵状矩圆形或椭圆状矩圆形，长10～14mm，宽4～5mm，顶端和基部长圆形，有时微凹，无毛，中肋扁平且有2～3条纵向背棱，棕黄色，有光泽。种子条状矩圆形，长约3mm，宽约1mm，棕黄色。花果期5～7月。$2n=28$。

生境 一年生或二年生中生草本。生于草原带的干河床、芨芨草滩、山坡或沟谷。

产海拉尔区、满洲里市、陈巴尔虎旗。

经济价值 叶可提取蓝色染料。

球果芥属 Neslia Desv.

球果芥 *Neslia paniculata* (L.) Desv.

蒙名 布木布根纳

形态特征 植株高 40～70cm，被分枝毛，分枝常 3～4。茎直立，上部分枝，密被分枝毛。茎生叶披针形或矩圆状披针形，长 3～6cm，宽 1～1.5cm，先端锐尖或稍钝，基部箭形，抱茎，全缘，两面密被分枝毛。总状花序顶生；花梗纤细，长 1.5～3mm；花黄色，直径 1.5mm；萼片矩圆状椭圆形，长 1.6～1.8mm，先端圆形，边缘宽膜质，背面被分枝毛；花瓣匙形，长 2.2～2.5mm，宽约 1mm，下部具爪；子房扁圆形，表面被微凸起。短角果近扁球形，长 1.8～2mm，宽 2～2.3mm，坚硬，不裂，无毛，表面有蜂窝状网纹，顶端有短喙，含 1 粒种子；果梗长 7～10mm。花果期 7～8 月。$2n=14$。

生境 一年生中生草本。生于森林区居民点附近的路边或田边。

产牙克石市、扎兰屯市、额尔古纳市、鄂伦春自治旗、鄂温克族自治旗。

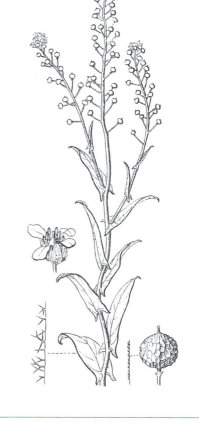

匙荠属 Bunias L.

匙荠 *Bunias cochlearoides* Murr.

蒙名 塔林—布奶斯

形态特征 植株高 15～20cm，无毛或稍被毛。茎多分枝。基生叶有长柄，羽状深裂，顶裂片较大；茎生叶无柄，矩圆形或倒披针形。长 1～3cm，宽 5～10mm，具波状或深波状牙齿，基部有耳，半抱茎。总状花序，具多数小花；萼片椭圆形或矩圆形，长约 2mm；花瓣白色，矩圆形，长 3.5～4mm，宽约 2mm，基部骤狭成短爪；花丝扁平，基部加宽。短角果近卵形，具4棱，长 4～5mm，宽 2～2.5mm，先端具圆锥形喙，表面常多褶皱。种子近球形，黄褐色，直径约 1mm。花期 6～7 月，果期 7～8 月。

生境 二年生中生草本。生于草原带的湖边草甸。产新巴尔虎右旗呼伦湖边。

蔊菜属 Rorippa Scop.

1 茎基部密被长柔毛，且混生短柔毛；下部叶具三角形尖裂片；短角果宽椭圆形，成熟时 4 瓣裂 ··· **1 山芥叶蔊菜 R. barbareifolia**

1 茎无毛；短角果圆柱状长椭圆形，成熟时 2 裂 ··· **2 风花菜 R. palustris**

山芥叶蔊菜 *Rorippa barbareifolia* (DC.) Kitag.

蒙名 哈拉巴根—萨日布

形态特征 植株高 30～80cm。茎直立，常多分枝，基部密生长柔毛，且混生短柔毛，有时中部也被毛。茎下部叶具长柄，羽状深裂或羽状全裂，轮廓矩圆形至披针形，长 6～15cm，宽 2～3cm，顶裂片较大，卵形或披针状卵形，侧裂片较小，常三角形，边缘不整齐牙齿，两面伏生疏柔毛；中上部叶渐小，分裂较浅与较少，总状花序顶生与侧生；花梗长 3～5mm；花淡黄色，直径 2～3mm；萼片卵形，长约 2mm；花瓣倒卵形，与萼片等长，花药长 0.7～0.8mm。短角果宽椭圆形，有时近球形，长 4～5mm，宽 3～4mm；果瓣 4 裂，不完全 4 室。种子多数，近卵形，长 0.5～0.7mm，棕褐色。花果期 6～8 月。$2n=16$，32。

生境 一年生或二年生中生草本。生于针叶林带的林缘草甸、河边草甸。

产海拉尔区、牙克石市、额尔古纳市、根河市、鄂伦春自治旗。

风花菜 *Rorippa palustris* (L.) Bess.

别名 沼生葶苈

蒙名 那木根—萨日布

形态特征 二年生或多年生草本，无毛。茎直立或斜升，高10～60cm，多分枝，有时带紫色。基生叶和茎下部叶具长柄，大头羽状深裂，长5～12cm，顶生裂片较大，卵形，侧裂片较小，3～6对，边缘有粗钝齿；茎生叶向上渐小，羽状深裂或具齿，有短柄，其基部具耳状裂片面抱茎。总状花序生枝顶，花极小，直径约2mm；花梗纤细，长1～2mm；萼片直立，淡黄绿色，矩圆形，长1.5～2mm，宽0.5～0.7mm；花瓣黄色，倒卵形，与萼片近等长。短角果稍弯曲，圆柱状长椭圆形，长4～6mm，宽约2mm；果梗长4～6mm。种子近卵形，长约0.5mm。花果期6～8月。$2n=16, 32$。

生境 二年生或多年生湿中生草本。生于水边、沟谷，为沼泽草甸或草甸种。

产呼伦贝尔市各旗、市、区。

经济价值 种子含油量约30%，供食用或工业用。嫩苗可作饲料。

遏蓝菜属 Thlaspi L.

1 一年生草本，花较小，长约 3mm；果近圆形，具宽翅，较大，长 13～16mm ················ **1 遏蓝菜 Th. arvense**
1 多年生草本，花较大，长约 6mm；果倒卵状楔形，具窄翅，较小，长 5～8mm ········· **2 山遏蓝菜 Th. cochleariforme**

遏蓝菜 *Thlaspi arvense* L.

别名 菥蓂

蒙名 淘力都—额布斯

形态特征 全株无毛。茎直立，高 15～40cm，不分枝或稍分枝，无毛。基生叶早枯萎，倒卵状矩圆形，有柄；茎生叶倒披针形或矩圆状披针形，长 3～6cm，宽 5～16mm，先端圆钝，基部箭形，抱茎，边缘具疏齿或近全缘，两面无毛。总状花序顶生或腋生，有时组成圆锥花序；花小，白色；花梗纤细，长 2～5mm；萼片近椭圆形，长 2～2.3mm，宽 1.2～1.5mm，具膜质边缘；花瓣长约 3mm，宽约 1mm，瓣片矩圆形，下部渐狭成爪。短角果近圆形或倒宽卵形，长 8～16mm，扁平，周围有宽翅，顶端深凹缺，开裂，每室有种子 2～8 粒。种子宽卵形，长约 1.5mm，稍扁平，棕褐色，表面有果粒状环纹。花果期 5～7 月。$2n=14$。

生境 一年生中生草本。生于山地草甸、沟边、村庄附近。

产海拉尔区、阿荣旗、莫力达瓦达斡尔族自治旗、新巴尔虎右旗。

经济价值 种子油供工业用。全草和种子入药，全草能和中开胃、清热解毒，主治消化不良、子宫出血、疔疮痈肿。种子（药材名：菥蓂子）能清肝明目、强筋骨，主治风湿性关节痛、目赤肿痛。嫩株可代蔬菜食用。种子入蒙药（蒙药名：桓日格—额布斯）。能清热解毒、强壮、开胃、利水、消肿。主治肺热、肾热、肝炎、腰腿痛、恶心、睾丸肿痛、遗精、阳痿。

山遏蓝菜 *Thlaspi cochleariforme* DC.

别名 山菥蓂

蒙名 乌拉音—淘力都—额布斯

形态特征 植株高 5～20cm；直根圆柱状，淡灰黄褐色；根状茎木质化，多头。茎丛生，直立或斜升，无毛。基生叶莲座状，具长柄，矩圆形或卵形，长 8～20mm，宽 5～7mm；茎生叶卵形或披针形，长 6～16mm，宽 3～10mm，先端钝，基部箭形或心形抱茎，全缘，稍肉质。总状花序生枝顶；萼片矩圆形，长约 3mm，宽 1.2～1.8mm，外萼片比内萼片稍宽，具膜质边缘；花瓣白色，长约 6mm，宽约 3mm，瓣片矩圆形，边缘浅波状，下部具条形的爪。短角果倒卵状楔形，长 4～6mm，宽 2～3mm，顶端凹缺，宿存花柱长 1～2mm，在果的上半部具狭翅，每室有种子约 4 粒。种子近卵形，长约 1.5mm，宽约 1mm，黄褐色。花果期 5～7 月。2n=84。

生境 多年生砾石生旱生草本。生于森林带和草原带的山地石质山坡或石缝间。

产呼伦贝尔市各旗、市、区。

经济价值 种子入蒙药（蒙药名：乌拉音—恒日格—乌布斯）。功能主治同遏蓝菜。

十字花科

独行菜属 Lepidium L.

1 一年生或二年生草本，被微小乳突状毛；有花瓣或花瓣退化成丝状；雄蕊 2～4；基生叶一回羽裂 ·· **1 独行菜 L. apetalum**
1 多年生草本，植物体不被乳突状毛 ·· **2**
2 茎生叶抱茎，基生叶发达，肉质，植株基部包被残叶柄形成的纤维 ············ **2 碱独行菜 L. cartilagineum**
2 茎生叶基部不抱茎，叶非肉质 ··· **3 宽叶独行菜 L. latifolium**

独行菜 *Lepidium apetalum* Willd.

别名 腺茎独行菜、辣辣根、辣麻麻

蒙名 昌古

形态特征 植株高 5～30cm。茎直立或斜升，多分枝，被微小头状毛。基生叶莲座状，平铺地面，羽状浅裂或深裂，叶狭匙形，长 2～4cm，宽 5～10mm，叶柄长 1～2cm；茎生叶狭披针形至条形，长 1.5～3.5cm，宽 1～4mm，有疏齿或全缘。总状花序顶生，果后延伸；花小，不明显；花梗丝状，长约 1mm，被棒状毛；萼片舟状，椭圆形，长 5～7mm，无毛或被柔毛，具膜质边缘；花瓣极小，匙形，长约 0.3mm；有时退化成丝状或无花瓣；雄蕊 2（稀 4），位于子房两侧，伸出萼片外。短角果扁平，近圆形，长约 3mm，无毛，顶端微凹，具 2 室，每室含种子 1 粒。种子近椭圆形，长约 1mm，棕色，具密而细的纵条纹；子叶背倚。花果期 5～7 月。2n=32。

生境 一年生或二年生旱中生杂草。生于村边、路旁、田间、撂荒地，也生于山地、沟谷。

产呼伦贝尔市各旗、市、区。

经济价值 全草及种子入药，全草能清热利尿、通淋，主治肠炎腹泻、小便不利、血淋、水肿等。种子（药材名：葶苈子）能祛痰定喘、泻肺利水，主治肺痈、喘咳痰多、胸胁满闷、水肿、小便不利等。青绿时羊有时吃一些，骆驼不喜吃，干后较乐食，马与牛不吃。种子入蒙药（蒙药名：汉毕勒）。能清讧热、解毒、止咳、化痰、平喘。主治毒热、气血相讧、咳嗽气喘、血热。

碱独行菜 *Lepidium cartilagineum* (J. May.) Thell.

蒙名 好吉日色格—昌古

形态特征 植株高 15～30cm，植株基部包被残叶柄形成的纤维。茎直立，被稍硬的短毛。基生叶多数，革质，卵形或椭圆形，长 2～4cm，宽 1～3cm，先端钝或骤渐尖，基部近圆形，全缘，掌状三出脉，脉隆起，叶柄长 3～6cm；茎生叶较少，较小，矩圆状披针形，无柄，基部箭形，抱茎，花密集组成总状的圆锥花序；萼片卵形，稍被毛；花瓣倒卵形，长 1.5～2mm，基部渐狭成爪。短角果卵形，长 3～4mm，宽 2.5～3mm，顶部有狭翅，先端有短粗的宿存花柱，表面有网纹；果柄斜向上举，长 3～6mm，被毛。种子近椭圆形，长约 1.5mm，棕黄色，稍扁；子叶背倚。果期 8 月。$2n=40$。

生境 多年生耐盐中生草本。生于草原带的盐渍化低地及盐渍化土上。

产新巴尔虎左旗红旗牧场东南碱泡子边上和将军庙一带。

宽叶独行菜 *Lepidium latifolium* L.

别名 羊辣辣

蒙名 乌日根—昌吉

形态特征 植株高 20～50cm，具粗长的根状茎。茎直立，上部多分枝，被柔毛或近无毛。基生叶和茎下叶具叶柄，矩圆状披针形或卵状披针形，长 4～7cm，宽 2～3.5cm，先端圆钝，基部渐狭，边缘有粗锯齿，两面被短柔毛；茎上部叶无柄，披针形或条状披针形，长 2～5cm，宽 5～20mm，先端具短尖或钝，边缘有不明显的疏齿或全缘，两面被短柔毛。总状花序顶生或腋生，成圆锥状花序；萼片开展，宽卵形，长约 1.2mm，宽 0.7～1mm，无毛，具白色膜质边缘；花瓣白色，近倒卵形，长 2～3mm；雄蕊 6，长 1.5～1.7mm。短角果近圆形或宽卵形，直径 2～3mm，扁平，被短柔毛稀近无毛，顶端有宿存短柱头。种子近椭圆形，长约 1mm，稍扁，褐色。花期 6～7 月，果期 8～9 月。$2n=24$。

生境 多年生耐盐中生杂草。生于草原带和荒漠带的村舍旁、田边、路旁、渠道边及盐渍化草甸等。产新巴尔虎左旗、新巴尔虎右旗。

经济价值 全草入药，能清热燥湿，主治菌痢、肠炎。

亚麻荠属 Camelina Crantz.

小果亚麻荠 *Camelina microcarpa* Andrz.

蒙名 吉吉格—萨日黑—额布苏

形态特征 植株高20～60cm，具长单毛与短分枝毛。茎直立，多在中部以上分枝，下部密被长硬毛。基生叶与下部茎生叶长圆状卵形，长1.5～8cm，宽3～15（20）mm，顶端急尖，基部渐窄成宽柄，边缘有稀疏微齿或无齿；中、上部茎生叶披针形，顶端渐尖，基部具披针状叶耳，边缘外卷，中、下部叶被毛，以叶缘和叶脉上显著较多，向上毛渐少至无毛。花序伞房状，结果时可伸长达20～30cm；萼片长圆卵形，长2.5～3mm，白色膜质边缘不达基部，内轮的基部略成囊状；花瓣条状长圆形，长3.3～3.8mm，爪部不明显。短角果倒卵形至倒梨形，长4～7mm，宽2.5～4mm，略扁压，有窄边；果瓣中脉基部明显，顶部不显，两侧有网状脉纹；花柱长1～2mm。种子长圆状卵形，长1～1.2mm，棕褐色。花期4～5月。

生境 一年生中生草本。生于撂荒地、农田边。产海拉尔区、牙克石市、额尔古纳市。

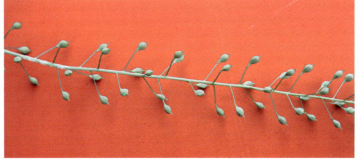
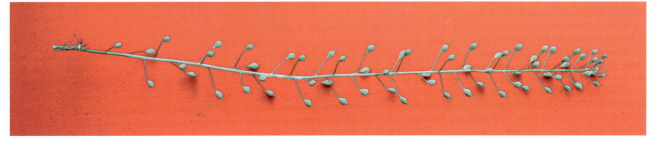

葶苈属 Draba L.

1 果实被毛 ·· **1 葶苈 D. nemorosa**
1 果实光滑无毛 ··· **1a 光果葶苈 D. nemorosa** var. **leiocarpa**

葶苈 *Draba nemorosa* L.

蒙名 哈木比乐

形态特征 植株高 10～30cm。茎直立，不分枝或分枝，下半部被单毛、二或三叉状分枝毛和星状毛，上半部近无毛，基生叶莲座状，矩圆状倒卵形、矩圆形，长 1～2cm，宽 4～6mm，先端稍钝，边缘具疏齿或近全缘，茎生叶较基生叶小，矩圆形或披针形，先端尖或稍钝，基部楔形，无柄，边缘具疏齿或近全缘，两面被单毛、分枝毛和星状毛。总状花序在开花时伞房状，结果时极延长；花梗丝状，长 4～6mm，直立开展；萼片近矩圆形，长约 1.5mm，背面多少被长柔毛；花瓣黄色，近矩圆形，长约 2mm，顶端微凹。短角果矩圆形或椭圆形，长 6～8mm，密被短柔毛，果瓣具网状脉纹；果梗纤细，长 10～15mm，直立开展。种子细小，椭圆形，长约 0.6mm，淡棕褐色，表面有颗粒状花纹。花果期 6～8 月。$2n=16$。

生境 一年生中生草本。生于山坡草甸、林缘、沟谷溪边。

产牙克石市、扎兰屯市、额尔古纳市、根河市、阿荣旗、莫力达瓦达斡尔族自治旗、鄂伦春自治旗。

经济价值 种子入药，能清热祛痰、定喘、利尿。种子含油量约 26%，油供工业用。

光果葶苈 *Draba nemorosa* L. var. *leiocarpa*. Lindbi.

蒙名 格鲁格日—哈木比乐

形态特征 本变种与正种的区别在于：果实光滑无毛。

生境 中生草本。生于山坡草甸、林缘、沟谷、溪边。

产呼伦贝尔市各旗、市、区。

庭荠属 Alyssum L.

1 叶条形或倒披针状条形，被较长的星状毛，毛的直径为 0.7～1mm；花瓣倒卵状矩圆形，中部两侧通常有尖裂片 ⋯⋯
⋯⋯⋯ **1 北方庭荠 A. lenense**

1 叶匙形，被较短的星状毛，毛的直径为 0.3～0.5mm；花瓣圆卵形，中部向下渐狭成长爪 ⋯⋯⋯⋯⋯⋯⋯⋯⋯⋯
⋯⋯⋯⋯⋯⋯⋯⋯⋯⋯⋯⋯⋯⋯⋯⋯⋯⋯⋯⋯⋯⋯⋯⋯⋯⋯⋯⋯⋯⋯⋯⋯⋯⋯⋯⋯⋯ **2 西伯利亚庭荠 A. obovatum**

北方庭荠 *Alyssum lenense* Adams

别名 条叶庭荠、线叶庭荠

蒙名 希日—得米格

形态特征 植株高 3～15cm。全株密被长星状毛，呈灰白色，有时呈银灰白色；直根长圆柱形，灰褐色。茎于基部木质化，自基部多分枝，下部茎斜倚，分枝直立，草质。叶多数，集生于分枝的顶部，条形或倒披针状条形，长 6～15mm，宽 1～2mm，先端锐尖或稍钝，向基部渐狭，全缘，两面密被长星状毛，无柄，总状花序具多数稠密的花，花序轴于结果时延长；萼片直立，近椭圆形，长约 3mm，宽约 1.4mm，具膜质边缘，背面被星毛状毛；花瓣黄色，倒卵状矩圆形，长约 4.5mm，宽约 2.5mm，顶端凹缺，中部两侧常具尖裂，向基部渐狭呈爪；花丝基部具翅，翅长为 1mm 以下。短角果矩圆状倒卵形或近椭圆形，长 3～5mm，宽 2.5～4mm，顶端微凹，表面无毛；花柱长 1.5～2.5mm，果瓣开裂后果实呈团扇状，种子黄棕色，宽卵形，长约 2.5mm，稍扁平，种皮潮湿时具胶黏物质。花果期 5～7 月。

生境 多年生砾石生旱生草本。生于森林带和草原带的石质丘顶、丘陵坡地、沙地。

产海拉尔区、额尔古纳市、根河市、鄂温克族自治旗、新巴尔虎左旗。

西伯利亚庭荠 *Alyssum obovatum* (C. A. Mey.) Turcz.

蒙名 西伯日—希日—得米格

形态特征 植株高4～15cm，全株密被短星状毛，呈银灰绿色。茎于基部木质化，自基部分枝，下部茎平卧，分枝草质，直立或稍弯曲。叶匙形，长4～12mm，宽1～3mm，先端圆钝，基部渐狭，全缘，两面被短星状毛，下面较密，中脉在下面凸起。顶生总状花序具多数稠密的花，花序轴于果时伸长；萼片直立，矩圆形或近椭圆形，长约2.5mm，具膜质边缘，背面被短星状毛；花瓣黄色，长约4mm，瓣片圆状卵形，下部渐狭成长爪，顶端全缘或微凹；花丝具长翅，其长度为花丝的2/3以上，短角果倒宽卵形，长、宽3～4mm，被短星状毛。种子黄棕色，宽卵形，长约1.5mm，稍扁平，具狭翅。花果期7～9月。$2n=16$。

生境 多年生旱生草本。生于山地草原、石质山坡。

产海拉尔区、满洲里市、牙克石市、额尔古纳市、鄂温克族自治旗、陈巴尔虎旗、新巴尔虎右旗。

荠属 Capsella Medic.

荠 *Capsella bursa-pastoris* (L.) Medic.

别名 荠菜

蒙名 阿布嘎

形态特征 植株高10～50cm，茎直立，有分枝，稍有单毛及星状毛。基生叶具长柄，大头羽裂、不整齐羽裂或不分裂，连叶柄长5～7cm，宽8～15mm；茎生叶无柄，披针形，长1～4cm，宽3～13mm，先端锐尖，基部箭形且抱茎，全缘或具疏细齿，两面被星状毛并混生单毛。总状花序生枝顶，花后伸长；萼片狭卵形，长约1.5mm，宽约1mm，具膜质边缘；花瓣白色，矩圆状倒卵形，长约2mm，具短爪。短角果倒三角形，长6～8mm，宽4～7mm，扁平，无毛，先端微凹，有极短的宿存花柱。种子2行，长椭圆形，长约1mm，宽约0.5mm，黄棕色。花果期6～8月。2n=16，32。

生境 一年生或二年生中生杂草。生于森林带和草原带的田边、村舍附近、路旁。

产呼伦贝尔市各旗、市、区。

经济价值 嫩枝可作蔬菜食用；全草及根入药，全草能凉血止血、清热利尿、明目、消积，主治咯血、肠出血、子宫出血、月经过多、肾炎水肿、乳糜尿、肠炎、高血压、头痛、目病、视网膜出血；根治赤白痢、结膜炎。种子油可供工业用。果实入蒙药（蒙药名：阿布嘎）。能止呕、降压、利尿。主治呕吐、水肿、小便不利、脉热。

燥原荠属 Ptilotricum C. A. Mey.

1 叶条状矩圆形；花序果期稍延长；花瓣长 2～3mm；植株较矮小，高 3～8cm ⋯⋯⋯⋯⋯⋯ **1 燥原荠 P. canescens**
1 叶条形；花序果期极延长；花瓣长 3.5～4.5cm；植株较高大，高 10～40cm ⋯⋯⋯⋯ **2 薄叶燥原荠 P. tenuifolium**

燥原荠 *Ptilotricum canescens* (DC.) C. A. Mey.

蒙名 其黑—好日格

形态特征 植株高 3～8cm，全株被星状毛，呈灰白色；茎从基部具多数分枝，近地面茎木质化，着生稠密的叶，叶条状矩圆形，长 4～14mm，宽 1.5～3mm，先端钝，基部渐狭，全缘，两面密被星状毛，灰白色，无柄。花序密集，呈半球形，果期稍延长；萼片短圆形，长 1.5～2mm，边缘膜质；花瓣白色，匙形，长 2～3mm，短角果椭圆形，长 3～5mm，密被星状毛，宿存花柱长 1～1.5mm。花果期 6～9 月。

生境 旱生小半灌木。生于荒漠带的砾石质山坡、干河床。

产海拉尔区、满洲里市、牙克石市、阿荣旗、鄂伦春自治旗、鄂温克族自治旗、陈巴尔虎旗、新巴尔虎左旗、新巴尔虎右旗。

薄叶燥原荠 *Ptilotricum tenuifolium* (Steoh. ex Willd.) C. A. Mey.

形态特征 植株高（5）10～30（40）cm，全株密被星状毛。茎直立或斜升，过地面茎木质化，常基部多分枝。叶条形，长（5）10～15（20）mm，宽 1～1.5mm，先端锐尖或钝，基部渐狭，全缘，两面被星状毛，呈灰绿色，无柄，花序伞房状，果期极延长；萼片矩圆形，长约 3mm；花瓣白色，长 3.5～4.5mm，瓣片近圆形，基部具爪。短角果椭圆形或卵形，长 3～4mm，被星状毛，宿存花柱长 1.5～2mm。花果期 6～9 月。2n=92。

生境 旱中生小半灌木。生于草原带或荒漠化草原带的砾石山坡、草地、河谷。

产海拉尔区、牙克石市、鄂温克族自治旗、新巴尔虎右旗。

大蒜芥属 Sisymbrium L.

1 一年生草本，长角果狭条形，下垂，长 6～8cm ··· **1 垂果大蒜芥 S. heteromallum**
1 多年生草本，茎无毛 ··· **2 多型大蒜芥 S. polymorphum**

垂果大蒜芥 *Sisymbrium heteromallum* C. A. Mey.

别名　垂果蒜芥
蒙名　文吉格日—哈木白
形态特征　茎直立，无毛或基部稍具硬单毛，不分枝或上部分枝，高 30～80cm。基生叶或茎下部叶的叶矩圆形或矩圆状披针形，长 5～15cm，宽 2～4cm，大头羽状深裂，顶生裂片较宽大，侧生裂片 2～5 对，裂片披针形、矩圆形或条形，先端锐尖，全缘或具疏齿，两面无毛；叶柄长 1～2.5cm；茎上部叶羽状浅裂或不裂，披针形或条形。总状花序开花时伞房状，果时延长；花梗纤细，长 5～10mm，上举；萼片近直立，披针状条形，长约 3mm；花瓣淡黄色，矩圆状倒披针形，长约 4mm，先端圆形，具爪。长角果纤细，细长圆柱形，长 5～7cm，宽 0.8mm，稍扁，无毛，稍弯曲，宿存花柱极短，柱头压扁头状；果瓣膜质，具 3 脉；果梗纤细，长 5～15mm。种子 1 行，多数，矩圆状椭圆形，长约 1mm，宽约 0.5mm，棕色，具颗粒状纹。花果期 6～9 月。

生境　一年生或二年生中生草本。生于森林草原及草原带的山地林缘、草甸及沟谷溪边。
　　产满洲里市。
经济价值　种子可作辛辣调味品（代芥末用）。

多型大蒜芥 *Sisymbrium polymorphum* (Murr.) Roth

别名 寿蒜芥

蒙名 敖兰其—哈木白

形态特征 植株高 15～35cm，全株无毛，淡灰蓝色。直根粗壮，木质，多头。茎直立，有分枝。叶多型，稍肉质，羽状全裂或羽状深裂，长 2～4cm，顶裂片丝状狭条形，长 1～2.5cm，宽约 1mm，先端钝，边缘稍内卷，侧裂片较短；或叶不分裂而有大的缺刻；茎上部叶丝状狭条形，全缘。总状花序疏松，花期伞房状，后显著伸长；萼片披针状矩圆形，长 4～5mm，花瓣黄色，狭倒卵状楔形，长 7～9mm；子房狭圆柱形。长角果斜开展，狭条形，长 3～4cm，宽约 1mm；果梗纤细，长 7～10mm。种子矩圆形，长约 1.3mm，棕色。花果期 6～8 月。

生境 多年生中旱生草本。生于草原地区的山坡或草地。

产海拉尔区、满洲里市、牙克石市、扎兰屯市、莫力达瓦达斡尔族自治旗、新巴尔虎左旗、新巴尔虎右旗。

花旗杆属 Dontostemon Andrz.

1 叶条状披针形，边缘有疏牙齿 ··· **1 花旗杆 D. dentatus**
1 叶条形，全缘 ··· **2**
2 植物密被深紫色头状腺体 ··· **2 全缘叶花旗杆 D. integrifolius**
2 植株无腺体 ·· **3**
3 花瓣长 4.5～6.5mm，比萼片长 1 倍，淡紫色，极少白色；角果长 1～2.5cm ······· **3 无腺花旗杆 D. eglandulosus**
3 花瓣长 3.5～4mm，比萼片长约 1/3，淡紫色或白色；角果长 2～3cm ··············· **4 小花花旗杆 D. micranthus**

花旗杆 *Dontostemon dentatus* (Bunge) Ledeb.

别名 齿叶花旗杆

蒙名 巴格太—额布苏

形态特征 植株高 10～50cm，散生单毛。茎直立，有分枝。叶披针形或矩圆状条形，长 3～6cm，宽 3～10mm，两端渐狭，边缘有疏牙齿，两面散生单毛，下部叶有柄，上部叶无柄。总状花序顶生和侧生，果期延长；花梗长约 3mm；萼片直立，矩圆形，长 4～5mm，具白色膜质边缘；花瓣紫色，倒卵形，长 8～10mm，基部有爪。长角果狭条形，长 4～5cm，直径约 1mm，直立或斜开展，无毛，果瓣稍隆起，具明显中脉，果梗长 3～6mm，被短柔毛。种子 1 行，近卵形，长约 15mm，淡褐色，稍有翅。花果期 6～8 月。

生境 一年生或二年生中生草本。生于森林带的山地林下、林缘草甸。

产牙克石市、扎兰屯市、额尔古纳市、根河市、鄂伦春自治旗。

全缘叶花旗杆 *Dontostemon integrifolius* (L.) Ledeb.

别名 线叶花旗杆

蒙名 布屯—巴格太

形态特征 植株高 5～25cm，全株密被深紫色头状腺体、硬单毛和卷曲柔毛。茎直立，多分枝。叶狭条形，长 1～3cm，宽 1～2mm，先端钝，基部渐狭，全缘。总状花序顶生和侧生，果期延长；萼片矩圆形，长 2.5～3mm，稍开展，边缘膜质；花瓣淡紫色，近匙形，长 5～6mm，宽约 3mm，顶端微凹，下部具爪。长角果狭条形，长 1～3cm，宽约 1mm，稍扁，被深紫色腺体，宿存花柱极短，柱头稍膨大；果梗纤细；开展，长 5～10mm。种子扁椭圆形，长约 1mm。花果期 6～8 月。

生境 一年生或二年生中生草本。生于草原沙地或沙丘上、山坡。

产呼伦贝尔市各旗、市、区。

无腺花旗杆 *Dontostemon eglandulosus* (DC.) Ledeb.

蒙名 陶木—巴格太—额布斯

形态特征 植株被卷曲柔毛和硬单毛。茎直立，高(5)10~20(25)cm，多分枝。叶条形，长1~4cm，宽0.5~2mm，顶端钝，基部渐狭，全缘，叶两面被卷曲柔毛与硬单毛。总状花序结果时延长，长达12cm；花直径4~6mm；萼片稍开展，长约3mm，具白色膜质边缘，背面有疏硬单毛；花瓣淡紫色，极少白色，近匙形，长4.5~6.5mm，宽约3mm，顶端微凹截形，下半部具长爪；短雄蕊长约2.5mm；长雄蕊长约4mm。长角果长10~25mm，略扁，微被毛或无毛，稍弧曲或近直立，宿存花柱极短，柱头稍膨大。种子淡棕黄色，扁椭圆形，长约1mm，表面具黑色斑点；子叶背倚。花果期6~9月。

生境 一年生或二年生旱生草本。生于草原、石质坡地，草原伴生种。

产海拉尔区、满洲里市、鄂温克族自治旗、陈巴尔虎旗、新巴尔虎左旗、新巴尔虎右旗。

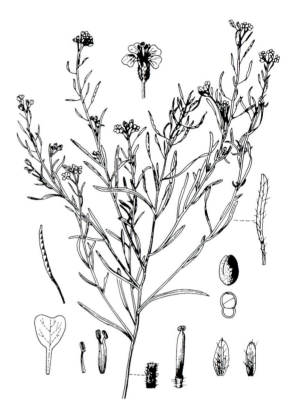

小花花旗杆 *Dontostemon micranthus* C. A. Mey.

蒙名 吉吉格—巴格太—额布斯

形态特征 植株被卷曲柔毛和硬单毛。茎直立，高20～50cm，单一或上部分枝。茎生叶着生较密，条形，长1.5～5cm，宽0.5～3mm，顶端钝，基部渐狭，全缘，两面稍被毛，边缘与中脉常被硬单毛。总状花序结果时延长，长达25cm；花小，直径2～3mm；萼片近相等，稍开展，近矩圆形，长约3mm，宽0.8～1mm，具白色膜质边缘，背部稍被硬单毛；花瓣淡紫色或白色，条状倒披针形，长3.5～4mm，宽约1mm，顶端圆形，基部渐狭成爪；短雄蕊长约3mm，花药矩圆形，长约0.5mm；长雄蕊长约3.5mm。长角果细长圆柱形，长2～3cm，宽约1mm，果梗斜上开展，劲直或弯曲，宿存花柱极短，柱头稍膨大。种子淡棕色，矩圆形，长约0.8mm，表面细网状；子叶背倚。花果期6～8月。

生境 一年生或二年生中生草本。生于森林带和草原带的山地林缘草甸、沟谷、河滩、固定沙丘。

产海拉尔区、牙克石市、额尔古纳市、鄂温克族自治旗、陈巴尔虎旗、新巴尔虎左旗、新巴尔虎右旗。

碎米荠属 Cardamine L.

水田碎米荠 *Cardamine lyrata* Bunge

别名 水田芥

蒙名 奥存—照古其

形态特征 植株高30～50cm，全株无毛。茎直立，不分枝或上部少分枝，有纵沟棱，茎基部生出柔弱而长的匍匐茎。茎生叶长4～10cm，大头羽状全裂，顶生裂片卵形，长1～2cm，侧生裂片2～5对，向下渐小，卵形或椭圆形，边缘波状或全缘；匍匐茎的中部以上叶为单叶，宽卵形，边缘浅波状，有叶柄。总状花序顶生；萼片矩圆形，长约4mm，边缘膜质；花瓣白色，倒卵形，长约8mm，基部具爪。长角果条形，长15～25mm，宽约1.5mm，扁平，两端渐尖，宿存花柱长2～3mm，种子1行；果梗长1.5～2.5cm，斜展。种子矩圆形，长2mm，褐色，边缘有宽翅。花果期6～8月。

生境 多年生湿中生草本。生于深林带的沟谷、湿地、溪边。

产海拉尔区、扎兰屯市、额尔古纳市。

经济价值 嫩茎叶可供食用，也入药，能清热除湿。

十字花科

播娘蒿属 Descurainia Webb. et Berth.

播娘蒿 *Descurainia sophia* (L.) Webb ex Prantl

别名 野芥菜

蒙名 希热乐金—哈木白

形态特征 植株高 20～80cm，全株呈灰白色。茎直立，上部分枝，具纵棱槽，密被分枝状短柔毛。叶矩圆形或矩圆状披针形，长 3～5（7）cm，宽 1～2（4）cm，二至三回羽状全裂或深裂，最终裂片条形或条状矩圆形，长 2～5mm，宽 1～1.5mm，先端钝，全缘，两面被分枝短柔毛；茎下部叶有叶柄，向上叶柄逐渐缩短或近于无柄。总状花序顶生，具多数花；花梗纤细，长 4～7mm；萼片条状矩圆形，先端钝，长约 2mm，边缘膜质，背面有分枝细柔毛；花瓣黄色，匙形，与萼片近等长；雄蕊比花瓣长。长角果狭条形，长 2～3cm，宽约 1mm，直立或稍弯曲，淡黄绿色，无毛，顶端无花柱，柱头压扁头状。种子 1 行，黄棕色，矩圆形，长约 1mm，宽约 0.5mm，稍扁，表面有细网纹，潮湿后有胶黏物质；子叶背倚。花果期 6～9 月。2*n*=28。

生境 一年生或二年生中生杂草。生于森林带和草原带的山地草甸、沟谷、村旁、田边。

产呼伦贝尔市各旗、市、区。

经济价值 种子含油时约 40%，可供制肥皂和油漆用，也可食用。种子入药（药材名：葶苈子），能行气，利尿消肿、止咳平喘、祛痰，主治喘咳痰多、胸胁满闷、水肿、小便不利。全草可制农药，对于棉蚜、菜青虫等有杀死效用。种子也入蒙药（蒙药名：汉毕勒）。功能主治同独行菜。

糖芥属 Erysimum L.

1 多年生草本；茎基部通常包被残叶；根茎短缩，顶部常多头；叶狭条形，常内卷；花瓣较大，长 15～26mm ……………………………………………………………………………………………… **1 蒙古糖芥 E. flavum**
1 一年生或二年生草本；茎基部无残叶；花瓣较小，长 3～10mm ……………………………………… **2**
2 花瓣长 3～5mm；角果圆柱形，长 1.2～3cm；果瓣内密被星状毛 ………… **2 小花糖芥 E. cheiranthoides**
2 花瓣长 7～10mm；角果四棱形，长 3～5cm；果瓣内无毛或有时疏被柔毛 ……… **3 草地糖芥 E. hieraciifolium**

蒙古糖芥 *Erysimum flavum* (Georgi) Bobrov

别名 阿尔泰糖芥

蒙名 希日—高恩淘格

形态特征 直根粗壮，淡黄褐色；根状茎缩短，比根粗些，顶部常具多头，外面包被枯黄残叶。茎直立，不分枝，高 5～30cm，被"丁"字毛。叶狭条形或条形，长 1～3.5cm，宽 0.5～2mm，先端锐尖，基部渐狭，全缘，两面密被"丁"字毛，灰蓝绿色，边缘内卷或对褶。总状花序顶生；萼片狭矩圆形，长 8～9mm，基部囊状，外萼片较宽，背面被"丁"字毛；花瓣淡黄色或黄色，长 15～18mm，瓣片近圆形或宽倒卵形，爪细长，比萼片稍长些。长角果长 3～10cm，宽 1～2mm，直立或稍弯，稍扁，宿存花柱长 1～3mm，柱头 2 裂。种子矩圆形，棕色，长 1.5～2mm。花果期 5～8 月。

生境 多年生中旱生杂类草。生于森林带的山坡、河滩及草原、草甸草原，为其伴生成分。

产海拉尔区、满洲里市、牙克石市、扎兰屯市、额尔古纳市、根河市、鄂伦春自治旗、鄂温克族自治旗、陈巴尔虎旗、新巴尔虎左旗、新巴尔虎右旗。

经济价值 藏医入药，能治疗心脏病。种子入蒙药（蒙药名：高恩淘格）。

小花糖芥 *Erysimum cheiranthoides* L.

别名 桂竹香糖芥

蒙名 高恩淘格

形态特征 植株高 30～50cm。茎直立，有时上部分枝，密被伏生"丁"字毛。叶狭披针形至条形，长 2～5cm，宽 4～8mm，先端渐尖，基部渐狭，全缘或疏生微牙齿，中脉在下面明显隆起，两面伏生二、三或四叉状分枝毛，其中三叉状毛最多。总状花序顶生；萼片披针形或条形，长 2～3mm，宽约 1mm，背面伏生三叉状分枝毛；花瓣黄色或淡黄色，近匙形，长 3～5mm，先端近圆形，基部渐狭成爪。长角果条形，长 2～3cm，宽 1～1.5mm，通常向上斜伸，果瓣伏生三或四叉状分枝毛，中央具凸起主脉 1 条。种子宽卵形，长约 1mm，棕褐色；子叶背倚。花果期 7～8 月。$2n=16$。

生境 一年生或二年生中生草本。生于森林带和草原带的山地林缘、草原、草甸、沟谷。

产海拉尔区、满洲里市、扎兰屯市、额尔古纳市、根河市、鄂温克族自治旗、鄂伦春自治旗、陈巴尔虎旗、新巴尔虎左旗、新巴尔虎右旗。

经济价值 全草入药，能强心利尿、健脾和胃、消食，主治心悸、浮肿、消化不良。

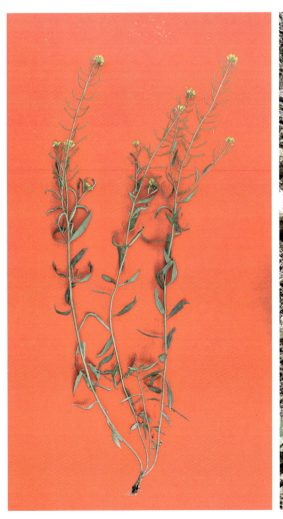

草地糖芥 *Erysimum hieraciifolium* L. (= *Erysimum marschallianum* Andrz.)

形态特征　植株高30～70cm。茎单一或数个，直立，上部分枝，被伏贴二至三叉状毛，下部叶渐狭为柄，长圆形，上部叶无柄，披针形或线状，长2～4cm，宽5～6mm，先端急尖或微钝，全缘或有不明显的稀疏小牙齿，被有二至四叉状毛，稀为五叉状毛。总状花序果期伸长，花梗短，长2～4mm，花鲜黄色，萼片长4～5mm，内侧萼片较宽，基部稍呈囊状，外侧萼片较狭，先端兜状，花瓣长7～10mm；瓣片倒卵形，比瓣爪短；雄蕊6，短雄蕊基部有1环状蜜腺，蜜腺外侧不闭合，长雄蕊基部蜜腺小形，子房无柄；花柱明显，柱头2浅裂。长角果线形，直立向上，紧贴主轴着生，长3～5cm，宽约1.5mm，四棱状或圆四棱形，果瓣有明显中脉，被三至五叉状毛，果梗比长角果细，喙明显。种子长圆形，子叶背倚。

生境　二年生中生草本。生于草原地区的河岸或草地、铁路旁草地上。

产海拉尔区、牙克石市。

曙南芥属 Stevenia Adams et Fisch.

曙南芥 Stevenia cheiranthoides DC.

蒙名 好日格

形态特征 全株密被紧贴的星状毛。直根圆柱形，灰黄褐色，深入地下；根状茎木质，通常具多头。茎直立，通常自中部以下分枝，高10～30cm，基部常包被褐黄色残叶。基生叶密生呈莲座状，条形，长3～6mm，宽1～2mm。先端钝或钝尖，全缘，向基部渐狭，无柄，两面密被星状毛；茎生叶条形或倒披针状条形，长10～15mm，宽1～2.5mm，先端钝，全缘，向基部渐狭，无柄，下面被较密的星状毛，上面毛较疏。总状花序，具花20余朵，生于枝顶；萼片近直立，椭圆形或矩圆状披针形，长2～3mm，被细星状毛；花瓣紫色或淡红色，倒卵状楔形、宽椭圆形，长4～6mm，先端圆形，基部具长爪；长雄蕊长约3mm，短雄蕊长约2.5mm；雌蕊狭条形，长角果狭条形或长椭圆形，长10～15mm，宽约1mm，扁平，不规则弯曲；果瓣扁平或稍凸出，无中脉，密被极细星状毛，顶生宿存花柱长约1mm。种子棕色，椭圆形，长约1.2mm，宽约0.8mm。花果期6～8月。

生境 多年生旱中生草本。生于森林草原带的山地石质坡地、岩石缝。

产满洲里市、牙克石市、扎兰屯市、鄂温克族自治旗、新巴尔虎左旗。

南芥属 Arabis L.

1 长角果向上直立，贴近于果轴；茎生叶质较薄，先端常钝圆 ·················· **1 硬毛南芥 A. hirsuta**
1 长角果向下弯垂；茎生叶质较厚，先端长渐尖 ························· **2 垂果南芥 A. pendula**

硬毛南芥 *Arabis hirsuta* (L.) Scop.

别名 毛南芥

蒙名 希日根—少布都海

形态特征 茎直立，不分枝或上部稍分枝，高 20～60cm，密生分枝毛并混生少量单硬毛。基生叶具柄，质薄，倒披针形，长 2～4（7）cm，宽 6～15mm，先端圆形，基部渐狭成柄，全缘或具不明显的疏齿；两面被分枝毛，下面较密，灰绿色，中脉在下面隆起；茎生叶较小，无柄，倒披针形至披针形，先端常圆钝，基部平截或微心形，稍抱茎，边缘有不明显的疏齿。总状花序顶生或腋生；花梗长 2～5mm；萼片无毛，顶端有时具睫毛，长约 3mm，宽约 1mm，外萼片披针形，基部稍囊状；花瓣白色，近匙形，长 4～5mm，宽约 1.3mm。长角果向上直立，贴紧于果轴，扁平，长 3～7cm，1～1.5mm；果梗劲直，长 1～1.5cm。种子黄棕色，近椭圆形，长 1～1.5mm，扁平，具狭翅，表面细网状。花果期 6～8 月。2*n*=16，32。

生境 一年生中生草本。生于森林带和草原带的山地林下、林缘、湿草甸、沟谷溪边。

产海拉尔区、牙克石市、扎兰屯市、额尔古纳市、莫力达瓦达斡尔族自治旗、鄂伦春自治旗、鄂温克族自治旗、陈巴尔虎旗、新巴尔虎左旗、新巴尔虎右旗。

垂果南芥 *Arabis pendula* L.

形态特征 植株高30～150cm，全株被硬单毛、杂有2～3叉毛。主根圆锥状，黄白色。茎直立，上部有分枝。茎下部的叶长椭圆形至倒卵形，长3～10cm，宽1.5～3cm，顶端渐尖，边缘有浅锯齿，基部渐狭而成叶柄，长达1cm；茎上部的叶狭长椭圆形至披针形，较下部的叶略小，基部呈心形或箭形，抱茎，上面黄绿色至绿色。总状花序顶生或腋生，有花10余朵；萼片椭圆形，长2～3mm，背面被有单毛、2～3叉毛及星状毛，花蕾期更密；花瓣白色、匙形，长3.5～4.5mm，宽约3mm。长角果线形，长4～10cm，宽1～2mm，弧曲，下垂。种子每室1行，种子椭圆形，褐色，长1.5～2mm，边缘有环状的翅。花期6～9月，果期7～10月。

生境 二年生中生草本。生于森林带和草原带的山地林缘、灌丛、沟谷、河边。

产呼伦贝尔市各旗、市、区。

景天科 Crassulaceae

1 植株具莲座状肉质基生叶；花序为密集的塔形的总状或圆锥状 ·················· **1 瓦松属 Orostachys**
1 植株不具莲座状基生叶 ··· 2
2 心皮基部渐狭，直立，全部分离 ·· **2 八宝属 Hylotelephium**
2 心皮无柄，且不渐狭，基部常合生；茎下部叶不为鳞片状，花序伞状或伞房状；心皮无柄，基部常合生 ·· **3 景天属 Sedum**

瓦松属 Orostachys (DC.) Fisch.

1 叶全部不具尖头，莲座叶椭圆形、倒卵形、矩圆形、矩圆状披针形或卵形；花白色或淡绿色 ··· **1 钝叶瓦松 O. malacophyllus**
1 茎生叶具尖头，莲座叶先端有软骨质附属物及尖头 ··· 2
2 莲座叶先端的软骨质附属物有流苏状牙齿；花红色 ·························· **2 瓦松 O. fimbriatus**
2 莲座叶先端的软骨质附属物全缘；花黄绿色或白色 ··· 3
3 基生叶先端具 2～4mm 的刺尖；花黄绿色，花药黄色，雄蕊通常比花瓣长，花梗不明显 ··· **3 黄花瓦松 O. spinosus**
3 基生叶先端具长约 2mm 的刺尖；全株粉白色，密布紫红色斑点；花白色，花药紫色或暗灰色，雄蕊较花瓣短，花梗长约 3mm ··· **4 狼爪瓦松 O. cartilaginea**

钝叶瓦松 Orostachys malacophyllus (Pall.) Fisch.

蒙名 矛回日—斯琴—额布斯、矛回日—爱日格—额布斯

形态特征 植株高 10～30cm。第一年仅有莲座状叶，叶矩圆形、椭圆形、倒卵形、矩圆状披针形或卵形，先端钝；第二年抽出花茎。茎生叶互生，无柄，接近，匙状倒卵形、倒披针形、矩圆状披针形或椭圆形，较莲座状叶大，长达 7cm，先端有短尖或钝，绿色，两面有紫红色斑点。花序圆柱状总状，长 5～20cm。苞片宽卵形或菱形，先端尖，长 3～5mm，边缘膜质，有齿。花紧密，无梗或有短梗；萼片 5，短圆形，长 3～4mm，锐尖；花瓣 5，白色或淡绿色，干后呈淡黄色，矩圆状卵形，长 4～6mm，上部边缘常有齿缺，基部合生；雄蕊 10，较花瓣稍长，花药黄色；鳞片 5，条状长方形；心皮 5。蓇葖果卵形，先端渐尖，几与花瓣等长。种子细小，多数。花期 8～9 月，果期 10 月。2n=24。

生境 二年生肉质旱生草本。多生于森林带和草原带的山地、丘陵的砾石质坡地及平原的沙质地，常为草原及草甸草原植被的伴生植物。

产呼伦贝尔市各旗、市、区。

经济价值 多汁饲用植物。羊采食后可减少饮水量。全草入药，功能主治同瓦松。

瓦松 *Orostachys fimbriatus* (Turcz.) A. Berger

别名 酸溜溜、酸窝窝

蒙名 斯琴—额布斯、爱日格—额布斯

形态特征 植株高10～30cm，全株粉绿色，密生紫红色斑点。第一年生莲座状叶短，叶匙状条形，先端有一个半圆形软骨质的附属物，边缘有流苏状牙齿，中央具1刺尖，第二年抽出花茎。茎生叶散生，无柄，条形至倒披针形，长2～3cm，宽3～5mm，先端具刺尖头，基部叶早枯。花序顶生，总状或圆锥状，有时下部分枝，呈塔形，花梗长可达1cm，萼片5，狭卵形，长2～3mm，先端尖，绿色，花瓣5，红色，干后常呈蓝紫色，披针形，长5～6mm，先端具突尖头，基部稍合生；雄蕊10，与花瓣等长或稍短，花药紫色，鳞片5，近四方形，心皮5。蓇葖果矩圆形，长约5mm。花期8～9月，果期10月。

生境 二年生肉质砾石生旱生草本。生于石质山坡、石质丘陵及沙质地，常在草原植被中零星生长，在一些石质丘顶可形成小群落片段。

产呼伦贝尔市各旗、市、区。

经济价值 饲用价值同钝叶瓦松。全草入药，能活血、止血、敛疮；内服治痢疾、便血、子宫出血，鲜品捣烂或焙干研末外敷，可治疮口久不愈合；煎汤含漱，治齿龈肿痛。全草也入蒙药（蒙药名：萨产—额布斯）。能清热解毒、止泻。主治血热、毒热、热性泻下、便血。据记载本品有毒，应慎用。又可作农药，加水煮成原液再加水稀释喷射，能杀棉蚜、粘虫、菜蚜等。也可制成叶蛋白后供食用。又能提制草酸，供工业用。

黄花瓦松 *Orostachys spinosus* (L.) C. A. Mey.

蒙名 希日—斯琴—额布斯

形态特征 植株高 10～30cm。第一年有莲座状叶丛，叶矩圆形，先端有半圆形、白色、软骨质的附属物，中央具1长2～4mm的刺尖；第二年抽出花茎；茎生叶互生，宽条形至倒披针形，长1～3cm，宽2～5mm，先端渐尖，有软骨质的刺尖，基部无柄。花序顶生，狭长，穗状或总状，长5～20cm；花梗长1mm，或无梗，苞片披针形至矩圆形，长4mm，有刺尖；萼片5，卵状矩圆形，长2～3mm，先端有刺尖，有红色斑点；花瓣5，黄绿色，卵状披针形，长5～7mm，先端渐尖，基部稍合生；雄蕊10，较花瓣稍长，花药黄色；鳞片5，近正方形，先端有微缺；心皮5。蓇葖果，椭圆状披针形，长5～6mm。花期8～9月，果期9～10月。$2n=24$。

生境 二年生肉质旱生草本。生于森林带和草原带的山坡石缝中及林下岩石上，在草甸草原及草原石质山坡植被中常为伴生种。

产海拉尔区、满洲里市、牙克石市、扎兰屯市、额尔古纳市、根河市、鄂伦春自治旗、鄂温克族自治旗、陈巴尔虎旗、新巴尔虎左旗、新巴尔虎右旗。

经济价值 全草入药，用途同瓦松。

狼爪瓦松 *Orostachys cartilaginea* A. Bor.

别名 辽瓦松、瓦松、干滴落

蒙名 查干—斯琴—额布斯

形态特征 植株高 10～20cm，全株粉白色，密布紫红色斑点。第一年生莲座状叶，叶矩圆状披针形，先端有 1 半圆形白色的软骨质附属物，全缘或有圆齿，中央具 1 长约 2mm 的刺尖；第二年抽出花茎。茎生叶互生，无柄，条形或披针状条形，长 1.5～3.5 厘米，宽 2～4mm，先端渐尖，有白色软骨质刺尖，基部叶早枯。圆柱状总状花序，长 3～15cm；苞片条形或条状披针形，先端尖，与花等长或较长，花便长约 5mm 或稍长，常在 1 花梗上着生数花；萼片 5，披针形，长 2～3mm，淡绿色，花瓣 5，白色，稀具红色斑点而呈粉红色，矩圆状披针形，长约 5mm，先端锐尖，基部合生；雄蕊 10，与花瓣等长或稍长，花药暗红色，鳞片 5，近四方形；心皮 5。蓇葖果矩圆形。种子多数，细小，卵形，长约 0.5mm，褐色。花期 8～9 月，果期 10 月。

生境 二年生肉质旱生草本。生于石质山坡。产牙克石市、鄂伦春自治旗。

经济价值 全草入蒙药（蒙药名：爱日格—额布斯）。功能主治同瓦松。

景天科

八宝属 Hylotelephium H. Ohba

1 块根多数，呈胡萝卜状；花紫色 ··· **1 紫八宝 H. triphyllum**
1 根不为胡萝卜状；花白色至淡粉色 ··· **2 白八宝 H. pallescens**

紫八宝 *Hylotelephium triphyllum* (Haworth) Holub [= *Hylotelephium purpureum* (L.) Holub]

别名 紫景天

蒙名 宝日—黑鲁特日根纳

形态特征 块根多数，胡萝卜状。茎直立，单生或少数聚生，高30～60cm。叶互生，卵状矩圆形至矩圆形，长2～7cm，宽1～2.5cm，先端锐尖或钝，上部叶无柄，基部圆形，下部叶基部楔形，边缘有不整齐牙齿，上面散生斑点。伞房状聚伞花序，花密生，花梗长约4mm；萼片5，卵状披针形，长约2mm，先端渐尖，基部合生；花瓣5，紫红色，矩圆状披针形，长5～6mm，锐尖，自中部向外反折；雄蕊10，与花瓣近等长，鳞片5，条状匙形，长约1mm，先端稍宽，有缺刻；心皮5，直立，椭圆状披针形，长约6mm，两端渐狭；花柱短。花期7～8月，果期9月。2n=36。

生境 多年生中生肉质草本。生于森林带和草原带的山坡林缘草甸、山坡草甸、岩石缝、路边。

产除新巴尔虎右旗外，呼伦贝尔市各地均有分布。

白八宝 *Hylotelephium pallescens* (Freyn) H. Ohba

别名 白景天、长茎景天

蒙名 查干—鲁特日根纳

形态特征 根状茎短，直立。根束生。茎直立，高30～60cm。叶互生，有时对生，矩圆状卵形至椭圆状披针形，长3～6（10）cm，宽0.7～2.5（4）cm，先端圆，基部楔形，几无柄，全缘或上部有不整齐的波状疏锯齿，上面有多数红褐色斑点。聚伞花序顶生，长达10cm，宽达13cm，分枝密，花梗长2～4mm，萼片5，披针状三角形，长1～2mm，先端锐尖；花瓣5，白色至淡红色，直立，披针状椭圆形，长4～8mm，先端锐尖；雄蕊10，对瓣的稍短，对萼的与花瓣等长或稍长，鳞片5，长方状楔形，长约1mm，先端有微缺。蓇葖直立，披针状椭圆形，长约5mm，基部渐狭，分离，喙短，条形。花期7～9月，果期8～9月。

生境 多年生旱中生草本。生于森林带和草原带的山地林缘草甸、河谷湿草甸、沟谷、河边石砾滩。

产海拉尔区、满洲里市、额尔古纳市、牙克石市、根河市、莫力达瓦达斡尔族自治旗、鄂伦春自治旗、鄂温克族自治旗、陈巴尔虎旗、新巴尔虎左旗。

景天属 Sedum L.

费菜 *Sedum aizoon* L. [= *Phedimus aizoon* (L.)' t. Hart.]

别名 土三七、景天三七、见血散

蒙名 矛钙—伊得

形态特征 全体无毛。根状茎短而粗。茎高20～50cm，具1～8条茎，少数茎丛生，直立，不分枝。叶互生，椭圆状披针形至倒披针形，长2.5～8cm，宽0.7～2cm，先端渐尖或稍钝，基部楔形，边缘有不整齐的锯齿，几无柄。聚伞花序顶生，分枝平展，多花，下托以苞叶；花近无梗，萼片5，条形，肉质，不等长，长3～5mm，先端钝；花瓣5，黄色，矩圆形至椭圆状披针形，长6～10mm，有短尖，雄蕊10，较花瓣短，鳞片5，近正方形，长约0.3mm，心皮5，卵状矩圆形，基部合生，腹面有囊状凸起。蓇葖呈星芒状排列，长约7mm，有直喙，种子椭圆形，长约1mm。花期6～8月，果期8～10月。2n=48，56，80，120。

生境 多年生旱中生草本。生于森林带和草原带的山地林下、林缘草甸、沟谷草甸、山坡灌丛，为偶见伴生植物。

产海拉尔区、满洲里市、牙克石市、扎兰屯市、额尔古纳市、阿荣旗、鄂伦春自治旗、鄂温克族自治旗、陈巴尔虎旗、新巴尔虎右旗。

经济价值 根含鞣质，可提制栲胶。根及全草入药，能散瘀止血，安神镇痛，主治血小板减少性紫癜、衄血、吐血、咯血、便血、齿龈出血、子宫出血、心悸、烦躁、失眠；外用治跌打损伤、外伤出血、烧烫伤、疮疖痈肿等。

虎耳草科 Saxifragaceae

1 灌木，叶互生；浆果 ··· **1 茶藨属 Ribes**
1 草本 ··· 2
2 茎生叶 1 枚，无柄；花单生于茎顶，退化雄蕊 5，与花瓣对生 ············ **2 梅花草属 Parnassia**
2 茎生叶数枚，互生；无退化雄蕊，花瓣 5 ············ **3 虎耳草属 Saxifraga**

茶藨属 Ribes L.

楔叶茶藨 *Ribes diacanthum* Pall.

蒙名 乌混—少布特日

形态特征 植株高 1～2m。当年生小枝红褐色，有纵棱，平滑；老枝灰褐色，稍剥裂，节上有皮刺 1 对，刺长 2～3mm。叶倒卵形，稍革质，长 1～3cm，宽 6～16mm，上半部 3 圆裂，裂片边缘有几个粗锯齿，基部楔形，掌状三出脉；叶柄长 1～2cm。花单性，雌雄异株，总状花序生于短枝上，雄花序长 2～3cm，多花，常下垂，雌花序较短，长 1～2cm，苞片条形，长 2～3mm，花梗长约 3mm；花淡绿黄色，萼筒浅碟状，萼片 5，卵形或椭圆状，长约 1.5mm；花瓣 5，鳞片状，长约 0.5mm；雄蕊 5，与萼片对生，花丝极短与花药等长，下弯；子房下位，近球形，直径约 1mm。浆果，红色，球形，直径 5～8mm。花期 5～6 月，果期 8～9 月。

生境 中生灌木。生于森林带和草原带的沙丘、沙地、河岸及石质山地，可成为沙地灌丛的优势植物。产呼伦贝尔市各旗、市、区。

经济价值 观赏灌木；水土保持植物；果实可食。种子含油脂。

梅花草属 Parnassia L.

梅花草 *Parnassia palustris* L.

别名 苍耳七

蒙名 孟根—地格达

形态特征 植株高 20 ～ 40cm，全株无毛。根状茎近球形，肥厚，从根状茎上生出多数须根。基生叶，丛生，有长柄；叶心形或宽卵形，长 1 ～ 3cm，宽 1 ～ 2.5cm，先端钝圆或锐尖，基部心形，全缘；茎生叶 1 片，无柄，基部抱茎，生于花茎中部以下或以上。花白色或淡黄色，直径 1.5 ～ 2.5cm，外形如梅花，因此称"梅花草"；花单生于花茎顶端；萼片 5，卵状椭圆形，长 6 ～ 8mm，花瓣 5，平展，宽卵形，长 10 ～ 13mm；雄蕊 5，退化雄蕊 5，上半部有多数条裂，条裂先端有头状腺体；子房少位，近球形，柱头 4 裂，无花柱。蒴果，上部 4 裂。种子多数。花期 7 ～ 8 月，果期 9 ～ 10 月。$2n=18$。

生境 多年生湿中生草本。多在森林带和草原带山地的沼泽化草甸中零星生长。

产呼伦贝尔市各旗、市、区。

经济价值 全草入药，能清热解毒、止咳化痰，主治细菌性痢疾、咽喉肿痛、百日咳、咳嗽多痰等。又可作蜜源植物及观赏植物。全草也入蒙药（蒙药名：孟根—地格达）。能破痞、清热，主治间热痞、内热痞、脉痞等。

虎耳草属 Saxifraga L.

1 叶全缘，边缘有倒向的短刺毛，叶先端有长尖刺 ·· **1 刺虎耳草 S. bronchialis**
1 叶边缘具粗牙齿，叶腋有珠芽；花单生于茎顶 ·· **2 点头虎耳草 S. cernua**

刺虎耳草 *Saxifraga bronchialis* L.

蒙名 乌日格斯图—色日得格

形态特征 植株高 5～15cm。根状茎匍匐，多分枝，黑褐色，密被多数去年枯叶。茎直立或斜升，不分枝，下部着生多数叶，中、上部着叶极少。叶条状披针形，长 5～10mm，宽 1～2mm，革质，先端突尖成白色刺尖，刺长约 1mm，基部渐狭，边缘具倒向的白色短刺毛，无柄。聚伞花序顶生，有花 4～10；苞片叶状；花萼 5 深裂，裂片卵状披针形，长约 2mm，花瓣 5，白色，具紫红色小斑点，矩圆状披针形，长 5～7mm，宽约 2mm，具 3 条纵脉，先端圆钝；雄蕊 10，比花瓣短。蒴果长 4～5mm，褐色，先端 2 裂。种子椭圆形，黑色，被小疣状凸起。花期 6～7 月，果期 7～8 月。2*n*=36。

生境 多年生中生草本。生于森林带海拔 1100～1400m 的山坡峭壁、林下岩石缝。

产额尔古纳市、根河市。

点头虎耳草 *Saxifraga cernua* L.

别名 珠芽虎耳草

蒙名 布木力格—色日得格

形态特征 具小球茎，白色，肉质，长2～4mm，全株被腺毛。茎直立或斜升，高10～20cm。单叶互生，基生叶与茎下部叶有长叶柄，柄长1.5～2.5cm，叶肾形，长5～7mm，宽8～12mm，先端圆形，基部心形，边缘有大钝齿或浅裂，齿尖常有小尖头，两面都被腺毛；茎中部叶有短柄，叶与基生叶相似但较小；茎上部叶柄极短，叶卵形，掌状3～5浅裂；顶生叶披针形或条形，无柄；叶腋间常有珠芽，长约1mm，有几个鳞片，鳞片近卵形，顶端有小尖头，肉质，紫色，被腺毛。花常单生枝顶，萼片披针状卵形，长约2mm，宽约1mm，顶端钝，外面密被腺毛；花瓣白色，狭卵形或倒披针形，长6～7mm；雄蕊10，比花瓣短。蒴果宽卵形或矩圆形，长5～6mm，果皮膜质，褐色，顶部2瓣开裂，裂瓣先端其长约2mm的喙。2n=24，26，28，48，52，56。

生境 多年生中生草本。生于森林带和草原带的海拔1300～3400m的山地阴坡岩石缝间。

产额尔古纳市、根河市。

蔷薇科 Rosaceae

1 果实为开裂的蓇葖果，心皮 3～5，离生；单叶；灌木 ································· **1 绣线菊属 Spiraea**
1 果实不开裂，为瘦果、核果或梨果 ··· 2
2 子房下位，稀半下位；心皮 2～5，多数与杯状花托内壁连合；梨果 ················ 3
2 子房上位；果实为瘦果或核果 ·· 4
3 心皮在成熟时变为坚硬骨质；灌木，单叶，全缘 ·· **2 栒子属 Cotoneaster**
3 心皮在成熟时变为革质或纸质；小乔木或灌木，单叶，叶缘具齿或分裂 ············ **3 苹果属 Malus**
4 核果；心皮 1，单叶，叶缘具齿 ··· **12 李属 Prunus**
4 心皮多数，稀 1～2；瘦果或小核果；复叶，稀单叶 ···································· 5
5 果为蔷薇果（壶状花托在果成熟时变为肉质而有光泽）；单数羽状复叶；灌木；枝有皮刺 ······ **4 蔷薇属 Rosa**
5 果不为蔷薇果 ··· 6
6 无花瓣，花萼 4，花瓣状，紫色、红色或白色，无副萼；花序成紧密的穗状或头状；羽状复叶 ··· **6 地榆属 Sanguisorba**
6 有花瓣；花萼绿色 ·· 7
7 花无副萼 ··· 8
7 花具副萼 ··· 10
8 穗状总状花序；萼筒顶端有数层钩刺；花黄色 ·· **5 龙牙草属 Agrimonia**
8 聚伞花序或圆锥花序；花白色或粉红色 ··· 9
9 叶裂片丝状，宽不足 2mm；生于草原群落或石质山坡 ································ **11 地蔷薇属 Chamaerhodos**
9 叶裂片披针形或条形，宽 5mm 以上；生于湿草甸或林下 ···························· **7 蚊子草属 Filipendula**
10 花单生或伞房花序；瘦果顶端宿存花柱成弯钩状喙 ··································· **8 水杨梅属 Geum**
10 聚伞花序或花单生；瘦果顶端无宿存花柱形成的弯钩状喙 ·························· 11
11 雄蕊、雌蕊 4、5 或 10；小叶 3～5 ··· **10 山莓草属 Sibbaldia**
11 雄蕊、雌蕊均多数；叶羽状复叶或掌状复叶 ·· **9 委陵菜属 Potentilla**

绣线菊属 Spiraea L.

耧斗叶绣线菊 *Spiraea aquilegiifolia* Pall.

蒙名 扎巴根—塔比勒干纳

形态特征 植株高50～60cm，小枝紫褐色、褐色或灰褐色，有条裂或片状剥落，嫩枝有短柔毛，老时近无毛。芽小，卵形，褐色，有几个褐色鳞片，被柔毛。花及果枝上的叶通常为倒披针形或狭倒卵形，长6～13mm，宽2～5mm，全缘或先端3浅裂，基部楔形，不孕枝上的叶扇形或倒卵形，长7～15mm，宽5～8mm，有时长与宽近相等，先端常3～5裂或全缘，基部楔形，上面绿色，下面灰绿色，两面均被短柔毛；叶柄短或近于无柄。伞形花序无总花梗，有花2～6(7)，基部有数片簇生的小叶，全缘，被短柔毛；花梗长4～6mm，无毛，稀被柔毛；花直径5～6mm；萼片三角形，里面微被短柔毛；花瓣近圆形，长与宽近相等，各约2mm，白色；雄蕊20，约与花瓣等长；花盘环状，呈10深裂，子房被短柔毛；花柱短于雄蕊。蓇葖果上半部或沿腹缝线有短柔毛，花萼宿存，直立。花期5～6月，果期6～8月。

生境 中生灌木。主要生于草原带的低山丘陵阴坡或沙丘上，可成为建群种，形成团块状的山地灌丛，也零星见于荒漠带的石质山坡、固定沙丘及干草原。

产海拉尔区、满洲里市、鄂伦春自治旗、鄂温克族自治旗、陈巴尔虎旗、新巴尔虎左旗、新巴尔虎右旗。

经济价值 栽培供观赏用，也可作水土保持植物。

栒子属 Cotoneaster B. Ehrhart

黑果栒子 *Cotoneaster melanocarpus* Lodd.

别名 黑果栒子木、黑果灰栒子

蒙名 哈日—牙日钙

形态特征 植株高达 2m。枝紫褐色、褐色或棕褐色，嫩枝密被柔毛，逐渐脱落至无毛。叶卵形、宽卵形或椭圆形，长（1.2）1.8～4cm，宽（1）1.2～2.8cm，先端锐尖、圆钝，稀微凹，基部圆形或宽楔形，全缘，上面被稀疏短柔毛，下面密被灰白色绒毛；叶柄长 2～5mm，密被柔毛；托叶披针形、紫褐色，被毛。聚伞花序，有花（2）4～6；总花梗和花梗有毛，下垂，花梗长 3～15mm；苞片条状披针形，被毛；花直径 6～7mm；萼片卵状三角形，无毛或先端边缘稍被毛；花瓣近圆形，直立，粉红色，长与宽近相等，各为 3mm；雄蕊约 20，与花瓣近等长或稍短；花柱 2～3，比雄蕊短，子房顶端被柔毛。果实近球形，直径 7～9mm，蓝黑色或黑色，被蜡粉，有 2～3 小核。花期 6～7 月，果期 8～9 月。$2n=68$。

生境 中生灌木。生于草原带和荒漠带的山地和丘陵坡地上，可成为灌丛的优势植物，也常散生于灌丛和林缘，并可进入疏林中。

产满洲里市、牙克石市、额尔古纳市、根河市、鄂温克族自治旗、陈巴尔虎旗。

经济价值 可栽培供观赏用。

苹果属 Malus Mill.

山荆子 *Malus baccata* (L.) Borkh.

别名 山定子、林荆子

蒙名 乌日勒

形态特征 植株高达 10m。树皮灰褐色，枝红褐色或暗褐色，无毛；芽卵形，鳞片边缘微被毛，红褐色。叶椭圆形，卵形，少卵状披针形或倒卵形，长 2～7（12）cm，宽 1.2～3.5（5.5）cm，先端渐尖或尾状渐尖，稀锐尖，基部楔形或圆形，边缘有细锯齿，幼时沿叶脉稍被毛或无毛；叶柄长 1～4.5cm，无毛；托叶披针形，早落。伞形花序或伞房花序，有花 4～8；花梗长 1.5～4cm，无毛；花直径 3～3.5cm；萼片披针形，外面无毛，里面被毛；花瓣卵形、倒卵形或椭圆形，长 1.5～2.2cm，宽 0.8～1.4cm，基部有短爪，白色；雄蕊 15～20，长短不齐，比花瓣短约一半；花柱 5（4），基部合生，有柔毛，比雄蕊长。果实近球形，直径 8～10mm，红色或黄色，花萼早落。花期 5 月，果期 9 月。2n=34。

生境 中生落叶阔叶小乔木或乔木。常生于落叶阔叶林区的河流两岸谷地，为河岸杂木林的优势种；也见于山地林缘及森林草原带的沙地。

产除新巴尔虎右旗、满洲里外，全市均有分布。

经济价值 果实可酿酒，出酒率 10%。嫩叶可代茶叶用。叶含有鞣质，可提制栲胶。本种抗寒力强，易于繁殖，在东北为优良砧木，但在内蒙古黄化现象严重，不适宜栽培作砧木，通常栽培供观赏用。

蔷薇属 Rosa L.

山刺玫 *Rosa davurica* Pall.

别名 刺玫果

蒙名 扎木日

形态特征 植株高1～2m，多分枝。枝通常暗紫色，无毛，在叶柄基部有向下弯曲的成对的皮刺。单数羽状复叶，小叶5～7（9），小叶矩圆形或长椭圆形，长1～2.5cm，宽0.7～1.5cm，先端锐尖或稍钝，基部近圆形，边缘有细锐锯齿，近基部全缘，上面绿色，近无毛，下面灰绿色，被短柔毛和粒状腺点；叶柄和叶轴被短柔毛、腺点和小皮刺；托叶大部分和叶柄合生，被短柔毛和腺点。花常单生，有时数朵簇生，直径3～4cm；萼片披针状条形，长1.5～2.5cm，先端长尾尖并稍宽，被短柔毛及腺毛；花瓣紫红色，稀白色，宽倒卵形，先端微凹。蔷薇果近球形或卵形，直径1～1.5cm，红色，平滑无毛，顶端有直立宿存的萼片。花期6～7月，果期8～9月。$2n=14$。

生境 中生落叶灌木。生于落叶阔叶林地带或草原带的山地林下、林缘及石质山坡，也见于河岸沙质地，为山地灌丛的建群种或优势种，多呈团块状分布。

产除满洲里市、新巴尔虎右旗外，呼伦贝尔市各地均有分布。

经济价值 蔷薇果含多种维生素，可食用，制果酱与酿酒；花味清香，可制成玫瑰酱，做点心馅或提取香精。根、茎皮和叶含鞣质，可提制栲胶。花、果可入药；根能止咳祛痰、止痢、止血，主治慢性支气管炎、肠炎、细菌性痢疾、功能性子宫出血、跌打损伤。果实入蒙药（蒙药名：吉日乐格—扎木日）。能清热解毒，主治毒热、热性黄水病、肝热、青腿病。

龙牙草属 Agrimonia L.

龙牙草 *Agrimonia pilosa* Ledeb.

别名 仙鹤草、黄龙尾

蒙名 淘古如—额布苏

形态特征 植株高 30～60cm。根状茎横走地下，粗壮，具节，棕褐色，节上着生多数黑褐色的不定根。茎单生或丛生，直立，不分枝或上部分枝，被开展长柔毛和微小腺点。不整齐单数羽状复叶，具小叶（3）5～7（9），连叶柄长 5～15cm，小叶间夹有小裂片；小叶近无柄，菱状倒卵形或倒卵状椭圆形，长 1.5～5cm，宽 1～2.5cm，先端锐尖或渐尖，基部楔形，边缘常在 1/3 以上部分有粗圆齿状锯齿或缺刻状锯齿，上面疏生长柔毛与腺点，下面被长柔毛和腺点，顶生小叶常较下部小叶大；叶柄被开展长柔毛和细腺点；托叶卵形或卵状披针形，长 1～1.5cm，先端渐尖，边缘有粗锯齿或缺刻状齿，两面被开展长柔毛和细腺点。总状花序顶生，长 5～10cm，花梗长 1～2mm，被疏柔毛；苞片条状 3 裂，被柔毛，与花梗近等长或较长；花直径 5～8mm；萼筒倒圆锥形，长约 1.5mm，外面有 10 条纵沟，被柔毛，顶部有钩状刺毛，萼片卵状三角形，与萼筒近等长；花瓣黄色，长椭圆形，长约 3mm；雄蕊约 10，长约 2mm；雌蕊 1，子房椭圆形，包在萼筒内；花柱 2 条，伸出萼筒。瘦果椭圆形，长约 3.5mm，果皮薄，包在宿存萼筒内，萼筒顶端有 1 圈钩状刺。种子 1，扁球形，直径约 2mm。花期 6～7 月，果期 8～9 月。2n=28，56。

生境 多年生中生草本。散生于森林带和草原带的山地林缘草甸、低湿地草甸、河边、路旁；主要见于落叶阔叶林地区，往南可进入常绿阔叶林北部。

产呼伦贝尔市各旗、市、区。

经济价值 全草入药，能收敛止血，益气补虚，主治各种出血证，或中气不足、劳伤脱力、肺虚劳嗽等；冬芽与根状茎能驱虫，主治绦虫、阴道滴虫。全株含鞣质，可提制栲胶。也可作农药，可防治蚜虫、小麦锈病等。

地榆属 Sanguisorba L.

1 基生叶小叶披针形或矩圆状披针形，基部圆形至斜楔形，小叶长为宽的 2.5 倍以上，两面绿色；花丝显著扁平扩大，比萼片长 0.5～2 倍 ··· 2
1 基生叶小叶卵形、椭圆形或矩圆状卵形，基部心形、微心形、圆形至宽楔形，小叶长不超过宽的 2.5 倍，上面绿色，下面淡绿色；花丝呈丝状与萼片近等长，稀稍长 ··· 3
2 花萼粉红色，花丝比萼片长 0.5～1 倍 ·· **1 细叶地榆 S. tenuifolia**
2 花萼白色，花丝比萼片长 1～2 倍 ·· **1a 小白花地榆 S. tenuifolia var. alba**
3 小叶下面散生短柔毛，茎、叶柄基部及花序梗或多或少被柔毛和腺毛 ·················· **2a 腺地榆 S. officinalis var. glandulosa**
3 小叶两面光滑无毛 ··· 4
4 花萼紫色或紫红色 ·· **2 地榆 S. officinalis**
4 花萼粉色或白色 ·· **2b 粉花地榆 S. officinalis var. carnea**

细叶地榆 *Sanguisorba tenuifolia* Fisch. et Link

蒙名 那林—苏都—额布斯

形态特征 植株高 120cm。根状茎粗壮，黑褐色。茎直立，上部分枝，具棱，光滑。单数羽状复叶，基生叶有小叶 7～9 对；小叶披针形或矩圆状披针形，长 4.5～7.5cm，宽 0.6～1.6cm，先端急尖至圆钝，基部圆形至斜楔形，边缘有锯齿，两面绿色，无毛；小叶柄较短，基部常有叶状小托叶；茎生叶比基生叶小，小叶数较少，且较狭窄；茎生叶托叶半月形。穗状花序长圆柱状，通常下垂，长 3～7cm，直径 6～8mm；花由顶端向下逐渐开放；苞片披针形，外面及边缘密被柔毛，比萼片短；萼片长椭圆形，粉红色，长约 2mm；花丝扁平扩大，顶端与花药近等宽，比萼片长 0.5～1 倍；花柱长 2mm，柱头扩大呈盘状。瘦果近球形或倒卵圆形，直径约 1.5mm。花期 7～8 月，果期 8～9 月。$2n=28，56$。

生境 多年生中生草本。生于森林带的山坡草地、草甸及林缘。

产呼伦贝尔市各旗、市、区。

小白花地榆 *Sanguisorba tenuifolia* Fisch. var. *alba* Trautu. et Mey.

蒙名 查干—苏都—额布斯

形态特征 本变种与正种的区别在于：花白色，花丝比萼片长1～2倍。

生境 多年生中生草本。生于森林带的湿地、草甸、林缘及林下。

产呼伦贝尔市各旗、市、区。

地榆 *Sanguisorba officinalis* L.

别名 蒙古枣、黄瓜香

蒙名 苏都—额布斯

形态特征 植株高30～80cm，全株光滑无毛。根粗壮，圆柱形或纺锤形。茎直立，上部有分枝，有纵细棱和浅沟。单数羽状复叶，基生叶和茎下部叶有小叶9～15，连叶柄长10～20cm；小叶卵形、椭圆形、矩圆状卵形或条状披针形，长1～3cm，宽0.7～2cm，先端圆钝或稍尖，基部心形或截形，边缘具尖圆牙齿，上面绿色，下面淡绿色，两面均无毛；小叶柄长2～10（15）mm，基部有时具叶状小托叶1对；茎上部叶比基生叶小，有短柄或无柄，小叶数较少。茎生叶的托叶上半部小叶状，下半部与叶柄合生。穗状花序顶生，多花密集，卵形、椭圆形、近球形或圆柱形，长1～3cm，直径6～12mm；花由顶端向下逐渐开放；每花有苞片2，披针形，长1～2mm。被短柔毛，萼筒暗紫色，萼片紫色，椭圆形，长约2mm，先端有短尖头；雄蕊与萼片近等长，花药黑紫色，花丝红色，子房卵形，被柔毛；花柱细长。紫色，长约1mm，柱头膨大，具乳头状凸起。瘦果宽卵形或椭圆形，长约3mm，有4纵脊

棱，被短柔毛，包于宿存的萼筒内。花期7～8月，果期8～9月。2n=28，56。

生境 多年生中生草本。为林缘草甸（五花草甸）的优势种和建群种，是森林草原地带起重要作用的杂类草，生态幅度比较广，在落叶阔叶林中可生于林下，在草原区则见于河滩草甸及草甸草原中，但分布最多的是森林草原地带。

产呼伦贝尔市各旗、市、区。

经济价值 根入药，能凉血止血、消肿止痛，并有降压作用，主治便血、血痢、尿血、崩漏、疮疡肿毒及烫火伤等。全株含鞣质，可提制栲胶。根含淀粉，可供酿酒。种子油可供制肥皂和工业用。此外全草可作农药，其水浸液对防治蚜虫、红蜘蛛和小麦秆锈病有效。

腺地榆 *Sanguisorba officinalis* L. var. *glandulosa* (Kom.) Vorosch.

蒙名 宝乐其日海特—苏都—额布斯

形态特征 本变种与正种的区别在于：茎、叶柄及花序梗或多或少有柔毛和腺毛，叶下面散生短柔毛。

生境 多年生中生草本。生于森林带的山谷阴湿林缘处。

产牙克石市、额尔古纳市、莫力达瓦达斡尔族自治旗、鄂伦春自治旗。

粉花地榆 *Sanguisorba officinalis* L. var. *carnea* (Fisch.) Regel ex Maxim.

蒙名 牙干—苏都—额布斯

形态特征 本变种与原变种区别在于花粉红色或白色。

生境 多年生中生草本。生于草原带的山地阴坡。产鄂温克族自治旗、陈巴尔虎旗。

蚊子草属 Filipendula Mill.

1 叶背面密被白色绒毛	2
1 叶背面绿色，无毛或被短柔毛	3
2 顶生小叶裂片宽阔，卵形、卵状披针形至菱状披针形	**1 蚊子草 F. palmata**
2 顶生小叶裂片较窄，条形至条状披针形	**2 翻白蚊子草 F. intermedia**
3 顶生小叶裂片宽阔，卵形、卵状披针形至菱状披针形	**3 绿叶蚊子草 F. nuda**
3 顶生小叶裂片较窄，条形至条状披针形	**4 细叶蚊子草 F. angustiloba**

蚊子草 *Filipendula palmata* (Pall.) Maxim.

别名 合叶子

蒙名 塔布拉嘎—额布斯

形态特征 植株高约1m。根状茎横走，粗壮，具多数黑褐色须根。茎直立，具条棱，光滑无毛，基部常包被纤维状残余叶柄。单数羽状复叶脉，基生叶与茎下部叶有长柄，通常有小叶5，顶生小叶特大，掌状深裂，轮廓肾形，长6～11cm，宽10～16（18）cm，裂片5～9，菱状披针形或披针形，先端渐尖或长渐尖，边缘有不整齐的锐锯齿，上面绿色，被短硬毛，下面被灰白色毡毛；侧生小叶通常3深裂；上部茎生叶有小叶1～3，掌状深裂，裂片3～7；托叶近卵形，边缘有锯齿。多数小花组成大型圆锥花序；萼筒浅碟状，萼片5，矩圆形至卵形，长1～1.5mm，先端圆形，花后反折；花瓣5，白色，倒卵形，长约3mm，先端圆形，基部有爪；雄蕊多数，长2.5～4mm；心皮6～8，彼此分离；花柱常外弯，柱头膨大。瘦果有柄，近镰形，长3～5mm，沿背缝线和腹线有1圈睫毛；花柱宿存。花期7月，果期8～9月。$2n=28$。

生境 多年生中生草本。生于森林带和草原带的山地河滩沼泽草甸、河岸杨柳林及杂木灌丛，也散生于林缘草甸及针阔混交林下。

产牙克石市、扎兰屯市、额尔古纳市、根河市、阿荣旗、莫力达瓦达斡尔族自治旗、鄂伦春自治旗、鄂温克族自治旗、陈巴尔虎旗、新巴尔虎左旗。

经济价值 全株含鞣质，可提制栲胶。

翻白蚊子草 *Filipendula intermedia* (Glehn) Juz.

蒙名 阿拉嘎—塔布拉嘎—额布斯

形态特征 植株高 80～100cm。茎直立，具纵条棱，几无毛。单数羽状复叶，有小叶 2～5 对，顶生小叶较大，掌状深裂，裂片 7～11，条形或披针状条形，先端渐尖，边缘有锯齿，上面绿色，无毛，下面被白色绒毛，侧生小叶与顶生小叶相似，但向下较小及裂片较少，托叶半心形，抱茎，边缘有锯齿。顶生圆锥花序，花梗常被短柔毛，萼片卵形，外面被短柔毛；花瓣白色，倒卵形，长约 3mm，基部有短爪；雄蕊多数，心皮 6～8，离生。瘦果椭圆状镰形，长 4～5mm，沿背、腹缝线有睫毛，先端有宿存花柱，基部有短柄。花果期 6～9 月。

生境 多年生湿中生草本。生于森林带海拔 300～800m 的山地草甸、河岸边。

产牙克石市、扎兰屯市、额尔古纳市、根河市、莫力达瓦达斡尔族自治旗、鄂伦春自治旗、新巴尔虎左旗。

绿叶蚊子草 *Filipendula nuda* Grub.

别名 光叶蚊子草

蒙名 诺干—塔布拉嘎—额布斯

形态特征 植株高 1～1.5m。具横走根状茎与多数须根。茎直立,具纵条棱,无毛,基部包被纤维状残余叶柄。单数羽状复叶,基生叶与茎下部叶有小叶 5,稀 7,顶生小叶较大,掌状深裂,裂片 7～11,条状披针形,长 3～10cm,宽 1～3cm,先端渐尖,边缘有不整齐的锯齿;上面绿色,被短硬毛,边缘较密,下面淡绿色,沿叶脉被短硬毛并混生短柔毛,或近无毛;侧生小叶较小,裂片 3～5;上部茎生叶有小叶 1～3,叶柄较短;托叶卵形或卵状披针形,先端渐尖,边缘有锯齿。顶生大型圆锥花序,着生多数小白花;萼片三角状卵形,先端钝,花后反折;花瓣倒卵状椭圆形,长约 3mm,先端圆形,基部有短爪;雄蕊多数,花丝先弯曲,后直伸,长于花瓣;心皮 6～8,离生。瘦果椭圆状镰形,长 4～6mm,沿背、腹缝线有睫毛,先端有宿存花柱,基部有短柄。花期 6～7 月,果期 8～9 月。

生境 多年生中生草本。生于森林带和草原带海拔 800～1300m 的山谷溪边、灌丛下。

产牙克石市、额尔古纳市、鄂伦春自治旗、鄂温克族自治旗、陈巴尔虎旗、新巴尔虎左旗。

细叶蚊子草 *Filipendula angustiloba* (Turcz.) Maxim.

蒙名 那林—塔布拉嘎—额布斯

形态特征 植株高80～100cm。茎直立，有纵条棱，无毛。单数羽状复叶，有小叶2～5对，顶生小叶比侧生小叶大，掌状7～9深裂，裂片条形至披针状条形，先端渐尖，边缘有不规则尖锐锯齿，两面均无毛，上面深绿色，下面淡绿色；侧生小叶与顶生小叶相似，但较小与裂片较少；托叶绿色，宽大，半心形，抱茎，边缘有锯齿。圆锥花序顶生；萼片卵形，先端钝，花后反折；花瓣白色，倒卵形，长约3mm，先端圆形，基部有短爪。瘦果椭圆状镰形，长3～4mm，沿背腹缝线有睫毛，基部近无柄。花果期6～8月。

生境 多年生湿中生草本。生于森林带和森林草原带海拔300～1200m的山地林缘、草甸、河边。

产海拉尔区、牙克石市、扎兰屯市、额尔古纳市、鄂伦春自治旗、鄂温克族自治旗、陈巴尔虎旗、新巴尔虎左旗。

水杨梅属 Geum L.

水杨梅 *Geum aleppicum* Jacq.

别名 路边青

蒙名 高哈图如

形态特征 植株高 20～70cm。根状茎粗短，着生多数须根。茎直立，上部分枝，被开展的长硬毛和稀疏的腺毛。基生叶为不整齐的单数羽状复叶，有小叶 7～13，连叶柄长 10～25cm；顶生小叶大，长 3～6cm，宽 2～4cm，常 3～5 深裂，裂片菱形、倒卵状菱形或矩圆状菱形，先端圆钝，基部宽楔形，边缘有浅裂片或粗钝锯齿，上面绿色，疏生伏毛，下面淡绿色，密生短毛并疏生伏毛，侧生小叶较小，无柄，与顶生叶裂片相似，小叶间常夹生小裂片；叶柄被开展的长硬毛及腺毛；茎生叶与基生叶相似，叶柄短，有小叶 3～5；托叶卵形，长 1.5～3cm；与小叶相似。花常 3 朵成伞房状排列，直径 1.5～2cm，花梗长 1～1.5cm，花萼和花梗被开展的长柔毛、腺毛及茸毛；副萼片条状披针形，长约 3mm；萼片三角状卵形，长约 6mm，花后反折；花瓣黄色，近圆形，长 7～9mm，先端圆形；雄蕊长约 3mm；子房密生长毛；花柱于顶端弯曲，柱头细长，被短毛。瘦果长椭圆形，稍扁，长约 2mm，被毛长，棕褐色，顶端有由花柱形成的钩状长喙，喙长约 4mm。花期 6～7 月，果期 8～9 月。$2n=42$。

生境 多年生中生草本。生于森林带和草原带的林缘草甸、河滩沼泽草甸、河边。

产呼伦贝尔市各旗、市、区。

经济价值 全草入药，能清热解毒、利尿、消肿止痛、解痉，主治跌打损伤、腰腿疼痛、疔疮肿毒、痈疽发背、痢疾、小儿惊风、脚气、水肿等。全株含鞣质，可提制栲胶。种子含干性油，可制肥皂和油漆。

委陵菜属 Potentilla L.

1 灌木；复叶有 5～7，稀 3，下部 2 对通常靠拢近似掌状排列，通常披针形，长 5～10mm	**1 小叶金露梅 P. parvifolia**
1 草本植物	**2**
2 掌状复叶或三出复叶	**3**
2 羽状复叶	**5**
3 植株具细长的匍匐茎；花单生，花梗细长；掌状五出复叶，小叶两面稀疏地伏生柔毛或背面沿脉较密，边缘具不规则的锐锯齿	**2 匍枝委陵菜 P. flagellaris**
3 植株无细长的匍匐茎；小花数朵组成聚伞花序	**4**
4 小叶倒卵形，草质，两面均密被星状毛和毡毛	**3 星毛委陵菜 P. acaulis**
4 小叶矩圆状披针形、披针形或条状披针形，革质，上面无毛，暗绿色，下面密被白色毡毛	**4 三出委陵菜 P. betonicifolia**
5 植株具长匍匐茎；花单生叶腋；叶下面常密被绢毛	**5 鹅绒委陵菜 P. anserina**
5 植株无长匍匐茎	**6**
6 小叶两面均为绿色或淡绿色	**7**
6 小叶上面绿色或淡绿色，下面密被灰白色毡毛	**14**
7 小叶先端常 2 裂	**8**
7 小叶先端非 2 裂	**9**
8 小叶椭圆形或倒卵状椭圆形，植株矮小	**6 二裂委陵菜 P. bifurca**
8 小叶长椭圆形或条形，植株较高大	**6a 高二裂委陵菜 P. bifurca var. major**
9 一年生或二年生草本；花单生叶腋	**7 铺地委陵菜 P. supina**
9 多年生草本；聚伞花序生于茎顶端	**10**
10 顶生小叶特别大，侧生小叶不发达	**11**
10 顶生小叶与侧生小叶近相等	**12**
11 茎粗壮，直立；花白色；生于石质山坡	**8 石生委陵菜 P. rupestris**
11 茎细弱，通常斜升或半卧生；花黄色；生于湿地、林缘，稀可分布于草甸化草原	**9 莓叶委陵菜 P. fragarioides**
12 植株被腺毛及柔毛；小叶边缘锯齿粗大；花序不开展	**10 腺毛委陵菜 P. longifolia**
12 植株仅被柔毛；小叶边缘锯齿细密	**13**
13 茎通常紫红色，下部密生绒毛；茎生叶少数，不发达；花少数，花萼大，径 7～8mm	**11 红茎委陵菜 P. nudicaulis**
13 茎下部被硬糙毛；茎生叶多数，发达；花多数，花萼小，径约 5mm	**12 菊叶委陵菜 P. tanacetifolia**
14 小叶矩圆形，边缘有粗锯齿，先端锐尖	**13 翻白草 P. discolor**
14 小叶羽状分裂	**15**
15 小叶羽状中裂至深裂，裂片长圆形，先端钝或微尖	**16**
15 小叶羽状深裂至全裂，裂片线形，先端钝	**17**
16 茎及叶均为灰白色，有长毛及短茸毛；花序较紧密，花萼较小	**14 茸毛委陵菜 P. strigosa**
16 茎及叶表面均为绿色，仅叶背面被灰白色绒毛；花序开展，花萼较大，径 7～10 mm	**15 大萼委陵菜 P. conferta**
17 小叶轮生，线形	**16 轮叶委陵菜 P. verticillaris**

17 小叶不为轮生	**18**
18 小叶下面毡毛为密生白色绢毛所覆盖	**17 绢毛委陵菜 P. sericea**
18 小叶下面沿主脉被绢毛，其余毡毛可见	**19**
19 根茎细弱；茎草质；小叶裂片排列紧密，开展，整齐，略为篦齿状	**18 多茎委陵菜 P. multicaulis**
19 多年生；根茎粗壮；茎坚硬；小叶裂片较疏散，不甚整齐	**20**
20 小叶裂片三角状卵形或三角状披针形	**19 委陵菜 P. chinensis**
20 小叶裂片条形或条状披针形	**21**
21 单数羽状复叶，通常有 7 小叶，小叶间隔 5～10mm	**20 多裂委陵菜 P. multifida**
21 单数羽状复叶，有小叶 5，小叶排列紧密，似掌状复叶	**20a 掌叶多裂委陵菜 P. multifida var. ornithopoda**

小叶金露梅 *Potentilla parvifolia* Fisch.

别名 小叶金老梅

蒙名 吉吉格—乌日阿拉格

形态特征 植株高 20～80cm，多分枝。树皮灰褐色，条状剥裂；小枝棕褐色，被绢状柔毛。单数羽状复叶，长 5～15（20）mm，小叶 5～7，近革质，下部 2 对常密集似掌状或轮状排列，小叶条状披针形或条形，长 5～10mm，宽 1～3mm，先端渐尖，基部楔形，全缘，边缘强烈反卷，两面密被绢毛，银灰绿色，顶生 3 小叶基部常下延与叶轴汇合；托叶膜质，淡棕色，披针形，长约 5mm，先端尖或钝，基部与叶枕合生并抱茎。花单生叶腋或数朵成伞房状花序，直径 10～15mm，花萼与花梗均被绢毛；副萼片条状披针形，长约 5mm，先端渐尖；萼片近卵形，比副萼片稍短或等长，先端渐尖；花瓣黄色，宽倒卵形，长与宽各约 1cm；子房近卵形，被绢毛；花柱侧生，棍棒状，向下渐细，长约 2mm；柱头头状。瘦果近卵形，被绢毛，褐棕色。花期 6～8 月，果期 8～10 月。2n=14。

生境 旱中生小灌木。多生于草原带的山地与丘陵砾石质坡地，山地石缝，也见于荒漠区的山地。产根河市。

经济价值 春季山羊乐意吃它的嫩枝，绵羊稍差一些。骆驼喜欢吃它。秋季和冬季羊与骆驼乐意吃它的嫩枝。牛和马则不喜吃。

匍枝委陵菜 *Potentilla flagellaris* Willd. ex Schlecht.

别名 蔓委陵菜

蒙名 哲勒图—陶来音—汤乃

形态特征 根纤细，3～5条，黑褐色。茎匍匐，纤细，长10～25cm，基部常包被黑褐色老叶柄残余，被伏柔毛。掌状五出复叶（有时2侧生小叶基部稍连合），基生叶具长柄，叶柄纤细，长3～6cm，被伏柔毛；小叶菱状披针形，长1.5～3cm，宽5～10mm，先端尖，基部楔形，边缘有大小不等的缺刻状锯齿或圆齿状牙齿，两面伏生柔毛，下面沿脉较密；托叶膜质，大部与叶柄合生，分离部分条形或条状披针形，被伏柔毛；茎生叶与基生叶同形，但叶柄较短，托叶草质，下半部与叶柄合生，分离部分卵状披针形，先端渐尖，全缘或分裂，被伏柔毛。花单生叶腋；花梗纤细，长2～4cm，被伏柔毛；花直径约1cm；花萼伏生柔毛，副萼片条状披针形，长约3mm，萼片卵状披针形，与副萼片近等长；花瓣黄色，宽倒卵形，先端微凹，稍长于萼片；花柱近顶生，柱头膨大。瘦果矩圆状卵形，褐色，表面微皱。花果期6～8月。$2n=14$。

生境 多年生中生匍匐草本。山地林间草甸及河滩草甸的伴生植物，可在局部成为优势种，也可见于落叶松林及桦木林下的草本层中。

产呼伦贝尔市各旗、市、区。

星毛委陵菜 *Potentilla acaulis* L.

别名 无茎委陵菜

蒙名 纳布塔嘎日—陶来音—汤乃

形态特征 植株高2～10cm，全株被白色星状毡毛，呈灰绿色。根状茎木质化，横走，棕褐色，被伏毛，节部常可生出新植株。茎自基部分枝，纤细，斜倚。掌状三出复叶，叶柄纤细，长5～15mm；小叶近无柄，倒卵形，长6～12mm，宽3～5mm，先端圆形，基部楔形，边缘中部以上有钝齿，中部以下全缘，两面均密被星状毛与毡毛，灰绿色；托叶草质，与叶柄合生，顶端2～3条裂，基部抱茎。聚伞花序，有花2～5，稀单花；花直径1～1.5cm，花萼外面被星状毛与毡毛，副萼片条形，先端钝，长约3.5mm，萼片卵状披针形，先端渐尖，长约4mm；花瓣黄色，宽倒卵形，长约6mm，先端圆形或微凹；花托密被长柔毛；子房椭圆形，无毛；花柱近顶生。瘦果近椭圆形。花期5～6月，果期7～8月。

生境 多年生旱生草本。生于典型草原带的沙质草原、砾石质草原及放牧退化草原。在针茅草原、矮禾草原及冷蒿群落中最为多见，可成为草原优势植物，常形成斑块状小群落，是草原放牧退化的标志植物。

产呼伦贝尔市各旗、市、区。

经济价值 中等饲用植物。羊在冬季与春季喜食其花与嫩叶，牛、骆驼不食，马仅在缺草情况下少量采食。

三出委陵菜 *Potentilla betonicifolia* Poir.

别名 白叶委陵菜、三出叶委陵菜、白萼委陵菜

蒙名 沙嘎吉钙音—萨日布

形态特征 根木质化，圆柱状，直伸。茎短缩，粗大，多头，外包以褐色老托叶残余。花茎直立或斜升，高6～20cm，被蛛丝状毛或近无毛，常带暗紫红色。基生叶为掌状三出复叶，叶柄带暗紫红色，有光泽，如铁丝状，疏生蛛丝状毛，长2～5cm；小叶无柄，革质，矩圆状披针形、披针形或条状披针形，长1～5cm，宽5～15mm，先端钝或尖，基部宽楔形或歪楔形，边缘有圆钝或锐尖粗大牙齿，稍反卷，上面暗绿色，有光泽，无毛，下面密被白色毡毛，托叶披针状条形，棕色，膜质，被长柔毛，宿存。聚伞花序生于花茎顶部，苞片掌状3全裂，花梗长1～3cm，被蛛丝状毛；花直径6～9mm，花萼被蛛丝状毛和长柔毛，副萼片条状披针形，先端钝或稍尖；萼片披针状卵形，先端锐尖或钝，较副萼片稍长；花瓣黄色，倒卵形，长约4mm，先端圆形，花托密生长柔毛；子房椭圆形，无毛；花柱顶生。瘦果椭圆形，稍扁，长1.5mm，表面有皱纹。花期5～6月，果期6～8月。

生境 多年生砾石生草原旱生草本。生于草原带和森林草原带的向阳石质山坡、石质丘顶及粗骨质土壤上。可在砾石丘顶上形成群落片段。

产呼伦贝尔市各旗、市、区。

经济价值 地上部分入药，能消肿利水，主治水肿。

鹅绒委陵菜 *Potentilla anserina* L.

别名 河篦梳、蕨麻委陵菜、曲尖委陵菜

蒙名 陶来音—汤乃

形态特征 根木质，圆柱形，黑褐色，根状茎粗短，包被棕褐色托叶。茎匍匐，纤细，有时长达80cm，节上生不定根、叶与花，节间长5～15cm。基生叶多数，为不整齐的单数羽状复叶，长5～15cm，小叶间夹有极小的小叶，有大的小叶11～25，小叶无柄，矩圆形、椭圆形或倒卵形，长1～3cm，宽5～10mm，基部宽楔形，边缘有缺刻状锐锯齿，上面无毛或被稀疏柔毛，极少被绢毛状毡毛，下面密被绢毛状毡毛或较稀疏；极小的小叶披针形或卵形，长仅1～4mm；托叶膜质。黄棕色，矩圆形，先端钝圆，下半，表面微有皱纹。花果期5～9月。2n=28，42。

生境 多年生耐盐湿中生匍匐草本。生于低湿地，为河滩及低湿地草甸的优势植物，常见于苔草草甸、矮杂类草草甸、盐渍化草甸、沼泽化草甸等群落中，在灌溉农田上也可成为农田杂草，也可见于居民点附近、路旁。

产呼伦贝尔市各旗、市、区。

经济价值 在青海、甘肃高寒地区，本种的块根肥大，称"蕨麻"，含丰富淀粉，供食用；在本区产者，块根发育不良，不能食用，全株含鞣质，可提制栲胶。根及全草入药，能凉血止血、解毒止痢、祛风湿，主治各种出血、细菌性痢疾、风湿性关节炎等。全草入蒙药（蒙药名：陶来音—汤乃）。能止泻，主治痢疾、腹泻。嫩茎叶作野菜或为家禽饲料。茎叶可提取黄色染料。又为蜜源植物。

薔薇科

二裂委陵菜 *Potentilla bifurca* L.

别名 叉叶委陵菜

蒙名 阿叉—陶来音—汤乃

形态特征 全株被稀疏或稠密的伏柔毛,高5～20cm。根状茎木质化,棕褐色,多分枝,纵横地下。茎直立或斜升,自基部分枝。单数羽状复叶,有小叶4～7对,最上部1～2对,顶生3小叶常基部下延与叶柄汇合,连叶柄长3～8cm;小叶无柄,椭圆形或倒卵椭圆形,长0.5～1.5cm,宽4～8mm,先端钝或锐尖,部分小叶先端2裂。顶生小叶常3裂,基部楔形,全缘,两面有疏或密的伏柔毛;托叶膜质或草质,披针形或条形。先端渐尖,基部与叶柄合生。聚伞花序生于茎顶部,花梗纤细,长1～3cm,花直径7～10mm,花萼被柔毛,副萼片椭圆形,萼片卵圆形,花瓣宽卵形或近圆形,子房近椭圆形,无毛;花柱侧生,棍棒状,向两端渐细,柱头膨大,头状;花托有密柔毛。瘦果近椭圆形,褐色。花果期5～8月。$2n=56$。

生境 多年生广幅旱生草本或亚灌木。是草原及草甸草原的常见伴生种,在荒漠草原带的小型凹地、草原化草甸、轻度盐渍化草甸、山地灌丛、林缘、农田、路边等生境中也常有零星生长。

产呼伦贝尔市各旗、市、区。

经济价值 在植物体基部有时由幼芽密集簇生而形成红紫色的垫状丛,称"地红花",可入药,能止血,主治功能性子宫出血、产后出血过多。中等饲用植物。青鲜时羊喜食,干枯后一般采食;骆驼四季均食;牛、马采食较少。

高二裂委陵菜 *Potentilla bifurca* L. var. *major* Ledeb.

别名 光叉叶萎陵菜、黄瓜香

蒙名 陶日格—阿叉—陶来音—汤乃班木毕日

形态特征 本变种与正种的区别在于：植株较高大，叶柄、花茎下部被伏柔毛（正种被疏柔毛或微硬毛），小叶条状矩圆形、条形或披针形（正种小叶椭圆形或倒卵形椭圆形），花较大，直径1.2～1.5cm（正种花直径7～10mm）。正种产苏联西伯利亚，本区未见。

生境 广幅多年生旱中生草本。是干草原及草甸草原的常见伴生种，在荒漠草原带的小型凹地、草原化草甸、轻度盐渍化草甸、山地灌丛、林缘、农田、路边等生境中也有零星生长。

产呼伦贝尔市各旗、市、区。

铺地委陵菜 *Potentilla supina* L.

别名 朝天委陵菜、伏委陵菜、背铺委陵菜

蒙名 诺古音—陶来音—汤乃

形态特征 植株高10～35cm。茎斜倚、平卧或近直立，从基部分枝，茎、叶柄和花梗都被稀疏长柔毛。单数羽状复叶，基生叶和茎下部叶有长柄，连叶柄长达10cm，小叶5～9，无柄，矩圆形、椭圆形或倒卵形，长5～15mm，宽3～8mm，先端圆钝，基部楔形，边缘具羽状浅裂片或圆齿；两面均绿色，被疏柔毛，顶端3小叶基部常下延与叶柄汇合，托叶膜质，披针形，先端渐尖；上部茎生叶与下部叶相似，但叶柄较短，小叶较少，托叶草质，卵形或披针形，先端渐尖，基部与叶柄合生，全缘或有牙齿，被疏柔毛。花单生于茎顶部的叶腋内，常排列成总状；花梗纤细，长5～10mm，花直径5～6mm，花萼疏被柔毛，副萼片披针形，先端锐尖，长约4mm，萼片披针状卵形，先端渐尖，比副萼片稍长或等长；花瓣黄色，倒卵形，先端微凹，比萼片稍短或近等长；花柱近顶生；花托有柔毛。瘦果褐色，扁卵形，表面有皱纹，直径约0.6mm。花果期5～9月。2n=28，42。

生境 一年生或二年生轻度耐盐的旱中生草本。生于草原区及荒漠区的低湿地上，为草甸及盐渍化草甸的伴生植物，也常见于农田及路旁。

产海拉尔区、牙克石市、扎兰屯市、额尔古纳市、阿荣旗、鄂伦春自治旗、鄂温克族自治旗、陈巴尔虎旗、新巴尔虎左旗、新巴尔虎右旗。

石生委陵菜 *Potentilla rupestris* L.

别名 白花委陵菜

蒙名 哈丹—陶来音—汤乃

形态特征 植株高 25～40cm，全株被柔毛和腺毛。根状茎粗壮，木质，棕褐色，常多头。茎直立，单一或簇生。单数羽状复叶，基生叶有长叶柄，有小叶 5～7，茎生叶有短叶柄，常有 3 小叶，小叶椭圆形或卵形，长 1～4cm，宽 0.5～2.5cm，先端锐尖或钝，基部楔形或歪楔形，边缘有粗锯齿，上面绿色，下面淡绿色，两色被腺毛和柔毛；侧生小叶较顶生小叶小或不发达；基生叶托叶膜质，褐色，茎生叶托叶草质，绿色，卵形。伞房状聚伞花序顶生，多花；花梗直立，长 2～3cm；花白色，直径约 2cm，萼片披针形，长 5～6mm，副萼片条形，长 2～3mm；花瓣倒卵形，长 8～10mm，先端截形或微凹。瘦果卵形，长 0.5～1mm，先端尖，表面有皱纹。花果期 6～8 月。

生境 多年生旱中生草本。生于森林带的砾石山坡。

产额尔古纳市。

莓叶委陵菜 *Potentilla fragarioides* L.

别名 雉子莚

蒙名 奥衣音—陶来音—汤乃

形态特征 全株被直伸的长柔毛。具粗壮、木质化、多头的根状茎，须根多数，根皮黑褐色。花茎直立或斜倚，高 5～15cm，茎、叶柄、花梗除被直伸的长柔毛外，还有腺状凸起。单数羽状复叶，基生叶春季开花时长 5～10cm，秋季长 20～35cm，有长叶柄，小叶 5～9，顶生小叶较大；小叶无柄，椭圆形、卵形或菱形，春叶长 1～3cm，宽 0.4～1.3cm，秋叶长 3～9cm，宽 1.5～4.5cm，先端锐尖，基部宽楔形，边缘有锯齿，两面都有长柔毛；托叶膜质，披针形，先端渐尖，被长柔毛；上部茎生叶有短柄，有小叶 1～3，托叶膜质，卵形，先端锐尖。聚伞花序着生多花，花梗长 1～2cm，花直径 1.2～1.5cm。花萼被长柔毛；副萼片披针形，长约 4mm，先端渐尖；萼片披针状卵形，长约 5mm，先端锐尖；花瓣黄色，宽倒卵形，长 5～6mm，先端圆形或微凹；花柱近顶生，花托被柔毛。花期 5～6 月，果期 6～7 月。2n=14，56。

生境 多年生中生草本。生于森林带和森林草原带的山地林下、林缘、灌丛、林间草甸，也稀见于草甸化草原，一般为伴生种。

产牙克石市、扎兰屯市、额尔古纳市、阿荣旗、莫力达瓦达斡尔族自治旗、鄂伦春自治旗、鄂温克族自治旗、陈巴尔虎旗、新巴尔虎左旗。

腺毛委陵菜 *Potentilla longifolia* Willd. ex Schlecht.

别名 粘委陵菜

蒙名 乌斯图—陶来音—汤乃

形态特征 植株高（15）20～40（60）cm。直根木质化，粗壮，黑褐色。根状茎木质化，多头，包被棕褐色老叶柄与残余托叶。茎自基部丛生，直立或斜升；茎、叶柄、总花梗和花梗被长柔毛、短柔毛和短腺毛。单数羽状复叶，基生叶和茎下部叶长10～25cm，有小叶11～17，顶生小叶最大，侧生小叶向下逐渐变小；小叶无柄，狭长椭圆形、椭圆形或倒披针形，长1～4cm，宽5～15mm，先端钝，基部楔形，有时下延，边缘有缺刻状锯齿，上面绿色，被短柔毛、稀疏长柔毛或脱落无毛，下面淡绿色，密被短柔毛和腺毛，沿脉疏生长柔毛；托叶膜质，条形，与叶柄合生；茎上部叶的叶柄较短，小叶数较少，托叶草质，卵状披针形，先端尾尖，下半部与叶柄合生。伞房状聚伞花序紧密，花梗长5～10mm，花直径15～20mm；花萼密被短柔毛和腺毛，花后增大，副萼片披针形，长6～7mm，先端渐尖；萼片卵形，比副萼片短；花瓣黄色，宽倒卵形，长约8mm，先端微凹，子房卵形，无毛；花柱顶生；花托被柔毛。瘦果褐色，卵形，长约1mm，表面有皱纹。花期7～8月，果期8～9月。

生境 多年生中旱生草本。为草原和草甸草原的常见伴生种。

产呼伦贝尔市各旗、市、区。

红茎委陵菜 *Potentilla nudicaulis* Willd. ex Schlecht.

别名 大委陵菜

形态特征 植株高达70cm。根状茎较粗壮，木质。茎直立，通常单一，紫红色、红色或稍带红色，下部密生绒毛，上部疏生短绒毛。羽状复叶，基生叶叶柄长5～10cm，密被开展的绒毛；托叶线状披针形；小叶5～7对，长圆形至披针形，长1～3.5cm，宽0.6～1.2cm，顶生3小叶较大，向下渐小，边缘有粗锯齿，表面绿色，微皱或不皱，背面淡绿色，沿脉密生伏毛；茎生叶2～3对，较小，有柄或无柄；托叶1～3裂。伞房状聚伞花序，稍密生，花黄色，直径1.5～2cm；花萼有毛，直径7～8mm，萼片卵状披针形，长5mm，宽2.5mm，副萼片披针形，比萼片稍长；花瓣倒心形，长7mm，先端微凹或圆形；花柱侧生。瘦果卵形，直径1mm，微皱，一侧有狭翼。花期6～7月，果期7～8月。

生境 多年生中生草本。生于干山坡、林下、荒山荒地间、草原。

产呼伦贝尔市各旗、市、区。

菊叶委陵菜 *Potentilla tanacetifolia* Willd. ex Schlecht.

别名 蒿叶委陵菜、沙地委陵菜

蒙名 希日勒金—陶来音—汤乃

形态特征 植株高10～45cm。直根木质化，黑褐色。根状茎短缩，多头，木质，包被老叶柄和残余托叶。茎自基部丛升、斜升、斜倚或直立，茎、叶柄、花梗被长柔毛、短柔毛或曲柔毛，茎上部分枝。单数羽状复叶，基生叶与茎下部叶长5～15cm，有小叶11～17，顶生小叶最大，侧生小叶向下逐渐变小，顶生3小叶基部常下延与叶柄汇合，小叶狭长椭圆形、椭圆形或倒披针形，长1～3cm，宽4～10mm，先端钝，基部楔形，边缘有缺刻状锯齿，上面绿色，被短柔毛，下面淡绿色，被短柔毛，沿叶脉被长柔毛；托叶膜质，披针形，被长柔毛；茎上部叶与下部叶同形但较小，小叶数较少，叶柄较短；托叶草质，卵状披针形，全缘或2～3裂。伞房状聚伞花序，花多数，花梗长1～2cm，花直径8～20mm；花萼被柔毛，副萼片披针形，长3～4mm，萼片卵状披针形，比副萼片稍长，先端渐尖；花瓣黄色，宽倒卵形，先端微凹，长5～7mm；花柱顶生；花托被柔毛。瘦果褐色，卵形，微皱。花果期7～10月。$2n=28, 42$。

生境 多年生中旱生草本。为典型草原和草甸草原的常见伴生种。

产海拉尔区、满洲里市、牙克石市、扎兰屯市、额尔古纳市、莫力达瓦达斡尔族自治旗、鄂伦春自治旗、鄂温克族自治旗、陈巴尔虎旗、新巴尔虎左旗、新巴尔虎右旗。

经济价值 全草入药，能清热解毒、消炎止血，主治肠炎、痢疾、吐血、便血、感冒、肺炎、疮痈肿毒。中等饲用植物。牛、马在青鲜时少量采食，干枯后几不食；在干鲜状态时，羊均少量采食其叶。

翻白草 *Potentilla discolor* Bunge

别名 翻白委陵菜

蒙名 阿拉格—陶来音—汤乃

形态特征 植株高 10～35cm。主根粗壮，纺锤形或棒状。茎直立或斜升，被白色绵毛。单数羽状复叶，基生叶具长 4～15cm 的柄，小叶 7～9，矩圆形或椭圆状披针形，长 2～5cm，宽 0.5～2cm，先端圆钝或锐尖，基部楔形、宽楔形或歪楔形，边缘有粗锯齿，上面暗绿色，被疏绵毛或脱落几无毛，下面密被灰白色毡毛；茎生叶无柄或具短柄，常具 3 小叶，托叶卵形，有缺刻状锯齿。伞房状聚伞花序顶生，具多花；花梗短，花后伸长；花黄色，直径约 1cm；总花梗、花梗和花萼均被白色绒毛；萼片卵形，副萼片条形，比萼片短；花瓣倒卵形，长 3～4mm。瘦果近肾形，宽约 1mm。花果期 6～9 月。

生境 多年生中生草本。生于阔叶林带的山地草甸、疏林下。

产扎兰屯市、鄂伦春自治旗、鄂温克族自治旗。

经济价值 根和全草入药，能清热解毒、凉血止血，主治痈疮、疔肿、吐血、便血、妇女血崩、疟疾、阿米巴痢疾、小儿疳积。嫩苗可食用。

茸毛委陵菜 *Potentilla strigosa* Pall. ex Pursh

别名 灰白委陵菜

蒙名 阿日扎格日—陶来音—汤乃

形态特征 植株高 15～45cm，全株密被短茸毛。直根粗壮，根状茎多头，被残叶柄。茎直立或稍斜升，被茸毛，有时混生长柔毛。单数羽状复叶，基生叶和茎下部叶有长柄，连叶柄长 4～12cm，有小叶 7～9；小叶狭矩圆形、矩圆状倒披针形或倒披针形，长 0.5～3cm，宽 0.5～1cm，羽状中裂或浅裂，裂片披针形或狭矩圆形，上面淡灰绿色，被茸毛，下面被灰白色毡毛；茎上部叶与基生叶相似，但小叶较少，叶柄较短；基生叶托叶膜质，下半部与叶柄合生，分离部分常条裂；茎生叶托叶草质，边缘常有牙齿状分裂。伞房状聚伞花序紧密，花梗长 5～10mm，花直径 8～10mm；花萼被茸毛，副萼片条形或条状披针形，长约 4mm，萼片卵状披针形，长约 5mm，果期增大；花瓣黄色，宽倒卵形或近圆形，长约 5mm；花柱近顶生。瘦果椭圆状肾形，长约 1mm，棕褐色，表面有皱纹。花果期 6～9 月。2n=28。

生境 多年生旱生草本。为典型草原、草甸草原和山地草原的伴生种，也见于山地草甸、沙丘。

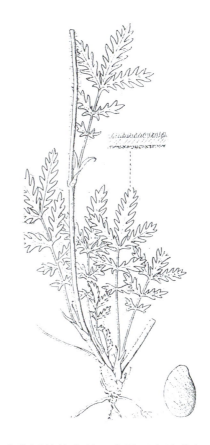

产海拉尔区、牙克石市、扎兰屯市、额尔古纳市、鄂温克族自治旗、新巴尔虎左旗、新巴尔虎右旗。

大萼委陵菜 *Potentilla conferta* Bunge

别名 白毛委陵菜、大头委陵菜

蒙名 都如特—陶来音—汤乃

形态特征 植株高 10～45cm。直根圆柱形，木质化，粗壮；根状茎短，木质，包被褐色残叶柄与托叶。茎直立、斜升或斜倚，茎、叶柄、总花梗密被开展的白色长柔毛和短柔毛。单数羽状复叶，基生叶和茎下部叶有长柄，连叶柄长 5～15（20）cm，有小叶 9～13；小叶长椭圆形或椭圆形，长 1～5cm，宽 7～18mm，羽状中裂或深裂，裂片三角状矩圆形、三角状披针形或条状矩圆形，上面绿色，被短柔毛或近无毛，下面被灰白色毡毛，沿脉被绢状长柔毛；茎上部叶与下部者同形，但小叶较少，叶柄较短；基生叶托叶膜质，外面被柔毛，有时脱落，茎生叶托叶草质，边缘常有牙齿状分裂，顶端渐尖。伞房状聚伞花序紧密，花梗长 5～10mm，密生短柔毛和稀疏长柔毛；花直径 12～15mm，花萼两面都密生短柔毛疏生长柔毛，副萼片条状披针形，花期长约 3mm，果期增大，长约 6mm；萼片卵状披针形，与副萼片等长，也一样增大，并直立；花瓣倒卵形，长约 5mm，先端微凹；花柱近顶生。瘦果卵状肾形，长约 1mm，表面有皱纹。花期 6～7 月，果期 7～8 月。2n=56。

生境 多年生旱生草本。生于典型草原及草甸草原，为常见的草原伴生植物。

产海拉尔区、牙克石市、扎兰屯市、额尔古纳市、莫力达瓦达斡尔族自治旗、鄂伦春自治旗、鄂温克族自治旗、新巴尔虎左旗、新巴尔虎右旗。

经济价值 根入药，能清热、凉血止血，主治功能性子宫出血、鼻衄。

轮叶委陵菜 *Potentilla verticillaris* Steph. ex Willd.

蒙名 道给日存—陶来音—汤乃

形态特征 植株高 4～15cm，全株除叶上面和花瓣外几全都覆盖一层厚或薄的白色毡毛。根木质化，圆柱状，粗壮，黑褐色，根状茎木质化，多头，包被多数褐色老叶柄与残余托叶。茎丛生，直立或斜升。单数羽状复叶多基生；基生叶长 7～15cm，有小叶 9～13，顶生小叶羽状全裂，侧生小叶常 2 全裂，稀 3 全裂或不裂，侧生小叶呈假轮状排列，小叶无柄，近革质，条形，长（5）10～20（25）mm，宽 1～2.5mm，先端微尖或钝，基部楔形，全缘，边缘向下反卷，上面绿色，疏生长柔毛，少被蛛丝状毛，下面被白色毡毛，沿主脉与边缘有绢毛；托叶膜质，棕色，大部分与叶柄合生，合生部分长约 15mm，分离部分钻形，长 1～2mm，被长柔毛；茎生叶 1～2，无柄，有小叶 3～5。聚伞花序生茎顶部，花直径 6～10mm；花萼被白色毡毛，副萼片条形，长约 3mm，先端微尖或稍钝，萼片狭三角状披针形，长约 3.5mm，先端渐尖；花瓣黄色，倒卵形，长 6mm，先端圆形；花柱顶生。瘦果卵状肾形，长 1.5mm，表面有皱纹。花果期 6～9 月。

生境 多年生旱生草本。零星生于典型草原中，为其常见的伴生种。

产海拉尔区、满洲里市、牙克石市、扎兰屯市、额尔古纳市、莫力达瓦达斡尔族自治旗、鄂温克族自治旗、陈巴尔虎旗、新巴尔虎左旗、新巴尔虎右旗。

绢毛委陵菜 *Potentilla sericea* L.

蒙名 给拉嘎日—陶来音—汤乃

形态特征 根木质化,圆柱形;根状茎粗短,多头,包被褐色残余托叶。茎纤细,自基部弧曲斜升或斜倚,长5～25cm,茎、总花梗与叶柄都有短柔毛和开展的长柔毛。单数羽状复叶,基生叶有小叶7～13,连叶柄长4～8cm,小叶矩圆形,长5～15mm,宽约5mm,边缘羽状深裂,裂片矩圆状条形,呈篦齿状排列,上面密生短柔毛与长柔毛,

下面密被白色毡毛，毡毛上覆盖一层绢毛，边缘向下翻卷；托叶棕色，膜质，与叶柄合生，合生部分长约2cm，先端分离部分披针状条形，长约3mm，先端渐尖，被绢毛；茎生叶少数，与基生叶同形，但小叶较少，叶柄较短，托叶草质，下半部与叶柄合生，上半部分离，分离部分披针形，长约6mm。伞房状聚伞花序，花梗纤细，长5～8mm；花直径7～10mm；花萼被绢状长柔毛，副萼片条状披针形，长约2.5mm，先端稍钝，萼片披针状卵形，长约3mm，先端锐尖；花瓣黄色，宽倒卵形，长约4mm，先端微凹；花柱近顶生；花托被长柔毛。瘦果椭圆状卵形，褐色，表面有皱纹。花果期6～8月。$2n=42$。

生境 多年生旱生草本。是典型草原群落的伴生植物，也稀见于荒漠草原群落中。

产满洲里市、新巴尔虎左旗、新巴尔虎右旗。

多茎委陵菜 *Potentilla multicaulis* Bunge

蒙名 宝都力格—陶来音—汤乃

形态特征 根木质化，圆柱形。茎多数，丛生，斜倚或斜升，长10～25cm，常带暗紫红色，密被短柔毛和长柔毛，基部包被残余的棕褐色叶柄和托叶。单数羽状复叶，基生叶多数，丛生，有小叶7～15，连叶柄长7～15cm；小叶无柄，矩圆形，长1～3cm，宽5～10mm，基部楔形，边缘羽状深裂，每边有裂片3～7，呈篦齿状排列，裂片矩圆状条形，先端锐尖或钝，边缘不反卷，稀稍反卷，上面绿色，被短柔毛，下面密被白色毡毛，沿脉有稀疏长柔毛；叶柄常带暗紫红色，密被短柔毛和长柔毛；托叶膜质，大部分和叶柄合生，被长柔毛；茎生叶与基生叶同形，但小叶较少，叶柄较短，托叶草质，下半部与叶柄合生，分离部分卵形或披针形，先端渐尖。伞房状聚伞花序具少数花，疏松，花梗纤细，长约1cm，被短柔毛；花直径约1cm；花萼密被短柔毛，副萼片披针形或条状披针形，长约2.5mm；萼片三角状卵形，长约3.5mm，先端尖；花瓣黄色，宽倒卵形，长4～5mm，先端微凹；花柱近顶生。瘦果椭圆状肾形，长约1.2mm，表面有皱纹。花果期6～8月。

生境 多年生中旱生草本。为草甸草原及干草原的伴生种，也生于田边、向阳砾石山坡、滩地。

产鄂温克族自治旗。

委陵菜 *Potentilla chinensis* Ser.

蒙名 希林—陶来音—汤乃

形态特征 植株高 20～50cm。根圆柱状，木质化，黑褐色。茎直立或斜升，被短柔毛及开展的绢状长柔毛。单数羽状复叶，基生叶丛生，有小叶 11～25，连叶柄长达 20cm，顶生小叶最大，两侧小叶逐渐变小，小叶狭长椭圆形或椭圆形，长 1.5～4cm，宽 5～10mm，羽状中裂或深裂，每侧有 2～10 个裂片，裂片三角状卵形或三角状披针形，先端锐尖，边缘向下反卷，上面绿色，被短柔毛，下面被白色毡毛，沿叶脉被绢状长柔毛；茎生叶较小，叶柄较短或无柄，小叶较少；叶柄被长柔毛；基生叶托叶与叶柄合生，呈鞘状而抱茎，两侧上端呈披针形而分离；茎生叶托叶草质，卵状披针形，先端渐尖，全缘或分裂。伞房状聚伞花序，有多数花，较紧密；花梗长 5～10mm，与总花梗都有短柔毛和长柔毛；花直径约 1cm；花萼两面均被柔毛，副萼片条状披针形或条形，长约 2mm；萼片卵状披针形，较大，长 3～4mm；花瓣黄色，宽倒卵形，长约 4mm；花柱近顶生；花托被长柔毛。瘦果肾状卵形，稍有皱纹。花果期 7～9 月。$2n=14$。

生境 多年生中旱生草本。为草原、草甸草原的偶见伴生种，也见于山地林缘、灌丛中。

产呼伦贝尔市各旗、市、区。

经济价值 全草入药，能清热解毒、止血止痢，主治痢疾、肠炎、吐血、便血、百日咳、关节炎、痈疖肿毒等。

多裂委陵菜 *Potentilla multifida* L.

别名 细叶委陵菜

蒙名 奥尼图—陶来音—汤乃

形态特征 植株高 20～40cm。直根圆柱形，木质化；根状茎短，多头，包被棕褐色老叶柄与残余托叶。茎斜升、斜倚或近直立；茎、总花梗与花梗都被长柔毛和短柔毛。单数羽状复叶，基生叶和茎下部叶具长柄，柄有伏生短柔毛，连叶柄长 5～15cm，通常有小叶 7，小叶间隔 5～10mm，小叶羽状深裂几达中脉，狭长椭圆形或椭圆形，长 1～4cm，宽 5～15mm，裂片条形或条状披针形，先端锐尖，边缘向下反卷，上面伏生短柔毛，下面被白色毡毛，沿主脉被绢毛；托叶膜质，棕色，与叶柄合生部分长达 2cm，先端分离部分条形，长 5～8mm，先端渐尖，被柔毛或脱落；茎生叶与基生叶同形，但叶柄较短，小叶较少，托叶草质，下半部与叶柄合生，上半部分离，披针形，长 5～8mm，先端渐尖。伞房状聚伞花序生于茎顶端，花梗长 5～20mm，花直径 10～12mm；花萼密被长柔毛与短柔毛，副萼片条状披针形，长 2～3mm（开花时），先端稍钝，萼片三角状卵形，长约 4mm（开花时），先端渐尖；花萼各部果期增大；花瓣黄色，宽倒卵形，长约 6mm；花柱近顶生，基部明显增粗。瘦果椭圆形，褐色，稍具皱纹。花果期 7～9 月。$2n=14, 28, 42$。

生境 多年生中生草本。生于森林带和草原带的山地草甸、林缘。

产海拉尔区、牙克石市、扎兰屯市、额尔古纳市、鄂伦春自治旗、鄂温克族自治旗、新巴尔虎左旗、新巴尔虎右旗。

经济价值 全草入药，有止血、杀虫、祛湿热的作用。

掌叶多裂委陵菜 *Potentilla multifida* L. var. *ornithopoda* Wolf.

形态特征 本变种与正种的区别在于：单数羽状复叶，有小叶5，小叶排列紧密，似掌状复叶。草原旱生杂类草。

生境 多年生旱生草本。为典型草原的常见伴生种，偶见于荒漠草原及草甸草原群落中，为草原群落的杂类草。

产鄂温克族自治旗、新巴尔虎左旗、新巴尔虎右旗。

山莓草属 Sibbaldia L.

1 顶端小叶先端常有 3 牙齿，小叶上面疏被绢毛，稀近无毛，下面被绢毛；花瓣白色或黄色，与花萼近等长或短于花萼 ·· **1 伏毛山莓草 S. adpressa**
1 全部小叶全缘，小叶两面密被绢毛；花瓣 4 或 5，白色，显著长于花萼 ······································ **2 绢毛山莓草 S. sericea**

伏毛山莓草 *Sibbaldia adpressa* Bunse

蒙名 贺热格黑

形态特征 根粗壮，黑褐色，木质化；从根的顶部生出多数地下茎，细长，有分枝，黑褐色，皮稍纵裂，节上生不定根。花茎丛生，纤细，斜倚或斜升，长 2～10cm，疏被绢毛。基生叶为单数羽状复叶，有小叶 5 或 3，连叶柄长 2～4cm，柄疏被绢毛；顶生 3 小叶，常基部下延与叶柄合生，顶生小叶倒披针形或倒卵状矩圆形，长 5～15mm，宽 3～7mm，顶端常有 3 牙齿，基部楔形，全缘；侧生小叶披针形或矩圆状披针形，长 3～12mm，宽 2～5mm，先端锐尖，基部楔形，全缘，边缘稍反卷，上面疏被绢毛，稀近无毛，下面被绢毛；托叶膜质，棕黄色，披针形；茎生叶与基生叶相似，托叶草质，绿色，披针形。聚伞花序具花数朵，或单花，花 5 基数，稀 4 基数，直径 5～7mm；花萼被绢毛，副萼片披针形，长约 2.5mm，先端锐尖或钝，萼片三角状卵形，具膜质边缘，与副萼片近等长；花瓣黄色或白色，宽倒卵形，与萼片近等长或较短；雄蕊 10，长约 1mm；雌蕊约 10，子房卵形，无毛；花柱侧生；花托被柔毛。瘦果近卵形，表面有脉纹。花果期 5～7 月。2n=28。

生境 多年生旱生草本。生于沙质土壤及砾石性土壤的干草原或山地草原群落中。

产新巴尔虎左旗、新巴尔虎右旗。

绢毛山莓草 *Sibbaldia sericea* (Grub.) Sojak.

蒙名 给鲁格日—贺热格黑

形态特征 根黑褐色，圆柱形，木质化；从根的顶部生出多数地下茎，细长，有分枝，黑褐色，节部包被托叶残余，节上生不定根。基生叶为单数羽状复叶，有小叶 3 或 5，连叶柄长 1～4cm，柄密被绢毛；小叶倒披针形或披针形，长 5～10mm，宽 2～3mm，先端锐尖或渐尖，基部楔形，全缘，两面灰绿色，密被绢毛；托叶膜质，棕色，披针形，被绢毛或脱落无毛。花 1～2，自基部生出，花梗纤细，长 5～15mm，被绢毛；花 4 基数，有时 5 基数，直径 4～5mm；花萼密被绢毛，副萼片披针形，长约 1.5mm，先端尖；萼片披针状卵形，长约 2mm，先端锐尖；花瓣白色，矩圆状椭圆形，先端圆形，比萼片长；雄蕊长约 0.7mm；花柱侧生；花托被长柔毛。花期 5 月。

生境 多年生旱生草本。生于荒漠草原带的低山丘陵，为荒漠草原的稀见伴生种。

产新巴尔虎右旗。

地蔷薇属 Chamaerhodos Bunge

1 一年生或二年生草本；茎通常单一，直立；基生叶在果期枯萎 ················· **1 地蔷薇 Ch. erecta**
1 多年生草本；茎丛生 ··· **2**
2 叶二回三出羽状分裂；茎、总花梗、花梗与花萼密被柔毛与腺毛 ··············· **2 毛地蔷薇 Ch. canescens**
2 叶三全裂；茎、总花梗和花梗近无毛，花萼被疏长柔毛、微细腺毛和睫毛 ··· **3 三裂地蔷薇 Ch. trifida**

地蔷薇 *Chamaerhodos erecta* (L.) Bunge

别名 直立地蔷薇

蒙名 图门—塔那

形态特征 植株高(8)15～30(40)cm。根较细，长圆锥形。茎单生，稀数茎丛生，直立，上部有分枝，密生腺毛和短柔毛，有时混生长柔毛。基生叶三回三出羽状全裂，长1～2.5cm，宽1～3cm，最终小裂片狭条形，长1～3mm，宽约1mm，先端钝，全缘，两面均为绿色，疏生伏柔毛，具长柄，结果时枯萎；茎生叶与基生叶相似，但柄较短，上部者几无柄，托叶3至多裂，基部与叶柄合生。聚伞花序着生茎顶，多花，常形成圆锥花序；花梗纤细，长1～6mm，密被短柔毛与长柄腺毛；苞片常3条裂；花小，直径2～3mm；花密被短柔毛与腺毛，萼筒倒圆锥形，长约1.5mm，萼片三角状卵形或长三角形。与萼筒等长，先端渐尖；花瓣粉红色，倒卵状匙形，长2.5～3mm，先端微凹。基部有爪；雄蕊长约1mm，生于花瓣基部；雌蕊约10，离生；花柱丝状，基生；子房卵形，无毛；花盘边缘和花托被长柔毛。瘦果近卵形，长1～1.5mm，淡褐色。花果期7～9月。$2n=14$。

生境 一年生或二年生中旱生草本。生于草原带的砾石质丘坡、丘顶及山坡，也可生在沙砾质草原，在石质丘顶可成为优势植物，组成小面积的群落片段。

产海拉尔区、满洲里市、牙克石市、扎兰屯市、额尔古纳市、莫力达瓦达斡尔族自治旗、鄂伦春自治旗、鄂温克族自治旗、陈巴尔虎旗、新巴尔虎左旗、新巴尔虎右旗。

经济价值 全草入药，能祛风湿，主治风湿性关节炎。

毛地蔷薇 *Chamaerhodos canescens* J. Krause

蒙名 乌斯图—图门—塔那

形态特征 植株高 7 ～ 20cm。直根圆柱形，木质化，黑褐色；根状茎短缩，多头，包被多数褐色老叶柄残余。茎多数丛生，直立或斜升，密被腺毛和长柔毛。基生叶二回三出羽状全裂，长 1.5 ～ 4cm，顶生裂片 3 ～ 7 裂，侧生裂片通常 3 裂，裂片狭条形，先端稍尖或稍钝，全缘，两面均绿色，被长伏柔毛；茎生叶互生，与基生叶相似，但较短且裂片较少。伞房状聚伞花序具多数稠密的花，花梗极短，长 1 ～ 2mm，密被腺毛与长柔毛；花萼密被腺毛与长柔毛，萼筒管状钟形，长约 4mm，萼片狭长三角形，长约 2mm，先端尖；花瓣粉红色，倒卵形，长 3 ～ 4mm，先端微凹；雄蕊长约 1mm；雌蕊 4 ～ 6；花柱基生；花盘位于萼管的基部，其边缘密生长柔毛。瘦果披针状卵形，先端渐狭，长 1.5mm，直径约 0.6mm，淡黄褐色，带黑色斑点。花果期 6 ～ 9 月。

生境 多年生旱生草本。生于森林草原带的砾石质、沙砾质草原及沙地。

产海拉尔区、扎兰屯市、额尔古纳市、鄂温克族自治旗、陈巴尔虎旗、新巴尔虎左旗。

三裂地蔷薇 *Chamaerhodos trifida* Ledeb.

别名 矮地蔷薇

蒙名 海日音—图门—塔那

形态特征 植株高5～18cm。主根圆柱形，木质化，黑褐色。茎多数，丛生，直立或斜升。茎基部密被褐色老叶残余，近无毛或被极细小腺毛。基生叶密丛生，长1～3（4）cm，羽状3全裂，裂片狭条形，长4～8mm，宽0.6～1mm，先端稍钝或稍尖，全缘，两面灰绿色，被伏生长柔毛；茎生叶与基生叶同形，但较短，3～5全裂，向上逐渐变小，裂片减少。疏松的伞房状聚伞花序，花梗纤细，长3～5mm，被稀疏长柔毛和极细小腺毛；花直径6～8mm，花萼筒钟状，基部有疏柔毛，稍膨大，筒部被极细小腺毛；萼片披针状三角形，长2mm，先端尖，被稀疏长柔毛，密生极细小腺毛与睫毛；花瓣粉红色，宽倒卵形，长与宽各约3mm，先端微凹，基部渐狭；雄蕊长约1mm；花柱基生，长约3.5mm，脱落；花盘着生于萼筒基部，其边缘密生稍硬长柔毛。瘦果灰褐色，卵形，先端渐尖，无毛，有细点。花期6～8月，果期8～9月。

生境 多年生旱生草本。生于草原带的山地、丘陵砾石质坡地及沙质土壤上。

产满洲里市、陈巴尔虎旗、新巴尔虎右旗。

蔷薇科

李属 Prunus L.

1 灌木；叶先端尾尖；花单生，果梗极短，果肉较薄而干燥，离核，成熟时开裂 ············ **1 西伯利亚杏 P. sibirica**
1 小乔木；叶先端锐尖或渐尖；总状花序下垂，核果成熟后为黑色，多汁 ············ **2 稠李 P. padus**

西伯利亚杏 *Prunus sibirica* L.

别名 山杏

蒙名 西伯日—归勒斯

形态特征 植株高1～2（4）m。小枝灰褐色或淡红褐色，无毛或被疏柔毛。单叶互生，叶宽卵形或近圆形，长3～7cm，宽3～5cm，先端尾尖，尾部长达2.5cm，基部圆形或近心形，边缘有细钝锯齿，两面无毛或下面脉腋间有短柔毛；叶柄长2～3cm，有或无小腺体。花单生，近无梗，直径1.5～2cm，萼筒钟状，萼片矩圆状椭圆形，先端钝，被短柔毛或无毛，花后反折；花瓣白色或粉红色，宽倒卵形或近圆形，先端圆形，基部有短爪；雄蕊多数，长短不一，比花瓣短；子房椭圆形，被短柔毛；花柱顶生，与雄蕊近等长，下部有时被短柔毛。核果近球形，直径约2.5cm，两侧稍扁，黄色而带红晕，被短柔毛，果梗极短；果肉较薄而干燥，离核，成熟时开裂；核扁球形，直径约2cm，厚约1cm，表面平滑，腹棱增厚有纵沟，沟的边缘形成2条平行的锐棱，背棱翅状凸出，边缘极锐利如刀刃状。花期5月，果期7～8月。

生境 旱中生小乔木或灌木。多见于森林草原地带及其邻近的落叶阔叶林地带边缘，在陡峻的石质向阳山坡常成为建群植物，形成山地灌丛；也散见于草原地带的沙地。

产呼伦贝尔市各旗、市、区。

经济价值 杏仁入药，能祛痰、止咳、定喘、润肠，主治咳嗽、气喘、肠燥、便秘等。杏仁油可掺和干性油用于油漆，也可作肥皂、润滑油的原料，在医药上常用作软膏剂、涂布剂和注射药的溶剂等。

稠李 *Prunus padus* L.

别名 臭李子

蒙名 矛衣勒

形态特征 植株高 5～8m。树皮黑褐色，小枝无毛或被稀疏短柔毛；腋芽单生。单叶互生，叶椭圆形、宽卵形或倒卵形，长 3～8cm，宽 1.5～4cm，先端锐尖或渐尖，基部宽楔形或圆形，边缘有尖锐细锯齿，上面绿色，无毛，下面淡绿色，无毛，有时被短柔毛或长柔毛，叶柄长 6～15mm，无毛或被短柔毛，上端有 2 腺体；托叶条状披针形或条形，长 6～10mm，边缘有腺齿或细锯齿，早落。总状花序疏松下垂，连总花梗长 8～12cm，花梗纤细，长 1～1.5cm，无毛；花直径 1～1.5cm；萼筒杯状，长约 3mm，外面无毛，里面有短柔毛，萼片近半圆形，长约 2mm，边缘有细齿，两面均无毛，花后反折；花瓣白色，宽倒卵形，长约 6mm；雄蕊多数，比花瓣短一半；花柱顶生，无毛；子房椭圆形，无毛。核果近球形，直径 7～9mm，黑色，无毛，果梗细长，果核宽卵形，长 5～7mm，表面有弯曲沟槽。花期 5～6 月，果期 8～9 月。$2n=32$。

生境 中生小乔木。耐阴，喜潮湿，常生于河溪两岸，也见于山麓洪积扇及沙地，为落叶阔叶林地带河岸杂木林的优势种，也是草原带沙地灌丛的常见植物，有时也达优势地位，也零星见于山坡杂木林中。

产海拉尔区、牙克石市、扎兰屯市、额尔古纳市、莫力达瓦达斡尔族自治旗、鄂伦春自治旗、鄂温克族自治旗、陈巴尔虎旗、新巴尔虎左旗。

经济价值 种子可榨油，油供工业用和制肥皂。果实可生食，有甜味和涩味。木材可供建筑、家具等用材。树皮含鞣质，可提制栲胶，也可作染料。

豆科 Leguminosae

1 雄蕊 10，分离 ·· 2
1 雄蕊 10，9 枚合生，1 枚分离，呈二体雄蕊 ··· 3
2 叶为单数羽状复叶；花萼通常具 5 齿；荚果念珠状 ······················· **1 槐属 Sophora**
2 叶为三出掌状复叶；花萼通常具 5 裂片；荚果扁平 ··············· **2 黄华属 Thermopsis**
3 荚果通常含种子 2 粒或 2 粒以上，且在种子间不紧缩为荚节，通常 2 瓣裂或不开裂 ······· 4
3 荚果仅含 1 粒种子，如含种子 1 粒以上时，则与种子间横裂或紧缩成节，每荚节含 1 粒种子而不开裂 ······ 16
4 叶为羽状复叶或假掌状复叶，小叶 4 至多数，稀仅具小叶 1～3 ·· 5
4 叶为三出复叶或掌状复叶，小叶稀仅 1 或多至 9 ··· 12
5 叶为单数羽状复叶 ·· 6
5 叶为偶数羽状复叶 ·· 10
6 花柱的后方具纵裂的须毛；旗瓣较宽而开展，常向后翻；花红色；荚果膀胱状 ······ **7 苦马豆属 Sphaerophysa**
6 花柱通常光滑无毛；旗瓣较狭窄，近圆形或倒卵形，直立或开展 ··························· 7
7 植株有腺毛或腺点；花药不等大，通常 5 个较小；荚果具刺或瘤状凸起或光滑 ············ **10 甘草属 Glycyrrhiza**
7 植株无腺毛或腺点；花药等大；荚果通常无刺或瘤状凸起 ······································ 8
8 花 2～8 排成伞形，总花梗自叶丛间抽出；龙骨瓣约为翼瓣之半 ············ **9 米口袋属 Gueldenstaedtia**
8 花多数，常呈总状、穗状或头状花序，稀为腋生 1 至数朵花，极稀成伞形花序 ········· 9
9 龙骨瓣先端具喙 ··· **12 棘豆属 Oxytropis**
9 龙骨瓣先端无喙 ··· **11 黄芪属 Astragalus**
10 灌木；叶轴顶端硬化成刺；花单生或簇生，黄色，稀红色，花柱光滑无毛；荚果圆筒形或稍扁，小叶有时密集成假掌状复叶 ··· **8 锦鸡儿属 Caragana**
10 草本；叶轴顶端具卷须或少数成刚毛状；花柱有毛 ·· 11
11 花柱圆柱形，先端四周被长柔毛或仅在顶端外面有一丛髯毛 ········· **16 野豌豆属 Vicia**
11 花柱扁，先端只有在里面具柔毛，如刷状 ··· **17 山黧豆属 Lathyrus**
12 小叶全缘或具裂片；托叶不与叶柄连合；子房基部常有鞘状花盘包围之，花一型，花柱光滑无毛 ······ **18 大豆属 Glycine**
12 小叶边缘通常有锯齿；托叶常与叶柄连合；子房基部无鞘状花盘 ··················· 13
13 叶为掌状复叶，通常具 3 小叶，稀具 5～7 小叶；花瓣的爪与雄蕊筒相连，花枯后不脱落；荚果小，几乎完全包于萼内 ··· **6 车轴草属 Trifolium**
13 叶为羽状三出复叶；花瓣的爪不与雄蕊筒相连，花脱落；荚果超出萼外，比萼长 1 至数倍 ················ 14
14 荚果卷曲成马蹄铁形、环形或螺旋形，少为镰形或肾形，含种子 1 至数粒，不裂开；花序总状或近于头状 ······································ **4 苜蓿属 Medicago**
14 荚果直，有时稍弯，但不如上述情况 ·· 15
15 总状花序细长而花稍稀疏；荚果小而膨胀 ································· **5 草木樨属 Melilotus**
15 花序通常短总状；荚果扁平，椭圆形至狭矩圆形 ··············· **3 扁蓿豆属 Melilotoides**
16 单数羽状复叶；荚果含种子 2 粒以上，种子间紧缩成节，每荚节含 1 粒种子而不开裂 ····· **13 岩黄芪属 Hedysarum**

16 叶为三出复叶；荚果具 1 粒种子 ·· **17**
17 多年生草本、半灌木或灌木；托叶细小，呈锥形；花梗不具关节 ············· **14 胡枝子属 Lespedeza**
17 一年生草本；托叶大形，膜质 ·· **15 鸡眼草属 Kummerowia**

槐属 Sophora L.

苦参 *Sophora flavescens* Soland.

别名 苦参麻、山槐、地槐、野槐

蒙名 道古勒—额布斯

形态特征 植株高 1～3m。根圆柱状，外皮浅棕黄色。茎直立，多分枝，具不规则的纵沟，幼枝被疏柔毛。单数羽状复叶，长 20～25cm，具小叶 11～19；托叶条形，长 5～7mm，小叶卵状矩圆形、披针形或狭卵形，稀椭圆形，长 2～4cm，宽 1～2cm，先端锐尖或稍钝，基部圆形或宽楔形，全缘或具微波状缘，上面暗绿色，无毛，下面苍绿色，疏生柔毛。总状花序顶生，长 15～20cm；花梗细，长 5～10mm，有毛，苞片条形；花萼钟状，稍偏斜，长 6～7mm，疏生短柔毛或近无毛，顶端有短三角状微齿；花冠淡黄色，长约 1.5cm，旗瓣匙形，比其他花瓣稍长，翼瓣无耳；雄蕊 10，离生；子房筒状。荚果条形，长 5～12cm，于种子间微缢缩，呈不明显的串珠状，疏生柔毛，有种子 3～7 粒。种子近球形，棕褐色。花期 6～7 月，果期 8～10 月。2n=18。

生境 多年生中旱生草本。生于森林和草原带的沙地、田埂、山坡。

产满洲里市、牙克石市、扎兰屯市、额尔古纳市、根河市、阿荣旗、莫力达瓦达斡尔族自治旗、鄂伦春自治旗、鄂温克族自治旗。

经济价值 根入药，能清热除湿、祛风杀虫、利尿，主治热痢便血、湿热疮毒、疥癣麻风、黄疸尿闭等，又能抑制多种皮肤真菌和杀灭阴道滴虫。根也入蒙药（蒙药名：道古勒—额布斯）。种子可作农药。茎皮纤维可织麻袋。

黄华属 Thermopsis R. Br.

披针叶黄华 *Thermopsis lanceolata* R. Br.

别名 苦豆子、面人眼睛、绞蛆爬、牧马豆

蒙名 他日巴干—希日

形态特征 植株高 10～30cm。主根深长。茎直立，有分枝，被平伏或稍开展的白色柔毛。掌状三出复叶，具小叶3，叶柄长4～8mm；托叶2，卵状披针形，叶状，先端锐尖，基部稍连合，背面被平伏长柔毛；小叶矩圆状椭圆形或倒披针形，长30～50mm，宽5～15mm，先端通常反折，基部渐狭，上面无毛，下面疏被平伏长柔毛。总状花序长5～10cm，顶生，花于花序轴每节3～7轮生；苞片卵形或卵状披针形；花梗长2～5mm；花萼钟状，长16～18mm，萼齿披针形，长5～10mm，被柔毛；花冠黄色，旗瓣近圆形，长26～28mm，先端凹入，基部渐狭成爪，翼瓣与龙骨瓣比旗瓣短，有耳和爪；子房被毛。荚果条形，扁平，长5～6cm，宽（6）9～10（15）mm，疏被平伏的短柔毛，沿缝线有长柔毛。花期5～7月，果期7～10月。$2n=18$。

生境 多年生耐盐中旱生草本。为草甸草原带和草原带的草原化草甸、盐渍化草甸的伴生种，也见于荒漠草原和荒漠区的河岸盐渍化草甸、沙质地或石质山坡。

产呼伦贝尔市各旗、市、区。

经济价值 羊、牛于晚秋、冬春喜食，或在干旱年份采食。全草入药，能祛痰、镇咳，主治痰喘咳嗽。牧民称其花与叶可杀蛆。

扁蓿豆属 Melilotoides Heist. ex Fabr.

扁蓿豆 *Melilotoides ruthenica* (L.) Sojak

别名 花苜蓿、野苜蓿

蒙名 其日格—额布苏

形态特征 植株高 20～60cm。根状茎粗壮。茎斜升、近平卧或直立，多分枝，茎、枝常四棱形，疏生短毛。羽状三出复叶，托叶披针状锥形、披针形或半箭头形，顶端渐尖，全缘或基部具牙齿或裂片，有毛，小叶矩圆状倒披针形、矩圆状楔形或条状楔形，茎下部或中下部的小叶常为倒卵状楔形或倒卵形，长 5～15（25）mm，宽 2～4（7）mm，先端钝或微凹，有小尖头，基部楔形，边缘常在中上部有锯齿，有时中下部也具锯齿，上面近无毛，下面疏生伏毛，叶脉明显。总状花序，腋生，稀疏，具花（3）4～10（12），总花梗超出叶，疏生短毛，苞片极小，锥形；花黄色，带深紫色，长 5～6mm，花梗长 2～3mm，有毛；花萼钟状，长 2～2.5（3）mm，密被伏毛，萼齿披针形，比萼筒短或近等长；旗瓣矩圆状倒卵形，顶端微凹，翼瓣短于旗瓣，近矩圆形，顶端钝而稍宽，基部具爪和耳，龙骨瓣短于翼瓣；子房条形，有柄。荚果扁平，矩圆形或椭圆形，长 8～12（18）mm，宽 3.5～5mm，网纹明显，先端有短喙，含种子 2～4粒。种子矩圆状椭圆形，长 2～2.5mm，淡黄色。花期 7～8 月，果期 8～9 月。2n=16。

生境 多年生广幅中旱生草本。生于草原带和森林草原带的丘陵坡地、山坡、林缘、路旁、沙质地、固定或半固定沙地，为典型草原或草甸草原常见的伴生成分，有时多度可达次优势种，在沙质草原也可见到。

产呼伦贝尔市各旗、市、区。

经济价值 优等饲用植物。营养价值高，适口性好，各种家畜一年四季均喜食。牧民称家畜采食此草后，15～20天便可上膘。乳畜食后，乳的质量可提高。孕畜所产仔畜肥壮。可选择直立类型引种驯化，推广种植。也可作补播材料改良草场。又为水土保持植物。

豆 科

苜蓿属 Medicago L.

1 一年生或二年生草本；茎细弱；荚果肾形，长 2～3mm，含 1 粒种子 ················· **1 天蓝苜蓿 M. lupulina**
1 多年生草本；茎粗壮 ··· 2
2 荚果镰刀形，含 2～4 粒种子；花黄色 ·· **2 黄花苜蓿 M. falcata**
2 荚果螺旋状卷曲，通常 1～3 圈；花紫色或白色 ······························ **3 紫花苜蓿 M. sativa**

天蓝苜蓿 *Medicago lupulina* L.

别名 黑荚苜蓿

蒙名 呼日—查日嘎苏

形态特征 植株高 10～30cm。茎斜倚或斜升，细弱，被长柔毛或腺毛，稀近无毛。羽状三出复叶，叶柄有毛；托叶卵状披针形或狭披针形，先端渐尖，基部边缘常有牙齿，下部与叶柄合生，有毛；小叶宽倒卵形、倒卵形至菱形，长 7～14mm，宽 4～14mm，先端钝圆或微凹，基部宽楔形，边缘上部具锯齿，下部全缘，上面疏生白色长柔毛，下面密被长柔毛。花 8～15 密集成头状花序，生于总花梗顶端，总花梗长 2～3cm，超出叶，有毛；花小，黄色；花梗短，有毛；苞片极小，条状锥形；花萼钟状，密被柔毛，萼齿条状披针形或条状锥状，比萼筒长 1～2 倍；旗瓣近圆形，顶端微凹，基部渐狭，翼瓣显著比旗瓣短，具向内弯的长爪及短耳，龙骨瓣与翼瓣近等长或比翼瓣稍长；子房长椭圆形，内侧有毛；花柱向内弯曲，柱头头状。荚果肾形，长 2～3mm，成熟时黑色，表面具纵纹，疏生腺毛，有时混生细柔毛，含种子 1 粒。种子小，黄褐色。花期 7～8 月，果期 8～9 月。2n=16。

生境 一年生或二年生中生草本。多生于微碱性草甸、沙质草原、田边、路旁等处。

产海拉尔区、满洲里市、牙克石市、莫力达瓦达斡尔族自治旗、鄂温克族自治旗、陈巴尔虎旗、新巴尔虎左旗、新巴尔虎右旗。

经济价值 优等饲用植物。营养价值较高，适口性好，各种家畜一年四季均喜食，其中以羊最喜食。牧民称家畜采食此草上膘快，可以与禾本科牧草混播或改良天然草场。此外，又为水土保持植物及绿肥植物。全草入药，能舒筋活络、利尿；主治坐骨神经痛、风湿筋骨痛、黄疸型肝炎、白血病。

黄花苜蓿 *Medicago falcata* L.

别名 野苜蓿、镰荚苜蓿

蒙名 希日—查日嘎苏

形态特征 根粗壮，木质化。茎斜升或平卧，长 30～60（100）cm。多分枝，被短柔毛。羽状三出复叶；托叶卵状披针形或披针形，长 3～6mm，长渐尖，下部与叶柄合生；小叶倒披针形、条状倒披针形、稀倒卵形或矩圆状卵形，长（5）9～13（20）mm，宽 2.5～5（7）mm，先端钝圆或微凹，具小刺尖，基部楔形，边缘上部有锯齿，下部全缘，上面近无毛，下面被长柔毛。总状花序密集成头状，腋生，通常具花 5～20，总花梗长，超出叶；花黄色，长 6～9mm；花梗长约 2mm，有毛；苞片条状锥形，长约 1.5mm，花萼钟状，密被柔毛；萼齿狭三角形，长渐尖，比萼筒稍长或与萼筒近等长；旗瓣倒卵形，翼瓣比旗瓣短，耳较长，龙骨瓣与翼瓣近等长，具短耳及长爪；子房宽条形，稍弯曲或近直立，有毛或近无毛；花柱向内弯曲，柱头头状。荚果稍扁，镰刀形，稀近于直，长 7～12mm，被伏毛，含种子 2～3（4）粒。花期 7～8 月，果期 8～9 月。$2n=16$。

生境 多年生耐寒的旱中生草本。喜生于沙质或沙壤土，多见于河滩、沟谷等低湿生境中，在森林草原带和草原带的草原化草甸群落中可形成优势种或伴生种。

产海拉尔区、满洲里市、牙克石市、阿荣旗、莫力达瓦达斡尔族自治旗、鄂温克族自治旗、陈巴尔虎旗、新巴尔虎左旗、新巴尔虎右旗。

经济价值 优等饲用植物。营养丰富，适口性好，各种家畜均喜食。牧民称此草有增加产乳量之效，对幼畜则能促进发育。产草量也较高，用作放牧或打草均可。但茎多为半直立或平卧，可选择直立型的进行驯化栽培，也可作为杂交育种材料，很有引种栽培前景。全草入药，能宽中下气、健脾补虚、利尿，主治胸腹胀满、消化不良、浮肿等。

紫花苜蓿 *Medicago sativa* L.

别名 紫苜蓿、苜蓿

形态特征 植株高30～100余cm。根系发达，主根粗而长，入土深度达2余米。茎直立或有时斜升，多分枝，无毛或疏生柔毛。羽状三出复叶，顶生小叶较大；托叶狭披针形或锥形，长5～10mm，长渐尖，全缘或稍有齿，下部与叶柄合生；小叶矩圆状倒卵形，倒卵形或倒披针形，长（5）7～30mm，宽3.5～13mm，先端钝或圆，具小刺尖，基部楔形，叶缘上部有锯齿，中下部全缘，上面无毛或近无毛，下面疏生柔毛。短总状花序腋生，具花5～20，通常较密集，总花梗超出叶，有毛，花紫色或蓝紫色，花梗短，有毛；苞片小，条状锥形；花萼筒状钟形，长5～6mm，有毛，筒萼锥形或狭披针形，渐尖，比萼筒长或与萼筒等长；旗瓣倒卵形，长5.5～8.5mm，先端微凹，基部渐狭，翼瓣比旗瓣短，基部具较长的耳及爪，龙骨瓣比翼瓣稍短；子房条形，有毛或近无毛；花柱稍向内弯，柱头头状。荚果螺旋形，通常卷曲1～2.5圈，密生伏毛，含种子1～10粒。种子小，肾形，黄褐色。花期6～7月，果期7～8月。

生境 为栽培的优良牧草。原产于亚洲西南部的高原地区，两千四百年前已开始引种栽培，现在已成为世界上分布最广的多年生优良豆科牧草，全世界栽培面积达3亿亩（1亩≈666.67m^2）左右。紫花苜蓿喜湿、喜光，对土壤要求不严格，但要求在排水良好的沙壤土上。枝叶丰富柔软，营养价值高，刈割的干草粗蛋白含量常达20%以上，而且富含灰分和多种维生素，消化率高，为各种家畜所喜食。产草量也高，每年刈割数次，亩产干草常达2000斤（1斤=500g）以上，若以单位面积生产的蛋白质而言，可为大豆的3倍以上。

我国栽培紫花苜蓿的历史也达两千年以上，目前主要分布在黄河中下游及西北地区，东北的南部也有少量栽培。内蒙古自治区鄂尔多斯东部（准格尔旗）和乌兰察布市南部栽培效果良好。阴山山脉以北虽有较广泛的试验栽培，但越冬尚有一定困难，还未能完全成功。可通过育种的途径，培育更抗寒的品种。

适宜种植区扎兰屯市、阿荣旗。

经济价值 全草入药，能开胃、利尿、排石，主治黄疸、浮肿、尿路结石。并为蜜源植物，或用以改良土壤及作绿肥。

草木樨属 Melilotus Adans.

1 小叶边缘具密的细锯齿，托叶基部两侧有齿裂，花黄色	**1 细齿草木樨 M. dentatus**
1 小叶边缘具疏锯齿，托叶全缘或稀具 1 或 2 齿裂	2
2 花黄色	**2 草木樨 M. officinalis**
2 花白色	**3 白花草木樨 M. albus**

细齿草木樨 *Melilotus dentatus* (Wald. et Kit.) Pers.

别名 马层、臭苜蓿

蒙名 纳日音—呼庆黑

形态特征 植株高 20～50cm。茎直立；有分枝，无毛。羽状三出复叶；托叶条形或条状披针形，先端长渐尖，基部两侧有齿裂，小叶倒卵状矩圆形，长 15～30mm，宽 4～10mm，先端圆或钝，基部圆形或近楔形，边缘具密的细锯齿，上面无毛，下面沿脉稍有毛或近无毛。总状花序细长，腋生，花多而密；花黄色，长 3.5～4mm；花萼钟状，长约 2mm，萼齿三角形，近等长，稍短于萼筒；旗瓣椭圆形，先端圆或微凹，无爪，翼瓣比旗瓣稍短，龙骨瓣比翼瓣稍短或近等长；子房条状矩圆形，无柄；花柱细长。荚果卵形或近球形，长 3～4mm，表面具网纹，成熟时黑褐色，含种子 1～2 粒。种子近圆形或椭圆形，稍扁。花期 6～8 月，果期 7～9 月。$2n=16$。

生境 二年生中生草本。多生于低湿草甸、路旁、滩地，在森林草原带和草原带的草甸及轻度盐渍化草甸群落中是常见的伴生种。

产海拉尔区、满洲里市、牙克石市、扎兰屯市、鄂温克族自治旗、陈巴尔虎旗、新巴尔虎左旗、新巴尔虎右旗。

经济价值 优等饲用植物。现已广泛栽培。幼嫩时为各种家畜所喜食。开花后质地粗糙，有强烈的"香豆素"气味；故家畜不乐意采食，但逐步适应后，适口性还可提高。营养价值较高，适应性强，较耐旱，可在内蒙古中西部地区推广种植，作饲料、绿肥及水土保持之用。又可作蜜源植物。全草入药，能芳香化浊、截疟，主治暑湿胸闷、口臭、头胀、头痛、疟疾、痢疾等。能清热解毒，主治毒热、陈热。

草木樨 *Melilotus officinalis* Ledeb.

别名 黄花草木樨、马层子、臭苜蓿

蒙名 呼庆黑

形态特征 植株高60～90cm，有时可达1m以上。茎直立，粗壮。多分枝，光滑无毛。羽状三出复叶；托叶条状披针形，基部不齿裂，稀有时靠近下部叶的托叶基部具1或2齿裂；小叶倒卵形、矩圆形或倒披针形，长15～27(30)mm，宽(3)4～7(12)mm，先端钝，基部楔形或近圆形，边缘有不整齐的疏锯齿。总状花序细长，腋生，有多数花；花黄色，长3.5～4.5mm；花萼钟状，长约2mm，萼齿5，三角状披针形，近等长，稍短于萼筒；旗瓣椭圆形，先端圆或微凹，基部楔形，翼瓣比旗瓣短，与龙骨瓣略等长；子房卵状矩圆形，无柄；花柱细长。荚果小，近球形或卵形，长约3.5mm，成熟时近黑色，表面具网纹，内含种子1粒，近圆形或椭圆形，稍扁。花期6～8月，果期7～10月。2*n*=16。

生境 一年生或二年生旱中生草本。原产欧洲，为欧洲种。外来入侵种，现多逸生于河滩、沟谷、湖盆洼地等低湿生境中，在森林草原带和草原带的草甸或轻度盐渍化草甸中为常见伴生种，并可进入荒漠草原的河滩低湿地及轻度盐渍化草甸。

产呼伦贝尔市各旗、市、区。

经济价值 用途同细齿草木樨。

白花草木樨 *Melilotus albus* Desr.

别名 白香草木樨

蒙名 查干—呼庆黑

形态特征 植株高达1m以上。茎直立，圆柱形，中空，全株有香味。羽状三出复叶；托叶锥形或条状披针形；小叶椭圆形、矩圆形、卵状矩圆形或倒卵状矩圆形等，长15～30mm，宽6～11mm，先端钝或圆，基部楔形，边缘具疏锯齿。总状花序腋生，花小，多数，稍密生；花萼钟状，萼齿三角形；花冠白色，长4～4.5mm；旗瓣椭圆形，顶端微凹或近圆形，翼瓣比旗瓣短，比龙骨瓣稍长或近等长；子房无柄。荚果小，椭圆形或近矩圆形，长约3.5mm，初时绿色，后变黄褐色至黑褐色，表面具网纹，内含种子1～2粒。种子肾形，褐黄色。花果期7～8月。$2n=16$。

生境 一年生或二年生中生草本。生于路边、沟旁、盐碱地及草甸，外来入侵种。

产鄂伦春自治旗。

经济价值 用途同细齿草木樨。

车轴草属 Trifolium L.

1 小叶通常具 5，稀 3～7 ·· **1 野火球 T. lupinaster**
1 叶具 3 小叶 ·· **2**
2 茎匍匐，叶柄及总花梗由匍匐茎上生出；花白色或稍带粉红色 ················· **2 白车轴草 T. repens**
2 茎直立；花紫红色，花序无总花梗或总花梗很短，包于顶部叶的托叶内 ··········· **3 红车轴草 T. pratense**

野火球 *Trifolium lupinaster* L.

别名 野车轴草

蒙名 禾日音—好希扬古日

形态特征 植株高 15～30cm，通常数茎丛生。根系发达，主根粗而长。茎直立或斜升，多分枝，略呈四棱形，疏生短柔毛或近无毛。掌状复叶，通常具小叶 5，稀为 3～7；托叶膜质鞘状，紧贴生于叶柄上，抱茎，有明显脉纹；小叶长椭圆形或倒披针形，长 1.5～5cm，宽（3）5～12（16）mm，先端稍尖或圆，基部渐狭，边缘具细锯齿，两面密布隆起的侧脉，下面沿中脉疏生长柔毛。花序呈头状，顶生或腋生，花多数，红紫色或淡红色；花梗短，有毛；花萼钟状，萼齿锥形，长于萼筒，均有柔毛；旗瓣椭圆形，长约 14mm，顶端钝或圆，基部稍狭，翼瓣短于旗瓣，矩圆形，顶端稍宽而略圆，基部具稍向内弯曲的耳，爪细长，龙骨瓣比翼瓣稍短，耳较短，爪细长，顶端常有 1 小凸起；子房条状矩圆形，有柄，通常内部边缘有毛；花柱长，上部弯曲，柱头头状。荚果条状矩圆形，含种子 1～3 粒。花期 7～8月，果期 8～9月。2n=32。

生境 多年生中生草本。在森林草原地带是林缘草甸（五花草塘）的伴生种或次优势种，也见于草甸草原、山地灌丛及沼泽化草甸，多生于肥沃的壤质黑钙土及黑土上，但也可适应于砾石质粗骨土。

产呼伦贝尔市各旗、市、区。

经济价值 良好饲用植物。青嫩时为各种家畜所喜食，其中以牛最为喜食，开花后质地粗糙，适口性稍有下降，刈制成干草各种家畜均喜食。可在水分条件较好的地区引种驯化，推广栽培，与禾本科牧草混播建立人工打草场及放牧场。又为蜜源植物。全草入药，能镇静、止咳、止血。

白车轴草 *Trifolium repens* L.

别名 白三叶

蒙名 查干—好希扬古日

形态特征 根系发达。茎匍匐，随地生根，长20～60cm，无毛。掌状复叶，具3小叶；托叶膜质鞘状，卵状披针形，抱茎；叶柄长达10cm；小叶柄极短，小叶倒卵形、倒心形或宽椭圆形，长10～25mm，宽8～18mm，先端凹缺，基部楔形，叶脉明显，边缘具细锯齿，两面几无毛。花序具多数花，密集成簇或呈头状，腋生或顶生；总花梗超出叶，长达20余cm；小苞片卵状披针形，无毛；花梗短；花萼钟状，萼齿披针形，近等长；花冠白色、稀黄白色或淡粉红色；旗瓣椭圆形，长7～9mm，基部具短爪，顶端圆，翼瓣显著短于旗瓣，比龙骨瓣稍长；子房条形；花柱长而稍弯。荚果倒卵状矩圆形，具种子3～4粒。花期7～8月，果期8～9月。2n=32。

生境 多年生中生草本。生于海拔800～1200m的针阔叶混交林林间草地及林缘路边，见于大兴安岭林间草地。产牙克石市。

经济价值 本种是世界著名优良栽培牧草之一，是建立人工放牧场和草坪的重要草种。产于大兴安岭南部山地的逸生种的抗寒性和耐霜性极强。可在气温–50℃安全越冬；在无霜期80～100天的条件下生长发育正常，是植物育种的极珍贵种质资源。现已引种栽培和研究。

红车轴草 *Trifolium pratense* L.

别名 红三叶

蒙名 乌兰—好希扬古日

形态特征 根系粗壮。茎直立或上升，多分枝，高20～50cm，疏生柔毛或近无毛。掌状复叶，具3小叶；托叶近卵形，先端具芒尖；基部抱茎；基生叶叶柄长达20cm；小叶柄短，小叶卵形、宽椭圆形或近圆形，稀长椭圆形，长20～50mm，宽10～30mm，先端钝圆或微缺，基部渐狭，边缘锯齿状或近全缘，两面被柔毛。花序具多数花，密集成簇或呈头状，腋生或顶生，总花梗超出叶，长达15cm，小苞片卵形，先端具芒尖，边缘具纤毛；花无梗或具短梗，花萼钟状，具5齿，其中1齿比其他齿长近1倍；花冠紫红色，长12～15mm，旗瓣长菱形，翼瓣矩圆形，短于旗瓣，基部具内弯的耳和丝状的爪，龙骨瓣比翼瓣稍短；子房椭圆形；花柱丝状，细长。荚果小，通常具种子1粒。花期7～8月，果期8～9月。2n=14，16。

生境 多年生中生草本。生于海拔约1000m的针阔叶混交林间草地及林缘路边，见于大兴安岭林间草地。

产牙克石市。

经济价值 本种是世界著名优良栽培牧草之一，是建立人工割草地的主要草种。同白车轴草一样，也是植物育种的极珍贵种质资源。

苦马豆属 Sphaerophysa DC.

苦马豆 *Sphaerophysa salsula* (Pall.) DC.

别名 羊卵蛋、羊尿泡

蒙名 洪呼图—额布斯

形态特征 植株高 20～60cm。茎直立，具开展的分枝，全株被灰白色短伏毛。单数羽状复叶，小叶 13～21；托叶披针形，长约 3mm，先端锐尖或渐尖，有毛，小叶倒卵状椭圆形或椭圆形，长 5～15mm，宽 3～7mm，先端圆钝或微凹，有时具 1 小刺尖，基部宽楔形或近圆形，两面均被平伏的短柔毛，有时上面毛较少或近无毛，小叶柄极短。总状花序腋生，比叶长；总花梗有毛；花梗长 3～4mm；苞片披针形，长约 1mm；花萼杯状，长 4～5mm，有白色短柔毛，萼齿三角形；花冠红色，长 12～13mm；旗瓣圆形，开展，两侧向外翻卷，顶端微凹，基部有短爪，翼瓣比旗瓣稍短，矩圆形，顶端圆，基部有爪及耳，龙骨瓣与翼瓣近等长；子房条状矩圆形，有柄，被柔毛；花柱稍弯，内侧具纵列须毛。荚果宽卵形或矩圆形，膜质，膀胱状，长 1.5～3cm，直径 1.5～2cm，有柄。种子肾形，褐色。花期 6～7 月，果期 7～8 月。$2n=16$。

生境 多年生耐盐旱生草本。在草原带的盐碱性荒地、河岸低湿地、沙质地上常可见到，也进入荒漠带。

产鄂温克族自治旗、陈巴尔虎旗、新巴尔虎右旗。

经济价值 青鲜状态家畜不乐意采食，秋季干枯后，绵羊、山羊、骆驼采食一些。全草、果入药，能利尿、止血，主治肾炎、肝硬化腹水、慢性肝炎浮肿、产后出血。

豆科

锦鸡儿属 Caragana Fabr.

1 小叶 4，假掌状排列 ·· **1 狭叶锦鸡儿 C. stenophylla**
1 小叶 4 至多数，羽状排列 ·· **2 小叶锦鸡儿 C. microphylla**

狭叶锦鸡儿 *Caragana stenophylla* Pojark.

别名 红柠条、羊柠角、红刺、柠角

蒙名 纳日音—哈日嘎纳

形态特征 植株高 15～70cm。树皮灰绿色、灰黄色、黄褐色或深褐色，有光泽；小枝纤细、褐色、黄褐色或灰黄色，具条棱，幼时疏生柔毛。长枝上的托叶宿存并硬化成针刺状，长 3mm，叶轴在长枝上者也宿存而硬化成针刺状，长达 7mm，直伸或稍弯曲，短枝上的叶无叶轴；小叶 4，假掌状排列，条状倒披针形，长 4～12mm，宽 1～2mm，先端锐尖或钝，有刺尖，基部渐狭，绿色，或多或少纵向折叠，两面疏生柔毛或近无毛。花单生；花梗较叶短，长 5～10mm，有毛，中下部有关节；花萼钟形或钟状筒形，基部稍偏斜，长 5～6.5mm，无毛或疏生柔毛，萼齿三角形，有针尖，长为萼筒的 1/4，边缘有短柔毛；花冠黄色，长 14～17（20）mm；旗瓣圆形或宽倒卵形，有短爪，长为瓣片的 1/5，翼瓣上端较宽呈斜截形，瓣片约为爪长的 1.5 倍，爪为耳长的 2～2.5 倍，龙骨瓣比翼瓣稍短，具较长的爪（与瓣片等长，或为瓣片的 1/2 以下），耳短而钝；子房无毛。荚果椭圆形，长 20～30mm，宽 2.5～3mm，两端渐尖。花期 5～9 月，果期 6～10 月。$2n=32$。

生境 旱生小灌木。生于典型草原带和荒漠草原带及草原化荒漠带的高平原、黄土丘陵、低山阳坡、干谷、沙地，喜生沙砾质土壤、覆沙地及砾石质坡地，可在典型草原、荒漠草原、山地草原及草原化荒漠等植被中成为稳定的伴生种。

产满洲里市、陈巴尔虎旗、新巴尔虎左旗。

经济价值 良好饲用植物。绵羊、山羊均乐意采食其一年生枝条，尤其在春季最喜食其花，食后体力恢复较快，易上膘。骆驼一年四季均乐意采食其枝条。

小叶锦鸡儿 *Caragana microphylla* Lam.

别名 柠条、连针

蒙名 乌禾日—哈日嘎纳、阿拉他嘎纳

形态特征 植株高40～70cm，最高可达1m。树皮灰黄色或黄白色；小枝黄白色至黄褐色，直伸或弯曲，具条棱，幼时被短柔毛。长枝上的托叶宿存硬化成针刺状，长5～8mm，常稍弯曲；叶轴长15～55mm，幼时被伏柔毛，后无毛，脱落；小叶10～20，羽状排列，倒卵形或倒卵状矩圆形，近革质，绿色，长3～10mm，宽2～5mm，先端微凹或圆形，少近截形，有刺尖，基部近圆形或宽楔形，幼时两面密被绢状短柔毛,后仅被极疏短柔毛。花单生，长20～25mm,花梗长10～20mm，密被绢状短柔毛，近中部有关节；花萼钟形或筒状钟形，基部偏斜，长9～12mm，宽5～7mm，密被短柔毛，萼齿宽三角形，长约3mm，边缘密生短柔毛；花冠黄色；旗瓣近圆形，顶端微凹，基部有短爪，翼瓣爪长为瓣片的1/2，耳短，圆齿状，长约为爪的1/5，龙骨瓣顶端钝，爪约与瓣片等长，耳不明显；子房无毛。荚果圆筒形，长（3）4～5cm，宽4～6mm，深红褐色，无毛，顶端斜长渐尖。花期5～6月，果期8～9月。2n=16。

生境 广幅旱生灌木。生于草原区的高平原、平原及沙地。

产海拉尔区、满洲里市、鄂温克族自治旗、陈巴尔虎旗、新巴尔虎左旗、新巴尔虎右旗。

经济价值 良好饲用植物。绵羊、山羊及骆驼均乐意采食其嫩枝，尤其于春末喜食其花。牧民认为其花营养价值高，有抓膘作用，能使冬后的瘦弱畜迅速肥壮起来。马、牛不乐意采食。全草可入药。

米口袋属 Gueldenstaedtia Fisch.

1 小叶椭圆形或卵形；伞形花序通常有 6～8 花 ·········· **1 米口袋 G. multiflora**
1 小叶披针形、条形或矩圆状披针形；伞形花序通常有 2～4 花 ·········· **2**
2 花长 12～14 mm，果期小叶长卵形至披针形 ·········· **2 少花米口袋 G. verna**
2 花长 6～9 mm，果期小叶条形 ·········· **3 狭叶米口袋 G. stenophylla**

米口袋 *Gueldenstaedtia multiflora* Bunge in Mem.

别名 米布袋、紫花地丁

蒙名 敖兰其—莎勒吉日

形态特征 植株高 10～20cm。主根椭圆形。茎短缩，在根茎上丛生，全株被白色长柔毛。叶为单数羽状复叶，具小叶 11～21；托叶三角形，基部与叶柄合生，外面被长柔毛；小叶椭圆形、长椭圆形或卵形，长 4～20mm，宽 3～8mm，先端圆或稍尖，基部圆形或宽楔形，两面密被白色长柔毛，老时近无毛。总花梗自叶丛间抽出，伞形花序，有花（2）6～8 朵，花梗极短，苞片及小苞片披针形；花紫红色或蓝紫色；花萼钟形，长 5～8mm，被长柔毛，萼齿不等长，上面 2 萼齿较大；旗瓣宽卵形，长 12～13mm，顶端微凹，基部渐狭成爪，翼瓣矩圆形，长约 10mm，上端稍宽，具斜截头，基部具短爪，龙骨瓣卵形，长约 6mm；子房密被长柔毛。荚果圆筒状，1 室，长 1.5～2cm，宽约 3.5mm，被长柔毛，花期 5 月，果期 6～7 月。

生境 多年生旱生草本。生长于山坡、田边、路旁。

产海拉尔区、陈巴尔虎旗。

经济价值 良好饲用植物。幼嫩时绵羊、山羊采食，结实后则乐意采食其荚果。全草入药，能清热解毒，主治痈疽、疔毒、瘰疬、恶疮、黄疸、痢疾、腹泻、目赤、喉痹、毒蛇咬伤。

少花米口袋 *Gueldenstaedtia verna* (Georgi) Boriss.

别名 地丁、多花米口袋

蒙名 莎勒吉日、肖布音—他不格

形态特征 植株高10～20cm，全株被白色长柔毛，果期后毛渐稀少。主根圆锥形，粗壮，不分歧或少分歧。茎短缩，在根颈上丛生。单数羽状复叶，具小叶9～21，托叶卵形、卵状三角形至披针形，基部与叶柄合生，外面被长柔毛；小叶长卵形至披针形，长4～15mm，宽2～8mm，先端钝或稍尖，具小尖头，基部圆形或宽楔形，全缘，两面被白色长柔毛，或上面毛较少以至近无毛。总花梗数个自叶丛间抽出，花期之初较叶长，后则约与叶等长；伞形花序，具花2～4；花梗极短或近无梗；苞片及小苞片披针形至条形；花蓝紫色或紫红色；花萼钟状，长6～8mm，密被长柔毛，萼齿不等长，上2萼齿较大，其长与萼筒相等，下3萼齿较小；旗瓣宽卵形，长12～14mm，顶端微凹，基部渐狭成爪，翼瓣矩圆形，较旗瓣短，长8～11mm，上端稍宽，具斜截头，基部有爪，龙骨瓣长5～6mm；子房密被柔毛；花柱顶端卷曲。荚果圆筒状，1室，长13～20（22）mm，宽3～4mm，被长柔毛。种子肾形，具浅的蜂窝状凹点，有光泽。花期5月，果期6～7月。

生境 多年生旱生草本。散生于草原带的沙质草原或石质草原，虽多度不高，但分布稳定，少量向东进入森林草原带，向西渗入荒漠草原带。

产海拉尔区、满洲里市、鄂温克族自治旗、陈巴尔虎旗、新巴尔虎左旗、新巴尔虎右旗。

经济价值 良好饲用植物。幼嫩时绵羊、山羊采食，结实后则乐意采食其荚果。全草入药，能清热解毒，主治痈疽、疔毒、瘰疬、恶疮、黄疸、痢疾、腹泻、目赤、喉痹、毒蛇咬伤。

狭叶米口袋 *Gueldenstaedtia stenophylla* Bunge

别名 地丁

蒙名 纳日音—莎勒吉日

形态特征 植株高 5～15cm，全株有长柔毛。主根圆柱状，较细长。茎短缩，在根颈上丛生，短茎上有宿存的托叶。单数羽状复叶，具小叶 7～19；托叶三角形，基部与叶柄合生，外面被长柔毛；小叶矩圆形至条形，或春季小叶常为近卵形（通常夏秋季的小叶变窄，呈条状矩圆形或条形），长 2～35mm，宽 1～6mm，先端锐尖或钝尖，具小尖头，全缘，两面被白柔毛，花期毛较密，果期毛少或有时近无毛。总花梗数个自叶丛间抽出，顶端各具 2～3（4）花，排列成伞形；花梗极短或无梗；苞片及小苞片披针形；花粉紫色；花萼钟形，长 4～5mm，密被长柔毛，上 2 萼齿较大；旗瓣近圆形，长 6～8mm，顶端微凹，基部渐狭成爪，翼瓣比旗瓣短，长约 7mm，龙骨瓣长约 4.5mm。荚果圆筒形，长 14～18mm，被灰白色长柔毛。花期 5 月，果期 5～7 月。$2n=14$。

生境 多年生草原旱生草本。为草原带的沙质草原伴生种，少量向东进入森林草原带，往西渗入荒漠草原带。

产海拉尔区、满洲里市、牙克石市、扎兰屯市、额尔古纳市、阿荣旗、莫力达瓦达斡尔族自治旗、鄂温克族自治旗、陈巴尔虎旗、新巴尔虎左旗、新巴尔虎右旗。

经济价值 用途同少花米口袋。

豆 科

甘草属 Glycyrrhiza L.

甘草 *Glycyrrhiza uralensis* Fisch.

别名 甜草苗

蒙名 希禾日—额布斯

形态特征 植株高 30～70cm。具粗壮的根状茎，常由根状茎向四周生出地下匐枝。主根圆柱形，粗而长，可达 1～2m 或更长，伸入地中，根皮红褐色至暗褐色，有不规则的纵皱及沟纹，横断面内部呈淡黄色或黄色，有甜味。茎直立，稍带木质，密被白色短毛及鳞片状、点状或小刺状腺体。单数羽状复叶，具小叶 7～17；叶轴长 8～20cm，被细短毛及腺体；托叶小，长三角形、披针形或披针状锥形，早落；小叶卵形、倒卵形、近圆形或椭圆形，长 1～3.5cm，宽 1～2.5cm，先端锐尖、渐尖或近于钝，稀微凹，基部圆形或宽楔形，全缘，两面密被短毛及腺体。总状花序腋生，花密集，长 5～12cm；花淡蓝紫色或紫红色，长 14～16mm；花梗甚短；苞片披针形或条状披针形，长 3～4mm；花萼筒状，密被短毛及腺点，长 6～7mm，裂片披针形，比萼筒稍长或近等长；旗瓣椭圆形或近矩圆形，顶端钝圆，基部渐狭成短爪，翼瓣比旗瓣短，而比龙骨瓣长，均具长爪；雄蕊长短不一；子房无柄，矩圆形，具腺状凸起。荚果条状矩圆形、镰刀形或弯曲成环状，长 2～4cm，宽 4～7mm，密被短毛及褐色刺状腺体，刺长 1～2mm。种子 2～8 粒，扁圆形或肾形，黑色，光滑。花期 6～7 月，果期 7～9 月。$2n=16$。

生境 多年生中旱生草本。生于碱化沙地、沙质草原，具沙质土的田边、路旁、低地边缘及河岸轻度碱化的草甸。

产海拉尔区、满洲里市、阿荣旗、鄂温克族自治旗、陈巴尔虎旗、新巴尔虎左旗、新巴尔虎右旗。

经济价值 根入药，能清热解毒、润肺止咳、调和诸药等，主治咽喉肿痛、咳嗽、脾胃虚弱、胃及十二指肠溃疡、肝炎、癔症、痈疖肿毒、药物及食物中毒等。根及根状茎入蒙药（蒙药名：希禾日—额布斯），能止咳润肺、滋补、止吐、止渴、解毒，主治肺痨、肺热咳嗽、吐血、口渴、各种中毒、咽喉肿痛、血液病。在食品工业上可作啤酒的泡沫剂或酱油、蜜饯果品香料剂，又可作灭火器的泡沫剂及纸烟的香料。又为中等饲用植物。现蕾前骆驼乐意采食，绵羊、山羊也采食，但不十分乐食。渐干后各种家畜均采食，绵羊、山羊尤喜食其荚果。鄂尔多斯市牧民常刈制成干草于冬季补喂幼畜。

黄芪属 Astragalus L.

1 植株被单毛	2
1 植株被丁字毛	10
2 茎短缩；叶基生；无总花梗，花密集于叶丛基部，白色	**1 草原黄芪 A. dalaiensis**
2 茎发达	3
3 一年生或二年生草本	**2 达乌里黄芪 A. dahuricus**
3 多年生草本	4
4 小叶 13～29，披针形、椭圆形、长卵形、倒卵形或矩圆形	5
4 小叶 3～15，条形或条状矩圆形；总状花序细长；荚果小，长 2.5～3.5mm	8
5 小叶长 2～10mm，宽 2～5mm	6
5 小叶长 7～30mm，宽 3～10mm	7
6 小叶通常 13～21；总状花序较短，花密集，花冠蓝紫色或天蓝色；荚果微膨胀，植株、荚果被毛 **3 皱黄芪 A. zacharensis**	
6 小叶通常 25～27；总状花序较稀疏，花冠黄色或淡黄色；荚果膜质，无毛 **4 蒙古黄芪 A. membranaceus** var. **mongholicus**	
7 茎被白色柔毛；荚果膜质，伏生黑色短柔毛	**5 黄芪 A. membranaceus**
7 茎无毛；荚果革质，膨胀，密布横皱纹	**6 华黄芪 A. chinensis**
8 小叶 3～7	9
8 小叶 7～15	**7 小米黄芪 A. satoi**
9 小叶宽 1.5～3mm	**8 草木樨状黄芪 A. melilotoides**
9 小叶宽 0.5mm	**9 细叶黄芪 A. melilotoides** var. **tenuis**
10 植株具发达的地上茎	11
10 植株无地上茎或地上茎短缩	13
11 小叶 5～11，丝状或狭条形；花粉红色；荚果圆筒形	**10 细弱黄芪 A. miniatus**
11 小叶 7～27，卵状椭圆形、椭圆形或矩圆形，上面无毛或近无毛，下面被丁字毛；荚果矩圆形	12
12 花蓝紫色、近蓝色或红紫色，稀白色，子房、荚果被丁字毛	**11 斜茎黄芪 A. adsurgens**
12 花淡黄色，下垂，子房、荚果无毛	**12 湿地黄芪 A. uliginosus**
13 小叶被开展的丁字毛	**13 卵果黄芪 A. grubovii**
13 小叶被平伏的丁字毛	14
14 小叶两面均密被平伏的丁字毛；植株具木质的横走根状茎；花序具总花梗	**14 糙叶黄芪 A. scaberrimus**
14 小叶上面无毛或疏被丁字毛，下面密被平伏的丁字毛；植株不具地上茎；花序无总梗 **15 白花黄芪 A. galactites**	

草原黄芪 *Astragalus dalaiensis* Kitag.

蒙名 塔拉音—好思其日

形态特征 根木质化，分歧。茎丛生，短缩，通常覆盖于表土下。叶基生，具长柄，长可达 20cm，叶柄及叶轴被白色单毛，单数羽状复叶，具小叶 13～27；托叶下部与叶柄连合，上部彼此分离，长约 10mm，外面及边缘被长柔毛，里面无毛，小叶椭圆形、矩圆形或宽椭圆形，长 5～15mm，先端稍尖至圆形，两面被白色长柔毛，呈灰绿色。花白色，无梗，密集于叶柄基部；花萼筒形，长 10mm，被白色绵毛，萼齿钻状条形，长 2.5～3mm；旗瓣长 12mm，瓣片宽椭圆形、顶端圆，基部渐狭成极短的爪，翼瓣长 16mm，瓣片狭矩圆形，顶端圆，中部缢缩，基部具短的圆形耳和细长爪，爪与瓣片等长，龙骨瓣长 17mm，瓣片卵状椭圆形，顶端钝，基部亦具细长爪，爪较瓣片长。荚果稍扁，椭圆状卵形，长 10mm，直立，密被白色长柔毛。

生境 多年生中旱生草本。生于草原及森林草原带的草原群落中。

产新巴尔虎右旗呼伦湖附近。

特别说明 本种模式产地为内蒙古呼伦贝尔市呼伦湖附近，国内各标本馆并无标本保存，近年在该区域多次采集调查中均未见符合原描述的标本，需要进一步深入调查、研究。

达乌里黄芪 *Astragalus dahuricus* (Pall.) DC.

别名 驴干粮、兴安黄芪、野豆角花

蒙名 禾伊音干—好恩其日

形态特征 植株高 30～60cm，全株被白色柔毛。根较深长，单一或稍分歧。茎直立，单一，通常多分枝，有细沟，被长柔毛。单数羽状复叶，具小叶 11～21；托叶狭披针形至锥形，与叶柄离生，

被长柔毛，长 5～10mm；小叶矩圆形、狭矩圆形至倒卵状矩圆形，稀近椭圆形，长 10～20mm，宽（1.5）3～6mm，先端钝尖或圆形，基部楔形或近圆形，全缘，上面疏生白色伏柔毛，下面毛较多，小叶柄极短。总状花序腋生，通常比叶长，总花梗长 3～5cm，花序较紧密或稍稀疏，具 10～20 花；花紫红色，长 10～15mm；苞片条形或刚毛状，有毛，比花梗长；花萼钟状，被长柔毛，萼齿不等长，上萼有 2 齿较短，与萼筒近等长，三角形，下萼有 3 齿较长，比萼筒长约 1 倍，条形；旗瓣宽椭圆形，顶端微缺，基部具短爪，龙骨瓣比翼瓣长，比旗瓣稍短，翼瓣狭窄，宽为龙骨瓣的 1/3～1/2；子房有长柔毛，具柄。荚果圆筒状，呈镰刀状弯曲，有时稍直，背缝线凹入成深沟，纵隔为 2 室，顶端具直或稍弯的喙，基部有短柄，长 2～2.5cm，宽 2～3mm，果皮较薄，表面具横纹，被白色短毛。花期 7～9 月，果期 8～10 月。$2n=16$。

生境 一年生或二年生旱中生草本。为草原化草甸及草甸草原的伴生种，在农田、撂荒地及沟渠边也常有散生。

产牙克石市、扎兰屯市、额尔古纳市、阿荣旗、莫力达瓦达斡尔族自治旗、鄂温克族自治旗、陈巴尔虎旗、新巴尔虎左旗、新巴尔虎右旗。

经济价值 良好饲用植物。各种家畜均喜食，冬季其叶脱落，残存的茎枝甚粗老，家畜多不食。可引种栽培，用作放牧或刈制干草，又可作绿肥。

皱黄芪 *Astragalus zacharensis* Franch.

别名 密花黄芪、鞑靼黄芪、小果黄芪、小叶黄芪

蒙名 他特日—好恩其日

形态特征 植株高 10～30cm，被白色单毛。根粗壮。茎多数，细弱，斜升或斜倚，有条棱，基部近木质化，常自基部分歧，形成密丛。单数羽状复叶，具小叶 13～21；托叶宽三角形至三角状披针形，长 1.5～2.5mm，先端尖，与叶柄离生，但基部彼此稍合生，表面及边缘有毛；小叶披针形、椭圆形、长卵形、倒卵形或矩圆形，长 2～10mm，宽 2～5mm，先端钝，微凹或近截形，基部圆形或宽楔形，全缘，上面疏生白色平伏柔毛或近无毛，下面被白色平伏柔毛。短总状花序腋生，总花梗比叶长；花 5～12 集生于总花梗顶端，紧密或稍疏松，或近似头状；苞片披针形或卵形，与花梗近等长，有黑色睫毛；花萼钟状，长约 3mm，被黑色及白色伏柔毛，萼齿狭披针形、狭三角形或近锥形，长为萼筒的 1/2 或稍长；花冠淡蓝紫色或天蓝色，长 6～8mm；旗瓣宽椭圆形，顶端凹，基部有短爪，翼瓣瓣片狭窄，与龙骨瓣近等长，均较旗瓣短；子房具柄，有毛。荚果卵形、近椭圆形或近矩圆形，微膨胀，长 3～6mm，顶端有短喙，基部有与萼近等长的果梗，密被平伏的短柔毛。花期 6～7 月，果期 7～8 月。$2n=16$。

生境 多年生中旱生草本。生于小溪旁、干河床砾石地或草原化草甸，山地草原中有零星生长。

产满洲里市。

蒙古黄芪 *Astragalus membranaceus* Bunge var. *mongholicus* (Bunge) Hsiao

别名 黄芪、绵黄芪、内蒙黄芪

蒙名 蒙古勒—好恩其日

形态特征 本变种与正种的区别在于：小叶25～37，长5～10mm，宽3～5mm；子房及荚果无毛。$2n=16$。

生境 多年生旱中生草本。生于森林草原带的山地草原、灌丛、林缘、沟边。

产满洲里市、牙克石市、额尔古纳市、阿荣旗、莫力达瓦达斡尔族自治旗、新巴尔虎右旗。

经济价值 用途同黄芪。

黄芪 *Astragalus membranaceus* Bunge

别名 膜荚黄芪

蒙名 好恩其日

形态特征 植株高 50～100cm。主根粗而长，直径 1.5～3cm，圆柱形，稍带木质，外皮淡棕黄色至深棕色。茎直立，上部多分枝，有细棱，被白色柔毛。单数羽状复叶，互生，托叶披针形、卵形至条状披针形，长 6～10mm，有毛；小叶 13～27，椭圆形、矩圆形或卵状披针形，长 7～30mm，宽 3～10mm，先端钝、圆形或微凹，具小刺尖或不明显，基部圆形或宽楔形，上面绿色，近无毛，下面带灰绿色，有平伏白色柔毛。总状花序于枝顶部腋生，总花梗比叶稍长或近等长，至果期显著伸长，具花 10～25，较稀疏；黄色或淡黄色，长 12～18mm；花梗与苞片近等长，有黑色毛；苞片条形；花萼钟状，长约 5mm，常被黑色或白色柔毛，萼齿不等长，为萼筒长的 1/5 或 1/4，三角形至锥形，上萼齿（即位于旗瓣一方者）较短，下萼齿（即位于龙骨瓣一方者）较长；旗瓣矩圆状倒卵形，顶端微凹，基部具短爪，翼瓣与龙骨瓣近等长，比旗瓣微短，均有长爪和短耳；子房有柄，被柔毛。荚果半椭圆形，一侧边缘呈弓形弯曲，膜质，稍膨胀，长 20～30mm，宽 8～12mm，顶端有短喙，基部有长柄，伏生黑色短柔毛，有种子 3～8 粒。种子肾形，棕褐色。花期 6～8 月，果期（7）8～9 月。2n=16。

生境 多年生中生草本。生于山地林缘、灌丛及疏林下，在森林带、森林草原带和草原带的林间草甸中为稀见的伴生杂草类，也零星渗入林缘灌丛及草甸草原群落中。

产牙克石市、额尔古纳市、莫力达瓦达斡尔族自治旗、鄂伦春自治旗、鄂温克族自治旗。

经济价值 根入药，能补气、固表、托疮生肌、利尿消肿，主治体虚自汗、久泻脱肛、子宫脱垂、体虚浮肿、疮疡溃不收口等。根也入蒙药（蒙药名：好恩其日），能止血、治伤，主治金伤、内伤、跌扑肿痛。并可作兽药，治风湿。据报道，根状茎之 10 倍水浸液对马铃薯晚疫病菌有 50% 的抑制作用。

华黄芪 *Astragalus chinensis* L. f.

别名 地黄芪、忙牛花

蒙名 道木大图音—好恩其日

形态特征 植株高 20～90cm。茎直立，通常单一，无毛，有条棱。单数羽状复叶，具小叶 13～27；托叶条状披针形，长 7～10mm，与叶柄分离，基部彼此稍连合，无毛或稍有毛；小椭圆形至矩圆形，长 1.2～2.5cm，宽 4～9mm，先端圆形或稍截形，有小尖头，基部近圆形或宽楔形，上面无毛，下面疏生短柔毛。总状花序于茎上部腋生，比叶短，具花 10 余朵，黄色，长 13～17mm；苞片狭披针形，长约 5mm；花萼钟状，长约 5mm，无毛，萼齿披针形，长为萼筒的 1/2；旗瓣宽椭圆形到近圆形，开展，长 12～17mm，顶端微凹，基部具短爪，翼瓣长 9～12mm，龙骨瓣与旗瓣近等长或稍短；子房无毛，有长柄。荚果椭圆形或倒卵形，长 10～15mm，宽 8～10mm，革质，膨胀，密布横皱纹，无毛，顶部有长约 1mm 的喙，柄长 5～10mm，几为完全的 2 室，成熟后开裂。种子略呈圆形而一侧凹陷，呈缺刻状，长 2.5～3mm，黄棕色至灰棕色。花期 6～7 月，果期 7～8 月。2n=16。

生境 多年生旱中生草本。生于轻度盐碱地、沙砾地，在草原带的草甸草原群落中为多度不高的伴生种。

产满洲里市、新巴尔虎右旗。

经济价值 种子可入药。

小米黄芪 Astragalus satoi Kitag.

形态特征 植株高30～60cm。茎直立或近直立，有条棱，无毛，多分枝，稍呈扫帚状。单数羽状复叶，具小叶7～15；托叶狭三角形，基部彼此稍连合，先端狭细成刺尖状，长2～3mm，无毛；小叶条状倒披针形、条形或矩圆形，长5～15mm，宽1～3mm，先端圆形或近截形，稀微凹，基部楔形，全缘，上面无毛，下面有平伏短柔毛。总状花序长，花多数，稍稀疏；花小，长5～6mm，白色或带粉紫色；苞片狭三角形，长1.5～2mm；花萼钟状，长2～2.5mm，有毛，萼齿狭三角形，比萼筒显著短；旗瓣宽倒卵形，顶端微凹，基部具短爪，翼瓣比旗瓣稍短，顶端不均等的2裂，基部有近圆形的耳和细长的爪，龙骨瓣比翼瓣短；子房无毛。荚果宽倒卵形，长宽近相等，为3～3.5mm，顶端有喙，表面无毛，具不明显的横纹，2室。花期7～8月，果期8～9月。

生境 多年生中旱生草本。生于草原带的山地草甸草原，为其伴生种，也出现于灌丛间。

产满洲里市、牙克石市。

草木樨状黄芪 Astragalus melilotoides Pall.

别名 扫帚苗、层头、小马层子

蒙名 哲格仁—希勒比

形态特征 植株高30～100cm。根深长，较粗壮。茎多数由基部丛生，直立或稍斜升，多分枝，有条棱，疏生短柔毛或近无毛。单数羽状复叶，具小叶3～7；托叶三角形至披针形，基部彼此连合；叶柄有短柔毛；小叶有短柄，矩圆形或条状矩圆形，长5～15mm，宽1.5～3mm，先端钝、截形或微凹，基部楔形，全缘，两面疏生白色短柔毛。总状花序腋生，显著比叶长；花小，长约5mm，粉红色或白色，多数，疏生；苞片甚小，锥形，比花梗短；花萼钟状，疏生短柔毛，萼齿三角形，显著比萼筒短；旗瓣近圆形或宽椭圆形，基部具短爪，顶端微凹，翼瓣比旗瓣稍短，顶端成不均等的2裂，基部具耳和爪，龙骨瓣比翼瓣短；子房无毛，无柄。荚果近圆形或椭圆形，长2.5～3.5mm，顶端微凹，具短喙，表面有横纹，无毛，背部具稍深的沟，2室。花期7～8月，果期8～9月。2n=32。

生境 多年生中旱生草本。为典型草原及森林草原最常见的伴生植物，在局部地段可成为次优势成分，多适应于沙质及轻壤质土壤。

产呼伦贝尔市各旗、市、区。

经济价值 良等饲用植物。春季幼嫩时，羊、马、牛喜采食，可食率达80%，开花后茎质逐渐变硬，可食率降为40%～50%。骆驼四季均采食，且为其抓膘草之一。此草又可作水土保持植物。全草入药，能祛湿，主治风湿性关节疼痛、四肢麻木。

271 豆 科

细叶黄芪 *Astragalus melilotoides* Pall. var. *tenuis* Ledeb.

蒙名 纳日音—好恩其日

形态特征 本变种与正种的区别在于：植株由基部生出多数细长的茎，通常分枝多，呈扫帚状。小叶3～5，狭条形或丝状，长10～15mm，宽0.5mm，先端尖。2n=32。

生境 多年生旱生草本。为典型草原常见的伴生植物，喜生于轻壤质土壤上。

产海拉尔区、满洲里市、莫力达瓦达斡尔族自治旗、鄂温克族自治旗、陈巴尔虎旗、新巴尔虎左旗、新巴尔虎右旗。

经济价值 绵羊、山羊只采食茎梢，其他家畜不喜食。

细弱黄芪 *Astragalus miniatus* Bunge

别名 红花黄芪、细茎黄芪

蒙名 塔希古—好恩其日

形态特征 植株高7～15cm，全株被白色平伏的丁字毛，稍呈灰白色。茎自基部分枝，细弱，斜升。单数羽状复叶，具小叶5～11；托叶三角状，渐尖，下部彼此连合，被毛，长在2mm以下；小叶丝状或狭条形，长7～14mm，宽0.2～0.8mm，先端钝，基部楔形，上面无毛，下面被白色平伏的丁字毛，边缘常内卷。总状花序腋生或顶生，具4～10花，总花梗与叶近等长或超出叶；花粉红色，长7～8mm；苞片卵状三角形，长0.7～0.9mm；花梗长0.7～1.5mm；花萼钟状，长2.5～3mm，被白色丁字毛，有时混生黑毛，上萼齿较短，近三角形，下萼齿较长，狭披针形；旗瓣椭圆形或倒卵形，顶端微凹，基部渐狭，具短爪，翼瓣比旗瓣稍短，比龙骨瓣长，顶端2裂；子房无柄，圆柱状，有毛。荚果圆筒形，长9～14mm，宽1.5～2mm，顶端具短喙，喙长约1mm，背缝线深凹，具沟，将荚果纵隔为2室，果皮薄革质，表面被白色丁字毛。花期5～7月，果期7～8月。

生境 多年生旱生草本。生于草原带和荒漠草原带的砾石质坡地及盐渍化低地。

产满洲里市、新巴尔虎左旗、新巴尔虎右旗。

经济价值 各种家畜均乐食，羊、马最喜食。

斜茎黄芪 *Astragalus adsurgens* Pall.

别名 直立黄芪、马拌肠

蒙名 矛日音—好恩其日

形态特征 植株高20～60cm。根较粗壮，暗褐色。茎数个至多数丛生，斜升，稍有毛或近无毛。单数羽状复叶，具小叶7～23；托叶三角形，渐尖，基部彼此稍连合或有时分离，长3～5mm；小叶卵状椭圆形、椭圆形或矩圆形，长10～25（30）mm，宽2～8mm，先端钝或圆，有时稍尖，基部圆形或近圆形，全缘，上面无毛或近无毛，下面有白色丁字毛。总状花序茎上部腋生，总花梗比叶长或近相等，花序矩圆状，少为近头状，花多数，密集，有时稍稀疏，蓝紫色、近蓝色或红紫色，稀近白色，长11～15mm；花梗极短；苞片狭披针形至三角形，先端尖，通常显著较萼筒短；花萼筒状钟形，长5～6mm，被黑色或白色丁字毛或两者混生，萼齿披针状条形或锥状，为萼筒的1/3～1/2，或比萼筒稍短；旗瓣倒卵状匙形，长约15mm，顶端深凹，基部渐狭，翼瓣比旗瓣稍短，比龙骨瓣长；子房有白色丁字毛，基部有极短的柄。荚果矩圆形，长7～15mm，具3棱，稍侧扁，背部凹入成沟，顶端具下弯的短喙，基部有极短的果梗，表面被黑色、褐色或白色的丁字毛，或彼此混生，背缝线凹入将荚果分隔为2室。花期7～8（9）月，果期8～10月。$2n=16$。

生境 多年生中旱生草本。在森林草原及草原带中是草甸草原的重要伴生种或亚优势种。有的渗入河滩草甸、灌丛和林缘下层成为伴生种，少数进入森林带和草原带的山地。

产呼伦贝尔市各旗、市、区。

经济价值 优等饲用植物。开花前，牛、马、羊均乐食，开花后，茎质粗硬，适口性降低，骆驼冬季采食。可作为改良天然草场和培育人工牧草地之用，引种试验栽培颇有前景。又可作为绿肥植物，用以改良土壤。种子可入药。

湿地黄芪 *Astragalus uliginosus* L.

蒙名 珠勒格音—好恩其日

形态特征 植株高 30～60cm。茎单一或数个丛生，通常直立，被白色或黑色的丁字毛。单数羽状复叶，具小叶（13）15～23（27）；托叶膜质，与叶柄离生，下部彼此连合，卵状三角形或卵状披针形，渐尖，长 5～10mm，有毛，小叶椭圆形至矩圆形，长 10～20（25）mm，宽 5～10mm，先端圆形至稍锐尖，常带小刺尖，基部圆形或宽楔形，上面无毛，下面被白色丁字毛。总状花序于茎上部腋生，总花梗与叶近等长或稍长，花多数，密集，下垂，淡黄色，长 13～15mm，苞片卵状披针形，长 5～6mm，比萼短或近等长，膜质，疏生黑色伏毛，有时混生少数白毛；花萼筒状，长 7～11mm，被较密的黑色伏毛，有时稍混生白毛，萼齿披针状条形，约为萼筒的 1/2 长；旗瓣宽椭圆形，顶端微凹，基部渐狭成短爪，翼瓣比旗瓣短，龙骨瓣比翼瓣稍短，子房无毛。荚果矩圆形，长 9～13mm，宽约 3mm，厚约 5mm，膨胀，向上斜立，无柄，顶端具反曲的喙，果皮革质，背缝线凹入，腹缝线稍隆起，表面无毛，具细横纹，内具假隔膜，2室。花期 6～7 月，果期 8～9 月。$2n=16$。

生境 多年生湿中生草本。为森林区的林下草甸、沼泽化草甸的伴生种，草原带的山地河岸边、柳灌丛下层也有零星生长。

产牙克石市、额尔古纳市、鄂伦春自治旗、鄂温克族自治旗、陈巴尔虎旗、新巴尔虎左旗。

卵果黄芪 *Astragalus grubovii* Sancz.

别名 新巴黄芪、拟糙叶黄芪

蒙名 湿得格勒金—好恩其日

形态特征 植株高5～20cm。无地上茎或有多数短缩存在于地表的或埋入表土层的地下茎，叶与花密集于地表呈丛生状。全株灰绿色，密被开展的丁字毛。根粗壮，直伸，黄褐色或褐色，木质。单数羽状复叶，长4～20cm，具小叶9～29；托叶披针形，长7～15mm，膜质，长渐尖，基部与叶柄连合，外面密被长柔毛；小叶椭圆形或倒卵形，长（3）5～10（15）mm，宽（2）3～8mm，先端圆钝或锐尖，基部楔形或近圆形，两面密被开展的丁字毛。花序近无梗，通常每叶腋具5～8花，密集于叶丛的基部，淡黄色；苞片披针形，长3～6mm，膜质，先端渐尖，外面被开展的白毛；花萼筒形，长10～15mm，密被半开展的白色长柔毛，萼齿条形，长2～5mm；旗瓣矩圆状倒卵形，长17～24mm，宽6～9mm，先端圆形或微凹，中部稍缢缩，基部具短爪，翼瓣长16～20mm，瓣片条状矩圆形，顶端全缘或微凹，基部具长爪及耳，龙骨瓣长14～17mm，瓣片矩圆状倒卵形，先端钝，爪较瓣片长约2倍；子房密被白色长柔毛。荚果无柄，矩圆状卵形，长10～15mm，稍膨胀，喙长（2）3～6mm，密被白色长柔毛，2室。花期5～6月，果期6～7月。2n=48。

生境 多年生旱生草本。生于荒漠草原带和荒漠带的砾质或沙砾质地、干河谷、山麓或湖盆边缘。

产新巴尔虎右旗。

糙叶黄芪 *Astragalus scaberrimus* Buuge

别名 春黄芪、掐不齐

蒙名 希日古恩—好恩其日

形态特征 地下具短缩而分歧的、木质化的茎或具横走的木质化根状茎，无地上茎或有极短的地上茎，或有稍长的平卧的地上茎，叶密集于地表，呈莲座状，全株密被白色丁字毛，呈灰白色或灰绿色。单数羽状复叶，长5～10cm，具小叶7～15；托叶与叶柄连合达1/3～1/2，长4～7mm，离生部分为狭三角形至披针形，渐尖；小叶椭圆形、近矩圆形，有时为披针形，长5～15mm，宽2～7mm，先端锐尖或钝，常有小突尖，基部宽楔形或近圆形，全缘，两面密被白色平伏的丁字毛。总状花序由基部腋生，总花梗长1～3.5cm，具花3～5；花白色或淡黄色，长15～20mm，苞片披针形，比花梗长；花萼筒状，长6～9mm，外面密被丁字毛，萼齿条状披针形，长为萼筒的1/3～1/2；旗瓣椭圆形，顶端微凹，中部以下渐狭，具短爪，翼瓣和龙骨瓣较短，翼瓣顶端微缺；子房有短毛。荚果矩圆形，稍弯，长10～15mm，宽2～4mm，喙不明显，背缝线凹入成浅沟，果皮革质，密被白色丁字毛，内具假隔膜，2室。花期5～8月，果期7～9月。$2n=16$。

生境 多年生旱生草本。为草原带常见的伴生植物，多生于山坡、草地、沙质地，也见于草甸草原、山地、林缘。

产海拉尔区、满洲里市、牙克石市、鄂温克族自治旗、陈巴尔虎旗、新巴尔虎左旗、新巴尔虎右旗。

经济价值 中等饲用植物。春季开花时，绵羊、山羊最喜食其花，夏秋采食其枝叶，可食率达50%～80%甚至更多。可作水土保持植物。

白花黄芪 *Astragalus galactites* Pall.

别名 乳白花黄芪

蒙名 希敦—查干、查干—好恩其日

形态特征 植株高5～10cm，具短缩而分歧的地下茎。地上部分无茎或具极短的茎。单数羽状复叶，具小叶9～21；托叶下部与叶柄合生，离生部分卵状三角形，膜质，密被长毛；小叶矩圆形、椭圆形、披针形至条状披针形，长5～10（15）mm，宽1.5～3mm，先端钝或锐尖，有小突尖，基部圆形或楔形，全缘，上面无毛，下面密被白色平伏的丁字毛。花序近无梗，通常每叶腋具花2朵，密集于叶丛基部如根生状，花白色或稍带黄色；苞片披针形至条状披针形，长5～9mm，被白色长柔毛；萼筒状钟形，长8～13mm，萼齿披针状条形或近锥形，为萼筒的1/2长至近等长，密被开展的白色长柔毛；旗瓣菱状矩圆形，长20～30mm，顶端微凹，中部稍缢缩，中下部渐狭成爪，两侧成耳状，翼瓣长18～26mm，龙骨瓣长17～20mm，翼瓣及龙骨瓣均具细长爪；子房有毛；花柱细长。荚果小，卵形，长4～5mm，先端具喙，通常包于萼内，幼果密被白毛，以后毛较少，1室，通常含种子2粒。花期5～6月，果期6～8月。

生境 多年生旱生草本。草原区广泛分布的植物种，也进入荒漠草原群落中，春季在草原群落中可形成明显的开花季相。喜生于砾石质和沙砾质土壤，尤其在放牧退化的草场上大量繁生。

产海拉尔区、满洲里市、牙克石市、鄂温克族自治旗、陈巴尔虎旗、新巴尔虎左旗、新巴尔虎右旗。

经济价值 中等饲用植物。绵羊、山羊春季喜食其花和嫩叶，花后采食其叶，马春、夏季均喜食。

棘豆属 Oxytropis DC.

1 小叶轮生 ……… 2
1 小叶对生 ……… 5
2 每叶具小叶 25～32 轮 ………………………………………………………………… **1 多叶棘豆 O. myriophylla**
2 每叶具小叶 25 轮以下 ………………………………………………………………………………………… 3
3 小叶狭矩圆形，长 6～14mm，宽 2～4mm，先端钝圆、截形或微凹，幼叶被平伏的白色长柔毛，后渐稀疏；新鲜时旗瓣正面二色，外围粉红色，内部黄绿色；荚果革质，无毛 ………………………… **2 平卧棘豆 O. prostrata**
3 小叶狭长，长 3～20mm，宽 1～2.5mm，两面密被长柔毛，先端锐尖或渐尖；旗瓣不为二色；荚果膜质，被毛或光滑 …… 4
4 每叶具小叶 6～12 轮，每轮 4～6 小叶；花冠长 8～10mm；荚果长约 10mm ……………… **3 砂珍棘豆 O. racemosa**
4 每叶具小叶 3～9 轮，每轮（2）3～4（6）小叶；花冠长 14～18mm；荚果长 10～18mm ……………………………………………………………………………………………………… **4 海拉尔棘豆 O. oxyphylla**
5 植株具有发达的地上茎，匍匐且多分枝；花蓝紫色 ……………………………………… **5 小花棘豆 O. glabra**
5 地上茎不发达，短缩 ………………………………………………………………………………………… 6
6 植株被长硬毛，小叶长 1.5～5cm，宽 5～15 mm；荚果包藏于花萼内 …………………… **6 硬毛棘豆 O. hirta**
6 植株仅被柔毛，不被长硬毛；荚果外露 ……………………………………………………………………… 7
7 小叶条形 ……………………………………………………………………………………………………… 8
7 小叶披针形、卵形或椭圆形 ………………………………………………………………………………… 9
8 小叶上面无毛，下面密被平伏的长柔毛；总花梗与叶近等长，花紫红色或蓝紫色；荚果膜质，密被短柔毛；叶轴不成刺状 ………………………………………………………………………………… **7 薄叶棘豆 O. leptophylla**
8 小叶无毛或于顶端疏生白毛；总花梗极短，花黄白色；荚果革质；叶轴宿存，近于刺状 … **8 鳞萼棘豆 O. squammulosa**
9 荚果膜质，泡状，被柔毛 …………………………………………………………………… **9 丛棘豆 O. caespitosa**
9 荚果革质 …………………………………………………………………………………………………… 10
10 小叶 15～25，长 10～25（30）mm，宽 5～7mm；花较大，长 20～30mm …………… **10 大花棘豆 O. grandiflora**
10 小叶 21～33（41），长 5～15mm，宽 1～5mm；花较小，长 10mm 以下 ………………………………… 11
11 小叶长 5～15mm，宽 2～5mm；花长约 10mm；荚果长 12～18mm …………… **11 东北棘豆 O. mandshurica**
11 小叶长不超过 5mm，宽 1～2mm；花长 6～7mm；荚果长 5～8（10）mm …………… **12 线棘豆 O. filiformis**

多叶棘豆 *Oxytropis myriophylla* (Pall.) DC.

别名 狐尾藻棘豆、鸡翎草

蒙名 达兰—奥日图哲

形态特征 植株高20～30cm。主根深长，粗壮。无地上茎或茎极短缩。托叶卵状披针形，膜质，下部与叶柄合生，密被黄色长柔毛；叶为具轮生小叶的复叶，长10～20cm，通常可达25～32轮，每轮有小叶（4）6～8（10），小叶条状披针形，长3～10mm，宽0.5～1.5mm，先端渐尖，干后边缘反卷，两面密生长柔毛。总花梗比叶长或近等长，疏或密生长柔毛；总状花序具花10余朵，花淡红紫色，长20～25mm，花梗极短或近无梗；苞片披针形，比萼短；萼筒状，长8～12mm，宽3～4mm，萼齿条形，长2～4mm，苞片及萼均密被长柔毛；旗瓣矩圆形，顶端圆形或微凹，基部渐狭成爪，翼瓣稍短于旗瓣，龙骨瓣短于翼瓣，顶端具长2～3mm的喙；子房圆柱形，被毛。荚果披针状矩圆形，长约15mm，宽约5mm，先端具长而尖的喙，喙长5～7mm，表面密被长柔毛，内具稍厚的假隔膜，成不完全的2室。花期6～7月，果期7～9月。$2n=16$。

生境 多年生砾石生中旱生草本。生于森林草原带的丘陵顶部和山地砾石性土壤上，为草甸草原群落的伴生成分或次优势种；也进入干草原地带和森林带的边缘，但总生于砾石质或沙质土壤上。

产呼伦贝尔市各旗、市、区。

经济价值 青鲜状态各种家畜均不采食，夏季或枯后绵羊、山羊采食少许，饲用价值不高。全草入药，能清热解毒、消肿、祛风湿、止血，主治流感、咽喉肿痛、痈疮肿毒、创伤、瘀血肿胀、各种出血。地上部分入蒙药（蒙药名：那布其日哈嘎—奥日都扎），能消热、愈伤、生肌、止血、消肿、通便，主治瘟疫、发症、丹毒、腮腺炎、阵刺痛、肠刺痛、脑刺痛、麻疹、痛风、游痛症、创伤、月经过多、创伤出血、吐血、咳痰。

平卧棘豆 *Oxytropis prostrata* (Pall.) DC.

形态特征 植株平卧。根粗壮，深而长。茎短缩，基部多分枝（分枝多簇生于表土下）。托叶大部分与叶柄连合，裂片卵形，先端急尖，外面具多条凸出的脉，密被白色长茸毛，使短缩的茎顶端呈白色绒球状；叶长5～25cm，叶轴疏被平伏的白色长柔毛；小叶2～4轮生，10～17轮，狭距圆形，先端钝圆、截形或微凹，边缘反卷，幼叶被平伏的白色长柔毛，后渐稀疏，长6～14mm，宽2～4mm。总花梗较叶长，疏被平伏的长柔毛；花蓝紫色，稀白色，于总花梗顶端稀疏地排列成总状花序；苞片狭椭圆形，草质，长3～6mm，宽1.5～2.5mm，先端渐尖或钝圆，萼筒状，长8.5～11mm，疏生开展的长柔毛，萼齿披针形、线形，长约2mm；旗瓣长18～22（25）mm，瓣片菱形，中央有黄绿色斑，先端钝圆或微凹，翼瓣长约16（20）mm，瓣片斜倒卵形，爪长7～9mm，耳长约2mm，龙骨瓣顶端有长约2mm的喙；子房无柄，光滑；花柱光滑。荚果长15～17mm，弯曲、光滑，假2室，花期5～6月，果期6～8月。

生境 多年生旱生草本。生于草原带的湖边砾石质滩地。

产新巴尔虎右旗。

砂珍棘豆 *Oxytropis racemosa* Turcz. (= *Oxytropis gracilima* Bunge)

别名 泡泡草、砂棘豆

蒙名 额勒苏音—奥日图哲、炮静—额布斯

形态特征 植株·高5～15cm。根圆柱形，伸长，黄褐色。茎短缩或几无地上茎。叶丛生，多数；托叶卵形，先端尖，密被长柔毛，大部与叶柄连合；叶为具轮生小叶的复叶，叶轴细弱，密生长柔毛，每叶有6～12轮，每轮有4～6小叶，均密被长柔毛，小叶条形、披针形或条状矩圆形，长3～10mm，宽1～2mm，先端锐尖，基部楔形，边缘常内卷。总花梗比叶长或近等长；总状花序近头状，生于总花梗顶端；花较小，长8～10mm，粉红色或带紫色；苞片条形，比花梗稍短；萼钟状，长3～4mm，宽2～3mm，密被长柔毛，萼齿条形，与萼筒近等长或为萼筒长的1/3，密被长柔毛；旗瓣倒卵形，顶端圆或微凹，基部渐狭成短爪，翼瓣比旗瓣稍短，龙骨瓣比翼瓣稍短或近等长，顶端具长约1mm的喙；子房被短柔毛；花柱顶端稍弯曲。荚果宽卵形，膨胀，长约1cm，顶端具短喙，表面密被短柔毛，腹缝线向内凹形成1条狭窄的假隔膜，为不完全的2室。花期5～7月，果期（6）7～8（9）月。$2n=16$。

生境 多年生沙生旱生草本。生于沙丘、河岸沙地、沙质坡地，在草原带和森林草原带的沙质草原中为伴生成分，是沙质草原群落的特征种。

产鄂温克族自治旗、陈巴尔虎旗、新巴尔虎左旗。

经济价值 绵羊、山羊采食少许，饲用价值不高（鄂尔多斯市牧民反映各种家畜均采食）。全草入药，能消食健脾，主治小儿消化不良。

海拉尔棘豆 *Oxytropis oxyphylla* (Pall.) DC. [= *Oxytropis hailarensis* Kitag.]

别名 山棘豆、呼伦贝尔棘豆

蒙名 海拉日—奥日图哲

形态特征 植株高 7～20cm。根深而长，黄褐色至黑褐色。茎短缩，基部多分歧，稀为少分歧、不分歧或近于无地上茎。托叶宽卵形或三角状卵形，下部与叶柄基部连合，先端锐尖，膜质，具明显的中脉或有时为 2～3 脉，外面及边缘密生白色或黄色长柔毛；叶长 2.5～14cm，叶轴密被白色柔毛；小叶轮生或有时近轮生，3～9 轮，每轮有（2）3～4（6）枚小叶，条状披针形、矩圆状披针形或条形，长 10～20（30）mm，宽 1～2.5（3）mm，先端渐尖，全缘，边缘常反卷，两面密被绢状长柔毛。总花梗稍弯曲或直立，比叶长或近相等，被白色柔毛；短总状花序于总花梗顶端密集为头状；花红紫色、淡紫色或稀为白色；苞片披针形或狭披针形，渐尖，外面被长柔毛，通常比萼短而比花梗长，萼筒状，长 6～8mm，外面密被白色与黑色长柔毛，有时只生白色毛，萼齿条状披针形，比萼筒短，通常上方的 2 萼齿稍宽；旗瓣椭圆状卵形，长（13）14～18（21）mm，顶端圆形，基部渐狭成爪，翼瓣比旗瓣短，具明显的耳及长爪，龙骨瓣又比翼瓣短，顶端具长 1.5～3mm 的喙；子房有毛。荚果宽卵形或卵形，膜质，膨大，长 10～18（20）mm，宽 9～12mm，被黑色或白色（有时混生）短柔毛，通常腹缝线向内凹形成很窄的假隔膜。花期 6～7 月，果期 7～8 月。

生境 多年生旱生草本。稀疏地生于草原带的沙质草原中，有时也进入石质丘陵坡地。

产海拉尔区、满洲里市、鄂温克族自治旗、陈巴尔虎旗、新巴尔虎左旗、新巴尔虎右旗。

小花棘豆 *Oxytropis glabra* (Lam.) DC.

别名 醉马草、包头棘豆

蒙名 扫格图—奥日图哲、扫格图—额布斯、霍勒—额布斯

形态特征 植株高20～30cm。茎伸长，匍匐，上部斜升，多分枝，疏被柔毛。单数羽状复叶，长5～10cm，具小叶（5）11～19；托叶披针形、披针状卵形、卵形以至三角形，长5～10mm，草质，疏被柔毛，分离或基部与叶柄连合；小叶披针形、卵状披针形、矩圆状披针形以至椭圆形，长（5）10～20（30）mm，宽3～7（10）mm，先端锐尖、渐尖或钝，基部圆形，上面疏被平伏的柔毛或近无毛，下面被疏或较密的平伏柔毛。总状花序腋生，花排列稀疏，总花梗较叶长，疏被柔毛；苞片条状披针形，长约2mm，先端尖，被柔毛，花梗长约1mm；花小，长6～8mm，淡蓝紫色；花萼钟状，长4～5mm，被平伏的白色柔毛，萼齿披针状钻形，长1.5～2mm；旗瓣宽倒卵形，长5～8mm，先端近截形，微凹或具细尖，翼瓣长稍短于旗瓣，龙骨瓣稍短于翼瓣，喙长0.3～0.5mm。荚果长椭圆形，长10～17mm，宽3～5mm，下垂，膨胀，背部圆，腹缝线稍凹，喙长1～1.5mm，密被平伏的短柔毛。花期6～7月。果期7～8月。$2n=16$。

生境 多年生轻度耐盐的中生草本。生于草原带、荒漠草原带和荒漠带的低湿地上，在湖盆边缘或沙地间的盐湿低地上有时可成为优势种，也伴生于芨芨草盐生草甸群落中，为轻度耐盐的盐生草甸种。

产新巴尔虎右旗。

经济价值 有毒植物。据研究，它含有具强烈溶血活性的蛋白质毒素，家畜大量采食后，能引起慢性中毒，其中以马最为严重，其次为牛、绵羊与山羊。家畜采食后，开始发胖，继续采食，则出现腹胀、消瘦、双目失明、体温增高、口吐白沫、不思饮食，最后死亡。若在刚中毒时，改饲其他牧草，或将中毒家畜驱至生长有葱属植物或冷蒿的放牧地上，可以解毒。据报道，采用机械铲除或用2,4-D丁酯进行化学除莠效果较好。此外，采取去毒饲喂的方法，更可变害为利。

硬毛棘豆 *Oxytropis hirta* Bunge

别名 毛棘豆

蒙名 希如文—奥日图哲

形态特征 植株无地上茎，高20～40cm，全株被长硬毛。叶基生，单数羽状复叶，长15～25cm；叶轴粗壮；托叶披针形，与叶柄基部合生、上部分离，膜质，密生长硬毛；小叶5～19，对生或近对生，卵状披针形或长椭圆形，长1.5～5cm，宽5～15mm，先端锐尖或稍钝，基部圆形，上面无毛或近无毛，下面和边缘疏生长毛。总状花序呈长穗状，长5～15cm，花多而密，总花梗粗壮，通常显著比叶长；花黄白色，少蓝紫色，长15～18mm；苞片披针形或条状披针形，比萼长或近等长；花梗极短或近无梗；花萼筒状或近于筒状钟形，10～13mm，宽3.5mm，密被毛，萼齿条形，与萼筒等长或稍短；旗瓣椭圆形，顶端近圆形，基部渐狭成爪，翼瓣与旗瓣近等长或稍短，龙骨瓣较短，顶端具喙，喙长1～3mm；子房密被白毛。荚果藏于萼内，长卵形，长约12mm，宽约4.5mm，密被长毛，具假隔膜，为不完全2室，顶端具顶喙。花期6～7月，果期7～8月。$2n=16$。

生境 多年生旱中生草本。常伴生于森林草原带和草原带的山地杂类草草原和草甸草原群落中。

产牙克石市、扎兰屯市、额尔古纳市、莫力达瓦达斡尔族自治旗、鄂伦春自治旗、鄂温克族自治旗、新巴尔虎左旗。

经济价值 家畜不食。地上部分入蒙药（蒙药名：旭润—奥日都扎），功能主治同多叶棘豆。

薄叶棘豆 *Oxytropis leptophylla* (Pall.) DC.

别名 山泡泡、光棘豆

形态特征 植株无地上茎。根粗壮，通常呈圆柱状伸长。叶轴细弱；托叶小，披针形，与叶柄基部合生，密生长毛；单数羽状复叶，小叶7～13，对生，条形，长13～35mm，宽1～2mm，通常干后边缘反卷，两端渐尖，上面无毛，下面被平伏柔毛。总花梗稍倾斜，常弯曲，与叶略等长或稍短，密生长柔毛，花2～5集生于总花梗顶部构成短总状花序，花紫红色或蓝紫色，长18～20mm；苞片椭圆状披针形，长3～5mm；萼筒状，长8～12mm，宽约3.5mm，密被毛，萼齿条状披针形，长为萼筒的1/4；旗瓣近椭圆形，顶端圆或微凹，基部渐狭成爪，翼瓣比旗瓣短，具细长的爪和短耳，龙骨瓣稍短于翼瓣，顶端有长约1.5mm的喙；子房密被毛；花柱顶部弯曲。荚果宽卵形，长14～18mm，宽12～15mm，膜质，膨胀，顶端具喙，表面密生短柔毛，内具窄的假隔膜。花期5～6月，果期6月。$2n=16$。

生境 多年生旱生草本。生于森林草原带和典型草原带的砾石质和沙砾质草原群落中，为多度不高的伴生成分。

产牙克石市、鄂温克族自治旗、新巴尔虎右旗。

经济价值 茎叶较柔嫩，为绵羊、山羊所喜食，秋季采食它的荚果。

鳞萼棘豆 *Oxytropis squammulosa* DC.

蒙名 查干—奥日图哲

形态特征 植株高3～5cm。根粗壮，常扭曲成瓣状，向下直伸，褐色。茎极短，丛生。叶轴宿存，近于刺状，淡黄色，无毛。托叶膜质，条状披针形，先端渐尖，边缘疏生长毛，与叶柄基部连合；单数羽状复叶，小叶7～13，条形，常内卷成圆筒状，长5～15mm，宽1～1.5mm，先端渐尖，基部圆形或宽楔形，两面有腺点，无毛或于先端疏生白毛。花葶极短，具花1～3；苞片披针形，膜质，长5～6mm，先端渐尖，表面有腺点，边缘疏生白毛；花萼筒状，长12～14mm，宽约4mm，表面密生鳞片状腺体，无毛，萼齿近三角形，长约2mm，边缘疏生白毛；花冠乳黄白色，龙骨瓣先端带紫色；旗瓣匙形，长25mm，宽达6mm，顶端钝，基部渐狭，翼瓣较旗瓣短1/3，有长爪及短耳，龙骨瓣较翼瓣短，顶端具喙，长约1mm。荚果卵形，革质，膨胀，长10～15mm，宽7～8mm，顶端有硬尖。花期4～5月，果期6月。$2n=16$。

生境 多年生矮小旱生草本。生于荒漠草原带和草原带的砾石质山坡与丘陵、沙砾质河谷阶地薄层的沙质土上。

产新巴尔虎右旗。

经济价值 青鲜状态为绵羊、山羊所乐食，春末尤喜食其花，其他家畜采食较少。有的牧民认为它是有毒植物，羊采食后会发生下颚水肿及腹泻等症。

丛棘豆 *Oxytropis caespitosa* (Pall.) Pers.

形态特征 多年生丛生草本，无茎。根状茎粗壮直伸，黑褐色。基部具残存的弯曲老叶轴。托叶与叶柄合生，膜质，外面及边缘具白色长柔毛。单数羽状复叶，长10～20cm，叶轴和叶柄近无毛或光滑，小叶5～7对，长椭圆形，上面光滑无毛，下面被贴伏柔毛，长10～25mm，宽2～7mm。总花梗果期短于叶或与叶近等长，被柔毛。总状花序近伞形，生于总花梗顶端，具2～6朵小花；苞片卵状披针形，具白色纤毛，长不超过花萼的1/3；花萼管状，膨大，长13～17mm，被开展的白色和黑色的毛，萼齿长2～4mm；花冠乳白色，干后黄色，旗瓣长（22）30-33mm，瓣片长圆状椭圆形，翼瓣长25～27mm，龙骨瓣短于翼瓣，顶端边缘紫色，喙长2～3mm。荚果卵形，泡囊状膨胀，膜质，长20～30mm，宽12～15mm，被白色和黑色柔毛，内侧具窄的假隔膜。花果期5～8月。

生境 旱中生草本。生于石质坡地。产呼伦贝尔（额尔古纳市黑山头）。

大花棘豆 *Oxytropis grandiflora* (Pall.) DC.

蒙名　陶木—奥日图哲

形态特征　植株高20～35cm。通常无地上茎，叶基生或近基生，呈丛生状，全株被白色平伏柔毛。单数羽状复叶，长5～25cm；托叶宽卵形，先端尖，稍贴生于叶柄，密生白色柔毛；小叶15～25，矩圆状披针形，有时为矩圆状卵形，长10～25（30）mm，宽5～7mm，先端渐尖，基部圆形，全缘，两面被白色绢状柔毛。总状花序比叶长，花大，密集于总花梗顶端呈穗状或头状；苞片矩圆状卵形或披针形，渐尖，长7～13mm，被毛；萼筒状，长10～14mm，带紫色，被毛，萼齿三角状披针形，长2～3mm；花冠红紫色或蓝紫色，长20～30mm；旗瓣宽卵形，顶端圆，基部有长爪，翼瓣比旗瓣短，比龙骨瓣长，具细长的爪及稍弯的耳，龙骨瓣顶端有稍弯曲的短喙，喙长2～3mm，基部具长爪；子房具密毛。荚果矩圆状卵形或矩圆形，革质，长20～30mm，宽4～8mm，被白色平伏柔毛，有时混生有黑色毛，顶端渐狭，具细长的喙，腹缝线深凹，具宽的假隔膜，成假2室。种子多数。花期6～7月，果期7～8月。$2n=32$。

生境　多年生旱中生草本。主要生于森林草原带的山地杂类草草甸草原，是常见的伴生植物。

产满洲里市、牙克石市、额尔古纳市、鄂温克族自治旗、陈巴尔虎旗、新巴尔虎左旗。

东北棘豆 *Oxytropis mandshurica* Bunge

别名 蓝花棘豆

蒙名 蔓吉—奥日图哲

形态特征 植株高 20～30cm。主根粗壮，暗褐色。无地上茎或茎短缩，常于表土下分歧，形成密丛。单数羽状复叶，长 5～20cm，具小叶 21～33；托叶披针形，先端长渐尖，膜质，中部以下与叶柄连合，被柔毛；叶轴细弱，疏被长柔毛至近无毛，小叶卵状披针形或矩圆状披针形，长 5～15mm，宽 2～5mm，先端锐尖或钝，基部圆形，两面疏被平伏的长柔毛，或上面近无毛。总花梗细弱，比叶长，疏被平伏的长柔毛；总状花序长 3～10cm，花多数，疏生；苞片条状披针形，长约 3mm，端先渐尖，被毛；花萼钟状，长 4～5mm，被白色与黑色短柔毛，萼齿披针形，长 1～1.5mm；花紫红色或蓝紫色，长约 10mm；旗瓣长 9～10mm，瓣片宽卵形，顶端钝圆，具小尖，翼瓣与旗瓣等长或稍短，龙骨瓣与翼瓣等长或稍短，喙长 1.5～2mm。荚果矩圆状卵形，长 12～18mm，宽 4～5mm，膨胀，先端具喙，被白色平伏的短柔毛，1室，果梗长 0.5～1mm。花期 6～7 月，果期 7～8 月。$2n=16$。

生境 多年生中生草本。生于森林带和森林草原带的林间草甸、河谷草甸、草原化草甸，为其伴生种。

产陈巴尔虎旗、新巴尔虎左旗。

经济价值 茎叶柔嫩，各种家畜均喜食。

线棘豆 *Oxytropis filiformis* DC.

蒙名　乌他存—奥日图哲

形态特征　植株高10～15cm。无地上茎或茎极短缩，分歧（并常于表土下），形成密丛。单数羽状复叶，长6～12cm；托叶长卵形，膜质，密被硬毛，基部与叶柄合生，彼此连合或近分离；小叶21～31（41），披针形、条状披针形或卵状披针形，长约5mm，宽1～2mm，先端渐尖，基部圆形，两面均被平伏柔毛，干后边缘反卷。总花梗细弱，常弯曲，有毛，比叶长；总状花序长2.5～5cm，具花10～15；花蓝紫色，长6～7mm；萼钟状，长2.5（3）mm，萼齿三角形，长约1mm，表面混生白色与黑色的短柔毛；旗瓣近圆形，长6～7mm，基部楔形，顶端微凹，翼瓣与旗瓣近等长，比龙骨瓣稍长，龙骨瓣顶端的喙长约2mm。荚果宽椭圆形或卵形，长5～8（10）mm，宽3～5mm，先端具喙，表面疏生短毛。花期7～8月，果期8月。$2n=16$。

生境　多年生砾石生旱生草本。生于典型草原带的山地或丘陵砾石质坡地，为稀疏生长的伴生成分，是山地丘陵砾石质草原群落的特征种。

产满洲里市、新巴尔虎右旗。

经济价值　夏季和秋季绵羊和山羊喜采食。

岩黄芪属 Hedysarum L.

1 多年生草本 ··· 2
1 半灌木 ··· 3
2 茎被白色柔毛；小叶上面密被褐色腺点；花红紫色或淡黄色；荚果具针刺和白柔毛 ········ **1 华北岩黄芪 H. gmelinii**
2 茎无毛；小叶无腺点；花蓝紫色；荚果无毛及针刺 ······································· **2 山岩黄芪 H. alpinum**
3 子房、幼果密被短柔毛，果成熟后毛渐稀少 ·· **3 山竹岩黄芪 H. fruticosum**
3 子房及果无毛 ·· **3a 木岩黄芪 H. fruticosum** var. **lignosum**

华北岩黄芪 *Hedysarum gmelinii* Ledeb.

别名 刺岩黄芪、矮岩黄芪

蒙名 伊曼—他日波勒吉

形态特征 植株高 20～70cm。根粗壮，深长，暗褐色。茎直立或斜升，伸长或短缩，具纵沟，被疏或密的白色柔毛。单数羽状复叶，小叶 9～23；托叶卵形或卵状披针形，长 8～12mm，先端锐尖，膜质，褐色，有柔毛；叶轴有柔毛；小叶椭圆形、矩圆形或卵状矩圆形，长 7～30mm，宽 3～12mm，先端圆形或钝尖，基部圆形或近宽楔形，上面密被褐色腺点，无毛或近无毛，下面密被平伏或开展的长柔毛。总状花序腋生，紧缩或伸长，长 4～8cm；总花梗长可达 25cm，显著比叶长；花多数，15～40；花梗短；苞片披针形，长约 4mm，小苞片条形，约与萼筒等长，膜质，褐色；花红紫色，有时为淡黄色，长 15～20mm，斜立或直立；花萼钟状，长 7～8mm，有白色伏柔毛，萼齿条状披针形，较萼筒长 1.5～3 倍，下萼齿较上萼齿和中萼齿稍长；旗瓣倒卵形，顶端微凹，无爪，翼瓣长为旗瓣的 2/3，爪较耳长 1 倍，龙骨瓣与旗瓣近等长，有爪及短耳，爪较耳长 5～6 倍；子房有白色柔毛，有短柄。荚果有荚节 3～6，荚节宽椭圆形或宽卵形，有网状肋纹、针刺和白色柔毛。花期 6～8（9）月，果期 7～9 月。

生境 多年生旱中生草本。常生于森林草原、典型草原、荒漠草原带的山地、石质或砾石质坡地。产满洲里市、新巴尔虎右旗。

经济价值 良好饲用植物。绵羊、山羊和马均乐食。

山岩黄芪 *Hedysarum alpinum* L.

蒙名 乌拉音—他日波勒吉

形态特征 植株高 40～100cm。根粗壮，暗褐色。茎直立，具纵沟，无毛。单数羽状复叶，小叶 9～21；托叶披针形或近三角形，基部彼此合生或合生至中部以上，膜质，褐色；小叶卵状矩圆形、狭椭圆形或披针形，长 15～30mm，宽 4～10mm，先端钝或稍尖，基部圆形或宽楔形，全缘，上面无毛，下面疏生短柔毛或近无毛，侧脉密而明显。总状花序腋生，显著比叶长，花多数，20～30（60）；花梗长 2～4mm；苞片条形，长约 2mm，膜质，褐色；花蓝紫色，长 13～17mm，稍下垂；萼短钟状，长 3～4mm，有短柔毛，萼齿 5，三角形至狭披针形，下方的萼齿稍狭长；旗瓣长倒卵形，顶端微凹，无爪，翼瓣比旗瓣稍短或近等长，宽不及旗瓣的 1/2，耳条形，约与爪等长，龙骨瓣显著比旗瓣及翼瓣长，有爪及短耳；子房无毛。荚果有荚节（1）2～3（4），荚节近扁平，椭圆形至狭倒卵形，两面具网状脉纹，无毛。花期 7 月，果期 8 月。$2n=14$。

生境 多年生中生草本。多生于森林带和森林草原带的山地林间草甸、林缘草甸、山地灌丛、河谷草甸，为耐寒的高山或亚高山草甸伴生种。

产满洲里市、牙克石市、额尔古纳市、根河市、阿荣旗、莫力达瓦达斡尔族自治旗、鄂伦春自治旗、鄂温克族自治旗、陈巴尔虎旗、新巴尔虎左旗。

经济价值 嫩枝为各种家畜所乐食，也可作绿肥或作观赏用。

山竹岩黄芪 *Hedysarum fruticosum* Pall.

别名 山竹子

蒙名 他日波勒吉

形态特征 植株高60~120cm。根粗壮，深长，少分枝，红褐色。茎直立，多分枝。树皮灰黄色或灰褐色，常呈纤维状剥落。小枝黄绿色或带紫褐色，嫩枝灰绿色，密被平伏的短柔毛，具纵沟。单数羽状复叶，具小叶9~21；托叶卵形或卵状披针形，长4~5mm，膜质，褐色，外面有平伏柔毛，中部以下彼此连合，早落；叶轴长3~10cm，有毛；小叶具短柄，柄长2~3mm；小叶多互生，矩圆形、椭圆形或条状矩圆形，长10~20（25）mm，宽3~10mm，先端圆形或钝尖，有小凸尖，基部近圆形或宽楔形，全缘，上面密布红褐色腺点并疏生平伏短柔毛，下面被稍密的短伏毛。总状花序腋生，与叶近等长，具4~10多花，疏散；花梗短，长2~3mm，有毛；苞片小，三角状卵形，膜质，褐色，有毛；花紫红色，长15~20（25）mm；花萼筒状钟形或钟形，长4~5mm，被短柔毛，萼齿三角形，近等长，渐尖，长约为萼筒的1/2，边缘有长柔毛；旗瓣宽倒卵形，顶端微凹，基部渐狭，翼瓣小，长约为旗瓣的1/3，具较长的耳，龙骨瓣稍短于旗瓣；子房条形，密被短柔毛；花柱长而屈曲。荚果通常具2~3荚节，有时仅1节发育，荚节矩圆状椭圆形，两面稍凸，具网状脉纹，长5~7mm，宽3~4mm，幼果密被柔毛，以后毛渐稀少。花期7~8（9）月，果期9~10月。$2n=16$。

生境 中旱生沙生半灌木。生于草原区的沙丘及沙地，也进入森林草原地区。

产海拉尔区、满洲里市、鄂温克族自治旗、陈巴尔虎旗、新巴尔虎左旗、新巴尔虎右旗。

经济价值 良好饲用植物。青鲜时绵羊、山羊采食其叶，骆驼也采食。

木岩黄芪 *Hedysarum fruticosum* Pall. var. *lignosum* (Trautv.) Kitag.

蒙名 矛日音—他日波勒吉

形态特征 本变种与正种的区别在于：小叶通常较狭；总状花序比叶长1倍以上，或比叶短；子房及荚果无毛。

生境 草原区的沙生中旱生植物。生于草原区的沙丘及沙地，也进入森林草原区。

产海拉尔区、满洲里市、额尔古纳市、鄂温克族自治旗、新巴尔虎左旗。

胡枝子属 Lespedeza Michx.

1 灌木，高 1m 以上；植株不具无瓣花；花冠紫红色 ··· **1 胡枝子 L. bicolor**
1 半灌木，高 1m 以下；植株具无瓣花 ·· **2**
2 植株密被黄褐色绒毛；顶生小叶较大，长 3～6cm，宽 1.5～3 cm，下面密被长绒毛；萼裂片与花冠近等长 ········
··· **2 绒毛胡枝子 L. tomentosa**
2 植株被短硬毛或柔毛 ··· **3**
3 叶轴长 5～15mm；花萼裂片与花冠近等长 ··· **3 达乌里胡枝子 L. davurica**
3 叶轴短，长 2～4mm；花萼裂片长不及花冠的 1/2 ·· **4 尖叶胡枝子 L. juncea**

胡枝子 *Lespedeza bicolor* Turcz.

别名 横条、横笆子、扫条

蒙名 矛仁—呼日布格、呼吉斯

形态特征 植株高达 1m 余。老枝灰褐色，嫩枝黄褐色或绿褐色，有细棱并疏被短柔毛。羽状三出复叶，互生；托叶 2，条形，长 3～4mm，褐色；叶轴长 2～6cm，有毛；顶生小叶较大，宽椭圆形、倒卵状椭圆形、矩圆形或卵形，长 1.5～5cm，宽 1～2cm，先端圆钝，微凹，少有锐尖，具短刺尖，基部宽楔形或圆形，上面绿色，近无毛，下面淡绿色，疏生平伏柔毛，侧生小叶较小，具短柄，长 2～3mm。总状花序腋生，全部成为顶生圆锥花序；总花梗较叶长，长 4～10cm；花梗长 2～3mm，有毛；小

苞片矩圆形或卵状披针形，长 1～1.2mm，钝头，多少呈锐尖，棕色，有毛；花萼杯状，长 4.5～5mm，紫褐色，被白色平伏柔毛，萼片披针形或卵状披针形，先端渐尖或钝，与萼筒近等长；花冠紫色；旗瓣倒卵形，长 10～12mm，顶端圆形或微凹，基部有短爪，翼瓣矩圆形，长约 10mm，顶端钝，有爪和短耳，龙骨瓣与旗瓣等长或稍长，顶端钝或近圆形，有爪；子房条形，有毛。荚果卵形，两面微凸，长 5～7mm，宽 3～5mm，顶端有短尖，基部有柄，网脉明显，疏或密被柔毛。花期 7～8 月，果期 9～10 月。2n=18，20，22。

生境 耐阴中生灌木，为林下植物。在温带落叶阔叶林地区，为栎林灌木层的优势种，也见于林缘，常与榛一起形成林缘灌丛。在内蒙古，多见于山地，生于山地森林或灌丛中，一般出现在阴坡。

产牙克石市、扎兰屯市、额尔古纳市、阿荣旗、莫力达瓦达斡尔族自治旗、鄂伦春自治旗。

经济价值 中等饲用植物。幼嫩时各种家畜均乐意采食，羊最喜食。山区牧民常采收它的枝叶作为冬春补喂饲料。花美丽可供观赏，枝条可编筐，嫩茎叶可代茶用，籽实可食用；又可作绿肥植物及保持水土、改良土壤。全草入药，能润肺解热、利尿、止血，主治感冒发热、咳嗽、眩晕头痛、小便不利、便血、尿血、吐血等。

绒毛胡枝子 *Lespedeza tomentosa* (Thunb.) Sieb. ex Maxim.

别名 山豆花

蒙名 萨格萨嘎日—呼日布格

形态特征 植株高 50～100cm，全体被黄色或白色柔毛。枝具细棱。羽状三出复叶，互生；托叶 2，条形，长约 8mm，被毛，宿存；叶柄长 1.5～4cm；顶生小叶较大，矩圆形或卵状椭圆形，长 3～6cm，宽 1.5～3cm，先端圆形或微凹，有短尖，基部圆形或微心形，上面被平伏短柔毛，下面密被长柔毛，叶脉明显，脉上密被黄褐色柔毛。总状花序顶生或腋生，花密集；花梗短，无关节；无瓣花腋生，呈头状花序；小苞片条状披针形；花萼杯状，萼齿 5，披针形，先端刺芒状，被柔毛；花冠淡黄白色；旗瓣椭圆形，长约 1cm，有短爪，比翼瓣短或等长；翼瓣矩圆形，龙骨瓣与翼瓣等长；子房被绢毛。荚果倒卵形，长 3～4mm，宽 2～3mm，上端具凸尖，密被短柔毛，网脉不明显。花期 7～8 月，果期 9～10 月。2n=20。

生境 中旱生半灌木。生于山坡、砂质地或灌丛间。

产新巴尔虎左旗。

经济价值 根入药，能健脾补虚，治虚痨、虚肿。

达乌里胡枝子 *Lespedeza davurica* (Laxm.) Schindl.

别名 牤牛茶、牛枝子

蒙名 呼日布格

形态特征 植株高 20～50cm。茎单一或数个簇生，通常稍斜升。老枝黄褐色或赤褐色，有短柔毛，嫩枝绿褐色，有细棱并有白色短柔毛。羽状三出复叶，互生；托叶 2，刺芒状，长 2～6mm；叶轴长 5～15mm，有毛；小叶披针状矩圆形，长 1.5～3cm，宽 5～10mm，先端圆钝，有短刺尖，基部圆形，全缘，上面绿毛、无毛或有平伏柔毛，下面淡绿色，伏生柔毛。总状花序腋生，较叶短或等长；总花梗有毛；小苞片披针状条形，长 2～5mm，先端长渐尖，有毛；萼筒杯状，萼片披针状钻形，先端刺芒状，几与花冠等长；花冠黄白色，长约 1cm；旗瓣椭圆形，中央常稍带紫色，下部有短爪，翼瓣矩圆形，先端钝，较短，龙骨瓣长于翼瓣，均有长爪；子房条形，有毛。荚果小，包于宿存萼内，倒卵形或长倒卵形，长 3～4mm，宽 2～3mm，顶端有宿存花柱，两面凸出，伏生白色柔毛。花期 7～8 月，果期 8～10 月。2n=36。

生境 中旱生小半灌木。较喜温暖，生于森林草原和草原带的干山坡、丘陵坡地、沙地及草原群落中，为草原群落的次优势成分或伴生成分。

产呼伦贝尔市各旗、市、区。

经济价值 优等饲用植物。幼嫩枝条为各种家畜所乐食，但开花以后茎叶粗老，可食性降低。全草入药，能解表散寒，主治感冒发热、咳嗽。

尖叶胡枝子 *Lespedeza juncea* (Pall.) Kitag.

别名 尖叶铁扫帚、铁扫帚、黄蒿子

蒙名 好尼音—呼日布格

形态特征 植株高30～50cm,分枝少或上部多分枝成帚状。小枝灰绿色或黄绿色,基部褐色,具细棱并被白色平伏柔毛。羽状三出复叶;托叶刺芒状,长1～1.5mm,有毛;叶轴甚短,长2～4mm;顶生小叶较大,条状矩圆形、矩圆状披针形、矩圆状倒披针形或披针形,长1～3cm,宽2～7mm,先端锐尖或钝,有短刺尖,基部楔形,上面灰绿色,近无毛,下面灰色,密被平伏柔毛,侧生小叶较小。总状花序腋生,具2～5花;总花梗长2～3cm,较叶长,细弱,有毛;花梗甚短,长约3mm;小苞片条状披针形,长约1.5mm,先端锐尖,与萼筒近等长并贴生于其上;花萼杯状,长5～6mm,密被柔毛,萼片披针形,顶端渐尖,较萼筒长,花开后有明显的3脉;花冠白色,有紫斑,长8mm;旗瓣近椭圆形,顶端圆形,基部有短爪,翼瓣矩圆形,较旗瓣稍短,顶端圆,基部有爪,爪长约2mm,龙骨瓣与旗瓣近等长,顶端钝,爪长为瓣片的1/2;子房有毛。无瓣花簇生于叶腋,有短花梗。荚果宽椭圆形或倒卵形,长约3mm,宽约2mm,顶端有宿存花柱,有毛。花期8～9月,果期9～10月。2*n*=20。

生境 中旱生小半灌木。生于草甸草原带的丘陵坡地、沙质地,也见于栎林边缘的干山坡。在山地草甸草原群落中为次优势种或伴生种。

产海拉尔区、牙克石市、扎兰屯市、额尔古纳市、根河市、鄂伦春自治旗、鄂温克族自治旗、新巴尔虎左旗、新巴尔虎右旗。

经济价值 良好饲用植物。幼嫩时,马、牛、羊均乐食,粗老后适口性降低。可作水土保持植物。

豆科

鸡眼草属 Kummerowia Schindl.

长萼鸡眼草 *Kummerowia stipulacea* (Maxim.) Makino

别名 掐布齐

蒙名 他黑延—尼都—额布苏

形态特征 植株高 5～20cm。根纤细。茎斜升、斜倚或直立，分枝开展。小枝细弱，茎及枝上疏生向上的细硬毛，有时仅节处有毛。掌状三出复叶，少近羽状；托叶 2，卵形，长（3）4～8mm，渐尖或锐尖，膜质，淡褐色；小叶倒卵形、宽倒卵形或倒卵楔形，长 5～15mm，宽 3～12mm，先端微凹或近圆形，具短尖，基部楔形，上面无毛，下面中脉及边缘有白色长硬毛，侧脉平行。花通常 1～2 腋生；花梗有白色硬毛，有关节；小苞片 4，比萼筒稍短、稍长或近等长，其中 1 片很小，位于小花梗顶端关节处，通常小苞片具 1～3 脉；花萼钟状，萼齿 5，宽卵形或宽椭圆形；花冠淡紫色，长 5.5～7mm；旗瓣椭圆形，顶端微凹，基部渐狭成爪，龙骨瓣较旗瓣及翼瓣长。荚果椭圆或卵形，长约 4mm，稍扁，两面凸，顶端圆形，具微凹的小刺尖，表面被毛。花期 7～8 月，果期 8～9 月。

生境 一年生中生草本。生于草原带和森林草原带的山地、丘陵、田边、路旁。

产牙克石市、扎兰屯市、阿荣旗、莫力达瓦达斡尔族自治旗、鄂伦春自治旗、鄂温克族自治旗。

经济价值 青干草均为马、牛、羊所乐食。可用作短期放牧地混播材料，又可作绿肥植物。全草入药，能清热解毒、活血、利尿、止泻，主治胃肠炎、痢疾、肝炎、夜盲症、泌尿系统感染、跌打损伤、疔疮疖肿等。

野豌豆属 Vicia L.

1 叶轴末端呈针刺状 ……………………………………………………………………………………	2
1 叶轴末端呈卷须状 ……………………………………………………………………………………	4
2 小叶 2 ………………………………………………………………………	**1 歪头菜 V. unijuga**
2 小叶 4 ~ 8 …………………………………………………………………………………………………	3
3 小叶卵状椭圆形、卵形或卵状披针形，长 3 ~ 8cm，宽 1.5 ~ 3cm ………………	**2 北野豌豆 V. ramuliflora**
3 小叶条状披针形或条形，稀近披针形，长 4.5 ~ 9cm，宽 0.4 ~ 1cm ………………	**3 柳叶野豌豆 V. venosa**
4 小叶的叶脉在两面均凸出，而且明显；花紫色或蓝紫色 ……………………………	**4 多茎野豌豆 V. multicaulis**
4 小叶的叶脉仅下面明显，但不凸出 ………………………………………………………………	5
5 托叶较大，长 8 ~ 16mm，多为半边箭头形 …………………………………………………	6
5 托叶较小，长在 8mm 以下，多为半边戟形，稀为半边箭头形，甚至不裂而成披针形 ……………	7
6 小叶卵形，稀椭圆形或披针状卵形，长 3 ~ 6cm，宽 1.3 ~ 2.5cm，侧脉不直达叶缘，在末端连合成波状或牙齿状 ……………………………………	**5 大叶野豌豆 V. pseudorobus**
6 小叶椭圆形、矩圆形、长圆状线形或线形，侧脉直达叶缘，在末端不连合成波状或牙齿状 ……	**6 山野豌豆 V. amoena**
7 小叶条形、矩圆状条形或披针状条形；叶脉不明显 ………………………………………	8
7 小叶椭圆形、卵形或矩圆形；叶脉较明显 ……………………………………………………	9
8 茎被短柔毛，叶上面无毛或近无毛，下面疏生短柔毛 ……………………………………	**7 广布野豌豆 V. cracca**
8 植株及小叶两面密生长柔毛，呈灰白色 ………………………………………	**7a 灰野豌豆 V. cracca var. canescens**
9 小叶的侧脉较稀疏，与主脉呈锐角（常在 60° 以下）；花长 10 ~ 16mm ……………	**8 东方野豌豆 V. japonica**
9 小叶的侧脉极密而且明显，与主脉近呈直角（60° ~ 85°）；花长 8 ~ 10mm ……	**9 黑龙江野豌豆 V. amurensis**

歪头菜 *Vicia unijuga* A. Br.

别名 草豆

蒙名 好日黑纳格—额布斯

形态特征 植株高 40 ~ 100cm。根状茎粗壮，近木质。茎直立，常数茎丛生。通常数茎丛生，有棱，无毛或疏生柔毛。双数羽状复叶，具小叶 2；叶轴末端呈刺状；托叶半边箭头形，长（6）8 ~ 20mm，具 1 至数个齿裂，稀近无齿；小叶卵形或椭圆形，有时为卵状披针形、长卵形、近菱形等，长 30 ~ 60mm，宽 20 ~ 35mm，先端锐尖或钝，基部楔形、宽楔形或圆形，全缘状，具微凸出的小齿，上面无毛，下面无毛或沿中脉疏生柔毛，叶脉明显，呈密网状。总状花序腋生或顶生，比叶长，具花 15 ~ 25；总花梗疏生柔毛；小苞片短，披针状锥形；花蓝紫色或淡紫色，长 11 ~ 14mm；花萼

钟形或筒状钟形，疏生柔毛，萼齿长，三角形，上萼齿短，披针状锥形；旗瓣倒卵形，顶端微凹，中部微缢缩，比翼瓣长，翼瓣比龙骨瓣长；子房无毛；花柱急弯，上部周围有毛，柱头头状。荚果扁平，矩圆形，两端尖，长20～30mm，宽4～6mm，无毛，含种子1～5粒。种子扁，圆形，褐色。花期6～7月，果期8～9月。2n=12，24。

生境 多年生中生草本，森林草甸种。生于森林带和森林草原带的山地林下、林缘草甸、山地灌丛及草甸草原，是林边缘草甸群落（五花草甸）的亚优势种或伴生种。

产呼伦贝尔市各旗、市、区。

经济价值 优等饲用植物。马、牛最喜食其嫩叶和枝，干枯后仍喜食；羊一般采食，枯后稍食。营养价值较高，耐牧性强，可用作改良天然草地和混播材料。也可作为水土保持植物。全草入药，能解热、利尿、理气、止痛，主治头晕、浮肿、胃痛；外用治疗毒。

北野豌豆　*Vicia ramuliflora* (Maxim.) Ohwi

别名　贝加尔野豌豆

蒙名　奥衣音—给希

形态特征　植株高30～80cm。根状茎粗，木质，常呈块状。茎直立，分歧，常数茎丛生，无毛或微有毛。双数羽状复叶，具小叶4～8；叶轴末端呈刺状；托叶半边箭头形或斜卵形，长（8）10～15mm，通常于基部具齿，稀近全缘；小叶卵状椭圆形、卵形或卵状披针形，长30～80mm，宽15～30mm，先端渐尖，稀锐尖，基部宽楔形或圆形，全缘，两面无毛或稍有毛。花序腋生，花轴具单总状花序或分枝成复总状花序，超出叶或近相等，有时花序自基部分枝，比叶短或等长；花蓝色、蓝紫色至红紫色或粉红色，稀白色，长11～16mm；花萼钟状，上萼齿短，三角形，下萼齿较长，基部为三角状，上部为锥形；旗瓣矩圆形或长倒卵形，中部微缢缩，翼瓣比旗瓣稍短，比龙骨瓣稍长或近等长。荚果扁，狭矩圆形，两端渐狭，长22～35mm，无毛。花期6～8月，果期7～8月。

生境　多年生中生草本。为山地森林带及其山麓森林草原带常见的伴生成分，生于针阔叶混交林下、林缘草地、山坡等生境。

产牙克石市、额尔古纳市、根河市。

柳叶野豌豆 *Vicia venosa* (Willd.) Maxim.

别名 脉叶野豌豆

蒙名 乌达力格—给希

形态特征 植株高40～80cm。茎常数个丛生，通常直立，无毛。复叶具4～8小叶；叶轴末端呈针刺状；托叶半边卵形或稀半边箭头形，长(8)10～16mm，渐尖，全缘或基部稍具锯齿；小叶狭，条状披针形或条形，稀近披针形，长40～90mm，宽5～10mm，基部楔形，先端渐尖，全缘或为不规则的微波状缘，无毛或仅在边缘及背面脉上有纤毛。总状花序腋生，比叶短或稍长，有时分枝成复总状；花梗比萼短，稍有毛或无毛；萼钟状，萼齿很短，稍有毛或无毛；花冠蓝色或蓝紫色，近白色，长10～13(14)mm；旗瓣比翼瓣稍长，翼瓣与龙骨瓣近等长。荚果少膨胀或近于扁平，矩圆形，先端斜楔形，长25～30mm，宽5～6mm，无毛，具种子3～6粒，种脐约占种子周长的1/3。花期7～8月，果期8～9月。$2n=12$。

生境 多年生中生草本。为森林草原带的林间草甸伴生成分，生于针阔叶混交林下及林间、林缘草地等生境。

产牙克石市、额尔古纳市、根河市。

经济价值 可作牧草。

多茎野豌豆 *Vicia multicaulis* Ledeb.

蒙名 萨格拉嘎日—给希

形态特征 植株高 10～50cm。根状茎粗壮。茎数个或多数，直立或斜升，有棱，被柔毛或近无毛。双数羽状复叶，具小叶 8～16；叶轴末端成分枝或单一的卷须；托叶 2 裂成半边箭头形或半戟形，长 3～6mm，脉纹明显，有毛，上部的托叶常较细，下部托叶较宽；小叶矩圆形或椭圆形以至条形，长 10～20mm，宽 1.5～5mm，先端钝或圆，具短刺尖，基部圆形，全缘，叶脉特别明显，侧脉排列呈羽状或近羽状，上面无毛或疏生柔毛，下面疏生柔毛或近无毛。总状花序腋生，超出叶，具 4～15 花；花紫色或蓝紫色，长 13～18mm；花萼钟状，有毛；萼齿 5，上萼齿短，三角形，下萼齿长，狭三角状锥形；旗瓣矩圆状倒卵形，中部缢缩或微缢缩，瓣片比瓣爪稍短，翼瓣及龙骨瓣比旗瓣稍短或近等长；子房有细柄；花柱上部周围有毛。花期 6～7 月，果期 7～8 月。$2n=24$。

生境 多年生中生草本。生于森林草原带和草原带的山地及丘陵地，散见于林缘、灌丛、山地森林上限的草地，也进入河岸沙地与草甸草原。

产海拉尔区、牙克石市、扎兰屯市、额尔古纳市、阿荣旗、莫力达瓦达斡尔族自治旗、鄂温克族自治旗、陈巴尔虎旗、新巴尔虎左旗。

经济价值 秋季为羊所乐食。

大叶野豌豆 *Vicia pseudorobus* Fisch. et C. A. Mey.

别名 假香野豌豆、大叶草藤

蒙名 乌日根—纳布其特—给哈

形态特征 植株高50～150cm。根状茎粗壮，分歧。茎直立或攀援，有棱，被柔毛或近无毛。双数羽状复叶，具小叶6～10，互生，叶轴末端成分枝或单一的卷须；托叶半边箭头形，边缘通常具1至数个锯齿，长8～5mm；小叶卵形、椭圆形或披针状卵形，近革质，长（15）20～30（45）mm，宽（8）12～25mm，先端钝，有时稍尖，有刺尖，基部圆形或宽楔形，全缘，上面无毛，下面疏生柔毛或近无毛，叶脉明显，侧脉不达边缘，在末端连合成波状或牙齿状。总状花序腋生，具花20～25；总花梗超出叶；花紫色或蓝紫色，长10～13mm；花梗有毛；花萼钟状，无毛或近无毛，萼齿短，三角形；旗瓣矩圆状倒卵形，先端微凹，瓣片稍短于瓣爪或近等长，翼瓣与龙骨瓣近等长，稍短于旗瓣；子房有柄；花柱急弯，上部周围有毛，柱头头状。荚果扁平或稍扁，矩圆形，顶端斜尖，无毛，含种子2～3粒。花期7～9月，果期8～9月。$2n=12$，24。

生境 多年生中生草本。为森林草甸种，生于落叶阔叶林下、林缘草甸、山地灌丛及森林草原带的丘陵阴坡，多散生，为伴生成分。

产海拉尔区、牙克石市、扎兰屯市、额尔古纳市、莫力达瓦达斡尔族自治旗、鄂伦春自治旗、鄂温克族自治旗、陈巴尔虎旗。

经济价值 优等饲用植物。本种植株高大，叶量丰富，各种家畜均喜食。全草可入药。

山野豌豆 *Vicia amoena* Fisch.

别名 山黑豆、落豆秧、透骨草

蒙名 乌拉音—给希

形态特征 植株高 40～80cm。主根粗壮。茎攀援或直立，具4棱，疏生柔毛或近无毛。双数羽状复叶，具小叶（6）10～14，互生；叶轴末端成分枝或单一的卷须；托叶大，2～3裂成半边戟形或半边箭头形，长10～16mm，有毛；小叶椭圆形或矩圆形，长15～30mm，宽（6）8～15mm，先端圆或微凹，具刺尖，基部通常圆，全缘，侧脉与中脉呈锐角，通常达边缘，在末端不连合成波状，牙齿状或不明显，上面无毛，下面沿叶脉及边缘疏生柔毛或近无毛。总状花序腋生；总花梗通常超出叶，具10～20花；花梗有毛；花红紫色或蓝紫色，长10～13（16）mm；花萼钟状，有毛，上萼齿较短，三角形，下萼齿较长，披针状锥形；旗瓣倒卵形，顶端微凹，翼瓣与旗瓣近等长，龙骨瓣稍短于翼瓣，顶端渐狭，略呈三角形；子房有柄；花柱急弯，上部周围有毛，柱头头状。荚果矩圆状菱形，长20～25mm，宽约6mm，无毛，含种子2～4粒。种子圆形，黑色。花期6～7月，果期7～8月。2n=12，24。

生境 多年生旱中生草本。生于山地林缘、灌丛和广阔的草甸草原群落中，为草甸草原和林缘草甸的优势种或伴生种。

产呼伦贝尔市各旗、市、区。

经济价值 优等饲用植物。茎叶柔嫩，各种牲畜均乐食，羊喜采食其叶，马于秋、冬、春季采食，骆驼四季均采食。种子采收容易，发芽率高，耐阴性强，可与多年生丛生性禾本科牧草混播，改良天然草场和打草用。全草入蒙药（蒙药名：乌拉音—给希），能解毒、利尿，主治水肿。

豆 科

广布野豌豆 *Vicia cracca* L.

别名 草藤、落豆秧

蒙名 伊曼—给希

形态特征 植株高30～120cm。茎攀援或斜升，有棱，被短柔毛。双数羽状复叶，具小叶10～24；叶轴末端成分枝或单一的卷须；托叶半边箭头形或半戟形，长（3）5～10mm，有时狭细成条形；小叶条形、矩圆状条形或披针状条形，膜质，长10～30mm，宽2～4mm，先端锐尖或圆形，具小刺尖，基部近圆形，全缘，叶脉稀疏，不明显，上面无毛或近无毛，下面疏生短柔毛，稍呈灰绿色。总状花序腋生；总花梗超出叶或近等长，7～20花；花紫色或蓝紫色，长8～11mm；花萼钟状，有毛，下萼齿比上萼齿长；旗瓣中部缢缩成提琴形，顶端微缺，瓣片与瓣爪近等长，翼瓣稍短于旗瓣或近等长，龙骨瓣显著短于翼瓣，先端钝；子房有柄，无毛；花柱急弯，上部周围有毛，柱头头状。荚果矩圆状菱形，稍膨胀或压扁，长15～25mm，无毛，果柄通常比萼筒短，含种子2～6粒。花期6～9月，果期7～9月。$2n=14$，28。

生境 多年生中生草本。为草甸种，稀进入草甸草原，生于草原带的山地和森林草原带的河滩草甸、林缘、灌丛、林间草甸，也生于林区的撂荒地。

产海拉尔区、满洲里市、额尔古纳市、鄂温克族自治旗。

经济价值 优等饲用植物。品质良好，有抓膘作用，但产草量不甚高，可补播改良草场或引入与禾本科牧草混播。也为水土保持及绿肥植物。全草可入药。

灰野豌豆 *Vicia cracca* L. var. *canescens* (Maxim.) Franch. et Sav.

蒙名 柴布日—乌拉音—给希

形态特征 本变种与正种的区别在于：植株及小叶两面密生长柔毛，呈灰白色。

生境 中生植物。生于林间草地、林缘草甸、灌丛、沟边等生境。

产牙克石市、扎兰屯市、额尔古纳市、莫力达瓦达斡尔族自治旗、鄂温克族自治旗、鄂伦春自治旗、陈巴尔虎旗、新巴尔虎左旗。

经济价值 用途同正种。

东方野豌豆 *Vicia japonica* A. Gray

蒙名 道日那音—给希

形态特征 茎攀援，长60～120cm，稍有毛或无毛。复叶具（8）10～14小叶；叶轴末端具分枝卷须；托叶小，长3～7mm，2深裂至基部，多呈半边戟形，裂片披针状条形，锐尖；小叶质薄近膜质，椭圆形或卵形至矩圆形或长卵形，长10～25（35）mm，宽6～12（15）mm，基部圆形，先端微凹，全缘，上面绿色，无毛，下面淡绿色，伏生细柔毛，侧脉与主脉呈锐角（45°～60°），较稀疏。总状花序腋生，比叶稍长，具7～12（15）花；花具较长的梗，长3～6mm；花蓝紫色或紫色，长10～15mm；萼钟形，上萼齿比下萼齿稍短；旗瓣倒卵形，先端微缺，翼瓣比旗瓣稍短，与龙骨瓣近等长。荚果近矩圆形，长18～20（30）mm，具种子1～4粒。花期7～8月，果期8～9月。$2n=12，24$。

生境 多年生中生草本。为森林草原带的林缘、草甸的伴生成分，生于河岸湿地、沙质地、山坡、路旁。产牙克石市、额尔古纳市、根河市、鄂伦春自治旗。

经济价值 本种为抗寒、耐霜的优良牧草种质资源，可引种栽培和研究。

黑龙江野豌豆 *Vicia amurensis* Oett.

蒙名 阿木日—给希

形态特征 茎上升或攀援，长50～100cm，无毛或稍有毛。复叶具(6)8～12小叶；叶轴末端具分枝的卷须；托叶小，长3～7mm，通常3裂，稀2裂呈半边箭头形；小叶卵状矩圆形或卵状椭圆形，长16～33（40）mm，宽（6）10～16mm，基部近圆形，先端微缺，全缘，无毛或嫩叶背面稍有细毛，侧脉极密而明显凸出，与主脉近呈直角(60°～85°)。总状花序腋生，比叶长或近等长，具（10）16～26（36）花；花无梗或仅具约2mm长的短梗；花蓝紫色，稀紫色，长8～10（11）mm；萼钟形，上萼齿比下萼齿短；旗瓣矩圆状倒卵形或矩圆形，顶端微缺，翼瓣比旗瓣稍短或近等长，但比龙骨瓣长。荚果矩圆状菱形，长15～25mm，具种子1～3粒。花期7～8月，果期8～9月。$2n=12$。

生境 多年生中生草本。生于森林带的林间草甸、林缘草甸、灌丛、河滩，为山地森林草甸伴生种。

产牙克石市、扎兰屯市、额尔古纳市、根河市、莫力达瓦达斡尔族自治旗、鄂伦春自治旗、鄂温克旗自治旗、陈巴尔虎旗。

经济价值 优良牧草。为抗寒性和耐霜性强的珍贵种质资源，可引种栽培和研究。

豆 科

山黧豆属 Lathyrus L.

1 小叶卵形或椭圆形 ··· **1 矮山黧豆 L. humilis**
1 小叶矩圆状披针形、披针形、条状披针形或条形 ··· **2**
2 托叶细长，（5～15）mm×（0.5～1.5）mm，小叶具5条明显的纵脉，叶卷须单一不分枝 ················
 ··· **2 山黧豆 L. quinquenervius**
2 托叶较宽，（6～15）mm×（1.5～4.5）mm，小叶的叶脉不明显，叶卷须通常分枝·························
 ··· **3 毛山黧豆 L. palustris var. pilosus**

矮山黧豆 *Lathyrus humilis* (Ser.) Spreng.

别名　矮香豌豆

蒙名　宝古尼—扎嘎日—豌豆

形态特征　植株高20～50cm。根状茎细长，横走地下。茎有棱，直立，稍分枝，常呈"之"字形屈曲。双数羽状复叶，小叶6～10；叶轴末端成单一或分歧的卷须；托叶半箭头形或斜卵状披针形，长6～16mm或更长，下缘常有齿；小叶卵形或椭圆形，长20～40mm，宽8～20mm，先端钝或锐尖，具小刺尖，基部圆形或近宽楔形，全缘，上面绿色，无毛，下面无毛或疏生柔毛，有霜粉，带苍白色，有较密的网状脉。总状花序腋生，有2～4花；总花梗比叶短或近等长；花梗与花萼近等长；花红紫色，长18～20mm；花萼钟状，长约6mm，无毛，萼齿三角形，下萼齿比上萼齿长；旗瓣宽倒卵形，于中部缢缩，顶端微凹，翼瓣比旗瓣短，椭圆形，顶端钝圆，具稍弯曲的瓣爪，龙骨瓣半圆形，比翼瓣短，顶端稍尖，具细长爪；子房条形，无毛，花柱里面有白色髯毛。荚果矩圆状条形，长3～5cm，宽约5mm，无毛，灰棕色，顶端锐尖，有明显网脉。花期6月，果期7月。2n=14。

生境　多年生耐阴中生草本。生于森林带的针阔混交林及阔叶林下，可成为优势植物，森林带和草原带的灌丛草甸群落中常作为伴生种。

产牙克石市、扎兰屯市、额尔古纳市、根河市、鄂温克族自治旗陈巴尔虎旗、鄂伦春自治旗。

经济价值　良好饲用植物。青鲜时为牛所乐食。秋季羊采食一些。

山黧豆 *Lathyrus quinquenervius* (Miq.) Litv. ex Kom. et Alis.

别名 五脉山黧豆、五脉香豌豆

蒙名 他布都—扎嘎日—豌豆

形态特征 根状茎细而稍弯,横走地下。茎单一,直立或稍斜升,有棱,具翅,有毛或近无毛。双数羽状复叶,小叶2～6;叶轴末端成单一不分歧的卷须,下部叶的卷须很短,常呈刺状;托叶狭细的半箭头状,长5～15mm,宽0.5～1.5mm;小叶矩圆状披针形、条状披针形或条形,长4～6.5cm,宽2～8mm,先端锐尖或渐尖,具短刺尖,基部楔形,全缘,上面无毛或近无毛,下面有柔毛,有时老叶渐无毛,具5条明显凸出的纵脉。总状花序腋生,花序的长短多变化,通常为叶的2倍至数倍长,具3～7花;花梗与花萼近等长或稍短,疏生柔毛;花蓝紫色或紫色,长15～20mm;花萼钟状,长约6mm,被长柔毛,上萼齿三角形,先端锐尖或渐尖,显著比萼筒短,下萼齿锥形或狭披针形,比萼筒稍短或近等长;旗瓣宽倒卵形,于中部缢缩,顶端微缺,翼瓣比旗瓣稍短或近等长,龙骨瓣比翼瓣短;子房有毛;花柱下弯。荚果矩圆状条形,直或微弯,顶端渐尖,长3～5cm,宽约5mm,有毛。花期6～7月,果期8～9月。2n=14。

生境 多年生中生草本。为森林草原带山地草甸、河谷草甸群落的伴生种,也进入草原带的草甸草原群落。

产呼伦贝尔市各旗、市、区。

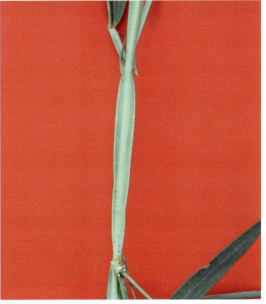

毛山黧豆 Lathyrus palustris L. var. pilosus (Cham.) Ledeb.

别名 柔毛山黧豆

蒙名 乌斯图—扎嘎日—豌豆

形态特征 植株高30～50cm。根基细，横走地下。茎攀援，常呈"之"字形屈曲，有翅，通常稍分枝，疏生长柔毛。双数羽状复叶，具小叶4～8（10）；叶轴末端具分歧的卷须；托叶半箭头形，长6～15mm，宽1.5～4mm；小叶披针形、条状披针形、条形或近矩圆形，长2.5～6.5cm，宽2～7mm，先端钝，具短刺尖，基部宽楔形或近圆形，上面绿色，有柔毛，下面淡绿色，密或疏生长柔毛。总状花序腋生，通常比叶长，有时近等长，具花2～6；花蓝紫色，长（13）15～16（18）mm；花梗比萼短或近等长；花萼钟形，长约6mm，有长柔毛，上萼齿较短，三角形至披针形，下颚齿较长，狭三角形；旗瓣宽倒卵形，于中部缢缩，顶端微凹，翼瓣比旗瓣短，比龙骨瓣长，具稍弯曲的瓣爪，龙骨瓣的瓣片半圆形，顶端稍尖，具细长爪；子房条形，有毛至近无毛。荚果矩圆状条形或条形，扁或稍膨胀，两端狭，顶端具短喙，长4～6cm，宽6～8mm，被柔毛或近无毛。花期6～7月，果期8～9月。

生境 多年生中生草本。为森林草原和草原带的沼泽化草甸和草甸群落的伴生种，也进入山地林缘和沟谷草甸。

产呼伦贝尔市各旗、市、区。

经济价值 优等饲用植物。羊在秋季采食一些，马、牛乐意采食其嫩枝叶。

大豆属 Glycine L.

野大豆 *Glycine soja* Sieb. et Zucc.

别名 乌豆

蒙名 哲日勒格—希日—宝日其格

形态特征 茎缠绕，细弱，疏生黄色长硬毛。羽状三出复叶，托叶卵状披针形，小托叶狭披针形，有毛；小叶薄纸质，卵形、卵状椭圆形或卵状披针形，长1～5（6）cm，宽1～2.5cm，先端锐尖至钝圆，基部近圆形，全缘，两面有长硬毛。总状花序腋生；花小，淡紫红色，长4～5mm；苞片披针形；花萼钟状，密生长毛，萼齿三角状披针形，先端渐尖，与萼筒近等长；旗瓣近圆形，顶端圆或微凹，基部具短爪，翼瓣歪倒卵形，有明显的耳，龙骨瓣较旗瓣及翼瓣短小；子房有毛。荚果狭矩圆形或稍弯呈近镰刀形，两侧稍扁，长15～23mm，宽4～5mm，密被黄褐色长硬毛，种子间缢缩，含种子2～4粒。种子椭圆形，稍扁，长2.5～4mm，宽1.5～2.5mm，黑色。果期8月。

生境 一年生湿中生草本。生于森林带和草原带的湿草甸、山地灌丛和草甸、田野。

产牙克石市、扎兰屯市、阿荣旗、莫力达瓦达斡尔族自治旗。

经济价值 青鲜时各种家畜均喜食，可选为短期放牧及混播用牧草。种子可食，又可入药，有强壮利尿、平肝敛汗作用。

牻牛儿苗科 Geraniaceae

1 叶羽状分裂；雄蕊 10，外轮 5，无花药；果实成熟时 5 果瓣由下而上呈螺旋状卷曲 …… **1 牻牛儿苗属 Erodium**
1 叶掌状分裂；雄蕊 10，通常全部有花药；果实成熟时 5 果瓣通常由下而上呈匙状反卷，而不作螺旋状卷曲…
……………………………………………………………………… **2 老鹳草属 Geranium**

牻牛儿苗属 Erodium L' Herit

牻牛儿苗 *Erodium stephanianum* Willd.

别名 太阳花

蒙名 曼久亥

形态特征 根直立，圆柱状。茎平铺地面或稍斜升，高 10～60cm，多分枝，具开展的长柔毛或有时近无毛。叶对生，二回羽状深裂，轮廓长卵形或矩圆状三角形，长 6～7cm，宽 3～5cm，一回羽片 4～7 对，基部下延至中脉，小羽片条形，全缘或具 1～3 粗齿，两面具疏柔毛；叶柄长 4～7cm，具开展长柔毛或近无毛；托叶条状披针形，渐尖，边缘膜质，被短柔毛。伞形花序腋生，花序轴长 5～15cm，通常有 2～5 花；花梗长 2～3cm，萼片矩圆形或近椭圆形，长 5～8mm，具多数脉及长硬毛，先端具长芒；花瓣淡紫色或紫蓝色，倒卵形，长约 7mm，基部具白毛；子房被灰色长硬毛。蒴果长 4～5cm，顶端有长喙，成熟时 5 个果瓣与中轴分离，喙部呈螺旋状卷曲。$2n=16$。

生境 一年生或二年生旱中生杂草。生于山坡、干草地、河岸、沙质草原、沙丘、田间、路旁。

产呼伦贝尔市各旗、市、区。

经济价值 全草入药（药材名：老鹳草），能祛风湿、活血通络、止泻痢，主治风寒湿痹、筋骨疼痛、肌肉麻木、肠炎痢疾等；又可提制栲胶。

老鹳草属 Geranium L.

1 茎上部、花梗、萼片、蒴果均有腺毛或混生腺毛；花较大，直径 2cm 以上；花柱合生部分明显长于其上部分枝部分 ········ 2
1 植株无腺毛 ········ 3
2 花梗果期直立；叶掌状中裂或略深，裂片宽，不分裂，边缘具浅的缺刻状或圆的粗牙齿；茎、叶柄、花序也被开展的白毛 ········ **1 毛蕊老鹳草 G. platyanthum**
2 花梗果期弯曲；叶掌状全裂或较深，叶边缘具羽状缺刻或大牙齿 ········ **2 草原老鹳草 G. pratense**
3 花序梗通常具 1 花，花较小，直径约 1cm ········ **3 鼠掌老鹳草 G. sibiricum**
3 花序梗通常具 2 花 ········ 4
4 花较小，直径在 2cm 以下；根多数，纺锤形；叶掌状 5～7 深裂 ········ **4 粗根老鹳草 G. dahuricum**
4 花较大，直径在 2cm 以上；根不呈纺锤形 ········ 5
5 叶分裂较深，几达基部，裂片 2～3 深裂，小裂片具缺刻及粗锯齿 ········ **5 突节老鹳草 G. japonicum**
5 叶分裂较浅或分裂达全长的 2/3，不达基部，裂片具牙齿状缺刻或不整齐牙齿 ········ 6
6 花瓣比萼片长 1 倍以上；全株被短柔毛；花丝基部扩大部分的边缘和背面均有长白毛 ········ **6 灰背老鹳草 G. wlassowianum**
6 花瓣比萼片稍长；全株被开展的长毛；花丝基部扩大部分仅具缘毛，背面无毛 ········ **7 兴安老鹳草 G. maximowiczii**

毛蕊老鹳草 *Geranium platyanthum* Duthie

蒙名 乌斯图—西木德格来

形态特征 根状茎短，直立或斜升，上部被淡棕色鳞片状膜质托叶。茎直立，高 30～80cm，向上分枝，具开展的白毛，上部及花梗有腺毛。叶互生，肾状五角形，直径 5～10cm，掌状 5 中裂或略深，裂片菱状卵形，边缘具浅的缺刻状或圆的粗牙齿，上面具长伏毛，下面被稀疏或较密的柔毛或仅脉上有柔毛；基生叶有长柄，比叶长 2～3 倍；茎生叶存短柄，顶生叶无柄；托叶披针形，淡棕色。聚伞花序顶生，花序梗 2～3，出自 1 对叶状苞片腋间，顶端各有 2～4 花；花梗长 1～1.5cm，密生腺毛，果期直立；萼片卵形，长约 1cm，背面具腺毛和开展的白毛，边缘膜质；花瓣蓝紫色，宽倒卵形，长约 2cm，全缘，基部有须毛；花丝基部扩大部分有长毛；花柱合生部分长 4～5mm；花柱分枝部分长 2.5～3mm。蒴果长 3～3.5cm，具腺毛和柔毛。种子褐色。花期 6～8 月，果期 8～10 月。$2n=28$。

生境 多年生中生草本。生于森林带和草原带的山地林下、林间、林缘草甸、灌丛。

产牙克石市、扎兰屯市、额尔古纳市、莫力达瓦达斡尔族自治旗、鄂伦春自治旗、鄂温克族自治旗、陈巴尔虎旗。

经济价值 全草也作老鹳草入药。

牻牛儿苗科

牻牛儿苗科

草原老鹳草 *Geranium pratense* L.

别名 草甸老鹳草

蒙名 塔拉音—西木德格来

形态特征 根状茎短,被棕色鳞片状托叶,具多数肉质粗根。茎直立,高 20～70cm,下部被倒生伏毛及柔毛,上部混生腺毛。叶对生,肾状圆形,首径 50～10cm,掌状 7～9 深裂,裂片菱状卵形或菱状楔形、羽状分裂、羽状缺刻或具大牙齿,顶部叶常 3～5 深裂,两面均被稀疏伏毛,而下面沿脉较密;基生叶具长柄,柄长约 20cm;茎生叶叶柄较短,顶生叶无柄;托叶狭披针形,淡棕色。花序生于小枝顶端,花序轴长 2～5cm,通常生 2 花;花梗长 0.5～2cm,果期弯曲,花序轴与花梗皆被短柔毛和腺毛;萼片狭卵形或椭圆形,具 3 脉,顶端具短芒,密被短毛及腺毛,长约 8mm;花瓣蓝紫色,比萼片长约 1 倍,基部有毛;花丝基部扩大部分具长毛;花柱合生部分长 5～7mm;花柱分枝部分长 2～3mm。蒴果具短柔毛及腺毛,长 2～3cm。种子浅褐色。花期 7～8 月,果期 8～9 月。$2n=38$。

生境 多年生中生草本。生于森林带和草原带的山地林下、林缘草甸、灌丛、草甸、河边湿地。

产呼伦贝尔市各旗、市、区。

经济价值 青鲜时家畜不食,干燥后家畜稍采食。

鼠掌老鹳草 *Geranium sibiricum* L.

别名 鼠掌草

蒙名 西比日—西木德格来

形态特征 植株高 20～100cm。根垂直，分枝或不分枝。茎细长，伏卧或上部斜升，多分枝，被倒生毛。叶对生，肾状五角形，基部宽心形，长 3～6cm，宽 4～8cm，掌状 5 深裂；裂片倒卵形或狭倒卵形，上部羽状分裂或具齿状深缺刻；上部叶 3 深裂；叶两面有疏伏毛，沿脉毛较密；基生叶及下部茎生叶有长柄，上部叶具短柄，柄皆具倒生柔毛或伏毛。花通常单生叶腋，花梗被倒生柔毛，近中部具 2 枚披针形苞片，果期向侧方弯曲；萼片卵状椭圆形或矩圆状披针形，具 3 脉，沿脉有疏柔毛，长 4～5mm，顶端具芒，边缘膜质；花瓣淡红色或近白色，长近萼片，基部微有毛；花丝基部扩大部分具缘毛；花柱合生部分极短；花柱分枝部分长约 1mm。蒴果长 1.5～2cm，具短柔毛。种子具细网状隆起。花期 6～8 月，果期 8～9 月。$2n=28$。

生境 多年生中生草本杂草。生于森林带和草原带的居民点附近、河滩湿地、沟谷、林缘、山坡草地。产呼伦贝尔市各旗、市、区。

经济价值 全草作老鹳草入药。全草也作蒙药（蒙药名：米格曼森法），能明目、活血调经，主治结膜炎、月经不调等。

粗根老鹳草 *Geranium dahuricum* DC.

别名 块根老鹳草

蒙名 达古日音—西木德格来

形态特征 根状茎短,直立,下部具簇生纺锤形块根。茎直立,高20～70cm,具纵棱,被倒向伏毛,常二歧分枝。叶对生,基生叶花期常枯萎;叶肾状圆形,长3～5cm,宽5～7cm,掌状5～7裂几达基部;裂片倒披针形或倒卵形,不规则羽状分裂,小裂片披针状条形或条形,宽2～3mm,顶端锐尖,上面有短硬伏毛,下面有长硬毛;茎下部叶具长细柄,上部叶具短柄,顶部叶无柄;托叶披针形或卵形。花序腋生,花序轴长3～6cm,通常具2花;花梗纤细,长2～3cm,在果期顶部向上弯曲;苞片披针形或狭卵形;萼片卵形或披针形,长5～8mm,顶端具短芒,边缘膜质,背部具3～5脉,疏生柔毛;花瓣倒卵形,长约1cm,淡紫红色、蔷薇色或白色带紫色脉纹,内侧基部具白毛;花丝基部扩大部分具缘毛;花柱合生部分长1～2mm;花柱分枝部分长3～4mm。蒴果长1.2～2.5cm,具密生伏毛。种子黑褐色,有密的微凹小点。花期7～8月,果期8～9月。2n=28。

生境 多年生中生草本。生于森林带和草原带的山地林下、林缘草甸、灌丛、湿草甸。

产海拉尔区、牙克石市、扎兰屯市、额尔古纳市、阿荣旗、鄂伦春自治旗、陈巴尔虎旗、新巴尔虎左旗。

经济价值 根、茎、叶含鞣酸,可提制栲胶。全草也作老鹳草入药。

突节老鹳草 *Geranium japonicum* Franch. et Sav.

蒙名 委图—西木德格来

形态特征 根状茎短，具多数粗根。茎直立或斜升，高 40～100cm，具纵棱，具倒生白毛或伏毛，关节处略膨大。叶对生，肾状圆形或近圆形，长 5～7cm，宽 6～9cm，掌状 5～7 深裂几达基部，上部叶 3～5 深裂；裂片倒卵状楔形或倒披针形，2～3 裂，锐尖头，边缘有较多缺刻或粗锯齿，上面有疏生伏毛，下面沿脉具较密的伏毛；基生叶和下部茎生叶具长柄，上部叶具短柄，顶部叶无柄，叶柄均有伏生柔毛；托叶卵形。聚伞花序顶生或腋生，花序轴长 4～7cm，通常具 2 花；花梗长 2～4cm，果期下弯，花序轴及花梗均具白色伏毛；萼片矩圆形或椭圆状卵形，长 0.6～1cm，具 5～7 脉，背面疏生柔毛，顶端具短芒；花瓣宽倒卵形，淡红色或紫红色，长 1.2～1.8cm，具深色脉纹，基部宽楔形，密生白色须毛，围着基部成环状；花丝基部扩大部分具缘毛；花柱合生部分长 2～3mm；花柱分枝部分长 5～6mm。蒴果长 2～2.7cm，疏生短柔毛。种子褐色，具极细小点。花期 7～8 月，果期 8～9 月。

生境 多年生中生草本。生于森林带和森林草原带的山地林缘草甸、灌丛、草甸、路边湿地。

产牙克石市、扎兰屯市、阿荣旗、莫力达瓦达斡尔族自治旗、鄂伦春自治旗、鄂温克族自治旗。

灰背老鹳草 *Geranium wlassowianum* Fisch. ex Link

蒙名 柴布日—西木德格来

形态特征 根状茎短，倾斜或直立，具肉质粗根，植株基部具淡褐色托叶。茎高30～70cm，直立或斜升，具纵棱，多分枝，具伏生或倒生短柔毛。叶肾圆形，长3.5～6cm，宽4～7cm，5深裂达2/3～3/4，上部叶3深裂；裂片倒卵状楔形或倒卵状菱形，上部3裂，中央小裂片略长，3齿裂，其余的有1～3牙齿或缺刻，上面具伏柔毛，下面具较密的伏柔毛，呈灰白色；基生叶具长柄，茎生叶具短柄，顶部叶具很短的柄，叶柄均被开展的短柔毛；托叶具缘毛。花序腋生，花序轴长3～8cm，通常具2花；花梗长2～4cm，果期下弯，花序轴及花梗皆被短柔毛；萼片狭卵状矩圆形，长约1cm，具5～7脉，背面密生短毛；花瓣宽倒卵形，淡紫红色或淡紫色，长约2cm，具深色脉纹，基部具长毛；花丝基部扩大部分的边缘及背部均有长毛；花柱合生部分长约1mm；花柱分枝部分长5～7mm。蒴果长约3cm，具短柔毛。种子褐色，近平滑。花期7～8月，果期8～9月。2n=56。

生境 多年生湿中生草本。生于森林带和草原带的山地林下、沼泽草甸、河岸湿地。

产海拉尔区、满洲里市、牙克石市、扎兰屯市、额尔古纳市、阿荣旗、鄂伦春自治旗、鄂温克族自治旗、新巴尔虎左旗。

兴安老鹳草 *Geranium maximowiczii* Regel et Maack

蒙名 兴安—西木德格来

形态特征 根状茎短粗，有多数肉质粗根，根褐色或深褐色。茎直立或稍斜升，高30～70cm，多次二歧分枝，具纵棱，被开展或倒向长伏毛，上部的毛较密。叶对生，肾状圆形或近圆形，长3～5cm，宽4.5～7cm，掌状3～5裂达全长的2/3或更浅，裂片菱状矩圆形或宽披针形，具牙齿状缺刻或不整齐牙齿，有时近3裂，小裂片披针形，锐尖头，略有齿状缺刻，上面有疏生短硬伏毛，下面具白色长毛，沿脉毛较多；基生叶具长柄，茎生叶具较短的柄，顶部叶具极短的柄，叶柄均具开展或倒生的长毛；托叶条状披针形，离生，具缘毛。聚伞花序腋生或顶生，花序轴长2～5cm，通常有2花，具伏生短柔毛，有时混生开展的长毛；花梗细，长1.5～3cm，果期向下弯曲，具短柔毛，基部具4枚小苞片；小苞片条状披针形，长0.9～1.2cm，紫红色，全缘，基部有短柔毛；花丝基部扩大部分仅具缘毛，背面无毛；花柱合生部分长2～3mm；花柱分枝部分长3～3.5mm。蒴果长2.5～3cm，具短柔毛。种子褐色或黑褐色，具微凹小点。花期7～8月，果期8～9月。$2n=38$。

生境 多年生中生草本。生于森林带和森林草原带的山地林下、林缘草甸、灌丛、湿草地、河岸草甸。

产牙克石市、额尔古纳市、鄂温克族自治旗、陈巴尔虎旗、新巴尔虎左旗。

经济价值 全草入药，用途同老鹳草。

亚麻科 Linaceae

亚麻属 Linum L.

1 一年生或二年生草本；花萼边缘具黑色腺点 ··· **1 野亚麻 L. stelleroides**
1 多年生草本；花萼、花瓣边缘不具黑色腺点 ·· **2 宿根亚麻 L. perenne**

野亚麻 *Linum stelleroides* Planch.

别名 山胡麻

蒙名 哲日力格—麻嘎领古

形态特征 植株高 40～70cm。茎直立，圆柱形，光滑，基部稍木质，上部多分枝。叶互生，密集，条形或条状披针形，长 1～4cm，宽 1～2.5mm，先端尖，基部渐狭，全缘，两面无毛，具 1～3 脉，无柄。聚伞花序，分枝多；花梗细长，长 0.5～1.5cm；花直径约 1cm；萼片 5，卵形或卵状披针形，长约 3mm，具 3 脉，先端急尖，边缘稍膜质，具黑色腺点；花瓣 5，倒卵形，长约 7mm，淡紫色、紫蓝色或蓝色；雄蕊与花柱等长；柱头倒卵形。蒴果球形或扁球形，直径约 4mm。种子扁平，褐色。花果期 6～8 月。$2n=20$。

生境 一年生或二年生中生杂草。生于草原带的干燥山坡、路旁。

产海拉尔区、满洲里市、牙克石市、扎兰屯市、阿荣旗、莫力达瓦达斡尔族自治旗、鄂温克族自治旗、陈巴尔虎旗、新巴尔虎左旗。

经济价值 茎皮纤维与亚麻相近，可作人造棉、麻布及造纸原料等。种子供榨油，又可治便秘、皮肤瘙痒、荨麻疹等。鲜草外敷可治疗疮肿毒。种子也作蒙药（蒙药名：哲日力格—麻嘎领古）。

宿根亚麻 *Linum perenne* L.

蒙名 塔拉音—麻嘎领古

形态特征 植株高 20～70cm。主根垂直，粗壮，木质化。茎从基部丛生，直立或稍斜升，分枝，通常有或无不育枝。叶互生，条形或条状披针形，长 1～2.3cm，宽 1～3mm，基部狭窄，先端尖，具 1 脉，平或边缘稍卷，无毛；下部叶有时较小，鳞片状；不育枝上的叶较密，条形，长 7～12mm，宽 0.5～1mm。聚伞花序；花通常多数，暗蓝色或蓝紫色，直径约 2cm；花梗细长，稍弯曲，偏向一侧，长 1～2.5cm；萼片卵形，长 3～5mm，宽 2～3mm，下部有 5 条凸出脉，边缘膜质，先端尖；花瓣倒卵形，长约 1cm，基部楔形；雄蕊与花柱异长，稀等长。蒴果近球形，直径 6～7mm，草黄色，开裂。种子矩圆形，长约 4mm，宽约 2mm，栗色。花期 6～8 月，果期 8～9 月。$2n=18$。

生境 多年生旱生草本。生于草原带的沙砾质地、山坡，为草原群落的伴生种，也见于荒漠区的山地。

产海拉尔区、满洲里市、牙克石市、额尔古纳市、鄂温克族自治旗、陈巴尔虎旗、新巴尔虎左旗。

经济价值 种子可榨油。

蒺藜科 Zygophyllaceae

1 灌木；果为单种子的浆果状核果 ········· **1 白刺属 Nitraria**
1 草本；果为蒴果或分果 ··· 2
2 叶为偶数羽状复叶；花黄色；分果瓣有针刺 ········· **2 蒺藜属 Tribulus**
2 单叶分裂，裂片条形；花白色；蒴果 ········· **3 骆驼蓬属 Peganum**

白刺属 Nitraria L.

小果白刺 *Nitraria sibirica* Pall.

别名 西伯利亚白刺、哈蟆儿

蒙名 哈日莫格

形态特征 植株高 0.5～1m。多分枝，弯曲或直立，有时横卧，被沙埋压形成小沙丘，枝上生不定根；小枝灰白色，尖端刺状。叶在嫩枝上多为 4～6 簇生，倒卵状匙形，长 0.6～1.5cm，宽 2～5mm，全缘，顶端圆钝，具小突尖，基部窄楔形，无毛或嫩时被柔毛；无柄。花小，黄绿色，排成顶生蝎尾状花序；萼片 5，绿色，三角形；花瓣 5，白色，矩圆形；雄蕊 10～15；子房 3 室。核果近球形或椭圆形，两端钝圆，长 6～8mm，熟时暗红色，果汁暗蓝紫色；果核卵形，先端尖，长 4～5mm。花期 5～6 月，果期 7～8 月。2n=24，60。

生境 耐盐旱生植物。生于轻度盐渍化低地、湖盆边缘、干河床边，可成为优势种并形成群落。在荒漠草原及荒漠地带，株丛下常形成小沙堆。

产陈巴尔虎旗、新巴尔虎左旗、新巴尔虎右旗。

经济价值 重要的固沙植物。能积沙而形成白刺沙堆，固沙能力较强。果实味酸甜，可食。果实入药，能健脾胃、滋补强壮、调经活血，主治身体瘦弱、气血两亏、脾胃不和、消化不良、月经不调、腰腿疼痛等。果实也作蒙药（蒙药名：哈日莫格），能健脾胃、助消化、安神解表、下乳，主治脾胃虚弱、消化不良、神经衰弱、感冒。枝叶和果实可作饲料。

蒺藜属 Tribulus L.

蒺藜 *Tribulus terrestris* L.

蒙名 伊曼—章古

形态特征 茎由基部分枝，平铺地面，深绿色到淡褐色，长可达1m左右，全株被绢状柔毛。双数羽状复叶，长1.5～5cm；小叶5～7对，对生，矩圆形，长6～15mm，宽2～5mm，顶端锐尖或钝，基部稍偏斜，近圆形，上面深绿色，较平滑，下面色略淡，被毛较密。萼片卵状披针形，宿存；花瓣倒卵形，长约7mm；雄蕊10；子房卵形，有浅槽，凸起面密被长毛；花柱单一，短而膨大，柱头5，下延。果由5个分果瓣组成，每果瓣具长短棘刺各1对，背面有短硬毛及瘤状凸起。花果期5～9月。$2n=12，24，36，48$。

生境 一年生中生杂草。生于荒地、山坡、路旁、田间、居民点附近，在荒漠区也见于石质残丘坡地、白刺堆间沙地及干河床边。

产陈巴尔虎旗、新巴尔虎左旗、新巴尔虎右旗。

经济价值 青鲜时可作饲料。果实入药（药材名：蒺藜），能平肝明目、散风行血，主治头痛、皮肤瘙痒、目赤肿痛、乳汁不通等。果实也作蒙药（蒙药名：伊曼—章古），能补肾助阳、利尿消肿，主治阳痿肾寒、淋病、小便不利。

骆驼蓬属 Peganum L.

匍根骆驼蓬 *Peganum nigellastrum* Bunge

别名 骆驼蓬、骆驼蒿

蒙名 哈日—乌没黑—超布苏

形态特征 植株高 10～25cm，全株密生短硬毛。茎有棱，多分枝。叶二回或三回羽状全裂，裂片长约 1cm。萼片稍长于花瓣，5～7 裂，裂片条形；花瓣白色、黄色，倒披针形，长 1～1.5cm；雄瓣 15，花丝基部增宽；子房 8 室。蒴果近球形，黄褐色。种子纺锤形，黑褐色，有小疣状凸起。花期 5～7 月，果期 7～9 月。2n=24。

生境 多年生根蘖性耐盐旱生草本。多生于居民点附近、旧舍地、水井边、路旁、白刺堆间、芨芨草植丛中。

产新巴尔虎左旗、新巴尔虎右旗。

经济价值 饲用植物。草有毒！全草及种子入药，能祛湿解毒、活血止痛、宣肺止咳，主治关节炎、月经不调、支气管炎、头痛等。种子能活筋骨、祛风湿，主治咳嗽气喘、小便不利、癔症、瘫痪及筋骨酸痛等。

芸香科 Rutaceae

1 单叶；花较小，辐射对称，黄色 ··· 1 拟芸香属 Haplophyllum
1 羽状复叶；花较大，略呈左右对称，白色、红色或紫色 ··················· 2 白鲜属 Dictamnus

拟芸香属 Haplophyllum Juss.

北芸香 *Haplophyllum dauricum* (L.) G. Don

别名 假芸香、单叶芸香、草芸香

蒙名 呼吉—额布苏

形态特征 植株高6～25cm，全株有特殊香气。根棕褐色。茎基部埋于土中的部分略粗大，木质，淡黄色，无毛；茎丛生，直立，上部较细，绿色，具不明显细毛。单叶互生，全缘，无柄，条状披针形至狭矩圆形，长0.5～1.5cm，宽1～2mm，灰绿色，全缘，茎下部叶较小，倒卵形，叶两面具腺点，中脉不显。花聚生于茎顶，黄色，直径约1cm，花的各部分具腺点；萼片5，绿色，近圆形或宽卵形，长约1mm；花瓣5，黄色，椭圆形，边缘薄膜质，长约7mm，宽1.5～4mm；雄蕊10，离生，花丝下半部增宽，边缘密被白色长睫毛，花药长椭圆形，药隔先端的腺点黄色；子房3室，少为2～4室，黄棕色，基部着生在圆形花盘上；花柱长约3mm，柱头稍膨大。蒴果，成熟时黄绿色，3瓣裂，每室有种子2粒。种子肾形，黄褐色，表面有皱纹。花期6～7月，果期8～9月。$2n=18$。

生境 多年生旱生草本。生于草原和森林草原地区，也见于荒漠草原带的山地，为草原群落的伴生种。

产海拉尔区、满洲里市、牙克石市、额尔古纳市、鄂温克族自治旗、陈巴尔虎旗、新巴尔虎左旗、新巴尔虎右旗。

经济价值 良等饲用植物。

白鲜属 Dictamnus L.

白鲜 *Dictamnus dasycarpus* Turcz.

别名 八股牛、好汉拔、山牡丹

蒙名 阿格查嘎海

形态特征 植株高约1m。根肉质，粗长，淡黄白色。茎直立，基部木质。叶常密集于茎的中部；小叶9～13，卵状披针形或矩圆状披针形，长3.5～9cm，宽1～3cm，先端渐尖，基部宽楔形，稍偏斜，无柄，边缘有锯齿，上面密布油点，沿脉被柔毛，尤以下面较多，老时脱落，叶轴两侧有狭翼。总状花序顶生，长约20cm；花大，淡红色或淡紫色，稀白色，萼片狭披针形，宿存，长6～8mm，宽约2mm，其背面有多数红色腺点；花瓣倒披针形，2～2.5cm，宽5～8mm，有红紫色脉纹，顶端有1红色腺点，基部狭长呈爪状，背面沿中脉两侧和边缘有腺点和柔毛；花丝细长伸出花瓣外，花丝上部密被黑紫色腺点；花药黄色，矩圆形；子房上位，倒卵圆形，宽约3mm，5深裂，密被柔毛及腺点，子房柄密生长毛；花柱细长，长约10mm，表面密被短柔毛，柱头头状。蒴果成熟时5裂，裂瓣长约1cm，背面密被棕色腺点及白色柔毛，尖端具针刺状的喙，喙长约5mm。种子近球形，黑色，有光泽。花期7月，果期8～9月。2n=36。

生境 多年生中生草本。生于森林带和森林草原带的山地林缘、疏林灌丛、草甸。

产满洲里市、牙克石市、扎兰屯市、额尔古纳市、阿荣旗、鄂伦春自治旗、鄂温克族自治旗、陈巴尔虎旗、新巴尔虎左旗、新巴尔虎右旗。

经济价值 根皮入药（药材名：白鲜皮），能祛风燥湿、清热解毒、杀虫止痒，主治风湿性关节炎、急性黄疸肝炎、皮肤瘙痒、荨麻疹、疥癣、黄水疮；外用治淋巴结炎、外伤出血。

远志科 Polygalaceae

远志属 Polygala L.

1 叶条形至狭条形；花小，直径 3～4mm；蒴果光滑无毛 ·· **1 远志 P. tenuifolia**

1 叶卵状披针形；花稍大，直径 4～5mm；蒴果有短睫毛 ·· **2 卵叶远志 P. sibirica**

远志 *Polygala tenuifolia* Willd.

别名 细叶远志、小草

蒙名 吉如很—其其格

形态特征 植株高 8～30cm。根肥厚，圆柱形，直径 2～8mm，长达 10 余 cm，外皮浅黄色或棕色。茎多数，较细，直立或斜升。叶近无柄，条形至条状披针形，长 1～3cm，宽 0.5～2mm，先端渐尖，基部渐窄，两面近无毛或稍被短曲柔毛。总状花序顶生或腋生，长 2～10cm，基部有苞片 3，披针形，易脱落；花淡蓝紫色；花梗长 4～6mm；萼片 5，外侧 3 片小，绿色，披针形，长约 3mm，宽 0.5～1mm，内侧 2 片大，呈花瓣状，倒卵形，长约 6mm，宽 2～3mm，背面近中脉有宽的绿条纹，具长约 1mm 的爪；花瓣 3，紫色，两侧花瓣长倒卵形，长约 3.5mm，宽 1.5mm，中央龙骨状花瓣长 5～6mm，背部顶端具流苏状缨，其缨长约 2mm；子房扁圆形或倒卵形，2 室；花柱扁，长约 3mm，上部明显弯曲，柱头 2 裂。蒴果扁圆形，先端微凹，边缘有狭翅，表面无毛。种子 2，椭圆形，长约 1.3mm，棕黑色，被白色茸毛。花期 7～8 月，果期 8～9 月。

生境 多年生广旱生草本。多生于石质草原、山坡、草地、灌丛。

产呼伦贝尔市各旗、市、区。

经济价值 根入药（药材名：远志），能益智安神、开郁豁痰、消痈肿，主治惊悸健忘、失眠多梦、咳嗽多痰、支气管炎、痈疽疮肿。根皮入蒙药（蒙药名：吉如很—其其格），能排脓、化痰、润肺、锁脉、消肿、愈伤，主治肺脓肿、痰多咳嗽、胸伤。

卵叶远志 *Polygala sibirica* L.

别名 瓜子金、西伯利亚远志

蒙名 西比日—吉如很—其其格

形态特征 植株高 10～30cm，全株被短柔毛。根粗壮，圆柱形，直径 1～6mm。茎丛生，被短曲柔毛，基部稍木质。叶无柄或有短柄，茎下部的叶小，卵圆形，上部的叶大，狭卵状披针形，长 0.6～3cm，宽 0.5～1cm，先端有短尖头，基部楔形，两面被短曲柔毛。总状花序腋生或顶生，长 2～9cm；花淡蓝色，生于一侧；花梗长 3～6mm，基部有 3 个绿色的小苞片，易脱落；萼片 5，宿存，披针形，背部中脉凸起，绿色，被短柔毛，顶端紫红色，长约 3mm，宽约 1mm，内侧萼片 2，花瓣状，倒卵形，绿色，长 6～9mm，宽约 3mm，顶端有紫色的短突尖，背面被短柔毛；花瓣 3，其中侧瓣 2，长倒卵形，长 5～6mm，宽 3.5mm，基部内部被短柔毛，龙骨瓣比侧瓣长，具长 4～5mm 的流苏状缨；子房扁倒卵形，2 室；花柱稍扁，细长。蒴果扁，倒心形，长 5mm，宽约 6mm，顶端凹陷，周围具宽翅，边缘疏生短睫毛。种子 2，长卵形，扁平，长约 2mm，宽约 1.7mm，黄棕色，密被长茸毛，种阜明显，淡黄色，膜质。花期 6～7 月，果期 8～9 月。$2n=34$。

生境 多年生中旱生草本。生于山坡、草地、林缘、灌丛。

产牙克石市、扎兰屯市、额尔古纳市、根河市、鄂伦春自治旗、陈巴尔虎旗。

经济价值 功能主治同细叶远志。

大戟科 Euphorbiaceae

1 灌木；雌雄异株或同株，花单一或数朵簇生叶腋 ··· **1 白饭树属 Flueggea**
1 草本 ··· 2
2 植物体内具白色乳汁；花组成杯状聚伞花序 ····································· **2 大戟属 Euphorbia**
2 植物体内无白色乳汁；叶较小，具柄，不分裂，叶缘有锯齿；穗状花序腋生，稀顶生；无花瓣 ··············
··· **3 铁苋菜属 Acalypha**

白饭树属（一叶萩属）Flueggea Willd.

一叶萩 *Flueggea suffeuticosa* (Pall.) Rehd.

别名 叶底珠、叶下珠、狗杏条

蒙名 诺亥音—色古日

形态特征 植株高 1～2m，上部分枝细密。当年枝黄绿色，老枝灰褐色或紫褐色，光滑无毛。叶椭圆形或矩圆形，稀近圆形，长 1.5～3（5）cm，宽 1～2cm，先端钝或短尖，基部楔形，边缘全缘或具细齿，两面光滑无毛；托叶卵状披针形，长约 1mm（萌生枝上的较大），脱落；叶柄长 3～5mm。花单性，雌雄异株；雄花常由几花至 10 余花簇生叶腋，直径约 1.5mm，萼片 5，矩圆形，光滑无毛；雄蕊 5，超出花萼或与萼近等长，退化子房长约 1mm，先端 2～3 裂，腺体 5，花梗长 2～3mm；雌花单一或数花簇生叶腋；子房圆球形；花柱很短，柱头 3 裂，向上逐渐扩大成扁平的倒三角形，先端具凹缺。蒴果扁圆形，直径约 5mm，淡黄褐色，表面有细网纹，具 3 条浅沟；果梗长 0.5～1cm。种子紫褐色，长约 2mm，稍具光泽。花期 6～7 月，果期 8～9 月。

生境 中生灌木。多生于落叶阔叶林带及草原区的山地灌丛、石质山坡、沟谷。

产牙克石市、扎兰屯市、莫力达瓦达斡尔族自治旗、鄂伦春自治旗、鄂温克族自治旗。

经济价值 叶及花入药，有毒，能祛风活血、补肾强筋，主治颜面神经麻痹、小儿麻痹后遗症、眩晕、耳聋、神经衰弱、嗜睡症及阳痿。

大戟属 Euphorbia L.

| 1 茎平卧地面；叶对生，基部偏斜 ··· 1 地锦 E. humifusa |
| 1 茎直立；叶互生、对生或轮生，基部不偏斜 ·· 2 |
| 2 叶互生，条形或条状披针形；茎光滑无毛，腺体新月形 ··························· 2 乳浆大戟 E. esula |
| 2 茎中上部的叶轮生，卵状矩圆形 ··· 3 狼毒大戟 E. fischeriana |

地锦 *Euphorbia humifusa* Willd.

别名 铺地锦、铺地红、红头绳

蒙名 马拉盖音—扎拉—额布苏

形态特征 茎多分枝，纤细，平卧，长10～30cm，被柔毛或近光滑。单叶对生，矩圆形或倒卵状矩圆形，长0.5～1.5cm，宽3～8mm，先端钝圆，基部偏斜，一侧半圆形，一侧楔形，边缘具细齿，两面无毛或疏生毛，绿色，秋后常带紫红色；托叶小，锥形，羽状细裂；无柄或近无柄。杯状聚伞花序单生于叶腋；总苞倒圆锥形，长约1mm，边缘4浅裂，裂片三角形；腺体4，横矩圆形；子房3室，具3纵沟；花柱8，先端2裂。蒴果三棱状圆球形，直径约2mm，无毛，光滑。种子卵形，长约1mm，略具3棱，褐色，外被白色蜡粉。花期6～7月，果期8～9月。

生境 一年生中生杂草。生于田野、路旁、河滩及固定沙地。

产满洲里市、牙克石市、扎兰屯市、阿荣旗、莫力达瓦达斡尔族自治旗、鄂温克族自治旗、陈巴尔虎旗、新巴尔虎左旗、新巴尔虎右旗。

经济价值 全草入药，能清热利湿、凉血止血、解毒消肿，主治急性细菌性痢疾、肠炎、黄疸、小儿疳积、高血压、子宫出血、便血、尿血等；外用治创伤出血、跌打肿痛、疮疖、皮肤湿疹及毒蛇咬伤等。全草也作蒙药（蒙药名：马拉盖音—扎拉—额布苏），能止血、愈伤、清脑、清热，主治便血、创伤出血、吐血、肺脓溃疡、咯脓血痰、"白脉"病、中风、结喉、发症。茎、叶含鞣质，可提制栲胶。

乳浆大戟 *Euphorbia esula* L.

别名 猫儿眼、烂疤眼

蒙名 查干—塔日努

形态特征 植株高可达50cm。根细长，褐色。茎直立，单一或分枝，光滑无毛，具纵沟。叶条形、条状披针形或倒披针状条形，长1～4cm，宽2～4mm，先端渐尖或稍钝，基部钝圆或渐狭，边缘全缘，两面无毛；无柄，有时具不孕枝，其上的叶较密而小。总花序顶生，具3～10伞梗（有时由茎上部叶腋抽出单梗），基部有3～7轮生苞叶，苞叶条形、披针形、卵状披针形或卵状三角形，长1～3cm，宽（1）2～10mm，先端渐尖或钝，基部钝圆或微心形，少有基部两侧各具1小裂片（似叶耳）者，每伞梗顶端常具1～2次叉状分出的小伞梗，小伞梗基部具1对苞片，三角状宽卵形、肾状半圆形或半圆形，长0.5～1cm，宽0.8～1.5cm；杯状总苞长2～3mm，外面光滑无毛，先端4裂；腺体4，与裂片相间排列，新月形，两端有短角，黄褐色或深褐色；子房卵圆形，3室；花柱3，先端2浅裂。蒴果扁圆球形，具3沟，无毛，无瘤状凸起。种子卵形，长约2mm。花期5～7月，果期7～8月。$2n=60$。

生境 多年生广幅中旱生草本。多零散生于草原、山坡、干燥沙质地、石质坡地、路旁。

产呼伦贝尔市各旗、市、区。

经济价值 全株入药，有毒，能利尿消肿、拔毒止痒，主治四肢浮肿、小便不利、疟疾；外用治颈淋巴结结核、疮癣瘙痒等。全草也作蒙药用，能破瘀、排脓、利胆、催吐，主治肠胃湿热、黄疸；外用治疥癣痈疮。

狼毒大戟 *Euphorbia fischeriana* Steud.

别名 狼毒、猫眼草

蒙名 塔日努

形态特征 植株高30～40cm。根肥厚肉质，圆柱形，分枝或不分枝，外皮红褐色或褐色。茎单一，粗壮，无毛，直立，径4～6mm。茎基部的叶鳞片状，膜质，黄褐色，覆瓦状排列，向上逐渐增大，互生，披针形或卵状披针形，无柄，具疏柔毛或无毛，中上部的叶常3～5轮生，卵状矩圆形，长2.5～4cm，宽1～2cm，先端钝或稍尖，基部圆形，边缘全缘，表面深绿色，背面淡绿色。花序顶生，伞梗5～6；基部苞叶5，轮生，卵状矩圆形；每伞梗先端具3片长卵形小苞叶，上面再抽出2～3小伞梗，先端有2三角状卵形的小苞片及1～3个杯状聚伞花序；总苞广钟状，外被白色长柔毛，先端5浅裂；腺体5，肾形；子房扁圆形，3室，外被白色柔毛；花柱3，先端2裂。蒴果宽卵形，初时密被短柔毛，后渐光滑，熟时3瓣裂。种子椭圆状卵形，长约4mm，淡褐色。花期6月，果期7月。

生境 多年生中旱生草本。生于森林草原及草原区石质山地向阳山坡。

产呼伦贝尔市各旗、市、区。

经济价值 根入药（药材名：狼毒），有大毒，能破积杀虫、除湿止痒，主治淋巴结结核、骨结核、皮肤结核、神经性皮炎、慢性支气管炎及各种疮毒等。根也作蒙药（蒙药名：塔日努），能泻下、消肿、杀虫，主治结喉、发症、疖肿、黄水疮、疥癣、水肿、痛风、游痛症、黄水病。茎、叶的浸出液可防治螟虫及蚜虫等。

铁苋菜属 Acalypha L.

铁苋菜 *Acalypha australis* L.

形态特征 一年生草本，高 20～50cm，全株被短毛。茎直立，多分枝，具棱。叶卵状披针形、卵形或菱状卵形，长 2.5～7cm，宽 1～3cm，基部楔形，先端尖，边缘有钝齿，两面脉上伏生短毛；叶有柄，长 0.5～3cm。花序腋生，有梗，具刚毛。雄花多数，细小，在花序上部排成穗状，带紫红色；苞片极小，边缘具长睫毛；萼于蕾期愈合，花期 4 裂，膜质，裂片卵形，背面稍有毛；雄蕊 8。雌花位于花序基部，通常 3 花着生于一大形叶状苞腋内；苞三角状卵形，长约 1cm，绿色，稀带紫红色，边缘有锯齿，背面脉上伏生毛；萼 3 裂，裂片广卵形，边缘具长睫毛；子房球形，被毛，花柱 3，细分枝，带紫红色，通常在一苞内仅一果成熟。蒴果近球形，直径约 3mm，表面被粗毛，毛基部常为小瘤状，3 瓣裂，每瓣再 2 裂。种子卵形，长约 2mm，光滑，灰褐色至黑褐色。花期 8～9 月，果期 9 月。

生境 生于田间、路旁、草坪。

产陈巴尔虎旗。

锦葵科 Malvaceae

1 蒴果，背室开裂；子房每室含 3 至多数胚珠 ··· **1 木槿属 Hibiscus**
1 果分裂成分果，与中轴或花托分离 ·· 2
2 子房每室具 1 胚珠，萼片外有 2～3 个离生的小苞片（副萼） ····················· **2 锦葵属 Malva**
2 子房每室有胚珠 2 或更多，无小苞片 ··· **3 苘麻属 Abutilon**

木槿属 Hibiscus L.

野西瓜苗 *Hibiscus trionum* L.

别名 和尚头、香铃草

蒙名 塔古—诺高

形态特征 茎直立，或下部分枝铺散，高 20～60cm，具白色星状粗毛。叶近圆形或宽卵形，长 3～6（8）cm，宽 2～6（10）cm，掌状 3 全裂，中裂片最长，长卵形，先端钝，基部楔形，边缘具不规则的羽状缺刻，侧裂片歪卵形，基部一边有一枚较大的小裂片，有时裂达基部，上面近无毛，下面被星状毛；叶柄长 2～5cm，被星状毛；托叶狭披针形，长 5～9mm，边缘具硬毛。花单生于叶腋，花柄长 1～5cm，沿脉纹密生二至三叉状硬毛，裂片三角形，长 7～8mm，宽 5～6mm，副萼片通常 11～13，条形，长约 1cm，宽不到 1mm，边缘具长硬毛；花瓣 5，淡黄色，基部紫红色，倒卵形，长 1～2.5cm，宽 0.5～1cm；雄蕊筒紫色，无毛；子房 5 室，胚珠多数；花柱顶端 5 裂。蒴果圆球形，被长硬毛，花萼宿存。种子黑色，肾形，表面具粗糙的小凸起。花期 6～9 月，果期 7～10 月。$2n=28，56$。

生境 一年生中生杂草。生于田野、路旁、村边、山谷等处。

产牙克石市、扎兰屯市、阿荣旗、莫力达瓦达斡尔族自治旗、新巴尔虎左旗、新巴尔虎右旗。

经济价值 全草及种子入药。全草能清热解毒、祛风除湿、止咳、利尿，主治急性关节炎、感冒咳嗽、肠炎、痢疾；外用治烧伤、烫伤、疮毒。种子能润肺止咳、补肾，主治肺结核咳嗽、肾虚头晕、耳鸣、耳聋。

锦葵属 Malva L.

野葵 *Malva verticillata* L.

别名 菟葵、冬苋菜

蒙名 扎木巴—其其格

形态特征 茎直立或斜生，高40～100cm，下部近无毛，上部具星状毛。叶近圆形或肾形，长3～8cm，宽3～11cm，掌状5浅裂，裂片三角形，先端圆钝，基部心形，边缘具圆钝重锯齿或锯齿，下部叶裂片有时不明显，上面通常无毛，幼时稍被毛，下面疏生星状毛；叶柄长5～17cm，下部及中部叶柄较长，被星状毛；托叶披针形，长5～8mm，宽2～3mm，疏被毛。花多数，近无梗，簇生于叶腋，少具短梗，长不超过1cm；花萼5裂，裂片卵状三角形，长宽约相等，均为3mm，背面密被星状毛，边缘密生单毛，小苞片（副萼片）3，条状披针形，长3～5mm，宽不足1mm，边缘有毛；花直径约1cm，花瓣淡紫色或淡红色，倒卵形，长7mm，宽4mm，顶端微凹；雄蕊筒上部具倒生毛；雄蕊由10～12心皮组成，10～12室，每室1胚珠。分果果瓣背面稍具横皱纹，侧面具辐射状皱纹，花萼宿存。种子肾形，褐色。花期7～9月，果期8～10月。2n=84。

生境 一年生中生草本。生于田间、路旁、村边、山坡。

产呼伦贝尔市各旗、市、区。

经济价值 种子作"冬葵子"入药，能利尿、下乳、通便。果实作蒙药用（蒙药名：萨嘎日木克—扎木巴），能利尿通淋、清热消肿、止渴，主治尿闭、淋病、水肿、口渴、肾热、膀胱热。

苘麻属 Abutilon Mill.

苘麻 *Abutilon theophrasti* Medicus

别名 青麻、白麻、车轮草

蒙名 黑衣麻—敖拉苏

形态特征 植株高 1～2m。茎直立，圆柱形，上部常分枝，密被柔毛及星状毛，下部毛较稀疏。叶圆心形，长 8～17cm，先端长渐尖，基部心形，边缘具细圆锯齿，两面密被星状柔毛；叶柄长 4～15cm，被星状柔毛。花单生于茎上部叶腋；花梗长 1～3cm，近顶端有节；萼杯状，裂片 5，卵形或椭圆形，顶端急尖，长约 6mm；花冠黄色，花瓣倒卵形，顶端微缺，长约 1cm；雄蕊筒短，平滑无毛；心皮 15～20，长 1～1.5cm，排列成轮状，形成半球形果实，密被星状毛及粗毛，顶端变狭为芒尖。分果瓣 15～20，成熟后变黑褐色，有粗毛，顶端有 2 长芒。种子肾形，褐色。花果期 7～9 月。$2n=42$。

生境 一年生亚灌木状中生草本。生于田野、路旁、荒地和河岸等处。

产莫力达瓦达斡尔族自治旗、新巴尔虎右旗。

经济价值 茎皮纤维可编织麻袋、搓制绳索等纺织材料。种子可榨油供制造肥皂、油漆及工业上作润滑油等用。种子又入药，能清热利湿、解毒、退翳，主治赤白痢疾、淋病涩痛、痈肿目翳。种子也入蒙药（蒙药名：黑曼—乌热），能燥杀虫，主治黄水病、麻风病、癣、疥、秃疮、黄水疮、皮肤病、痛风、游痛症、青腿病、浊热。

金丝桃科 Hypericaceae

金丝桃属 Hypericum L.

1 植株有散生的黑色腺点；柱头、心皮及雄蕊束均为3数 ················ **1 乌腺金丝桃 H. attenuatum**
1 植株无散生的黑色腺点；柱头、心皮及雄蕊束为5数；花较大，直径4～6cm ·········· **2 长柱金丝桃 H. ascyron**

乌腺金丝桃 *Hypericum attenuatum* Choisy

别名 野金丝桃、赶山鞭

蒙名 宝拉其日海图—阿拉丹—车格其乌海

形态特征 植株高30～60cm。茎直立，圆柱形，具2条纵线棱，全株散生黑色腺点。叶长卵形、倒卵形或椭圆形，长1～2.5（3）cm，宽0.5～1cm，先端圆钝，基部宽楔形或圆形，抱茎，无叶柄，上面绿色，下面淡绿色，两面均无毛。花数朵，成顶生聚伞圆锥花序；花较小，直径2～2.5cm；萼片宽披针形，长5～7mm，宽2～3mm，先端锐尖，背面及边缘有黑腺点；花瓣黄色，矩圆形或倒卵形，长8～12mm，宽5～7mm，先端圆钝，背面及边缘散生黑腺点；雄蕊3束，短于花瓣，花药上也有黑腺点；雌蕊3心皮合生，3室；花柱3条，自基部离生，与雄蕊约等长。蒴果卵圆形，长约1cm，宽约5mm，深棕色，成熟后先端3裂。种子深灰色，长圆柱形，稍弯，长约1mm，表面呈蜂窝状，一侧具狭翼。花期7～8月，果期8～9月。

生境 多年生中生草本。生于森林带和森林草原带的山地林缘、灌丛及草甸草原。

产海拉尔区、牙克石市、扎兰屯市、额尔古纳市、根河市、鄂伦春自治旗、鄂温克族自治旗、陈巴尔虎旗、新巴尔虎左旗。

经济价值 全草入药，能止血、镇痛、通乳，主治咯血、吐血、子宫出血、风湿关节痛、神经痛、跌打损伤、乳汁缺乏、乳腺炎；外用治创伤出血、痈疖。

长柱金丝桃 *Hypericum ascyron* L.

别名 黄海棠、红旱莲、金丝蝴蝶

蒙名 陶日格—阿拉丹—车格其乌海

形态特征 植株高60～80cm。茎四棱形，黄绿色，近无毛。叶卵状椭圆形或宽披针形，长3～9cm，宽1～3cm，先端急尖或圆钝，基部圆形或心形，抱茎，上面绿色，下面淡绿色，两面均无毛，叶有透明腺点，全缘，无叶柄。花通常3朵成顶生聚伞花序，有时单生于茎顶；花黄色，直径4～6cm；萼片倒卵形或卵形，长约1cm，宽7～8mm；花瓣倒卵形或倒披针形，呈镰状向一边弯曲，长2.5～3.5cm，宽1～1.5cm；雄蕊5束，短于花瓣；雌蕊5心皮合生成5室；花柱基部合生，自中部分裂成5条，稍长于雄蕊。蒴果卵圆形，长约1.5cm，宽0.8～1cm，暗棕褐色，果熟后先端5裂。种子多数，灰棕色，长约1.2mm，表面具小蜂窝纹，一侧具细长的翼。花期7～8月，果期8～9月。2n=16，18。

生境 多年生中生草本。生于森林带及森林草原带的林缘、山地草甸和灌丛中。

产牙克石市、扎兰屯市、额尔古纳市、根河市、阿荣旗、鄂伦春自治旗、鄂温克族自治旗、陈巴尔虎旗、新巴尔虎左旗。

经济价值 全草入药，能凉血止血、清热解毒，主治吐血、咯血、子宫出血、黄疸、肝炎等；外用治创伤出血、烧烫伤、湿疹、黄水疮，捣烂或绞汁涂敷患处；种子泡酒，主治胃病、解毒、排脓。民间用叶代茶饮。

柽柳科 Tamaricaceae

红砂属 Reaumuria L.

红砂 *Reaumuria soongorica* (Pall.) Maxim.

别名 枇杷柴、红虱

蒙名 乌兰—宝都日嘎纳

形态特征 植株高10～30cm。多分枝，老枝灰黄色，幼枝色稍淡。叶肉质，圆柱形，上部稍粗，常3～5叶簇生，长1～5mm，宽约1mm，先端钝，浅灰绿色。花单生叶腋或在小枝上集为稀疏的穗状花序状，无柄；苞片3，披针形，长0.5～0.7mm，比萼短1/3～1/2；萼钟形，中下部合生，上部5齿裂，裂片三角形，锐尖，边缘膜质；花瓣5，开张，粉红色或淡白色，矩圆形，长3～4mm，宽约2.5mm，下半部具两个矩圆形的鳞片；雄蕊6～8，少有更多者，离生，花丝基部变宽，与花瓣近等长；子房长椭圆形；花柱3。蒴果长椭圆形，长约5mm，直径约2mm，光滑，3瓣开裂。种子3～4粒，矩圆形，长3～4mm，全体被淡褐色毛。花期7～8月，果期8～9月。

生境 超旱生小灌木。广泛生于荒漠带及荒漠草原地带，在荒漠带为重要的建群种，常在砾质戈壁上与珍珠柴（*Salsola passerina* Bunge）、泡泡刺（*Nitraria sphaerocarpa* Maxim.）等共同组成大面积的荒漠群落；在荒漠草原带仅见于盐渍低地，在干湖盆、干河床等盐渍土上形成隐域性红砂群落。此外，能沿盐渍地深入干草原地带。

产满洲里市、新巴尔虎右旗中南部。

经济价值 枝、叶入药，主治湿疹、皮炎。良等饲用植物，秋季为羊和骆驼所喜食。

堇菜科 Violaceae

堇菜属 Viola L.

1 植株有地上茎，根茎通常不被鳞片；托叶羽状深裂；花白色或淡蓝色 ················ **1 鸡腿堇菜 V. acuminata**
1 植株不具地上茎 ··· **2**
2 叶掌状 3～5 全裂或深裂并再裂，或近羽状深裂，裂片条形 ····················· **2 裂叶堇菜 V. dissecta**
2 叶不分裂 ··· **3**
3 叶狭长，匙形、矩圆形、披针形或倒披针形；花小，下瓣连距长 10～14mm ·········· **3 兴安堇菜 V. gmeliniana**
3 叶较宽，圆形、卵圆形、矩圆状卵形或卵形 ·· **4**
4 叶上面暗绿色或绿色，沿脉具白斑，下面带紫红色 ················· **4 斑叶堇菜 V. variegata**
4 叶上面无白斑，基部钝圆形、截形或微心形 ······················· **5 早开堇菜 V. prionantha**

鸡腿堇菜 *Viola acuminata* Ledeb.

别名 鸡腿菜

蒙名 奥古特图—尼勒—其其格

形态特征 植株高 15～50cm。根状茎垂直或倾斜，密生黄白色或褐色根。茎直立，通常 2～6 茎丛生，无毛或上部有毛。托叶大，披针形或椭圆形，长 0.8～2.5cm，通常羽状深裂，裂片细而长，有时为牙齿状中裂或浅裂，基部与叶柄合生，表面及边缘被柔毛；叶柄有毛或无毛，上部叶的叶柄较短，下部者较长；叶心状卵形或卵形，长（2）3.5～5.5（7）cm，宽（1.5）3～4（5）cm，先端短渐尖至长渐尖，基部浅心形至深心形，边缘具钝齿，两面生短柔毛或仅沿叶脉有毛，并密被锈色腺点。花梗较细，苞片生于花梗中部或中上部；萼片条形或条状披针形，有毛或无毛，基部的附属物短，末端截形；花白色或淡紫色，较小，侧瓣里面有须毛，下瓣里面中下部具数条紫脉纹，连距长 10～15mm，距长 3～4mm，通常直，末端钝；子房无毛；花柱基部微向前膝曲，向上渐粗，顶部稍弯成短钩状，顶面和侧面稍有乳头状凸起，柱头孔较大。蒴果椭圆形，长 8～10mm，无毛。花果期 5～9 月。2n=20。

生境 多年生中生草本。生于森林带和森林草原带的山地林缘、疏林下、灌丛间、山坡草甸、河谷湿地。

产牙克石市、扎兰屯市、额尔古纳市、鄂伦春自治旗、鄂温克族自治旗。

经济价值 据报道，全草入药，能清热解毒、消肿止痛，主治肺热咳嗽、跌打损伤、疮疖肿毒等。

裂叶堇菜 *Viola dissecta* Ledeb.

蒙名 奥尼图—尼勒—其其格

形态特征 植株无地上茎，高5～15（30）cm。根状茎短，根数条，白色。托叶披针形，约2/3与叶柄合生，边缘疏具细齿；花期叶柄近无翅，长3～5cm，通常无毛，果期叶柄长达25cm，具窄翅，无毛；叶的轮廓略呈圆形或肾状圆形，掌状3～5全裂或深裂并再裂，或近羽状深裂，裂片条形，两面通常无毛，下面脉凸出明显。花梗通常比叶长，无毛，果期通常不超出叶；苞片条形，长4～10mm，生于花梗中部以上；花淡紫堇色，具紫色脉纹；萼片卵形或披针形，先端渐尖，具3(7)脉，边缘膜质，通常于下部具短毛，基部附属器小，全缘或具1～2缺刻；侧瓣长1.1～1.7cm，里面无须毛或稍有须毛；下瓣连距长1.5～2.3cm，距稍细，长5～7mm，直或微弯，末端钝；子房无毛；花柱基部细，柱头前端具短喙，两侧具稍宽的边缘。蒴果矩圆状卵形或椭圆形至矩圆形，长10～15mm，无毛。花果期5～9月。$2n=24$。

生境 多年生中生草本。生于森林带和草原带的山地林下、林缘草甸、河滩地。

产牙克石市、扎兰屯市、额尔古纳市、根河市、莫力达瓦达斡尔族自治旗、鄂伦春自治旗、鄂温克族自治旗、陈巴尔虎旗、新巴尔虎左旗。

经济价值 全草入药，能清热解毒、消痈肿，主治无名肿毒、疮疖、麻疹热毒。

兴安堇菜 *Viola gmeliniana* Roem. et Schult.

蒙名 兴安乃—尼勒—其其格

形态特征 植株无地上茎，高4～9cm。根状茎垂直，稍呈黑色。叶多数，花期具多数前一年的残叶；托叶披针形或狭披针形，约1/2或3/4与叶柄合生，稍有细齿，无毛或边缘有纤毛；花期叶柄短或近无柄；叶匙形、矩圆形、披针形或倒披针形，长2～6cm，宽0.5～1.5cm，先端钝，基部渐狭而下延，边缘具钝的圆齿或近全缘，叶无毛或稍有毛或密生粗毛，果期叶具较长的柄，叶较大。花暗紫色或粉紫色；花梗与叶近等长或稍超出叶，被短毛；苞片生于花梗中部附近；萼片披针形或卵状披针形，基部附属物具棱角或边缘稍具牙齿，有时略呈截形，边缘具纤毛或无毛；侧瓣里面有须毛，下瓣连距长1～1.4cm，距稍粗而向上弯；子房无毛；花柱棍棒状，基部微膝曲，顶端膨大而有薄边，前方具短喙。蒴果无毛。花果期5～8月。2n=24。

生境 多年生中生草本。生于森林带的山地疏林下、林缘草甸、灌丛。

产牙克石市、扎兰屯市、额尔古纳市、根河市、新巴尔虎左旗。

斑叶堇菜 *Viola variegata* Fisch. ex Link

蒙名 导拉布图—尼勒—其其格

形态特征 植株无地上茎，高3～20cm。根状茎细短，分生1至数条细长的根，根白色、黄白色或淡褐色。托叶膜质，2/5～3/5与叶柄合生，上端分离部分呈卵状披针形或披针形，具不整齐牙齿或近全缘，疏生睫毛；叶柄微具狭翅，长1.5～6cm，被短毛或近无毛，叶圆形或宽卵形，长1～5.5（7）cm，宽1～5（6）cm，先端圆形或钝，基部心形，边缘具圆齿，上面暗绿色或绿色，沿叶脉有白斑，形成苍白色的脉带，下面带紫红色，两面疏生或密生极短的乳头状毛，有时叶下面或脉上毛较多，有时无毛。花梗超出叶或略等长于叶，常带紫色；苞片条形，生于花梗的中部附近；萼片卵状披针形或披针形，常带紫色或淡紫褐色，先端稍钝，基部的附属器短，末端圆形、近截形或不整齐，边缘膜质，无毛或有极短的乳头状毛；花瓣倒卵形，暗紫色或红紫色；侧瓣里面基部常为白色并有白色长须毛，下瓣的中下部为白色并具堇色条纹，瓣片连距长14～20mm，距长5～9mm，细或稍粗，末端稍向上弯或直；子房球形，通常无毛；花柱棍棒状，向上端渐粗，柱头顶面略平，两侧有薄边，前方具短喙。蒴果椭圆形至矩圆形，长5～7mm，无毛。花果期5～9月。$2n=24$。

生境 多年生中生草本。生于森林带和草原带的山地荒地、草坡、山坡砾石地、林下岩石缝、疏林地及灌丛间。

产海拉尔区、牙克石市、额尔古纳市、扎兰屯市、阿荣旗、莫力达瓦达斡尔族自治旗、鄂伦春自治旗、鄂温克族自治旗、陈巴尔虎旗。

经济价值 全草入药，能凉血止血，主治创伤出血。

早开堇菜 *Viola prionantha* Bunge

别名 尖瓣堇菜、早花地丁

蒙名 合日其也斯图—尼勒—其其格

形态特征 植株无地上茎。根状茎粗或稍粗，根细长或稍粗，黄白色，通常向下伸展，有时近横生。叶通常多数，花期高4～10cm，果期可达15cm，托叶淡绿色至苍白色，1/3～1/2与叶柄合生，上端分离部分呈条状披针形或披针形，边缘疏具细齿；叶柄有翅，长1～5cm，果期可达10cm，被柔毛；叶矩圆状卵形或卵形，长1～3cm，宽0.7～1.5cm，先端钝或稍尖，基部钝圆形、截形、稀宽楔形、极稀近心形，边缘具钝锯齿，两面被柔毛，或仅脉上有毛，或近于无毛，果期叶大，卵状三角形或长三角形，长达6～8cm，宽达2～4cm，先端尖或稍钝，基部截形或微心形，无毛或稍有毛。花梗1至多数，花期超出叶，果期常比叶短；苞片生于花梗的中部附近；萼片披针形或卵状披针形，先端锐尖或渐尖，具膜质窄边，基部附属器长1～2mm，边缘具不整齐的牙齿或全缘，有纤毛或无毛；花瓣紫堇色或淡紫色，上瓣倒卵形，侧瓣矩圆状倒卵形，里面有须毛或接近于无毛，下瓣中下部为白色并具紫色脉纹，瓣片连矩长13～20mm，矩长4～9mm，末端较粗，微向上弯；子房无毛；花柱棍棒状，基部微膝曲，向上端渐粗，顶端略平，两侧有薄边，前方具短喙。蒴果椭圆形至矩圆形，长6～10mm，无毛。花果期5～9月。

生境 多年生中生草本。生于森林带和草原带的丘陵谷底、山坡、草地、荒地、路旁、沟边、庭园、林缘。

产海拉尔区、牙克石市、扎兰屯市。

经济价值 全草可入药。

瑞香科 Thymelaeaceae

狼毒属 Stellera L.

狼毒 *Stellera chamaejasme* L.

别名 断肠草、小狼毒、红火柴头花、棉大戟

蒙名 达伦—图茹

形态特征 植株高20～50cm。根粗大，木质，外皮棕褐色。茎丛生，直立，不分枝，光滑无毛。叶较密生，椭圆状披针形，长1～3cm，宽2～8mm，先端渐尖，基部钝圆或楔形，两面无毛。顶生头状花序；花萼筒细瘦，长8～12mm，宽约2mm，下部常为紫色，具明显纵纹，顶端5裂，裂片近卵圆形，长2～3mm，具紫红色网纹；雄蕊10，2轮，着生于萼喉部与萼筒中部，花丝极短；子房椭圆形，1室，上部密被淡黄色细毛；花柱极短，近头状；子房基部一侧有长约1mm矩圆形蜜腺。小坚果卵形，长4mm，棕色，上半部被细毛，果皮膜质，为花萼筒基部所包藏。花期6～7月。

生境 多年生旱生草本。广泛生于草原区，为草原群落的伴生种，在过度放牧影响下，狼毒数量常常增加，成为景观植物。

产呼伦贝尔市各旗、市、区。

经济价值 根入药，有大毒，能散结、逐水、止痛、杀虫，主治水气肿胀、淋巴结核、骨结核；外用治疥癣、瘙痒、顽固性皮炎，可杀蝇、灭蛆。根也作蒙药，能杀虫、逐泻、止腐消肿，主治各种疔痛。

千屈菜科 Lythraceae

千屈菜属 Lythrum L.

千屈菜 *Lythrum salicaria* L.

蒙名 西如音—其其格

形态特征 茎高40～100cm，直立，多分枝，四棱形，被白色柔毛或仅嫩枝被毛。叶对生，少互生，长椭圆形或矩圆状披针形，长3～5cm，宽0.7～1.3cm，先端钝或锐尖，基部近圆形或心形，略抱茎，上面近无毛，下面有细柔毛，边缘有极细毛，无柄。总状花序顶生，长3～18cm；花两性，数朵簇生于叶状苞腋内，具短梗；苞片卵状披针形至卵形，长约5mm，宽约2.5mm，顶端长渐尖，两面及边缘密被短柔毛；小苞片狭条形，被柔毛；花萼筒紫色，长4～6mm，萼筒外面具12条凸起纵脉，沿脉被细柔毛，顶端有6齿裂，萼齿三角状卵形，齿裂间有被柔毛的长尾状附属物；花瓣6，狭倒卵形，紫红色，生于萼筒上部，长6～8mm，宽约4mm；雄蕊12，6长6短，相间排列，在不同植株中雄蕊有长、中、短三型，与此对应；花柱也有短、中、长三型；子房上位，长卵形，2室，胚珠多数；花柱长约7mm，柱头头状；花盘杯状，黄色。蒴果椭圆形，包于萼筒内。花期8月，果期9月。$2n=30$，60。

生境 多年生湿生草本。生于森林带和草原带的河边、林下湿地、沼泽。

产牙克石市、扎兰屯市、阿荣旗、莫力达瓦达斡尔族自治旗、鄂伦春自治旗、陈巴尔虎旗。

经济价值 全草入药，能清热解毒、凉血止血，主治肠炎、痢疾、便血；外用治外伤出血。孕妇忌服。

柳叶菜科 Onagraceae

柳叶菜属 Epilobium L.

沼生柳叶菜 Epilobium palustre L.

别名 沼泽柳叶菜、水湿柳叶菜

蒙名 那木嘎音—呼崩朝日

形态特征 茎直立，高20～50cm，基部具匍匐枝或地下有匍匐枝，上部被曲柔毛，下部通常稀少或无。茎下部叶对生，上部互生，披针形或长椭圆形，长2～6cm，宽3～10（15）mm，先端渐尖，基部楔形或宽楔形，上面有弯曲短毛，下面仅沿中脉密生弯曲短毛，全缘，边缘反卷；无柄。花单生于茎上部叶腋，粉红色；花萼裂片披针形，长约3mm，外被短柔毛；花瓣倒卵形，长约5mm，顶端2裂，花药椭圆形，长约0.5mm；子房密被白色弯曲短毛，柱头头状。蒴果长3～6cm，被弯曲短毛，果梗长1～2cm，被稀疏弯曲短毛。种子倒披针形，暗棕色，长约1.2mm，种缨淡棕色或乳白色。花期7～8月，果期8～9月。$2n=36$。

生境 多年生湿生草本。生于草原带的沼泽地、山沟溪边、河边或沼泽草甸。

产海拉尔区、满洲里市、牙克石市、扎兰屯市、额尔古纳市、莫力达瓦达斡尔族自治旗、鄂伦春自治旗、鄂温克族自治旗、陈巴尔虎旗、新巴尔虎左旗、新巴尔虎右旗。

经济价值 带根全草入药，能清热消炎、调经止痛、活血止血、去腐生肌，主治咽喉肿痛、牙痛、目赤肿痛、月经不调、白带过多、跌打损伤、疗疮痈肿、外伤出血等。

伞形科 Umbelliferae

1 单叶，全缘，具平行或弧形叶脉；花黄色；果实无毛 ·· **2 柴胡属 Bupleurum**
1 复叶或单叶而具裂片，网状脉 ··· 2
2 果实被毛 ··· **8 岩风属 Libanotis**
2 果实无毛 ··· 3
3 胚乳在合生面具深沟槽，横切面呈新月形或马蹄形；果矩圆状椭圆形；茎下部与节部被开展的长柔毛 ········
·· **1 迷果芹属 Sphallerocarpus**
3 胚乳在合生面平坦或稍凹，横切面呈圆形、五角形或半圆形 ··· 4
4 果多少两侧压扁，分生果横切面多少呈圆形；花白色，稀淡红色或淡紫色 ··· 5
4 果多少背腹压扁，分生果横切面半圆形至横条形 ·· 9
5 果近球形，多年生草本，生于河边、沼泽或湿地 ·· 6
5 果卵形、椭圆形或矩圆形 ··· 7
6 一回单数羽状复叶；叶柄具关节；无绿色具横隔的根状茎 ·· **7 泽芹属 Sium**
6 叶二至三回羽状全裂；叶柄无关节；有绿色具横隔的根状茎 ·· **3 毒芹属 Cicuta**
7 果卵形，每棱槽中具油管 2～4 条 ·· **5 茴芹属 Pimpinella**
7 果椭圆形或矩圆形；萼齿不明显；每棱槽中具油管 1 条或不明显 ·· 8
8 植株具细长的地下根状茎；果棱等宽，油管不明显 ·· **6 羊角芹属 Aegopodium**
8 植株具直根；叶的最终裂片较窄，常条形；每棱槽中具油管 1 条 ····································· **4 葛缕子属 Carum**
9 子房具小瘤状凸起，果期逐渐消失；每棱槽中具油管 1 条 ·· **15 防风属 Saposhnikovia**
9 子房平滑；每棱槽中无油管 ··· 10
10 果稍背腹压扁，背棱、中棱和侧棱均发达并具翅；果棱的翅为木栓质；花柱较花柱基长 2～3 倍 ············
··· **9 蛇床属 Cnidium**
10 果背腹压扁，侧棱比背棱和中棱发达，且常呈宽翅状 ·· 11
11 小伞形花序的外缘花具辐射瓣 ·· 12
11 小伞形花序的外缘花无辐射瓣 ·· 13
12 油管长达分生果的中部或中下部，外观显著；每棱槽中具油管 1 条，合生面具 2～4 条 ···· **14 独活属 Heracleum**
12 油管长达分生果的基部，外观不显；每棱槽中具油管 3～5 条，合生面具 8～14 条 ········ **12 柳叶芹属 Czernaevia**
13 果棱厚，木栓化 ··· **13 胀果芹属 Phlojodicarpus**
13 果棱非木栓化；果成熟后 2 个相邻的分生果在合生面易于分离 ··· 14
14 果皮薄，果成熟时果皮与种子分离；萼齿明显 ·· **10 山芹属 Ostericum**
14 果皮厚，果成熟时果皮与种子不分离；萼齿不明显 ·· **11 当归属 Angelica**

迷果芹属 Sphallerocarpus Bess. ex DC.

迷果芹 *Sphallerocarpus gracilis* (Bess.) K.-Pol.

别名 东北迷果芹

蒙名 朝高日乐吉

形态特征 植株高 30～120cm。茎直立，多分枝，具纵细棱，被开展的或弯曲的长柔毛，毛长 0.5～3mm，茎下部与节部毛较密，茎上部与节间常无毛或近无毛。基生叶开花时早枯落，茎下部叶具长柄，叶鞘三角形，抱茎，茎中部或上部叶的叶柄一部分或全部成叶鞘，叶柄和叶鞘常被长柔毛；叶三至四回羽状全裂，轮廓为三角状卵形，一回羽片 3～4 对，具柄，轮廓卵状披针形；二回羽片 3～4 对，具短柄或无柄，轮廓同上；最终裂片条形或披针状条形，长 2～10mm，宽 1～2mm，先端尖，两面无毛或有时被极稀疏长柔毛；上部叶渐小并简化。复伞形花序直径花期为 2.5～5cm，果期为 7～9cm；伞辐 5～9，不等长，长 5～20mm，无毛；通常无总苞片；小伞形花序直径 6～10mm，具花 12～20，花梗不等长，长 1～4mm，无毛；小总苞片通常 5，椭圆状卵形或披针形，长 2～3mm，宽约 1mm，顶端尖，边缘具睫毛，宽膜质，果期向下反折；花两性（主伞的花）或雄性（侧伞的花）；萼齿很小，三角形；花瓣白色，倒心形，长约 1.5mm，先端具内卷小舌片，外缘花的外侧花瓣增大；花柱基短圆锥形。双悬果矩圆状椭圆形，长 4～5mm，宽 2～2.5mm，黑色，两侧压扁；分生果横切面圆状五角形，果棱隆起，狭窄，内有 1 条维管束，棱槽宽阔，每棱槽中具油管 2～4 条，合生面具 4～6 条；胚乳腹面具深凹槽；心皮柄 2 中裂。花期 7～8 月，果期 8～9 月。$2n=22$。

生境 一年生或二年生中生草本。生于田野村旁及撂荒地、山地林缘草甸。

产呼伦贝尔市各旗、市、区。

经济价值 青鲜时骆驼乐食，在干燥状态不乐食，其他牲畜不吃。

柴胡属 Bupleurum L.

1 叶较宽，7～20mm；小苞片宽大，黄绿色或黄色；茎基部具纤维状叶鞘残余 ················· **1 兴安柴胡 B. sibiricum**
1 叶较窄，宽不超过5mm；小苞片小而狭，绿色 ··· **2**
2 茎丛生；主根常黑褐色；植株矮小，高10～20(～35)cm，茎生叶边缘常对折或内卷 ········· **2 锥叶柴胡 B. bicaule**
2 茎通常单生；主根常红褐色；植株高大，通常在20cm以上，叶片通常平展 ············ **3 红柴胡 B. scorzonerifolium**

兴安柴胡 *Bupleurum sibiricum* Vest

蒙名 兴安乃—宝日车—额布苏

形态特征 植株高15～60cm。主根长圆锥形，黑褐色，有支根；根状茎圆柱形，黑褐色，上部包被枯叶鞘与叶柄残留物，先端分出数茎。茎直立，略呈"之"字形弯曲，具纵细棱，上部少分枝。基生叶具长柄，叶鞘与叶柄下部常带紫色；叶条状倒披针形，长3～10cm，宽5～12mm，先端钝或尖，具小突尖头，基部渐狭，具平行叶脉5～7条，叶脉在叶下面凸起；茎生叶与基生叶相似，但无叶柄且较小。复伞形花序顶生和腋生，直径3～4.5cm；伞辐6～12，长5～15mm，不等长；总苞片1～3（5），与茎顶部小叶同形，但更小。小伞形花序直径5～12mm，具花10～20；花梗长1～3mm，不等长；小总苞片5～8，黄绿色，椭圆形、卵状披针形或狭倒卵形，长4～7mm，宽1.5～3mm，先端渐尖，具(3)5～7脉，显著超出并包围伞形花序；萼齿不明显；花瓣黄色。果椭圆形，长约3mm，宽约2mm，淡棕褐色。花期7～8月，果期9月。

生境 多年生中旱生植物。生于森林草原及山地草原，也见于山地灌丛及林缘草甸。

产牙克石市、扎兰屯市、额尔古纳市、根河市、阿荣旗、鄂伦春自治旗、陈巴尔虎旗。

锥叶柴胡 *Bupleurum bicaule* Helm

蒙名 疏布格日—宝日车—额布苏

形态特征 植株高10～35cm。主根圆柱形，常具支根，黑褐色；根状茎常分枝，包被毛刷状叶鞘残留纤维。茎常多数丛生，直立，稍呈"之"字形弯曲，具纵细棱。茎生叶近直立，狭条形，长3～10cm，宽1～2（3）mm，先端渐尖，边缘常对折或内卷，有时稍呈卵形，具平行脉3～5条，叶基部半抱茎；基生叶早枯落。复伞形花序顶生和腋生，直径1～3cm；伞辐3～7，长5～15mm，纤细；总苞片3～5，披针形或条状披针形，长2～6mm；小伞形花序直径3～5mm，具花4～10；花梗长0.5～1.5mm，不等长；小总苞片常5，披针形，长1.5～3mm，先端渐尖，常具3脉；无萼齿；花瓣黄色。果矩圆状椭圆形，长约2.5mm。花期7～8月，果期8～9月。$2n=12, 22$。

生境 多年生旱生草本。生于森林草原带及草原带的山地石质坡地。

产满洲里市、额尔古纳市、莫力达瓦达斡尔族自治旗、鄂伦春自治旗、鄂温克族自治旗、陈巴尔虎旗、新巴尔虎左旗、新巴尔虎右旗。

经济价值 根供药用。茎与叶青鲜时羊喜食，而在渐干状态乐食；马稍能食一些，其他牲畜则不食。

红柴胡 *Bupleurum scorzonerifolium* Willd.

别名 狭叶柴胡、软柴胡

蒙名 乌兰—宝日车—额布苏

形态特征 植株高（10）20～60cm。主根长圆锥形，常红褐色；根状茎圆柱形，具横皱纹，不分枝，上部包被毛刷状叶鞘残留纤维。茎通常单一，直立，稍呈"之"字形弯曲，具纵细棱。基生叶与茎下部叶具长柄，叶条形或披针状条形，长5～10cm，宽3～5mm，先端长渐尖，基部渐狭，具脉5～7条，叶脉在下面凸起；茎中部和上部叶与基生叶相似，但无柄。复伞形花序顶生和腋生，直径2～3cm；伞辐6～15，长7～22mm，纤细；总苞片常不存在或1～5，大小极不相等，披针形、条形或鳞片状；小伞形花序直径3～5mm，具花8～12；花梗长0.6～2.5mm，不等长；小总苞片通常5，披针形，长2～3mm，先端渐尖，常具3脉；花瓣黄色。果近椭圆形，长2.5～3mm，果棱钝，每棱槽中常具油管3条，合生面常具4条。花期7～8月，果期8～9月。$2n=12$，16。

生境 多年生旱生草本。生于森林草原带和草原带的草甸草原、草原、固定沙丘、山地灌丛，为草原群落的优势杂类草，也为沙地植被的常见伴生种。

产呼伦贝尔市各旗、市、区。

经济价值 青鲜时为各种牲畜所喜食，在渐干时也为各种牲畜所乐食。

毒芹属 Cicuta L.

毒芹 *Cicuta virosa* L.

别名 芹叶钩吻

蒙名 好日图—朝吉日

形态特征 植株高 50～140cm，具多数肉质须根。根状茎绿色，节间极短，节的横隔排列紧密，内部形成许多扁形腔室。茎直立，上部分枝，圆筒形，节间中空，具纵细棱。基生叶与茎下部叶具长柄，叶柄圆筒形，中空，基部具叶鞘；叶二至三回羽状全裂，轮廓为三角形或卵状三角形，长与宽各达 20cm；一回羽片 4～5 对，远离，具柄，轮廓近卵形；二回羽片 1～2 对，远离，无柄或具短柄，轮廓宽卵形；最终裂片披针形至条形，长 2～6cm，宽（2）3～10mm，先端锐尖，基部楔形或渐狭，边缘具不整齐的尖锯齿或缺刻状，两面沿中脉与边缘稍粗糙；茎中部与上部叶较小并简化，叶柄全部成叶鞘。复伞形花序直径 5～10cm；伞辐 8～20，具纵细棱，长 1.5～4cm；通常无总苞片；小伞形花序直径 1～1.5cm；具多数花；花梗长 2～3mm；小总苞片 8～12，披针状条形至条形，比花梗短，先端尖，全缘；萼齿三角形；花瓣白色。果近球形，直径约 2mm。花期 7～8 月，果期 8～9 月。2*n*=22。

生境 多年生湿生植物草本。生于森林带和草原带的河边、沼泽、沼泽草甸和林缘草甸。

产呼伦贝尔市各旗、市、区。

经济价值 根状茎入药，有大毒，能外用拔毒、祛瘀，将根状茎捣烂，外敷用，主治化脓性骨髓炎。果可提取挥发油，油中主要成分是毒芹醛和伞花烃。全草有剧毒，人或家畜误食后往往中毒致死。根状茎有香气，带甜味，切开后流出淡黄色毒液，其有毒物质主要是毒芹素（cicutoxin）。

葛缕子属 Carum L.

1 茎生叶的叶鞘具白色或淡红色的极宽的膜质边缘；花白色或淡红色；无小总苞片，稀具1或2片而早落 ·· **1 葛缕子 C. carvi**

1 茎生叶的叶鞘具白色狭膜质边缘；花白色；小总苞片8～12，披针形或条状披针形 ········ **2 田葛缕子 C. buriaticum**

葛缕子 *Carum carvi* L.

别名 野胡萝卜、蒿蒿

蒙名 哈如木吉

形态特征 植株高25～70cm，全株无毛。主根圆锥形、纺锤形或圆柱形，肉质，褐黄色，直径6～12mm。茎直立，具纵细棱，上部分枝。基生叶和茎下部叶具长柄，基部具长三角形的和宽膜质的叶鞘；叶二至三回羽状全裂，轮廓条状矩圆形，长5～8cm，宽1.5～3.5cm；一回羽片5～7对，远离，轮廓卵形或卵状披针形，无柄；二回羽片1～3对，轮廓卵形至披针形，羽状全裂至深裂；最终裂片条状或披针形，长1～3mm，宽0.5～1mm；茎中部和上部叶逐渐变小并简化，叶柄全成叶鞘，叶鞘具白色或深淡红色的宽膜质的边缘。复伞形花序直径3～6cm；伞辐4～10，不等长，具纵细棱，长1～4cm；通常无总苞片；小伞形花序直径5～10mm，具花10余朵；花梗不等长，长1～3（5）mm；通常无小总苞片；萼齿短小，先端钝；花瓣白色或粉红色，倒卵形。果椭圆形，长约3mm，宽约1.5mm。花期6～8月，果期8～9月。$2n=20, 22$。

生境 二年生或多年生中生草本。生于森林带和草原带的山地林缘草甸、盐渍化草甸及田边路旁。

产扎兰屯市、陈巴尔虎旗。

经济价值 果实含芳香油，可用作食品、糖果、牙膏和洁口剂的香料。果实芳香油含量为3%～7%，香旱芹子油萜酮含量为50%～60%，此外有柠檬萜等。全草可入药，能健胃、祛风、理气，主治胃痛、腹痛、小肠疝气。

田葛缕子 *Carum buriaticum* Turcz.

别名 田蒫蒿

蒙名 塔林—哈如木吉

形态特征 植株高25～80cm，全株无毛。主根圆柱形或圆锥形，直径6～12mm，肉质。茎直立，常自下部多分枝，具纵细棱，节间实心，基部包被老叶残留物。基生叶与茎下部叶具长柄，具长三角状叶鞘；叶二至三回羽状全裂，轮廓矩圆状卵形，长5～12cm，宽3～6cm；一回羽片5～7对，远离，轮廓近卵形，无柄；二回羽片1～4对，无柄，轮廓卵形至披针形，羽状全裂；最终裂片狭条形，长2～10mm，宽0.3～0.5mm，茎上部和中部叶逐渐变小并简化，叶柄全成条形叶鞘，叶鞘具白色狭膜质边缘。复伞形花序直径3～8cm；伞辐8～12，长8～13mm；总苞片1～5，披针形或条状披针形，先端渐尖，边缘膜质；小伞形花序直径5～10mm，具花10～20；花梗长1～3mm；小总苞片8～12，披针形或条状披针形，比花梗短，先端锐尖，具窄的白色膜质边缘；萼齿短小，钝；花瓣白色。果椭圆形，长3～3.5mm，宽约1.5mm，棱槽棕色，果棱棕黄色；心皮柄2裂达基部。花期7～8月，果期9月。

生境 二年生中旱生杂草。生于森林草原带和草原带的田边路旁、撂荒地、山地、沟谷。可成为撂荒地的优势建群种。

产海拉尔区、满洲里市、鄂温克族自治旗、陈巴尔虎旗、新巴尔虎左旗、新巴尔虎右旗。

经济价值 用途同葛缕子。

茴芹属 Pimpinella L.

1 基生叶和茎下部叶一回羽裂，小裂片矩圆形或卵圆状披针形 ················· **1 羊红膻 P. thellungiana**
1 基生叶和茎下部叶二至三回羽裂，小裂片条形 ································· **2 蛇床茴芹 P. cnidioides**

羊红膻 *Pimpinella thellungiana* Wolff

别名 缺刻叶茴芹、东北茴芹

蒙名 和勒特日黑—那部其特—其禾日

形态特征 植株高 30～80cm。主根长圆锥形，直径 2～5mm。茎直立，上部稍分枝，下部密被稍倒向的短柔毛，具纵细棱，节间实心。基生叶与茎下部叶具长柄，叶柄被短柔毛，基部具叶鞘；叶一回单数羽状复叶，轮廓矩圆形至卵形，长 4～8cm，宽 2.5～6cm，侧生小叶 3～5 对，小叶无柄，矩圆状披针形、卵状披针形或卵形，长 1.5～3.5cm，宽 1～2cm，基部楔形或歪斜的宽楔形，边缘有缺刻状齿或近于羽状条裂，上面疏生短柔毛，下面密生短柔毛；中部与上部茎生叶较小并简化，叶柄部分或全部成叶鞘；顶生叶为一至二回羽状全裂，最终裂片狭条形。复伞形花序直径 3～6cm；伞辐 8～20，长 1～3cm，具纵细棱，无毛；无总苞片与小总苞片；小伞形花序直径 7～14mm，具花 15～20，花梗长 2.5～5mm；萼齿不明显；花瓣白色；花柱细长叉开。果卵形，长约 2mm，宽约 1.5mm，棕色。花期 6～8 月，果期 8～9 月。$2n=18$。

生境 二年生或多年生中生草本。生于森林带和草原带的林缘草甸、沟谷及河边草甸。

产呼伦贝尔市各旗、市、区。

经济价值 全草入药，能温中散寒，主治克山病、心悸、气短、咳嗽。

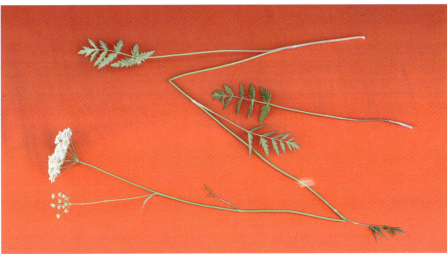

蛇床茴芹 *Pimpinella cnidioides* H.Pearson ex H. Wolff

形态特征 根长圆锥形。茎直立、中空,外有细条纹,被疏柔毛。基生叶和茎下部叶有柄,与叶片近等长,一般长5～20cm;叶片2回羽状分裂,1回羽片5～6对,下部的羽片有短柄,上部的羽片无柄,末回裂片线形,全缘,长5～15mm,宽1～2mm,有疏柔毛;茎上部叶较小,无柄,羽状分裂,裂片线形。伞形花序有短梗;无总苞片;伞辐15～25,长2～4cm;无小总苞片;小伞形花序有花15～20,无萼齿;花瓣倒卵形,白色,基部有短爪,顶端凹陷,小舌片内折,花柱基短圆锥形,花柱与果实近等长。果实卵形,果棱不明显;每棱槽内油管3,合生面油管4。花果期6～9月。

生境 二年生或多年生中生草本。生长于山地草坡上。

产鄂温克族自治旗、陈巴尔虎旗。

羊角芹属 Aegopodium L.

东北羊角芹 *Aegopodium alpestre* Ledeb.

别名 小叶芹

蒙名 乌拉音—朝古日

形态特征 植株高 25～60cm，全株无毛。根状茎细长，横行土中，节部膨大。茎稍柔弱，直立，中空，单一或上部稍分枝，无毛，有时在花序下部被微短硬毛，着生少数叶。基生叶具长柄，叶柄长 3～11cm，基部具叶鞘；叶二至三回羽状全裂，轮廓卵状三角形，长与宽为 4～8cm；一回羽片 3～4 对，远离，下部裂片具短柄，轮廓卵形或卵状披针形；二回羽片 1～3 对，无柄，轮廓卵形；最终裂片卵形至披针形，长 7～17mm，宽 4～10mm，先端尖或渐尖，边缘具羽状缺刻或尖齿，牙齿先端具刺状凸尖，两面无毛，有时边缘和下面脉上被微短硬毛；茎生叶较小并简化，叶柄大部或全部成叶鞘，叶鞘边缘膜质，抱茎。复伞形花序直径花期为 3～4cm，果期可达 8cm；伞辐 8～18，具纵棱，沿棱常被微短硬毛；无总苞片和小总苞片；小伞形花序直径 7～10mm，具花 12～20，花梗长 1～3mm，内侧被微短硬毛；萼齿不明显，花瓣白色。果矩圆状卵形，长约 3mm，宿存花柱细长，下弯。花期 6～7 月，果期 7～8 月。2n=54。

生境 多年生中生草本。生于森林带的山地林下、林缘草甸及沟谷。

产牙克石市、扎兰屯市、额尔古纳市、根河市、莫力达瓦达斡尔族自治旗、鄂伦春自治旗、鄂温克族自治旗、陈巴尔虎旗。

泽芹属 Sium L.

泽芹 Sium suave Walt.

蒙名 那木格音—朝古日

形态特征 植株高 40～100cm。根多数，呈束状，棕褐色。茎直立，上部分枝，具明显纵棱与宽且深的沟槽，节部稍膨大，节间中空。基生叶与茎下部叶具长柄，长达 8cm，叶柄中空，圆筒状，有横隔；叶一回单数羽状复叶，轮廓卵状披针形、卵形或矩圆形，长 6～20cm，宽 3～7cm，具小叶 3～7 对，小叶无柄，远离，条状披针形、条形或披针形，长 3～8cm，宽 3～14mm，先端渐尖，基部近圆形或宽楔形，边缘具尖锯齿。复伞形花序直径花期为 3～5cm，果期为 5～7cm；伞辐 10～20，长 8～18mm，具纵细棱；总苞片 5～8，条形或披针状条形，先端长渐尖，边缘膜质；小伞形花序直径 8～10mm，具花 10～20，花梗长 1～4mm；小总苞片 6～9，条形或披针状条形，长 1～4mm，宽约 0.5mm，先端长渐尖，边缘膜质；萼齿短齿状；花瓣白色；花柱基厚垫状，比子房宽，边缘微波状。果近球形，直径约 2mm，果棱等形，具锐角状宽棱，木栓质，每棱槽中具油管 1 条，合生面具 2 条；心皮柄 2 裂。花期 7～8 月，果期 9～10 月。$2n=12$，22。

生境 多年生湿生草本。生于森林带和草原带的沼泽、池沼边、沼泽草甸。

产呼伦贝尔市各旗、市、区。

经济价值 全草入药，能散风寒、止头痛、降血压，主治感冒头痛、高血压。

岩风属 Libanotis Hill

香芹 *Libanotis seselioides* (Fisch. et Mey. ex Turcz.) Turcz.

别名 邪蒿

蒙名 昂给拉玛—朝古日

形态特征 植株高 40～90cm。根直生或斜生，常分出数侧根，淡褐黄色，直径 3～5mm；根状茎短，圆柱形，包被多数残叶基纤维。茎直立，上部分枝，具纵向深槽及锐棱，节间实心，下部被短硬毛或无毛，花序下被短硬毛。基生叶和茎下部叶具长柄，基部具叶鞘，柄具纵细棱，常被短硬毛；叶三回羽状全裂，轮廓长椭圆形或卵状披针形，长 7～20cm，宽 3～9cm；一回羽片 5～7 对，远离，无柄，轮廓卵状披针形；二回羽片 2～4 对，远离，无柄，轮廓卵状披针形；最终裂片条形或条状披针形，长 3～10mm，宽 1～2.5mm，先端尖或稍钝，具小突尖，边缘向下稍卷折，两面无毛，下面中脉凸起；茎中部与上部叶较小并简化，叶柄部分或全部成叶鞘。花序各部分与萼齿、花瓣及子房均被微短硬毛；复伞形花序直径 3～6cm；伞辐 15～25，具细纵棱；总苞片通常无，稀 1～5，狭条状钻形；小伞形花序直径约 1cm，具花 15～30，花梗长 1～3mm；小总苞片 10 余片，条形或条状钻形，先端长渐尖；萼齿狭三角形，黄色。果卵形，长 2～2.5mm，宽约 1.5mm，两侧压扁，被微短硬毛，果棱等形，稍凸起，钝，每棱槽中有油管 3 条，合生面具 6 条。花期 7～9 月，果期 9～10 月。$2n=22$。

生境 多年生中生草本。生于森林带和森林草原带的山地草甸、林缘。

产海拉尔区、牙克石市、扎兰屯市、额尔古纳市、鄂伦春自治旗、鄂温克族自治旗、陈巴尔虎旗。

蛇床属 Cnidium Cuss.

1 一年生草本，茎下部被微短硬毛；总苞片7～13，条状锥形，边缘宽膜质且具短睫毛；果宽椭圆形，较小，长约2mm ·· **1 蛇床 C. monnieri**
1 二年生或多年生草本，茎平滑无毛；果椭圆形或近矩圆形，较大，长2.5～4.5mm ·················· **2**
2 总苞片6～9，条形，边缘宽膜质；小总苞片8～12，倒披针形或倒卵形，边缘宽膜质；叶最终裂片卵形或披针形 ·· **2 兴安蛇床 C. dahuricum**
2 总苞片不存在，稀1～2，长条状锥形；小总苞片7～9，狭条形，边缘狭膜质；叶最终裂片条形 ·· **3 碱蛇床 C. salinum**

蛇床 *Cnidium monnieri* (L.) Cuss.

蒙名 哈拉嘎拆

形态特征 植株高30～80cm。根细瘦，圆锥形，直径2～4mm，褐黄色。茎单一，上部稍分枝，具细纵棱，下部被微短硬毛，上部近无毛。基生叶与茎下部叶具长柄与叶鞘；叶二至三回羽状全裂，轮廓近三角形，长5～8cm，宽3～6cm；一回羽片3～4对，远离，具柄，轮廓三角状卵形；二回羽片具短柄或无柄，轮廓近披针形；最终裂片条形或条状披针形，长2～10mm，宽1～2mm，先端锐尖，具小刺尖，沿叶脉与边缘常被微短硬毛；茎中部与上部叶较小并简化，叶柄全部成叶鞘。复伞形花序直径花时1.5～3.5cm，果时达5cm；伞辐12～20，内侧被微短硬毛；总苞片7～13，条状锥形，边缘宽膜质具短睫毛，长为伞辐的1/3～1/2；小伞形花序直径约5mm，具花20～30，花梗长0.5～3mm；小总苞片9～11，条状锥形，长4～5mm，边缘膜质具短睫毛；萼齿不明显；花瓣白色，宽倒心形，先端具内卷小舌片；花柱基垫状。双悬果宽椭圆形，长约2mm，宽约1.8mm。花期6～7月，果期7～8月。$2n=12$。

生境 一年生中生草本。生于森林带和草原带的河边或湖边草地、田边。

产海拉尔区、扎兰屯市、额尔古纳市、陈巴尔虎旗、新巴尔虎右旗。

经济价值 果实入药（药材名：蛇床子），能祛风、燥湿、杀虫、止痒、补肾；主治阴痒带下、阴道滴虫、皮肤湿疹、阳痿。果实也作蒙药（蒙药品：呼希格图—乌热），能温中、杀虫，主治胃寒、消化不良、青腿病、游痛症、滴虫病、痔疮、皮肤瘙痒、湿疹。

兴安蛇床 *Cnidium dahuricum* (Jacq.) Turcz. ex Mey.

别名 山胡萝卜

蒙名 兴安乃—哈拉嘎拆

形态特征 植株高（40）80～150（200）cm。根圆锥状，直径6～15mm，肉质，黄褐色。茎直立，具细纵棱，平滑无毛，上部分枝。基生叶和茎下部叶具长柄，叶柄长度约为叶的1/2，基部具叶鞘，叶鞘抱茎，常带红紫色，边缘宽膜质；叶二至三（四）回羽状全裂，轮廓变异大，菱形、三角形、卵形或披针形，长达25cm，宽达28cm；一回羽片4～5对，具柄，远离，轮廓披针形；二回羽片3～5对，远离，具短柄或无柄，轮廓卵状披针形；最终裂片卵状披针形，长（0.5）1～2cm，宽（4）7～15mm，羽状深裂，先端锐尖，具小尖头，基部楔形或渐狭，边缘向下稍卷折，下面中脉隆起，沿脉与叶缘具微短硬毛；茎中部与上部叶的叶柄全部成叶鞘，较小并简化。复伞形花序直径花时3～7cm，果时6～12cm；伞辐10～20，具纵棱，内侧被微短硬毛；总苞片6～9，条形，长6～12mm，先端具短尖头，边缘宽膜质；小伞形花序直径约1cm，具花20～40；花梗长1～4mm，内侧被微短硬毛；小总苞片8～12，倒披针形或倒卵形，长3～7mm，宽约2mm，先端具尖头，具极宽的白色膜质边缘；萼齿不明显；花瓣白色，宽倒卵形，先端具小舌片，内卷呈凹缺状；花柱基扁圆锥形。双悬果矩圆形或椭圆状矩圆形，长3.5～4.5mm，宽2.5～3mm，果棱翅淡黄色，棱槽棕色。花期7～8月，果期8～9月。$2n=22$。

生境 二年生或多年生中生草本。生于森林带和草原带的山地林缘、河边草地。

产海拉尔区、满洲里市、扎兰屯市、额尔古纳市、莫力达瓦达斡尔族自治旗、鄂温克族自治旗、新巴尔虎左旗、新巴尔虎右旗。

碱蛇床 *Cnidium salinum* Turcz.

蒙名 好吉日色格—哈拉嘎拆

形态特征 植株高20～50cm。主根圆锥形，直径4～7mm，褐色，具支根。茎直立或下部稍膝曲，上部稍分枝，具纵细棱，无毛，节部膨大，基部常带红紫色。叶少数，基生叶和茎下部叶具长柄与叶鞘；叶二至三回羽状全裂，轮廓卵形或三角状卵形；一回羽片3～4对，具柄，轮廓近卵形；二回羽片2～3对，无柄，轮廓披针状卵形；最终裂片条形，长3～20mm，宽1～2mm，顶端锐尖，边缘稍卷折，两面蓝绿色，光滑无毛，下面中脉隆起；茎中部与上部叶较小并简化，叶柄全部成叶鞘，叶简化成一或二回羽状全裂。复伞形花序直径花时3～5.5cm，果时6～8cm；伞辐8～15，长1.5～3cm，具纵棱，内侧被微短硬毛；总苞片通常不存在，稀具1～2，条状锥形，与伞辐近等长；小伞形花序直径约1cm，具花15～20，花梗长1.5～3mm，具纵棱，内侧被微短硬毛；小总苞片3～6，条状锥形，比花梗长；萼齿不明显；花瓣白色，宽倒卵形，长约1mm，先端具小舌片，内卷呈凹缺状；花柱基短圆锥形；花柱于花后延长，比花柱基长很多。双悬果近椭圆形或卵形，长2.5～3mm，宽约1.5mm。花期8月，果期9月。

生境 二年生或多年生耐盐中生草本。生于森林带和草原带的河边草甸、湖边草甸碱湿草甸。

产鄂温克族自治旗、陈巴尔虎旗、新巴尔虎左旗、新巴尔虎右旗。

山芹属 Ostericum Hoffm.

绿花山芹 *Ostericum viridiflorum* (Turcz.) Kitag.

别名 绿花独活

蒙名 脑干—哲日力格—朝古日

形态特征 植株高50～100cm。茎直立，上部或中部有分枝，中空，具纵行的粗锐棱。基生叶与茎下部叶具长柄，叶柄基部具长叶鞘，上部叶具短柄或无柄而具长叶鞘；二回三出羽状复叶，小叶卵形或披针状卵形，长3～7cm，宽1～3cm，先端渐尖，基部楔形、圆楔形或偏斜，边缘有稍不整齐的大牙齿状锯齿，两面脉上及边缘稍粗糙。复伞形花序顶生或侧生，顶生者花序梗短，侧生者较长，直径5～8cm；伞辐11～18，不等长，具纵棱，内侧稍粗糙；总苞片2～3或无；小伞形花序直径约1cm，具花10～20，花梗长3～5mm；小总苞片5～9，条状披针形，边缘具细微齿；萼齿卵形；花瓣淡绿色或白色，椭圆状倒卵形，基部骤狭成长爪；花柱基短圆锥形。双悬果矩圆形，长约5mm，宽约3mm；分生果背棱隆起，尖锐，侧棱具宽翼，棱槽中各具1条油管，合生面具2条。花期7～8月，果期8～9月。2n=22。

生境 二年生或多年生湿中生草本。生于森林带和草原带的河边湿草甸、沼泽草甸。

产牙克石市、额尔古纳市、鄂温克族自治旗。

当归属 Angelica L.

兴安白芷 *Angelica dahurica* (Fisch. ex Hoffm.) Benth. et Hook. f. ex Franch. et Sav.

别名 大活（东北）、独活（辽宁）、走马芹（东北）

蒙名 朝古日高那

形态特征 植株高1~2m。直根圆柱形，粗大，分歧，直径3~6cm，棕黄色，具香气。茎直立，上部分枝，基部直径5~9cm，节间中空，具细纵棱，除花序下部被短毛外，均无毛。基生叶与茎下部叶具长柄，叶柄圆柱形，实心，具细纵棱，叶鞘矩圆形或卵状矩圆形，长10~30cm，宽6~9cm，紧抱茎，常带红紫色；叶三回羽状全裂，轮廓三角形或卵状三角形，长与宽均为50~80cm；一回羽片3~4对，具柄，轮廓卵状三角形；二回羽片2~3对，具短柄或无柄，远离，轮廓卵状披针形；最终裂片披针形或条状披针形，长4~12cm，宽2~6cm，先端渐尖或锐尖，基部稍下延，边缘具不整齐的锯齿与白色软骨质锯齿，上面绿色，沿中脉被微短硬毛或无毛，下面淡绿色，叶脉隆起，无毛；茎中部与上部叶渐简化，叶柄几全部膨大成叶鞘，顶生叶简化成膨大的叶鞘。复伞形花序直径6~20cm；伞辐多数，内侧微被短硬毛，长2~8cm；无总苞片或具1椭圆形鞘状总苞；小伞形花序直径1~2cm，具多数花，花梗长3~8mm；小总苞片10余片，条形或条状披针形，先端长渐尖，与花梗近等长；无萼齿；花瓣白色。果实椭圆形，背腹压扁，长5~7mm，宽4~5mm，果棱黄色，棱槽棕色，侧棱翅宽约1.5mm。花期7~8月，果期8~9月。$2n=22$。

生境 多年生中生草本。散生于森林带和落叶阔叶林的山沟溪旁灌丛下、林缘草甸。

产海拉尔区、满洲里市、牙克石市、扎兰屯市、额尔古纳市、根河市、阿荣旗、莫力达瓦达斡尔族自治旗、鄂伦春自治旗、鄂温克族自治旗、陈巴尔虎旗、新巴尔虎左旗、新巴尔虎右旗。

经济价值 根入药，能祛风散湿、发汗解表、排脓、生肌止痛，主治风寒感冒、前额头痛、鼻窦炎、牙痛、痔漏便血、白带、痈疖肿毒、烧伤。

柳叶芹属 Czernaevia Turcz.

柳叶芹 *Czernaevia laevigata* Turcz.

别名 小叶独活

蒙名 乌日—朝古日高那

形态特征 植株高40～100cm。主根较细短，圆锥形，直径3～6mm，黑褐色。茎单一，直立，不分枝或顶部稍分枝，基部直径5～7mm，中空，具纵细棱，黄绿色，有光泽，无毛，仅花序下具长短不等的硬毛。基生叶于开花时早枯萎；茎生叶3～5；茎下部具长柄与叶鞘，鞘三角状卵形，边缘膜质，抱茎；叶二回羽状全裂，轮廓卵状三角形，长与宽均9～12cm；一回羽片2～3对，远离，具短柄；二回（最终）羽片披针形至矩圆形披针形，长15～55mm，宽5～16mm，先端渐尖，基部楔形或稍歪斜，边缘具白色软骨质锯齿或重锯齿，齿尖常具小突尖，上面沿中脉被短硬毛，下面无毛；茎中部与上部叶渐小并简化，叶柄部分或全部成叶鞘，叶鞘披针状条形，抱茎。复伞形花序直径4～9cm；伞辐15～30，长短不等，长15～45mm，内侧被短硬毛；通常无总苞片；小伞形花序直径8～15mm，具多数花，花梗长1～8mm，内侧被极短硬毛；小总苞片2～8，条状锥形，常比花梗短；主伞为两性花，常结实，侧伞为雄花，常不结实；萼齿不明显；花瓣白色，倒卵形，长约1mm，花序外缘花具辐射瓣，长约3mm；花柱果时延长，下弯。果宽椭圆形，长约3mm，宽约2mm，背部稍偏，背棱与中棱狭翅状，翅为黄色，棱槽为棕色，每棱槽具油管3～5条，合生面具6～10条。花期7～8月，果期9月。$2n=22$。

生境 二年生中生草本。生于森林带和森林草原带的河边沼泽草甸、山地灌丛、林下、林缘草甸。

产牙克石市、扎兰屯市、额尔古纳市、根河市、阿荣旗。

胀果芹属 Phlojodicarpus Turcz.

胀果芹 Phlojodicarpus sibiricus (Fisch. ex Spreng.) K.-Pol.

别名 燥芹、膨果芹

蒙名 达格沙、都日根—查干

形态特征 植株15～30cm。主根粗大，圆柱形，深入地下，直径1～2cm，褐色，表面具横皱纹。根状茎具多头，包被许多褐色老叶柄和纤维。茎数条至10余条自根状茎顶部丛生，直立，不分枝，如花葶状，具细纵棱，无毛，仅花序下部被微短硬毛，有时带红紫色，有光泽。基生叶多数，丛生，灰蓝绿色，具长柄与叶鞘，鞘卵状矩圆形，具白色宽膜质边缘，有时带红紫色；叶三回羽状全裂，轮廓矩圆形、矩圆状卵形或条形，长4～6cm，宽8～18mm；一回羽片4～6对，无柄，远离；二回羽状1～3对，无柄；最终裂片条形或条状披针形，长1～4mm，宽0.3～0.6mm，先端锐尖，两面平滑无毛；茎生叶1～3，极简化，叶柄全部成宽叶鞘。复伞形花序单生于茎顶，直径2～3cm；伞辐8～14，长3～10mm，内侧密被微短硬毛；总苞片数片至10余片，狭条形，边缘膜质，先端长渐尖，有时下面被微短硬毛，不等长，有时其中1片如顶生叶；小伞形花序直径7～10mm，具花10余朵，花梗长0.5～2mm，内侧被微短硬毛；小总苞片5～10，条形，长3～5mm，先端长渐尖，边缘膜质，沿脉稍被微短硬毛；萼齿披针形或狭三角形，长0.5mm；花瓣白色。果宽椭圆形，长6～7mm，宽4～5mm，果棱黄色，棱槽棕褐色，无毛或被微短硬毛。花期6月，果期7～8月。

生境 多年生嗜砾石旱生草本。生于草原带的石质山顶、向阳山坡。

产满洲里市、额尔古纳市、陈巴尔虎旗、新巴尔虎右旗。

独活属 Heracleum L.

短毛独活 *Heracleum moellendorffii* Hance

别名 短毛白芷、东北牛防风、兴安牛防风

蒙名 巴勒其日嘎纳

形态特征 植株高 80～200cm，植株幼嫩时几全被绒毛，老时被短硬毛。主根圆锥形，多支根，淡黄棕色或褐棕色，直径 1.5～2.5cm。茎直立，具粗钝棱与宽沟槽，节间中空，上部分枝。基生叶与茎下部叶具长柄与叶鞘，叶鞘卵形披针形，具多数纵脉，抱茎；一回羽状复叶或二回羽状分裂，小叶下面 1 对小叶具柄，其他常无柄；顶生小叶较大，宽卵形或卵形，长 6～15cm，宽 7～13cm，3～5 浅裂或深裂（有时二回羽状分裂），先端尖或钝，边缘具有粗大的圆牙齿，齿先端具小凸尖，基部心形、楔形或歪斜，有时宽楔形，上面被疏短硬毛或近无毛；侧生小叶斜卵形或斜椭圆状卵形，比顶生叶稍小；茎中上部叶与下部叶相似，无叶柄，叶鞘特别膨大；顶生叶极小，叶鞘明显。复伞形花序顶生与腋生，直径花期 8～13cm，果期达 25cm；伞辐 12～30，花期长 4～7cm，果期达 12cm，具纵细棱；总苞片通常无，有时 1～5，条形；小伞形花序直径 15～25mm，具花 10～20，花梗长 4～10mm；小总苞片 5～8，条状楔形，比花梗稍长；萼齿小，三角形；花瓣白色；子房被短毛，随果实成熟而脱落；花柱基短圆锥形。果宽椭圆形或倒卵形，长 6～8mm，宽 5～6mm，淡棕黄色，背面上半部有 4 条油管，合生面具 2 条。花期 7～8 月，果期 8～9 月。$2n=22$。

生境 多年生中生草本。生于森林带和森林草原带的林下、林缘、溪边。

产呼伦贝尔市各旗、市、区。

防风属 Saposhnikovia Schischk.

防风 Saposhnikovia divaricata (Turcz.) Schischk.

别名 关防风、北防风、旁风

蒙名 疏古日根

形态特征 植株高 30 ~ 70cm。主根圆柱形，粗壮，直径约 1cm，外皮灰棕色。根状茎短圆柱形，外面密被棕褐色纤维状老叶残余。茎直立，二歧式多分枝，表面具细纵棱，稍呈"之"字形弯曲，圆柱形，节间实心。基生叶多数簇生，具长柄与叶鞘；叶二至三回羽状深裂，轮廓披针形或卵形披针形，长 10 ~ 15cm，宽 4 ~ 6cm；一回羽片 3 ~ 5 对，具柄，远离，轮廓卵形或卵状披针形；二回羽片 2 ~ 3 对，无柄；最终裂片狭楔形，长 1 ~ 2cm，宽 2 ~ 5mm，顶部常具 2 ~ 3 缺刻状齿，齿尖具小突尖，两面淡灰蓝绿色，无毛；茎生叶与基生叶相似，但较小与简化，顶生叶叶柄几完全呈鞘状，具极简化的叶或无叶。复伞形花序多数，直径 3 ~ 6cm；伞辐 6 ~ 10，长 1 ~ 3cm；通常无总苞片；小伞形花序直径 5 ~ 12mm，具花 4 ~ 10，花梗长 2 ~ 5mm；小总苞片 4 ~ 10，披针形，比花梗短；萼齿卵状三角形；花瓣白色；子房被小瘤状凸起。果长 4 ~ 5mm，宽 2 ~ 2.5mm。花期 7 ~ 8 月，果期 9 月。$2n=16$。

生境 多年生旱生草本。生于森林带和草原带的高平原、丘陵坡地、固定沙丘，常为草原植被的伴生种。

产呼伦贝尔市各旗、市、区。

经济价值 根入药（药材名：防风），能祛风胜湿、止痛，主治风寒感冒、头痛、风湿痛、神经痛、破伤风、皮肤瘙痒。青鲜时骆驼乐食，其他牲畜不喜食。

报春花科 Primulaceae

1 叶通常全部基生，莲座状；花在花葶顶端组成伞形花序或单生；花冠裂片在花蕾中覆瓦状或镊合状排列，雄蕊生于花冠筒周围，花药钝形、圆形或心形 ··· 2
1 叶全部茎生；花组成总状花序、圆锥花序或单生于叶腋；花冠裂片在花蕾中旋转状排列或无花瓣 ············· 3
2 花冠筒长于花冠裂片和花萼；花冠喉部不紧缩 ··· **1 报春花属 Primula**
2 花冠筒短于花冠裂片和花萼；花冠喉部紧缩 ··· **2 点地梅属 Androsace**
3 花单生于叶腋，花冠不存在，花萼花冠状，粉白色至蔷薇色；叶肉质 ······················· **3 海乳草属 Glaux**
3 花组成总状花序、圆锥花序，花冠存在，5～6 基数，花萼绿色；叶不为肉质，互生、对生或轮生；种子多数，表皮坚硬 ··· **4 珍珠菜属 Lysimachia**

报春花属 Primula L.

1 叶倒卵状矩圆形、近匙形或矩圆状披针形，基部渐狭，下延成柄或无柄，边缘具稀疏钝齿或近全缘；苞片基部膨大呈浅囊状，果期不反折；花萼裂片通常绿色 ·· **1 粉报春 P. farinose**
1 叶通常近圆形、圆状卵形至椭圆形，具明显的叶柄；苞片基部有耳状附属物 ··················· **2 天山报春 P. nutans**

粉报春 *Primula farinose* L.

别名 黄报春、红花粉叶报春
蒙名 嫩得格特—乌兰—哈布日西乐—其其格
形态特征 根状茎极短，须根多数。叶倒卵状矩圆形、近匙形或矩圆状披针形，长 2～7cm，宽 4～10（14）mm，无毛，先端钝或锐尖，基部渐狭，下延成柄或无柄，边缘具稀疏钝齿或近全缘，叶下面有或无白色或淡黄色粉状物。花葶高 3.5～27.5cm，较纤细，直径约 1.5mm，无毛，近顶部有时有短腺毛或有粉状物；伞形花序一轮，有花 3～10；苞片多数，狭披针形，先端尖，基部膨大成浅囊状；花梗长 3～12mm，花后果梗长达 2.5cm，有时具短腺毛或粉状物；花萼绿色，钟形，长 4～5mm，里面常有粉状物，裂片矩圆形或狭三角形，长约 1.5mm，边缘有短腺毛；花冠淡紫红色，喉部黄色，高脚碟状，直径 8～10mm，花冠筒长 5～6mm，裂片楔状倒心形，长 3.5mm，先端深 2 裂；雄蕊 5，花药背部着生；子房卵圆形，长柱花花柱长约 3mm，短柱花花柱长约 1.2mm，柱头头状。蒴果圆柱形，超出花萼，长 7～8mm，直径约 2mm，棕色。种子多数，细小，直径约 0.2mm，褐色，多面体形，种皮有细小蜂窝状凹眼。花期 5～6 月，果期 7～8 月。2n=18，36。

生境 多年生中生草本。生于森林带和草原带

的低湿地草甸、沼泽化草甸、亚高山草甸及沟谷灌丛中，也进入稀疏落叶松林下，在许多草甸群落中可成为优势种，开花时形成季相。

产海拉尔区、满洲里市、牙克石市、扎兰屯市、额尔古纳市、阿荣旗、莫力达瓦达斡尔族自治旗、鄂伦春自治旗、鄂温克族自治旗、陈巴尔虎旗、新巴尔虎左旗。

经济价值 锡林郭勒盟有的蒙医用其全草入药（蒙药名：叶拉莫唐），能消肿愈创、解毒，主治疖痛、创伤、热性黄水病；多外用。

天山报春 *Primula nutans* Georgi

蒙名 西比日—哈布日西乐—其其格

形态特征 全株不被粉状物，具多数须根。叶质薄，具明显叶柄；叶圆形、圆状卵形至椭圆形，长 0.5～2.3cm，宽 0.4～1.2cm，先端钝圆，基部圆形或宽楔形，全缘或微有浅齿，两面无毛；叶柄细弱，长 0.6～2.8cm，无毛。花葶高 10～23cm，纤细，直径约 1.5mm，无毛，花后伸长；伞形花序一轮，具 2～6 花；苞片少数，边缘交叠，矩圆状倒卵形，长 5～8mm，先端渐尖，边缘密生短腺毛，外面有时有黑色小腺点，基部有耳状附属物，紧贴花葶；花梗不等长，长 1～2.2cm；花萼筒状钟形，长 6～9mm，裂片短，矩圆状卵形，顶端钝尖，边缘密生短腺毛，外面常有黑色小腺点；花冠淡紫红色，高脚碟状，直径 12～15mm，花冠筒细长，长 10～11mm，直径 1～2mm，喉部具小舌状凸起，花冠裂片倒心形，长 4mm，顶端深 2 裂；子房椭圆形，长 2mm，直径 1mm。蒴果圆柱形，稍长于花萼。花期 5～7 月。

生境 多年生中生草本。生于森林带和草原带的山地草甸、河谷草甸、碱化草甸。

产海拉尔区、牙克石市、额尔古纳市、阿荣旗、鄂温克族自治旗。

点地梅属 Androsace L.

1 叶明显有柄，叶圆形或肾形，叶缘有 7～11 个圆齿；花萼浅裂或中裂，果期略张开或稍反折；花冠较小，与花萼近等长或稍超出 ··· **1 小点地梅 A. gmelinii**
1 叶卵形、矩圆形或披针形，无叶柄或基部渐狭下延成柄状 ·· **2**
2 苞片较大，椭圆形或矩圆状卵形，花梗超过苞片 1～3 倍；植株被糙伏毛及腺毛 ········· **2 大苞点地梅 A. maxima**
2 苞片小，披针形或条状披针形，花梗长于苞片 5 倍以上；植株不被糙伏毛 ··· **3**
3 须根；叶基部下延成柄状；花萼杯状，中脉不隆起；植株无毛或花葶上部被短腺毛 ········ **3 东北点地梅 A. filiformis**
3 直根；无叶柄；花萼钟状，中脉隆起；植株被分叉毛 ·· **4 北点地梅 A. septentrionalis**

小点地梅 *Androsace gmelinii* (Gaertn.) Roem. et Schult.

别名 高山点地梅、兴安点地梅

蒙名 吉吉格—达邻—套布其

形态特征 全株被长柔毛。直根细长，支根少。叶心状卵形、心状圆形或心状肾形，直径 7～11mm，基部心形或深心形，边缘具 7～11 个圆齿；叶柄长 1～2cm。花葶数枚，通常长于叶，高 3～6cm，柔弱，花葶、花梗与花萼均被长柔毛和腺毛；苞片 3～5，披针形或卵状披针形，长 2～3.5mm，顶端尖；伞形花序有花 2～4，花梗短于花葶，紧缩或略开展，不等长，长 0.3～1.5cm；花萼小，宽钟形或钟形，长约 3.5mm，5 中裂，裂片卵形或卵状三角形，长约 1.6mm，顶端尖；花冠小，白色，与萼近等长或稍超出，花冠筒长约 2mm，裂片矩圆形，长约 1mm，宽 0.5mm，顶端钝或微凹。蒴果圆球形。种子褐色，卵圆形，直径约 1mm。花期 6 月，果期 6～7 月。

生境 一年生中生矮小草本。生于草原带的山地沟谷、河岸草甸及林缘草甸。

产海拉尔区、牙克石市、扎兰屯市、莫力达瓦达斡尔族自治旗。

大苞点地梅 *Androsace maxima* L.

蒙名 伊和—达邻—套布其

形态特征 全株被糙伏毛。主根细长，淡褐色，稍有分枝。叶倒披针形、矩圆状披针形或椭圆形，长（0.5）5～15（20）mm，宽1～3（6）mm，先端急尖，基部渐狭下延成宽柄状，叶质较厚。花葶3至多数，直立或斜升，高1.5～7.5cm，常带红褐色，花葶、苞片、花梗和花萼都被糙伏毛并混生短腺毛；伞形花序有花2～10；苞片大，椭圆形或倒卵状矩圆形，长（3）5～6mm，宽1～2.5mm；花梗长5～12mm，超过苞片1～3倍；花萼漏斗状，长3～4mm，裂达中部以下，裂片三角状披针形或矩圆状披针形，长2～2.5mm，宽1mm，先端尖锐，花后花萼略增大成杯状，萼筒光滑带白色，近壳质，直径3～4mm；花冠白色或淡粉红色，径3～4mm，花冠筒长约为花萼的2/3，喉部有环状凸起，裂片矩圆形，长1.2～1.8mm，先端钝圆；子房球形，直径1mm；花柱长0.3mm，柱头头状。蒴果球形，直径3～4mm，光滑，外被宿存膜质花冠，5瓣裂。种子小，多面体形，背面较宽，长约1.2mm，宽0.8mm，10余粒，黑褐色，种皮具蜂窝状凹眼。花期5月，果期5～6月。$2n=40，60$。

生境 二年生旱中生矮小草本。生于草原带和荒漠带的山地砾石质坡地、固定沙地、丘间低地及撂荒地。

产新巴尔虎左旗。

东北点地梅 *Androsace filiformis* Retz.

别名 丝点地梅

蒙名 那林—达邻—套布其

形态特征 常呈亮绿色，全株近无毛，或花葶上部、花梗、花萼等疏被短腺毛。须根多数丛生，黄白色，纤细。叶质薄，矩圆形、矩圆状卵形或倒披针形，连叶柄长2～5cm，宽5～12mm，先端钝尖或急尖，基部下延成狭翅状柄，边缘上部具浅缺刻状牙齿，下部全缘，两面无毛；叶柄与叶近等长。花葶多数，纤细，高8～17(27)cm，直径1～2mm；苞片多数，披针形，长2～4mm；伞形花序有多数花，花梗细长，不等长，长达2.5cm，果期伸长达8cm；花萼小，杯状或近半球形，长1.5～2mm，5中裂，裂片卵状三角形，顶端急尖，边缘狭膜质，萼裂片与萼筒花后不增大；花冠白色，直径约3mm，筒部与花萼近等长，喉部紧缩，裂片椭圆形，长约1.2mm，宽约0.8mm；花丝长约0.4mm，花药矩圆状三角形，长约0.3mm；子房球形。蒴果近球形，直径2.8～3mm，外被宿存花冠，果皮膜质，5瓣裂。种子细小，多数，棕褐色，近矩圆形，直径约0.3mm，种皮有网纹。花期5～6月，果期6～7月。$2n=20$。

生境 一年生中生草本。生于森林带和森林草原带的山地林缘、低湿草甸、沼泽草甸及沟谷。

产根河市、海拉尔区、牙克石市、扎兰屯市、额尔古纳市、莫力达瓦达斡尔族自治旗、鄂伦春自治旗、鄂温克族自治旗、陈巴尔虎旗。

经济价值 全草可入药。

北点地梅 *Androsace septentrionalis* L.

别名 雪山点地梅

蒙名 塔拉音—达邻—套布其

形态特征 直根系，主根细长，支根较少。叶倒披针形、条状倒披针形至狭菱形，长（0.4）1～2（4）cm，宽（1.5）3～6（8）mm，先端渐尖，基部渐狭，无柄或下延成宽翅状柄，通常中部以上叶缘具稀疏锯齿或近全缘，上面及边缘被短毛及2～4分叉毛，下面近无毛。花葶1至多数，直立，高7～25（30）cm，黄绿色，下部略呈紫红色，花葶与花梗都被2～4分叉毛和短腺毛；伞形花序具多数花；苞片细小，条状披针形，长2～3mm；花梗细，不等长，长1.5～6.7cm，中间花梗直立，外围的微向内弧曲；萼钟形，果期稍增大，长3～3.5mm，外面无毛，中脉隆起，5浅裂，裂片狭三角形，质厚，长约1mm，先端急尖；花冠白色，坛状，直径3～3.5mm，花冠筒短于花萼，长约1.5mm，喉部紧缩，有5凸起与花冠裂片对生，裂片倒卵状矩圆形，长约1.2mm，宽0.6mm，先端近全缘；子房倒圆锥形；花柱长0.3mm，柱头头状。蒴果倒卵状球形，顶端5瓣裂。种子多数，多面体形，长约0.6mm，宽0.4mm，棕褐色，种皮粗糙，具蜂窝状凹眼。花期6月，果期7月。$2n=20$。

生境 一年生旱中生草本。生于森林带、草原带和荒漠带的山地草甸、草甸草原、砾石质草原、林缘及沟谷中。

产扎兰屯市、额尔古纳市、阿荣旗、莫力达瓦达斡尔族自治旗、新巴尔虎右旗。

经济价值 全草可作蒙药。

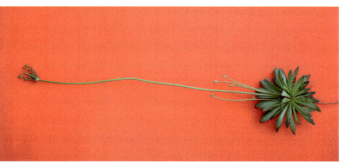

海乳草属 Glaux L.

海乳草 *Glaux maritima* L.

蒙名 苏子—额布斯

形态特征 植株高4～25（40）cm。根常数条束生，粗壮，有少数纤细支根。根状茎横走，节上有对生的卵状膜质鳞片。茎直立或斜升，通常单一或下部分枝。基部茎节明显，节上有对生的淡褐色卵状膜质鳞片。叶密集，交互对生，近互生，偶三叶轮生；叶条形、矩圆状披针形至卵状披针形，长（3）7～12（30）mm，宽（1）1.8～3.5（8）mm，先端稍尖，基部楔形，全缘；无柄或有长约1mm的短柄。花小，直径约6mm；花梗长约1mm，或近无梗；花萼宽钟状，粉白色至蔷薇色，5裂近中部，裂片卵形至矩圆状卵形，长约2.5mm，宽2mm，全缘；雄蕊5，与萼近等长，花丝基部宽扁，长4mm，花药心形，背部着生；子房球形，长1.3mm；花柱细长，长2.5mm，胚珠8～9枚。蒴果近球形，长2mm，直径2.5mm，顶端5瓣裂。种子6～8粒，棕褐色，近椭圆形，长1mm，宽0.8mm，背面宽平，腹面凸出，有2～4条棱，种皮具网纹。花期6月，果期7～8月。$2n=30$。

生境 多年生耐盐中生草本。生于低湿地矮草草甸、轻度盐渍化草甸，可成为草甸优势成分之一。

产海拉尔区、满洲里市、牙克石市、莫力达瓦达斡尔族自治旗、鄂温克族自治旗、陈巴尔虎旗、新巴尔虎左旗、新巴尔虎右旗。

珍珠菜属 Lysimachia L.

1 花序茎中部叶腋生，总状花序，花密集，花冠裂片狭长，宽约 0.6mm；雄蕊细长，伸出花冠外 ·· **1 球尾花 L. thyrsiflora**
1 花序顶生，花冠裂片宽 1mm 以上；雄蕊不伸出花冠外 ··· **2**
2 叶对生或 3～4 叶轮生，顶生圆锥花序或复伞房状圆锥花序，花黄色 ··············· **2 黄连花 L. davurica**
2 叶互生，顶生总状花序，常弯向一侧，花白色 ··· **3 狼尾花 L. barystachys**

球尾花 *Lysimachia thyrsiflora* L.

蒙名 好宁—好日木

形态特征 根状茎粗壮，横走，直径约 3mm，节上有对生鳞片。茎直立，高（10）25～75cm。上部被长柔毛，下部常呈红色，节上着生宽卵形对生的鳞片状叶，自基部数节生出多数长须根。叶交互对生，披针形至矩圆状披针形，长（4.5）6～9.8cm，宽（6）1.2～20mm，先端渐尖，基部渐狭，近楔形或圆形，边缘向外卷折，上面绿色，密生红黑色圆腺点，下面沿脉被淡棕色曲柔毛；无叶柄。总状花序生于茎中部叶腋，花多数密集，花序短，长 1.5～2cm，宽 1～1.2cm，花序柄长 1.5～1.8cm，被淡棕色曲柔毛，花序柄、花序轴、花梗、苞片、花萼、花冠裂片及子房均散生红褐色圆腺点，花梗长约 3mm，基部有条形苞片 1，长约 4mm；萼长约 3.2mm，6 深裂，裂片披针状条形至狭卵形，长 2.2～2.5mm，宽约 0.8mm，先端钝尖；花冠淡黄色，6 深裂，裂片条形，长约 3.5mm，宽约 0.8mm，先端钝，裂片间常有形状不规则的短条状小鳞片；雄蕊通常 6，花丝伸长花冠外，长约 4.5mm，花药背部着生，矩圆形，长 0.8～1mm，顶端具短尖；子房球形，直径 0.6～1.1mm；花柱伸出花冠之外，长约 5mm，宿存，柱头稍膨大。蒴果广椭圆形，长约 2.5mm，宽约 1.8mm，5 瓣裂。种子通常 3 粒，较大，长约 1.7mm，直径约 1.2mm，背面扁平，淡褐色。花果期 6～8 月。$2n=42, 54$。

生境 多年生湿生草本。生于森林带和森林草原带的沼泽、沼泽化草甸。

产海拉尔区、牙克石市、扎兰屯市、额尔古纳市、阿荣旗、莫力达瓦达斡尔族自治旗、根河市、鄂伦春自治旗、鄂温克族自治旗、陈巴尔虎旗、新巴尔虎左旗。

黄连花 *Lysimachia davurica* Ledeb.

蒙名 兴安奈—侵娃音—苏乐

形态特征 根较粗。根状茎横走，茎直立，高40～82cm，不分枝或略有短分枝，上部被短腺毛，下部无毛，基部茎节明显，节上具对生红棕色鳞片状叶。叶对生，或3（4）叶轮生，叶条状披针形、披针形、矩圆状披针形至矩圆状卵形，长4～8cm，宽4～12mm，先端尖，基部渐狭或圆形，上面密布黑褐色腺状斑点，近边缘及下面沿主脉被疏短腺毛，边缘向外反卷。顶生圆锥花序或复伞房状圆锥花序，花多数，花序轴及花梗均密被锈色腺毛，花梗基部有苞片1，条形至条状披针形，长3～5mm，疏被腺毛；花萼深5裂，裂片狭卵状三角形，长约3mm，先端尖，沿边缘内侧有黑褐色腺带及短腺毛；花冠黄色，直径12～15mm，5深裂，裂片矩圆形或广椭圆形，长7～10mm，宽约4mm，其内侧及花丝基部均有淡黄色粒状微细腺毛；雄蕊5，花丝不等长，基部合生成短筒，花药矩圆状倒心形，基部着生；子房球形，直径约1.5mm，基上部及花柱中下部疏生短腺毛；花柱长4mm，胚珠多数。蒴果球形，直径约4mm，5裂。种子多数，为近球形的多面体，背部宽平，长不及1mm，宽约0.7mm，红棕色，种皮密布微细蜂窝状凹眼。花期7～8月，果期8～9月。2n=42。

生境 多年生中生草本。生于森林带和草原带的山地林缘、草甸、灌丛、林缘及路旁。

产海拉尔区、牙克石市、扎兰屯市、额尔古纳市、根河市、阿荣旗、莫力达瓦达斡尔族自治旗、鄂伦春自治旗、鄂温克族自治旗、新巴尔虎左旗。

经济价值 带根全草入药，能镇静、降压，主治高血压、失眠。

狼尾花 *Lysimachia barystachys* Bunge

别名 重穗珍珠菜

蒙名 侵娃音—苏乐

形态特征 根状茎横走，红棕色，节上有红棕色鳞片。茎直立，高35～70cm，单一或有短分枝，上部被密长柔毛。叶互生，条状倒披针形、披针形至矩圆状披针形，长4～11cm，宽（4）8～13mm，先端尖，基部渐狭，边缘多少向外卷折，两面及边缘疏被短柔毛，通常无腺状斑点；无叶柄或近无柄。总状花序顶生，花密集，常向一侧弯曲成狼尾状，长4～6cm，果期伸直，长可达25cm，花轴及花梗均被长柔毛，花梗长4～6mm，苞片条形或条状披针形，长6mm；萼近钟状，基部疏被柔毛，长约3.5mm，5深裂，裂片矩圆形，长约2.2mm，边缘宽膜质，外缘呈小流苏状；花冠白色，裂片长卵形，长5.5mm，宽1.5mm，花冠筒长1.2mm；雄蕊5，花丝等长，贴生于花冠上，长约1.8mm，基部宽扁，花药狭心形，顶端尖，长1mm，背部着生；子房近球形，长1mm，直径1.1mm；花柱较短，直径约0.6mm，长2mm，柱头膨大。蒴果近球形，直径约2.5mm，长2mm。种子多数，红棕色。花期6～7月。$2n=24$。

生境 多年生中生草本。生于森林带和草原带的山地灌丛、草甸、沙地及路旁。

产海拉尔区、牙克石市、扎兰屯市、额尔古纳市、根河市、莫力达瓦达斡尔族自治旗、鄂温春自治旗、新巴尔虎右旗。

经济价值 全草入药，能活血调经、散瘀消肿、利尿，主治月经不调、白带、小便不利、跌打损伤、痈疮肿毒。

白花丹科 Plumbaginaceae

1 苞片及叶先端有草质硬尖；柱头扁头状；外苞片通常长于第一内苞片 ········· **1 驼舌草属 Goniolimon**
1 苞片及叶先端无硬尖；柱头圆柱形至丝状圆柱形；外苞片明显短于第一内苞片 ········· **2 补血草属 Limonium**

驼舌草属 Goniolimon Boiss.

驼舌草 *Goniolimon speciosum* (L.) Boiss.

别名 棱枝草，刺叶矶松

蒙名 和乐日格—额布斯

形态特征 植株高 16～30cm。直根粗壮，深褐色，直径 0.5～1cm。木质根颈常具 2～4 个极短的粗分枝，枝端有基生叶组成的莲座叶丛。叶灰绿色或上面绿色，质硬，倒卵形、矩圆状倒卵形至披针形，长 2～6（9.5）cm（连下延的柄），宽 1～3cm，先端短渐尖或急尖，有细长刺尖，基部渐狭下，延为宽扁叶柄，两面显著被灰白色细小钙质颗粒，下面更密而呈白霜状。花 2～4（5）朵组成小穗，5～9（11）个小穗紧密排列成 2 列，外苞顺序覆盖如覆瓦状而组成穗状花序，多数穗状花序再组成伞房状或圆锥状复花序；花序轴直立，沿节多少呈"之"字形曲折，二至三回分枝，下部圆柱形，分枝以上主轴及分枝上有明显的棱或狭翼而成二棱形或三棱形，密被短硬毛，外苞片宽卵圆形至椭圆状倒卵形，长 7～8mm，宽 4～6mm，先端具一草质硬尖，两侧有宽膜质边缘，第一内苞片形状与外苞片相似而较小，先端常具 2～3 个硬尖；花萼漏斗状，长 7～8mm，萼筒直径约 1mm，具 5～10 条褐色脉棱，沿脉与下部被毛，萼檐具 5 裂片，裂片先端钝，无明显齿牙，有不明显的间生小裂片；花冠淡紫红色，较萼长；雄蕊 5，花丝长约 6mm，花药背部近中央着生，长约 0.8mm；子房矩圆形，具棱，顶端骤细；花柱 5，离生，丝状，长 2.5mm，柱头扁头状。蒴果矩圆状卵形。花期 6～7 月，果期 7～8 月。

生境 多年生中旱生草本。生于草原带及森林草原带的石质丘陵山坡或平原。

产满洲里市、新巴尔虎右旗。

白花丹科

补血草属 Limonium Mill.

1 花萼与花冠均为黄色 ··· **1 黄花补血草 L. aureum**
1 花萼紫红色、粉红色、淡紫色或白色，根颈无白色膜质鳞片；叶较宽大，根皮不破裂成棕色纤维 ·················· **2**
2 穗状花序在每一枝端集成一紧密近球形的复花序；花序轴1～5节上有叶；花冠淡紫红色 ··· **2 曲枝补血草 L. flexuosum**
2 穗状花序排列在小枝的上部至顶端，彼此多少离开或靠近，不在每一枝端集成近球形的复花序；花序轴通常无叶，偶可在1～3节上有叶；花冠黄色 ··· **3 二色补血草 L. bicolor**

黄花补血草 *Limonium aureum* (L.) Hill

别名 黄花苍蝇架、金匙叶草、金色补血草

蒙名 希日—乂拉干—其其格

形态特征 植株高9～30cm，全株除萼外均无毛。根皮红褐色至黄褐色。根颈逐年增大而木质化并变为多头，常被有残存叶柄和红褐色芽鳞。叶灰绿色，花期常早凋，矩圆状匙形至倒披针形，长1～3.5（6.5）cm，宽5～8（22）mm，顶端圆钝而有短凸尖，基部渐狭下延为扁平的叶柄，两面被钙质颗粒。伞房状圆锥花序；花序轴（1）2至多数，绿色，密被疣状凸起（有时稀疏或仅上部嫩枝具疣），自下部作数回叉状分枝，常呈"之"字形曲折，下部具多数不育枝，最终不育枝短而弯曲；穗状花序位于上部分枝顶端，由3～5（7）个小穗组成，小穗含2～3（5）花；外苞片宽卵形，长1.5～2mm，顶端钝，有窄膜质边缘，第一内苞片倒宽卵圆形，长4～5.5mm，具宽膜质边缘而包裹花的大部，先端2裂；萼漏斗状，长5～7mm，萼筒基部偏斜，密被细硬毛，萼檐金黄色，直径约5mm，裂片近正三角形，脉伸出裂片顶端成一芒尖，沿脉常疏被微柔毛；花冠橙黄色，长约6.5mm，常超出花萼；雄蕊5，花丝长4.5mm，花药矩圆形；子房狭倒卵形，柱头丝状圆柱形，与花柱共长5mm。蒴果倒卵状矩圆形，长约2.2mm，具5棱。花期6～8月，果期7～8月。

生境 多年生耐盐旱生草本。散生于荒漠草原带和草原带的盐渍化低地上，适应于轻度盐渍化的土壤及沙砾质、砂质土壤，常见于芨芨草草甸群落、芨芨草加白刺群落。

产海拉尔区、满洲里市、额尔古纳市、鄂温克族自治旗、陈巴尔虎旗、新巴尔虎左旗、新巴尔虎右旗。

经济价值 花入药，能止痛、消炎、补血，主治各种炎症；内服治神经痛、月经少、耳鸣、乳汁少、牙痛、齿槽脓肿（煎水含漱）、感冒、发烧；外用治疮疖痈肿。

白花丹科

曲枝补血草 *Limonium flexuosum* (L.) Kuntze

蒙名 塔黑日—义拉干—其其格

形态特征 植株高 10～30（45）cm，全株除萼外均无毛。根皮红褐色至黑褐色，根颈常略肥大。基生叶倒卵状矩圆形至矩圆状倒披针形，稀披针形，长 4～8（12）cm，宽 0.6～1.5cm，先端急尖或钝，常具短尖，基部渐狭下延成扁平的叶柄。花序轴 1 至数枚，略呈"之"字形曲折，微具棱槽，自中下部或上部作数回分枝，小枝有疣状凸起，下部 1～5 节上有叶，不育枝很少；小穗含 2～4 花，7～9（13）个小穗组成一穗状花序，每 2～3 个穗状花序集生于花序分枝的顶端成紧密的头状，再组成伞房状圆锥花序；外苞片宽倒卵形，第一内苞片与外苞片相似，长 4.5～5mm，具极宽的膜质边缘，几完全包裹花部；萼长 5～6mm，漏斗状，萼筒直径约 1mm，沿脉密被细硬毛，脉红紫色，萼檐近白色，常褶叠而不完全开展，开张时直径 3～4mm，5 浅裂，裂片略呈三角形，脉不达于萼檐顶缘；花冠淡紫红色，长 4.5～5mm，比萼短；雄蕊 5；子房倒卵形，长 1.2mm，直径 0.4mm，具棱；花柱与柱头共长 4.5mm。花期 6 月下旬～8 月上旬，果期 7～8 月。

生境 多年生旱生草本。散生于草原。

产新巴尔虎左旗、新巴尔虎右旗。

二色补血草 *Limonium bicolor* (Bunge) O. Kuntze

别名 苍蝇架、落蝇子花

蒙名 义拉干—其其格

形态特征 植株高（6.5）20～50cm，全株除萼外均无毛。根皮红褐色至黑褐色，根颈略肥大，单头或具2～5个头。基生叶匙形、倒卵状匙形至矩圆状匙形，长1.4～11cm（连下延的叶柄），宽0.5～2cm，先端圆或钝，有时具短尖，基部渐狭下延成扁平的叶柄，全缘。花序轴1～5个，有棱角或沟槽，少圆柱状，自中下部以上作数回分枝，最终小枝（指单个穗状花序的轴）常为二棱形，不育枝少；花（1）2～4（6）集成小穗，3～5（11）个小穗组成有柄或无柄的穗状花序，由穗状花序再在花序分枝的顶端或上部组成或疏或密的圆锥花序；外苞片矩圆状宽卵形，长2.5～3.5mm，有狭膜质边缘，第一内苞片与外苞片相似，长6～6.5mm，有宽膜质边缘，草质部分无毛，紫红色、栗褐色或绿色；萼长6～7mm，漏斗状，萼筒直径1～1.2mm，沿脉密被细硬毛，萼檐宽阔，长3～3.5mm，约为花萼全长的1/2，开放时直径与萼长相等，在花蕾中或展开前呈紫红或粉红色，后变白色，萼檐裂片明显，为宽短的三角形，先端圆钝或脉伸出裂片前端成一易落的短软尖，间生小裂片明显，沿脉下部被微短硬毛；花冠黄色，与萼近等长，裂片5，顶端微凹，中脉有时紫红色；雄蕊5；子房倒卵圆形，具棱；花柱及柱头共长5mm。花期5月下旬～7月，果期6～8月。2n=24。

生境 多年生旱生草本。散生于草原、草甸草原及山地，能适应于沙质土、沙砾质土及轻度盐渍化土壤，也偶见于旱化的草甸群落中。

产海拉尔区、满洲里市、牙克石市、鄂温克族自治旗、陈巴尔虎旗、新巴尔虎左旗、新巴尔虎右旗。

经济价值 带根全草入药，能活血、止血、温中健脾、滋补强壮，主治月经不调、功能性子宫出血、痔疮出血、胃溃疡、诸虚体弱。

龙胆科 Gentianaceae

1 花药开裂后螺旋状卷曲，花柱细长，花冠管也细长，花冠裂片间无褶；一年生草本 …… **1 百金花属 Centaurium**
1 花药开裂后不卷曲，花柱较短，稀粗而长 …………………………………………………………… 2
2 花冠裂片间有褶；蜜腺着生在子房基部 ……………………………………………… **2 龙胆属 Gentiana**
2 花冠裂片间无褶；蜜腺着生在花冠基部 …………………………………………………………… 3
3 花 4 基数，花冠基部有小腺体，无腺洼或无花距；萼裂片有薄膜质边缘，1 对较宽而短与 1 对较狭而长的裂片相间 ……………………………………………………………………………… **3 扁蕾属 Gentianopsis**
3 花冠基部有明显的腺洼或花距 ……………………………………………………………………… 4
4 花冠钟状，基部有 4 花距，呈锚状 …………………………………………………… **4 花锚属 Halenia**
4 花冠辐状，无花距 …………………………………………………………………………………… 5
5 无花柱，柱头沿子房缝线下延 ……………………………………………… **5 肋柱花属 Lomatogonium**
5 柱头位于花柱顶端，不沿子房缝线下延 ……………………………………………… **6 獐牙菜属 Swertia**

百金花属 Centaurium Hill

百金花 *Centaurium pulchellum* (Bunge) Druce

别名 麦氏埃蕾

蒙名 森达日阿—其其格

形态特征 植株高 6 ～ 25cm。根纤细，淡褐黄色。茎纤细，直立，分枝，具 4 条纵棱，光滑无毛。叶椭圆形至披针形，长 8 ～ 15mm，宽 3 ～ 6mm，先端锐尖，基部宽楔形，全缘，三出脉，两面平滑无毛；无叶柄。花序为疏散的二歧聚伞花序；花长 10 ～ 15mm，具细短梗，梗长 2 ～ 5mm；花萼管状，管长约 4mm，直径 1 ～ 1.5mm，具 5 裂片，裂片狭条形，长 3 ～ 4mm，先端渐尖；花冠近高脚碟状，管部长约 8mm，白色，顶端具 5 裂片，裂片白色或淡红色，矩圆形，长约 4mm。蒴果狭矩圆形，长 6 ～ 8mm。种子近球形，直径 0.2 ～ 0.3mm，棕褐色，表面具皱纹。花果期 7 ～ 8 月。2n=54。

生境 一年生湿中生草本。生于草原带的低湿草甸、水边。

产海拉尔区、鄂伦春自治旗、新巴尔虎左旗。

经济价值 带花的全草蒙医有的作为一种"地格达（地丁）"入药，能清热、消炎、退黄，主治肝炎、胆囊炎、头痛、发烧、牙痛、扁桃腺炎。

龙胆属 Gentiana L.

1 一年生草本，茎生叶倒卵形至倒披针形；萼裂片卵形，顶端反折；花蓝色 ················ **1 鳞叶龙胆 G. squarrosa**
1 多年生草本 ··· **2**
2 茎基部包被发状残叶纤维；基生叶呈莲座状 ··· **3**
2 茎基部无残存叶纤维；无莲座状基生叶 ·· **4**
3 花萼常全缘或一侧稍开裂，具条状裂片；聚伞花序具少数花，疏松，不成头状 ········· **2 达乌里龙胆 G. dahurica**
3 花萼一侧开裂，具萼齿；聚伞花序具多数花，簇生成头状 ··································· **3 秦艽 G. macrophylla**
4 叶卵形至卵状披针形，叶缘与下面主脉粗糙 ··· **4 龙胆 G. scabra**
4 叶条形至披针形，叶缘与下面主脉不粗糙 ··· **5**
5 花冠裂片先端尖或骤尖 ·· **5 条叶龙胆 G. manshurica**
5 花冠裂片先端钝或圆 ·· **6 三花龙胆 G. triflora**

鳞叶龙胆 *Gentiana squarrosa* Ledeb.

别名 小龙胆、石龙胆

蒙名 希日根—主力根—其木格

形态特征 植株高2～7cm。茎纤细，近四棱形，通常多分枝，密被短腺毛。叶边缘软骨质，稍粗糙或被短腺毛，先端反卷，具芒刺；基生叶较大，卵圆形或倒卵状椭圆形，长5～8mm，宽3～6mm；茎生叶较小，倒卵形至倒披针形，长2～4mm，宽1～1.5mm，对生叶基部合生成筒，抱茎。花单顶生；花萼管状钟形，长约5mm，具5裂片，裂片卵形，长约1.5mm，先端反折，具芒刺，边缘软骨质，粗糙；花冠管状钟形，长7～9mm，蓝色，裂片5，卵形，长约2mm，宽约1.5mm，先端锐尖；褶三角形，长约1mm，顶端2裂或不裂。蒴果倒卵形或短圆状倒卵形，长约5mm，淡黄褐色，2瓣开裂，果柄在果期延长，通常伸出宿存花冠外。种子多数，扁椭圆形，长约0.5mm，宽约0.3mm，棕褐色，表面具细网纹。花果期6～8月。2n=20，36。

生境 一年生中生草本。散生于山地草甸、旱化草甸及草甸草原。

产海拉尔区、牙克石市、扎兰屯市、阿荣旗、莫力达瓦达斡尔族自治旗、鄂温克族自治旗东、鄂伦春自治旗、陈巴尔虎旗、新巴尔虎左旗、新巴尔虎右旗。

经济价值 全草入药，能清热利湿、解毒消痈，主治咽喉肿痛、阑尾炎、白带、尿血；外用治疮疡肿毒、淋巴结结核。

达乌里龙胆 *Gentiana dahurica* Fisch.

别名 小秦艽、达乌里秦艽

蒙名 达古日—主力根—其木格

形态特征 植株高 10～30cm。直根圆柱形，深入地下，有时稍分枝，黄褐色。茎斜升，基部被纤维状残叶基所包围。基生叶较大，条状披针形，长达 20cm，宽达 2cm，先端锐尖，全缘，平滑无毛，五出脉，主脉在下面明显凸起；茎生叶较小，2～3 对，条状披针形或条形，长 3～7cm，宽 4～8mm，三出脉。聚伞花序顶生或腋生；花萼管状钟形，管部膜质，有时一侧纵裂，具 5 裂片，裂片狭条形，不等长；花冠管状钟形，长 3.5～4.5cm，具 5 裂片，裂片展开，卵圆形，先端尖，蓝色；褶三角形，对称，比裂片短一半。蒴果条状倒披针形，长 2.5～3cm，宽约 3mm，稍扁，具极短的柄，包藏在宿存花冠内。种子多数，狭椭圆形，长 1～1.3mm，宽约 0.4mm，淡棕褐色，表面细网状。花果期 7～9 月。$2n=26$。

生境 多年生中旱生草本。生于草原、草甸、山地草原。

产海拉尔区、满洲里市、牙克石市、鄂伦春自治旗、鄂温克族自治旗、陈巴尔虎旗、新巴尔虎左旗、新巴尔虎右旗。

经济价值 根入药（药材名：秦艽），能祛风湿、退虚热、止痛，主治风湿性关节炎、低热、小儿疳积发热。花入蒙药（蒙药名：呼和棒仗），能清肺、止咳、解毒，主治肺热咳嗽、支气管炎、天花、咽喉肿痛。

秦艽 *Gentiana macrophylla* Pall.

别名 大叶龙胆、萝卜艽、西秦艽

蒙名 套日格—主力根—其木格

形态特征 植株高 30～60cm。根粗壮，稍呈圆锥形，黄棕色。茎单一，斜升或直立，圆柱形，基部被纤维状残叶基所包围。基生叶较大，狭披针形至狭倒披针形，少椭圆形，长15～30cm，宽1～5cm，先端钝尖，全缘，平滑无毛，五至七出脉，主脉在下面明显凸起；茎生叶较小，3～5对，披针形，长5～10cm，宽1～2cm，三至五出脉。聚伞花序由数朵至多数花簇生枝顶成头状或腋生作轮状；花萼膜质，一侧裂开，长3～9mm，具大小不等的萼齿3～5；花冠管状钟形，长16～27mm，具5裂片，裂片直立，蓝色或蓝紫色，卵圆形；褶常三角形，比裂片短一半。蒴果长椭圆形，长15～20mm，近无柄，包藏在宿存花冠内。种子矩圆形，长1～1.3mm，宽约0.5mm，棕色，具光泽，表面细网状。花果期7～10月。$2n=26，42$。

生境 多年生中生草本。生于森林带和草原带的山地草甸、林缘、灌丛与沟谷。

产海拉尔区、牙克石市、扎兰屯市、额尔古纳市、根河市、阿荣旗、莫力达瓦达斡尔族自治旗、鄂伦春自治旗、鄂温克族自治旗、陈巴尔虎旗、新巴尔虎左旗。

经济价值 根入药（药材名：秦艽），功能主治同达乌里龙胆。花入蒙药（蒙药名：呼和基力吉），能清热、消炎，主治热性黄水病、炭疽、扁桃腺炎。

龙胆 *Gentiana scabra* Bunge

别名 龙胆草、胆草、粗糙龙胆

蒙名 主力根—其木格

形态特征 植株高 30～60cm。根状茎短，簇生多数细长的绳索状根。根黄棕色或淡黄色。茎直立，常单一，稍粗糙。叶卵形或卵状披针形，长 3～8cm，宽 1～3cm，先端渐尖或锐尖，全缘，基部合生而抱茎，三出脉，上面暗绿色，通常粗糙，下面淡绿色，边缘及叶脉粗糙；茎基部叶 2～3 对，较小，呈鳞片状。花 1 至数朵簇生枝顶或上部叶腋，无梗；花萼管状钟形，管部长 1～1.5cm，具 5 裂片，裂片条状披针形，长 1～1.5cm，边缘粗糙；花冠管状钟形，蓝色，长 4～5cm，具 5 裂片，裂片开展，卵圆形，先端锐尖；褶三角形，全缘或具齿。蒴果狭椭圆形，具短柄，包藏在宿存花冠内。种子多数，条形，稍扁，长约 2mm，边缘具翅，表面细网状。花果期 9～10 月。$2n=26$。

生境 多年生中生草本。生于森林带的山地林缘、灌丛、草甸。

产牙克石市、扎兰屯市、额尔古纳市、莫力达瓦达斡尔族自治旗、鄂伦春自治旗。

经济价值 根入药（药材名：龙胆），能清利肝胆湿热、健胃，主治黄疸、胁痛、肝炎、胆囊炎、食欲不振、目赤、中耳炎、尿路感染、带状疱疹、急性湿疹、阴部湿痒。

条叶龙胆 *Gentiana manshurica* Kitag.

别名 东北龙胆

蒙名 少布给日—主力根—其木格

形态特征 植株高 30～60cm。根状茎短，簇生数条至多条绳索状长根，淡棕黄色。茎直立，常单一，不分枝，有时 2～3 枝自根状茎生出。叶条形或条状披针形，长 5～10cm，宽 3～12mm，先端渐尖，全缘，基部合生且抱茎，三出脉，上面绿色，下面淡绿色，主脉明显凸起，两面平滑无毛；茎下部数对叶，较小，鳞片状。花无梗或梗极短，1～3（5）簇生枝顶及上部叶腋；苞片条形，长 2～3cm，宽 3～4mm；花萼管状钟形，长 1.5～2cm，膜质，具 5 裂片，裂片条形，长短不一，长 6～12mm；花冠管状钟形，长 4～5cm，蓝色或蓝紫色，具 5 裂片，裂片卵圆形，先端锐尖；褶极短，近三角形，边缘有时具不整齐的齿。蒴果狭矩圆形，长 1.5～2cm，压扁，具有长约 1cm 的柄。种子多数，矩圆形，两端具翅，淡棕褐色。花果期 8～10 月。$2n=26$。

生境 多年生中生草本。生于森林带的山地林缘、灌丛、草甸。

产扎兰屯市、额尔古纳市、莫力达瓦达斡尔族自治旗、鄂伦春自治旗、新巴尔虎左旗、新巴尔虎右旗。

经济价值 根入药，功能主治同龙胆。

三花龙胆 *Gentiana triflora* Pall.

蒙名 勾日本—其其特—主力根—其木格

形态特征 植株高 30～60cm。根状茎短，簇生多数绳索状根。根淡棕黄色。茎直立，单一，光滑无毛。叶条状披针形，稀披针形，长 5～10cm，宽 5～15（20）mm，先端渐尖，全缘，基部合生且抱茎，三出脉，两面平滑无毛；茎下部叶较小，鳞片状。花 1～3（5）簇生枝顶及上部叶腋，无梗；苞片条状披针形，与花萼近等长；花萼管状钟形，长 2～2.5cm，具 5 裂片，裂片条状三角形，长 5～12mm；花冠管状钟形，蓝色，长 3.5～4cm，具 5 裂片，裂片卵圆形，先端钝或近圆形；褶极短，宽三角形或平截。蒴果矩圆形，长 1.5～2cm，具柄，包藏在宿存花冠内。种子多数，长椭圆形，长 1.5～2mm，压扁，两端具翅，淡棕褐色，表面细网状。花果期 8～10 月。$2n=26$。

生境 多年生中生草本。生于森林带的山地林缘、灌丛、草甸。

产扎兰屯市、阿荣旗、莫力达瓦达斡尔族自治旗、鄂伦春自治旗。

经济价值 根入药，功能主治同龙胆。

扁蕾属 Gentianopsis Ma

扁蕾 *Gentianopsis barbata* (Froel.) Ma

别名 剪割龙胆

蒙名 乌苏图—特木日—地格达

形态特征 植株高 20～50cm。根细长圆锥形，稍分枝。茎具 4 纵棱，光滑无毛，有分枝，节部膨大。叶对生，条形，长 2～6cm，宽 2～4mm，先端渐尖，基部 2 对生叶几相连，全缘，下部 1 主脉明显凸起；基生叶匙形或条状倒披针形，长 1～2cm，宽 2～5mm，早枯落。单花生于分枝的顶端，直立，花梗长 5～12cm；花萼管状钟形，具 4 棱，萼筒长 12～20mm，内对萼裂片披针形，先端尾尖，与萼筒近等长，外对萼裂片条状披针形，比内对裂片长；花冠管状钟形，全长 3～5cm，裂片矩圆形，蓝色或蓝紫色，两旁边缘剪割状，无褶；蜜腺 4，着生于花冠管近基部，近球形而下垂。蒴果狭矩圆形，长 2～3cm，具柄，2 瓣裂开。种子椭圆形，长约 1mm，棕褐色，密被小瘤状凸起。花果期 7～9 月。

生境 一年生中生草本。生于森林带和草原带的山坡林缘、灌丛、低湿草甸、沟谷及河滩砾石层处。

产海拉尔区、牙克石市、额尔古纳市、根河市、扎兰屯市、莫力达瓦达斡尔族自治旗、鄂伦春自治旗、鄂温克族自治旗、陈巴尔虎旗、新巴尔虎左旗、新巴尔虎右旗。

经济价值 全草入蒙药（蒙药名：特木日—地格达），能清热、利胆、退黄，主治肝炎、胆囊炎、头痛、发烧。

花锚属 Halenia Borkh.

花锚 *Halenia corniculata* (L.) Cornaz

别名 西伯利亚花锚

蒙名 章古图—其其格

形态特征 植株高 15～45cm。茎直立，近四棱形，具分枝，节间比叶长。叶对生，椭圆状披针形，长 2～5cm，宽 4～10mm，先端渐尖，全缘，基部渐狭，具 3～5 脉，有时边缘与下面叶脉被微短硬毛，无叶柄；基生叶倒披针形，先端钝，基部渐狭成叶柄，花时早枯落。聚伞花序顶生或腋生；花梗纤细，长 5～10mm，果期延长达 25mm；萼裂片条形或条状披针形，长 4～6mm，宽 1～1.5mm，先端长渐尖，边缘稍膜质，被微短硬毛，具 1 脉；花冠黄白色或淡绿色，8～10mm，钟状，4 裂达 2/3 处，裂片卵形或椭圆状卵形，先端渐尖，花冠基部具 4 个斜向的长矩；雄蕊长 2～3mm，内藏；子房近披针形。蒴果矩圆状披针形，长 11～13mm，棕褐色。种子扁球形，直径约 1mm，棕色，表面近光滑或细网状。花果期 7～8 月。$2n=22$。

生境 一年生中生草本。生于森林带和草原带的林缘草甸及低湿草甸。

产满洲里市、扎兰屯市、牙克石市、额尔古纳市、根河市、莫力达瓦达斡尔族自治旗、鄂伦春自治旗、鄂温克族自治旗。

经济价值 全草入药，能清热解毒、凉血止血，主治肝炎、脉管炎、外伤感染发烧、外伤出血。又入蒙药（蒙药名：希给拉—地格达），能清热解毒、利胆、退黄，主治黄疸型肝炎、感冒、发烧、外伤感染、胆囊炎。

肋柱花属 Lomatogonium A. Br.

小花肋柱花 Lomatogonium rotatum (L.) Fries ex Nym.

别名 辐花侧蕊、肋柱花

蒙名 巴嘎—哈比日干—其其格

形态特征 植株高（5）10～30cm，全株无毛。茎直立，近四棱形，有分枝。叶条形或条状披针形，长1～4cm，宽2～5mm，先端尖，全缘，基部分离，具1脉。花序顶生或腋生，由聚伞花序组成复总状；花具长柄，直立，梗四棱形；萼片5，狭条形，长6～15mm，宽1～2mm，先端尖，不等长；花冠淡蓝紫色，开花时直径1.5～2.5cm，裂片矩圆状椭圆形，长8～15cm，宽3～6mm，先端渐尖，具7条深色脉纹；囊状腺洼白色，其边缘具白色不整齐的流苏；花药狭矩圆形，长2～3mm，蓝色；子房狭矩圆形，橘黄色，先端钝。蒴果条形，长1.5～2cm，浅棕褐色，顶端2裂，压扁，紧包在宿存花冠内，顶端稍外露。种子近椭圆形，长约0.5mm，淡棕色，具光泽，近光滑。花果期8～9月，2n=10，16。

生境 一年生中生草本。生于林缘草甸、沟谷溪边、低湿草甸。

产额尔古纳市、根河市、陈巴尔虎旗。

经济价值 全草入蒙药（蒙药名：地格达），能清热、利湿，主治黄疸、发烧、头痛、肝炎。

龙胆科

獐牙菜属 Swertia L.

1 花 4 基数，白色或淡绿色；腺洼外侧缘具 1 指状鳞片 ············ **1 歧伞獐牙菜 S. dichotoma**
1 花 5 基数，较大，直径 2～2.5cm，淡蓝紫色；腺洼边缘流苏状毛的表面具小瘤状凸起 ············
············ **2 瘤毛獐牙菜 S. pseudochinensis**

歧伞獐牙菜 *Swertia dichotoma* L.

别名 腺鳞草、歧伞当药

蒙名 萨拉图—地格达

形态特征 植株高 5～20cm，全株无毛。茎纤弱，斜升，四棱形，沿棱具狭翅，自基部多分枝，上部二歧式分枝。基部叶匙形，长 8～15mm，宽 5～8mm，先端圆钝，全缘，基部渐狭成叶柄，具 5 脉；茎部叶卵形或卵状披针形，长 5～20mm，宽 4～10mm，无柄或具短柄。聚伞花序（通常具 3 花或单花）顶生或腋生；花梗细长，花后伸长而弯垂；萼裂片宽卵形或卵形，长约 3mm，宽约 2mm，先端渐尖，具 7 脉；花冠白色或淡绿色，管部长约 1mm，裂片卵形或卵圆形，长 5～7mm，宽 3～4mm，先端圆钝，花后增大，宿存；腺洼圆形，黄色；花药蓝绿色。蒴果卵圆形，长约 5mm，淡黄褐色，含种子 10 余粒。种子宽卵形或近球形，直径约 1mm，淡黄色，近平滑。花果期 7～9 月。

生境 一年生中生草本。生于河谷草甸。产呼伦贝尔市各旗、市、区。

瘤毛獐牙菜 *Swertia pseudochinensis* Hara

别名 紫花当药

蒙名 比拉出特—地格达

形态特征 植株高 15～30cm。根通常黄色，主根细瘦，有少数支根，味苦。茎直立，四棱形，沿棱具狭翅，有时具细微点状凸起，稍带污紫色，通常多分枝。叶对生，条状披针形或条形，长 1.5～4cm，宽 2～6mm，先端长渐尖，全缘，基部渐狭，分离，具 1 脉，无柄；无基生莲座状叶。聚伞花序通常具 3 花，稀单花，顶生或腋生；花梗直立，长 10～25mm；花 5 基数；萼片狭长形，长 10～15mm，宽约 1.5mm，先端锐尖或渐尖，具 1 脉；花冠淡蓝紫色，辐状，管部长约 1.5mm，裂片狭卵形，长 10～14mm，宽 4～6mm，先端渐尖，具紫色脉 5～7 条，基部具 2 囊状淡黄色腺洼，其边缘具白色流苏状长毛；花药狭矩圆形，长约 3mm，蓝色；子房椭圆状披针形，枯黄色或淡紫色。蒴果矩圆形，长约 1.2cm，宽约 4mm，棕褐色。种子近球形，直径 0.3～0.4mm，棕褐色，表面细网状。花果期 9～10 月。$2n=20$。

生境 一年生中生草本。生于森林带和草原带的林缘草甸、草甸。

产海拉尔区、满洲里市、额尔古纳市、牙克石市、扎兰屯市、阿荣旗、莫力达瓦达斡尔族自治旗、鄂伦春自治旗、鄂温克族自治旗、陈巴尔虎旗、新巴尔虎左旗。

经济价值 全草入药，能清湿热、健胃，主治黄疸型肝炎、急性细菌性痢疾、消化不良。全草也作蒙药。

萝藦科 Asclepiadaceae

1 花较小，径 1cm 以下，副花冠杯状；柱头短，不延伸；果皮无凸起 ························· **1 鹅绒藤属 Cynanchum**
1 花较大，径 1cm 以上，副花冠杯状；柱头延伸成丝状，伸出花药外；果皮有明显瘤状凸起 ··················
·· **2 萝藦属 Metaplexis**

鹅绒藤属 Cynanchum L.

1 根须状，叶条形或披针状条形，基部渐狭；花淡黄绿色；蓇葖果披针形，长 5～7cm，径约 6mm ············
·· **1 徐长卿 C. paniculatum**
1 根非须状 ··· 2
2 茎被疏长柔毛，叶柄明显，长 1～2mm；花较大，直径约 15mm，紫色或淡红色 ········ **2 紫花杯冠藤 C. purpureum**
2 茎密被短硬毛，叶近无柄；花较小，直径约 7mm，白色 ································· **3 地梢瓜 C. thesioides**

徐长卿 *Cynanchum paniculatum* (Bunge) Kitag.

别名 了刁竹、土细辛

蒙名 那林—好同和日

形态特征 植株高 40～60cm。根须状，淡褐黄色。茎直立，不分枝，有时自基部丛生数条，圆柱形，具纵细棱，无毛或被微毛。叶对生，纸质，条状披针形至条形，长 6～9cm，宽 3～10mm，先端长渐尖，边缘向下反卷，被微柔毛，基部楔形，上面绿色，无毛或被疏微柔毛，下面淡绿色，中脉明显隆起，侧脉不明显；叶柄长 1～2mm，有时被微柔毛。伞状聚伞花序生于茎顶部叶腋内，着花 10 余朵；总花梗长 2～3.5cm；花萼 5 深裂，裂片披针形，长 2～2.5mm，先端尖，被微柔毛；花冠黄绿色，辐状，5 深裂，裂片宽卵形，长 4～5mm，宽 3～4mm，先端钝；副花冠肉质，裂片 5，矩圆形，长约 2mm，顶端钝，与合蕊柱等长；花粉块每药室 1 个，矩圆形，下垂。蓇葖单生，披针形或狭披针形，长 3～7cm，直径 6～8mm，向顶端喙状长渐尖，表面具细直纹。种子矩圆形，扁平，长 4～5mm，黄棕色顶端种缨白色，绢状，长 1.5～3cm。花期 7 月，果期 8～9 月。$2n=22$。

生境 多年生中生草本。生于森林带和森林草原带的石质山地及丘陵阳坡。

产牙克石市、扎兰屯市、阿荣旗、莫力达瓦达斡尔族自治旗、鄂伦春自治旗、鄂温克族自治旗、陈巴尔虎旗。

经济价值 根和根茎入药（药材名：徐长卿），能解毒消肿、通经活络、止痛，主治风湿关节痛、腰痛、牙痛、胃痛、痛经、毒蛇咬伤、跌打损伤；外用治神经性皮炎、荨麻疹、带状疱疹。

紫花杯冠藤 *Cynanchum purpureum* (Pall.) K. Schum.

别名 紫花白前、紫花牛皮消

蒙名 布日—特木根—呼呼

形态特征 植株高 20～40cm。根颈部粗大；根木质，暗棕褐色，垂直生长的粗根直径 5～10mm，有时具水平方向的粗根。茎直立，自基部抽出数条，上部分枝，被疏长柔毛，干时中空。叶对生，纸质，集生于分枝的上部，条形，长 1～3.5cm，宽 1～2mm，先端渐尖，全缘，基部渐狭，上面绿色，下面淡绿色，中脉明显隆起，两面被柔毛，边缘较密，有时下面无毛；叶柄长 1～2mm。聚伞花序伞状，腋生或顶生，呈半球形，总花梗长 1～5cm，花梗纤细，长 5～15mm；苞片条状披针形，长 1～2mm，总花梗、花梗、苞片、花萼均被长柔毛；萼裂片狭长三角形，长约 5mm，宽约 1mm；花冠紫色，裂片条状矩圆形，长约 10mm，宽约 3mm；副花冠黄色，圆筒形，长 5～6mm，具 10 条纵皱褶，顶端具 5 裂片，裂片椭圆形，长约 1mm，比合蕊柱高 1 倍。蓇葖纺锤形，长 6～8cm，直径 1.5～2cm，顶端长渐尖。

生境 多年生中生草本。生于森林带和森林草原带的石质山地及丘陵阳坡、山地灌丛、林缘草甸、草甸草原。

产海拉尔区、满洲里市、牙克石市、额尔古纳市、莫力达瓦达斡尔族自治旗、鄂温克族自治旗。

地梢瓜 *Cynanchum thesioides* (Freyn) K. Schum.

别名 沙奶草、地瓜瓢、沙奶奶、老瓜瓢

蒙名 特木根—呼呼

形态特征 植株高 15～30cm。根细长，褐色，具横行绳状的支根。茎自基部多分枝，直立，圆柱形，具纵细棱，密被短硬毛。叶对生，条形，长 2～5cm，宽 2～5mm，先端渐尖，全缘，基部楔形，上面绿色，下面淡绿色，中脉明显隆起，两面被短硬毛，边缘常向下反折；近无柄。伞状聚伞花序腋生，着花 3～7；总花梗长 2～3（5）mm，花梗长短不一；花萼 5 深裂，裂片披针形，长约 2mm，外面被短硬毛，先端锐尖；花冠白色，辐状，5 深裂，裂片矩圆状披针形，长 3～3.5mm，外面有时被短硬毛；副花冠杯状，5 深裂，裂片三角形，长约 1.2mm，与合蕊柱近等长；花粉块每药室 1 个，矩圆形，下垂。蓇葖单生，纺锤形，长 4～6cm，直径 1.5～2cm，先端渐尖，表面具纵细纹。种子近矩圆形，扁平，长 6～8mm，宽 4～5mm，棕色，顶端种缨白色，绢状，长 1～2cm。花期 6～7 月，果期 7～8 月。

生境 多年生中旱生草本。生于干草原、丘陵坡地、沙丘、撂荒地、田埂。

产牙克石市、扎兰屯市、莫力达瓦达斡尔族自治旗、鄂温克族自治旗、陈巴尔虎旗、新巴尔虎左旗、新巴尔虎右旗。

经济价值 带果实的全草入药，能益气、通乳、清热降火、消炎止痛、生津止渴，主治乳汁不通、气血两虚、咽喉疼痛；外用治瘊子。种子作蒙药（蒙药名：特木根—呼呼—都格木宁）。全株含橡胶 1.5%、树脂 3.6%，可作工业原料；幼果可食；种缨可作填充料。

萝藦科

萝藦属 Metaplexis R. Br.

萝藦 *Metaplexis japonica* (Thunb.) Makino

别名 赖瓜瓢、婆婆针线包

蒙名 阿古乐朱日—吉米斯

形态特征 植株长达8m,具乳汁。茎缠绕,圆柱形,具纵棱,被短柔毛。叶卵状心形,少披针状心形,长5～11cm,宽3～10cm,顶端渐尖或骤尖,全缘,基部心形,两面被短柔毛,老时毛常脱落;叶柄长2～6cm,顶端具丛生腺体。花序腋生,着花10余朵;总花梗长7～12cm,花梗长3～6mm,被短柔毛;花蕾圆锥形,顶端锐尖;萼裂片条状披针形,长6～8mm,被短柔毛;花冠白色,近辐状,条状披针形,长约10mm,张开,里面被柔毛。蓇葖叉生,纺锤形,长6～8cm,被短柔毛。种子扁卵圆形,顶端具1簇白色绢质长种毛。花果期7～9月。$2n=24$。

生境 多年生中生缠绕草本。生于草原带的河边沙质坡地。

产扎兰屯市、阿荣旗、鄂温克族自治旗。

经济价值 全株可药用:果可治劳伤,根可治跌打损伤,茎叶可治小儿疳积等。茎皮纤维可制人造棉。

旋花科 Convolvulaceae

1 植株无叶，茎黄色或橙红色，有吸根，为寄生植物；花冠筒部内侧在雄蕊下有5个流苏状鳞片 ················
·· **1 菟丝子属 Cuscuta**
1 植株有叶，茎绿色，非寄生植物；花冠筒部在雄蕊下无流苏状鳞片，而具环状或杯状花盘 ············ 2
2 花萼为2个大的叶状苞片所包围；柱头矩圆形或椭圆形，扁平 ···················· **2 打碗花属 Calystegia**
2 花萼不为苞片所包围；苞片小，条形 ··· 3
3 柱头2裂片条形或近似棒状 ··· **3 旋花属 Convolvulus**
3 柱头头状或2瘤状凸起或裂成2球状，花冠瓣中通常有5条明显的脉 ·············· **4 鱼黄草属 Merremia**

菟丝子属 Cuscuta L.

1 植株较粗壮，茎1～2mm，花柱单一，显著长于柱头，柱头明显有2裂片；花序穗状或穗状总状花序；花冠白色
·· **1 日本菟丝子 C. japonica**
1 茎纤细，径不及1mm，花柱2，离生，柱头2；花通常簇生成小团伞花序 ································ 2
2 柱头头状，不伸长；花白色；蒴果全为宿存花冠所包围，成熟时整齐开裂 ············ **2 菟丝子 C. chinensis**
2 柱头棒状，伸长；花淡红色 ··· **3 大菟丝子 C. europaea**

日本菟丝子 *Cuscuta japonica* Choisy

别名 金灯藤

蒙名 比拉出特—希日—奥日义羊古

形态特征 茎较粗壮，直径1～2mm，黄色，常带紫红色疣状斑点，多分枝，无叶。花序穗状，或穗状总状花序；苞片及小苞片鳞片状，卵圆形，先端尖；花萼碗状，长约2mm，5裂，裂片几达基部，卵圆形，相等或不相等，先端尖，常有紫红色疣状凸起；花冠白色、绿白色或淡红色，钟状，长3～5mm，先端5浅裂，裂片卵状三角形；雄蕊着生于花冠喉部裂片之间，花丝无或几无，花药卵圆形；鳞片矩圆形，边缘流苏状；花柱长，合生为一，柱头2裂。蒴果卵圆形，近基部周裂，长约5mm。种子1～2粒，光滑，褐色。花期7～8月，果期8～9月。

生境 一年生缠绕寄生草本。常见寄生于草原植物及草甸植物。

产阿荣旗、鄂温克族自治旗。

经济价值 种子可入药。

菟丝子 *Cuscuta chinensis* Lam.

别名 豆寄生、无根草、金丝藤

蒙名 希日—奥日义羊古

形态特征 茎细，缠绕，黄色，无叶。花多数，近于无总花序梗，形成簇生状；苞片2，与小苞片均呈鳞片状；花萼杯状，中部以下连合，长约2mm，先端5裂，裂片卵圆形或矩圆形；花冠白色，壶状或钟状，长为花萼的2倍，先端5裂，裂片向外反曲，宿存；雄蕊花丝短；鳞片近矩圆形，边缘流苏状；子房近球形；花柱2，直立，柱头头状，宿存。蒴果近球形，稍扁，成熟时被宿存花冠全部包裹，长约3mm，周裂。种子2～4粒，淡褐色，表面粗糙。花期7～8月，果期8～10月。2n=56。

生境 一年生缠绕寄生草本。多寄生在豆科植物上，故有"豆寄生"之名。对胡麻、马铃薯等农作物也有危害。

产牙克石市、扎兰屯市、阿荣旗、莫力达瓦达斡尔族自治旗、新巴尔虎左旗、新巴尔虎右旗。

经济价值 种子入药（药材名：菟丝子），能补阳肝肾、益精明目、安胎，主治腰膝酸软、阳痿、遗精、头晕、目眩、视力减退、胎动不安。也作蒙药（蒙药名：希拉—乌日阳古），能清热解毒、止咳，主治肺炎、肝炎、中毒性发烧。

大菟丝子 *Cuscuta europaea* L.

别名 欧洲菟丝子

蒙名 套木—希日—奥日义羊古

形态特征 茎纤细，直径不超过1mm，淡黄色或淡红色，缠绕，无叶。花序球状或头状，花梗无或几无；苞片矩圆形，顶端尖；花萼杯状，长约2mm，4～5裂，裂片卵状矩圆形，先端尖；花冠淡红色，壶形，裂片矩圆状披针形或三角状卵形，通常向外反折，宿存；雄蕊的花丝与花药近等长，着生于花冠中部；鳞片倒卵圆形，顶端2裂或不分裂，边缘细齿状或流苏状；花柱2，叉分，柱头条形棒状。蒴果球形，成熟时稍扁，直径约3mm。种子淡褐色，表面粗糙。花期7～8月，果期8～9月。$2n=14$。

生境 一年生缠绕寄生草本。寄生于多种草本植物上，但多以豆科、菊科、藜科为甚。

产阿荣旗、鄂温克族自治旗、陈巴尔虎旗、新巴尔虎左旗。

打碗花属 Calystegia R. Br.

1 苞片较小，长 0.7～1.1（1.6）cm；宿存花萼及苞片与果近等长或稍短 ················· **1 打碗花 C. haderacea**
1 苞片较大，长 1.7～2.7cm；宿存萼片及苞片增大包藏果实 ·· **2 宽叶打碗花 C. sepium**

打碗花 *Calystegia haderacea* Wall. ex Roxb.

别名 小旋花

蒙名 阿牙根—其其格

形态特征 全体无毛，具细长白色的根状茎。茎具细棱，通常由从基部分枝。叶三角状卵形，戟形或箭形，侧面裂片尖锐，近三角形，或2～3裂，中裂片矩圆形或矩圆状披针形，长2～4.5（5）cm，基部（最宽处）宽（1.7）3.5～4.8cm，先端渐尖，基部微心形，全缘，两面通常无毛。花单生叶腋，花梗长于叶柄，有细棱；苞片宽卵形，长7～11（16）mm；花冠漏斗状，淡粉红色或淡紫色，直径2～3cm；雄蕊花丝基部扩大，有细鳞毛；子房无毛，柱头2裂，裂片矩圆形，扁平。蒴果卵圆形，微尖，光滑无毛。花期7～9月，果期8～10月。$2n=22$。

生境 一年生缠绕或平卧草本，常见的中生杂草。生于耕地、撂荒地和路旁，在溪边或潮湿生境中生长最好，并可聚生成丛。

产海拉尔区、扎兰屯市、阿荣旗、莫力达瓦达斡尔族自治旗、陈巴尔虎旗、新巴尔虎右旗。

经济价值 根状茎含淀粉，可造酒，也可制饴糖，又是优良的猪饲料。根状茎及花入药，根状茎能健脾益气、利尿、调经活血，主治脾虚、消化不良、月经不调、白带、乳汁稀少及促进骨折和创伤的愈合；花外用治牙痛。

宽叶打碗花 *Calystegia sepium* (L.) R. Br.

别名 篱天剑、旋花

蒙名 乌日根—阿牙根—其其格

形态特征 全株不被毛。茎缠绕或平卧，伸长，有细棱，具分枝。叶三角状卵形或宽卵形，长5～9cm，基部（最宽处）宽3.5～5.5cm或更宽，先端急尖，基部心形，箭形或戟形，两侧具浅裂或全缘；叶柄长2.5～5cm。花单生叶腋，花梗通常长于叶柄，长6～7（10）m，具细棱或有时具狭翼；苞片卵状心形，长1.7～2.7cm，先端钝尖或尖；萼片卵圆状披针形，先端尖；花冠白色或有时粉红色，长4～5cm；雄蕊花丝基部有细鳞毛；子房无毛，2室，柱头2裂，裂片卵形，扁平。蒴果球形。$2n=22$。

生境 多年生中生草本。生于撂荒地、农田、路旁、溪边草丛或山地林缘草甸中。

产牙克石市、扎兰屯市、额尔古纳市、阿荣旗、莫力达瓦达斡尔族自治旗、鄂伦春自治旗。

经济价值 根入药，能清热利湿、理气健脾，主治急性结膜炎、咽喉炎、白带、疝气。

旋花属 Convolvulus L.

1 直立矮小草本，茎、叶、萼片均密被贴生银色绢毛；叶条形或狭披针形，基部狭，无柄；花冠长 9～15mm ·· **1 银灰旋花 C. ammannii**
1 缠绕草本，茎、叶无毛或被疏柔毛；叶卵状矩圆形至椭圆形，基部心形或箭形，具柄；花冠长 15～20mm ··· **2 田旋花 C. arvensis**

银灰旋花 *Convolvulus ammannii* Desr.

别名 阿氏旋花

蒙名 宝日—额力根讷

形态特征 全株密生银灰色绢毛。茎少数或多数，平卧或上升，高 2～11.5cm。叶互生，条形或狭披针形，长 6～22（60）mm，宽 1～2.5（6）mm，先端锐尖，基部狭；无柄。花小，单生枝端，具细花梗；萼片 5，长 3～6mm，不等大，外萼片矩圆形或矩圆状椭圆形，内萼片较宽，卵圆形，顶端具尾尖，密被贴生银色毛；花冠小，直径 8～20mm，白色、淡玫瑰色或白色带紫红色条纹，外被毛；雄蕊 5，基部稍扩大；子房无毛或上半部被毛，2 室，柱头 2，条形。蒴果球形，2 裂。种子卵圆形，淡褐红色，光滑。花期 7～9 月，果期 9～10 月。

生境 多年生矮小草本植物，为典型旱生植物，是荒漠草原和典型草原群落的常见伴生植物。在荒漠草原中是植被放牧退化演替的指示种，戈壁针茅草原的畜群点、饮水点附近因强烈放牧践踏，常形成银灰旋花占优势的次生群落。也散见于山地阳坡及石质丘陵等干旱生境。

产满洲里市、扎兰屯市、莫力达瓦达斡尔族自治旗、鄂温克族自治旗、陈巴尔虎旗、新巴尔虎左旗、新巴尔虎右旗。

经济价值 全草入药，能解表、止咳，主治感冒、咳嗽。小牲畜在新鲜状态时喜食，干枯时乐食。

田旋花 *Convolvulus arvensis* L.

别名 箭叶旋花、中国旋花

蒙名 塔拉音—色得日根讷

形态特征 常形成缠绕的密丛。茎有条纹及棱角，无毛或上部被疏柔毛。叶形变化很大，三角状卵形至卵状矩圆形，或为狭披针形，长2.8～7.5cm，宽0.4～3cm，先端微圆，具小尖头，基部戟形、心形或箭形；叶柄长0.5～2cm。花序腋生，有1～3花，花梗细弱；苞片2，细小，条形，长2～5mm，生于花下3～10mm处；萼片有毛，长3～6mm，稍不等，外萼片稍短，矩圆状椭圆形，钝，具短缘毛，内萼片椭圆形或近于圆形，钝或微凹，或多少具小短尖头，边缘膜质；花冠宽漏斗状，直径18～30mm，白色或粉红色，或白色具粉红或红色的瓣中带，或粉红色具红色或白色的瓣中带；雄蕊花丝基部扩大，具小鳞毛；子房有毛。蒴果卵状球形或圆锥形，无毛。花期6～8月，果期7～9月。2n=48，50。

生境 细弱蔓生或微缠绕的多年生中生草本。生于田间、撂荒地、村舍与路旁或轻度盐渍化的草甸中。

产呼伦贝尔市各旗、市、区。

鱼黄草属 Merremia Dennst

毛籽鱼黄草 Merremia sibirica (L.) H. Hall.

形态特征 全株无毛。茎多分枝，具细棱。叶互生，狭卵状心形，长3.5～9cm，宽1.5～4.5cm，顶端先端尾状长渐尖，基部心形，边缘稍波状。花序腋生，1～2至数朵形成伞状花序，总梗通常短于叶柄，明显具棱；苞片2，小，条形；萼片5，近相等，长0.5～0.6cm，顶端具短尖头，无毛；花冠小，漏斗状或钟状，白色或淡红色，长约1.5cm，无毛，冠檐具浅三角形裂片；花药不扭曲；雌蕊与雄蕊几等长或稍短，子房2室，每室具2胚珠。蒴果圆锥状卵形，顶端钝尖，径5～10（12）mm；种子黑色，密被囊状毛。

生境 一年生中生缠绕草本。生于路边、田边、山地草丛或山坡灌丛。

产扎兰屯市、阿荣旗、莫力达瓦达斡尔族自治旗、鄂温克族自治旗。

花荵科 Polemoniaceae

花荵属 Polemonium L.

花荵 *Polemonium caeruleum* L.

蒙名 阿拉格—伊音吉—布古日乐

形态特征 植株高 40～80cm。具根状茎和多数纤维状须根。茎单一，不分枝，上部被腺毛，中部以下无毛。奇数羽状复叶，长 7～20cm，小叶 11～23 片，卵状披针形至披针形，长 15～35mm，宽 5～10mm，先端锐尖或渐尖，基部近圆形，偏斜，全缘，无毛，无小叶柄。聚伞圆锥花序顶生或上部叶腋生，疏生多花；总花梗、花梗和花萼均被腺毛，有时花梗和花萼具疏长柔毛；花梗长 3～6mm，花萼钟状，长 4～6mm，裂片长卵形或卵状披针形，顶端钝或微尖，稍短或等于萼筒；花冠蓝紫色，钟状，长 9～15mm，裂片倒卵形，顶端圆形或微尖，边缘无睫毛或偶有极稀的睫毛；雄蕊 5，近等长于花冠；子房卵圆形，柱头稍伸出花冠之外。蒴果卵球形，长约 5mm，种子褐色，纺锤形，长约 3mm，种皮具膨胀性黏液细胞，干后膜质似种子有翅。花期 6～7 月，果期 7～8 月。$2n=18$。

生境 多年生中生草本。生于山地林下草甸或沟谷湿地。

产牙克石市、扎兰屯市、额尔古纳市、根河市、鄂伦春自治旗、新巴尔虎左旗。

紫草科 Boraginaceae

1 子房不分裂，花柱自子房顶端生出；果实成熟时有明显的中果皮，中果皮多泡，围绕内果皮形成木栓组织
 ·· **1 紫丹属 Tournefortia**
1 子房4裂，花柱生于子房裂片间的基部，成熟时子房4裂片发育成4个小坚果，有时1～3个不发育 ········· 2
2 花冠喉部或筒部无附属物 ·· **3 紫筒草属 Stenosolenium**
2 花冠喉部或筒部有5个内向凸出且与花冠裂片对生的附属物 ··· 3
3 小坚果有锚状刺 ··· 4
3 小坚果无锚状刺 ··· 6
4 小坚果着生面位于果的近顶部；雌蕊基金字塔形；叶宽，椭圆形、卵形或披针形 ······ **4 琉璃草属 Cynoglossum**
4 小坚果着生面位于果腹面中部或中部之下 ·· 5
5 雌蕊基锥状，与小坚果近等长或比小坚果长；叶条形或披针状条形 ·································· **5 鹤虱属 Lappula**
5 雌蕊基金字塔状或半球形，比小坚果短；叶条形或卵形 ·· **6 齿缘草属 Eritrichium**
6 花药先端有小尖头；小坚果桃形，乳白色，平滑 ··· **2 紫草属 Lithospermum**
6 花药先端无小尖头；小坚果非桃形 ·· 7
7 小坚果透镜状，多少背腹扁，着生面与雌蕊基相连；花冠裂片螺旋状排列 ················· **7 勿忘草属 Myosotis**
7 小坚果卵形，非背腹扁，光滑 ·· **8 钝背草属 Amblynotus**

紫丹属（砂引草属）Tournefortia L. (= Messerschmidia L. ex Hebenst.)

狭叶砂引草 Tournefortia sibirica L. var. angustior (DC.) G. L. Chu et M. G. Gilbert [= Messerschmidia sibirica L. var. angustior (DC.) Nakai]

形态特征 叶狭，披针状线形或线形，长1.4～4cm，宽0.3～0.6cm，先端通常锐尖。

生境 生于沙丘、沙地、盐碱地或湖边沙地。产新巴尔虎左旗、新巴尔虎右旗。

紫草属 Lithospermum L.

紫草 *Lithospermum erythrorhizon* Sieb. et Zucc.

别名 紫丹、地血

蒙名 伯日漠格

形态特征 根含紫色物质。茎高 20～50cm，被开展的刚毛，混杂有弯曲的细硬毛，常在上部分枝。叶披针形或矩圆状披针形，长 2.5～7.5cm，宽 0.8～1.8cm，先端锐尖或渐尖，基部楔形，两面被短毛；近无柄。花序长达 21cm，总花梗、苞片与花萼都被刚毛；苞片狭披针形，长达 2.8cm；花萼 5 深裂，裂片条形，长约 3.2mm，宽约 0.7mm；花冠白色，筒长约 3mm，基部有环状附属物，5 裂，裂片宽椭圆形，长 3.8mm，宽 2.5mm，先端钝圆，喉部具 5 个馒头状附属物；花柱长约 1.8mm，柱头扁球形。小坚果卵形，长约 3mm，宽约 2mm，平滑、光亮，白色带褐色，着生面位于果基部，扁三角状卵形。花期 6～7 月，果期 8～9 月。$2n=28$。

生境 多年生中生草本。生于山地林缘、灌丛中，也见于路边散生。

产鄂伦春自治旗。

经济价值 根入药（药材名：紫草），能清热、凉血、透疹、化斑、解毒，主治发斑发疹、肝炎、痈肿、烫火伤、湿疹、冻疮、大便燥结。也作蒙药（蒙药名：巴力木格），能清热、止血、透疹，主治预防麻疹、肾炎、急性膀胱炎、尿道炎、肺热咳嗽、肺脓、各种出血、血尿、淋病、麻疹。

紫筒草属 Stenosolenium Turcz.

紫筒草 Stenosolenium saxatile (Pall.) Turcz.

别名 紫根根

蒙名 敏吉音—扫日

形态特征 根细长，有紫红色物质。茎高6～20cm，多分枝，直立或斜升，被密粗硬毛并混生短柔毛，较开展。基生叶和下部叶倒披针状条形，近上部叶披针状条形，长1.5～3cm，宽2～4mm，两面密生糙毛及混生短柔毛。总状花序顶生，逐渐延长，长3～12cm，密生糙毛；苞片叶状；花具短梗；花萼5深裂，裂片窄卵状披针菜，长约6mm；花冠紫色、青紫色或白色，筒细，长6～9mm，基部有具毛的环，裂片5，圆钝，比花冠筒短得多；子房4裂；花柱顶部2裂，柱头2，头状。小坚果4，三角状卵形，长约2mm，着生面在基部，具短柄。花期5～6月，果期6～8月。

生境 多年生旱生草本。生于干草原、沙地、低山丘陵的石质坡地和路旁。

产新巴尔虎右旗。

经济价值 全草入药，能祛风除湿，主治小关节疼痛。根作蒙药（蒙药名：敏吉尔—扫日），功能主治同紫草。

琉璃草属 Cynoglossum L.

大果琉璃草 *Cynoglossum divaricatum* Steph.

别名 大赖鸡毛子、展枝倒提壶、粘染子

蒙名 囊给一章古

形态特征 根垂直，单一或稍分枝。茎高30～65cm，密被贴伏的短硬毛，上部多分枝。基生叶和下部叶矩圆状披针形或披针形，长4～9cm，宽1～3cm，先端尖，基部渐狭下延成长柄，两面密被贴伏的短硬毛，具长柄；上部叶披针形，长5～8cm，宽7～10mm，先端渐尖，基部渐狭，两面密被贴伏的短硬毛，无柄。花序长达15cm，有稀疏的花；具苞片，狭披针形或条形，长2～4cm，宽5～7mm，密被伏毛；花梗长5～8mm，果期伸长，可达2.5cm；花萼长4mm，5裂，裂片卵形，长约2mm，宽约1.5mm，两面密被贴伏的短硬毛，果期向外反折；花冠蓝色或红紫色，5裂，裂片近方形，长1mm，宽1.2mm，先端平截，具细脉纹，具5个梯形附属物，位于喉部以下；花药椭圆形，长约0.5mm，花丝短，内藏；子房4裂；花柱圆锥状，果期宿存，常超出果，柱头头状。小坚果4，扁卵形，长5mm，宽4mm，密生锚状刺，着生面位于腹面上部。花期6～7月，果期9月。

生境 二年生或多年生旱中生草本。生于沙地、干河谷的沙砾质冲积物上及田边、路边和村旁，为常见的农田杂草。

产海拉尔区、满洲里市、牙克石市、额尔古纳市、鄂温克族自治旗、陈巴尔虎旗。

经济价值 果和根入药，果能收敛、止泻，主治小儿腹泻，根能清热解毒，主治扁桃体炎、疮疖痈肿。

鹤虱属 Lappula V. Wolf.

1 小坚果背面棱缘具 2 行锚状刺 ··· 2
1 小坚果背面棱缘具 1 行锚状刺 ··· 3
2 行锚状刺长短几等长，内行刺每侧 6～8 个，刺长 1.5～2mm，外行刺稍短 ················ **1 鹤虱 L. myosotis**
2 行锚状刺长短不等，内行长，外行极短，小坚果长卵形，长约 3mm，内行刺每侧 6～7 个，刺长 2mm ············
··· **2 异刺鹤虱 L. heteracantha**
3 小坚果长 2～2.5mm，背面棱缘每侧具 10～12 个刺，基部 3～4 对刺，刺长 1～1.5mm ·························
··· **3 卵盘鹤虱 L. intermedia**
3 小坚果长 3mm，背面棱缘每侧具 4～7 个刺，基部 3～4 对刺，刺长约 2mm ················ **4 劲直鹤虱 L. stricta**

鹤虱 *Lappula myosotis* V. Wolf.

别名 小粘染子

蒙名 闹朝日嘎纳

形态特征 全株（茎、叶、苞片、花梗、花萼）均密被白色细刚毛。茎直立，高 20～35cm，中部以上多分枝。基生叶矩圆状匙形，全缘，先端钝，基部渐狭下延，长达 7cm（包括叶柄），宽 3～9mm；茎生叶较短而狭，披针形或条形，长 3～4cm，宽 15～40mm，扁平或沿中肋纵折，先端尖，基部渐狭，无叶柄。花序在花期较短，果期则伸长，长 5～12cm；苞片条形；花梗果期伸长，长约 2mm，直立；花萼 5 深裂至基部，裂片条形，锐尖，花期长 2mm，果期增大成狭披针形，长约 3mm，宽 0.7mm，星状开展或反折；花冠浅蓝色，漏斗状至钟状，长约 3mm，裂片矩圆形，长 1.2mm，宽 1.1mm，喉部具 5 矩圆形附属物；花药矩圆形，长 0.5mm，宽 0.3mm；花柱长 0.5mm，柱头扁球形。小坚果卵形，长 3～3.5mm，基部宽 0.8mm，背面狭卵形或矩圆状披针形，通常有颗粒状瘤凸，稀平滑或沿中线龙骨状凸起上有小棘突，背面边缘有 2 行近等长的锚状刺，内行刺长 1.5～2mm，基部不互相汇合，外行刺较内行刺稍短或近等长，通常直立。小坚果侧面通常具皱纹或小瘤状凸起；花柱高出小坚果但不超出小坚果上方之刺。花果期 6～8 月。$2n=48$。

生境 一年生或二年生旱中生草本。喜生于河谷草甸、山地草甸及路旁等处。

产海拉尔区、满洲里市、鄂温克族自治旗、陈巴尔虎旗、新巴尔虎左旗、新巴尔虎右旗。

经济价值 在东北及宁夏、新疆等地民间将果实入药，有消炎杀虫之效。

异刺鹤虱 *Lappula heteracantha* (Ledeb.) Gurke

别名 小粘染子

蒙名 乌日格斯图—闹朝日嘎纳

形态特征 全株（茎、叶、苞片、花梗、花萼）均被刚毛。茎高 20～40（～50）cm，茎 1 至数条，单生或多分枝，分枝长，中上部分叉。基生叶常莲座状，条状倒披针形或倒披针形，长 2～3cm，宽 3～5mm，先端锐尖或钝，基部渐狭，具柄，柄长 2～4cm；茎生叶条形或狭倒披针形，长 2.5～3.5（5）cm，宽 2～4（6）mm，向上逐渐缩小，先端弯尖，基部渐狭，无柄。花序稀疏，果期伸长达 12cm；苞片条状披针形，果期伸长；花具短梗，果期长达 3mm；花萼 5 深裂，裂至基部，裂片条状披针形，花期长 2.5mm，果期长 3.5mm，宽 0.6mm，开展，先端尖；花冠淡蓝色，有时稍带白色或淡黄色斑，漏斗状，长 3～4mm，5 裂，裂片近圆形，长约 1.1mm，宽约 1mm，喉部具 5 个矩圆形附属物；花药三棱状矩圆形，长 0.4mm，宽 0.2mm；子房 4 裂；花柱长 0.3mm，柱头扁球状。小坚果 4，长卵形，长 3mm，基部宽 1mm，背面较狭，中部具龙骨状凸起，且带小瘤状凸起，两侧为小瘤状凸起，边缘弯向背面，具 2 行锚状刺，内行刺每侧 6～7 个，刺长 2mm，基宽 0.5mm，连合成狭翅，外行刺极短，腹面具龙骨状凸起，两侧上部光滑，下部具皱棱及瘤状凸起。花果期 5～8 月。$2n=48$。

生境 一年生或二年生旱中生草本。生于山地及沟谷草甸与田野，也见于村旁及路边，为常见的农田杂草。

产扎兰屯市、阿荣旗、新巴尔虎左旗、新巴尔虎右旗。

经济价值 种子可榨油，其含油率为 19.43%。

卵盘鹤虱 *Lappula intermedia* (Ledeb.) Popov

别名 小粘染子、卵盘鹤虱

蒙名 塔巴格特—闹朝日嘎纳

形态特征 全株（茎、叶、苞片、花梗、花萼）均密被白色细刚毛。茎高10～30（40）cm，常单生，直立，中部以上分枝。茎下部叶条状倒披针形，长2～4cm，宽3～4mm，先端圆钝，基部渐狭，具柄；茎上部叶狭披针形或条形，向上渐缩小，长1.5～3cm，宽1～5mm，先端渐尖，尖头稍弯，基部渐狭；无柄。花序顶生，花期长2～4cm，果期伸长达10cm；苞片狭披针形，在果期伸长；花具短梗，果期伸长达3mm；花萼5裂至基部，裂片条状披针形，果期长3mm，宽0.7mm，开展，先端尖；花冠蓝色，漏斗状，长3mm，5裂，裂片近方形，长宽皆1mm，喉部具5附属物；花药矩圆形，长0.5mm，宽0.3mm，子房4裂；花柱长0.5mm，柱头头状。小坚果4，三角状卵形，长2～2.5mm，基部宽1～2mm，背面中部具小瘤状凸起，两侧具颗粒状凸起，边缘弯向背面，具1行锚状刺，每侧10～12个，长短不等，基部3～4对较长，长1～1.5mm，彼此分离，腹面具龙骨状凸起，两侧具皱纹及小瘤状凸起。花果期5～8月。

生境 一年生中旱生草本。生于山麓砾石质坡地、河岸及湖边沙地，也常生于村旁、路边。

产牙克石市、扎兰屯市、阿荣旗、莫力达瓦达斡尔族自治旗、鄂伦春自治旗、鄂温克族自治旗、新巴尔虎右旗。

经济价值 果实有的地方代鹤虱用，能驱虫、止痒，主治蛔虫病、蛲虫病、虫积腹痛。

劲直鹤虱 *Lappula stricta* (Ledeb.) Gurke

别名 小粘染子

蒙名 希鲁棍—闹朝日嘎纳

形态特征 全株（茎、叶、花梗、花萼）均密被灰白色刚毛，开展或贴伏。茎高25～40cm，常多分枝，斜升。基生叶狭倒披针形，长3～5.5cm，宽4～7mm，先端钝或锐尖，基部渐狭下延成柄；具柄；茎生叶披针状条形，长2～4cm，宽1～3mm，先端尖，基部渐狭；无柄。由多数花序组成圆锥花序，花序长达18cm；苞片披针形，花具短梗，果期伸长达4mm，稍开展；花萼5深裂，裂至基部，裂片披针状条形或披针形，长2.5mm，宽0.5mm，先端尖；花冠蓝色，5裂，裂片近圆形，长1.5mm，宽1.2mm，筒长2mm，喉部具5附属物；花药矩圆形，长0.5mm，宽0.3mm；子房4裂；花柱长约0.7mm，柱头扁球形。小坚果4，球状卵形或卵形，长约3mm，宽约1.1mm，果背面狭披针形，具小瘤状凸起，具光泽，无毛，略具棱缘，内卷，自其内生单行锚状刺，长1.5～2.1mm，基部分离，彼此平行，每侧有4～7个，基部3～4对刺，刺长约2mm，腹面两侧具小瘤状凸起，基部圆形，具皱棱，无毛，着生面在最下面，圆形，具硬边缘，有短果瓣柄。花果期5～6月。

生境 一年生旱中生草本。生于山地草甸及沟谷。

产扎兰屯市、新巴尔虎左旗。

齿缘草属 Eritrichium Schrad.

1 多年生草本 ·· 2
1 一年生草本 ·· 3
2 基生叶和茎生叶均为细条形，长 3～7cm，宽 1mm；小坚果棱缘无锚状刺，稀有少数小齿状微凸起，背面长卵形，光滑无毛，中肋明显，具皱棱及小瘤状凸起 ·· **1 东北齿缘草 E. mandshuricum**
2 基生叶匙形；小坚果背面通常有稀疏小瘤，边缘有稀疏的齿状短刺 ·············· **2 石生齿缘草 E. pauciflorum**
3 植株较粗壮，高达 60cm；茎生叶多为披针形或倒披针形，长可达 7cm；小坚果腹、背面均生有小瘤 ··· **3 反折假鹤虱 E. deflexum**
3 植株较细弱，高 35cm 以下；茎生叶宽线形，长 1～2.5cm；小坚果腹侧面平滑无小瘤，仅背面生有少数小瘤或有时无瘤 ··· **4 假鹤虱 E. thymifolium**

东北齿缘草 *Eritrichium mandshuricum* M. Pop.

别名 细叶蓝梅

蒙名 曼哲—巴特哈

形态特征 全株（茎、叶、花萼等）均密被绢毛，呈灰色。茎高 9～20cm。基部分枝短而密，呈丛簇状，茎数条，直立或稍斜升。基生叶和茎生叶均为细条形，基生叶长 3～7cm，宽约 1mm，茎生叶长 1～2cm，宽约 1mm，先端渐尖，基部渐狭；无柄。花序顶生长达 8（10）cm，具 10 余朵花；叶状苞片向上渐变小；花梗较粗，花期直立，果期直立或斜展，长 0.5～1cm；花萼长 2mm，萼裂片条状倒披针形，长 1.5mm，宽 0.5mm，直立或稍斜展；花冠淡蓝色，辐状，筒长 1.5～2.5mm，裂片 5，近圆形，长约 2mm，附属物拱形或矮梯形，稍伸出喉部，具乳头状凸起及曲柔毛；花药矩圆形，长约 0.8mm；子房 4 裂；花柱长 0.8mm，柱头扁球形。小坚果斜陀螺形，长约 2.1mm，宽约 1.1mm，背面长卵形，微凸，光滑无毛，具皱棱及小瘤状凸起，中肋明显，腹面具龙骨状凸起，着生面矩圆形，位于下部或近基部，边缘无锚状刺，常无毛，稀有少数小齿状微凸起。

生境 多年生中旱生草本。生于山地草原，也见于村旁、路边。

产牙克石市、扎兰屯市、额尔古纳市、莫力达瓦达斡尔族自治旗、鄂温克族自治旗。

石生齿缘草 *Eritrichium pauciflorum* (Ledeb.) A. DC.

别名 蓝莓

蒙名 哈但奈—巴特哈

形态特征 植株高10～18（25）cm，全株（茎、叶、苞片、花梗、花萼密被绢状细刚毛呈灰白色。茎数条丛生，基部有短分枝和基生叶片及宿存的枯叶，常簇生，较密，上部不分枝或近顶部形成花序分枝。基生叶狭匙形或狭匙状倒披针形，长1.5～3cm，宽1～3mm，先端尖锐或钝圆，基部渐狭延成柄，具长柄；茎生叶狭倒披针形至条形，长1～1.5（2）cm，宽2～4mm，先端尖或钝圆，基部渐狭，无柄。花序顶生，有2～3（4）个花序分枝，花序长1～2cm，花期后花序轴渐延伸，果期长可达5（6）mm；花梗长3～4mm，直立或稍开展；花萼长3mm，裂片5，披针状条形，长约2mm，宽约0.5mm，先端尖或钝圆，花期直立，果期开展；花冠蓝色，辐状，筒长约2mm，远较裂片短，裂片5，矩圆形或近圆形，长约2.5mm，宽约2mm，喉部具5个附属物，半月形或矮梯形，明显伸出喉部，高约0.8mm，宽约1mm；花药矩圆形，长约0.8mm宽约0.4mm；子房4裂，花柱长1mm，柱头头状。小坚果陀螺形，背面平或微凹，长约2mm，宽月1mm，具瘤状凸起和毛，着生面宽卵形，位于基部，棱缘有三角形小齿，齿端无锚状刺，少有小短齿或长锚状刺。花果期7～8月。

生境 多年生旱生草本。生于山地草原、羊茅草原、砾石质草原、山地砾石质草原，也可进入亚高山带。

产牙克石市、额尔古纳市、根河市。

经济价值 带花全草入药,蒙药用,能清温解热,治发烧、流感、瘟疫。

反折假鹤虱 *Eritrichium deflexum* (Wahlenb) Lian et J. Q. Wang

蒙名 苏日古—那嘎凌害—额布斯

形态特征 茎高 20～60cm，密被弯曲长柔毛，常自中部以上分枝。基生叶匙形或倒卵状披针形，长 1.5～3cm，宽 0.5～1cm，先端钝圆，基部渐狭成长柄，柄长 1.6cm，两面及柄均被细刚毛；茎上部叶条状披针形、狭倒披针形或狭披针形，长 2.5～6cm，宽 0.5～1cm，先端渐尖，基部渐狭，无柄，叶两面、苞片、花梗与花萼均密被细刚毛。花序顶生，长 10～22cm，花偏一侧，仅基部有几个苞片，苞片披针形；花梗长约 5mm；花萼 5 裂，裂片卵状披针形，长约 1.1mm，宽 0.7mm，果期向外反折；花冠蓝色，钟状辐形，裂片 5，近圆形，直径约 1mm，筒部长约 2mm，喉部具 5 个凸起的附属物；子房 4 裂；花柱短，柱头扁球形。小坚果 4，卵形，长 2mm（除缘齿外），宽约 1.2mm，边缘的锚状刺长 0.9mm，基部分生，背面微凸，腹面龙骨状凸起，两面均具小瘤状凸起及微硬毛，着生面卵形，位于腹面中部以下。花果期 6～8 月。

生境 一年生中旱生草本。生于林缘、沙丘阴坡及沙地。

产莫力达瓦达斡尔族自治旗、鄂伦春自治旗、陈巴尔虎旗、新巴尔虎右旗。

假鹤虱 *Eritrichium thymifolium* (DC.) Lian et J. Q. Wang

蒙名 那嘎凌害—额布斯

形态特征 植株高 10～35cm，全株（茎、叶、萼等）均密被细刚毛，呈灰白色。茎多分枝，被伏毛。基生叶匙形或倒披针形，长 1～3cm，宽 3～4mm，先端钝圆，基部楔形，向下渐狭成柄，花期常枯萎；茎生叶条形，长 0.5～2cm，宽 1～3mm，先端钝圆，基部楔形，下延成短柄或无柄。花序生于分枝顶端，花数朵至 10 余朵，常腋外生；花梗长 2～5mm，花期直立或斜展，果期常下弯；萼裂片 5，条状披针形或披针状矩圆形，花期直立，果期平展或多反折，长约 2mm，宽约 0.5mm；花冠蓝色或淡紫色，钟状筒形，筒长约 1.3mm，裂片 5，矩圆形，长约 0.7mm，宽约 0.5mm；附属物小，乳头状凸起；花药卵状三角形，长 0.3mm。小坚果无毛或被微毛，长约 1.5mm（除缘齿外），宽约 1mm，背面微凸，腹面龙骨状凸起，着生面卵形，位于腹面中部或中部以下，缘锚刺状，长约 0.5mm，下部三角形；分离或联合成翅。花果期 6～8 月。

生境 一年生旱生草本。生于石质、砾石质坡地，以及岩石露头及石隙间。

产新巴尔虎右旗。

勿忘草属 Myosotis L.

草原勿忘草 *Myosotis suaveolens* Wald et Kit.

蒙名 塔拉音—道日斯哈—额布苏

形态特征 植株高15～40cm，全株紧密丛生。根状茎短缩，须根较发达。茎数条，有时单一，直立，稀稍弯曲，稍有棱，被有开展或半伏生的糙硬毛，上部有分枝。茎下部叶倒披针形或椭圆形，长2～4.5cm，宽0.5～1cm，两面密被硬毛，后变稀疏，先端圆或钝尖，基部渐狭下延成长柄，茎上部叶披针形，有时为披针状线形，长2～5.5cm，宽0.3～0.7cm，通常向上贴茎生长，先端急尖，基部楔形，两面疏生短硬毛，无柄。总状花序花期长4～5cm，果期长达10（12）cm，无叶，被镰刀状糙伏毛；花梗在果期长达10mm，密被短伏硬毛；花萼果期不落，5深裂，裂片披针形，长约3mm，宽约1mm，被硬糙毛，萼筒长约2mm，被钩状开展毛；花淡蓝色，花冠檐部直径5～6mm，裂片5，卵圆形，长约4mm，宽约3mm，先端圆，旋转状排列，喉部黄色，具附属物5；雄蕊5，内藏；子房4裂。小坚果卵形，长约1.7mm，顶端钝，稍扁，光滑，深灰色，具光泽，周围有边。$2n=24$。

生境 多年生中生草本。喜生于草原、山坡或草地上或林缘干山坡上。

产扎兰屯市、莫力达瓦达斡尔族自治旗。

钝背草属 Amblynotus (DC.) Johnst.

钝背草 *Amblynotus obovatus* (Ledb.) Johnst.

蒙名 布和都日根讷

形态特征 全株（茎、叶、花序、花萼）均密被伏硬毛，呈灰白色。茎高2～8cm，数条，直立或斜升，中部以上分枝。基生叶窄匙形，长5～20mm，宽2～3mm，基部渐狭成细长柄；下部的茎生叶与基生叶相似，但较小，狭倒披针形，中部以上的叶几无柄。花序长达2.5cm，具苞片，苞片条形；花梗细，长2～5mm；花萼裂片窄披针形，先端尖，长1.8mm；花冠蓝色，稀粉红色，裂片钝圆，开展，筒长约1.5mm，喉部具黄色附属物5，组成圆环，有时花药稍外露；雌蕊金字塔形，直立。小坚果卵形，直立，无毛，具光泽，长1.5～2mm。花果期6～8月。

生境 多年生旱生丛簇状小草本。生于草原、砾石质草原及沙质草原中。

产阿荣旗、莫力达瓦达斡尔族自治旗、陈巴尔虎旗、新巴尔虎右旗。

马鞭草科 Verbenaceae

莸属 Caryopteris Bunge

蒙古莸 Caryopteris mongholica Bunge

别名 白蒿

蒙名 道嘎日嘎纳

形态特征 植株高 15～40cm。老枝灰褐色，有纵裂纹，幼枝常为紫褐色，初时密被灰白色柔毛，后渐脱落。单叶对生，披针形、条状披针形或条形，长 1.5～6cm，宽 3～10mm，先端渐尖或钝，基部楔形，全缘，上面淡绿色，下面灰色，均被较密的短柔毛；具短柄。聚伞花序顶生或腋生；花萼钟状，先端 5 裂，长约 3mm，外被短柔毛，果熟时可增至 1cm 长，宿存；花冠蓝紫色，筒状，外被短柔毛，长 6～8mm，先端 5 裂，其中 1 裂片较大，顶端撕裂，其余裂片先端钝圆或微尖；雄蕊 4，二强，长约为花冠的 2 倍；花柱细长，柱头 2 裂。果实球形，成熟时裂为 4 个小坚果，小坚果矩圆状扁三棱形，边缘具窄翅，褐色，长 4～6mm，宽约 3mm。花期 7～8 月，果期 8～9 月。

生境 旱生小灌木。生于草原带和荒漠带的石质山坡、沙地、干河床及沟谷。

产新巴尔虎右旗。

经济价值 花、叶、枝可作蒙药（蒙药名：依曼额布热），能祛寒、燥湿、健胃、壮身、止咳，主治消化不良、胃下乘、慢性气管炎、浮肿等；叶及花可提取芳香油；本种还可作护坡树种。

唇形科 Labiatae

1 子房浅 4 裂；花冠假单唇，如为二唇时则上唇极短，非外凸 ··· 2
1 子房全 4 裂；花冠二唇形 ··· 3
2 单叶，不分裂；雄蕊 4，二强，均能育；花冠二唇，上唇极短，下唇 3 裂 ············ **1 筋骨草属 Ajuga**
2 叶掌状 3 全裂；花冠假单唇；雄蕊 4，前对能育，后对退化 ································ **2 水棘针属 Amethystea**
3 花萼 2 裂，上裂片背部具盾片；子房有柄 ·· **3 黄芩属 Scutellaria**
3 花萼上裂片背部无盾片；子房通常无柄 ·· 4
4 雄蕊下倾，平卧于花冠下唇之上或包于其内；花萼 5 齿近等大或呈二唇形，上唇之中齿边缘无翅状下延；花冠筒伸出于花萼；花盘环状，近全缘或具齿，前方 1 齿有时呈指状膨大，但不超过子房 ······ **15 香茶菜属 Isodon**
4 雄蕊上升或平展而直伸向前 ··· 5
5 雄蕊藏于花冠筒内；叶掌状 3 浅裂至深裂 ·· **4 夏至草属 Lagopsis**
5 雄蕊不藏于花冠筒内 ·· 6
6 花药球形，药室顶端贯通 ··· **14 香薷属 Elsholtzia**
6 花药非球形，药室顶端不贯通 ··· 7
7 花冠明显二唇形，具不相似的唇片，上唇外凸呈弧状、镰状或盔状 ·· 8
7 花冠近辐射对称，有相似或略为分化的裂片，上唇如分化，则扁平或外凸 ································ 14
8 后对雄蕊长于前对雄蕊 ··· 9
8 后对雄蕊短于前对雄蕊 ··· 10
9 多轮的轮伞花序密集成顶生的穗状花序；两对雄蕊不互相平行，后对雄蕊上升，前对雄蕊多少向前直伸；花盘前裂片发育较好；花冠下唇中裂片从基部爪状狭柄；叶常分裂 ············ **5 裂叶荆芥属 Schizonepeta**
9 轮伞花序腋生，排列稀疏；两对雄蕊互相平行，皆向花冠上唇下面弧状上升；萼齿间具小瘤状胼胝体；雄蕊与花冠等长或稍伸出 ··· **6 青兰属 Dracocephalum**
10 花柱裂片不等长；后对花丝基部常具附属物；轮伞花序腋生且密集多花 ··············· **7 糙苏属 Phlomis**
10 花柱裂片近等长或等长 ·· 11
11 药室在花时横裂为 2 瓣，内瓣较小而有纤毛，外瓣较大而无毛；花冠下唇侧裂片与中裂片相交处有向上的齿状凸起（盾片）；小坚果倒卵状三棱形 ··································· **8 鼬瓣花属 Galeopsis**
11 药室平行或展开；花冠下唇侧裂片与中裂片相交处无齿状凸起 ·· 12
12 小坚果卵形；无三棱，顶端圆钝 ··· **11 水苏属 Stachys**
12 小坚果多少呈尖三棱形，顶端平截 ·· 13
13 花萼喉部膨大；萼齿非针刺状 ·· **9 野芝麻属 Lamium**
13 花萼喉部不膨大，萼齿呈针刺状 ·· **10 益母草属 Leonurus**
14 小半灌木；叶全缘；植丛铺地呈垫状 ·· **12 百里香属 Thymus**
14 草本植物；叶缘具齿或羽状分裂；植株不呈垫状 ··· **13 薄荷属 Mentha**

筋骨草属 Ajuga L.

多花筋骨草 *Ajuga multiflora* Bunge

蒙名 奥兰其—吉杜格

形态特征 植株高 6～20cm。茎直立，单生，密被白色绵毛状长柔毛。叶椭圆状卵圆形或卵圆形，长 1～4cm，宽 1～1.5cm，先端钝，叶基楔状下延，抱茎，叶缘具不明显的波状圆齿，上面密被绵毛状长柔毛，下面疏被柔毛；基生叶具柄，柄长 7～20mm。轮伞花序，由 6 或更多的花组成，密集成穗状花序；花萼宽钟形，长 5～7mm，外面被绵毛，里面无毛，萼齿 5，狭三角形，先端锐尖；花冠蓝紫色或蓝色，长 10～12mm，外面被长柔毛，里面近基部有毛环，二唇形，上唇短，直立，先端 2 裂，下唇伸长，宽大，中裂片扇形，侧裂片椭圆形；雄蕊 4，二强，伸出，微弯，花丝粗壮，具长柔毛；子房顶端被微毛；花柱细长，超出雄蕊，上部被疏柔毛，先端具不相等的 2 浅裂；花盘环状，裂片不明显。小坚果倒卵状三角形，背部具网状皱纹，腹部中间隆起，果脐大，边缘被微柔毛。花期 4～5 月，果期 5～6 月。$2n=32$。

生境 多年生中生草本。生于山地森林带及森林草原带的山地草甸、河谷草甸、林缘及灌丛中。

产牙克石市、扎兰屯市、额尔古纳市、鄂伦春自治旗。

水棘针属 Amethystea L.

水棘针 *Amethystea coerulea* L.

蒙名 巴西戈

形态特征 植株高 15～40cm。茎被疏柔毛或微柔毛，以节上较密，多分枝。叶纸质，轮廓三角形或近卵形，3 全裂，稀 5 裂或不裂，裂片披针形，边缘具粗锯齿或重锯齿，中裂片较宽大，长 2～4.5cm，宽 6～15mm，两侧裂片较窄小，长 1～2cm，宽 3～6mm，先端钝尖，基部渐狭，上面被短柔毛，下面沿叶脉疏被短柔毛；叶柄长 3～20mm，疏被柔毛。花序为由松散具长梗的聚伞花序所组成的圆锥花序；苞叶与茎生叶同形，向上渐变小；小苞片微小，条形，长约 1mm；花梗长 2～5mm，被疏腺毛；花萼钟状，连齿长约 4mm，具 10 脉，外面被乳头状凸起及腺毛，齿 5，近整齐，三角形，与萼筒等长，花冠略长于花萼，蓝色或蓝紫色，冠檐二唇形，上唇 2 裂，卵形，下唇 3 裂，中裂片较大，近圆形；雄蕊 4，前对能育，着生于下唇基部，花时自上唇裂片间伸出，后对为退化雄蕊，着生于上唇基部；花柱略超出雄蕊，先端不相等 2 浅裂。小坚果倒卵状三棱形，长约 1.5mm，宽约 1mm。$2n=26$。

生境 一年生中生草本。生于河滩沙地、田边路旁、溪旁、居民点附近，散生或形成小群聚。

产于呼伦贝尔市各旗、市、区。

经济价值 新鲜状态下，骆驼和绵羊乐食，开花以后变粗老，牲畜不吃。

黄芩属 Scutellaria L.

1 根粗壮，断面黄色；秆近圆柱形；叶披针形或条状披针形，下面有凹腺点，无柄；花蓝色或蓝紫色，组成顶生间有腋生背腹向的总状花序，花序轴被短柔毛 ········· **1 黄芩 S. baicalensis**
1 根或根茎细弱；秆四棱形；花序腋生，花蓝色或蓝紫色，长 1cm 以上 ········· **2**
2 叶下面具凹腺点 ········· **2 并头黄芩 S. scordifolia**
2 叶下面无凹腺点 ········· **3**
3 叶矩圆状披针形，宽 0.8～1.3cm，具圆齿状锯齿，边缘向下不翻卷 ········· **3 盔状黄芩 S. galericulata**
3 叶披针形或披针状条形，宽 0.2～0.8cm，全缘并向下翻卷 ········· **4 狭叶黄芩 S. regeliana**

黄芩 *Scutellaria baicalensis* Georgi

别名 黄芩茶（内蒙古西部）

蒙名 混芩

形态特征 植株高 20～35cm。主根粗壮，圆锥形。茎直立或斜升，被稀疏短柔毛，多分枝。叶披针形或条状披针形，长 1.5～3.5cm，宽 3～7mm，先端钝或稍尖，基部圆形，全缘，上面无毛或疏被贴生的短柔毛，下面无毛或沿中脉疏被贴生微柔毛，密被下陷的腺点；叶柄不及 1mm。花序顶生，总状，常偏一侧；花梗长 3mm，与花序轴被短柔毛；苞片向上渐变小，披针形，具稀疏睫毛；花萼果时长达 6mm，盾片高 4mm；花冠紫色、紫红色或蓝色，长 2.2～3cm，外面被具腺短柔毛，冠筒基部膝曲，里面在此处被短柔毛，上唇盔状，先端微裂，里面被短柔毛，下唇 3 裂，中裂片近圆形，两侧裂片向上唇靠拢，矩圆形；雄蕊稍伸出花冠，花丝扁平，后对花丝中部被短柔毛；子房 4 裂，光滑，褐色；花盘环状。小坚果卵圆形，直径 1.5mm，具瘤，腹部近基部具果脐。花期 7～8 月，果期 8～9 月。$2n=18$。

生境 多年生广幅中旱生植物。生于森林带和草原带的山地、丘陵的砾石坡地及沙质土上，为草甸草原及山地草原的常见种，在线叶菊草原中可成为优势植物之一。

产呼伦贝尔市各旗、市、区。

经济价值 根入药（药材名：黄芩），能祛湿热、泻火、解毒、安胎，主治温病发热、肺热咳嗽、肺炎、咯血、黄疸性肝炎、痢疾、目赤、胎动不安、高血压症、痈肿疔疮。也作蒙药用，效果相同。

并头黄芩 *Scutellaria scordifolia* Fisch. ex Schrank

别名 头巾草

蒙名 好斯—其其格特—混芩

形态特征 植株高10～30cm。根状茎细长，淡黄白色。茎直立或斜升，四棱形，沿棱疏被微柔毛或几无毛，单生或分枝。叶三角状披针形、条状披针形或披针形，长1.7～3.3cm，宽3～11mm，先端钝或稀微尖，基部圆形、浅心形、心形乃至截形，边缘具疏锯齿或全缘，上面被短柔毛或无毛，下面沿脉被微柔毛，具多数凹腺点；具短叶柄或几无柄。花单生于茎上部叶腋内，偏向一侧；花梗长3～4mm，近基部有1对长约1mm的针状小苞片；花萼疏被短柔毛，果后花萼长达4～5mm，盾片高2mm；花冠蓝色或蓝紫色，长1.8～2.4cm，外面被短柔毛，冠筒基部浅囊状膝曲，上唇盔状，内凹，下唇3裂；子房裂片等大，黄色；花柱细长，先端锐尖，微裂。小坚果近圆形或椭圆形，长0.9～1mm，宽0.6mm，褐色，具瘤状凸起，腹部中间具果脐，隆起。花期6～8月，果期8～9月。2n=30。

生境 多年生中生草本。生于森林带和草原带的山地林下、林缘、河滩草甸、山地草甸、撂荒地、路旁及村舍附近。

产呼伦贝尔市各旗、市、区。

经济价值 全草入药。味微苦，性凉。能清热解毒、利尿，主治肝炎、阑尾炎、跌打损伤、蛇咬伤。

盔状黄芩 *Scutellaria galericulata* L.

蒙名 道古力格特—混芩

形态特征 植株高10～30cm。根状茎细长，黄白色。茎直立，被短柔毛，中部以上多分枝。叶矩圆状披针形，长1.5～4cm，宽8～13mm，先端钝或稍尖，基部浅心形，边缘具圆齿状锯齿，上面疏或密被短柔毛，下面密被短柔毛；叶柄长2～4mm。花单生于茎中部以上叶腋内，偏向一侧；花梗长2mm；花萼钟状，开花时长4mm，盾片高约0.75mm，果时长5mm，盾片高约1.5mm；花冠紫色、紫蓝色至蓝色，长1.4～1.8cm，外面密被短柔毛，混生腺毛，里面在上唇片下部疏被微柔毛，上唇半圆形，宽2.5mm，盔状，内凹，下唇中裂片三角状卵圆形，两侧裂片矩圆形，靠拢上唇；子房裂片等大，圆柱形；花柱细长，先端锐尖，微裂。小坚果黄色，三棱状卵圆形，直径1mm，具小瘤突。花期6～7月，果期7～8月。

生境 多年生中生草本。生于森林带和草原带的河滩草甸及沟谷湿地。

产海拉尔区、根河市、鄂温克族自治旗、新巴尔虎左旗、新巴尔虎右旗。

经济价值 据国外资料，可药用，主治疟疾，民间用其全草治出血。也可作染料。

狭叶黄芩 *Scutellaria regeliana* Nakai

形态特征 根状茎直伸或斜升,纤细,在节上生须根及匍匐枝。茎直立,高 26～30cm,四棱形,具沟,基部直径 1.2～1.5mm,被上曲短小柔毛,通常在棱上较密集,一般不分枝,偶有自基部生出长而靠贴的分枝,中部节间长 2.5～4cm。叶具极短的柄,柄粗壮,长 0.5～1mm,腹凹背凸,密被很短的小柔毛;叶披针形或三角状披针形,长 1.7～3.3cm,宽 3～6mm,先端钝,基部不明显浅心形或近截形,边缘全缘但稍内卷,上面密被微糙毛,下面密被微柔毛,脉上尤为显著,有分散的细粒状腺体,侧脉约 3 对,与中脉在上面凹陷下面凸起。花单生于茎中部以上的叶腋内,偏向一侧;花梗长约 4mm,密被微柔毛,基部有一对长 1.5mm、被疏柔毛的针状小苞片;花萼开花时长 4mm,外面密被短柔毛,盾片很小,高约 0.5mm,果时长 6mm,盾片高 1mm;花冠紫色,长 2～2.3(2.5)cm,外面被短柔毛,内面在冠筒囊上方及上唇与两侧裂片接合处疏被柔毛;冠筒基部宽 1.5mm,至喉部宽达 8mm;冠檐二唇形,上唇盔状,先端微缺,下唇中裂片大,近扁圆形,宽 9mm,全缘,两侧裂片长圆形,宽 3.5mm;雄蕊 4,均内藏,前对较长,具能育花药,退化花药不明显,后对较短,具全药,花丝扁平,前对内侧及后对两侧中部被疏柔毛;花柱细长,扁平,先端锐尖,微裂;花盘环状,前方微膨大,后方延伸成长 0.5mm 的子房柄,子房与花盘间有白色泡状体;子房 4 裂,裂片等大。小坚果黄褐色,卵球形,长 1.25mm,宽 1mm,具瘤状凸起,腹面基部具果脐。花期 6～7 月,果期 7～9 月。

生境 多年生中生草本。多生于河滩草甸和沼泽化草甸,也见于山地林缘及沟谷中。

产扎兰屯市、额尔古纳市、莫力达瓦达斡尔族自治旗、鄂伦春自治旗、新巴尔虎左旗。

夏至草属 Lagopsis Bunge ex Benth.

夏至草 *Lagopsis supina* (Steph. ex Willd.) Ik.-Gal. ex Knorr.

蒙名 套来音—奥如乐

形态特征 植株高 15～30cm。茎密被微柔毛，分枝。叶半圆形、圆形或倒卵形，3 浅裂或 3 深裂，裂片有疏圆齿，两面密被微柔毛；叶柄明显，长 1～2cm，密被微柔毛。轮伞花序具疏花，直径约 1cm；小苞片长 3mm，弯曲，刺状，密被微柔毛；花萼管状钟形，连齿长 4～5mm，外面密被微柔毛，里面中部以上具微柔毛，具 5 脉，齿近整齐，三角形，先端具浅黄色刺尖；花冠白色，稍伸出于萼筒，长约 6mm，外面密被长柔毛，上唇尤密，里面与花丝基部扩大处被微柔毛，冠筒基部靠上处内缢，上唇矩圆形，全缘，下唇中裂片圆形，侧裂片椭圆形；雄蕊着生于管筒内溢处，不伸出，后对较短，花药卵圆形，后对者较大；花柱先端 2 浅裂，与雄蕊等长。小坚果长卵状三棱形，长约 1.5mm，褐色，有鳞秕。

生境 多年生旱中生杂草。生于森林带和草原带的田野、撂荒地及路旁，为农田杂草，常在撂荒地上形成小群聚。

产呼伦贝尔市各旗、市、区。

经济价值 全草入药，能养血调经，主治贫血性头晕、半身不遂、月经不调。也作蒙药（蒙药名：查干西莫体格），能消炎利尿，主治沙眼、结膜炎、溃尿。

裂叶荆芥属 Schizonepeta Briq.

多裂叶荆芥 *Schizonepeta multifida* (L.) Briq.

别名 东北裂叶荆芥

蒙名 哈嘎日海—吉如格巴

形态特征 植株高 30～40cm。主根粗壮，暗褐色。茎坚硬，被白色长柔毛，侧枝通常极短，有时上部的侧枝发育，并有花序。叶卵形，羽状深裂或全裂，有时浅裂至全缘，长 2.1～2.8cm，宽 1.6～2.1cm，先端锐尖，基部楔形至心形，裂片条状披针形，全缘或具疏齿，上面疏被微柔毛，下面沿叶脉及边缘被短硬毛，具腺点；叶柄长 1～1.5cm，向上渐变短以至无柄。花序为由多数轮伞花序组成的顶生穗状花序，下部一轮远离；苞叶深裂或全缘，向上渐变小，呈紫色，被微柔毛，小苞片卵状披针形，呈紫色，比花短；花萼紫色，长 5mm，宽 2mm，外面被短柔毛，萼齿为三角形，长约 1mm，里面被微柔毛；花冠蓝紫色，长 6～7mm，冠筒外面被短柔毛，冠檐外面被长柔毛，下唇中裂片大，肾形；雄蕊前对较上唇短，后对略超出上唇，花药褐色；花柱伸出花冠，顶端等 2 裂，暗褐色。小坚果扁，倒卵状矩圆形，腹面略具棱，长 1.2mm，宽 0.6mm，褐色，平滑。$2n=12$。

生境 多年生中旱生杂类草。生于草原带的沙质平原、丘陵坡地、石质山坡，也见于森林带的林缘及灌丛，是草甸草原和典型草原常见的伴生种。

产于呼伦贝尔市各旗、市、区。

青兰属 Dracocephalum L.

1 叶有柄，边缘具不规则的牙齿，叶长圆状披针形至线状披针形，一年生草本；花药无毛 …… **1 香青兰 D. moldavica**
1 叶近无柄，全缘，叶条形或披针状条形；花药有毛 ……………………………………………………… **2**
2 茎中部以下几无毛，叶长圆状披针形或线状披针形，长 1.5～6.7cm，宽 0.5～0.8cm；花冠长 3～5cm ………
………………………………………………………………………………………… **2 光萼青兰 D. argunense**
2 茎下部疏被微柔毛，叶线形或披针状线形，长 3～6cm，宽 0.2～0.5cm；花冠长 1.7～2.5cm ………………
………………………………………………………………………………………………… **3 青兰 D. ruyschiana**

香青兰 *Dracocephalum moldavica* L.

别名 山薄荷

蒙名 乌努日图—比日羊古

形态特征 植株高 15～40cm。茎直立，被短柔毛，钝四棱形，常在中部以下对生分枝。叶披针形至披针状条形，先端钝，长 1.5～4cm，宽 0.5～1cm，基部圆形或宽楔形，边缘具疏犬牙齿，有时基部的牙齿齿尖常具长刺，两面均被微毛及黄色小腺点。轮伞花序生于茎或分枝上部，每节通常具 4 花，花梗长 3～5mm；苞片狭椭圆形，疏被微毛，每侧具 3～5 齿，齿尖具长 2.5～3.5mm 的长刺；花萼长 1～1.2cm，具金黄色腺点，密被微柔毛，常带紫色，2 裂近中部，上唇 3 裂至本身长度的 1/4～1/3 处，3 齿近等大，三角状卵形，先端锐尖成长约 1mm 的短刺，下唇 2 裂至本身基部，斜披针形，先端具短刺；花冠淡蓝紫色至蓝紫色，长 2～2.5cm，喉部以上宽展，外面密被白色短柔毛，冠檐二唇形，上唇短舟形，先端微凹，下唇 3 裂，中裂片 2 裂，基部有 2 小凸起；雄蕊微伸出，花丝无毛，花药平叉开；花柱无毛，先端 2 等裂。小坚果长 2.5～3mm，矩圆形，顶端平截。$2n=10$。

生境 一年生中生杂草。生于山坡、沟谷、河谷砾石质地。

产新巴尔虎右旗。

经济价值 全株含芳香油。据国外报道，含油量在 0.01%～0.17%，油的主要成分为柠檬醛（25%～68%）、牻牛儿醇（30%）、橙花醇（7%），可作香料植物。地上部分作蒙药（蒙药名：昂凯鲁莫勒—比日羊古），能泻肝炎、清胃热、止血，主治黄疸、吐血、衄血、胃炎、头痛、咽痛。

光萼青兰 *Dracocephalum argunense* Fisch. ex Link

蒙名 额尔古那音—比日羊古

形态特征 植株高35～50cm。数茎自根茎生出，直立，不分枝，近四棱形，疏被倒向微柔毛。叶条状披针形或条形，长2～5cm，宽2～5mm，先端尖，基部楔形，全缘，边缘向下反卷，上面绿色，近无毛，下面淡绿色，中脉明显凸起，沿脉被短毛；无叶柄或具短柄。轮伞花序生于茎顶2～4节上，多少密集；苞片椭圆形，长8～12mm，全缘，先端锐尖，边缘被睫毛，外面密被微毛；花萼长15～18mm，外面下部密被倒向的微柔毛，中部变稀疏，上部几无毛，里面下部疏被短柔毛，2裂近中部，齿锐尖，常带紫色，上唇3裂至本身2/3处，中齿披针状卵形，侧齿披针形，下唇2裂几至本身基部，齿披针形；花冠蓝紫色，长3～4cm，外面被长柔毛；花药密被柔毛，花丝疏被毛。花果期7～9月。$2n=14$。

生境 多年生中生草本。生于森林带和森林草原带的山地草甸、山地草原、林缘灌丛。

产牙克石市、扎兰屯市、额尔古纳市、阿荣旗、莫力达瓦达斡尔族自治旗、鄂温克族自治旗。

青兰 *Dracocephalum ruyschiana* L.

蒙名 比日羊古

形态特征 植株高40～50cm。数茎自根茎生出，直立，钝四棱形，被倒向短柔毛。叶条形或披针状条形，长2.5～4cm，先端尖，基部渐狭，全缘，边缘向下略反卷，两面疏被短柔毛或变无毛，具腺点；无叶柄或几无柄。轮伞花序生于茎上部3～5节，多少密集；苞片卵状椭圆形，全缘，长5～6mm，先端锐尖，密被睫毛；花萼长10～12mm，外面密被短毛，里面疏被短毛，2裂至2/5处，上唇3裂至本身2/3或3/4处，中齿卵状椭圆形，较侧齿宽，侧齿宽披针形，下唇2裂至本身基部，齿披针形，齿先端均锐尖，被睫毛，常带紫色；花冠蓝紫色，长1.7～2.4cm，外面被短柔毛；花药被短柔毛。小坚果黑褐色，长约2.5mm，宽约1.5mm，略呈三棱形。花期7月。$2n=14$。

生境 多年生中生草本。生于森林带和森林草原带的山地草甸、林缘灌丛及石质山坡。

产扎兰屯市、额尔古纳市、莫力达瓦达斡尔族自治旗、鄂伦春自治旗、鄂温克族自治旗、陈巴尔虎旗、新巴尔虎左旗。

糙苏属 Phlomis L.

1 根粗大，块状，茎无毛或仅棱上疏被微柔毛；叶上面被极疏的刚毛或近无毛，下面无毛或仅脉上被极疏的刚毛；花萼管状钟形，长 8～10mm ·· **1 块根糙苏 Ph. tuberosa**
1 根不呈块状，茎被刚毛及星状微柔毛，棱上被毛尤密；叶上面被星状毛或单毛，或疏被刚毛，稀近无毛，下面密被星状毛或刚毛；花萼管形，长约 14mm ·· **2 蒙古糙苏 Ph. mongolica**

块根糙苏 *Phlomis tuberosa* L.

蒙名 土木斯得—奥古乐今—土古日爱

形态特征 植株高 40～110cm。根呈块根状增粗。茎单生或分枝，紫红色、暗紫色或绿色，无毛或仅棱上疏被柔毛。叶三角形，长 5～19cm，宽 2～13cm，先端钝圆或锐尖，基部心形或深心形，边缘具不整齐粗圆牙齿；苞叶卵圆状披针形，向上变小，上面被极疏具节刚毛或近无毛，下面无毛或仅脉上被极疏刚毛；叶具柄，向上渐短至近无柄。轮伞花序，含 3～10 花，多花密集；苞片条状钻形，长约 10mm，被具节长缘毛；花萼筒状钟形，长 8～10mm，仅靠近萼齿部分疏被刚毛，其余部分无毛，萼齿 5，相等，半圆形，先端微凹，具长 1.5～2.5mm 的刺尖；花冠紫红色，长 1.6～2.5mm，冠筒外面无毛，里面具毛环，二唇形，上唇盔状，外面密被星状绒毛，边缘具流苏状小齿，内面被髯毛，下唇 3 圆裂，中裂片倒心形，较大，侧裂片卵形，较小；雄蕊 4，内藏，花丝下部被毛，后对雄蕊在基部近毛环处具反折的短距状附属器；花柱顶端具不等的 2 裂。小坚果先端被柔毛。花期 7～8 月，果期 8～9 月。

生境 多年生旱中生草本。生于森林草原带和草原带的山地沟谷草甸、山地灌丛、林缘。

产牙克石市、额尔古纳市、鄂温克族自治旗、陈巴尔虎旗、新巴尔虎左旗、新巴尔虎右旗。

经济价值 块根作蒙药（蒙药名：露格莫尔—奥古乐今—土古日爱），能祛风清热、止咳化痰、生肌敛疤，主治感冒咳嗽、支气管炎、疮疡火不愈合。

蒙古糙苏 *Phlomis mongolica* Turcz.

别名 毛尖茶、野洋芋、串铃草

蒙名 蒙古乐—奥古乐今—土古日爱

形态特征 植株高（15）30～60cm。根粗壮，木质，须根常作圆形、矩圆形或纺锤形的块根状增粗。茎单生或少分枝，被具节刚毛及星状柔毛，棱上被毛尤密。叶卵状三角形或三角状披针形，长4～13cm，宽2～7cm，先端钝，基部深心形，边缘有粗圆齿；苞叶三角形或三角状披针形，上面被星状毛及单毛或稀近无毛，下面密被星状毛或稀单毛；叶具柄，向上渐短或近无柄。轮伞花序，腋生（偶有单一，顶生），多花密集；苞片条状钻形，长8～12mm，先端刺尖状，被具节缘毛；花萼筒状，长10～14mm，外面被具节刚毛及尘状微柔毛，萼齿5，相等，圆形，长约1mm，先端微凹，具硬刺尖，长2～3mm；花冠紫色（偶有白色），长约2.2cm，冠筒外面在中下部无毛，里面具毛环，二唇形，上唇盔状，外面被星状短柔毛，边缘具流苏状小齿，里面被髯毛，下唇3圆裂，中裂片倒卵形，较大，侧裂片心形，较小；雄蕊4，内藏，花丝下部被毛，后对花丝基部在毛环稍上处具反折的短距状附属器；花柱先端为不等的2裂。小坚果顶端密被柔毛。花期6～8月，果期8～9月。

生境 多年生旱中生草本。生于森林草原带和草原带的草甸、草甸化草原、山地沟谷草甸、撂荒地及路边。

产鄂温克族自治旗、新巴尔虎左旗。

经济价值 块根入药，功能主治同块根糙苏。在青嫩时为羊和牛所乐食，骆驼也乐食。

鼬瓣花属 Galeopsis L.

鼬瓣花 *Galeopsis bifida* Boenn.

蒙名 套心朝格

形态特征 植株高20～60cm，有时高达1m。茎直立，密被具节刚毛及腺毛，上部分枝。叶卵状披针形或披针形，长3～8cm，宽1.5～4cm，先端锐尖或渐尖，基部渐狭或宽楔形，边缘具整齐的圆齿状锯齿，上面贴生短柔毛，下面疏生微柔毛及脉上疏生长刚毛，叶柄长1～2.5cm。轮伞花序，腋生，多花密集；小苞片条形至披针形，长3～6mm，先端具刺尖，密生长刚毛；花萼管状钟形，连齿长约1cm，外面被刚毛，里面被微柔毛，萼齿5，近等大，三角形，先端刺尖状，与萼筒近等长；花冠紫红色，长10～14mm，外面密被刚毛，二唇形，上唇卵圆形，先端具不等的数齿，下唇中裂片矩圆形，宽约2mm，先端明显微凹，紫纹直达边缘，侧裂片短圆形；雄蕊花丝下部被柔毛，花药卵圆形；子房无毛，褐色。小坚果倒卵状三棱形，褐色。花果期7～9月。$2n=32$。

生境 一年生中生草本。生于山地针叶林区和森林草原带的林缘、草甸、田边及路旁。

产海拉尔区、牙克石市、额尔古纳市、根河市、鄂伦春自治旗、鄂温克族自治旗、陈巴尔虎旗。

野芝麻属 Lamium L.

短柄野芝麻 *Lamium album* L.

蒙名 敖乎日—哲日立格—麻阿吉

形态特征 植株高30～60cm。茎直立，单生，四棱形，中空，被柔毛或近无毛。叶卵形或卵状披针形，长2～6cm，宽1～4cm，基部心形，先端急尖或长尾状渐尖，边缘具牙齿状锯齿，上面贴生短毛，下面被疏柔毛，叶柄长1～6cm，苞叶叶状，具短柄或近无柄。轮伞花序具8～9花，腋生；苞片条形，长约2mm，具缘毛；花萼钟形，长于苞叶叶柄，长9～13mm，宽2～3mm，疏被短毛，萼齿披针形，长约为花萼长之半，被缘毛，常向外反折，不贴生于花冠；花冠浅黄色或污白色，长20～25mm，外面被短柔毛，上部尤甚，冠筒等长或稍长于花萼，喉部膨大，内面近茎部具毛环，上唇倒卵圆形，先端钝，长7～10mm，下唇长10～12mm，3裂，中裂片倒肾形，先端深凹，侧裂片圆形，附一钻形小齿；花丝上部被柔毛，花药黑紫色，上被柔毛。小坚果长卵圆形，呈三棱状，长3～3.5mm，深灰色，无毛。花期7～9月，果期8～10月。$2n=16, 18$。

生境 多年生中生草本。生于森林带的山地林缘草甸。

产牙克石市、扎兰屯市、额尔古纳市、莫力达瓦达斡尔族自治旗、鄂伦春自治旗、鄂温克族自治旗、陈巴尔虎旗、新巴尔虎左旗。

经济价值 全草和花入药。全草能散瘀、消积、调经、利湿，主治跌打损伤、小儿疳积、白带、痛经、月经不调、肾炎、膀胱炎。花能调经、利湿，主治月经不调、白带、宫颈炎、小便不利。

益母草属 Leonurus L.

1 叶裂片较宽,通常在 3mm 以上;花冠长 1～1.2cm,下唇与上唇近等长 ·················· **1 益母草 L. japonicus**
1 叶裂片狭窄,宽 1～3mm;花冠长 1.8～2cm,下唇比上唇短 1/4 ·················· **2 细叶益母草 L. sibiricus**

益母草 *Leonurus japonicus* Houtt.

别名 益母蒿、坤草、龙昌昌

蒙名 都日伯乐吉—额布斯

形态特征 植株高 30～80cm。茎直立,钝四棱形,微具槽,有倒向糙伏毛,棱上尤密,基部近于无毛,分枝。叶形变化较大,茎下部叶卵形,基部宽楔形,掌状 3 裂,裂片矩圆状卵形,长 2.6～6cm,宽 5～12mm,叶柄长 2～3cm,中部叶菱形,基部狭楔形,掌状 3 半裂或 3 深裂,裂片矩圆状披针形;花序上部的苞叶呈条形或条状披针形,长 2～7cm,宽 2～8mm,全缘或具稀少缺刻。轮伞花序腋生,多花密集,轮廓为圆球形,直径 2cm,多数远离而组成长穗状花序;小苞片刺状,比萼筒短;无花梗;花萼管状钟形,长 4～8mm,外面贴生微柔毛,里面在离基部 1/3 处以上被微柔毛,齿 5,前 2 齿靠合,较长,后 3 齿等长,较短;花冠粉红色至淡紫红色,长 7～10mm,伸出萼筒部分的外面被柔毛,冠檐二唇形,上唇直伸,下唇与上唇等长,3 裂;雄蕊 4,前对较长,花丝丝状;花柱丝状,无毛。小坚果矩圆状三棱形,长 2.5mm。花期 6～9 月,果期 9～10 月。$2n=16,18,20$。

生境 一年生或二年生中生草本。生于森林草原带和草原带的田野、房舍附近。

产牙克石市、扎兰屯市、莫力达瓦达斡尔族自治旗、新巴尔虎右旗。

细叶益母草 *Leonurus sibiricus* L.

别名 益母蒿、龙昌菜

蒙名 那林—都日伯乐吉—额布斯

形态特征 植株高30～75cm。茎钝四棱形，有短而贴生的糙伏毛，分枝或不分枝。叶形从下到上变化较大，下部叶早落，中部叶卵形，长2.5～9cm，宽3～4cm，叶柄长1.5～2cm，掌状3全裂，在裂片上再羽状分裂（多3裂），小裂片条形，宽1～3mm；最上部的苞叶近于菱形，3全裂成细裂片，呈条形，宽1～2mm。轮伞花序腋生，多花，轮廓圆球形，直径2～4cm，向顶逐渐密集组成长穗状；小苞片刺状，向下反折；无花梗；花萼管状钟形，长6～10mm，外面在中部被疏柔毛，里面无毛，齿5，前2齿长，稍开张，后3齿短；花冠粉红色，长1.8～2cm，冠檐二唇形，上唇矩圆形，直伸，全缘，外面密被长柔毛，里面无毛，下唇比上唇短，外面密被长柔毛，里面无毛，3裂；雄蕊4，前对较长，花丝丝状；花柱丝状，先端2浅裂。小坚果矩圆状三棱形，长2.5mm，褐色。花期7～9月，果期9月。$2n=20$。

生境 一年生或二年生中生草本。生于草原区和荒漠区的石质丘陵、沙质草原、沙地、沙丘、山坡草地、沟谷、农田、村旁及路旁。

产海拉尔区、满洲里市、额尔古纳市、鄂温克旗自治旗、陈巴尔虎旗、新巴尔虎左旗、新巴尔虎右旗。

经济价值 全草入药（药材名：益母草），能活血调经、利尿消肿，主治月经不调、痛经、经闭、恶露不尽、急性肾炎水肿。也作蒙药（蒙药名：都日本—吉额布苏—乌布其干），能活血、调经、利尿、降血压，主治高血压、肾炎、月经不调、急性结膜炎。果实入药（药材名：茺蔚子），能活血调经、清肝明目，主治月经不调、经闭、痛经、目赤肿痛、结膜炎、前房积血、头晕胀痛。

水苏属 Stachys L.

毛水苏 *Stachys riederi* Chamisso ex Beth.

别名 华水苏、水苏

蒙名 乌斯图—阿日归

形态特征 植株高20～50cm。根状茎伸长，节上生须根。茎直立，单一或分枝，沿棱及节具伸展的刚毛，或倒生小刚毛或疏被刚毛。叶矩圆状披针形、披针形或披针状条形，长4～9cm，宽5～15mm，先端钝或稍尖，基部近圆形或浅心形，叶两面被贴生的刚毛，或上面疏被小刚毛，下面几无毛，边缘有小的圆齿状锯齿；叶柄长1～1.5mm。轮伞花序组成顶生穗状花序，基部一轮远离，其余密集；苞叶与叶同形，向上渐变小，卵状披针形或披针形；小苞片条形，被刚毛，早脱落；花梗约1mm，与花序轴均密被柔毛状刚毛；花萼长7mm，外面沿肋及齿缘密被或疏被具节柔毛状刚毛，萼齿三角状披针形，长约3mm，顶端具黄白色刺尖；花冠淡紫色至紫色，长1.2cm，上唇直伸，卵圆形，长5mm，宽4mm，外面被柔毛状刚毛，下唇外面疏被微柔毛，中裂片倒肾形或圆形，长4.8mm，宽3mm，外面有白色花纹，侧裂片卵圆形，宽2.5mm；雄蕊均内藏，近等长，花丝扁平，被微柔毛，花药浅蓝色，卵圆形；花柱与雄蕊近等长，先端等2裂，褐色；花盘平顶。小坚果棕褐色，光滑无毛，近圆形，直径1.5mm。花期7～8月，果期8～9月。

生境 多年生湿中生草本。生于森林带、森林草原带及草原带的低湿草甸、河谷草甸、沼泽草甸。

产海拉尔区、满洲里市、牙克石市、莫力达瓦达斡尔族自治旗、鄂伦春自治旗、鄂温克族自治旗、陈巴尔虎旗、新巴尔虎左旗、新巴尔虎右旗。

经济价值 全草入药，能止血、祛风解毒，主治吐血、衄血、血痢、崩中带下、感冒头痛、中暑目昏、跌打损伤。

唇形科

百里香属 Thymus L.

百里香 *Thymus serpyllum* L.

别名 地角花、地椒叶、千里香

蒙名 岗嘎—额布斯

形态特征 不育枝从茎的末端或基部长出，花枝高（1.5）2～10cm，在花序下密被倒向或稍开展的疏柔毛，向下毛变短而疏，具2～4对叶。叶卵形，长4～10mm，侧脉2～3对，腺点多少明显；下部叶柄长约为叶的1/2，上部的变短。花序头状；花萼筒状钟形或狭钟状，长4～4.5mm，内面在喉部有白色毛环，上唇具3齿，齿三角形，下唇较上唇长或近相等，齿钻形，各齿具睫毛或无毛；花冠紫红色至粉红色，长6.5～8mm，上唇直伸，微凹，下唇开展，3裂，中裂片较长。小坚果近球形或卵球形，稍扁。花期7～8月，果期9月。

生境 旱生半灌木。生于海拔1100～3600m的多石山地、斜坡、山谷、山沟、路边及草丛中。

产鄂伦春自治旗。

经济价值 茎叶可提芳香油，略有穗薰衣草的香气，可用于化妆品香精和皂用香精等调和香料，也可分离芳樟醇、龙脑等香料。可作药用，有发汗、祛风、镇咳、防腐等功效。

薄荷属 Mentha L.

薄荷 *Mentha canadensis* L. (= *Mentha haplocalyx* Briq.)

蒙名 巴得日阿西

形态特征 植株高30～60cm。茎直立，具长根状茎，四棱形，被疏或密的柔毛，分枝或不分枝。叶矩圆状披针形、椭圆形、椭圆状披针形或卵状披针形，长2～9cm，宽1～3.5cm，先端渐尖或锐尖，基部楔形，边缘具锯齿或浅锯齿，叶柄长2～15mm，被微柔毛。轮伞花序腋生，轮廓球形，花时直径1～1.5cm，总花梗极短；苞片条形，花梗纤细，长2～3mm；花萼管状钟形，长2.5～3mm，萼齿狭三角状钻形，外面被疏或密的微柔毛与黄色腺点；花冠淡紫色或淡红紫色，长4～5mm，外面略被微柔毛或长疏柔毛，里面在喉部以下被微柔毛，冠檐4裂，上裂片先端微凹或2裂，较大，其余3裂片近等大，矩圆形，先端钝。雄蕊4，前对较长，伸出花冠之外或与花冠近等长；花柱略超出雄蕊，先端近相等2浅裂。小坚果卵球形，黄褐色。花期7～8月，果期9月。$2n=72$。

生境 多年生湿中生草本。生于森林带和草原带的水旁低湿地、湖滨草甸、河滩沼泽草甸。

产扎兰屯市、阿荣旗、莫力达瓦达斡尔族自治旗、鄂伦春自治旗。

经济价值 地上部分入药（药材名：薄荷），能祛风热、清头目，主治热感冒、头痛、目赤、咽喉肿痛、口舌生疮、牙痛、荨麻疹、风疹、麻疹初起。

香薷属 Elsholtzia Willd.

密花香薷 *Elsholtzia densa* Benth.

蒙名 那林—昂给鲁木—其其格

形态特征 植株高20～80cm。侧根密集。茎直立，自基部多分枝，被短柔毛。叶条状披针形或披针形，长1～4cm，宽5～15mm，先端渐尖，基部宽楔形或楔形，边缘具锯齿，两面被短柔毛；叶具柄，长3～13mm。轮伞花序，具多数花，并密集成穗状花序，圆柱形，长2～6cm，宽0.5～0.7cm，密被紫色串珠状长柔毛；苞片倒卵形，顶端钝，边缘被串珠状疏柔毛；花萼宽钟状，长约1.5mm，外面及边缘密被紫色串珠状长柔毛，萼齿5，近三角形，前2齿较短，果时花萼膨大，近球形，长4mm，宽达3mm；花冠淡紫色，长约2.5mm，二唇形，上唇先端微缺，下唇3裂，中裂片较侧裂片短；外面及边缘密被紫色串珠状长柔毛，里面有毛环；雄蕊4，前对较长，微露出，花药近圆形；花柱微伸出。小坚果卵球形，长约2mm，暗褐色，被极细微柔毛。花果期7～10月。

生境 一年生中生草本。生于森林带和草原带的山地林缘、草甸、沟谷、撂荒地，也生于沙地。

产海拉尔区、额尔古纳市、牙克石市、鄂伦春自治旗、鄂温克族自治旗、陈巴尔虎旗。

香茶菜属 Isodon (Schrad. ex Benth.) Spach.

蓝萼香茶菜 Isodon japonica (Burm. f.) H. Hara var. *glaucocalyx* (Maxim.) H. W. Li

别名 山苏子

蒙名 呼和—刀格替—其其格

形态特征 植株高50～150cm。根状茎木质，粗大，侧根细长。茎直立，四棱形，具纵槽，下部被柔毛，上部近无毛。叶卵形或宽卵形，长（4）6～12cm，宽2～6cm，先端的顶齿尾状渐尖，基部楔形，边缘有粗大的钝锯齿，上面疏被短柔毛，下面仅脉上被短柔毛；叶具柄，柄长1～3.5cm，上部有宽展的翅。圆锥花序顶生，由多数具（3）5～7花的聚伞花序组成；小苞片条形，长约1mm；花萼钟状，长2～3mm，常蓝色，外面密被贴生微柔毛，里面无毛，萼齿5，三角形，短于萼筒，近等长，前2齿稍宽而长；花冠淡紫色或紫蓝色，长约5.5mm，外面被短柔毛，里面无毛，冠檐二唇形，上唇反折，先端具4圆裂，下唇卵圆形；雄蕊4，伸出，花丝扁平，中部以下具髯毛；花柱伸出花冠之外，先端相等2浅裂；花盘环状。小坚果宽倒卵形，长约1.5mm，黄褐色，无毛，顶端具疣状凸起。花期7～8月，果期9～10月。2n=24。

生境 多年生中生草本。生于山地阔叶林下、林缘、灌丛。

产牙克石市、扎兰屯市、莫力达瓦达斡尔族自治旗、鄂伦春自治旗。

经济价值 地上部分入药，能清热解毒、活血化瘀，主治感冒、咽喉肿痛、扁桃体炎、胃炎、肝炎、乳腺炎、癌症（食管癌、贲门癌、肝癌、乳腺癌）初起、闭经、跌打损伤、关节痛、蚊虫咬伤。

茄科 Solanaceae

1 浆果，花集生成聚伞花序，花萼在花后不增大，果实多汁，植株不具黏毛，花白色或淡紫色 ··· **1 茄属 Solanum**
1 蒴果，花冠通常具长筒 ·· 2
2 花冠长筒状漏斗形；子房不完全4室；花萼于花后自近基部截断状脱落而仅基部增大而宿存；蒴果通常具刺，4瓣裂 ·· **2 曼陀罗属 Datura**
2 花冠漏斗状或钟状；蒴果盖裂 ··· 3
3 花集生成顶生无叶的聚伞花序；萼于果期膨大，几呈球状的囊（顶端不闭合），将蒴果包在里面，果萼的齿不具强壮的边缘脉，顶端无刚硬的针刺 ·· **3 泡囊草属 Physochlaina**
3 花腋生，在植株顶端密集于有叶的花轴上，呈总状，且常偏于一侧；萼于果期不膨大呈囊状，在下部与蒴果贴近，果萼的齿有强壮的边缘脉，顶端有刚硬的针刺 ············· **4 天仙子属 Hyoscyamus**

茄属 Solanum L.

龙葵 *Solanum nigrum* L.

别名 天茄子

蒙名 闹害音—乌吉马

形态特征 植株高0.2～1m。茎直立，多分枝。叶卵形，长2.5～7（10）cm，宽1.5～5cm，有不规则的波状粗齿或全缘，两面光滑或有疏短柔毛；叶柄长1～4cm。花序短蝎尾状，腋外生，下垂，有花4～10，总花梗长1～2.5cm；花梗长约5mm；花萼杯状，直径1.5～2mm；花冠白色，辐状，裂片卵状三角形，长约3mm；子房卵形；花柱中部以下有白色绒毛。浆果球形，直径约8mm，熟时黑色。种子近卵形，压扁状。花期7～9月，果期8～10月。2n=24，36，48，72，96，144。

生境 一年生中生草本。生于草原带的路旁、村边、水沟边。

产牙克石市、额尔古纳市、鄂温克族自治旗、陈巴尔虎旗。

经济价值 全草药用，能清热解毒、利尿、止血、止咳，主治疔疮肿毒、气管炎、癌肿、膀胱炎、小便不利、痢疾、咽喉肿痛。

曼陀罗属 Datura L.

曼陀罗 *Datura stramonium* L.

别名 耗子阎王

蒙名 满得乐特—其其格

形态特征 植株高1~2m。茎粗壮，平滑，上部呈二歧分枝，下部木质化。单叶互生，宽卵形，长8~12cm，宽4~10cm，先端渐尖，基部不对称楔形，边缘有不规则波状浅裂，裂片先端短尖，有时再呈不相等的疏齿状浅裂，两面脉上及边缘均有疏生短柔毛；叶柄长3~5cm。花单生于茎枝分叉处或叶腋，直立；花萼筒状，有5棱角，长4~5cm；花冠漏斗状，长6~10cm，直径4~5cm，花冠管具5棱，下部淡绿色，上部白色或紫色，5裂，裂片先端具短尖头；雄蕊不伸出花冠管外，花丝呈丝状，下部贴生于花冠管上；雌蕊与雄蕊等长或稍长，子房卵形，不完全4室；花柱丝状，长约6cm，柱头头状而扁。蒴果直立，卵形，长3~4.5cm，直径2.5~4.5cm，表面具有不等长的坚硬针刺，通常上部者较长，或有时仅粗糙而无针刺，成熟时自顶端向下作规则的4瓣裂，基部具五角形膨大的宿存萼，向下反卷。种子近卵圆形而稍扁。花期7~9月，果期8~10月。$2n=24, 48$。

生境 一年生高大中生草本。外来入侵种，野生于路旁、宅旁、撂荒地。

产扎兰屯市、额尔古纳市、莫力达瓦达斡尔族自治旗、鄂伦春自治旗。

经济价值 花可入药。

通常所称的紫花曼陀罗（*D. tatula* L.）和无刺曼陀罗（*D. inermis* Jacq.）都应属于本种。

泡囊草属 Physochlaina G. Don

泡囊草 *Physochlaina physaloides* (L.) G. Don

蒙名 混—好日苏

形态特征 植株高10～20（40）cm。根肉质肥厚。茎直立，1至数条自基部生出，被蛛丝状毛。叶在茎下部呈鳞片状，中、上部叶互生，卵形、椭圆状卵形或三角状宽卵形，长1.5～6cm，宽1.2～4cm，先端渐尖或急尖，基部截形、心形或宽楔形，全缘或微波状；叶柄长1.5～4（6）cm。花顶生，成伞房式聚伞花序；花梗细，长5～10mm，有长柔毛；花萼狭钟形，长6～10mm，密被毛，5浅裂；花冠漏斗状，长1.5～2.5cm，先端5浅裂，裂片紫堇色，筒部瘦细，黄白色；雄蕊插生于花冠筒近中部，微外露，长10mm左右，花药矩圆形，长2～3mm；子房近圆形或卵圆形；花柱丝状，明显伸出花冠。蒴果近球形，直径约8mm，包藏在增大成宽卵形或近球形的宿萼内。种子扁肾形。花期5～6月，果期6～7月。

生境 多年生旱中生草本。生于草原带的山地、沟谷。

产阿荣旗、鄂温克族自治旗、陈巴尔虎旗、新巴尔虎左旗、新巴尔虎右旗。

经济价值 根和全草作蒙药（蒙药名：堂普伦—嘎拉步），能镇痛、解痉、杀虫、消炎，主治胃肠痉挛疼痛、白喉、炭疽；外治疮疡、皮肤瘙痒。

天仙子属 Hyoscyamus L.

天仙子 *Hyoscyamus niger* L.

别名 山烟子、薰牙子

蒙名 特讷格—额布斯

形态特征 植株高30～80cm,具纺锤状粗壮肉质根,全株密生黏性腺毛及柔毛,有臭气。叶在茎基部丛生呈莲座状;茎生叶互生,长卵形或三角状卵形,长3～14cm,宽1～7cm,先端渐尖,基部宽楔形,无柄而半抱茎,或为楔形向下狭细呈长柄状,边缘羽状深裂或浅裂,或为疏牙齿,裂片呈三角状。花在茎中部单生于叶腋,在茎顶聚集成蝎尾式总状花序,偏于一侧;花萼筒状钟形,密被细腺毛及长柔毛,长约1.5cm,先端5浅裂,裂片大小不等,先端锐尖具小芒尖,果时增大成壶状,基部圆形与果贴近;花冠钟状,土黄色,有紫色网纹,先端5浅裂;子房近球形。蒴果卵球状,直径1.2cm左右,中部稍上处盖裂,藏于宿萼内。种子小,扁平,淡黄棕色,具小疣状凸起。花期6～8月,果期8～10月。$2n=34$。

生境 一年生或二年生中生草本。生于村舍附近、路边、田野。

产牙克石市、扎兰屯市、额尔古纳市、莫力达瓦达斡尔族自治旗、鄂温克族自治旗。

经济价值 种子入药(药材名:莨菪子,也称天仙子),能解痉、止痛、安神,主治胃痉挛、喘咳、癫狂。天仙子叶可作提制莨菪碱的原料。种子油供制肥皂、油漆。

玄参科 Scrophulariaceae

1 雄蕊 4 ··· 2
1 雄蕊 2 ··· 10
2 花冠基部有长距 ··· **3 柳穿鱼属 Linaria**
2 花冠无距 ·· 3
3 花冠裂片近相同，辐状；植株具匍匐茎；叶基生；生于湿草甸 ··············· **2 水芒草属 Limosella**
3 花冠裂片不相同，常为二唇形，有明显的花冠筒 ·· 4
4 花冠筒膨大成壶状或几成球状，花黄绿色、褐色或紫褐色；生于砾石质山坡 ········· **1 玄参属 Scrophularia**
4 花冠筒不膨大成壶状或球状，花冠上唇多少呈盔状或倒舟状 ·· 5
5 花萼在果期强烈膨大成囊状，仅后面开裂一半，其余浅裂；种子扁平，具翅 ············ **8 鼻花属 Rhinanthus**
5 花萼在果期不膨大；种子不扁，具翅或否 ·· 6
6 花萼下无小苞片 ·· 7
6 花萼下有 1 对小苞片 ·· 9
7 花萼等 4 裂 ·· 8
7 花萼常在前方深裂而具 2～5 齿；花冠上唇常延长成喙，边缘不外卷 ·············· **9 马先蒿属 Pedicularis**
8 苞片常比叶大，近圆形；花冠上唇边缘向外翻卷；穗状花序 ······························ **6 小米草属 Euphrasia**
8 苞片比叶小，狭长形；花冠上唇边缘不向外翻卷；总状花序；花梗短粗 ·············· **7 疗齿草属 Odontites**
9 茎基部生正常叶；萼细长筒状，长为宽的 4～8 倍，明显具 10 条纵脉，萼裂片间无小齿；叶羽状分裂 ······
 ··· **10 阴行草属 Siphonostegia**
9 茎基部生鳞片状叶；萼短筒状，长与宽近相等，纵脉不甚明显，萼裂片间常有 1～3 小齿；叶全缘 ··········
 ··· **11 芯芭属 Cymbaria**
10 花萼 5 裂；花冠筒长；柱头小，为花柱的延伸，不为头状 ························· **4 腹水草属 Veronicastrum**
10 花萼 4 裂，如为 5 裂则后方 1 枚小得多，仅为其他 4 枚之半或更短；花冠筒短；柱头扩大，头状 ··········
 ··· **5 婆婆纳属 Veronica**

玄参属 Scrophularia L.

砾玄参 *Scrophularia incisa* Weinm.

蒙名 海日音—哈日—奥日呼代

形态特征 全体被短腺毛。根常粗壮，木质，栓皮常剥裂，紫褐色。茎直立或斜升，多条丛生，高 20～50cm，基部木质化，带褐紫色，有棱。叶对生，长椘圆形或椭圆形，长 0.8～3cm，宽 0.3～1.3cm，先端钝或尖，边缘具不规则尖齿或粗齿，基部楔形，下延成柄状，柄短。聚伞圆锥花序顶生，狭长，小聚伞有花 1～7；花萼 5 深裂，长约 1.5mm，裂片卵圆形，具白色膜质的狭边；花冠玫瑰红色至深紫色，长约 5mm，花冠筒球状筒形，长约为花冠之半，上唇 2 裂，裂片顶端圆形，边缘波状，比上唇长，下唇 3 裂，裂片宽，带绿色，顶端平截；雄蕊比花冠短或长，花丝粗壮，下部渐细，黄色，密被短腺毛，花药紫色，肾形，无毛，略宽于花丝，呈头状，退化雄蕊条状矩圆形至披针状条形；花柱细，无毛，柱头头状，特小，与花柱等粗，微 2 裂。蒴果球形，直径 5～6mm，无毛，顶端尖。种子多数，狭卵形，长约 1.5mm，宽约 0.5mm，黑褐色，表面粗糙，具小凸起。花期 6～7 月，果期 7 月。2n=70。

生境 多年生旱生草本。生于荒漠草原带及典型草原带的沙砾石质地、山地岩石处。

产新巴尔虎右旗呼伦湖畔。

经济价值 全草入蒙药（蒙药名：依尔欣巴），能透疹、清热，主治麻疹、天花、水痘、猩红热。

水芒草属 Limosella L.

水芒草 *Limosella aquatica* L.

别名 伏水芒草

蒙名 奥存—希巴日嘎纳

形态特征 植株高 2～5cm，全体无毛。根簇生，须状而短。几无直立茎，具纤细而短的匍匐茎。叶于基部簇生成莲座状，具长柄，柄长 1～2cm；叶狭匙形或宽条形，长 4～15mm，宽 1～5mm，先端钝，基部楔形，全缘。花单生于叶腋，自叶丛中生出，花梗细长，长 5～13mm；花萼钟状，长约 1mm，萼齿 5，三角形；花冠小，钟状，长 2～3mm，白色或粉红色，5 裂，裂片近相等，矩圆形或矩圆状卵形；雄蕊 4，花丝大部贴生；子房卵形；花柱短，柱头头状。蒴果卵形或圆球形，长 2～2.5mm，室间 2 裂。种子多数，纺锤形，稍弯曲，褐色，长约 0.4mm，宽约 0.15mm，具棱，表面有横格状细纹。

花期 5～8 月，果期 6～9 月。2n=36，40。

生境 一年生水生或湿生草本。生于森林带的河岸、湖边。

产海拉尔区、鄂温克族自治旗。

柳穿鱼属 Linaria Mill.

1 茎较矮，高 10～25cm，基部多分枝；叶肉质，互生，细线形，长 1.5～4cm，宽 1～2mm；花序轴与花梗均密被腺毛 ·· **1 多枝柳穿鱼 L. buriatica**
1 茎高达 80cm，直立；叶互生或轮生，线形，长 2～6cm，宽 2～6（10）mm；花序轴与花梗无毛或疏被短腺毛 ·· **2 柳穿鱼 L. vulgaris** subsp. **sinensis**

多枝柳穿鱼 *Linaria buriatica* Turcz. ex Benth.

别名 矮柳穿鱼

蒙名 宝古尼—好宁—扎吉鲁希

形态特征 茎自基部多分枝，高 10～20cm，无毛。叶互生，狭条形至条形，长 2～4cm，宽 1～4mm，先端渐尖，全缘，无毛。总状花序顶生，花少数，花梗长约 2mm，花序轴、花梗、花萼密被腺毛；花萼裂片 5，条状披针形，长约 4mm，宽约 1mm；花冠黄色，除距外长约 15mm，距长约 10mm，距向外方略上弯，较狭细，末端细尖。其他特征与前两种相同。花期 8～9 月，果期 9～10 月。

生境 多年生中旱生草本。生于草原及固定沙地。产海拉尔区、满洲里市、鄂温克族自治旗、陈巴尔虎旗、新巴尔虎左旗、新巴尔虎右旗。

经济价值 全草可入蒙药能清热解毒、消肿、利胆退黄，主治瘟疫、黄疸、烫伤、伏热等。花美丽，可供观赏。

柳穿鱼 *Linaria vulgaris* Mill. subsp. *sinensis* (Bunge ex Debeaux) D. Y. Hong

蒙名 好宁—扎吉鲁希

形态特征 主根细长，黄白色。茎直立，单一或有分枝，高15～50cm，无毛。叶多互生，部分轮生，少全部轮生，条形至披针状条形，长2～5cm，宽1～5mm，先端渐尖或锐尖，基部楔形，全缘，无毛，具1脉，极少3脉。总状花序顶生，花多数，花梗长约3mm，花序轴、花梗、花萼无毛或有少量短腺毛；苞片披针形，长约5mm；花萼裂片5，披针形，少卵状披针形，长约4mm，宽约1.5mm；花冠黄色，除距外长10～15mm，距长7～10mm；距向外方略上弯呈弧曲状，末端细尖，上唇直立，2裂，下唇先端平展，3裂，在喉部向上隆起，檐部呈假面状，喉部密被毛。蒴果卵球形，直径约5mm。种子黑色，圆盘状，具膜质翅，直径约2mm，中央具瘤状凸起。花期7～8月，果期8～9月。

生境 多年生旱中生草本。生于森林带和森林草原带的山地草甸、沙地、路边。

产呼伦贝尔市各旗、市、区。

经济价值 全草入蒙药（蒙药名：好宁—扎吉鲁西），能清热解毒、消肿、利胆退黄，主治瘟疫、黄疸、烫伤、伏热等。花美丽，可供观赏。

腹水草属 Veronicastrum Heist. ex Farbic.

草本威灵仙 *Veronicastrum sibiricum* (L.) Pennel

别名 轮叶婆婆纳、斩龙剑

蒙名 扫宝日嘎拉吉

形态特征 全株疏被柔毛或近无毛。根状茎横走。茎直立，单一，不分枝，高1m左右，圆柱形。叶（3）4～6（9）轮生，叶矩圆状披针形至披针形或倒披针形，长5～15cm，宽1.5～3.5cm，先端渐尖，基部楔形，边缘具锐锯齿，无柄。花序顶生，呈长圆锥状；花梗短，长约1mm；苞片条状披针形，萼近等长；花萼5深裂，裂片不等长，披针形或钻状披针形，长2～3mm；花冠红紫色，筒状，长5～7mm，筒部长占花冠长的2/3～3/4，上部4裂，裂片卵状披针形，宽度稍不等，长1.5～2mm；花冠外面无毛，内面被柔毛；雄蕊及花柱明显伸出花冠之外。蒴果卵形，长约3.5mm；花柱宿存。种子矩圆形，棕褐色，长约0.7mm，宽约0.4mm。花期6～7月，果期8月。$2n=34$，68。

生境 多年生中生草本。生于森林带和草原带的山地阔叶林下，林缘草甸及灌丛中。

产牙克石市、扎兰屯市、额尔古纳市、阿荣旗、莫力达瓦达斡尔族自治旗、鄂伦春自治旗、鄂温克族自治旗、陈巴尔虎旗、新巴尔虎左旗。

经济价值 全草入药，能祛风除湿、解毒消肿、止痛止血，主治风湿性腰腿疼、膀胱炎；外用治创伤出血。

婆婆纳属 Veronica L.

1 叶无柄或基部楔状渐狭而成短柄；叶互生或对生，叶条形至倒披针状条形 …… 2
1 叶柄或长或短，明显；叶对生，叶非条形 …… 3
2 叶互生，有时下部的对生，长 2～6.5cm，宽 2～7mm，边缘有小齿；花冠蓝色或淡蓝色 …… **1 细叶婆婆纳 V. linariifolia**
2 叶较宽，宽达 2.5cm，长达 9.7cm，下半部全缘 …… **1a 水蔓菁 V. linariifolia var. dilatata**
3 植株密被白色绵毛，呈灰白色或灰绿色；叶长圆形至椭圆形，近全缘或具粗齿，子房与蒴果上部被毛 …… **2 白婆婆纳 V. incana**
3 植株不被白色绵毛而呈绿色，子房和蒴果无毛 …… 4
4 叶三角状卵形至三角状披针形，有的下部羽裂，基部心形至截形，先端钝尖或锐尖；花白色 …… **3 大婆婆纳 V. dahurica**
4 叶披针形，基部浅心形、圆形或宽楔形，先端渐尖至长渐尖；花蓝色 …… **4 兔儿尾苗 V. longifolia**

细叶婆婆纳 *Veronica linariifolia* Pall. ex Link

蒙名 那林—侵达干

形态特征 根状茎粗短，具多数须根。茎直立，单生或自基部抽出数条丛生，上部常不分枝，高 30～80cm，圆柱形，被白色短曲柔毛。叶在下部的常对生，中、上部的多互生，条形或倒披针状条形，长 2～6cm，宽 1～6mm，先端钝尖、急尖或渐尖，基部渐狭成短柄或无柄，中部以下全缘，上部边缘具锯齿或疏齿，两面无毛或被粗毛。总状花序单生或复出，细长，长尾状，先端细尖；花梗短，长 2～4mm，被短毛；苞片细条形，短于花，被短毛；花萼筒长 1.5～2mm，4 深裂，裂片卵状披针形至披针形，有睫毛；花冠蓝色或蓝紫色，长约 5mm，4 裂，筒部长约为花冠长的 1/3，喉部有毛，裂片宽度不等，后方 1 枚大，圆形，其余 3 枚较小，卵形；雄蕊花丝无毛，明显伸出花冠；花柱细长，柱头头状。蒴果卵球形，长约 3mm，稍扁，顶端微凹；花柱与花萼宿存。种子卵形，长约 0.5mm，宽约 4mm，棕褐色。花期 7～8 月，果期 8～9 月。2n=34。

生境 多年生旱中生草本。生于山坡草地、灌丛间。

产海拉尔区、牙克石市、扎兰屯市、满洲里市、额尔古纳市、阿荣旗、莫力达瓦达斡尔族自治旗、鄂温克族自治旗、陈巴尔虎旗、新巴尔虎左旗。

经济价值 全草入药，能祛风湿、解毒止痛，主治风湿性关节痛。

水蔓菁 *Veronica linariifolia* Pall. ex Link var. *dilatata* Nakai ex Kitag.

形态特征 本变种与正种的区别在于：叶几完全对生，较宽，宽条形、椭圆状披针形、椭圆状卵形或卵形，长1.5～5cm，宽0.5～2cm。

生境 多年生中生草本。生于湿草甸及山顶岩石处。产莫力达瓦达斡尔族自治旗、陈巴尔虎旗。

经济价值 地上部分入药，能清肺化痰、止咳解毒，主治慢性气管炎、肺化脓症、咳吐脓血；外用治痔疮、皮肤湿疹、疔痈疮疡。

白婆婆纳 *Veronica incana* L.

蒙名 查干—侵达干

形态特征 全株密被白色毡状绵毛而呈灰白色。根状茎细长，斜走，具须根。茎直立，高10～40cm，单一或自基部抽出数条丛生，上部不分枝。叶对生，上部的互生；下部叶较密集，叶椭圆状披针形，长1.5～7cm，宽0.5～1.3cm，具1～3cm的叶柄；中部及上部叶较稀疏，窄而小，常宽条形，无柄或具短柄；全部叶先端钝或尖，基部楔形，全缘或微具圆齿，上面灰绿色，下面灰白色。总状花序，单一，少复出，细长；花梗长1～2mm，上部的近无柄；苞片条状披针形，短于花；花萼长约2mm，4深裂，裂片披针形；花冠蓝色，少白色，长约5mm，4裂，筒部长约为花的1/3，喉部有毛，后方1枚较大，卵圆形，其余3枚较小，卵形；雄蕊伸出花冠；花柱细长，柱头头状。蒴果卵球形，顶端凹，长约3mm，密被短毛。种子卵圆形，扁平，棕褐色，长约0.4mm，宽约0.3mm。花期7～8月，果期9月。$2n=68$。

生境 多年生中旱生草本。生于草原带的山地、固定沙地，为草原群落的一般常见伴生种。

产海拉尔区、满洲里市、鄂温克族自治旗、陈巴尔虎旗、新巴尔虎左旗、新巴尔虎右旗。

经济价值 全草入药，能消肿止血；外用主治痈疖红肿。

大婆婆纳 *Veronica dahurica* Stev.

蒙名 兴安—侵达干

形态特征 全株密被柔毛，有时混生腺毛。根状茎粗短，具多数须根。茎直立，单一，有时自基部抽出2～3条，上部通常不分枝，高30～70cm。叶对生，三角状卵形或三角状披针形，长2.6～6cm，宽1.2～3.5cm，先端钝尖或锐尖，基部心形或浅心形至截形，边缘具深刻而钝的锯齿或牙齿，下部常羽裂，裂片有齿；叶柄长7～15mm。总状花序顶生，细长，单生或复出；花梗长1～2mm；苞片条状披针形；花萼长2～3mm，4深裂，裂片披针形，疏生腺毛；花冠白色，长约6mm，4裂，筒部长不到花冠长之半，喉部有毛，裂片椭圆形至狭卵形，后方1枚较宽；雄蕊伸出花冠。蒴果卵球形，稍扁，长约3mm，顶端凹，宿存花萼与花柱。种子卵圆形，长约1mm，宽约0.8mm，淡黄褐色，半透明状。花期7～8月，果期9月。$2n=32$。

生境 多年生中生草本。生于山坡、沟谷、岩隙、沙丘低地的草甸及路边。

产呼伦贝尔市各旗、市、区。

兔儿尾苗 *Veronica longifolia* L.

别名 长尾婆婆纳

蒙名 乌日图—侵达干

形态特征 根状茎长而斜走,具多数须根。茎直立,高约达 1m,被柔毛或近光滑,通常不分枝。叶对生,披针形,长 4～10cm,宽 1～3cm,基部浅心形、圆形或宽楔形,先端渐尖至长渐尖,边缘具细尖锯齿,有时呈大牙齿状,常夹有重锯齿,齿端常呈弯钩状,两面被短毛或近无毛,或上面被短毛,下面无毛;叶柄长 2～7mm。总状花序顶生,细长,单生或复出;花梗长 2～4mm,被短毛;苞片条形,被短毛;花萼 4 深裂,裂片卵状披针形至披针形,比花梗短或近等长,被短毛,边缘有睫毛;花冠蓝色或蓝紫色,稍带白色,长 4～6mm,4 裂,筒部长不到花冠长之半,喉部有毛,裂片椭圆形至卵形,后方 1 枚较宽;雄蕊明显伸出花冠。蒴果卵球形,稍扁,长约 3mm,顶端凹,宿存花柱和花萼。种子卵形,暗褐色,长约 0.3mm,宽约 0.2mm。花期 7～8 月,果期 8～9 月。

生境 多年生中生草本。生于林下、林缘草甸、沟谷及河滩草甸。

产牙克石市、扎兰屯市、额尔古纳市、阿荣旗、莫力达瓦达斡尔族自治旗、鄂温克族自治旗、陈巴尔虎旗、新巴尔虎左旗。

小米草属 Euphrasia L.

1 植株无腺毛，茎单一不分枝，或于下部有分枝；叶缘锯齿 3～5 对，先端稍钝或急尖；花冠背面长 7～8mm ……
.... **1 小米草 E. pectinata**
1 植株多少被腺毛，粗壮，上部多分枝；花冠背面长 8～12mm，下唇明显长于上唇 …… **2 东北小米草 E. amurensis**

小米草 *Euphrasia pectinata* Ten.

蒙名 巴希干那

形态特征 茎直立，高 10～30cm，常单一，有时中下部分枝，暗紫色、褐色或绿色，被白色柔毛。叶对生，卵形或宽卵形，长 5～15mm，宽 3～8mm，先端钝或尖，基部楔形，边缘具 2～5 对急尖或稍钝的牙齿，两面被短硬毛，无柄。穗状花序顶生；苞叶叶状；花萼筒状，4 裂，裂片三角状披针形，被短硬毛；花冠二唇形，白色或淡紫色，长 5～8mm，上唇直立，2 浅裂，裂片顶端又微 2 裂，下唇开展，3 裂，裂片又叉状浅裂，被白色柔毛；雄蕊花药裂口露出白色须毛，药室在下面延长成芒。蒴果扁，每侧面中央具 1 纵沟，长卵状矩圆形，长约 5mm，宽约 2mm，被柔毛，上部边沿具睫毛，顶端微凹。种子多数，狭卵形，长约 1mm，宽约 0.3mm，淡棕色，其上具 10 余条白色膜质纵向窄翅。花期 7～8 月，果期 9 月。

生境 一年生中生草本。生于山地草甸、草甸草原、林缘及灌丛。

产满洲里市、牙克石市、扎兰屯市、额尔古纳市、阿荣旗、鄂温克族自治旗、陈巴尔虎旗。

经济价值 全草入药，能清热解毒，主治咽喉肿痛、肺炎咳嗽、口疮。

东北小米草 *Euphrasia amurensis* Freyn

蒙名 阿木日—巴希干那

形态特征 茎多分枝；花较多而密，花冠长约10mm。其他特征同前种。

生境 一年生中生植物。生于林下、林缘草甸及山坡。

产牙克石市、鄂温克族自治旗。

玄参科

疗齿草属 Odontites Ludwig

疗齿草 *Odontites vugaris* Moench

别名 齿叶草

蒙名 宝日—巴西嘎

形态特征 全株被贴伏而倒生的白色细硬毛。茎上部四棱形,高 10～40cm,常在中上部分枝。叶有时上部的互生,无柄,披针形至条状披针形,长 1～3cm,宽达 5mm,先端渐尖,边缘疏生锯齿。总状花序顶生；苞叶叶状；花梗极短,长约 1mm；花萼钟状,长 4～7mm,4 等裂,裂片狭三角形,长 2～3mm,被细硬毛；花冠紫红色,长 8～10mm,外面被白色柔毛,上唇直立,略呈盔状,先端微凹或 2 浅裂,下唇开展,3 裂,裂片倒卵形,中裂片先端微凹,两侧裂片全缘；雄蕊与上唇略等长,花药箭形,药室下面延成短芒。蒴果矩圆形,长 5～7mm,宽 2～3mm,略扁,顶端微凹,扁侧面各有 1 条纵沟,被细硬毛。种子多数,卵形,长约 1.8mm,宽约 0.8mm,褐色,有数条纵的狭翅。花期 7～8 月,果期 8～9 月。$2n=20$。

生境 一年生中生草本。生于森林带和草原带的低湿草甸、水边。

产呼伦贝尔市各旗、市、区。

经济价值 地上部分有些地区作蒙药(蒙药名：巴西嘎),有小毒,能清热燥湿、凉血止痛,主治肝火头痛、肝胆瘀热、瘀血作痛。牲畜采食其干草。

鼻花属 Rhinanthus L.

鼻花 *Rhinanthus glaber* Lam.

蒙名 哈木日苏—其其格

形态特征 茎高30～65cm，具4棱，有4列柔毛或近无毛，分枝靠近主轴。叶对生，无柄，条状披针形，长2～6cm，宽3～9mm，上面密被短硬毛，下面沿网脉生斑状凸起且疏被短硬毛，叶缘具三角状锯齿，齿尖向上，齿缘呈胼胝质加厚，且被短硬毛。总状花序顶生；苞片叶状而比叶宽，齿尖而长；花梗短，长约2mm；花萼侧扁，长约1cm，果期膨胀而呈囊泡状，长15～18mm，萼齿4，狭三角形；花冠黄色，长17～19mm，外面被短腺毛或柔毛，上唇顶端的2短喙紫色，下唇紧靠上唇，3裂；雄蕊4，着生于花冠筒上部，花药靠拢；花柱细长，柱头头状，稍外露。蒴果扁圆形，直径约8mm，藏于宿存的萼内。种子近肾形，扁平，长约3mm，宽约2mm，边缘有宽约0.5mm的翅。花果期7～8月。

生境 一年生中生草本。生于森林带的林缘草甸。产牙克石市。

马先蒿属 Pedicularis L.

1 叶互生 …… 2
1 叶（3～）4（～6）轮生 ………………………………………………………………………………………………… 9
2 花黄色或淡黄色 ……… 3
2 花紫红色或粉红色 …… 7
3 植株高大，高达 1m；基生叶大，多数丛生，羽状分裂；蒴果近球形；萼齿有细齿，盔瓣无齿 …………………
……………………………………………………………………………… **1 旌节马先蒿 P. sceptrum-carolinum**
3 植株不如前者高大；叶羽状全裂或不裂而边缘具细锯齿 ……………………………………………………………… 4
4 二年生草本；叶线状披针形，羽状浅裂或不裂，具细锯齿；花黄色后变紫红色 ……… **2 拉不拉多马先蒿 P. labradorica**
4 多年生草本；叶羽状深裂 ………………………………………………………………………………………………… 5
5 叶篦齿状羽状全裂，裂片线形，边缘有浅锯齿；盔瓣带紫色脉纹；植株较粗壮，不分枝 ……… **5 红纹马先蒿 P. striata**
5 叶一至二回羽状全裂 ……………………………………………………………………………………………………… 6
6 叶一回羽状全裂，小裂片甚宽；萼齿狭长，长过于宽，全缘，密被长毛；花冠长 25～32mm ……… **3 黄花马先蒿 P. flava**
6 叶二回羽状分裂，第一回羽状全裂，第二回羽状深裂；萼齿宽短，长不过于宽，为宽三角形，有小齿或近全缘，无
毛或稀有微毛 ………………………………………………………………………… **4 秀丽马先蒿 P. venusta**
7 叶不分裂，边缘具缺刻状重齿；花冠管部向右扭曲而使盔与下唇反向，指向侧方，花冠上唇先端伸长为短喙 ………
………………………………………………………………………………………… **6 返顾马先蒿 P. resupinata**
7 叶羽状全裂或二至三回羽状全裂；花冠上唇先端常具 1 对小齿 ……………………………………………………… 8
8 叶羽状全裂，裂片线形或披针形，边缘有小裂片或锯齿，植株分枝繁多，无显著的基生叶而茎生叶多而小；花冠长
13～15mm，下唇常依伏于上唇，花冠管不膝曲，盔亦不弓曲 ………… **7 卡氏沼生马先蒿 P. palustris** subsp. **karoi**
8 叶二至三回羽状全裂，裂片细线形，植株干后稍变黑；花冠长 22～27mm，下唇开展，至少不依伏于上唇，裂片不
等大，侧裂片大，中裂片小，花冠管向前膝曲，盔弓曲 ………………………………… **8 红色马先蒿 P. rubens**
9 一年生草本，植株高大，高 30～80cm；叶羽状中裂至深裂；花冠上唇顶端微凹缺，比下唇短约 1/2；蒴果卵形，长
7～8mm …………………………………………………………………………………… **9 穗花马先蒿 P. spicata**
9 多年生草本，植株较矮，高 7～26cm；叶羽状深裂至全裂；花冠上唇全缘，比下唇短约 1/3；蒴果披针形，长
11～15mm ……………………………………………………………………………… **10 轮叶马先蒿 P. verticillata**

旌节马先蒿 *Pedicularis sceptrum-carolinum* L.

别名 黄旗马先蒿

蒙名 为特—好宁—额伯日—其其格

形态特征 全株无毛或有极疏的细毛，植株干后不变黑色。根束生，线状。茎通常单一，直立，高 25～60cm。基生叶丛生，具长柄，柄长达 7cm，两边常有狭翅；叶倒披针形至条状长圆形，长达 30cm，宽达 6.5cm，上半部羽状深裂，裂片连续而轴有翅，椭圆形至矩圆形，长达 3cm，下半部羽状全裂，裂片小而疏离，三角状卵形，每裂片羽状浅裂或缺刻状，边缘具重锯齿，齿上常有白色胼胝；茎生叶仅 1～2，无柄，形状与基生叶相同而小得多。花序穗状，顶生，花后期伸长；苞片宽卵形，与花萼近等长，基部圆形，先端钝尖，边缘具锯齿，沿缘部有紫色细网脉；花萼钟形，长约 1.4cm，萼齿 5，三角状卵形，长达 5mm，紫色细网脉也明显，缘具锯齿；花冠黄色，长达 3.8cm，盔直立，顶部略弓曲，

下缘密被须毛，下唇3裂，裂片近圆形，边缘重叠，依伏于盔，几不开展；雄蕊花丝基部有微毛；子房无毛；花柱不伸出。蒴果扁球形，直径约15mm，端具凸尖，苞与萼宿存。种子多数，歪卵形或不整齐的肾形，长约3mm，宽约2mm，表面具整齐的网状孔纹。花期6～7月，果期8月。2n=32。

生境 多年生中生草本。生于森林带和森林草原带的山地阔叶林下、林缘草甸、潮湿草甸、沼泽。

产牙克石市、扎兰屯市、根河市、阿荣旗、鄂伦春自治旗、新巴尔虎左旗。

拉不拉多马先蒿 *Pedicularis labradorica* Wristing

别名 北马先蒿

蒙名 奥木日阿特音—好宁—额伯日—其其格

形态特征 直根。茎直立，高20～30cm，多分枝，互生，被短毛。叶在茎上者互生，在分枝上者互生或对生，下部茎生叶披针形，长3～5cm，宽约1cm，羽状深裂，边缘具不整齐的细锯齿，中部茎生叶条状披针形，长2～4cm，宽3～6mm，羽状浅裂，上部茎生叶条形，长1～3cm，宽2～3mm，不分裂，仅具三角形的小重锯齿，上面无毛，下面被腺毛；叶柄长2～15mm。总状花序着生于茎及分枝顶端，较稀疏；花梗长达1cm；苞片叶状，具短柄，边缘有锯齿；花萼歪矩圆形，长6～7mm，宽2.5～7mm，近革质，具4条明显的纵脉，被短柔毛，前方开裂，萼齿3，先端急尖，中间1个小；花冠黄色，盔上部粉红色，顶部圆钝，先端下方具1对披针形尖齿，下唇3裂，不甚展开，约与盔等长或稍短，具紫色脉纹，中裂片较小；雄蕊花丝仅1对被毛，柱头自盔端伸出。蒴果宽披针形，长约1cm，宽约3mm，薄革质，具网纹，顶端急尖，成熟后自腹缝线开裂。种子狭卵形，棕褐色，长约1.5mm，宽约0.6mm，表面具网状孔纹。花期7～8月，果期8～9月。$2n=16$。

生境 二年生中生草本。生于寒温带针叶林带的湿润草甸、林缘、林下。

产牙克石市、额尔古纳市。

黄花马先蒿 *Pedicularis flava* Pall.

蒙名 希日—好宁—额伯日—其其格

形态特征 植株干后不变黑。根状茎粗壮，常多头，下连主根，粗达10mm。茎自每1根状茎抽出1条而成多数，高10～20cm，具沟棱，被柔毛，基部有多数宿存的鳞片。叶大部分基生，密集成丛，具长柄，柄长达4.5cm，被柔毛；叶披针状矩圆形至条状矩圆形，长达10cm，宽达3cm，羽状全裂，轴有狭翅，裂片又羽状深裂，小裂片具锯齿，齿缘具白色胼胝质，背面主脉上有白色柔毛。花序穗状而紧密，密生白色长毛；苞片下部者叶状，向上即基部变宽而多少膜质，上部羽裂或有缺刻状齿，疏被白毛；萼长约1cm，卵状圆筒形，外面密被白色长柔毛，萼齿5，后方1枚小，锥形，其他4枚条状披针形，具锐齿；花冠黄色，长约15mm，盔状弓曲，额部向前下方倾斜再向下斜成一截形短喙，其下角有细长齿1对，下唇3浅裂，中裂片圆形，基部有2条明显的皱褶通向喉部，侧裂片斜椭圆形；雄蕊花丝前方1对上部有密毛，后方1对毛较疏。蒴果歪卵形，长约15mm，先端向前弓弯。种子狭卵形，长约3mm，宽约1mm，灰褐色，表面具蜂窝状孔纹。花期7月，果期7～8月。

生境 多年生旱中生草本。生于典型草原带的山坡、沟谷坡地。

产满洲里市、牙克石市。

秀丽马先蒿 *Pedicularis venusta* Schangan ex Bunge

别名 黑水马先蒿

蒙名 高娃—好宁—额伯日—其其格

形态特征 根状茎短缩,具数条纤维根。茎直立,单条或自基部抽出数条,每茎不分枝,被卷毛,高15～55cm。基生叶丛生,具长柄,柄长达5cm,被卷毛,叶披针形或条状披针形,长达10cm,宽达3.5cm,羽状全裂,轴有狭翅,裂片又羽状深裂,有的第二回深裂不明显,小裂片具胼胝质牙齿,上面无毛,下面近无毛或沿脉有卷毛;茎生叶与基生叶相似,互生,向上渐小,下部者有短柄。花序穗状,顶生,被长柔毛或近无毛;苞片约与萼等长,下部者与上叶相似,中部和上部者羽状3～5浅裂,中裂片长,有胼胝质锯齿或全缘;花萼钟形,长8～10mm,萼齿5,宽三角形;花冠黄色,长20～25mm,管伸直,稍向前倾斜,上部镰状弓曲,盔端具2齿,下唇比盔短,3浅裂,中裂片卵圆形,较侧裂片小;雄蕊花丝1对有毛。蒴果歪卵形,长约10mm,顶端具凸尖,含种子20余粒。种子卵形,长约1mm,宽约0.5mm,黑褐色,表面具网状孔纹。花期6～7月,果期7～8月。$2n=16$。

生境 多年生中生草本。生于森林带和森林草原带的河滩草甸、沟谷草甸、草甸草原。

产鄂伦春自治旗。

红纹马先蒿 *Pedicularis striata* Pall. subsp. striata

别名 细叶马先蒿

蒙名 乌兰—扫达拉特—好宁—额伯日—其其格

形态特征 植株干后不变黑。根粗壮，多分枝。茎直立，高20～80cm，单出或于基部抽出数枝，密被短卷毛。基生叶成丛而柄较长，至开花时多枯落；茎生叶互生，向上柄渐短；叶披针形，长3～14cm，宽1.5～4cm，羽状全裂或深裂，叶轴有翅，裂片条形，边缘具胼胝质浅齿，上面疏被柔毛或近无毛，下面无毛。花序穗状，长6～22cm，轴密被短毛；苞片披针形，下部者多少叶状而有齿，上部者全缘而短于花，通常无毛；花萼钟状，长7～13mm，薄革质，疏被毛或近无毛，萼齿5，不等大，后方1枚较短，侧生者两两结合成端有2裂的大齿，缘具卷毛；花冠黄色，具绛红色脉纹，长25～33mm，盔镰状弯曲，端部下缘具2齿，下唇3浅裂，稍短于盔，侧裂片斜肾形，中裂片肾形，宽过于长，叠置于侧裂片之下；花丝1对被毛。蒴果卵圆形，具短凸尖，长9～13mm，宽4～6mm，约含种子16粒。种子矩圆形，长约2mm，宽约1mm，扁平，具网状孔纹，灰黑褐色。花期6～7月，果期8月。

生境 多年生中生草本。生于森林带和草原带的山地草甸草原、林缘草甸、疏林。

产牙克石市、扎兰屯市、额尔古纳市、新巴尔虎右旗。

经济价值 全草作蒙药（蒙药名：芦格鲁色日步），能利水涩精，主治水肿、遗精、耳鸣、口干舌燥、痈肿等。

返顾马先蒿 *Pedicularis resupinata* L. var. *resupinata*

蒙名 好宁—额伯日—其其格

形态特征 植株干后不变黑。须根多数,细长,纤维状。茎单出或数条,有的上部多分枝,高30～70cm,粗壮,中空,具4棱,带深紫色,疏被毛或近无毛。叶茎生,互生或有时下部甚至中部的对生,具短柄,柄长2～20mm,上部叶近无柄,无毛或有短毛;叶披针形、矩圆状披针形至狭卵形,长2～8cm,宽6～25mm,先端渐尖或急尖,基部广楔形或圆形,边缘具钝圆的羽状缺刻状的重齿,齿上有白色胼胝或刺状尖头,常反卷,两面无毛或疏被毛。总状花序;苞片叶状;花具短梗;花萼长卵圆形,长约7mm,近无毛,前方深裂,萼齿2,宽三角形,全缘或略有齿;花冠淡紫红色,长20～25mm,管部较细,自基部起即向外扭旋,使下唇及盔部呈回顾状,盔的上部两次多少作膝状弓曲,顶端呈圆形短喙,下唇稍长于盔,3裂,中裂片较小,略向前凸出;花丝前面1对有毛;柱头伸出于喙端。蒴果斜矩圆状披针形,长约1cm,稍长于萼。种子长矩圆形,长约2.5mm,宽约1mm,棕褐色,表面具白色膜质网状孔纹。花期6～8月,果期7～9月。$2n=16$。

生境 多年生中生草本。生于森林带和草原带的山地林下、林缘草甸、沟谷草甸。

产满洲里市、牙克石市、扎兰屯市、额尔古纳市、根河市、阿荣旗、莫力达瓦达斡尔族自治旗、鄂伦春自治旗、鄂温克族自治旗、新巴尔虎左旗。

经济价值 全草作蒙药(蒙药名:好宁—额伯日—其其格),能清热解毒,主治肉食中毒、急性胃肠炎。

卡氏沼生马先蒿 *Pedicularis palustris* L. subsp. *karoi* (Freyn) P. C. Tsoong

别名 沼地马先蒿

蒙名 那木给音—好宁—额伯日—其其格

形态特征 主根粗短，侧根聚生于根颈周围。茎直立，高30～60cm，黄褐色，无毛，有光泽，多分枝，互生或有时对生。叶近无柄，互生或对生，偶轮生，三角状披针形，长1～5cm，宽3～10mm，先端渐尖，叶柄着生处有长毛，羽状全裂，叶轴具狭翅，裂片条形，缘具小缺刻或锯齿，齿有胼胝，常反卷。花序总状，生于茎枝顶部，花梗长约1mm，着生处有长毛；苞片叶状，短于花；花萼钟形，长约5mm，花后期膨大，被白色长柔毛，紫褐色纵脉纹明显，萼齿2，裂片边缘具波齿，向外反卷；花冠紫红色，长13～16mm，盔直立，前端下方具1对小齿，下唇与盔近等长，中裂片倒卵圆形，凸出于侧裂片之前，具缘毛；花丝两对均无毛；柱头通常不自盔端伸出。蒴果卵形，长约8mm，宽约5mm，无毛，先端具小凸尖。种子卵形，长约1.5mm，宽约0.8mm，棕褐色，表面具网状孔纹，被细毛。花期7～8月，果期8～9月。$2n=16$。

生境 一年生湿中生草本。生于森林带和森林草原带的湿草甸、沼泽草甸。

产额尔古纳市、鄂温克族自治旗、陈巴尔虎旗。

经济价值 地上部分入药，能利水通淋，主治石淋、排尿困难。

红色马先蒿 *Pedicularis rubens* Steph. ex Willd.

别名 山马先蒿

蒙名 乌兰—好宁—额伯日—其其格

形态特征 植株干后不变黑或略变黑。根状茎粗短，须根束生，粗细不等，细绳状。茎单一，直立，高10～30cm，略有沟纹，疏或密被柔毛，基部多少有宿存的鳞片或其残余。叶大部分基生，有长柄，柄长达8cm，被柔毛；叶狭矩圆形至矩圆状披针形，长达13cm，宽达3cm，二至三回羽状全裂，第二回裂片细条形，具细齿。花序穗状，生于茎顶；苞片叶状，多为一回羽裂，中部以上者肋两边加宽而成披针形至卵形，密被长白毛；花萼长约10mm，外面密被长白毛，主脉5条，萼齿5，狭三角形，后方1枚较小，其他4枚两两相结，形如一个端2裂的大齿；花冠红色或紫红色，稀变黄色，长约25mm，无毛，盔约与管等长，下部伸直，中部以上多少镰状弓曲，额圆形，端斜截头，下角有细长的齿1对，指向下方，其上还有小齿数枚，下唇略短于盔，3浅裂，裂片近等大；花丝着生处有微毛，1对上部有疏毛。蒴果矩圆状歪卵形，长约12mm，先端具凸尖。种子卵形，长约2.5mm，宽约1.2mm，黄褐色，表面具蜂窝状孔纹。花期6～7月，果期8月。$2n=16$。

生境 多年生中生草本。生于森林带和森林草原带的山地草甸、草甸草原。

产扎兰屯市、牙克石市、额尔古纳市、新巴尔虎右旗。

穗花马先蒿 *Pedicularis spicata* Pall.

蒙名 图如特—好宁—额伯日—其其格

形态特征 植株干时不变黑或微变黑。根木质化，多分枝。茎有时单一，有时自基部抽出多条，有时在上部分枝，中空，被白色柔毛。基生叶开花时已枯，柄长13mm，密被卷毛；茎生叶常4枚轮生，柄短，长约1cm，被柔毛，叶矩圆状披针形或条状披针形，长达7cm，宽达15mm，上面疏被短白毛，下面脉上有较长的柔毛，先端渐尖，基部楔形，边缘羽状浅裂至深裂，裂片9～20对，卵形至矩圆形，多带三角形，缘具刺尖的锯齿，有时胼胝极多。穗状花序顶生，长可达11cm；苞片下部者叶状，中部及上部为菱状卵形至广卵形，边缘被白色长柔毛；花萼短，钟状，长3～4mm，被柔毛，前方微开裂，萼齿3，后方1枚小，三角形，其余2齿宽三角形，先端钝或微缺；花冠紫红色，干后变紫色，长10～15mm，筒在萼口近以直角向前方膝屈，盔指向前上方，额高凸，下唇长于盔约2倍，中裂片倒卵形，较侧裂片小半倍；花丝1对有毛；柱头稍伸出。蒴果狭卵形，长6～7mm，先端尖。种子仅5～6粒，歪卵形，有3棱，长约1.5mm，宽约1mm，黑褐色，表面具网状孔纹。花期7～8月，果期9月。

生境 一年生中生草本。生于森林带和森林草原带的林缘草甸、河滩草甸、灌丛。

产牙克石市、扎兰屯市、额尔古纳市、根河市、阿荣旗、莫力达瓦达斡尔族自治旗、鄂伦春自治旗、鄂温克族自治旗、陈巴尔虎旗、新巴尔虎左旗。

经济价值 全草有些地区作蒙药（蒙药名：芦格鲁纳克福），效用同返顾马先蒿。

轮叶马先蒿 *Pedicularis verticillata* L.

蒙名 布立古日—好宁—额伯日—其其格

形态特征 植株干后变黑。主根短细,具须状侧根;根颈端有膜质鳞片,单角状卵形。茎直立,常成丛,下部圆形,上部多少四棱形,沿棱被柔毛。基生叶具柄,柄长达8cm,被白色长柔毛,叶条状披针形或矩圆形,长1.5～3cm,宽3～7mm,羽状深裂至全裂,裂片具缺刻状齿,齿端有白色胼胝;茎生叶通常4叶轮生,叶较基生叶短。总状花序顶生,花稠密,最下部1或2轮多少疏远;苞片叶状;花萼球状卵圆形,长约6mm,常紫红色,口部狭缩,密被白色长柔毛,前方开裂,萼齿5,后方1枚小,其余4枚两两结合成三角形的大齿,近全缘;花冠紫红色,长约13mm,筒约在近基3mm处直角向前膝屈,由萼裂口伸出,盔略弓曲,额圆形,下缘端微凸尖,下唇约与盔等长或稍长,中裂片圆形而小于侧裂片;花丝前方1对有毛;花柱稍伸出。蒴果多少披针形,端渐尖,长10～15mm,宽4～5mm,黄褐色至茶褐色。种子卵圆形,黑褐色,长约1mm,宽约0.7mm,疏被细毛,表面具网状孔纹。花期6～7月,果期8月。

生境 多年生湿中生草本。生于森林草原带的沼泽草甸、低湿草甸。

产鄂伦春自治旗、鄂温克族自治旗。

阴行草属 Siphonostegia Benth.

阴行草 *Siphonostegia chinensis* Benth.

别名 刘寄奴、金钟茵陈

蒙名 希日—乌如乐—其其格

形态特征 全体被粗糙短毛或混生腺毛。茎单一，高 20～40cm。叶对生，无柄或有短柄；叶二回羽状全裂，裂片通常 3 对，狭条形，宽 0.3～1mm，全缘或有 1～3 枚小裂片。花对生于茎顶叶腋，呈疏总状花序；花梗短，长 2～3mm，上部具 1 对条形小苞片，长 5～7mm；萼筒细筒状，长 11～14mm，萼裂片 5，披针形，长 3～5mm，为筒部的 1/4～1/3，全缘或偶有 1～2 锯齿；花冠二唇形，上唇红紫色，下唇黄色，长 22～25mm，筒部伸直，上唇镰状弓曲，前方下角有 1 对小齿，背部被长柔毛，下唇顶端 3 裂，褶壁高隆起呈瓣状；雄蕊花丝被柔毛；花柱细，与花冠近等长，柱头圆头状，子房无毛。蒴果披针状矩圆形，长约 12mm，与萼筒近等长。种子黑色，卵形，长约 0.5mm，表面具皱纹。花期 7～8 月，果期 8～9 月。

生境 一年生中生草本。生于森林带和草原带的山坡草地。

产牙克石市、扎兰屯市、额尔古纳市、鄂温克族自治旗、阿荣旗、莫力达瓦达斡尔族自治旗、鄂伦春自治旗。

经济价值 全草入药（药材名：刘寄奴），能清利湿热、凉血祛瘀，主治黄疸型肝炎、尿路结石、小便不利、便血、外伤出血。

芯芭属 Cymbaria L.

达乌里芯芭 *Cymbaria dahurica* L.

别名 芯芭、大黄花、白蒿茶

蒙名 兴安奈—哈吞—额布斯

形态特征 植株高4～20cm，全株密被白色绵毛而呈银灰白色。根状茎垂直或稍倾斜向下，多少弯曲，向上成多头。叶披针形、条状披针形或条形，长7～20mm，宽1～3.5mm，先端具1小刺尖头，白色绵毛尤以下面更密。小苞片条形或披针形，长12～20mm，宽1.5～3mm，全缘或具1～2小齿，通常与萼管基部紧贴；萼筒长5～10mm，通常有脉11条，萼齿5，钻形或条形，长为萼筒的2倍左右，齿间常生有1～2枚附加小齿；花冠黄色，长3～4.5cm，二唇形，外面被白色柔毛，内面有腺点，下唇3裂，较上唇长，在其2裂口后面有褶襞两条，中裂片较侧裂片略长，裂片长椭圆形，先端钝；雄蕊微露于花冠喉部，着生于花管内里靠近子房的上部处，花丝基部被毛，花药长倒卵形，纵裂，长约4mm，宽约1.5mm，顶端钝圆，被长柔毛；子房卵形；花柱细长，自上唇先端下方伸出，弯向前方，柱头头状。蒴果革质，长卵圆形，长10～13mm，宽7～9mm。种子卵形，长3～4mm，宽2～2.5mm。花期6～8月，果期7～9月。

生境 多年生旱生草本。生于典型草原、荒漠草原、山地草原，是草原群落的生态指示种。

产海拉尔区、满洲里市、牙克石市、扎兰屯市、鄂温克族自治旗、陈巴尔虎旗、新巴尔虎左旗、新巴尔虎右旗。

经济价值 全草入药，能祛风湿、利尿、止血，主治风湿性关节炎、月经过多、吐血、衄血、便血、外伤出血、肾炎水肿、黄水疮。也作蒙药（蒙药名：韩琴色日高），疗效相同。

紫葳科 Bignoniaceae

角蒿属 Incarvillea Juss.

角蒿 *Incarvillea sinensis* Lam.

别名 透骨草

蒙名 乌兰—套鲁木

形态特征 植株高 30～80cm。茎直立，具黄色细条纹，被微毛。叶互生于分枝上，对生于基部，轮廓为菱形或长椭圆形，二至三回羽状深裂至全裂，羽片 4～7 对，下部的羽片再分裂成 2 对或 3 对，最终裂片为条形或条状披针形，上面绿色，被毛或无毛，下面淡绿色，被毛，边缘具短毛；叶柄长 1.5～3cm，疏被短毛。花红色或紫红色，由 4～18 花组成顶生总状花序；花梗短，密被短毛；苞片 1 和小苞片 2，密被短毛，丝状；花萼钟状，5 裂，裂片条状锥形，长 2～3mm，基部膨大，被毛，萼筒长约 3.2mm，被毛；花冠筒状漏斗形，长约 3cm，先端 5 裂，裂片矩圆形，长与宽约 7mm，里面有黄色斑点；雄蕊 4，着生于花冠中部以下，花丝长约 8mm，无毛，花药 2 室，室水平叉开，被短毛，长约 4.5mm，近药基部及室的两侧各具 1 硬毛；雌蕊着生于扁平的花盘上，长 6mm，密被腺毛；花柱长 1cm，无毛，柱头扁圆形。蒴果长角状弯曲，长约 10cm，先端细尖，熟时瓣裂，内含多数种子。种子褐色，具翅，白色膜质。花期 6～8 月，果期 7～9 月。

生境 一年生中生草本。生于森林带和草原带的山地、沙地、河滩、河谷，也散生于田野、撂荒地、路边、宅旁。

产扎兰屯市、莫力达瓦达斡尔族自治旗、鄂温克族自治旗、新巴尔虎右旗。

经济价值 地上部分为透骨草的一种，能祛风湿、活血、止痛，主治风湿性关节痛、筋骨拘挛、瘫痪、疮痈肿毒。种子和全草作蒙药（蒙药名：乌兰—陶拉麻），能消食利肺、降血压，主治胃病、消化不良、耳流脓、月经不调、高血压、咯血。

列当科 Orobanchaceae

列当属 Orobanche L.

1 花序被蛛丝状毛混生绵毛，花蓝紫色，花药无毛 ··· **1 列当 O. coerulescens**
1 花序被腺毛，花冠亮黄色或蓝紫色，外面密被长柄腺毛，花药被长柔毛 ··· **2**
2 花冠亮黄色 ··· **2 黄花列当 O. pycnostachya**
2 花冠蓝色或紫色 ··· **2a 黑水列当 O. pycnostachya var. amurensis**

列当 *Orobanche coerulescens* Steph.

别名 兔子拐棍、独根草

蒙名 特木根—苏乐

形态特征 植株高 10～35cm，全株被蛛丝状绵毛。茎不分枝，圆柱形，直径 5～10mm，黄褐色，基部常膨大。叶鳞片状，卵状披针形，长 8～15mm，宽 2～6mm，黄褐色。穗状花序顶生，长 5～10cm；苞片卵状披针形，先端尾尖，稍短于花，棕褐色；花萼 2 深裂至基部，每裂片 2 浅尖裂；花冠二唇形，蓝紫色或淡紫色，稀淡黄色，长约 2cm，管部稍向前弯曲，上唇宽阔，顶部微凹，下唇 3 裂，中裂片较大；雄蕊着生于花冠管的中部，花药无毛，花丝基部常具长柔毛。蒴果卵状椭圆形，长约 1cm。种子黑褐色。花期 6～8 月，果期 8～9 月。2n= 38，40。

生境 二年生或多年生根寄生肉质草本。寄生在蒿属（*Artemisia* L.）植物的根上，习见寄主有：冷蒿（*A. frigida* Willd.）、白莲蒿（*A. gmelinii* Web. ex Stechm.）、油蒿（*A. ordosica* Krasch.）、南牡蒿（*A. eriopoda* Bunge）、龙蒿（*A. dracunculus* L.）等。生于固定或半固定沙丘、向阳山坡、山沟草地。

产呼伦贝尔市各旗、市、区。

经济价值 全草入药，能补肾助阳、强筋骨，主治阳痿、腰腿冷痛、神经官能症、小儿腹泻等；外用治消肿。也作蒙药（蒙药名：特木根—苏乐），主治炭疽。

黄花列当 *Orobanche pycnostachya* Hance

别名 独根草

蒙名 希日—特木根—苏乐

形态特征 植株高 12～34cm，全株密被腺毛。茎直立，单一，不分枝，圆柱形，直径 4～12mm，具纵棱，基部常膨大，具不定根，黄褐色。叶鳞片状，卵状披针形或条状披针形，长 10～20mm，黄褐色，先端尾尖。穗状花序顶生，长 4～18cm，具多数花；苞片卵状披针形，长 14～17mm，宽 3～5mm，先端尾尖，黄褐色，密被腺毛；花萼 2 深裂达基部，每裂片再 2 中裂，小裂片条形，黄褐色，密被腺毛；花冠二唇形，黄色，长约 2cm，花冠筒中部稍弯曲，密被腺毛，上唇 2 浅裂，下唇 3 浅裂，中裂片较大；雄蕊 2 强，花药被柔毛，花丝基部稍被腺毛；子房矩圆形，无毛；花柱细长，被疏细腺毛。蒴果矩圆形，包藏在花被内。种子褐黑色，扁球形或扁椭圆形，长约 0.3mm。花期 6～7 月，果期 7～8 月。

生境 二年生或多年生根寄生肉质草本。寄生于蒿属（*Artemisia* L.）植物的根上，主要寄主有：油蒿（*A. ordosica* Krasch.）、白莲蒿（*A. gmelinii* Web. ex Stechm.）等。生于固定或半固定沙丘、山坡、草原。

产扎兰屯市、陈巴尔虎旗、新巴尔虎左旗。

经济价值 用途与列当相同。

黑水列当 *Orobanche pycnostachya* Hance var. *amurensis* Beck

蒙名 宝古尼—特木根—苏乐

形态特征 本变种与正种的区别在于：花冠蓝色或紫色。

生境 二年生或多年生根寄生肉质草本。寄生于蒿属（*Artemisia* L.）植物的根上。生于山坡、草地。

产阿荣旗、鄂伦春自治旗、鄂温克族自治旗。

车前科 Plantaginaceae

车前属 Plantago L.

1 叶无柄；叶条形，肉质；穗状花序圆柱形；直根，圆柱形 ·················· **1 盐生车前 P. maritima** subsp. **ciliata**
1 叶有柄；叶卵形、宽卵形、椭圆形、宽椭圆形、椭圆状披针形或披针形 ··· **2**
2 根为圆柱状直根，一年生或二年生草本；叶缘具不规则疏牙齿；苞片与萼片等长或近等长 ······ **2 平车前 P. depressa**
2 根为须根；苞片宽三角形；种子 5～8 粒，长 1.5～1.8mm，黑褐色 ····························· **3 车前 P. asiatica**

盐生车前

Plantago maritima L. subsp. *ciliata* Printz [= *Plantago maritima* L. var *salsa* (Pall.) Pilger]

蒙名 号吉日萨格—乌和日—乌日根讷

形态特征 植株高 5～30cm。根粗壮，深入地下，灰褐色或黑棕色，根颈处通常有分枝，并有残余叶和叶鞘。叶基生，多数，直立或平铺地面，条形或狭条形，长 5～20cm，宽 1.5～4mm，先端渐尖，全缘，无毛，基部具宽三角形叶鞘，黄褐色，有时被长柔毛；无叶柄。花葶少数，直立或斜升，长 5～30cm，密被短伏毛；穗状花序圆柱形，长 1.5～7cm，有多数花，上部较密，下部较疏；苞片卵形或三角形，长 2～3mm，先端渐尖，边缘有疏短睫毛，具龙骨状凸起；花萼裂片椭圆形，长 2～2.5mm，被短柔毛，边缘膜质，有睫毛，龙骨状凸起较宽；花冠裂片卵形或矩圆形，先端具锐尖头，中央及基部呈黄褐色，边缘膜质，白色，有睫毛；花药淡黄色。蒴果圆锥形，长 2.5～3mm，在中下部盖裂。种子 2 粒，矩圆形，黑棕色。花期 6～8 月，果期 7～9 月。

生境 多年生耐盐中生草本。生于盐渍化草甸、盐湖边缘及盐渍化、碱化湿地。

产陈巴尔虎旗、新巴尔虎左旗、新巴尔虎右旗。

平车前 *Plantago depressa* Willd.

别名 车前草、车辘辘菜、车串串

蒙名 吉吉格—乌和日—乌日根讷

形态特征 根圆柱状,中部以下多分枝,灰褐色或黑褐色。叶基生,直立或平铺,椭圆形、矩圆形、椭圆状披针形、倒披针形或披针形,长4~14cm,宽1~5.5cm,先端锐尖或钝尖,基部狭楔形且下延,边缘有稀疏小齿或不规则锯齿,有时全缘,两面被短柔毛或无毛,弧形纵脉5~7条;叶柄长1~11cm,基部具较长且宽的叶鞘。花葶1~10,直立或斜升,高4~40cm,被疏短柔毛,有浅纵沟;穗状花序圆柱形,长2~18cm;苞片三角状卵形,长1~2mm,背部具绿色龙骨状凸起,边缘膜质;萼裂片椭圆形或矩圆形,长约2mm,先端钝尖,龙骨状凸起宽,绿色,边缘宽膜质;花冠裂片卵形或三角形,先端锐尖,有时有细齿。蒴果圆锥形,褐黄色,长2~3mm,成熟时在中下部盖裂。种子矩圆形,长1.5~2mm,黑棕色,光滑。花果期6~10月。$2n=12,24$。

生境 一年生或二年生中生草本。生于草甸湿地、轻度盐渍化草甸。

产呼伦贝尔市各旗、市、区。

经济价值 种子及全草入药(药材名:车前子),种子能清热、利尿、明目、祛痰,主治小便不利、泌尿系统感染、结石、肾炎水肿、暑湿泄泻、肠炎、目赤肿痛、痰多咳嗽等;全草能清热、利尿、凉血、祛痰,主治小便不利、尿路感染、暑湿泄泻、痰多咳嗽等。也作蒙药(蒙药名:乌和日—乌日根讷),能止泻利尿,主治腹泻、水肿、小便淋痛。

车前 *Plantago asiatica* L.

别名　大车前、车轱辘菜、车串串

蒙名　乌和日—乌日根讷

形态特征　具须根。叶基生，椭圆形、宽椭圆形、卵状椭圆形或宽卵形，长4～12cm，宽3～9cm，先端钝或锐尖，基部近圆形、宽楔形或楔形，且明显下延，边缘近全缘、波状或有疏齿至弯缺，两面无毛或被疏短柔毛，有5～7条弧形脉；叶柄长2～10cm，被疏短毛，基部扩大成鞘。花葶少数，直立或斜升，高20～50cm，被疏短柔毛；穗状花序圆柱形，长5～20cm，具多花，上部较密集；苞片宽三角形，较花萼短，背部龙骨状凸起，宽而呈暗绿色；花萼具短柄，裂片倒卵状椭圆形或椭圆形，长2～2.5mm，先端钝，边缘白色膜质，背暗龙骨状凸起，宽而呈绿色；花冠裂片披针形或长三角形，长约1mm，先端渐尖，反卷，淡绿色。蒴果椭圆形或卵形，长2～4mm。种子5～8粒，矩圆形，长1.5～1.8mm，黑褐色。花果期6～10月。$2n=12, 24, 36$。

生境　多年生中生草本。生于草甸、沟谷、耕地、田野、路边。

产呼伦贝尔市各旗、市、区。

经济价值　用途同平车前。

茜草科 Rubiaceae

1 花 4（3）数；果实干燥，果瓣单生或双生，被毛或无毛，或具小瘤状凸起；叶狭小，基部不为心形 ············ **1 拉拉藤属 Galium**

1 花 5 数；果实肉质，浆果，光滑；叶宽大，基部心形 ············ **2 茜草属 Rubia**

拉拉藤属 Galium L.

1 叶 4（5）轮生 ············ 2
1 叶 6～10 轮生 ············ 3
2 叶具 1 脉，叶上面几无毛；花冠裂片 3，花萼和果常光滑无毛 ············ **1 三瓣猪殃殃 G. trifidum**
2 叶具 3 脉，叶披针形或狭披针形，宽 3～5（～7）mm，两面均无毛；花萼及果密被钩状毛 ············ **2 北方拉拉藤 G. boreale**
3 茎粗硬，直立，多年生草本，植株无刺毛 ············ **3 蓬子菜 G. verum**
3 茎较粗壮，常匍匐或攀援上升，茎具刺毛，一年生或二年生草本；叶条状倒披针形，6～8 轮生；花萼与果实密被钩状毛，花序少花 ············ **4 猪殃殃 G. aparine var. tenerum**

三瓣猪殃殃 *Galium trifidum* L.

别名 小叶猪殃殃

蒙名 吉吉格—乌热木都乐

形态特征 多年生草本，纤弱丛生。茎高 10～45cm，通常缠绕交错，具 4 棱，沿棱被硬毛，后变光滑。叶 4～5 轮生，倒披针形或椭圆形，长 5～11mm，宽 1～2.5mm，先端圆钝，基部狭楔形，两面近无毛，中脉于背面凸起，疏被短刺毛，边缘有极微小的倒生刺毛；近无柄。花小，单生或 2～3 呈腋生或顶生的聚伞花序；花梗细，有时具短刺毛，长 3～5mm，萼筒通常光滑无毛；花冠裂片 3，卵圆形，长约 0.5mm，微被毛；雄蕊 3，稍伸出花冠裂片的基部；花柱 2 裂至中部，几与花冠等长，柱头头状。果爿双球形，直径 1～1.5mm，光滑无毛或疏被短硬毛。花果期 7～9 月。$2n=24$。

生境 多年生中生草本。生于森林带和草原带的河谷草甸、沼泽化草甸、水泡边、沙地。

产牙克石市、额尔古纳市、根河市、鄂伦春自治旗。

北方拉拉藤 *Galium boreale* L.

别名 砧草

蒙名 查干—乌如木杜乐

形态特征 茎直立,高15~65cm,节部微被毛或近无毛,具4纵棱。叶4片轮生,披针形或狭披针形,长1~3(5)cm,宽3~5(7)mm,先端钝,基部宽楔形,两面无毛,边缘稍反卷,被微柔毛,基出脉3条,表面凹下,背面明显凸起;无柄。聚伞圆锥花序顶生,长可达25cm;苞片具毛;花小,白色,花梗长约2mm;萼筒密被钩状毛;花冠长2mm,4裂,裂片椭圆状卵形、宽椭圆形或椭圆形,外被极疏的短柔毛;雄蕊4,花药椭圆形,长0.2mm,花丝长0.7mm,光滑;子房下位;花柱2裂至近基部,长约1mm,柱头球状。果小,扁球形,长约1mm,果爿单生或双生,密被黄白色钩状毛。花期7月,果期9月。

生境 多年生中生草本。生于森林带和草原带的山地林下、林缘、灌丛、草甸。

产海拉尔区、牙克石市、扎兰屯市、额尔古纳市、根河市、阿荣旗、鄂伦春自治旗、鄂温克族自治旗、陈巴尔虎旗、新巴尔虎左旗。

蓬子菜 *Galium verum* L.

别名 松叶草

蒙名 乌如木杜乐

形态特征 地下茎横走，暗棕色。茎直立，高25～65cm，基部稍木质，具4纵棱，被短柔毛。叶6～8（10）片轮生，条形或狭条形，长1～3（4.5）cm，宽1～2mm，先端尖，基部稍狭，上面深绿色，下面灰绿色，两面均无毛，中脉1条，背面凸起，边缘反卷，无毛；无柄。聚伞圆锥花序顶生或上部叶腋生，长5～20cm；花小，黄色，具短梗，被疏短柔毛；萼筒长1mm，无毛；花冠长约2.2mm，裂片4，卵形，长2mm，宽1mm；雄蕊4，长约1.3mm；花柱2裂至中部，长约1mm，柱头头状。果小，果爿双生，近球状，直径约2mm，无毛。花期7月，果期8～9月。2n=22，44，66。

生境 多年生中生草本。生于森林带和草原带的山地林缘、灌丛、草甸草原、杂类草草甸，常成为草甸草原群落中的优势种之一。

产呼伦贝尔市各旗、市、区。

经济价值 茎可提取绛红色染料，植株上部分含2.5%的硬性橡胶，可作工业原料。全草入药，能活血祛瘀、解毒止痒、利尿、通经，主治疮痈肿毒、跌打损伤、经闭、腹水、蛇咬伤、风疹瘙痒。

猪殃殃 *Galium aparine* L. var. *tenerum* (Gren. et Godr.) Rchb.

别名 爬拉秧

蒙名 闹朝干—乌如木杜乐

形态特征 茎高30～80cm，具4棱，沿棱具倒向钩状刺毛，多分枝。叶6～8轮生，线状倒披针形，长1～3cm，宽2～4mm，先端具刺状尖头，基部渐狭成柄状，上面具多数硬毛，叶脉1条，边缘稍反卷，沿脉的背面及边缘具倒向刺毛；无柄。聚伞花序腋生或顶生，单生或2～3个簇生，具花数朵；总花梗粗壮，直立；花小，黄绿色，4数；花梗纤细，长3～6mm；花萼密被白色钩状刺毛；檐部近截形；花冠裂片长圆形，长约1mm；雄蕊4，伸出花冠外。果具1或2个近球状的果爿，密被白色钩状刺毛，果梗直。花期6月，果期7～8月。$2n=22，44，66$。

生境 一年生或二年生中生草本。生于森林带和草原带的山地石缝、阴坡、山沟湿地、山坡灌丛、路旁。

产牙克石市。

经济价值 全草入药，有清热解毒、活血通脉、消肿止痛之功效。

茜草属 Rubia L.

1 果实成熟后为橙红色 ··· **1 茜草 R. cordifolia**
1 果实成熟后为黑色 ·· **1a 黑果茜草 R. cordifolia** var. **pratensis**

茜草 *Rubia cordifolia* L.

别名 红丝线、粘粘草

蒙名 马日那

形态特征 根紫红色或橙红色。茎粗糙，基部稍木质化；小枝四棱形，棱上具倒生小刺。叶 4～6（8）片轮生，纸质，卵状披针形或卵形，长 1～6cm，宽 6～25mm，先端渐尖，基部心形或圆形，全缘，边缘具倒生小刺，上面粗糙或疏被短硬毛，下面疏被刺状糙毛，脉上有倒生小刺，基出脉 3～5 条；叶柄长 0.5～5cm，沿棱具倒生小刺。聚伞花序顶生或腋生，通常组成大而疏松的圆锥花序；小苞片披针形，长 1～2mm；花小，黄白色，具短梗；花萼筒近球形，无毛；花冠辐状，长约 2mm，筒部极短，檐部 5 裂，裂片长圆状披针形，先端渐尖；雄蕊 5，着生于花冠筒喉部，花丝极短，花药椭圆形；花柱 2 深裂，柱头头状。果实近球形，直径 4～5mm，橙红色，熟时不变黑，内有 1 粒种子。花期 7 月，果期 9 月。$2n=22$。

生境 多年生攀援中生草本。生于森林带、草原带和荒漠带的山地杂木林下、林缘、路旁草丛。产呼伦贝尔市各旗、市、区。

经济价值 根入药（药材名：茜草），能凉血、止血、祛瘀、通经，主治吐血、衄血、崩漏、经闭、跌打损伤。也作蒙药（蒙药名：马日那），能清热凉血、止泻、止血，主治赤痢、肺炎、肾炎、尿血、吐血、衄血、便血、血崩、产褥热、麻疹。根含茜根酸、紫色精和茜素，可作染料。

黑果茜草　*Rubia cordifolia* L. var. *pratensis* Maxim.

蒙名　哈日—马日那

形态特征　本变种与正种的主要区别在于：果熟时为黑色。

生境　多年生攀援中生草本。生于草原带和荒漠带的山地林下、林缘、岩石缝。

产满洲里市、阿荣旗、鄂温克族自治旗。

经济价值　同正种。

忍冬科 Caprifoliaceae

接骨木属 Sambucus L.

1 小叶边缘为粗大锐锯齿，齿端锐尖成钩状向内方弯曲，上面及边缘被疏短刚毛 ············ **1 钩齿接骨木 S. foetidissima**
1 小叶边缘为细锯齿，齿端不钩状弯曲；小叶 3～5，披针形或广披针形，宽 0.7～2cm，常无毛，顶端小叶柄短 ··· **2 朝鲜接骨木 S. coreana**

钩齿接骨木 *Sambucus foetidissima* Nakai et Kitag.

别名 马尿烧

蒙名 高哈图—宝棍—宝拉代

形态特征 植株高约4m。树皮暗带淡黄褐色，有小疣状凸起。当年生枝带灰的淡黄褐色，无毛，二年生枝带灰的紫褐色或稀深褐色，无毛，具纵条及不明显的皮孔。冬芽宽卵形，长约3mm，栗褐色，无毛。单数羽状复叶，对生，小叶5～7，椭圆形，稀为长圆形，长6～9（15）cm，宽1.5～4（7）cm，先端突然长尾尖或长渐尖，基部宽楔形或楔形，稍偏斜，上面深绿色，被稀疏小刚毛，沿中脉较密，下面淡绿色，初时被稀疏小刚毛，后变无毛，具恶臭味，边缘具粗大锐密锯齿，齿呈钩状向内方弯曲，先端锐尖，初时被疏刚毛，渐变无毛；具小柄，无毛，或近无柄，叶轴及叶柄有时被疏短毛。圆锥花序紧密，顶生，顶部稍平，花梗及小花均展开，无毛；萼筒状有棱角，萼裂片卵状三角形；花白色，后变淡黄色，有椭圆状裂片，先端钝，具3脉，长2mm；花药卵形，紫色。核果近球形，直径3mm，成熟时红色，有棱。种子有皱纹。花期5～6月，果期8～9月。

生境 中生灌木。生于山坡、林缘草地。产呼伦贝尔市各旗、市、区。

经济价值 枝可入药。全株可供庭园绿化用。

朝鲜接骨木 *Sambucus coreana* (Nakai) Kom. et Alis.

别名 马尿烧

蒙名 苏龙古斯—宝棍—宝拉代

形态特征 植株高约5m。树皮暗褐色。枝紫褐色或灰紫褐色，无毛，具纵条棱及明显的皮孔。冬芽卵球形，较小，淡褐色。单数羽状复叶，对生，小叶（3）5枚，披针形或广披针形，长1.5～5cm，宽0.7～2cm，上面深绿色，初被疏短毛或无毛，下面淡绿色，无毛或仅沿主脉疏生短硬毛，先端长渐尖，稀尾尖，基部楔形，两侧小叶基部极偏斜，边缘具细锯齿，无毛或稀具疏生短硬毛；叶柄初被短硬毛，后变无毛。圆锥花序顶生，卵形，花梗、花轴均无毛，花较紧密，花序轴的最下分枝常水平开展或稍向下开展；花冠带绿色；花药近球形，黄色。核果近球形，直径约4mm，成熟时红色，具3核，核长圆形，具皱纹。花期5～6月，果期6月中旬～8月中旬。

生境 中生灌木。喜生于山地灌丛、林缘、山坡。产陈巴尔虎旗。

经济价值 枝、叶可入药；种子可榨油，含油率为18.8%，供制作肥皂及工业用，也可供点灯；髓部可作徒手切片的支持物；全株可作庭院绿化树种。

败酱科 Valerianaceae

1 根有臭味；果实无毛；花冠黄色或白色；雄蕊4，稀1～2（3）；花萼有5个小齿 ············ **1 败酱属 Patrinia**
1 根有香味；果期伸长外展成冠毛状；雄蕊3；花期花萼内卷不明显 ············ **2 缬草属 Valeriana**

败酱属 Patrinia Juss.

1 茎和花序分枝往往只一侧有白毛；果无翅状苞片，仅由不发育2室扁展成窄边 ············ **1 败酱 P. scabiosaefolia**
1 茎和花序分枝有毛时多为4面或2面被毛；果有翅状干膜质苞片贴生于背部成翅果状；植株较大，高30cm以上，有茎生叶 ············ **2**
2 花序最下分枝处总苞片羽状全裂，具3～5对较窄的条形裂片；果苞长5mm以下，网脉常具3条主脉 ············ **2 岩败酱 P. rupestris**
2 花序最下分枝处总苞片条形，不裂或仅具1（～2）对条形侧裂片；果苞长8～10mm，网脉常具2条主脉；花较大，径5～7mm ············ **3 糙叶败酱 P. rupestris subsp. scabra**

败酱 *Patrinia scabiosaefolia* Fisch. ex Trev.

别名 黄花龙芽、野黄花、野芹

蒙名 色日和立格—其其格

形态特征 植株高55～80（150）cm。茎被脱落性白粗毛。地下茎横走。基生叶狭长椭圆形、椭圆状披针形或宽椭圆形，长（1.8）3～10.5cm，宽1.2～3cm，先端尖，基部楔形或宽楔形，边缘具锐锯齿；有长柄，长3～12cm，花时枯落；茎生叶对生，2～3对羽状深裂至全裂，长（4）7～15cm，中央裂片最大，椭圆形或椭圆状披针形，两侧裂片狭椭圆形、披针形或条形，依次渐小，两面近无毛或边缘及脉上疏被粗毛；叶柄长1～2cm，上部叶渐无柄。聚伞圆锥花序在顶端常5～9序集成疏大伞房状；总花梗及花序分枝常只一侧被粗白毛；苞片小；花较小，直径2～4mm；花萼不明显；花冠筒短，上端5裂；雄蕊4；子房下位。瘦果长椭圆形，长3～4mm，子房室边缘稍扁展成极窄翅状，无膜质增大苞片。花期7～8月，果期9月。2*n*=22。

生境 多年生旱中生草本。生于森林草原带及山地的草甸草原、杂类草草甸及林缘，在草甸草原群落中常有较高的多度，并可形成华丽的季相，在群落外貌上十分醒目。

产满洲里市、牙克石市、扎兰屯市、额尔古纳市、根河市、阿荣旗、莫力达瓦达斡尔族自治旗、鄂伦春自治旗、鄂温克族自治旗、陈巴尔虎旗、新巴尔虎左旗。

经济价值 全草（药材名：败酱草）、根状茎及根入药，全草能清热解毒、祛瘀排脓，主治阑尾炎、痢疾、肠炎、肝炎、眼结膜炎、产后瘀血腹痛、痈肿疔疮；根状茎及根主治神经衰弱或精神病。

岩败酱 *Patrinia rupestris* (Pall.) Dufresne

蒙名 哈丹—色日和立格—其其格

形态特征 植株高（15）30～60cm。茎1至数枝，被细密短毛。基生叶倒披针形，长1.5～4cm，边缘具浅锯齿或羽状浅裂至深裂，开花时枯萎；茎生叶对生，狭卵形至披针形，长2.5～6（10）cm，宽1～3.5cm，羽状深裂至全裂，裂片2～3（5）对，中央裂片较大，条状披针形、披针形或倒披针形，侧裂片狭条形或条状倒披针形，全缘或再羽状齿裂，两面粗糙且被短硬毛；叶柄长约1cm或近无柄。圆锥状聚伞花序多在枝顶集成伞房状，最下分枝处总苞叶羽状全裂，具3～5对较窄的条形裂片，花轴及花梗均密被细硬毛及腺毛；花黄色；花萼不明显；花冠筒状钟形，长3～4mm，先端5裂，基部一侧稍膨大成短的囊距，雄蕊4；子房不发育的2室果时肥厚扁平呈卵圆形或宽椭圆形。瘦果倒卵圆球形，背部贴生卵圆形或圆形膜质苞片；苞片网脉常具3条主脉，长5mm以下。花期7～8月，果期8～9月。2*n*=22。

生境 多年生砾石生旱中生草本。多生于草原带和森林草原带的石质丘陵顶部及砾石质草原群落中，可成为砾石质草原群落的优势杂类草。

产牙克石市、鄂伦春自治旗。

糙叶败酱 *Patrinia rupestris* (Pall.) Dufr. subsp. *scabra* (Bunge) H. J. Wang

蒙名 希日棍—色日和立格—其其格

形态特征 本亚种与正种的区别在于：花序下分枝处总苞条形，不裂或仅具1（2）对条形侧裂片；果苞长5.5mm以上，网脉常具2主脉，极少为3主脉。花期7～8月，果期8～9月。

生境 多年生砾石生旱中生草本。多生于草原带和森林草原带的石质丘陵顶部及砾石质草原群落中，可成为砾石质草原群落的优势杂类草。

产满洲里市、牙克石市、扎兰屯市、莫力达瓦达斡尔族自治旗、新巴尔虎左旗。

败酱科

缬草属 Valeriana L.

缬草 *Valeriana alternifolia* Bunge

别名 拔地麻

蒙名 巴木柏—额布斯

形态特征 植株高 60～150cm。茎中空，有纵棱，被粗白毛，以基节最多，且在节处毛稍密。基生叶丛生，早落或残存，为单数羽状复叶，小叶 9～15，全缘或具少数锯齿，具长柄；茎生叶对生，单数羽状全裂呈复叶状，裂片（5）7～11（15），卵状披针形、披针形、近椭圆形或条形，长（4）8～13cm，宽 3～8.5cm，中央裂片与两侧裂片近同形等大或稍宽大，先端钝或尖，基部下延，全缘或具疏锯齿，无毛或稍被毛，自下而上渐次变小，且叶柄也渐渐变短至无柄抱茎。伞房状三出聚伞圆锥花序；总苞片羽裂，小苞片条形或狭披针形，先端及边缘常具睫毛状柔毛；花小，淡粉红色，开后色渐浅至白色；花萼内卷；花冠狭筒状或筒状钟形，长 3～5mm，5 裂；雄蕊 3，较花冠管稍长；子房下位。瘦果狭卵形，长约 4mm，基部近平截，顶端有羽毛状宿萼多条。花期 6～8 月，果期 7～9 月。$2n=14, 28, 42, 56$。

生境 多年生中生草本。生于山地落叶松林下、白桦林下、林缘、灌丛、山地草甸及草甸草原中。

产海拉尔区、牙克石市、扎兰屯市、额尔古纳市、根河市、莫力达瓦达斡尔族自治旗、鄂温克族自治旗、鄂伦春自治旗、陈巴尔虎旗、新巴尔虎左旗。

经济价值 根及根状茎入药，能安神、理气、止痛，主治神经衰弱、失眠、癔症、癫痫、胃腹胀痛、腰腿痛、跌打损伤。也作蒙药（蒙药名：珠勒根—呼吉），能清热、消炎、消肿、镇痛，主治瘟疫、毒热、阵热、心跳、失眠、炭疽、白喉。

川续断科 Dipsacaceae

蓝盆花属 Scabiosa L.

1 基生叶与茎下部叶常不裂或大头羽状，上部叶羽状深裂至全裂，裂片披针形，宽 2～4mm，先端渐尖 ·· **1 华北蓝盆花 S. tschiliensis**
1 基生叶与茎生叶均羽状全裂，裂片线形，宽 1～2mm ·· **2**
2 花蓝色或蓝紫色 ·· **2 窄叶蓝盆花 S. comosa**
2 花白色 ·· **3 白花窄叶蓝盆花 S. comosa f. albiflora**

华北蓝盆花 *Scabiosa tschiliensis* Grunning

蒙名 奥木日阿图音—套存—套日麻

形态特征 根粗壮，木质。茎斜升，高 20～50（80）cm。基生叶椭圆形、矩圆形、卵状披针形至窄卵形，先端略尖或钝，缘具缺刻状锐齿，或大头羽状裂，上面几光滑，下面稀疏或仅沿脉上被短柔毛，有时两面均被短柔毛，边缘具细纤毛，叶柄长 4～12cm；茎生叶羽状分裂，裂片 2～3 裂或再羽裂，最上部叶羽裂片呈条状披针形，长达 3cm，顶端裂片长 6～7cm，宽约 0.5cm，先端急尖。头状花序在茎顶成三出聚伞排列，直径 3～5cm，总花梗长 15～30cm；总苞片 14～16，条状披针形；边缘花较大而呈放射状；花萼 5 齿裂，刺毛状；花冠蓝紫色，筒状，先端 5 裂，裂片 3 大 2 小；雄蕊 4；子房包于杯状小总苞内。果序椭圆形或近圆形，小总苞略呈四面方柱状，每面有不甚显著的中棱 1 条，被白毛，顶端有干膜质檐部，檐下在中棱与边棱间常有 8 个浅凹穴；瘦果包藏在小总苞内，其顶端具宿存的刺毛状萼针。花期 6～8 月，果期 8～10 月。

生境 多年生沙生中旱生草本。生于沙质草原、典型草原或草甸草原群落中，为常见的伴生种。

产呼伦贝尔市各旗、市、区。

经济价值 花作蒙药（蒙药名：乌和日—西鲁苏），能清热泻火，主治肝火头痛、发烧、肺热、咳嗽、黄疸。

窄叶蓝盆花 *Scabiosa comosa* Fisch. ex Roem. et Schult.

蒙名 套存—套日麻

形态特征 茎高可达60cm，被短毛。基生叶丛生，窄椭圆形，羽状全裂，稀齿裂，裂片条形，具长柄；茎生叶对生，一至二回羽状深裂，裂片条形至窄披针形，叶柄短。头状花序顶生，直径2～4cm，基部有钻状条形总苞片；总花梗长达30cm；花萼5裂，裂片细长刺芒状；花冠浅蓝色至蓝紫色；边缘花花冠唇形，筒部短，外被密毛，上唇3裂，中裂较长，倒卵形，先端钝圆或微凹，下唇短，2全裂；中央花花冠较小，5裂，上片较大；雄蕊4；子房包于杯状小总苞内，小总苞具明显4棱，顶端有8凹穴，其檐部膜质。果序椭圆形，果实圆柱形，其顶端具萼刺5，超出小总苞。花期6～8月，果期8～10月。$2n=16$。

生境 多年生喜沙中旱生草本。生于草原带和森林草原带的沙地与沙质草原中，可成为主要伴生种。

产呼伦贝尔市各旗、市、区。

经济价值 用途同华北蓝盆花。

白花窄叶蓝盆花 *Scabiosa comosa* Fisch. ex Roem. et Schult. f. *albiflora* S. H. Li et S. Z. Liu

形态特征 窄叶蓝盆花的变种，与正种的区别是花冠白色。

生境 多年生喜沙中旱生草本。生于草原带和森林草原带的沙地与沙质草原中，可成为主要伴生种。

产呼伦贝尔市各旗、市、区。

经济价值 用途同华北蓝盆花。

葫芦科 Cucurbitaceae

刺瓜属 Echinocystis Terr. et A. Gray

刺瓜 *Echinocystis lobata* (Michx.) Torr. et A. Gray

形态特征 一年生攀援草本，雌雄同株。茎长5～8m，纤细，有分枝。柄长1～4cm，叶近圆形或卵形，光滑或稍粗糙，宽5～12cm，3～7浅裂或中裂，裂片先端锐尖。雄花序直立，圆锥状，长8～14cm；雌花1～2生于具圆锥雄花序的叶腋。花冠白色，直径8～16mm。瓠果长可达6cm，广椭圆形或宽卵形，具长4～6mm的刺，通常每室具2粒种子，长12～20mm，黑褐色或近黑色。

桔梗科 Campanulaceae

1 蒴果于顶端 5 瓣裂 ·· **1 桔梗属 Platycodon**
1 蒴果于侧面开裂 ·· 2
2 花柱基部无圆筒状花盘 ··· **3 风铃草属 Campanula**
2 花柱基部有圆筒状花盘 ··· **3 沙参属 Adenophora**

桔梗属 Platycodon A. DC.

桔梗 *Platycodon grandiflorus* (Jacq.) A. DC.

别名 铃当花

蒙名 狐日盾—查干

形态特征 植株高 40～50cm，全株带苍白色，有白色乳汁。根粗壮，长倒圆锥形，表皮黄褐色。茎直立，单一或分枝。叶 3 枚轮生，有时对生或互生，卵形或卵状披针形，长 2.5～4cm，宽 2～3cm，先端锐尖，基部宽楔形，边缘有尖锯齿，上面绿色，无毛，下面灰蓝绿色，沿脉被短糙毛，无柄或近无柄。花 1 至数朵生于茎及分枝顶端；花萼筒钟状，无毛，裂片 5，三角形至狭三角形，长 3～6mm；花冠蓝紫色，宽钟状，直径约 3.5cm，长约 3cm，无毛，5 浅裂，裂片宽三角形，先端尖，开展；雄蕊 5，与花冠裂片互生，长约 1.5cm，花药条形，长 8～10mm，黄色，花丝短，基部加宽，里面被短柔毛；花柱较雄蕊长，柱头 5 裂，裂片条形，反卷，被短毛。蒴果倒卵形，成熟时顶端 5 瓣裂。种子卵形，扁平，有 3 棱，长约 2mm，宽约 1mm，黑褐色，有光泽。花期 7～9 月，果期 8～10 月。2*n*=16，18，28。

生境 多年生中生草本。生于森林带和草原带的山地林缘草甸、沟谷草甸。

产牙克石市、扎兰屯市、额尔古纳市、根河市、阿荣旗、莫力达瓦达斡尔族自治旗、鄂伦春自治旗、鄂温克族自治旗。

经济价值 根入药（药材名：桔梗），能祛痰、利咽、排脓，主治痰多咳嗽、咽喉肿痛、肺脓肿、咳吐脓血。也作蒙药（蒙药名：狐日盾—查干），效用相同。

风铃草属 Campanula L.

1 花萼裂片间有一个卵形而反折的附属物，其缘有刺毛；花有梗，单生于叶腋，具 1～5 花，白色，具紫色斑点，下垂 ··· **1 紫斑风铃草 C. punctata**
1 花萼裂片间无附属物；花无梗或近无梗，聚生于茎上部叶腋或茎顶，蓝紫色，直立 ·······················
·· **2 聚花风铃草 C. punctata** subsp. **cephalotes**

紫斑风铃草 *Campanula punctata* Lam.

别名 山小菜、灯笼花

蒙名 宝日—哄古斤那

形态特征 植株高 20～50cm。茎直立，不分枝或在中部以上分枝，被柔毛。基生叶具长柄，叶卵形，基部心形；茎生叶有叶下延的翼状柄或无柄，卵形或卵状披针形，长 4～5cm，宽 1.5～2.5cm，先端渐尖，基部圆形或楔形，边缘有不规则的浅锯齿；叶两面被柔毛，下面沿脉较密。花单个，顶生或腋生，下垂，具长花梗，梗上被柔毛；花萼被柔毛，萼筒长约 4mm，萼裂片直立，披针状狭三角形，长 1.5～2cm，基部宽约 5mm，顶端尖，有睫毛，在裂片之间具向后反折的卵形附属体；花冠白色，有多数紫黑色斑点，钟状，长约 4cm，直径约 2.5cm，外面被稀疏柔毛，里面较多，5 浅裂，裂片卵状三角形；雄蕊 5，长约 1.2cm，花药狭条形，花丝有柔毛；子房下位；花柱长约 2.5cm，无毛，柱头 3 裂，条形。蒴果半球状倒锥形，自基部 3 瓣裂。种子灰褐色，矩圆形，稍扁，长约 1mm。花期 6～8 月，果期 7～9 月。2n=34。

生境 多年生中生草本。生于森林带和森林草原带的山地林间草甸、林缘、灌丛。

产牙克石市、扎兰屯市、额尔古纳市、根河市、阿荣旗、莫力达瓦达斡尔族自治旗、鄂伦春自治旗。

经济价值 花大而美，可供观赏。全草入药，能清热解毒、止痛，主治咽喉炎、头痛。

聚花风铃草 *Campanula punctata* Lam. subsp. *cephalotes* (Nakai) Hong

蒙名 巴和—哄古斤那

形态特征 本亚种与正种的区别在于：植株高40～125cm。根状茎粗短。茎有时上部分枝。茎生叶几无毛，或疏或密被白色细毛；基生叶基部浅心形，长7～15cm，宽1.7～7cm。花除在茎顶簇生外，下面还在多个叶腋簇生。

生境 多年生中生草本。生于森林带和森林草原带的山地草甸、林间草甸、林缘。

产满洲里市、牙克石市、扎兰屯市、额尔古纳市、根河市、莫力达瓦达斡尔族自治旗、鄂伦春自治旗、鄂温克族自治旗、陈巴尔虎旗、新巴尔虎左旗。

经济价值 全草入药，能清热解毒、止痛，主治咽喉炎、头痛。

沙参属 Adenophora Fisch.

1 叶轮生或部分轮生 ·· 2
1 叶全部互生，无柄 ·· 3
2 茎生叶全部轮生；花序分枝大部分轮生，仅花序轴最顶端的花轮生，萼裂片丝状锥形，长1～2mm，花柱强烈伸出花冠，通常为花冠的2倍，花冠口部收缩，呈坛状，花盘筒状，长2.5～3mm；叶卵形或线状披针形，宽1.5～2.5cm ·· **1 轮叶沙参 A. tetraphylla**
2 茎生叶多数轮生或呈轮生状；花柱稍伸出花冠，花冠口不收缩，呈钟状，花盘长0.5～1.5mm；叶菱状卵形至菱状圆形 ·· **2 长白沙参 A. pereskiifolia**
3 中部叶较密，叶卵状披针形至条状披针形，边缘具疏锯齿；萼裂片边缘有齿，个别裂片全缘，下部彼此常重叠；花柱稍短于花冠 ·· **3 锯齿沙参 A. tricuspidata**
3 中部叶不呈密集状；萼裂片边缘全缘 ·· 4
4 花柱明显短于花冠，花冠口不收缩，呈钟形，叶披针形或条形，全缘或极少有疏齿 ·············· **4 狭叶沙参 A. gmelinii**
4 花柱明显长于花冠，花冠口收缩，呈坛状或坛状钟形 ·· 5
5 叶全缘或偶具数对疏齿，条形 ·· **5 长柱沙参 A. stenanthina**
5 叶边缘具齿 ·· 6
6 叶卵形至披针形，边缘具深刻而尖锐的皱状齿 ·· **5a 皱叶沙参 A. stenanthina var. crispata**
6 叶线形或披针形，边缘具尖锯齿，而无皱状齿 ·· **5b 丘沙参 A. stenanthina var. collina**

轮叶沙参 *Adenophora tetraphylla* (Thunb.) Fisch.

别名 南沙参

蒙名 塔拉音—哄呼—其其格

形态特征 植株高50～90cm。茎直立，单一，不分枝，无毛或近无毛。茎生叶4～5轮生，倒卵形、椭圆状倒卵形、狭倒卵形、倒披针形、披针形、条状披针形或条形，长2.5～7cm，宽0.3～2cm，先端渐尖或锐尖，基部楔形，叶缘中上部具锯齿，下部全缘，两面近无毛或被疏短柔毛，无柄或近无柄。圆锥花序，长达20cm，分枝轮生；花下垂，花梗长3～5mm；小苞片细条形，条1～5mm；萼裂片5，丝状钻形，长1.2～2mm，全缘；花冠蓝色，口部微缢缩呈坛状，长6～9mm，5浅裂；雄蕊5，

常稍伸出，花丝下部加宽，边缘有密柔毛；花盘短筒状，长约2mm；花柱明显伸出，长达1.5cm，被短毛，柱头3裂。蒴果倒卵球形，长约5mm。花期7～8月，果期9月。$2n=34$。

生境 多年生中生草本。生于森林带和森林草原带的山地林缘、河滩草甸、固定沙丘间草甸。

产牙克石市、扎兰屯市、额尔古纳市、根河市、阿荣旗、鄂伦春自治旗、鄂温克族自治旗、陈巴尔虎旗、新巴尔虎左旗。

经济价值 根入药（药材名：南沙参），能润肺、化痰、止咳，主治咳嗽痰黏、口燥咽干。也作蒙药（蒙药名：鲁都特道日基），能消炎散肿、祛黄水，主治风湿性关节炎、神经痛、黄水病。

长白沙参 *Adenophora pereskiifolia* (Fisch. ex Schult.) Sisch. ex. G. Don.

蒙名 额鲁存奈—哄呼—其其格

形态特征 植株高 70～100cm。茎直立，单一，被柔毛。叶大部分 3～5 轮生，少部分互生或对生，菱状倒卵形或狭倒卵形，长 3～7cm，宽 1.5～3.5cm，边缘具疏锯齿或牙齿，先端锐尖，基部楔形，上面绿色，下面淡绿色，近无毛或被稀疏短柔毛，沿脉毛较密。圆锥花序，分枝互生；花萼无毛，裂片 5，披针形，长 4～5mm，宽 1.5～2mm，全缘；花冠蓝紫色，宽钟状，长约 1.5cm，5 浅裂；雄蕊 5，长约 8mm，花药条形，长约 3.5mm，黄色，花丝下部加宽，边缘密生柔毛；花盘环状至短筒状，长 0.5～1.5mm；花柱略长于花冠或近等长。花期 7～8 月，果期 8～9 月。$2n=34$，68，72。

生境 多年生中生草本。生于森林带的林间草甸、林缘。

产牙克石市、根河市、鄂伦春自治旗。

锯齿沙参 *Adenophora tricuspidata* (Fisch. ex Schult.) A. DC.

蒙名 和日其业斯图—哄呼—其其格

形态特征 植株高 30～60cm。茎直立，单一，无毛或近无毛。茎生叶互生，卵状披针形、披针形至条状披针形，长 2～12cm，宽 3～18mm，先端锐尖至渐尖，基部楔形或圆形，边缘有锯齿，两面无毛，无柄。圆锥花序，有花多数，萼裂片 5，卵状三角形，蓝绿色，长约 5mm，宽约 3mm，下部宽而边缘互相覆盖，先端长渐尖或渐尖，边缘有锯齿，无毛；花冠蓝紫色，宽钟状，长 1.5～1.8cm，5 浅裂，裂片卵状三角形，无毛；雄蕊 5，长约 7mm，花药黄色，条形，长约 3mm，花丝下部加宽，边缘密生白色柔毛；花盘极短，环状，长约 1mm，无毛；花柱内藏，比花冠短。蒴果近球形。花期 7～8 月，果期 9 月。$2n=34$。

生境 多年生中生草本。生于森林带和森林草原带的山地草甸、湿草地、林缘草甸。

产海拉尔区、满洲里市、扎兰屯市、额尔古纳市、根河市、阿荣旗、鄂伦春自治旗、陈巴尔虎旗、新巴尔虎左旗。

狭叶沙参 *Adenophora gmelinii* (Beihler.) Fisch.

蒙名 那日汗—哄呼—其其格

形态特征 植株高 40～60cm。茎直立，单一或自基部抽出数条，无毛或被短硬毛。茎生叶互生，集中于中部，狭条形或条形，长 2～12cm，宽 1～5mm，全缘或极少有疏齿，两面无毛或被短硬毛，无柄。花序总状或单生，通常 1～10，下垂；花萼裂片 5，多为披针形或狭三角状披针形，长 4～6mm，宽 1.5～2mm，全缘，无毛或有短毛；花冠蓝紫色，宽钟状，长 1.5～2.3cm，外面无毛；花丝下部加宽，密被白色柔毛；花盘短筒状，长 2～3mm，被疏毛或无毛；花柱内藏，短于花冠。蒴果椭圆状，长 8～13mm，直径 4～7mm。种子椭圆形，黄棕色，有 1 条翅状棱，长约 1.8mm。花期 7～8 月，果期 9 月。2n=34，68。

生境 多年生旱中生草本。生于森林带和森林草原带的山地林缘、山地草原、草甸草原。

产呼伦贝尔市各旗、市、区。

长柱沙参 *Adenophora stenanthina* (Ledeb.) Kitag.

蒙名 乌日图—套古日朝格图—哄呼—其其格

形态特征 植株高 30～80cm。茎直立，有时数条丛生，密生极短糙毛。基生叶早落；茎生叶互生，多集中于中部，条形，长 2～6cm，宽 2～4mm，全缘，两面被极短糙毛，无柄。圆锥花序顶生，多分枝，无毛；花下垂；花萼无毛，裂片 5，钻形，长 1.5～2.5mm；花冠蓝紫色，筒状坛形，长 1～1.3cm，直径 5～8mm，无毛，5 浅裂，裂片下部略收缩；雄蕊与花冠近等长；花盘长筒状，长 5mm 以上，无毛或具柔毛；花柱明显超出花冠约 1 倍，长 1.5～2cm，柱头 3 裂。花期 7～9 月，果期 7～10 月。2n=34。

生境 多年生旱中生草本。生于森林草原带和草原带的山地草甸草原、沟谷草甸、灌丛、石质丘陵、草原及沙丘。

产海拉尔区、满洲里市、牙克石市、扎兰屯市、鄂温克族自治旗、陈巴尔虎旗、新巴尔虎左旗、新巴尔虎右旗。

皱叶沙参 *Adenophora stenanthina* (Ledeb.) Kitag. var. *crispata* (Korsh.) Y. Z. Zhao

蒙名 乌日其格日—哄呼—其其格

形态特征 本变种与正种的区别在于：叶披针形至卵形，长 1.2～4cm，宽 5～15mm，边缘具深刻而尖锐的皱波状齿。

生境 多年生旱中生草本。生于森林草原带和草原带的山坡草地、沟谷、撂荒地。

产鄂温克族自治旗、陈巴尔虎旗、新巴尔虎左旗、新巴尔虎右旗。

丘沙参 *Adenophora stenanthina* (Ledeb.) Kitag. var. *collina* (Kitag.) Y. Z. Zhao

蒙名 道布音—哄呼—其其格

形态特征 本变种与正种的区别在于：叶条形至披针形，长1.5～2.5cm，宽2～8mm，边缘具锯齿。

生境 多年生旱中生草本。生于森林草原带和草原带的山坡。

产阿荣旗、鄂温克族自治旗。

菊科 Compositae

1 新鲜植株无乳汁；头状花序仅具管状花或兼有舌状花 …………………………………………………………… 2
1 新鲜植株具乳汁；通常头状花序仅具舌状花，极少为同形的管状花 ………………………………………… 40
2 叶对生，瘦果扁平或具4棱，顶端有芒刺2～4，芒刺具倒刺毛 ……………………… **16 鬼针草属 Bidens**
2 植株体及瘦果形态非上述特征 ……………………………………………………………………………………… 3
3 叶缘无刺 ……… 4
3 叶缘具刺 ……… 36
4 总苞片具直刺或倒钩刺 …………………………………………………………………………………………… 5
4 总苞片无刺 …… 6
5 头状花序单性；雌头状花序含2花；总苞片外面具钩状刺；雄头状花序总苞片分离，1～2层；叶互生 ……
…………………………………………………………………………………………… **15 苍耳属 Xanthium**
5 头状花序两性；总苞片具直刺；头状花序下垂；叶卵形或三角形，下面密被灰白色毡毛 … **35 山牛蒡属 Synurus**
6 总苞片1层等长，稀在总苞基部具数枚小形苞叶 ……………………………………………………………… 7
6 总苞片2至数层 …………………………………………………………………………………………………… 10
7 小花同形；管状花冠花白色或淡黄色；圆锥花序 …………………………………… **27 蟹甲草属 Parasenecio**
7 小花异形或同形；管状花花冠黄色、橙色或淡紫红色 ………………………………………………………… 8
8 叶具叶鞘；头状花序排列成总状或伞房状 …………………………………………… **26 橐吾属 Ligularia**
8 叶无叶鞘 ……… 9
9 基生叶花期宿存；叶不分裂，全缘或具疏齿；总苞无外层小苞片 ………………… **25 狗舌草属 Tephroseris**
9 基生叶花期枯萎；叶羽状分裂，从浅裂至深裂；总苞有外层小苞片 ……………… **24 千里光属 Senecio**
10 头状花序仅具管状花，管状花有时二唇形 ……………………………………………………………………… 11
10 头状花序有管状花和舌状花 ……………………………………………………………………………………… 21
11 总苞片干膜质或边缘膜质；瘦果具冠毛或无冠毛 ……………………………………………………………… 12
11 总苞片草质或革质，不为干膜质；瘦果具冠毛 ………………………………………………………………… 19
12 瘦果具冠毛，毛状或羽毛状 ……………………………………………………………………………………… 13
12 瘦果无冠毛或有冠状冠毛 ………………………………………………………………………………………… 15
13 总苞片具大型干膜质全缘或撕裂的附片；头状花序大，直径3～6cm；冠毛宿存 ……………………………
…………………………………………………………………………………… **34 漏芦属 Stemmacantha**
13 苞片全部或边缘干膜质，无明显的附片 ………………………………………………………………………… 14
14 头状花序呈伞房状密集排列，外围通常有开展的星状苞叶群 ……………………… **12 火绒草属 Leontopodium**
14 头状花序呈伞房状疏松排列，外围无开展的苞叶群；两性花全部或大部结实，其花柱分枝 ………………
…………………………………………………………………………………………… **13 鼠麴草属 Gnaphalium**
15 头状花序全部小花两性，管状；多年生草本或半灌木；头状花序在茎上排列成总状或圆锥状 ……………
…………………………………………………………………………………………… **22 绢蒿属 Seriphidium**
15 头状花序边花雌性，或部分雌性，部分两性；花冠管状或细管状 …………………………………………… 16
16 头状花序在茎枝顶端排列成伞房状；瘦果有2～6条脉纹或钝棱，顶端无冠状冠毛 ………………………… 17

16 头状花序在茎上排列成穗状、总状或圆锥状 ……………………………………………………………… 18
17 全部花结实；瘦果矩圆形或楔形，有 4～6 条脉纹，顶端平 ……………………………… **19 亚菊属 Ajania**
17 中央两性花不结实；瘦果压扁，倒卵形，腹面有 2 条纹，顶端不平整 ……………… **20 线叶菊属 Filifolium**
18 边花雌性，结实，中央花两性，结实或不结实；瘦果满布于花序托之上 ……………… **21 蒿属 Artemisia**
18 边花部分雌性，部分两性，结实，中央花两性，不结实；瘦果 1 圈，排列在花序托下部或基部 ………………………………………………………………………………………………… **23 栉叶蒿属 Neopallasia**
19 叶基生；头状花序单生，秋季开的为同形花，全部两性，管状 ……………………… **37 大丁草属 Gerbera**
19 具茎生叶和基生叶；头状花序同形，全部小花两性 …………………………………………………… 20
20 冠毛糙毛状；冠毛多层 ………………………………………………………………… **36 麻花头属 Serratula**
20 冠毛 1～2 层；外层冠毛糙毛状，易脱落；瘦果具 4 条纵肋；总苞片先端无附属物，稀具膜质或栉点状附属物 ………………………………………………………………………………………… **30 风毛菊属 Saussurea**
21 冠毛毛状 ……………………………………………………………………………………………………… 22
21 冠毛不为毛状，常为冠状、鳞片状、刺芒状或缺 ………………………………………………………… 34
22 叶基生；头状花序单生，春季开的为异形花 ………………………………………… **37 大丁草属 Gerbera**
22 具茎生叶和基生叶 ……………………………………………………………………………………………… 23
23 舌状花舌片通常较管部为长，显著 ………………………………………………………………………… 24
23 舌状花舌片甚短小 …………………………………………………………………………………………… 32
24 舌状花与管状花全为黄色 …………………………………………………………………………………… 25
24 舌状花与管状花不同色 ……………………………………………………………………………………… 26
25 头状花序排列成总状或圆锥状；花药无尾；花柱分枝顶端有披针状附片 ………… **1 一枝黄花属 Solidago**
25 头状花序排列成伞房状；花药具尾；花柱分枝顶端钝圆或截平 ……………………… **14 旋覆花属 Inula**
26 舌状花 2 轮或较多；总苞片狭条形 ……………………………………………………… **10 飞蓬属 Erigeron**
26 舌状花通常 1 轮；总苞片较宽 ……………………………………………………………………………… 27
27 管状花左右对称，1 裂片较长；舌状花冠毛毛状或膜片状，管状花冠毛毛状 ……… **3 狗娃花属 Heteropappus**
27 管状花辐射对称，5 裂片等长；冠毛糙毛状 ……………………………………………………………… 28
28 舌状花白色；叶卵状心形 …………………………………………………………… **4 东风菜属 Doellingeria**
28 舌状花蓝色、紫色或红色，稀白色；叶非卵状心形 ……………………………………………………… 29
29 垫状小草本；叶禾叶状 …………………………………………………………………… **7 莎菀属 Arctogeron**
29 直立草本；叶条形或披针形 ………………………………………………………………………………… 30
30 一年生草本；叶和总苞片肉质或稍肉质 ………………………………………………… **8 碱菀属 Tripolium**
30 多年生草本；叶和总苞片不为肉质 ………………………………………………………………………… 31
31 冠毛 1～2 层，近等长或外层冠毛短毛状或膜片状；边缘小花结实 ……………………… **5 紫菀属 Aster**
31 冠毛 2～3 层，不等长；边缘小花不结实 ……………………………………………… **6 乳菀属 Galatella**
32 冠毛 1 层；雌花细管状或丝状，有时具直立的小舌片 ………………………………… **11 白酒草属 Conyza**
32 冠毛通常 2 层；雌花舌状或细管状 ………………………………………………………………………… 33
33 一年生草本；舌状花花冠较冠毛短 …………………………………………………… **9 短星菊属 Brachyactis**
33 二年生或多年生草本；舌状花花冠较冠毛长 …………………………………………… **10 飞蓬属 Erigeron**

34 总苞片不为干膜质；舌状花淡蓝色、淡紫色或白色；冠毛极短，长不足 1mm ……………… **2 马兰属 Kalimeris**
34 总苞片全部或边缘干膜质 …………………………………………………………………………… **35**
35 花序托具托片；头状花序较小，在枝端排列成伞房状 ………………………………………… **17 蓍属 Achillea**
35 花序托无托片，有托毛或无；舌状花白色、红色、紫色或黄色，舌片长 ………………… **18 菊属 Dendranthema**
36 头状花序含 1 小花，再聚集成球形复头状花序 ………………………………………………… **28 蓝刺头属 Echinops**
36 花序不为复头状花序；总苞片均具刺 ……………………………………………………………… **37**
37 叶沿茎下延成宽或窄翅 ……………………………………………………………………………… **38**
37 叶不沿茎下延成翅 …………………………………………………………………………………… **39**
38 植株高大；叶草质，下面浅绿色，被皱缩长柔毛；头状花序小；花丝有毛 ……………… **33 飞廉属 Carduus**
38 植株较低矮；叶革质，下面灰白色，密被毡毛；头状花序大；花丝无毛 ………………… **31 蝟菊属 Olgaea**
39 头状花序为具刺的苞叶所包围 …………………………………………………………………… **29 苍术属 Atractylodes**
39 头状花序不为具刺的苞叶所包围 ………………………………………………………………… **32 蓟属 Cirsium**
40 冠毛羽毛状 …………………………………………………………………………………………… **41**
40 冠毛单毛状 …………………………………………………………………………………………… **44**
41 总苞片 1 层 …………………………………………………………………………………………… **38 婆罗门参属 Tragopogon**
41 总苞片多层 …………………………………………………………………………………………… **42**
42 植株被钩齿状硬毛；一、二年生草本 …………………………………………………………… **39 毛连菜属 Picris**
42 植株无钩齿状硬毛；多年生草本 ………………………………………………………………… **43**
43 花序托具膜质托片；叶非禾叶状 ………………………………………………………………… **40 猫儿菊属 Hypochaeris**
43 花序托无托片；叶常为禾叶状或较宽 …………………………………………………………… **41 鸦葱属 Scorzonera**
44 叶基生；头状花序单生于花葶上；瘦果具长喙，至少在上部有小瘤状或小刺状凸起 …… **42 蒲公英属 Taraxacum**
44 叶茎生；头状花序不为单生；瘦果无喙或有喙，不具小瘤状或小刺状凸起 ……………… **45**
45 冠毛由极细的柔毛并杂以较粗的直毛组成；头状花序具极多（一般超过 80 朵）的小花 … **47 苦苣菜属 Sonchus**
45 冠毛由较粗的直毛或粗毛组成；头状花序具较少的小花 ……………………………………… **46**
46 瘦果极扁或较扁，顶端有喙；总苞 3～5 层；冠毛同形 ……………………………………… **44 莴苣属 Lactuca**
46 瘦果微扁或近圆柱形 ………………………………………………………………………………… **47**
47 总苞片 3～4 层，复瓦状排列，由外向内逐渐增长 …………………………………………… **48 山柳菊属 Hieracium**
47 总苞片 2～3 层，外层极短，内层近等长 ……………………………………………………… **48**
48 瘦果有不等形的纵肋，上端狭窄通常无明显的喙 …………………………………………… **45 黄鹌菜属 Youngia**
48 瘦果有等形的纵肋，上端狭窄有或长或短的喙 ……………………………………………… **49**
49 瘦果圆柱形或纺锤形，有 10～20 条纵肋 ……………………………………………………… **46 还阳参属 Crepis**
49 瘦果纺锤形或披针形，扁或稍扁，有 8～12 条纵肋 ………………………………………… **43 苦荬菜属 Ixeris**

一枝黄花属 Solidago L.

兴安一枝黄花 *Solidago virgaurea* L. var. *dahurica* Kitag.

蒙名 阿拉塔日干那

形态特征 植株高 30～100cm。根状茎粗壮，褐色。茎直立，单一，通常有红紫色纵条棱，下部光滑或近无毛，上部疏被短柔毛。基生叶与茎下部叶宽椭圆状披针形、椭圆状披针形、矩圆形或卵形，长 5～14cm，宽 2～5cm，先端渐尖或锐尖，有时钝，基部楔形，并下延成有翅的长柄，叶柄长 5～15cm，边缘有锯齿，有时近全缘，两面叶脉及边缘疏被短硬毛；中部及上部叶渐小，椭圆状披针形、矩圆状披针形、宽披针形或披针形，先端渐尖，基部楔形，边缘有锯齿或全缘，具短柄或近无柄。头状花序排列成总状或圆锥状，具细梗，密被短毛；总苞钟状，长 6～8mm，直径约 5mm；总苞片 4～6 层，中肋明显，边缘膜质，有缘毛，外层者卵形，长 2～3mm，内层者矩圆状披针形，长 5～6mm，先端锐尖或钝；舌状花长约 1cm；管状花长 3.5～6mm。瘦果长约 2mm，中部以上或仅顶端疏被微毛，有时无毛；冠毛白色，长约 4mm。花果期 7～9 月。2n=18。

生境 多年生中生草本。生于森林带和草原带的山地林缘、草甸、灌丛、路旁。

产牙克石市、额尔古纳市、根河市、鄂伦春自治旗。

经济价值 全草或根入药，能疏风、清热解毒、消肿，主治风热感冒、咽喉肿痛、扁桃体炎、毒蛇咬伤、痈疖肿毒、跌打损伤。又可作蜜源植物。

本变种与正种的区别在于：瘦果中部以上，或仅顶端被微毛，有时无毛，而不全部被毛。

菊科

马兰属 Kalimeris Cass.

1 叶条状披针形、条状倒披针形或披针形，全缘，密被细的灰绿色短柔毛；头状花序直径 1～2cm ·· **1 全叶马兰 K. integrifolia**

1 叶羽状分裂，质薄，植株疏被毛，不为灰绿色；总苞片 3 层 ·················· **2 北方马兰 K. mongolica**

全叶马兰 *Kalimeris integrifolia* Turcz. ex DC.

别名 野粉团花、全叶鸡儿肠

蒙名 舒谷日—赛哈拉吉

形态特征 植株高 30～70cm。茎直立，单一或帚状分枝。叶灰绿色，全缘；茎中部叶密生，条状披针形、条状倒披针形或披针形，长 1.5～5cm，宽 3～6mm，先端尖或钝，基部渐狭，全缘，常反卷，两面密被细的短硬毛，无叶柄；上部叶渐小，条形。头状花序直径 1～2cm；总苞直径 7～8mm；总苞片 3 层，披针形，绿色，周边褐色或红紫色，背部有短硬毛及腺点，边缘膜质，有缘毛，外层者较短，内层者较长，4～5mm；舌状花 1 层，舌片淡紫色，长 6～11mm；管状花长约 3mm，有毛。瘦果倒卵形，上部有微毛及腺点；冠毛长 0.3～0.5mm，不等长，褐色，易脱落。花果期 8～9 月。

生境 多年生中生草本。生于森林带和草原带的山地林缘、草甸草原、河岸、砂质草地、固定沙丘上、路旁。

产牙克石市、扎兰屯市、额尔古纳市、根河市、阿荣旗、莫力达瓦达斡尔族自治旗、鄂温克族自治旗、陈巴尔虎旗、新巴尔虎左旗。

北方马兰 *Kalimeris mongolica* (Franch.) Kitam.

别名 蒙古鸡儿肠、蒙古马兰

蒙名 蒙古乐—赛哈拉吉

形态特征 植株高 30～60cm。茎直立，单一或上部分枝。叶质薄，下部叶和中部叶倒披针形、披针形或椭圆状披针形，长 3～7cm，宽 4～20mm，边缘具疏齿牙或缺刻状锯齿以至羽状深裂，裂片 2～4 对，披针形、条状披针形或矩圆形，全缘，上面粗糙，边缘常反卷，并有糙硬毛，下面沿叶脉疏生糙硬毛；上部叶渐小，条形或条状披针形，全缘。头状花序直直径 3～4cm；总苞直径 10～15mm；总苞片 3 层，革质，边缘膜质，并具流苏状睫毛，背面被短柔毛或无毛，外层者椭圆形，长约 5mm，内层者宽椭圆形或倒卵状椭圆形，长 6～7mm；舌状花 1 层，舌片淡蓝紫色，长 1.5～2cm；管状花长约 6mm。瘦果倒卵形，长约 3mm，淡褐色，有毛及腺点；冠毛长 0.5～1mm，不等长，褐色，易脱落。花果期 7～9 月。$2n=108$。

生境 多年生中生草本。生于森林带的河岸、路旁。

产鄂温克族自治旗。

经济价值 全草及根入药，能清热解毒、散瘀止血，主治感冒发热、咳嗽、咽痛、痈疖肿毒、外伤出血。

狗娃花属 Heteropappus Less.

1 多年生草本，全株被弯曲短硬毛；头状花序较小，直径 1～3cm，总苞片草质，边缘膜质 ·· **1 阿尔泰狗娃花 H. altaicus**
1 一年生或二年生草本，植株被疏柔毛、伏毛或近无毛；头状花序直径 3～5cm，外层总苞片全部草质，内层的边缘膜质 ··· 2
2 舌状花冠毛为白色膜片状冠环，或部分为红色糙毛 ·· **2 狗娃花 H. hispidus**
2 舌状花冠毛为红褐色的长糙毛，植株分枝较细 ·· **3 鞑靼狗娃花 H. tataricus**

阿尔泰狗娃花 *Heteropappus altaicus* (Willd.) Novopokr.

别名 阿尔泰紫菀

蒙名 阿拉泰因—布荣黑

形态特征 植株高（5）20～40cm，全株被弯曲短硬毛和腺点。茎多由基部分枝，斜升，也有茎单一而不分枝或有上部分枝者。茎和枝均具纵条棱。叶疏生或密生，条形、条状矩圆形、披针形、倒披针形或近匙形，无叶柄，全缘；上部叶渐小。头状花序直径（1）2～3（3.5）cm，单生于枝顶或排成伞房状；总苞片草质，边缘膜质，条形或条状披针形，先端渐尖，外层者长 3～5mm，内层者长 5～6mm；舌状花淡蓝紫色；管状花黄色，裂片不等大。瘦果矩圆状倒卵形，被绢毛；冠毛污白色或红褐色，为不等长的糙毛状。花果期 7～10 月。2n=18。

生境 多年生中旱生草本。生于干草原与草甸草原带，也生于山地、丘陵坡地、沙质地、路旁、村舍附近，是重要的草原伴生植物。在放牧较重的退化草原中，其种群常有显著增长，成为草原退化演替的标志种。

产海拉尔区、满洲里市、阿荣旗、莫力达瓦达斡尔族自治旗、鄂温克族自治旗、陈巴尔虎旗、新巴尔虎左旗、新巴尔虎右旗。

经济价值 全草及根入药，全草能清热降火、排脓，主治传染性热病、肝胆火旺、疱疹疮疖；根能润肺止咳，主治肺虚咳嗽、咯血。花又入蒙药（蒙药名：宝日—拉伯），能清热解毒、消炎，主治血瘀病、瘟病、流感、麻疹不透。中等饲用植物，开花前，山羊、绵羊和骆驼喜食，干枯后各种家畜均采食。

狗娃花 *Heteropappus hispidus* (Thunb.) Less.

蒙名 布荣黑

形态特征 植株高 30～60cm。茎直立，上部有分枝，粗壮，具纵条棱，多少被弯曲的短硬毛和腺点。基生叶倒披针形，边缘有疏锯齿，两面疏生短硬毛，花时即枯死；茎生叶倒披针形至条形，全缘而稍反卷，两面疏被细硬毛或无毛，边缘有伏硬毛，无叶柄。头状花序直径 3～5cm；总苞片 2 层，草质，内层者边缘膜质，条状披针形，或内层者为菱状披针形，两者近等长，先端渐尖，背部及边缘疏生伏硬毛；舌状花约 30 朵，白色或淡红色，冠毛甚短，白色膜片状或部分红褐色，糙毛状；管状花黄色，裂片不等大，冠毛糙毛状，与花冠近等长，先为白色后变为红褐色。瘦果倒卵形，有细边肋，密被伏硬毛。花期 6～10 月。2n=36。

生境 一年生或二年生中生草本。生于森林带和草原带的山地草甸、河岸草甸、林下。

产牙克石市、扎兰屯市、额尔古纳市、莫力达瓦达斡尔族自治旗、鄂伦春自治旗、新巴尔虎左旗、新巴尔虎右旗。

经济价值 根入药，能解毒消肿，主治疮肿、蛇咬伤；茎叶外用，捣烂可敷患处。

鞑靼狗娃花 *Heteropappus tataricus* (Lindl.) Tamamsch.

别名 细枝狗娃花

蒙名 塔塔日—布荣黑

形态特征 植株高 20～50cm。茎直立，单一，具纵条纹，绿色或带紫红色，疏被弯曲的细硬毛和腺点，多在中上部分枝，枝直伸或斜升。基生叶花时枯萎；茎生叶条形、条状披针形或矩圆状倒披针形，稀卵状披针形，长 2～9cm，宽 2～10mm，先端渐尖或锐尖，有时钝尖，基部渐狭或近圆形，全缘而稍反卷，两面被疏或密的伏细硬毛和腺点；上部叶渐小，条形、狭条形和条状披针形。头状花序直径 3～5cm，梗细，密被细硬毛和腺点，具条形苞叶；总苞片 2～3 层，草质，长 4～12mm，外层者条形，先端长尾状渐尖，内层者条状披针形，较外层者稍长，先端渐尖，边缘膜质，两者背部多少被伏硬毛和腺点；舌状花淡蓝紫色或粉红色，长 8～20mm，舌片先端钝或有 2 齿，下管部有短柔毛；管状花长约 7mm，有短柔毛。瘦果矩圆状倒卵形，长约 2mm，有毛；冠毛糙毛状，红褐色，全部等长或近等长。花果期 7～8 月。$2n=18, 20$。

生境 二年生沙生中生草本。生于砂质草地、砂质河岸、沙丘或山坡草地。

产扎兰屯市、新巴尔虎左旗、新巴尔虎右旗。

菊 科

东风菜属 Doellingeria Nees

东风菜 *Doellingeria scaber* (Thunb.) Nees

蒙名 好宁—尼都

形态特征 植株高50～100cm。根状茎短，肥厚，具多数细根。茎直立，坚硬，粗壮，有纵条棱，稍带紫褐色，无毛，上部有分枝。基生叶与茎下部叶心形，长7～15cm，宽6～15cm，先端锐尖，基部心形或浅心形，急狭成为长10～15cm而带翅的叶柄，边缘有具小尖头的牙齿或重牙齿，上面绿色，下面淡绿色，两面疏生糙硬毛；中部以上的叶渐小，卵形或披针形，基部楔形而形成具宽翅的短柄。头状花序多数，在茎顶排列成圆锥伞房状，直径18～24mm，花序梗长1～3cm，疏生糙硬毛；总苞半球形；总苞片2～3层，矩圆形，钝尖，边缘膜质，有缘毛，外层者较短，长约3mm，内层者较长，长4～5mm；舌状花雌性，白色，约10朵，舌片条状矩圆形，长10～15mm，宽约3mm，先端钝；管状花两性，黄色，长5～6mm，上部膨大，5齿裂，裂片反卷。瘦果圆柱形或椭圆形，长约4mm，有5条厚肋，无毛或近无毛；冠毛2层，糙毛状，污黄白色，长约4mm。花果期7～9月。2n=18。

生境 多年生中生草本。生于森林草原带的阔叶林中、林缘、灌丛，也进入草原带的山地。

产牙克石市、扎兰屯市、根河市、莫力达瓦达斡尔族自治旗、鄂伦春自治旗。

经济价值 根及全草入药，能清热解毒、祛风止痛，主治感冒头痛、咽喉肿痛、跌打损伤。

紫菀属 Aster L.

1 茎不分枝；头状花序单生于茎顶；基生叶长圆状匙形；总苞片2层 ·· **1 高山紫菀 A. alpinus**
1 茎有分枝或单一；头状花序多数；总苞片3～4层 ··· 2
2 植株高达1m，茎下部叶具长柄，叶椭圆形或矩圆状匙形，边缘具粗大牙齿 ······························· **2 紫菀 A. tataricus**
2 叶较小，无柄，披针形，质较薄，基部不抱茎，边缘具不整齐疏齿或浅齿；总苞片椭圆形，先端钝 ······················
··· **3 圆苞紫菀 A. maackii**

高山紫菀 *Aster alpinus* L.

别名 高岭紫菀

蒙名 塔格音—敖登—其其格

形态特征 植株高10～35cm。有丛生的茎和莲座状叶丛。茎直立，单一，不分枝，具纵条棱，被疏或密的伏柔毛。基生叶匙状矩圆形或条状矩圆形，基部渐狭成具翅的细叶柄，叶柄有时长可达10cm，全缘，两面多少被伏柔毛；中部叶及上部叶渐变狭小，无叶柄。头状花序单生于茎顶，直径3～3.5cm；总苞半球形；总苞片2～3层，披针形或条形，近等长，具狭或较宽的膜质边缘，背部被疏或密的伏柔毛；舌状花紫色、蓝色或淡红色；管状花黄色。瘦果密被绢毛，在周边杂有较短的硬毛；冠毛白色，长5～6mm。花果期7～8月。

生境 多年生中生草本。生于森林带和草原带的山地草原、林下，喜碎石土壤。

产牙克石市、扎兰屯市、额尔古纳市、根河市、鄂伦春自治旗、鄂温克族自治旗、陈巴尔虎旗、新巴尔虎右旗。

经济价值 根及全草入药，全草含皂苷，根状茎含香豆素和皂苷。地上部分可治淋巴结结核、湿疹、咳嗽、关节疼痛；花可治胃肠疾病及某些皮肤病。

紫菀 *Aster tataricus* L. f.

别名 青菀

蒙名 敖登—其其格

形态特征 植株高达 1m。根状茎短，簇生多数细根。茎直立，粗壮，单一，疏生硬毛。基生叶大形，花期枯萎凋落，椭圆状或矩圆状匙形，边缘有具小凸尖的牙齿，两面疏生短硬毛；下部叶及中部叶椭圆状匙形、长椭圆形或披针形以至倒披针形，边缘有锯齿或近全缘，两面有短硬毛；上部叶狭小，披针形或条状披针形以至条形，两端尖，无柄，全缘，两面被短硬毛。头状花序直径 2.5～3.5cm，多数在茎顶排列成复伞房状；总苞半球形，直径 10～25mm；总苞片 3 层，外层者较短，内层者较长，全部矩圆状披针形，绿色或紫红色，有短柔毛及短硬毛；舌状花蓝紫色；管状花黄色。瘦果紫褐色，有毛；冠毛污白色或带红色，与管状花等长。花果期 7～9 月。2*n*=54。

生境 多年生中生草本。生于森林带和草原带的山地林下、灌丛、沟边。

产海拉尔区、满洲里市、牙克石市、扎兰屯市、额尔古纳市、根河市、阿荣旗、莫力达瓦达斡尔族自治旗、鄂伦春自治旗、鄂温克族自治旗、陈巴尔虎旗、新巴尔虎左旗。

经济价值 根及根状茎入药（药材名：紫菀），能润肺下气、化痰止咳，主治风寒咳嗽、气喘、肺虚久咳、痰中带血。花作蒙药（蒙药名：敖纯—其其格），能清热解毒、消炎、排脓，主治瘟病、流感、头痛、麻疹不透、疔疮。

圆苞紫菀 *Aster maackii* Regel

别名 麻氏紫菀

蒙名 布木布日根—敖登—其其格

形态特征 植株高 40～80cm。茎直立，单一，疏被短硬毛，下部毛常脱落，基部有褐色纤维状残叶柄。茎中部叶长椭圆状披针形，长 4～10cm，宽 0.7～1.5cm，先端锐尖或渐尖，基部渐狭，不抱茎，边缘有具小尖头而疏的浅锯齿，两面被短硬毛，有离基三出脉；上部叶渐变狭小，披针形，全缘。头状花序较大，直径 3～4cm，2 个或数个在茎顶排列成疏伞房状，有时单生；总花梗较细长，密被短硬毛；总苞半球形，直径 1～2cm；总苞片 3 层，外层者较短，长约 4mm，内层者较长，长约 9mm，矩圆形，上部草质，下部革质，先端圆形或钝头，边缘膜质，上端呈红紫色或紫堇色，其边缘常有小撕裂片；舌状花 20 余朵，紫红色，长达 2cm，舌片宽 2～2.5mm；管状花长约 6mm，有微毛。瘦果长约 2mm，两面或一面有肋，密被短毛；冠毛白色或基部稍红色，与管状花等长。花果期 8～9 月。$2n=18$。

生境 多年生湿中生草本。生于森林带的湿润草甸、沼泽草甸。

产牙克石市、扎兰屯市、根河市、阿荣旗、莫力达瓦达斡尔族自治旗、鄂温克族自治旗。

乳菀属 Galatella Cass.

兴安乳菀 *Galatella dahurica* DC.

别名 乳菀

蒙名 布日扎

形态特征 植株高30～60cm，全株密被乳头状短毛和细糙硬毛。茎较坚硬，具纵条棱，绿色或带紫红色。茎中部叶条状披针形或条形，无柄，两面或仅上面有腺点，有明显的3脉；上部叶渐狭小。头状花序直径约2.5cm；总苞近半球形；总苞片3～4层，外层者较短，绿色，披针形，渐尖，内层者较长，黄绿色，矩圆形或矩圆状披针形，钝或长尖，背部具3～5脉，多少被短柔毛及缘毛；舌状花淡紫红色，不结实；管状花常黄色。瘦果密被长柔毛；冠毛与管状花花冠等长或稍短，淡黄褐色。花果期7～9月。$2n=36$。

生境 多年生中生草本。生于森林带和森林草原带的山坡、沙质草地、灌丛、林下、林缘。

产海拉尔区、满洲里市、牙克石市、扎兰屯市、额尔古纳市、根河市、莫力达瓦达斡尔族自治旗、鄂温克族自治旗、陈巴尔虎旗、新巴尔虎左旗。

菊科

莎菀属 Arctogeron DC.

莎菀 *Arctogeron gramineum* (L.) DC.

别名 禾矮翁

蒙名 得比斯格乐吉

形态特征 植株高5～10cm。根粗壮，垂直，扭曲，伸长或短缩，黑褐色。茎自根颈处分枝，密集，外被多数厚残叶鞘。叶全部基生，在分枝顶端呈簇生状，狭条形，长0.5（3）～7cm，宽0.3～0.5mm，先端尖而硬，基部稍扩展，边缘有睫毛，两面无毛或疏被蛛丝状短柔毛。花葶2～6个，密被长柔毛；头状花序单生于花葶顶端，直径约1.5cm；舌状花雌性，淡紫色；管状花两性。瘦果矩圆形，两面无肋，密被银白色绢毛；冠毛糙毛状，多层，近等长，白色，与管状花花冠等长或稍长。花果期5～6月。

生境 多年生垫状旱生草本。生于草原地带的石质山坡、丘陵坡地。

产阿荣旗、莫力达瓦达斡尔族自治旗、陈巴尔虎旗、新巴尔虎左旗、新巴尔虎右旗。

碱菀属 Tripolium Nees

碱菀 *Tripolium vulgare* Nees

别名 金盏菜、铁杆蒿、灯笼花

蒙名 朽日闹乐吉

形态特征 植株高10～60cm，全体光滑。茎直立，单一或上部分枝，也有从基部分枝者。叶多少肉质，中部叶条形或条状披针形，长（1）2～5cm，宽2～8mm，先端锐尖或钝，基部渐狭，无柄，边缘全缘或有具毛的微齿；上部叶渐变狭小，条形或条状披针形。头状花序直径2～2.5cm；总苞倒卵形，长5～7mm，宽约8mm；总苞片2～3层，肉质，外层者卵状披针形，长2.5～3mm，先端钝，边缘红紫色，有微毛，内层者矩圆状披针形，长约6mm，圆头，带红紫色，具3脉，有缘毛；舌状花雌性，蓝紫色，长10～15mm，宽1～2mm；管状花两性，长约6mm；花药顶端无附片，基部钝；花柱分枝宽厚或伸长。瘦果狭矩圆形，长约2mm，有厚边肋，两面各有1细肋，无毛或被疏毛；冠毛多层，白色或浅红色，微粗糙，花时比管状花短，长约5mm，果时长达15mm。花期8～9月。2n=18。

生境 一年生耐盐中生草本。生于草原带的湖边、沼泽、盐碱地。

产海拉尔区、满洲里市、鄂温克族自治旗、陈巴尔虎旗、新巴尔虎左旗、新巴尔虎右旗。

短星菊属 Brachyactis Ledeb.

短星菊 *Brachyactis ciliata* Ledeb.

蒙名 巴日安—图如

形态特征 植株高 10～50cm。茎红紫色，多分枝，疏被弯曲柔毛。叶全缘，稍肉质，条状披针形或条形，长 1.5～5cm，宽 3～5mm，先端锐尖，基部无柄，半抱茎，边缘有软骨质缘毛，粗糙，两面无毛，有时上面疏被短毛。头状花序极多，排列成具叶的圆锥状，直径 1～2cm；总苞长 6～7mm；总苞片 3 层，条状倒披针形，外层者稍短，内层者较长，先端锐尖，背部无毛，边缘有睫毛；舌状花连同花柱长约 4.5mm，管部狭长，舌片矩圆形，长 1.5mm；管状花长约 4mm。瘦果褐色，长 2～2.2mm，宽 0.5mm，顶端截形，基部渐狭；冠毛长约 6mm。花果期 8～9 月。2n=14。

生境 一年生耐盐中生草本。生于森林草原带、典型草原带和荒漠带的盐碱湿地、水泡子边、沙质地、山坡石缝阴湿处。

产海拉尔区、牙克石市、鄂温克族自治旗、陈巴尔虎旗、新巴尔虎左旗。

飞蓬属 Erigeron L.

1 全部叶两面被硬毛；茎被长柔毛；总苞片背部密被硬毛 ·· **1 飞蓬 E. acer**
1 茎中部及上部叶两面无毛，但边缘有毛；总苞片背部被腺毛 ··· **2**
2 茎及总苞均为紫色，稀绿色，基生叶及茎下部叶全缘；总苞片背部被腺毛，并疏被长毛，头状花序较少数，排成聚伞状圆锥花序 ··· **2 长茎飞蓬 E. elongatus**
2 茎及总苞均为绿色，茎被毛或近无毛，叶边缘具不规则小齿；总苞片被褐色腺毛，有时混生多细胞毛 ·· **3 堪察加飞蓬 E. kamtschaticus**

飞蓬 *Erigeron acer* L.

别名 北飞蓬

蒙名 车衣力格—其其格

形态特征 植株高 10～60cm。茎直立，单一，密被伏柔毛并混生硬毛。叶绿色，两面被硬毛，基生叶与茎下部叶倒披针形，基部渐狭成具翅的长叶柄，全缘或具少数小尖齿；中部叶及上部叶披针形或条状矩圆形，全缘或有齿。头状花序多数在茎顶排列成密集的伞房状或圆锥状；总苞片背部密被硬毛；雌花二型：外层小花舌状，长 5～7mm，舌片短小，宽 0.25mm，淡红紫色，内层小花细管状，长约 3.5mm，无色；两性的管状小花长约 5mm。瘦果矩圆状披针形，密被短伏毛；冠毛 2 层，污白色或淡红褐色，外层者甚短，内层者较长。花果期 7～9 月。

生境 二年生中生草本。生于森林带和草原带的山地林缘、低地草甸、河岸沙质地、田边。

产海拉尔区、牙克石市、扎兰屯市、根河市、额尔古纳市、鄂温克族自治旗、陈巴尔虎旗、新巴尔虎左旗。

经济价值 花序和种子入药，花序可治发热性疾病；种子可治出血性腹泻，煎剂治胃炎、腹泻、皮疹、疥疮。

长茎飞蓬 *Erigeron elongatus* Ledeb.

别名 紫苞飞蓬

蒙名 陶日格—车衣力格

形态特征 植株高 10～50cm。茎直立，疏被微毛，中上部分枝。叶质较硬，全缘；基生叶与茎下部叶矩圆形或倒披针形，长 1～10cm，宽 1～10mm，先端锐尖或钝，基部下延成柄，全缘，两面无毛，边缘常有硬毛，花后凋萎；中部与上部叶矩圆形或披针形，长 0.3～7cm，宽 0.7～8mm，先端锐尖或渐尖，无柄。头状花序直径 1～2cm，通常少数在茎顶排列成伞房状、圆锥状，花序梗细长；总苞半球形；总苞片 3 层，条状披针形，长 4.5～9mm，外层者短，内层者较长，先端尖，紫色，有时绿色，背部有腺毛，有时混生硬毛；雌花二型：外层舌状小花，长 6～8mm，舌片长 0.3～0.5mm，先端钝，淡紫色，内层细管状小花，长 2.5～4.9mm，无色；两性的管状小花长 3.5～5mm，顶端裂片暗紫色，三者花冠管部上端均疏被微毛。瘦果矩圆状披针形，长 1.8～2.5mm，密被短伏毛；冠毛 2 层，白色，外层者甚短，内层者长达 7mm。花果期 6～9月。2n=18。

生境 多年生中生草本。生于森林带的林缘、草甸。

产海拉尔区、牙克石市、额尔古纳市、根河市、鄂伦春自治旗、鄂温克族自治旗、陈巴尔虎旗。

堪察加飞蓬 *Erigeron kamtschaticus* DC.

形态特征 植株高40～100cm。茎直立，单一，较粗壮，疏被多细胞长毛或近无毛，中上部分枝。基生叶与茎下部叶倒披针形，基部渐狭，有柄，边缘常有不规则小锯齿，两面及边缘疏被硬毛；中部及上部叶密生，披针形，无柄，全缘，两面有短柔毛，或叶面混生及边缘疏生多细胞长毛。头状花序多数在茎顶排列成圆锥状；总苞片背部密或疏被短腺毛，有时混生长硬毛；雌花二型：外层舌状小花，长5～6mm，舌片短小，宽0.25mm，淡紫色，内层细管状小花，无色；两性的管状小花长3.5～4.5mm。瘦果矩圆状披针形，密被短伏毛；冠毛2层，淡白色，外层者甚短，内层者较长。花果期7～9月。$2n=18$。

生境 二年生中生草本。生于森林草原带和草原带的山地林缘、草甸。

产额尔古纳市。

白酒草属 Conyza Less.

小蓬草 *Conyza canadensis* (L.) Cronq.

别名 小飞蓬、加拿大飞蓬、小白酒草

蒙名 哈混—车衣力格

形态特征 植株高50～100cm。根圆锥形。茎直立，具纵条棱，淡绿色，疏被硬毛，上部多分枝。叶条状披针形或矩圆状条形，长3～10cm，宽1～10mm，先端渐尖，基部渐狭，全缘或具微锯齿，两面及边缘疏被硬毛，无明显叶柄。头状花序直径3～8mm，有短柄，在茎顶密集成长形的圆锥状或伞房式圆锥状；总苞片条状披针形，长约4mm，外层者短，内层者较长，先端渐尖，背部近无毛或疏生硬毛；舌状花直立，长约2.5mm，舌片条形，先端不裂，淡紫色；管状花长约2.5mm。瘦果矩圆形，长1.25～1.5mm，有短伏毛；冠毛污白色，长与花冠近相等。花果期6～9月。2n=18。

生境 一年生中生草本。生于田野、路边、村舍附近，为外来入侵种。

产陈巴尔虎旗。

经济价值 全草入药，能清热利湿、散瘀消肿，主治肠炎、痢疾；外用治牛皮癣、跌打损伤、疮疖肿毒。

火绒草属 Leontopodium R. Br.

1 茎生叶条形或舌状条形，两面被白色长柔毛或绵毛，上面不久脱毛 ················· **1 长叶火绒草 L. junpeianum**
1 茎生叶披针形、条状披针形或条形，两面被宿存的灰白色蛛丝状绵毛、长柔毛或绢毛 ················· **2**
2 苞叶卵形或卵状披针形，近基部较宽，下面稍绿色，5～10枚，近等长，形成明显的苞叶群 ·················
·················**2 团球火绒草 L. conglobatum**
2 苞叶线状披针形，1～4枚，不等长，形成不明显的苞叶群 ················· **3 火绒草 L. leontopodioides**

长叶火绒草 *Leontopodium junpeianum* Ling

别名 兔耳子草

蒙名 陶日格—乌拉—额布斯

形态特征 植株高10～45cm。根状茎分枝短，有顶生的莲座状叶丛，或分枝长，有叶鞘和多数近丛生的花茎。花茎直立或斜升，被白色疏柔毛或密绵毛。基生叶或莲座状叶狭匙形，基部渐狭，靠近基部又扩大成紫红色的长鞘；中部叶直立，条形、宽条形或舌状条形，两面被密或疏的白色长柔毛或绵毛，上面无毛或不久后脱毛。苞叶多数，卵状披针形或条状披针形，上面或两面被白色长柔毛状绵毛，较花序长1.5～3倍，开展成直径2～6cm的苞叶群。头状花序3～10个密集；总苞片约3层，椭圆状披针形，先端尖或啮蚀状，无毛，褐色；小花雌雄异株，少有异形花；花冠长约4mm；雄花花冠管状漏斗状；雌花花冠丝状管状。瘦果椭圆形，被短粗毛或无毛；冠毛白色，较花冠稍长。花果期7～9月。

生境 多年生旱中生草本。生于森林带和草原带的山地灌丛、山地草甸。

产牙克石市。

经济价值 全草入蒙药（蒙药名：查干—阿荣），能清肺、止咳化痰，主治肺热咳嗽、支气管炎。

团球火绒草 *Leontopodium conglobatum* (Turcz.) Hand.-Mazz.

别名 剪花火绒草

蒙名 布木布格力格—乌拉—额布斯

形态特征 植株高 15～30cm。根状茎分枝粗短，有单生的或 2～3 簇生与少数莲座状叶丛簇生的茎。花茎直立或稍弯曲，被灰白色或白色蛛丝状绵毛。基生叶或莲座状叶狭倒披针状条形，基部渐狭成长柄状；中部叶稍直立或开展，披针形或披针状条形，基部急狭，有短窄的鞘；上部叶较小，无柄，两面被疏或较密的灰白色蛛丝状绵毛。苞叶多数，卵形或卵状披针形，两面被白色厚绵毛，或下面被较薄的蛛丝状绵毛，较花序长 2～3 倍，开展成直径 4～7cm 的苞叶群。头状花序 5～30 个密集成团球状伞房花序总苞片约 3 层，矩圆状披针形，先端尖，撕裂，无毛，浅或深褐色；小花异形，或中央的头状花序雄性，外围的雌性。瘦果椭圆形，有乳头状毛；冠毛白色。花期 6～8 月。

生境 多年生旱中生草本。生于森林带和草原带的沙地灌丛、山地灌丛，也散生于石质丘陵阳坡。

产海拉尔区、牙克石市、扎兰屯市、额尔古纳市、阿荣旗、莫力达瓦达斡尔族自治旗、鄂伦春自治旗、鄂温克族自治旗、陈巴尔虎旗、新巴尔虎左旗。

经济价值 地上部分入药，能清热凉血、益肾利尿，可消除尿蛋白，主治急性肾炎、慢性肾炎、尿道炎。全草也入蒙药（蒙药名：查干—阿荣），能清肺、止咳化痰，主治肺热咳嗽、支气管炎。

火绒草 *Leontopodium leontopodioides* (Willd.) Beauv.

别名 火绒蒿、老头草、老头艾、薄雪草

蒙名 乌拉—额布斯

形态特征 植株高10～40cm。根状茎粗壮，为枯萎的短叶鞘所包裹，有多数簇生的花茎和根出条。花茎直立或稍弯曲，被灰白色长柔毛或白色近绢状毛。下部叶较密，在花期枯萎宿存；中部和上部叶较疏，多直立，条形或条状披针形，无鞘，无柄，边缘有时反卷或呈波状，上面绿色，被柔毛，下面被白色或灰白色密绵毛。苞叶少数，矩圆形或条形，两面或下面被白色或灰白色厚绵毛，雄株多少开展成苞叶群，雌株苞叶散生，不排列成苞叶群。头状花序3～7个密集，稀1个或较多，或有较长的花序梗而排列成伞房状；总苞片约4层，披针形，先端无色或浅褐色；小花雌雄异株，少同株。瘦果矩圆形；冠毛白色，基部稍黄色，雄花冠毛上端不粗厚，有毛状齿。花果期7～10月。

生境 多年生旱生草本。多散生于典型草原、山地草原、草原沙质地。

产呼伦贝尔市各旗、市、区。

经济价值 用途同团球火绒草。

鼠麴草属 Gnaphalium L.

湿生鼠麴草 Gnaphalium uliginosum L.

蒙名 黑薄古日根讷

形态特征 植株高15～25cm。茎单生或簇生，直立，基部多少木质化，分枝与主茎呈锐角直升或斜升，密被丛卷毛。基生叶小，花期凋萎；中部和上部叶矩圆状条形或条状披针形，无叶柄，两面密被灰白色丛卷毛。头状花序有短梗，在茎和枝顶密集成团伞状或球状；总苞片2～3层，外层者卵形，较短，黄褐色，被蛛丝状绵毛，内层者矩圆形或披针形，较长，淡黄色或麦秆黄色，无毛；头状花序有极多的雌花；雌花花冠丝状，上部有腺点，顶端有不明显的3细齿；两性花少数，约与雌花等长或稍短，花冠细管状，顶端变褐色。瘦果纺锤形，有多数乳头状凸起；冠毛白色。花果期7～10月。$2n=56$。

生境 一年生湿中生草本。生于森林带和森林草原带的山地草甸、河滩草甸、沟谷草甸。

产鄂温克族自治旗、陈巴尔虎旗。

经济价值 地上部分入药，能化痰止咳、解毒医疮、平肝降压，主治支气管炎、咳嗽气喘、胃溃疡、十二指肠溃疡、高血压、恶性肿瘤。全草入蒙药（蒙药名：干达巴达拉），能化痰、止咳、解毒、化痞，主治痞症、胃瘀痛、支气管炎。

旋覆花属 Inula L.

1 叶近革质，有光泽，背面脉明显凸起；瘦果无毛 ······················· **1 柳叶旋覆花 I. salicina**
1 叶草质，背面脉不凸起，叶长圆状披针形或广披针形，边缘不反卷，基部宽大，心形，有耳 ······················· **2 欧亚旋覆花 I. britanica**

柳叶旋覆花 *Inula salicina* L.

别名 歌仙草、单茎旋覆花

蒙名 乌达力格—阿拉坦—导苏乐

形态特征 植株高 30～40cm。根状茎细长。茎直立，下部有疏或密的短硬毛，不分枝或上部分枝；全体有较多的叶。叶稍革质，硬，叶脉明显而稍凸起；下部叶矩圆状匙形，花期常凋落；中部叶稍直立，椭圆形或矩圆状披针形，长 3～6cm，宽 0.8～2cm，先端锐尖，有小尖头，基部心形，或有圆形小耳，半抱茎，边缘疏生具小尖头的细齿，两面无毛或仅下面中脉有糙硬毛，有时两面有糙硬毛与腺点，边缘有密糙硬毛。头状花序直径 2.5～4cm，单生于茎或枝端，外常为密集的披针形苞叶所包围；总苞半球形，直径 1.2～1.5（2）cm；总苞片 4～5 层，长 10～12mm，外层者稍短，披针形或卵状披针形，先端钝或尖，上部草质，边缘紫红色，下部革质，背部密被短毛，常有缘毛；内层者条状披针形，渐尖，上部背面密被短毛；舌状花长 13～15mm，舌片条形；管状花长 7～9mm。瘦果长 1.5～2mm，具细沟棱，无毛；冠毛 1 层，白色或下部稍红色，约与管状花花冠等长。花果期 7～10 月。2n=16，32。

生境 多年生中生草本。生于森林带和森林草原带的山地草甸、低湿地草甸。

产满洲里市、牙克石市、额尔古纳市、根河市、鄂温克族自治旗、陈巴尔虎旗、新巴尔虎左旗。

欧亚旋覆花 *Inula britanica* L.

别名 旋覆花、大花旋覆花、金沸草

蒙名 阿拉坦—导苏乐—其其格

形态特征 植株高20～70cm。茎直立,单生或2～3个簇生,具纵沟棱,被长柔毛,上部有分枝,稀不分枝。叶边缘不反卷,基生叶和下部叶在花期常枯萎,长椭圆形或披针形;中部叶长椭圆形,无柄,心形或有耳,半抱茎,边缘有具小尖头的疏浅齿或近全缘,上面无毛或被疏伏毛,下面密被伏柔毛和腺点,中脉与侧脉被较密的长柔毛;上部叶渐小。头状花序直径2.5～5cm,1～5个生于茎顶或枝端;总苞半球形;总苞片4～5层;舌状花黄色,舌片条形;管状花长约5mm。瘦果有浅沟,被短毛;冠毛1层,白色,与管状花花冠等长。花果期7～10月。$2n=16, 24, 32$。

生境 多年生中生草本。生于森林草原带和草原带的草甸、农田、地埂、路旁。

产牙克石市、扎兰屯市、额尔古纳市、根河市、阿荣旗、莫力达瓦达斡尔族自治旗、鄂温克族自治旗、陈巴尔虎旗、新巴尔虎左旗、新巴尔虎右旗。

经济价值 花序入药(药材名:旋覆花),能降气、化痰、行水,主治咳喘痰多、噫气、呕吐、胸膈痞闷、水肿。也入蒙药(蒙药名:阿扎斯儿卷),能散瘀、止痛,主治跌打损伤、湿热疮疡。

菊　科

苍耳属 Xanthium L.

1 成熟的具瘦果的总苞连同喙部长 12～15mm，外面总苞刺长 1～2mm，基部微增粗或不增粗 ················· **1 苍耳 X. sibiricum**

1 成熟的具瘦果的总苞连同喙部长 18～20mm，外面总苞刺长 2～5.5mm，基部增粗 ····· **2 蒙古苍耳 X. mongolicum**

苍耳 *Xanthium sibiricum* Patrin ex Widder

别名　莫耳、苍耳子、老苍子、刺儿苗

蒙名　西伯日—好您—章古

形态特征　植株高 20～60cm。茎直立，粗壮，下部圆柱形，上部有纵沟棱，被白色硬伏毛，不分枝或少分枝。叶三角状卵形或心形，长 4～9cm，宽 3～9cm，先端锐尖或钝，基部近心形或截形，与叶柄连接处呈楔形，不分裂或有 3～5 不明显浅裂，边缘有缺刻及不规则的粗锯齿，具 3 基出脉，上面绿色，下面苍绿色，两面均被硬状毛及腺点；叶柄长 3～11cm。雄头状花序直径 4～6mm，近无梗，总苞片矩圆状披针形，长 1～1.5mm，被短柔毛，雄花花冠钟状；雌头状花序椭圆形，外层总苞片披针形，长约 3mm，被短柔毛，内层总苞片宽卵形或椭圆形，成熟的具瘦果的总苞变坚硬，绿色、淡黄绿色或带红褐色，连同喙部长 12～15mm，宽 4～7mm，外面疏生具钩状的刺，刺长 1～2mm，基部微增粗或不增粗，被短柔毛，常有腺点，或全部无毛；喙坚硬，锥形，长 1.5～2.5mm，上端略弯曲，不等长。瘦果长约 1cm，灰黑色。花期 7～8 月，果期 9～10 月。$2n=36$。

生境　一年生中生草本。生于田野、路边，可形成密集的小片群聚。

产呼伦贝尔市各旗、市、区。

经济价值　种子可榨油，可掺和桐油制油漆，又可作油墨、肥皂、油毡的原料，还可制硬化油及润滑油。带总苞的果实入药（药材名：苍耳子），能散风祛湿、通鼻窍、止痛、止痒，主治风寒头痛、鼻窦炎、风湿痹痛、皮肤湿疹、皮肤瘙痒。

蒙古苍耳 *Xanthium mongolicum* Kitag.

蒙名 好您—章古

形态特征 植株高可达1m。根粗壮，具多数纤维状根。茎直立，坚硬，圆柱形，有纵沟棱，被硬伏毛及腺点。叶三角状卵形或心形，长5～9cm，宽4～8cm，先端钝或尖，基部心形，与叶柄连接处呈楔形，3～5浅裂，边缘有缺刻及不规则的粗锯齿，具3基出脉，上面绿色，下面苍绿色，两面密被硬伏毛及腺点；叶柄长4～9cm。成熟的具瘦果的总苞变坚硬，椭圆形，绿色或黄褐色，连同喙部长18～20mm，宽8～10mm，外面具较疏的总苞刺，刺长2～5.5mm（通常5mm），直立，向上渐尖，顶端具细倒钩，基部增粗，中部以下被柔毛，常有腺点，上端无毛。瘦果长约13mm，灰黑色。花期7～8月，果期8～9月。

生境 一年生中生草本。生于草原带的山地及丘陵的砾石质坡地、沙地、田野。

产阿荣旗、鄂温克族自治旗、陈巴尔虎旗、新巴尔虎左旗、新巴尔虎右旗。

经济价值 用途同苍耳。

鬼针草属 Bidens L.

1 叶二至三回羽状分裂，最终裂片条形或条状披针形，宽 2～4mm；瘦果线状四棱形，先端具 2 刺芒 ·· **1 小花鬼针草 B. parviflora**
1 叶羽状 3～7 深裂或全裂 ··· **2**
2 茎中部叶羽状全裂，侧裂片通常 2～3 对，条形或条状披针形；头状花序宽大于长；瘦果长 3～5cm ··· **2 羽叶鬼针草 B. maximovicziana**
2 茎中部叶 3～5 深裂，侧裂片披针形至狭披针形；头状花序长宽近等长；瘦果长 7～11mm ······ **3 狼杷草 B. tripartita**

小花鬼针草 *Bidens parviflora* Willd.

别名 一包针

蒙名 吉吉格—哈日巴其—额布斯

形态特征 植株高 20～70cm。茎直立，无毛或被稀疏皱曲长柔毛。叶对生，二至三回羽状全裂，小裂片具 1～2 个粗齿或再做第三回羽裂，最终裂片条形或条状披针形，全缘或有粗齿，边缘反卷，上面被短柔毛，下面沿叶脉疏被粗毛；上部叶互生，二回或一回羽状分裂；具细柄。头状花序单生于茎顶和枝端，具长梗；总苞筒状，基部被短柔毛，外层总苞片草质，内层者常仅 1 枚，托片状；托片长椭圆状披针形，膜质；无舌状花；管状花 6～12，花冠 4 裂。瘦果条形，黑灰色，有短刚毛，顶端有芒刺 2，有倒刺毛。花果期 7～9 月。$2n=48$。

生境 一年生中生草本。生于田野、路旁、沟渠边。

产牙克石市、扎兰屯市、阿荣旗、莫力达瓦达斡尔族自治旗、鄂伦春自治旗、新巴尔虎右旗。

经济价值 全草入药，能祛风湿、清热解毒、止泻，主治风湿性关节炎、扭伤、肠炎腹泻、咽喉肿痛、虫蛇咬伤。

羽叶鬼针草 *Bidens maximovicziana* Oett.

蒙名 乌都力格—哈日巴其—额布斯

形态特征 植株高 30～80cm。茎直立，稍具 4 棱或近圆柱形，无毛或上部被疏短柔毛。中部叶长 5～13cm，羽状全裂，侧生裂片（1）2～3 对，疏离，条形或条状披针形，先端渐尖，边缘有内弯的粗锯齿，顶裂片较大，披针形，两面无毛或被疏糙硬毛；叶柄长 1.5～3cm，具极窄的翅，基部边缘有疏粗缘毛。头状花序直径 1～2cm，单生于茎顶和枝端；总苞盘状，外层总苞片 8～10，叶状，条状披针形，长 1.5～3cm，先端渐尖，边缘具疏齿及缘毛，内层者披针形或卵形，长约 7mm，膜质，先端短渐尖，背部有褐色纵条纹，边缘黄色；托片条形，长约 6mm，背部有褐色条纹，边缘透明；无舌状花；管状花长约 3mm，顶端 4 裂。瘦果扁，倒卵形至楔形，长约 4mm，宽 1.5～2mm，边缘浅波状，具瘤状小凸起，具倒刺毛，顶端有芒刺 2，长 2.5～3mm。花果期 7～8 月。

生境 一年生中生草本。生于森林带和草原带的河滩湿地、路旁。

产扎兰屯市、莫力达瓦达斡尔族自治旗、陈巴尔虎旗。

狼杷草 *Bidens tripartita* L.

别名 鬼针、小鬼叉

蒙名 古日巴存—哈日巴其—额布斯

形态特征 植株高20~50cm。茎直立或斜升，圆柱状或具钝棱而稍呈四方形，无毛或疏被短硬毛，绿色或带紫色，上部有分枝或自基部分枝。叶对生，下部叶较小，不分裂，常于花期枯萎；中部叶长4~13cm，通常3~5深裂，侧裂片披针形至狭披针形，长3~7cm，宽8~12mm，顶生裂片较大，椭圆形或长椭圆状披针形，长5~11cm，宽1.1~3cm，两端渐尖，两者裂片均具不整齐疏锯齿，两面无毛或下面有极稀的短硬毛，有具窄翅的叶柄；中部叶极少有不分裂者，为长椭圆状披针形，或近基部浅裂成1对小裂片；上部叶较小，3深裂或不分裂，披针形。头状花序直径1~3cm，单生，花序梗较长；总苞盘状，外层总苞片5~9，叶状，狭披针形或匙状倒披针形，长1~3cm，先端钝，全缘或有粗锯齿，有缘毛，内层者长椭圆形或卵状披针形，长6~9mm，膜质，背部有褐色或黑灰色纵条纹，具透明而淡黄色的边缘；托片条状披针形，长6~9mm，约与瘦果等长，背部有褐色条纹，边缘透明；无舌状花；管状花长4~5mm，顶端4裂。瘦果扁，倒卵状楔形，长6~11mm，宽2~3mm，边缘有倒刺毛，顶端有芒刺2，少有3~4，长2~4mm。花果期9~10月。$2n=48，72$。

生境 一年生中生草本。生于路边、低湿滩地。产呼伦贝尔市各旗、市、区。

经济价值 全草入药，能清热解毒、养阴益肺、收敛止血，主治感冒、扁桃体炎、咽喉炎、肺结核、气管炎、肠炎痢疾、丹毒、癣疮、闭经等。

蓍属 Achillea L.

1 叶不分裂，边缘有细齿，两面无毛；舌状花白色，舌片长约7mm	**1 齿叶蓍 A. acuminata**
1 叶羽状分裂；舌状花白色或粉红色	2
2 叶一至二回羽状浅裂至深裂	3
2 叶三至多回羽状全裂	4
3 叶羽状浅裂至深裂；舌状花的舌片较大，长1.5～2mm，明显超出总苞；总苞半球形，径5～7mm	**2 高山蓍 A. alpina**
3 叶羽状深裂至全裂；舌状花的舌片长不及1mm，稍超出总苞；总苞长圆形，径3～4mm	**3 短瓣蓍 A. ptarmicoides**
4 叶主轴宽0.5～0.75（1）mm，小裂片较狭，条形或披针形，宽0.1～0.3mm；舌状花粉红色，稀带白色	**4 亚洲蓍 A. asiatica**
4 叶主轴宽1.5～2mm，小裂片较宽，披针形，稀条形，宽达0.3～0.5mm；舌状花白色、粉红色或淡紫红色	**5 蓍 A. millefolium**

齿叶蓍 *Achillea acuminata* (Ledeb.) Sch.-Bip.

别名 单叶蓍

蒙名 伊木特—图乐格其—额布斯

形态特征 植株高30～90cm。茎单生或数个，直立。叶不分裂，基生叶和下部叶花期凋落；中部叶披针形或条状披针形，长4～7cm，宽3～7mm，无柄，边缘有向上弯曲的小重锯齿，齿端有软骨质小尖头。头状花序较多数，在茎顶排列成疏伞房状；总苞半球形，长3～4.5mm；总苞片3层，黄绿色，卵形至矩圆形，先端钝或尖，具隆起的中肋，边缘和顶端膜质，褐色，具篦齿状小齿，被较密的长柔毛；托片与总苞片近似；舌状花10～23，白色，舌片卵圆形，长约4mm，宽约3mm，顶端有3圆齿；管状花长2～3mm，白色。瘦果宽倒披针形，长约2.5mm。花果期6～9月。

生境 多年生中生草本。生于森林带和草原带的低湿草甸，是常见的伴生种。

产满洲里市、牙克石市、扎兰屯市、额尔古纳市、根河市、阿荣旗、莫力达瓦达斡尔族自治旗、鄂伦春自治旗、鄂温克族自治旗、陈巴尔虎旗、新巴尔虎左旗。

高山蓍 *Achillea alpina* L.

别名 蓍、蚰蜒草、锯齿草、羽衣草

蒙名 图乐格其—额布斯

形态特征 植株高30～70cm。茎直立,疏被贴生长柔毛,上部有分枝。下部叶花期凋落;中部叶条状披针形,无柄,羽状浅裂或羽状深裂,裂片条形或条状披针形,有不等长的缺刻状锯齿,裂片和齿端有软骨质小尖头,两面疏生长柔毛,有腺点或无腺点。头状花序多数,密集成伞房状;总苞钟状;总苞片具中肋,边缘膜质,褐色,疏被长柔毛;托片与总苞片相似;舌状花白色,舌片卵圆形,长1.5～2mm;管状花白色。瘦果宽倒披针形。花果期7～9月。$2n=28$,36。

生境 多年生中生草本。生于森林带和森林草原带的山地林缘、灌丛、沟谷草甸,是常见的伴生种。产鄂温克族自治旗。

经济价值 全草入药,能清热解毒、祛风止痛,主治风湿疼痛、跌打损伤、肠炎、痢疾、痈疮肿毒、毒蛇咬伤。又入蒙药(蒙药名:图乐格其—额布斯),能消肿、止痛,主治内痈、关节肿胀、疖疮肿毒。

短瓣蓍 *Achillea ptarmicoides* Maxim.

蒙名 敖呼日—图乐格其—额布斯

形态特征 植株高 30～70cm。茎直立，疏被伏贴的长柔毛或短柔毛，上部有分枝。叶绿色，下部叶花期凋落；中部叶及上部叶条状披针形，无柄，羽状深裂或羽状全裂，裂片条形，有不等长的缺刻状锯齿，裂片和齿端有软骨质小尖头，两面疏生长柔毛，有蜂窝状小腺点。头状花序多数，在茎顶密集排列成复伞房状；总苞钟状；总苞片有中肋，边缘和顶端膜质，褐色，疏被长柔毛；舌状花白色，舌片长 0.7～1.5mm；管状花有腺点。瘦果矩圆形或倒披针形。花果期 7～9 月。$2n=18$。

生境 多年生中生草本。生于森林带和草原带的山地草甸、灌丛，为伴生种。

产海拉尔区、牙克石市、额尔古纳市、根河市、阿荣旗、莫力达瓦达斡尔族自治旗、鄂伦春自治旗、鄂温克族自治旗、陈巴尔虎旗、新巴尔虎左旗。

亚洲蓍 *Achillea asiatica* Serg.

蒙名 阿子音—图乐格其—额布斯

形态特征 植株高15～50cm。根状茎细，横走，褐色。茎单生或数个，直立或斜升，具纵沟棱，被或疏或密的皱曲长柔毛，中上部常有分枝。叶绿色或灰绿色，矩圆形、宽条形或条状披针形，下部叶长7～20cm，宽0.5～2cm，二至三回羽状全裂，叶轴宽0.5～0.75（1）mm，小裂片条形或披针形，长0.5～1mm，宽0.1～0.3（0.5）mm，先端有软骨质小尖，两面疏被长柔毛，有蜂窝状小腺点，叶具柄或近无柄；中部叶及上部叶较短，无柄。头状花序多数，在茎顶密集排列成复伞房状；总苞杯状，长3～4mm，宽2.5～3mm；总苞片3层，黄绿色，卵形或矩圆形，先端钝，有中肋，边缘和顶端膜质，褐色，疏被长柔毛；舌状花粉红色，稀白色，舌片宽椭圆形或近圆形，长约2～2.5mm，宽1.5～2（2.5）mm，顶端有3圆齿；管状花长约2mm，淡粉红色。瘦果楔状矩圆形，长约2mm。花果期7～9月。$2n=18, 36$。

生境 多年生中生草本。生于森林带和草原带的河滩、沟谷草甸、山地草甸，为伴生种。

产牙克石市、扎兰屯市、额尔古纳市、根河市、莫力达瓦达斡尔族自治旗、鄂伦春自治旗、鄂温克族自治旗、陈巴尔虎旗、新巴尔虎左旗。

经济价值 全草入蒙药（蒙药名：阿子音—图乐格其—额布斯），功能主治同高山蓍。

蓍 *Achillea millefolium* L.

别名 千叶蓍

形态特征 植株高 40～60cm。根状茎匍匐，须根多数。茎直立，具细纵棱，常被白色长柔毛，上部分枝或不分枝。叶无柄，披针形、矩圆状披针形或近条形，长 4～7cm，宽 1～1.5cm，二至三回羽状全裂，叶轴宽 1.5～2mm，裂片多数，间隔 1.5～7mm，小裂片披针形至条形，长 0.5～1.5mm，宽 0.3～0.5mm，先端具软骨质短尖，上面密被腺点，稍被毛，下面被较密的长柔毛；茎下部和不育枝的叶长可达 20cm，宽 1～2.5cm。头状花序多数，在茎顶密集排列成复伞房状；总苞矩圆形或近卵形，长约 4mm，宽约 3mm；总苞片 3 层，椭圆形至矩圆形，背部中间绿色，中脉凸起，边缘膜质，棕色或淡黄色；托片矩圆状椭圆形，膜质，上部被短柔毛，背面散生黄色腺点；舌状花 5～7，白色、粉红色或淡紫红色，舌片近圆形，长 1.5～3mm，宽 2～2.5mm，顶端具 2～3 齿；管状花黄色，长 2.2～3mm，外面具腺点。瘦果矩圆形，长约 2mm，淡绿色，具白色纵肋，无冠状冠毛。花果期 7～9 月。$2n=72$。

生境 多年生中生草本。生于森林带的铁路沿线。

产呼伦贝尔市各旗、市、区。

菊属 Dendranthema (DC.) Des Moul.

1 叶掌状或掌式羽状浅裂或瓣裂，少深裂，基部近心形或截形 ··· **1 小红菊 D. chanetii**
1 叶二回羽状分裂 ··· **2**
2 叶二回分裂为深裂或半裂，小裂片三角形或斜三角形，宽达 3mm ························· **2 紫花野菊 D. zawadskii**
2 叶二回分裂为全裂或几全裂，小裂片条形或狭条形，宽 1～2mm ························· **3 细叶菊 D. maximowiczii**

小红菊 *Dendranthema chanetii* (Levl.) Shih

别名 山野菊

蒙名 乌兰—乌达巴拉

形态特征 植株高 10～60cm。茎中部以上多分枝，呈伞房状，稀不分枝，茎与枝疏被皱曲柔毛，少近无毛。基生叶、茎中部和下部叶肾形、宽卵形、半圆形或近圆形，宽略等于长，通常 3～5 掌状或掌式羽状浅裂或半裂，少深裂，全部裂片边缘有不整齐钝齿、尖齿或芒状尖齿，叶上面绿色，下面灰绿色，密被或疏被柔毛以至无毛，并密被腺点，叶基部近心形或截形，有具窄翅的叶柄；上部叶卵形或近圆形，接近花序下部的叶椭圆形、长椭圆形以至条形，羽裂、齿裂或不分裂。头状花序少数（约 2 个）至多数（约 15 个）在茎枝顶端排列成疏松的伞房状，极少有单生于茎顶者；舌状花白色、粉红色或红紫色。瘦果具 4～6 脉棱。花果期 7～9 月。$2n=36$。

生境 多年生中生草本。生于森林草原带和草原带的山坡、林缘、沟谷。

产牙克石市、扎兰屯市、额尔古纳市、莫力达瓦达斡尔族自治旗、陈巴尔虎旗。

经济价值 可以作为观赏植物。头状花序入药，能清热解毒、消肿。

紫花野菊 *Dendranthema zawadskii* (Herb.) Tzvel.

别名 山菊

蒙名 宝日—乌达巴拉

形态特征 植株高 10～30cm。茎直立，不分枝或上部分枝。中下部叶叶柄长 1～3cm，具狭翅，基部稍扩大，微抱茎，叶卵形、宽卵形或近菱形，长 1.5～4cm，宽 1～3（4）cm，二回羽状分裂，一回侧裂片 1～3 对，二回为深裂或半裂，小裂片三角形或斜三角形，宽 2～3mm，先端尖，两面有腺点，疏被短柔毛或无毛；上部叶渐小，羽状深裂或不裂。头状花序 2～5 个在茎顶排列成疏伞房状，极少单生，直径 3～5cm；总苞浅碟状，直径 10～20mm；总苞片 4 层，外层者条形或条状披针形，中、内层者椭圆形或长椭圆形，全部苞片边缘具白色或褐色膜质，仅外层者外面疏被短柔毛；舌状花粉红色、紫红色或白色，舌片长 1～2.5cm，先端全缘或微凹；管状花长 2.5～3mm。瘦果矩圆形，长约 2mm，黑褐色。花果期 7～9 月。

生境 多年生中生草本。生于森林带和森林草原带的林缘、林下、山顶。

产牙克石市、扎兰屯市、额尔古纳市、根河市、莫力达瓦达斡尔族自治旗、鄂伦春自治旗、鄂温克族自治旗、陈巴尔虎旗、新巴尔虎左旗、新巴尔虎右旗。

细叶菊 *Dendranthema maximowiczii* (Komar.) Tzvel.

蒙名 那林—乌达巴拉

形态特征 茎直立，单生，中上部有少数分枝。基生叶花期枯萎；茎中下部叶卵形或宽卵形，二回羽状分裂，一回为几全裂，侧裂片常2对，二回为全裂或几全裂，小裂片条形，宽1～2mm，两面无毛，上部叶较小，羽状分裂。头状花序2～4个在枝端排成疏伞房状，极少单生；外层总苞片边缘宽膜质；舌状花白色或粉红色。瘦果黑褐色。

生境 二年生中生草本。生于森林草原带的山坡灌丛。

产满洲里市、陈巴尔虎旗。

经济价值 可作为观赏植物。

亚菊属 Ajania Poljak.

蓍状亚菊 *Ajania achilloides* (Turcz.) Poljak. ex Grub.

别名 蓍状艾菊

蒙名 图乐格其—宝如乐吉

形态特征 植株高15～25cm。茎由基部多分枝，直立或倾斜，密被灰色贴伏的短柔毛或分叉短柔毛。叶灰绿色，茎下部叶及中部叶长10～15mm，宽0.5～1mm，二回羽状全裂，小裂片狭条形或条状距圆形，叶无柄或具短柄，基部常有狭条形假托叶；茎上部叶羽状全裂或不分裂；全部叶两面被绢状短柔毛及腺点。头状花序3～6个在枝端排列成伞房状，花梗纤细；总苞钟状，长3～4mm，直径3～4mm；总苞片麦秆黄色，有光泽，边缘白色膜质，3～4层，边缘雌花细管状，中央两性花管状。花果期8～9月。

生境 强旱生小半灌木。生于草原化荒漠带和荒漠化草原地带的沙质壤土上、低山碎石、石质坡地。

产新巴尔虎右旗。

经济价值 优等饲用植物。羊全年喜食，春秋季马、牛喜食或乐食。

线叶菊属 Filifolium Kitam.

线叶菊 *Filifolium sibiricum* (L.) Kitam.

蒙名 西日合力格—协日乐吉

形态特征 植株高15～60cm。茎单生或数个，直立，无毛，基部密被褐色纤维鞘，不分枝或上部有分枝。叶深绿色，无毛；基生叶倒卵形或矩圆状椭圆形，有长柄；茎生叶较小，无柄；全部叶二至三回羽状全裂，裂片条形或丝状。头状花序多数，在枝端或茎顶排列成复伞房状；总苞球形或半球形；总苞片边缘宽膜质，背部厚硬；花序托凸起，圆锥形，无毛；有多数异形小花，外围有1层雌花，结实，管状，顶端2～4裂；中央有多数两性花，不结实，花冠管状，黄色，先端5（4）齿裂。瘦果倒卵形，压扁，淡褐色，无毛，腹面具2条纹，无冠毛。花果期7～9月。$2n=16, 18$。

生境 多年生耐寒性中旱生草本。线叶菊在森林草原地带是分布广泛的优势群系。

产呼伦贝尔市各旗、市、区。

经济价值 中等或劣等饲用植物。青鲜状态一般不为家畜所采食；当秋季霜冻后，植株变成红色或暗褐色时，马、羊才开始采食；冬季和早春家畜也不乐食；枯草期的茎叶非常脆弱，易于折碎，因而不宜调制干草利用，利用率较低。地上全草入药，能清热解毒、凉血、散瘀，主治传染病高热、疔疮痈肿、血瘀刺痛。

蒿属 Artemisia L.

1 一年生或二年生或多年生草本	2
1 半灌木或小半灌木	22
2 一年生草本	3
2 多年生草本	8
3 叶最终裂片栉齿状三角形或条形、条状披针形，宽 1mm 以上	4
3 叶最终裂片狭条形或丝状条形	5
4 叶裂片条形或条状披针形，宽 1～3mm；植株被灰白色短柔毛，呈灰绿色；头状花序较大，直径 4～6mm，花托密被白色托毛	**1 大籽蒿 A. sieversiana**
4 叶裂片栉齿状三角形；植株无毛或疏被短柔毛，呈绿色；头状花序直径 1.5～2.5mm，花托无托毛	**2 黄花蒿 A. annua**
5 植株光滑无毛，茎不分枝或分枝，但不开展，中部叶一至二回羽状全裂；头状花序在分枝或茎上每 2～10 个密集成簇，并排列成短穗状	**3 黑蒿 A. palustris**
5 植株被毛	6
6 茎、枝幼、茎下部叶初时密被灰白色绢状柔毛，后脱落；总苞片无毛，花托无托毛	**4 猪毛蒿 A. scoparia**
6 植株被短柔毛，脱落或否；总苞片被柔毛，花托具白色托毛	7
7 叶裂片叉状开展；叶羽轴无翼，花序梗长 3～8mm	**5 碱蒿 A. anethifolia**
7 叶裂片不成叉状开展；花序梗长 1～2mm	**6 莳萝蒿 A. anethoides**
8 叶不分裂，条状披针形或条形，全缘，两面初时被短柔毛，后无毛	**7 龙蒿 A. dracunculus**
8 叶羽状分裂	9
9 叶最终裂片栉齿状、锯齿状或为短小的裂齿	10
9 叶最终裂片狭条形、丝状条形等，不为栉齿状	11
10 茎中部叶一至二回羽状分裂，叶的小裂片为尖齿状的栉齿；头状花序直径 3～4mm	**8 宽叶蒿 A. latifolia**
10 茎中部叶二至三回羽状分裂，侧裂片 6～8 对，下面被白色短柔毛；头状花序直径 2～3mm	**9 裂叶蒿 A. tanacetifolia**
11 叶不裂，全缘或具深或浅的锯齿，或裂片较宽，宽 2mm 以上，下面密被白色蛛丝状绒毛，呈白色毡状	12
11 叶裂片丝状、条状披针形、披针形或条形，宽常在 2mm 以下，下面无蛛丝状密绒毛	17
12 叶上面密布白色腺点及小凹点	13
12 叶上面无白色腺点，或少有稀疏的腺点，但无明显的小凹点	14
13 茎中部叶一至二回羽状深裂至半裂，叶上面被灰白色短柔毛，呈灰白色	**10 艾 A. argyi**
13 茎中部叶一至二回羽状全裂，叶上面初时疏被蛛丝状柔毛，后稀疏或近无毛，呈绿色	**11 野艾蒿 A. lavandulaefolia**
14 茎中部叶长椭圆形、椭圆状披针形或条状披针形，宽 1.5～2cm，先端锐尖或渐尖，边缘具 1～3 深或浅裂齿或锯齿	**12 柳叶蒿 A. integrifolia**
14 叶中部羽状深裂或全裂	15
15 茎中部叶近呈掌状 5 深裂或指状 3 深裂，裂片边缘具规则的锐锯齿或无锯齿；头状花序在茎上排列成狭长的圆锥状	

...... **13 蒌蒿 A. selengensis**

15 茎中部叶一至二回羽状全裂，侧裂片 1～2 对，接近生 **16**

16 小裂片狭条形或狭线状披针形，宽 2mm，先端渐尖，全缘，表面微被蛛丝状毛；总苞片背部密被蛛丝状毛 ...... **14 蒙古蒿 A. mongolica**

16 小裂片线状披针形或长圆状披针形，宽 3～7mm，表面无毛或疏被蛛丝状毛；总苞外面微被蛛丝状毛 ...... **15 红足蒿 A. rubripes**

17 叶最终裂片狭线形或丝状线形 **18**

17 叶最终裂片线形或线状披针形 **20**

18 植株较矮小，根状茎明显，横卧或斜伸；茎下部叶具长 0.5～1cm 的短柄；叶最终裂片丝状条形，长 2～6mm，宽 0.3～0.5mm ...... **16 丝裂蒿 A. adamsii**

18 植株较高大，根状茎粗短，直立；茎下部叶具长 3～7cm 的柄；叶最终裂片宽 0.5～1mm **19**

19 茎基部初被黄褐色柔毛，后渐脱落；叶质软，最终裂片长 0.3～1.3cm，先端突尖；头状花序球形或广球形，径 1.5～2mm，下垂或俯垂 ...... **17 柔毛蒿 A. pubescens**

19 茎基部无毛；叶质较硬，最终裂片长 1.5～2.5cm，先端锐尖；头状花序卵状球形或广球形，径 2～3mm，直立或斜上 ...... **18 变蒿 A. commutata**

20 不育枝叶及茎下部叶一至二回羽状分裂，侧裂片 2～3 对；头状花序球形或广卵形，径 2.5～3mm ...... **19 漠蒿 A. desertorum**

20 不育枝叶及茎下部叶不分裂或一至二回羽状分裂；头状花序直径约 1.5mm，常偏向一侧 **21**

21 根状茎稍膨大，不肥厚；茎中部叶羽状深裂，裂片宽线形或线状披针形，先端具 3 裂片状牙齿；花序分枝短，纤细，头状花序排列成狭圆锥状 ...... **20 东北牡蒿 A. manshurica**

21 根状茎稍肥厚，粗短；花序分枝长，较粗壮，开展，头状花序排列成大圆锥状 ...... **21 南牡蒿 A. eriopoda**

22 小半灌木，植株密被灰白色或淡灰黄色绢毛；中部叶一至二回羽状全裂，小裂片长 2～3mm，宽 0.5～1.5mm，花托具托毛 ...... **22 冷蒿 A. frigida**

22 半灌木，叶裂片栉齿状或毛发状而不呈灰白色 **23**

23 叶羽状深裂至全裂，最终裂片栉齿状披针形或条状披针形 **24**

23 叶羽状全裂，最终裂片狭条形或狭条状披针形 **25**

24 叶上面绿色，初时疏被短柔毛，后渐脱落，下面初时密被灰白色短柔毛，后无毛 ...... **23 白莲蒿 A. sacrorum**

24 叶两面密被灰白色或淡黄色短柔毛 ...... **23a 密毛白莲蒿 A. sacrorum var. messerschmidtiana**

25 叶上面绿色，疏被短柔毛或无毛，下面密被灰白色短绒毛；生于石质山坡 ...... **24 山蒿 A. brachyloba**

25 叶两面疏被短柔毛或无毛，绿色；生于沙地 **26**

26 头状花序卵球形，直径 3～4mm，直立，在茎顶排列成大型、开展的圆锥状；茎下部灰褐色或暗灰色，上部红褐色 ...... **25 差不嘎蒿 A. halodendron**

26 头状花序长卵形，直径 1.5～2.5mm；茎中部叶一至二回羽状全裂，无柄或具短柄，小裂片先端锐尖；分枝斜向上伸展 ...... **26 光沙蒿 A. oxycephala**

大籽蒿 *Artemisia sieversiana* Ehrhart ex Willd.

别名 白蒿

蒙名 额日木

形态特征 植株高 30～100cm。茎单生，直立，多分枝，茎、枝被灰白色短柔毛。茎下部与中部叶宽卵形或宽三角形，二至三回羽状全裂，稀深裂，小裂片条形或条状披针形，两面被短柔毛和腺点；上部叶及苞叶羽状全裂或不分裂，而为条形或条状披针形，无柄。头状花序较大，半球形或近球形，直径 4～6mm，下垂，多数在茎上排列成开展或稍狭窄的圆锥状；总苞片近等长，外、中层者背部被灰白色短柔毛或近无毛，中肋绿色，边缘狭膜质，内层者椭圆形，膜质；边缘雌花 2～3 层，20～30 枚；中央两性花 80～120 枚；花序托半球形，密被白色托毛。瘦果矩圆形，褐色。花果期 7～10 月。$2n=18$。

生境 一年生或二年生中生草本。生于农田、路旁、畜群点、水分较好的撂荒地上，有时也进入人为活动较明显的草原或草甸群落中。

产呼伦贝尔市各旗、市、区。

经济价值 全草入药，能祛风、清热、利湿，主治风寒湿痹、黄疸、热痢、疥癣恶疮。

黄花蒿 *Artemisia annua* L.

别名 臭黄蒿

蒙名 矛日音—协日乐吉

形态特征 植株高达1余米，全株有浓烈的挥发性香气。茎单生，直立，多分枝，茎、枝无毛或疏被短柔毛。叶纸质，绿色；茎下部叶宽卵形或三角状卵形，三（四）回栉齿状羽状深裂，小裂片具多数栉齿状深裂齿，叶两面无毛，或下面微有短柔毛，后脱落，具腺点及小凹点；中部叶二至三回栉齿状羽状深裂，小裂片通常栉齿状三角形；上部叶与苞叶一至二回栉齿状羽状深裂。头状花序球形，直径1.5～2.5mm，极多数在茎上排列成开展而呈金字塔形的圆锥状；总苞片外层者中肋绿色，边缘膜质，中、内层者边缘宽膜质；边缘雌花10～20枚；中央的两性花10～30枚，结实或中央少数花不结实。花序托凸起，半球形。瘦果椭圆状卵形，红褐色。花果期8～10月。2n=18。

生境 一年生中生草本。生于河边、沟谷或居民点附近，多散生或形成小群落。

产呼伦贝尔市各旗、市、区。

经济价值 全草入药（药材名：青蒿），能解暑、退虚热、抗疟，主治伤暑、疟疾、虚热。地上部分作蒙药（蒙药名：好尼—协日乐吉），能清热消肿，主治肺热、咽喉炎、扁桃体炎等。

黑蒿 *Artemisia palustris* L.

别名 沼泽蒿

蒙名 阿拉坦—协日乐吉

形态特征 植株高 10～40cm，全株光滑无毛。茎单生，直立，上部有细分枝，有时自基部分枝，枝短，斜向上或不分枝。叶薄纸质，茎下部与中部叶卵形或长卵形，一至二回羽状全裂，小裂片狭条形，宽 0.5～1mm；茎上部叶与苞叶小，一回羽状全裂。头状花序近球形，直径 2～3mm，无梗，每 2～10 个在分枝或茎上密集成簇，少数间有单生，并排成短穗状，而在茎上再组成稍开展或狭窄的圆锥状；总苞片近等长，外层者卵形，背部具绿色中肋，边缘膜质，棕褐色，中、内层者卵形或匙形，半膜质或膜质；边缘雌花 9～13 枚；中央两性花 20～25 枚；花序托凸起，圆锥形。瘦果长卵形，褐色。花果期 8～10 月。$2n=18$。

生境 一年生中生草本。生于森林带、森林草原带和干草原带的河岸低湿沙地，是草甸、草甸草原和山地草原群落中一年生层片的重要成分。

产呼伦贝尔市各旗、市、区。

猪毛蒿 *Artemisia scoparia* Waldst. et Kit.

别名 米蒿、黄蒿、臭蒿、东北茵陈蒿

蒙名 伊麻干—协日乐吉

形态特征 植株高可达1m，有浓烈的香气。茎直立，常自下部或中部开始分枝。基生叶与营养枝叶被灰白色绢状柔毛，近圆形或长卵形，二至三回羽状全裂，具长柄，花期枯萎；茎下部叶初时两面密被灰白色或灰黄色绢状柔毛，后脱落，叶长卵形或椭圆形，二至三回羽状全裂，小裂片狭条形；中部叶矩圆形或长卵形，一至二回羽状全裂，小裂片丝状条形或毛发状。头状花序小，球形或卵球形，直径1～1.5mm，极多数在茎上排列成大型而开展的圆锥状；外层总苞片背部绿色，无毛，边缘膜质，中、内层半膜质；边缘雌花5～7枚，花冠狭管状；中央两性花4～10枚，花冠管状，不结实；花序托小，凸起。瘦果矩圆形或倒卵形，褐色。花果期7～10月。$2n=16，18，36$。

生境 一年生或二年生旱生或中旱生草本。广泛生于草原带和荒漠带的沙质土壤上，是夏雨型一年生层片的主要组成植物。

产呼伦贝尔市各旗、市、区。

经济价值 中等牧草，一般家畜均喜食，用以调制干草适口性更佳。春季和秋季，绵羊、山羊乐意采食，马、牛也乐食。幼苗入药，能清湿热、利胆退黄，主治黄疸性肝炎、尿少色黄。根入藏药（藏药名：察尔汪），能清肺、消炎，主治咽喉炎、扁桃体炎、肺热咳嗽。

碱蒿 *Artemisia anethifolia* Web. ex Stechm

别名 大莳萝蒿、糜糜蒿

蒙名 好您—协日乐吉

形态特征 植株高10～40cm,有浓烈的香气。根垂直,狭纺锤形。茎单生,直立,具纵条棱,常带红褐色,多由下部分枝,开展,茎、枝初时被短柔毛,后脱落无毛。基生叶椭圆形或长卵形,长3～4.5cm,宽1.5～3cm,二至三回羽状全裂,侧裂片3～4对,小裂片狭条形,长3～8mm,宽1～2mm,先端钝尖,叶柄长2～4cm,花期渐枯萎;中部叶卵形、宽卵形或椭圆状卵形,长2.5～3cm,宽1～2cm,一至二回羽状全裂,侧裂片3～4对,裂片或小裂片狭条形,长5～12mm,宽0.5～1.5mm,叶初时被短柔毛,后渐稀疏,近无毛;上部叶与苞叶无柄,5或3全裂或不分裂,狭条形。头状花序半球形或宽卵形,直径2～3(4)mm,具短梗,下垂或倾斜,有小苞叶,多数在茎上排列成疏散而开展的圆锥状;总苞片3～4层,外、中层者椭圆形或披针形,背部疏被白色短柔毛或近无毛,有绿色中肋,边缘膜质,内层者卵形,近膜质,背部无毛;边缘雌花3～6枚,花冠狭管状;中央两性花18～28枚,花冠管状;花序托凸起,半球形,有白色托毛。瘦果椭圆形或倒卵形。花果期8～10月。

生境 一年生或二年生盐生中生草本。生于盐渍化土壤,为盐生植物群落的主要伴生种。

产海拉尔区、满洲里市、鄂温克族自治旗、陈巴尔虎旗、新巴尔虎左旗、新巴尔虎右旗。

莳萝蒿 *Artemisia anethoides* Mattf.

蒙名 宝吉木格—协日乐吉

形态特征 植株高 20～70cm，有浓烈的香气。茎单生，直立或斜升，具纵条棱，带紫红色，分枝多，茎、枝均被灰白色短柔毛。叶两面密被白色绒毛，基生叶与茎下部叶长卵形或卵形，长 3～4cm，宽 2～4cm，三至四回羽状全裂，小裂片狭条形或狭条状披针形，叶柄长，花期枯萎；中部叶宽卵形或卵形，长 2～4cm，宽 1～3cm，二至三回羽状全裂，侧裂片 2～3 对，小裂片丝状条形或毛发状，长 2～4mm，宽 0.3～0.5mm，先端钝尖，近无柄；上部叶与苞叶 3 全裂或不分裂，狭条形。头状花序近球形，直径 1.5～2mm，具短梗，下垂，有丝状条形的小苞叶，多数在茎上排列成开展的圆锥状；总苞片 3～4 层，外、中层者椭圆形或披针形，背部密被蛛丝状短柔毛，具绿色中肋，边缘膜质，内层者长卵形，近膜质，无毛；边缘雌花 3～6 枚，花冠狭管状；中央两性花 8～16 枚，花冠管状；花序托凸起，有托毛。瘦果倒卵形。花果期 7～10 月。

生境 一年生或二年生盐生中生草本。生于盐渍化土、盐碱化的土壤上，在低湿地、碱斑湖滨常形成群落，或为芨芨草盐生草甸的伴生成分。

产陈巴尔虎旗、新巴尔虎左旗、新巴尔虎右旗。

龙蒿 *Artemisia dracunculus* L.

别名 狭叶青蒿

蒙名 伊西根—协日乐吉

形态特征 植株高20～100cm。根粗大或稍细，木质，垂直。根状茎粗长，木质，常有短的地下茎。茎通常多数，成丛，褐色，具纵条棱，下部木质，多分枝，开展，茎、枝初时疏被短柔毛，后渐脱落。叶无柄，下部叶在花期枯萎；中部叶条状披针形或条形，长3～7cm，宽2～3（6）mm，先端渐尖，基部渐狭，全缘，两面初时疏被短柔毛，后无毛；上部叶与苞叶稍小，条形或条状披针形。头状花序近球形，直径2～3mm，具短梗或近无梗，斜展或稍下垂，具条形小苞叶，多数在茎上排列成开展或稍狭窄的圆锥状；总苞片3层，外层者稍狭小，卵形，背部绿色，无毛，中、内层者卵圆形或长卵形，边缘宽膜质或全为膜质；边缘雌花6～10枚，花冠狭管状或近狭圆锥状；中央两性花8～14枚，花冠管状；花序托小，凸起。瘦果倒卵形或椭圆状倒卵形。花果期7～10月。$2n=18$。

生境 多年生半灌木状中生草本。生于森林带和草原带的砂质和疏松的沙壤土壤上。散生或形成小群聚，作为杂草也进入撂荒地、村舍及路旁。

产海拉尔区、满洲里市、牙克石市、鄂温克族自治旗、陈巴尔虎旗、新巴尔虎左旗、新巴尔虎右旗。

宽叶蒿 *Artemisia latifolia* Ledeb.

蒙名 乌日根—协日乐吉

形态特征 植株高 15～70cm。茎通常单生，直立，无毛或上部疏被短柔毛，上部有分枝。基生叶矩圆形或长卵形，一至二回羽状分裂，具长柄，花期枯萎；茎下部与中部叶椭圆状矩圆形或长卵形，一至二回羽状深裂，侧裂片披针形或矩圆形，每裂片再成栉齿状羽状深裂，叶两面密布小凹点，上面绿色，无毛，下面淡绿色，无毛或初时疏被短柔毛，后变无毛；上部叶栉齿状羽状深裂；苞叶条形，全缘。头状花序近球形或半球形，直径 3～4mm，下垂，在茎上排列成狭窄的圆锥状；总苞片外层者卵形，背部无毛，黄褐色，边缘宽膜质，褐色，常撕裂，中层者椭圆形或矩圆形，边缘宽膜质，内层膜质；边缘雌花 5～9 枚；中央两性花 18～26 枚；花序托凸起。瘦果倒卵形或矩圆状扁三棱形，褐色。花果期 7～10 月。$2n=36$。

生境 多年生中生草本。生于森林带、森林草原带和草原带的林缘、林下、灌丛，也为草甸和杂类草原的伴生植物。

产牙克石市、新巴尔虎右旗。

裂叶蒿 *Artemisia tanacetifolia* L.

别名 菊叶蒿

蒙名 萨拉巴日海—协日乐吉

形态特征 植株高20～75cm。茎单生或少数，直立，中部以上有分枝，茎上部与分枝常被平贴的短柔毛。叶质薄，下部叶与中部叶椭圆状矩圆形或长卵形，二至三回栉齿状羽状分裂，第一回全裂，侧裂片6～8对，小裂片椭圆状披针形或条状披针形，不再分裂或边缘具小锯齿，叶上面绿色，稍有凹点，无毛或疏被短柔毛，下面初时密被短柔毛，后稍稀疏；上部叶一至二回栉齿状羽状全裂。头状花序球形或半球形，直径2～3mm，下垂，多数在茎上排列成稍狭窄的圆锥状；总苞片外层者卵形，淡绿色，边缘狭膜质，背部无毛或初时疏被短柔毛，中层者边缘宽膜质，背部无毛，内层者近膜质；边缘雌花9～12枚；中央两性花30～40枚；花序托半球形。瘦果椭圆状倒卵形，暗褐色。花果期7～9月。$2n=18$。

生境 多年生中生草本。生于森林带、森林草原带、草原带和荒漠带的山地，是草甸、草甸草原的伴生种或亚优势种。

产呼伦贝尔市各旗、市、区。

经济价值 可作为饲草。全草入药，煎水洗治黄水疮、秃疮、斑秃、皮癣。

艾 *Artemisia argyi* Levl. et Van.

别名 家艾、艾蒿

蒙名 荽哈

形态特征 植株高30～100cm，有浓烈的香气。茎单生或少数，有少数分枝，茎、枝密被灰白色蛛丝状毛。叶厚纸质，基生叶花期枯萎；茎下部叶近圆形或宽卵形，羽状深裂，侧裂片椭圆形或倒卵状长椭圆形，每裂片有2～3个小裂齿；中部叶卵形，三角状卵形或近菱形，一至二回羽状深裂至半裂，侧裂片卵形、卵状披针形或披针形，不再分裂或每侧有1～2个缺齿，叶上面被灰白色短柔毛，密布白色腺点，下面密被灰白色或灰黄色蛛丝状绒毛。头状花序椭圆形，直径2.5～3mm，多数在茎上排列成狭窄、尖塔形的圆锥状；总苞片外、中层者卵形或狭卵形，背部密被蛛丝状绵毛，边缘膜质，内层者质薄，背部近无毛；边缘雌花6～10枚；中央两性花8～12枚；花序托小。瘦果矩圆形或长卵形。花果期7～10月。2n=36。

生境 多年生中生草本。在森林草原带可形成群落，作为杂草常侵入耕地、路旁及村庄附近，有时也生于林缘、林下、灌丛。

产牙克石市、扎兰屯市、额尔古纳市、根河市、阿荣旗、鄂温克族自治旗、陈巴尔虎旗、新巴尔虎左旗、新巴尔虎右旗。

经济价值 叶可入药，能散寒止痛、温经、止血，主治心腹冷痛、吐衄、下血、月经过多、崩漏、带下、胎动不安、皮肤瘙痒。又入蒙药，能消肿、止血，主治痈疮伤、月经不调、各种出血。

野艾蒿 *Artemisia lavandulaefolia* DC.

别名 荫地蒿、野艾

蒙名 哲日力格—荙哈

形态特征 植株高 60～100cm，有香气。茎少数，稀单生，多分枝，茎、枝被灰白色蛛丝状短柔毛。叶纸质，基生叶与茎下部叶宽卵形或近圆形，二回羽状全裂，具长柄，花期枯萎；中部叶卵形、矩圆形或近圆形，（一）二回羽状全裂，侧裂片椭圆形或长卵形，每裂片具 2～3 个条状披针形或披针形的小裂片或深裂齿，上面绿色，密布白色腺点，初时疏被蛛丝状柔毛，后稀疏或近无毛，下面密被灰白色绵毛；上部叶羽状全裂。头状花序椭圆形或矩圆形，直径 2～2.5mm，多数在茎上排列成狭窄或稍开展的圆锥状；总苞片外层者短小，卵形或狭卵形，背部密被蛛丝状毛，边缘狭膜质，中层者长卵形，毛较疏，边缘宽膜质，内层者半膜质，近无毛；边缘雌花 4～9 枚；中央两性花 10～20 枚；花序托小，凸起。瘦果长卵形或倒卵形。花果期 7～10 月。

生境 多年生中生草本。生于森林带和草原带的山地林缘、灌丛、河滨湖草甸，作为杂草也进入农田、路旁、村庄附近。

产牙克石市、扎兰屯市、额尔古纳市、根河市、阿荣旗、莫力达瓦达斡尔族自治旗、鄂温克族自治旗、陈巴尔虎旗。

经济价值 地上部分可入药，能杀虫利湿、清热解毒，可治疗虫病、炭疽、皮肤病等。也可为饲用植物。

柳叶蒿 *Artemisia integrifolia* L.

别名 柳蒿

蒙名 乌达力格—协日乐吉

形态特征 植株高30～70cm。茎通常单生，直立，中部以上有分枝，被蛛丝状毛。基生叶与茎下部叶狭卵形或椭圆状卵形，边缘有少数深裂齿或锯齿，花期枯萎；中部叶长椭圆形、椭圆状披针形或条状披针形，每侧边缘具1～3个深或浅裂齿或锯齿，上面深绿色，初时被短柔毛，后脱落无毛或近无毛，下面密被灰白色绒毛；上部叶小，椭圆形或披针形，全缘或具数个小齿。头状花序椭圆形或矩圆形，直径3～4mm，多数在茎上部排列成狭窄的圆锥状；总苞片外层者卵形，中层者长卵形，背部疏被蛛丝状毛，中肋绿色，边缘宽膜质，褐色，内层者长卵形，半膜质；边缘雌花10～15枚，花冠狭管状；中央两性花20～30枚，花冠管状；花序托凸起。瘦果矩圆形。花果期8～10月。$2n=18, 36$。

生境 多年生中生草本。生于森林带和草原带的山地林缘、林下、山地草甸、河谷草甸，作为杂草也进入农田、路旁、村庄附近。

产牙克石市、扎兰屯市、额尔古纳市、根河市、阿荣旗、莫力达瓦达斡尔族自治旗、鄂伦春自治旗、新巴尔虎左旗、鄂温克族自治旗、陈巴尔虎旗。

经济价值 嫩茎叶可食用，即"柳蒿芽"。全草入药，能清热解毒，主治痈疮肿毒。

蒌蒿 *Artemisia selengensis* Turcz. ex Bess.

蒙名 阿哈日—协日乐吉

形态特征 植株高60～120cm，具清香气味。茎单一或少数，无毛。茎下部叶宽卵形或卵形，近掌状或指状，5或3全裂或深裂，稀7裂或不分裂，裂片条形或条状披针形，不分裂叶长椭圆形、椭圆状披针形或条状披针形，边缘有细锯齿，叶基部渐狭成柄，花期枯萎；中部叶近掌状，5深裂或为指状3深裂，裂片长椭圆形、椭圆状披针形或条状披针形，边缘有锐锯齿，叶上面绿色，无毛或近无毛，下面密被灰白色蛛丝状绵毛，无假托叶；上部叶与苞叶指状3深裂或不分裂，裂片或不裂的苞叶条状披针形，边缘有疏锯齿。头状花序矩圆形或宽卵形，直径2～2.5mm，多数在茎上排列成狭长的圆锥状；总苞片外层者略短，背部初时疏被蛛丝状短绵毛，后脱落无毛，边缘狭膜质，中、内层者略长，黄褐色，毛被同外层，边缘宽膜质或全为半膜质；边缘雌花8～12枚；中央两性花10～15枚；花序托小，凸起。瘦果卵形，褐色，略扁。花果期8～10月。$2n=14$。

生境 多年生湿中生草本。生于林缘、路旁、荒坡、疏林下。

产海拉尔区、牙克石市、额尔古纳市、根河市、阿荣旗、莫力达瓦达斡尔族自治旗、鄂伦春自治旗、鄂温克族自治旗、陈巴尔虎旗、新巴尔虎左旗。

经济价值 全草入药，能破血行瘀、下气通络，主治瘀血停积、小腹胀痛、跌打损伤、瘀血肿痛、因伤而大小便下血，此外有消炎、镇咳、化痰之效。

蒙古蒿 *Artemisia mongolica* (Fisch. ex Bess.) Nakai

蒙名 蒙古乐—协日乐吉

形态特征 植株高 20～90cm。茎、枝初时密被灰白色蛛丝状柔毛，后稍稀疏。下部叶卵形或宽卵形，二回羽状全裂或深裂，末回羽状深裂或为浅裂齿，叶柄长，花期枯萎；中部叶卵形、近圆形或椭圆状卵形，（一至）二回羽状分裂，小裂片披针形、条形或条状披针形，叶上面绿色，初时被蛛丝状毛，后渐稀疏或近无毛，下面密被灰白色蛛丝状绒毛。头状花序椭圆形，直径 1.5～2mm，多数在茎上排列成狭窄或稍开展的圆锥状；总苞片外层者较小，背部密被蛛丝状毛，边缘狭膜质，中层者长卵形或椭圆形，背部密被蛛丝状毛，边缘宽膜质，内层者半膜质，背部近无毛；边缘雌花 5～10 枚；中央两性花 6～15 枚；花序托凸起。瘦果短圆状倒卵形。花果期 8～10 月。2n=16。

生境 多年生中生草本。生于森林带阔叶林下、林缘和草原带的沙地、河谷、撂荒地，作为杂草常侵入耕地、路旁，有时也侵入草甸群落中。多散生，也可形成小群聚。

产呼伦贝尔市各旗、市、区。

经济价值 全草入药，作"艾（*Artemisia argyi*）"的代用品，有温经、止血、散寒、祛湿等功效。也可作为饲用植物，但适口性不高，在春季的幼苗马、牛、羊均采食，到了夏季由于该种枝茎粗硬，其他优良牧草均已长出，生长茂盛，各种家畜基本不采食。但是到了秋季，特别是在下霜后和冬季，各种家畜均采食，尤以小家畜更喜食。刈割后调制干草各种家畜均喜食。

红足蒿 *Artemisia rubripes* Nakai

别名 大狭叶蒿

蒙名 乌兰—协日乐吉

形态特征 植株高达1m。茎单生或少数，茎、枝初时微被短柔毛，后脱落无毛。叶纸质，营养枝叶与茎下部叶近圆形或宽卵形，二回羽状全裂或深裂，花期枯萎；中部叶卵形、长卵形或宽卵形，（一至）二回羽状分裂，小裂片或浅裂齿，边缘稍反卷，上面绿色，无毛或近无毛，下面除中脉外密被灰白色蛛丝状绒毛；上部叶椭圆形，羽状全裂，侧裂片条状披针形或条形。头状花序椭圆状卵形或长卵形，直径1～1.5（2）mm，多数在茎上排列成开展或稍开展的圆锥状；总苞片外层者小，卵形，背部初时被蛛丝状短柔毛，后渐稀疏，近无毛，边缘狭膜质，中层者长卵形，背部初时疏被蛛丝状柔毛，后无毛，边缘宽膜质，内层者半膜质，背部无毛或近无毛；边缘雌花5～10枚；中央两性花9～15枚；花序托凸起。瘦果小，长卵形，略扁。花果期8～10月。$2n=16, 18$。

生境 多年生中生草本。生于森林草原带和草原带的山地林缘、灌丛、草坡、沙地，作为杂草也侵入农田、路旁。

产牙克石市、扎兰屯市、莫力达瓦达斡尔族自治旗。

丝裂蒿 *Artemisia adamsii* Bess.

别名 丝叶蒿、阿氏蒿、东北丝裂蒿

蒙名 牙巴干—协日乐吉

形态特征 植株高15～35cm。主根细长或稍粗。根状茎稍粗短,有少数营养枝。茎少数或单生,暗褐色,基部稍木质,中部以上多分枝,小枝细而短,茎、枝幼时疏被蛛丝状柔毛,后脱落无毛。叶暗绿色,常被腺点及蛛丝状柔毛;茎下部叶与营养枝叶椭圆形或近圆形,二至三回羽状全裂,侧裂3～4对,小裂片丝状条形,长2～6mm,宽0.3～0.5mm,先端尖或稍钝,叶柄长5～10mm;中部叶卵圆形,长、宽均15～25mm,一至二回羽状全裂,侧裂片3～4对,小裂片丝状条形,长2～3mm,宽约0.5mm,叶柄短或近无柄;上部叶羽状全裂,无叶柄;苞叶近掌状全裂,裂片狭条形。头状花序近球形,直径2～3(4)mm,具短梗,下垂,多数在茎的中上部排列成狭窄的圆锥状;总苞片3～4层,外层者长椭圆形或长卵形,背部疏被短柔毛,边缘膜质,中、内层者宽卵形或近圆形,膜质,近无毛;边缘雌花9～12(19)枚,花冠狭圆锥状,有腺点;中央两性花25～45枚,结实或中央数枚不结实,花冠管状;花序托半球形。瘦果长椭圆状倒卵形,稍扁。花果期7～9月。

生境 多年生半灌木状旱生草本。生于草原带的轻度盐碱化土壤上,为芨芨草草甸的伴生种,有时在疏松的土壤上也可形成小群落。

产新巴尔虎左旗、新巴尔虎右旗。

柔毛蒿 *Artemisia pubescens* Ledeb.

别名 变蒿、立沙蒿

蒙名 乌斯特—胡日根—协日乐吉

形态特征 植株高 20～70cm。茎多数，丛生，茎上半部有少数分枝，基部常被棕黄色绒毛，上部及枝初时被灰白色柔毛，后渐脱落无毛。叶纸质，基生叶与营养枝叶卵形，二至三回羽状全裂，具长柄，裂片及小裂片狭条形至条状披针形，花期枯萎；茎下部、中部叶卵形或长卵形，二回羽状全裂，侧裂片 2～4 对，裂片及小裂片狭条形至条状披针形，边缘稍反卷，两面初时密被短柔毛，后上面毛脱落，下面疏被短柔毛；上部叶羽状全裂，无柄。头状花序卵形或矩圆形，直径 1.5～2mm，具短梗及小苞叶，斜展或稍下垂，多数在茎上部排列成狭窄或稍开展的圆锥状；边缘雌花 8～15 枚，花冠狭管状或狭圆锥状；中央两性花 10～15 枚，花冠管状，不结实。瘦果矩圆形或长卵形。花果期 8～10 月。

生境 多年生旱生草本。生于森林草原带和草原带的山坡、林缘、灌丛、草地、沙质地。

产海拉尔区、鄂温克族自治旗。

经济价值 可作为饲用植物。

变蒿 *Artemisia commutata* Bess

形态特征 植株高 40～70cm。通常光滑无毛。根茎块状，半木质，粗厚，茎 1.5～2cm。茎数条丛生或单一，褐黄色，有时带红褐色，有纵条棱，基部无毛，上部分枝。叶质较硬，基生叶及茎下部叶柄长 3～7cm，基部具托叶状线形小裂片；叶片卵形，二回羽状全裂，裂片线形或线状披针形，终裂片较长，长 1.5～2.5cm，先端锐尖；上部叶基部宽展抱茎，具托叶状小裂片；叶片羽状全裂，最上部叶 3 全裂。头状花序卵状球形或广卵形，长 2.5～3.5mm，宽 2～3mm，直立或斜上，排列呈狭圆锥花序；总苞光滑无毛，绿褐色，总苞片 3 层，覆瓦状排列，外层短，卵形，背部龙骨状，革质，先端锐尖，边缘膜质，中层长圆状卵形，背部较厚，近革质，先端钝，边缘宽膜质，内层长卵形，较短小，边缘宽膜质；边花 7～11 朵，雌性，花冠管状锥形，长 1.5mm，淡黄色，先端 2～3 浅裂；中央花 11～14 朵，两性，花冠管状钟形，长 2mm，先端 5 裂，花柱不分枝或 2 浅裂，先端截形，具画笔状毛；花序托裸露。瘦果长圆状倒卵形，暗褐色，具不明显细肋。花果期 8～10 月。

生境 多年生旱生草本。生于山坡、草原、林缘、森林草原、灌丛。

产满洲里市、牙克石市、扎兰屯市、根河市、鄂伦春自治旗。

漠蒿 *Artemisia desertorum* Spreng.

别名 沙蒿

蒙名 芒汗—协日乐吉

形态特征 植株高（10）30～90cm。根状茎稍肥厚，粗短。茎单生，稀少数簇生，上部有分枝或不分枝，初时被短柔毛，后脱落无毛。叶纸质，茎下部叶与营养枝叶二型：一型叶矩圆状匙形或矩圆状倒楔形，先端及边缘具缺刻状锯齿或全缘，基部楔形；另一型叶椭圆形、卵形或近圆形，二回羽状全裂或深裂，侧裂片椭圆形或矩圆形，每裂片常再3～5深裂或浅裂，小裂片条形、条状披针形或长椭圆形，叶上面无毛，下面初时被薄绒毛，后无毛，基部有假托叶；中部叶较小，长卵形或矩圆形，一至二回羽状深裂，基部有假托叶。头状花序卵球形或近球形，直径2～3（4）mm，多数在茎上排列成狭窄的圆锥状；总苞片外、中层背部绿色或带紫色，边缘膜质，内层者半膜质；边缘雌花4～8枚；中央两性花5～10枚，不结实；花序托凸起。瘦果倒卵形或矩圆形。花果期7～9月。$2n=36$。

生境 多年生旱生草本。生于森林带和草原带的沙质或沙砾质的土壤上，草原上的常见伴生种，有时也能形成局部的优势或层片。

产海拉尔区、满洲里市、鄂伦春自治旗、鄂温克族自治旗、陈巴尔虎旗、新巴尔虎左旗、新巴尔虎右旗。

经济价值 可作为饲用植物。

东北牡蒿 *Artemisia manshurica* (Kom.) Kom.

蒙名 陶存—协日乐吉

形态特征 植株高40～100cm。根状茎稍膨大，通常不肥厚。茎数个丛生，稀单生，茎、枝初时被微柔毛，后脱落无毛。营养枝叶密集，叶匙形或楔形，先端圆钝，有数个浅裂缺，并有密而细的锯齿，基部渐狭，无柄；茎下部叶倒卵形或倒卵状匙形，5深裂或为不规则的裂齿，无柄，花期枯萎；中部叶倒卵形或椭圆状倒卵形，一至二回羽状或掌状全裂或深裂，叶基部有小形的假托叶；上部叶宽楔形或椭圆状倒卵形，先端常有不规则的3～5全裂或深裂片。头状花序近球形或宽卵形，直径1.5～2mm，下垂或斜展，极多数在茎上排列成狭长的圆锥状；边缘雌花4～8枚，花冠狭圆锥状或狭管状；中央两性花6～10枚，花冠管状，不结实；花序托凸起。瘦果倒卵形或卵形，褐色。花果期8～10月。$2n=36$。

生境 多年生中生草本。生于森林带和森林草原带的山地林缘、林下、灌丛。

产牙克石市、扎兰屯市、额尔古纳市、根河市、莫力达瓦达斡尔族自治旗、鄂伦春自治旗、鄂温克族自治旗、陈巴尔虎旗、新巴尔虎左旗。

经济价值 全草入药，能解表、清热、杀虫，主治感冒身热、劳伤咳嗽、清热、小儿疳热等。

南牡蒿 *Artemisia eriopoda* Bunge

别名 黄蒿

蒙名 乌苏力格—协日乐吉

形态特征 植株高30～70cm。根状茎肥厚，粗短，常呈短圆柱状。茎直立，基部密被短柔毛，其余无毛，多分枝，开展。基生叶与茎下部叶近圆形、宽卵形或倒卵形，一至二回大头羽状深裂或全裂或不分裂，仅边缘具数个锯齿，分裂叶裂片倒卵形、近匙形或宽楔形，先端至边缘具规则或不规则的深裂片或浅裂片，并有锯齿，叶基部渐狭；中部叶近圆形或宽卵形，一至二回羽状深裂或全裂，侧裂片椭圆形或近匙形，先端具3深裂或浅裂齿或全缘，叶基部宽楔形，基部有条形裂片状的假托叶；上部叶渐小，羽状全裂。头状花序宽卵形或近球形，直径1.5～2mm，多数在茎上排列成开展、稍大型的圆锥状；总苞片外、中层背部绿色或稍带紫褐色，无毛，边缘膜质，内层者半膜质；边缘雌花3～8枚，花冠狭圆锥状；中央两性花5～11枚，花冠管状，不结实；花序托凸起。瘦果矩圆形。花果期7～10月。

生境 多年生中旱生草本。多生于森林草原带和草原带的山地，为山地草原的常见伴生种。

产海拉尔区、满洲里市、牙克石市、扎兰屯市、莫力达瓦达斡尔族自治旗、鄂温克族自治旗。

经济价值 叶供药用，治风湿性关节炎、头痛、浮肿、毒蛇咬伤等。

冷蒿 *Artemisia frigida* Willd.

别名 小白蒿、兔毛蒿

蒙名 阿给

形态特征 植株高 10～50cm。根状茎粗短或稍细，有多数营养枝。茎少数或多条常与营养枝形成疏松或密集的株丛，植株密被灰白色或淡灰黄色绢毛，后茎上毛稍脱落。茎下部叶与营养枝叶矩圆形或倒卵状矩圆形，二至三回羽状全裂，小裂片条状披针形或条形；中部叶矩圆形或倒卵状矩圆形，一至二回羽状全裂，小裂片披针形或条状披针形；上部叶与苞叶羽状全裂或 3～5 全裂。头状花序半球形、球形或卵球形，直径（2）2.5～3（4）mm，在茎上排列成总状或狭窄的总状花序式的圆锥花序；总苞片外、中层背部有绿色中肋，边缘膜质，内层者背部近无毛，膜质；边缘雌花 8～13 枚；中央两性花 20～30 枚；花序托有白色托毛。瘦果矩圆形或椭圆状倒卵形。花果期 8～10 月。$2n=18$。

生境 多年生广辐旱生半灌木状草本。广布于草原带和荒漠草原带，沿山地也进入森林草原带和荒漠带中。多生长在沙质、沙砾质或砾石质土壤上，是草原小半灌木群落的主要建群植物，也是其他草原群落的伴生植物或亚优势植物。

产海拉尔区、满洲里市、牙克石市、阿荣旗、鄂温克族自治旗、陈巴尔虎旗、新巴尔虎左旗、新巴尔虎右旗。

经济价值 全草入药，能清热、利湿、退黄，主治湿热黄疸、小便不利、风痒疮疥。全草也入蒙药（蒙药名：阿格），能止血、消肿，主治各种出血、肾热、月经不调、疮痈。本种为优良牧草，羊和马四季均喜食其枝叶，骆驼和牛也乐食，干枯后，各种家畜均乐食，为家畜的抓膘草之一。

白莲蒿 *Artemisia sacrorum* Ledeb.

别名 铁杆蒿、万年蒿

蒙名 矛日音—西巴嘎

形态特征 植株高 50～100cm。茎多数，常成小丛，多分枝，茎、枝初时被短柔毛，后下部脱落无毛。茎下部叶与中部叶长卵形、三角状卵形或长椭圆状卵形，二至三回栉齿状羽状分裂，第一回全裂，侧裂片 3～5 对，椭圆形或长椭圆形，小裂片栉齿状披针形或条状披针形，具三角形栉齿或全缘，叶中轴两侧有栉齿，叶上面绿色，初时疏被短柔毛，后渐脱落，幼时有腺点，下面初时密被灰白色短柔毛，后无毛；上部叶较小，一至二回栉齿状羽状分裂。头状花序近球形，直径 2～3.5mm，多数在茎上排列成密集或稍开展的圆锥状；总苞片外层者初时密被短柔毛，后脱落无毛，中肋绿色，边缘膜质，中、内层者膜质，无毛；边缘雌花 10～12 枚；中央两性花 20～40 枚；花序托凸起。瘦果狭椭圆状卵形或狭圆锥形。花果期 8～10 月。$2n$=18，36，54。

生境 旱生半灌木。生于草原带和荒漠带的山坡、灌丛。

产呼伦贝尔市各旗、市、区。

经济价值 可作为饲用植物和水土保持植物。

密毛白莲蒿 *Artemisia sacrorum* Ledeb. var. *messerschmidtiana* (Bess.) Y. R. Ling

别名 白万年蒿

形态特征 本变种与正种的区别在于：叶两面密被灰白色或淡灰黄色短柔毛。

生境 中旱生或旱生半灌木。生长于山坡、丘陵及路旁等处。

产海拉尔区、额尔古纳市、陈巴尔虎旗。

山蒿 *Artemisia brachyloba* Franch.

别名 岩蒿、骆驼蒿

蒙名 哈丹—西巴嘎

形态特征 植株高 20～40cm。茎多数，自基部分枝，常形成球状株丛，茎、枝幼时被短绒毛，后渐脱落。基生叶卵形或宽卵形，二至三回羽状全裂，花期枯萎；茎下部与中部叶宽卵形或卵形，二回羽状全裂，小裂片狭条形或狭条状披针形，叶上面绿色，疏被短柔毛或无毛，下面密被灰白色短绒毛；上部叶羽状全裂。头状花序卵球形或卵状钟形，常排成短总状或穗状花序或单生，再在茎上组成稍狭窄的圆锥状；总苞片外层背部被灰白色短绒毛，边缘狭膜质，中、内层者边缘宽膜质或全膜质，背部毛少至无毛；边缘雌花 8～15 枚；中央两性花 18～25 枚，均结实；花序托微凸，无托毛。瘦果卵圆形，黑褐色。花果期 8～10 月。

生境 石生旱生半灌木。生于森林带和草原带的石质山坡、岩石露头或碎石质的土壤上，是山地植被的主要建群植物之一。

产牙克石市、扎兰屯市。

经济价值 全草入药，能清热燥湿，主治偏头痛、咽喉肿痛、风湿等。

差不嘎蒿 *Artemisia halodendron* Turcz. ex Bess.

别名 盐蒿、沙蒿

蒙名 好您—西巴嘎

形态特征 植株高50～80cm。茎上部红褐色，下部老枝灰褐色或暗灰色，外皮常剥落，茎、枝初时被灰黄色绢质柔毛。叶质稍厚，初时疏被灰白色短柔毛，后无毛，茎下部与营养枝叶宽卵形或近圆形，二回羽状全裂，小裂片狭条形，叶柄基部有假托叶；中部叶宽卵形或近圆形，一至二回羽状全裂，小裂片狭条形。头状花序卵球形，直径3～4mm，直立，多数在茎上排列成大型、开展的圆锥状；总苞片外层绿色，无毛，边缘膜质，中层者背部中间绿色，无毛，边缘宽膜质，内层者半膜质；边缘雌花4～8枚，花冠狭圆锥形或狭管状；中央两性花8～15枚，花冠管状，不结实；花序托凸起。瘦果长卵形或倒卵状椭圆形。花果期7～10月。$2n=36$。

生境 沙生中旱生半灌木。生于草原区北部的草原带和森林草原带的沙地，在大兴安岭东西两侧，多生于固定、半固定沙丘和沙地，是内蒙古东部沙地半灌木群落的重要建群植物。

产海拉尔区、满洲里市、鄂温克族自治旗、陈巴尔虎旗、新巴尔虎左旗、新巴尔虎右旗。

经济价值 可作饲用植物及防风固沙植物。幼嫩的枝叶入药，能止咳、祛痰、平喘、解表、祛湿，主治慢性气管炎、感冒、风湿性关节炎、哮喘、斑疹伤寒。

光沙蒿 *Artemisia oxycephala* Kitag.

蒙名 给鲁格日—协日乐吉

形态特征 植株高30～60cm。主根粗长，木质。根状茎粗短，木质，具多数营养枝。茎数条，成丛，直立或斜升，具纵条棱，下半部木质，暗紫色或红紫色，无毛，上部草质，黄褐色，有分枝。叶质稍厚，干后质稍硬，基生叶宽卵形，具长柄，花期枯萎；茎下部与中部叶宽卵形或近圆形，长2～5cm，宽2～3cm，二回羽状全裂，侧裂片2～3对，每裂片再3全裂或不分裂，小裂片丝状条形，长1.5～2cm，宽1.5～2mm，先端有硬尖头，叶两面无毛或幼时疏被短柔毛，后无毛，近无柄；上部叶与苞叶3～5全裂或不分裂，丝状条形。头状花序长卵形，直径1.5～2.5mm，具短梗或近无梗，基部有小苞叶，直立，多数在茎上排列成疏松开展或稍紧密的圆锥状；总苞片3～4层，外、中层者卵形或长卵形，背部有绿色中肋，无毛，边缘膜质，内层者长卵形或椭圆形，先端钝，半膜质；边缘雌花2～7枚，花冠狭圆锥状或狭管状；中央两性花3～10枚，花冠管状；花序托凸起。瘦果矩圆形。花果期8～10月。

生境 多年生半灌木状沙生旱生或中旱生草本。多分布于中温型干草原带的沙丘、沙地和覆沙高平原上，少量也进入森林草原带，是内蒙古东部沙生半灌木群落建群植物或为沙质草原的伴生植物。

产新巴尔虎左旗。

绢蒿属 Seriphidium (Bess.) Poljak.

东北绢蒿 *Seriphidium finitum* (Kitag.) Ling et Y. R. Ling

蒙名 塔乐斯图—哈木巴—协日乐吉

形态特征 植株高20～60cm。主根粗，木质。根状茎粗短，黑色，常有褐色枯叶柄，具木质的营养枝。茎少数或单一，中部以上有多数分枝，密被灰白色蛛丝状毛。茎下部叶及营养枝叶矩圆形或长卵形，长2～3(5)cm，宽1～2cm，二至三回羽状全裂，侧裂片(3)4～5对，小裂片狭条形，长3～10mm，宽1～1.5mm，先端钝尖，叶柄长2～5cm，叶两面密被灰白色蛛丝状毛，花期枯萎；中部叶卵形或长卵形，一至二回羽状全裂，小裂片狭条形或条状披针形，叶柄短，基部有羽状全裂的假托叶；上部叶与苞叶3全裂或不分裂。头状花序矩圆状倒卵形或矩圆形，直径2～2.5mm，无梗或具短梗，基部有条形的小苞叶，多数在茎上排列成狭窄或稍开展的圆锥状；总苞片4～5层，外层者小，卵形，中层者长卵形，背部被蛛丝状毛，有绿色中肋，边缘狭或宽膜质，内层者长卵形或矩圆状倒卵形，半膜质，背部疏被毛或近无毛；两性花3～9(13)枚，花冠管状。瘦果长倒卵形。花果期8～10月。

生境 多年生半灌木状旱生草本。生于草原带和荒漠草原带的沙砾质或砾石质土壤上，也生长在盐碱化湖边草甸，为草原或芨芨草草甸的伴生植物。

产新巴尔虎右旗。

经济价值 头状花序含l，β-山道年，经化学处理转化成α-山道年后，也可作驱蛔虫药的原料；另外还含东北蛔蒿素等。

栎叶蒿属 Neopallasia Poljak.

栎叶蒿 *Neopallasia pectinata* (Pall.) Poljak.

别名 篦齿蒿

蒙名 乌合日—希鲁黑

形态特征 植株高 15～50cm。茎单一或自基部以上分枝，被白色长或短的绢毛。茎生叶无柄，矩圆状椭圆形，一至二回栎齿状的羽状全裂，小裂片刺芒状，质稍坚硬，无毛。头状花序卵形或宽卵形，几无梗，3 至数枚在分枝或茎顶排列成稀疏的穗状，在茎上组成狭窄的圆锥状；总苞片椭圆状卵形，边缘膜质，背部无毛；边缘雌花 3～4 枚，结实，花冠狭管状；中央小花两性，9～16 枚，有 4～8 枚着生于花序托下部，结实，其余着生于花序托顶部的不结实，全部两性花花冠管状钟形，5 裂；花序托圆锥形，裸露。瘦果椭圆形，深褐色，具不明显纵肋，在花序托下部排成一圈。花期 7～8 月，果期 8～9 月。

生境 一年生或二年生旱中生草本。多生长在壤质或黏壤质的土壤上，为夏雨型一年生层片的主要成分。在退化草场上常常可成为优势种。

产新巴尔虎左旗、新巴尔虎右旗。

经济价值 地上部分可入蒙药（蒙药名：乌合日—希鲁黑），能利胆，主治急性黄疸型肝炎。

千里光属 Senecio L.

1 一年生草本；头状花序无舌状花 ·· 2
1 二年生或多年生草本；头状花序具舌状花 ·· 3
2 总苞片约 15；外层小苞片 4～5；花序疏散；花序梗长 1.5～4cm ················· **1 北千里光 S. dubitabilis**
2 总苞片 18～22；外层小苞片 7～11，先端黑色；花序密集；花序梗长 0.5～2cm ········ **2 欧洲千里光 S. vulgaris**
3 二年生草本，茎中空；植株被腺毛；总苞片基部无外层小苞片 ················· **3 湿生千里光 S. arcticus**
3 多年生草本，茎实心；植株不被腺毛；总苞基部具外层小苞片 ··· 4
4 叶不分裂，边缘具细锯齿 ··· **4 林阴千里光 S. nemorensis**
4 叶羽状分裂 ·· 5
5 叶羽状深裂，侧裂片 2～3 对，叶基部具 2 小叶耳 ······························· **5 麻叶千里光 S. cannabifolius**
5 叶羽状分裂，侧裂片 3～6 对，叶基部无叶耳，舌状花冠长 20mm 以下，瘦果无毛 ······ **6 额河千里光 S. argunensis**

北千里光 *Senecio dubitabilis* C. Jeffrey et Y. L. Chen

别名 疑千里光

形态特征 一年生草本，高 6～30cm。茎直立或斜升，具纵条棱，疏被白色长柔毛，多分枝。叶矩圆状披针形或矩圆形，长 2～4cm，宽 2～10mm，羽状深裂、半裂、浅裂或具疏锯齿，裂片卵形、矩圆形，两面疏生白色长柔毛；上部叶条形，具疏锯齿或全缘。头状花序多数，在茎顶和枝端排列成松散的伞房状，花序梗长 2～3.5cm；苞叶无或具 4～5，狭条形，长 1.5～5mm，在近头状花序的基部排列较密集，似总苞外层的小苞片；总苞狭钟形，长 6～7mm，宽约 3mm；总苞片约 14，条形，宽约 1mm，背部光滑，边缘膜质；管状花花冠黄色，长 6～9mm。瘦果圆柱形，长 3～3.5mm，被微短柔毛；冠毛白色，长 5～7mm。

生境 中生草本。生于草原带和草原化荒漠带的河边沙地、盐化草甸、林缘。

产陈巴尔虎旗

欧洲千里光 *Senecio vulgaris* L.

蒙名 恩格音—给其根那

形态特征 茎单生，直立，高 12～45cm，自基部或中部分枝；分枝斜升或略弯曲，被疏蛛丝状毛至无毛。叶无柄，倒披针状匙形或长圆形，长 3～11cm，宽 0.5～2cm，顶端钝，羽状浅裂至深裂，侧生裂片 3～4 对，长圆形或长圆状披针形，通常具不规则齿；下部叶基部渐狭成柄状；中部叶基部扩大且多少抱茎，两面尤其下面多少被蛛丝状毛至无毛；上部叶较小，线形，具齿。头状花序无舌状花，少数至多数，排列成顶生密集伞房花序；花序梗长 0.5～2cm，有疏柔毛或无毛，具数个线状钻形小苞片；总苞钟状，长 6～7mm，宽 2～4mm，具外层苞片；苞片 7～11，线状钻形，长 2～3mm，尖，通常具黑色长尖头；总苞片 18～22，线形，宽 0.5mm，尖，上端变黑色，革质，边缘狭膜质，背面无毛；舌状花缺如，管状花多数；花冠黄色，长 5～6mm，管部长 3～4mm，檐部漏斗状，略短于管部；裂片卵形，长 0.3mm，钝；花药长 0.7mm，基部具短钝耳；附片卵形；花药颈部细，向基部膨大；花柱分枝长 0.5mm，顶端截形，有乳头状毛。瘦果圆柱形，长 2～2.5mm，沿肋有柔毛；冠毛白色，长 6～7mm。花期 4～10 月。$2n=38，40$。

生境　一年生中生草本。生于森林带的山坡及路旁。

产牙克石市、额尔古纳市、根河市。

湿生千里光 *Senecio arcticus* Rupr.

蒙名　那木根—给其根那

形态特征　植株高 20～100cm。具须根。茎中空，基部直径达 1cm，被腺毛和曲柔毛，幼株茎上部毛较密，基部有时光滑，茎单一，上部分枝，有时基部分枝。基生叶及茎下部叶密集，矩圆形或披针形，长 10～15cm，宽约 2cm，先端钝，基部半抱茎，边缘具缺刻状锯齿、波状齿或近羽状半裂，通常两面无毛，具宽叶柄或无柄；茎中部叶卵状披针形或披针形，基部抱茎，通常两面被曲柔毛；上部叶较小，具较密的曲柔毛和腺毛。头状花序在枝端排列成聚伞状，花序梗被曲柔毛和腺毛，苞叶狭条形；总苞钟形，长 5～6mm，宽 5～8mm；总苞片条形，基部密生曲柔毛，边缘膜质，无外层小总苞片；舌状花亮黄色，长约 10mm；管状花长 6～7mm。瘦果圆柱形，长 2～3mm，棕色，光滑，具明显的纵肋；冠毛白色，长约 15mm。花果期 6～7 月。$2n=40$。

生境　二年生湿生草本。生于湖边沙地或沼泽，有时可形成密集的群落片段。

产牙克石市、陈巴尔虎旗、新巴尔虎左旗、新巴尔虎右旗。

林阴千里光 *Senecio nemorensis* L.

别名 黄菀

蒙名 敖衣音—给其根那

形态特征 植株高 45～100cm。根状茎短，着生多数不定根。茎直立，单一，上部分枝。基生叶及茎下部叶花期枯萎；中部叶卵状披针形或矩圆状披针形，长 5～15cm，宽 1～3cm，先端渐尖，基部渐狭，边缘具疏牙齿，两面被疏柔毛或光滑；上部叶条状披针形或条形，较小。头状花序多数，在茎顶排列成伞房状，花序梗细长，苞叶条形或狭条形；总苞钟形，长 6～8mm，宽 5～10mm；总苞片 10～12，条形，背面被短柔毛，边缘膜质，外层小苞片狭条形，与总苞片等长，被短柔毛；舌状花 5～10 枚，黄色，长约 18mm；管状花长约 10mm。瘦果圆柱形，长约 1.5mm，光滑，淡棕褐色，具纵肋；冠毛白色，长 5～7mm。花果期 7～8 月。2n=40。

生境 多年生中生草本。生于森林带和森林草原带的山地林缘、河边草甸。

产牙克石市、额尔古纳市、根河市、鄂伦春自治旗。

麻叶千里光 *Senecio cannabifolius* Less.

蒙名 阿拉嘎力格—给其根那

形态特征 多年生草本，高60～150cm。根状茎倾斜并缩短，有多数细的不定根。茎直立，单一，下部直径约5mm，光滑，具纵沟纹，基部略带红色。茎下部叶花期枯萎；中部叶较大，羽状深裂，长10～15cm，先端尖锐，基部下延，上面绿色，被疏柔毛，下面淡绿色，沿叶脉被短柔毛，无柄或具短柄，基部具2小叶耳，侧裂片2～3对，披针形或条形，边缘有尖锯齿；上部叶裂片少或不分裂，条形，具微锯齿或全缘。头状花序多数，在茎顶和枝端排列成复伞房状；总苞钟形，长约6mm，宽5～7mm；总苞片10～15，条形，背部被短柔毛，边缘膜质，外层小总苞片约6，狭条形，长4～5mm；舌状花黄色，5～10枚，长约13mm，子房光滑；管状花多数，长约10mm。瘦果圆柱形，长约3mm，光滑；冠毛污黄白色，长约7mm。花果期7～9月。2n=40。

生境 多年生中生草本。生于森林带的山地林缘、河边草甸，为草甸伴生种。

产牙克石市、额尔古纳市、根河市、鄂伦春自治旗、鄂温克族自治旗、陈巴尔虎旗、新巴尔虎左旗。

额河千里光 *Senecio argunensis* Turcz.

别名 羽叶千里光

蒙名 乌都力格—给其根那

形态特征 植株高30～100cm。茎直立，单一，常被蛛丝状毛，中部以上有分枝。茎中部叶卵形或椭圆形，羽状半裂、深裂，有的近二回羽裂，裂片3～6对，条形或狭条形，全缘或具疏齿，两面被蛛丝状毛或近光滑；上部叶较小，裂片较少。头状花序多数，在茎顶排列成复伞房状，花序梗被蛛丝状毛，小苞片条形或狭条形；总苞钟形；总苞片约10，披针形，边缘宽膜质，背部常被蛛丝状毛，外层小总苞片约10，狭条形，比总苞片略短；舌状花黄色，10～12枚；管状花子房无毛。瘦果圆柱形，光滑，黄棕色；冠毛白色。花果期7～9月。

生境 多年生中生草本。生于森林带和森林草原带的山地林缘、河边草甸、河边柳灌丛。

产海拉尔区、满洲里市、扎兰屯市、莫力达瓦达斡尔族自治旗、鄂温克族自治旗、陈巴尔虎旗、新巴尔虎左旗、新巴尔虎右旗。

经济价值 全草入药，能清热解毒，用于毒蛇咬伤、蝎蜇伤、蜂蜇伤、疮疖肿毒、湿疹、皮炎、急性结膜炎、咽炎。

狗舌草属 Tephroseris (Reichb.) Reichb.

1 基生叶有长柄，边缘具波状尖齿，两面被短柔毛；舌状花橘黄色，长 20mm；瘦果疏被柔毛 ……… **1 红轮狗舌草 T. flammea**
1 基生叶无柄或具短柄，边缘具不明显小齿或全缘，两面密被蛛丝状绵毛；舌状花黄色，长 6～10mm；瘦果密被柔毛 ……………………………………………………………………………………………… **2 狗舌草 T. kirilowii**

红轮狗舌草 *Tephroseris flammea* (Turcz. ex DC.) Holub

别名 红轮千里光

蒙名 乌兰—给其根那

形态特征 植株高 20～70cm。根状茎短，着生密而细的不定根。茎直立，单一，具纵条棱，上部分枝，茎、叶和花序梗都被蛛丝状毛，并混生短柔毛。基生叶花时枯萎；茎下部叶矩圆形或卵形，长 5～15cm，宽 2～3cm，先端锐尖，基部渐狭成具翅的和半抱茎的长柄，边缘中部以上具大或小的疏牙齿；中部叶披针形，长 5～12cm，宽 1.5～3cm，先端长渐尖，基部渐狭，无柄，半抱茎，边缘具细齿；上部叶狭条形，一般全缘，无柄。头状花序 5～15，在茎顶排列成伞房状；总苞杯形，长 5～7mm，宽 5～13mm；总苞片约 20，黑紫色，条形，宽约 1.5mm，先端锐尖，边缘狭膜质，背面被短柔毛，无外层小苞片；舌状花 8～12 枚，条形或狭条形，长 13～25mm，宽 1～2mm，舌片红色或紫红色，成熟后常反卷；管状花长 6～9mm，紫红色。瘦果圆柱形，棕色，长 2～3mm，被短柔毛；冠毛污白色，长 8～10mm。花果期 6～8 月。2n=44，46。

生境 多年生中生草本。生于森林带和森林草原带的具丰富杂类草的草甸及林缘灌丛。

产牙克石市、扎兰屯市、额尔古纳市、根河市、莫力达瓦达斡尔族自治旗、鄂伦春自治旗、鄂温克族自治旗、陈巴尔虎旗、新巴尔虎左旗。

狗舌草　*Tephroseris kirilowii* (Turcz. ex DC.) Holub

蒙名　给其根那

形态特征　植株高 15～50cm，全株被蛛丝状毛，呈灰白色。茎直立，单一。基生叶及茎下部叶较密集，呈莲座状，开花时部分枯萎，宽卵形、卵形、矩圆形或匙形，边缘有锯齿或全缘；茎中部叶少数，条形或条状披针形，全缘，基部半抱茎；茎上部叶狭条形，全缘。头状花序 5～10，于茎顶排列成伞房状，具长短不等的花序梗；总苞钟形；总苞片背面被蛛丝状毛，边缘膜质；舌状花黄色或橙黄色，子房具微毛；管状花子房具毛。瘦果圆柱形，具纵肋，被毛；冠毛白色。花果期 6～7 月。

生境　多年生旱中生草本。生于森林带和草原带的草原、草甸草原、山地林缘。

产海拉尔区、满洲里市、牙克石市、扎兰屯市、根河市、莫力达瓦达斡尔族自治旗、鄂伦春自治旗、鄂温克族自治旗、陈巴尔虎旗、新巴尔虎左旗、新巴尔虎右旗。

经济价值　全草入药，能清热解毒、利尿，用于肺脓肿、尿路感染、小便不利、白血病、口腔炎、疖肿。本种为中国植物图谱数据库收录的有毒植物，其毒性为全草有小毒，服用过量引起肝肾损害。

菊 科

橐吾属 Ligularia Cass.

1 基生叶椭圆形、矩圆形或卵形，基部微心形，中部急狭而稍下延，全缘或下部有波状浅齿 ⋯ **1 全缘橐吾 L. mongolica**
1 基生叶肾形或心形，边缘有整齐的牙齿；茎被褐色多细胞皱曲毛 ⋯⋯⋯⋯⋯⋯⋯⋯⋯⋯⋯⋯⋯⋯⋯ 2
2 叶和总苞片无毛或疏被褐色有节短毛，苞叶卵形或卵状披针形 ⋯⋯⋯⋯⋯⋯⋯⋯ **2 蹄叶橐吾 L. fischeri**
2 叶和总苞片密被褐色有节短柔毛，苞叶卵状披针形至披针形 ⋯⋯⋯⋯⋯⋯⋯ **3 黑龙江橐吾 L. sachalinensis**

全缘橐吾 *Ligularia mongolica* (Turcz.) DC.

蒙名 扎牙海

形态特征 植株高30～80cm，全体呈灰绿色，无毛。茎直立，粗壮，基部为褐色的枯叶纤维所包围。叶肉质，基生叶矩圆状卵形、卵形或椭圆形，先端钝圆，基部微心形，中部急狭而稍下延至叶柄上，全缘或下部有波状浅齿，叶脉羽状，具长柄；茎生叶2～3，椭圆形或矩圆形，上部叶小，无柄而抱茎。头状花序在茎顶排列成总状，多数，上部密集，下部渐疏离；总苞圆柱状；总苞片5～6，外的矩圆状条形，边缘宽膜质，背部有微毛；舌状花通常3～5枚，舌片黄色；管状花5～8枚。瘦果暗褐色；冠毛淡红褐色。花果期7～8月。

生境 多年生中生草本。生于草原带和草原化荒漠带的山地灌丛、石质坡地、具丰富杂类草的草甸草原和草甸。

产牙克石市、扎兰屯市、阿荣旗、莫力达瓦达斡尔族自治旗、鄂伦春自治旗。

经济价值 春季展叶至开花时的叶是吉林延边地区广泛食用的特色野菜，称"山白菜"，朝鲜族群众一年四季不离餐桌，鲜品、盐渍品或速冻品包饭或做酱汤食用，具有特殊的风味和香气。其根及根状茎也可作"紫苑"入药，称"山紫苑"，有润肺、下气、祛痰、止咳的功能。也可作为观叶植物引入。

蹄叶橐吾 *Ligularia fischeri* (Ledeb.) Turcz.

别名 肾叶橐吾、马蹄叶、葫芦七

蒙名 陶古日爱力格—扎牙海

形态特征 植株高20～120cm。根肉质，黑褐色。茎直立，具纵沟棱，被黄褐色有节短柔毛或白色蛛丝状毛，基部为褐色枯叶柄纤维所包围。基生叶和茎下部叶具柄，柄长10～45cm，基部鞘状，叶肾形或心形，长7～20cm，宽8～30cm，先端钝圆或稍尖，基部心形，边缘有整齐的牙齿，两面无毛或下面疏被褐色有节短毛，叶脉掌状，明显凸起；茎中上部叶小，具短柄，鞘膨大。头状花序在茎顶排列成总状，长20～50cm；花序梗5～15mm，基部有卵形或卵状披针形苞叶；总苞钟形，长7～10mm，宽5～8mm；总苞片8～9，矩圆形，先端尖，背部无毛或疏被短毛，内层具宽膜质边缘；舌状花5～9枚，舌片矩圆形，长15～20mm，宽4～5mm；管状花多数，长10～11mm。瘦果圆柱形，长约7mm，暗褐色；冠毛红褐色，长6～8mm。花果期7～9月。$2n=60$。

生境 多年生中生草本。生于森林带和森林草原带的林缘、河滩草甸、河边灌丛。

产海拉尔区、牙克石市、扎兰屯市、额尔古纳市、根河市、莫力达瓦达斡尔族自治旗、鄂伦春自治旗、鄂温克族自治旗、陈巴尔虎旗、新巴尔虎左旗。

经济价值 根作紫菀入药，商品称"山紫菀"，功能主治同紫菀。

黑龙江橐吾 *Ligularia sachalinensis* Nakai

蒙名 萨哈林—扎牙海

形态特征 植株高 60～150cm。根肉质，多数。茎直立，连同花序密被黄褐色有节短柔毛，有时上部混生白色蛛丝状毛，基部为枯叶柄纤维所包围。基生叶和茎下部具叶柄，柄长 10～50cm，被黄褐色有节短柔毛，基部鞘状，叶肾形或肾状心形，长 3～12cm，宽 5～14cm，先端钝圆或锐尖，基部心形，边缘有整齐的牙齿，上面近无毛，下面密被黄褐色有节短柔毛，稀仅脉上有毛，叶脉掌状；茎中上部叶与下部者同形而较小，具短柄至无柄，鞘膨大，被与叶柄上一样的毛。头状花序在茎顶排列成总状，长 8～20cm；苞叶卵状披针形至披针形，向上渐小，先端渐尖，边缘有齿及睫毛；总苞钟形，长 10～11mm，宽 5～7mm；总苞片 5～7，矩圆形，先端三角形，背部密被黄褐色有节短柔毛，内层边缘膜质；舌状花 5～7 枚，舌片矩圆形，长 12～18mm，宽 2～4mm；管状花多数，长 10～11mm。瘦果圆柱形，长约 6mm；冠毛黄褐色，长 5～7mm。花期 7～8 月。

生境 多年生中生草本。生于林缘、河滩草甸、河边灌丛及山坡草地。

产海拉尔区、牙克石市、扎兰屯市、额尔古纳市、根河市、莫力达瓦达斡尔族自治旗、鄂伦春自治旗、鄂温克族自治旗、陈巴尔虎旗、新巴尔虎左旗。

蟹甲草属 Parasenecio W. W. Smith et J. Small

山尖子 *Parasenecio hastatus* L.

别名 山尖菜、戟叶兔儿伞

蒙名 伊古新讷

形态特征 植株高 40 ~ 150cm。具根状茎，有多数褐色须根。茎直立，粗壮，具纵沟棱，下部无毛或近无毛，上部密被腺状短柔毛。茎下部叶花期枯萎凋落；中部叶三角状戟形，长 5 ~ 15cm，宽 13 ~ 17cm，先端锐尖或渐尖，基部戟形或近心形，中间楔状下延成有狭翅的叶柄，叶柄长 4 ~ 5cm，基部为耳状抱茎，边缘有不大规则的尖齿，基部的两个侧裂片，有时再分出 1 个缺刻状小裂片，上面绿色，无毛或有疏短毛，下面淡绿色，有密或较密的柔毛；上部叶渐小，三角形或近菱形，先端渐尖，基部近截形或宽楔形。头状花序多数，下垂，在茎顶排列成圆锥状，梗长 4 ~ 20mm，密被腺状短柔毛，苞叶披针形或条形；总苞筒形，长 9 ~ 11mm，宽 5 ~ 8mm；总苞片 8，条形或披针形，先端尖，背部密被腺状短柔毛；管状花 7 ~ 20 枚，白色，长约 7mm。瘦果黄褐色，长约 7mm；冠毛与瘦果等长。花果期 7 ~ 8 月。$2n=60$。

生境 多年生中生草本。生于森林带和草原带的山地林缘、林下、河滩杂类草草甸，是林缘草甸伴生种。

产牙克石市、扎兰屯市、额尔古纳市、根河市、莫力达瓦达斡尔族自治旗、鄂温克族自治旗、陈巴尔虎旗、新巴尔虎左旗。

蓝刺头属 Echinops L.

1 一年生草本；叶不分裂，条形或条状披针形，茎无毛或疏被腺毛或腺点；复头状花序较小，白色或淡蓝色 ········· **1 砂蓝刺头 E. gmelini**
1 多年生草本；茎中下部叶二回羽状分裂，质薄；复头状花序较大，蓝色 ········· **2**
2 茎灰白色，上部密被白色蛛丝状绵毛，下部疏被蛛丝状毛 ········· **2 驴欺口 E. latifolius**
2 茎上部密被蛛丝状绵毛，下部被褐色长节毛 ········· **3 褐毛蓝刺头 E. dissectus**

砂蓝刺头 *Echinops gmelini* Turcz.

别名 刺头、火绒草

蒙名 额乐存乃—扎日阿—敖拉

形态特征 植株高 15～40cm。茎直立，稍有纵沟棱，白色或淡黄色，无毛或疏被腺毛或腺点，不分枝或有分枝。叶条形或条状披针形，长 1～6cm，宽 3～10mm，先端锐尖或渐尖，基部半抱茎，无柄，边缘有具白色硬刺的牙齿，刺长达 5mm，两面均为淡黄绿色，有腺点，或被极疏的蛛丝状毛、短柔毛，或无毛、无腺点，上部叶有腺毛，下部叶密被绵毛。复头状花序单生于枝端，直径 1～3cm，白色或淡蓝色；头状花序长约 15mm，基毛多数，污白色，不等长，糙毛状，长约 9mm；外层总苞片较短，长约 6mm，条状倒披针形，先端尖，中部以上边缘有睫毛，背部被短柔毛；中层者较长，长约 12mm，长椭圆形，先端渐尖成芒刺状，边缘有睫毛；内层者长约 11mm，长矩圆形，先端芒裂，基部深褐色，背部被蛛丝状长毛；花冠管部长约 3mm，白色，有毛和腺点，花冠裂片条形，淡蓝色。瘦果倒圆锥形，长约 6mm，密被贴伏的棕黄色长毛；冠毛长约 1mm，下部连合。花期 6 月，果期 8～9 月。$2n=26$。

生境 一年生喜沙旱生草本。为荒漠草原带和草原化荒漠带常见的伴生杂类草，并可沿着固定沙地、沙质撂荒地深入草原带、森林草原带及居民点、畜群点周围。

产新巴尔虎左旗、新巴尔虎右旗。

经济价值 根入药，功能主治同漏芦。

驴欺口 *Echinops latifolius* Tausch.

别名 单州漏芦、火绒草、蓝刺头

蒙名 扎日阿—敖拉

形态特征 植株高30～70cm。根粗壮，褐色。茎直立，具纵沟棱，上部密被白色蛛丝状绵毛，下部疏被蛛丝状毛，不分枝或有分枝。茎下部与中部叶二回羽状深裂，一回裂片卵形或披针形，先端锐尖或渐尖，具刺尖头，有缺刻状小裂片，全部边缘具不规则刺齿或三角形刺齿，上面绿色，无毛或疏被蛛丝状毛，并有腺点，下面密被白色绵毛，有长柄或短柄；上部叶渐小，长椭圆形或卵形，羽状分裂，基部抱茎。复头状花序单生于茎顶或枝端，直径约4cm，蓝色；头状花序长约2cm，基毛多数，白色，扁毛状，不等长，长6～8mm；外层总苞片较短，长6～8mm，条形，上部菱形扩大，淡蓝色，先端锐尖，边缘有少数睫毛；中层者较长，长达15mm，菱状披针形，自最宽处向上渐尖成芒刺状，淡蓝色，中上部边缘有睫毛；内层者长13～15mm，长椭圆形或条形，先端芒裂；花冠管部长5～6mm，白色，有腺点，花冠裂片条形，淡蓝色，长约8mm。瘦果圆柱形，长约6mm，密被黄褐色柔毛；冠毛长约1mm，中下部连合。花期6月，果期7～8月。$2n=32$。

生境 多年生嗜砾质中旱生草本。草原地带和森林草原地带常见杂类草，多生长在含丰富杂类草的针茅草原和羊草草原群落中。

产呼伦贝尔市各旗、市、区。

经济价值 根入药（药材名：禹州漏芦），功能主治同漏芦。花序也入药，能活血、发散，主治跌打损伤。花序又入蒙药（蒙药名：扎日—乌拉），能清热、止痛，主治骨折创伤、胸背疼痛。

褐毛蓝刺头 *Echinops dissectus* Kitag.

别名 天蓝刺头、天蓝漏芦

蒙名 呼任—扎日阿—敖拉

形态特征 植株高40～70cm。根粗壮,圆柱形,木质,褐色。茎直立,具纵沟棱,上部密被蛛丝状绵毛,下部常被褐色长节毛,不分枝或上部多少分枝。茎下部与中部叶宽椭圆形,长达20cm,宽达8cm,二回或近二回羽状深裂,一回裂片卵形或披针形,先端锐尖或渐尖,具刺尖头,有缺刻状披针形或条形的小裂片,小裂片全缘或具1～2小齿,小裂片与齿端及裂片边缘均有短刺,上面疏被蛛丝状毛,下面密被白色绵毛;上部叶变小,羽状分裂。复头状花序直径3～5cm,淡蓝色,单生于茎顶或枝端;头状花序长约25mm,基毛多数,白色,扁毛状,不等长,长达10mm;总苞片16～19,外层者较短,长9～12mm,条形,上部菱形扩大,先端锐尖,褐色,边缘有少数睫毛;中层者较长,长达16mm,菱状倒披针形,自最宽处向上渐尖成芒刺状,淡蓝色,中上部边缘有睫毛;内层者比中层者稍短,条状披针形,先端芒裂;花冠管部长约6mm,白色,有腺点与极疏的柔毛,花冠裂片条形,淡蓝色,长约8mm,外侧有微毛。瘦果圆柱形,长约6mm,密被黄褐色柔毛;冠毛长约1mm,中下部连合。花期7月,果期8月。

生境 多年生中旱生草本,耐寒的中旱生轴根植物。山地草原常见杂类草,一般多生长在林缘草甸,也见于含丰富杂类草的禾草草原群落。

产牙克石市、额尔古纳市、根河市、鄂伦春自治旗、鄂温克族自治旗。

经济价值 可作为观赏植物。

苍术属 Atractylodes DC.

苍术 Atractylodes lancea (Thunb.) DC.

别名 北苍术、枪头菜、山刺菜

蒙名 侵瓦音—哈拉特日

形态特征 植株高30～50cm。根状茎肥大，结节状。茎直立，具纵沟棱，疏被柔毛，带褐色，不分枝或上部稍分枝。叶革质，无毛；下部叶与中部叶倒卵形、长卵形、椭圆形或宽椭圆形，长2～8cm，宽1.5～4cm，不分裂或大头羽状浅裂或深裂，先端钝圆或稍尖，基部楔形至圆形，侧裂片卵形、倒卵形或椭圆形，先端稍尖，边缘有具硬刺的牙齿，两面叶脉明显，下部叶具短柄，有狭翅，中部叶无柄，基部略抱茎；上部叶变小，披针形或长椭圆形，不分裂或羽状分裂，叶缘具硬刺状齿。头状花序单生于枝端，直径约1cm，长约1.5cm，叶状苞倒披针形，与头状花序近等长，羽状裂片栉齿状，有硬刺；总苞杯状；总苞片6～8层，先端尖，被微毛，外层者长卵形，中层者矩圆形，内层者矩圆状披针形；管状花白色，长约1cm，狭管部与具裂片的檐部近等长。瘦果圆柱形，长约5mm，密被向上而呈银白色的长柔毛；冠毛淡褐色，长6～7mm。花果期7～10月。$2n=24$。

生境 多年生中生草本。生于森林草原地带的山地阳坡、半阴坡灌丛群落中。

产牙克石市、扎兰屯市、阿荣旗。

经济价值 根状茎入药（药材名：苍术），能燥湿、健脾、祛风、止痛，主治脘腹胀满、吐泻、关节疼痛、风寒感冒、夜盲症。

风毛菊属 Saussurea DC.

1 总苞片顶端有扩大的膜质附片 ……………………………………………………………………………… 2
1 总苞片顶端无扩大的附属物，全缘或近全缘 ………………………………………………………………… 4
2 叶全缘或边缘具齿，稀羽状浅裂；总苞筒状钟形 …………………………………… **1 草地风毛菊 S. amara**
2 叶羽状分裂 …………………………………………………………………………………………………… 3
3 叶倒向羽裂或大头羽裂；总苞径 5～10mm，外层总苞片伸长，常与内层总苞片等长或超出，先端较厚，锐尖或具齿，内层总苞片顶端有扩大成膜质具齿紫红色附片 …………………………… **2 碱地风毛菊 S. runcinata**
3 叶羽状浅裂至深裂，裂片线形或披针状线形，总苞直径 10～15mm，总苞片先端附属物为宽膜质附片 …………
 …………………………………………………………………………………… **3 美花风毛菊 S. pulchella**
4 叶背面密被白色或灰白色毛 ………………………………………………………………………………… 5
4 叶背面无毛或被微毛，茎无翼 ……………………………………………………………………………… 6
5 叶狭窄，宽 2～6（15）mm，背面密被白色毡毛；茎无翼，多数簇生 ………… **4 柳叶风毛菊 S. salicifolia**
5 叶宽阔，卵形、矩圆状卵形至宽卵形，先端渐尖，边缘具微尖齿或全缘，下面灰白色，密被蛛丝状绵毛，具长叶柄；茎单一 …………………………………………………………………………………… **5 硬叶风毛菊 S. firma**
6 叶草质，羽状分裂，稀不分裂；总苞广钟形，径 10～15mm，总苞片上部紫红色，背部被柔毛，先端渐尖，常反折 …………………………………………………………………………… **6 折苞风毛菊 S. recurvata**
6 叶肉质，茎、叶具咸苦味 …………………………………………………………………………………… 7
7 植株灰绿色；基生叶披针形或长椭圆形，具长柄，全缘或具不规则波状牙齿或小裂片；瘦果顶端具小冠 ………
 …………………………………………………………………………………… **7 达乌里风毛菊 S. davurica**
7 植株绿色；叶大头羽状深裂或全裂；瘦果顶端无小冠 ……………………………… **8 盐地风毛菊 S. salsa**

草地风毛菊 *Saussurea amara* (L.) DC.

别名 驴耳风毛菊、羊耳朵
蒙名 塔拉音—哈拉特日干那
形态特征 植株高 20～50cm。茎直立，具纵沟棱，被短柔毛或近无毛，分枝或不分枝。基生叶与茎下部叶椭圆形、宽椭圆形或矩圆状椭圆形，长 10～15cm，宽 1.5～8cm，先端渐尖或锐尖，基部楔形，具长柄，全缘或有波状齿至浅裂，上面绿色，下面淡绿色，两面疏被柔毛或近无毛，密布

腺点，边缘反卷；上部叶渐变小，披针形或条状披针形，全缘。头状花序多数，在茎顶和枝端排列成伞房状；总苞钟形或狭钟形，长12～15mm，直径8～12mm；总苞片4层，疏被蛛丝状毛和短柔毛，外层者披针形或卵状披针形，先端尖，中层和内层者矩圆形或条形，顶端有淡紫红色而边缘有小锯齿的扩大的圆形附片；花冠粉红色长约15mm，狭管部长约10mm，檐部长约5mm，有腺点。瘦果矩圆形，长约3mm；冠毛2层，外层者白色，内层者长约10mm，淡褐色。花期8～9月。2n=26。

生境 多年生中生草本。生于村旁、路旁，常见的杂草。

产呼伦贝尔市各旗、市、区。

经济价值 可以作为饲用植物。全草入药，能清热解毒、消肿，主治瘰疬、痈肿、疮疖。

碱地风毛菊 *Saussurea runcinata* DC.

别名 倒羽叶风毛菊

蒙名 好吉日色格—哈拉特日干那

形态特征 植株高5～50cm。根粗壮，直伸，颈部被褐色纤维状残叶鞘。茎直立，单一或数个丛生，具纵沟棱，无毛，无翅或有狭的具齿或全缘的翅，上部或基部有分枝。基生叶与茎下部叶椭圆形、倒披针形、披针形或条状倒披针形，长4～20cm，宽0.5～7cm，大头羽状全裂或深裂，稀上部全缘，下部边缘具缺刻状齿或小裂片，全缘或具牙齿；顶裂片条形、披针形、卵形或长三角形，先端渐尖、锐尖或钝，全缘或疏具牙齿；侧裂片不规则，疏离，平展，或向下或稍向上，披针形、条状披针形或矩圆形，先端钝或尖，有软骨质小尖头，全缘或疏具牙齿以至小裂片；两面无毛或疏被柔毛，有腺点；叶具长柄，基部扩大成鞘；中部及上部叶较小，条形或条状披针形，全缘或具疏齿，无柄。头状花序少数或多数在茎顶与枝端排列成复伞房状或伞房状圆锥形，花序梗较长或短，苞叶条形；总苞筒形或筒状狭钟形，长8～12mm，直径5～10mm；总苞片4层，外层者卵形或卵状披针形，先端较厚，锐尖，或微具齿，背部被短柔毛，上部边缘有睫毛，内层者条形，顶端有扩大成膜质的具齿的紫红色附片，上部边缘有睫毛，背部被短柔毛和腺体；花冠紫红色，长10～14mm，狭管部长约7mm，檐部长达7mm，有腺点。瘦果圆柱形，长2～3mm，黑褐色；冠毛2层，淡黄褐色，外层短，糙毛状，内层长，长7～9mm，羽毛状。花果期8～9月。

生境 多年生耐盐中生草本。生于草原带和荒漠带的盐渍低地，为盐渍化草甸恒有伴生种。

产鄂温克族自治旗、陈巴尔虎旗、新巴尔虎左旗、新巴尔虎右旗。

美花风毛菊 *Saussurea pulchella* (Fisch.) Fisch.

别名 球花风毛菊

蒙名 高要—哈拉特日干那

形态特征 植株高30～90cm。根状茎纺锤状，黑褐色。茎直立，有纵沟棱，带红褐色，被短硬毛和腺体或近无毛，上部分枝。基生叶具长柄，矩圆形或椭圆形，长12～15cm，宽4～6cm，羽状深裂或全裂，裂片条形或披针状条形，先端长渐尖，全缘或具条状披针形小裂片及小齿，两面有短糙毛和腺体；茎下部叶及中部叶与基生叶相似；上部叶披针形或条形。头状花序在茎顶或枝端排列成密集的伞房状，具长或短梗；总苞球形或球状钟形，直径10～15mm；总苞片6～7层，疏被短柔毛，外层者卵形或披针形，内层者条形或条状披针形，两者顶端有膜质的粉红色的圆形而具齿的附片；花冠淡紫色，长12～13mm，狭管部长7～8mm，檐部长4～5mm。瘦果圆柱形，长约3mm；冠毛2层，淡褐色，内层者长约8mm。花果期8～9月。$2n=26$。

生境 多年生中生草本。生于森林带和森林草原带的山地林缘、灌丛、沟谷草甸，是常见的伴生种。

产除新巴尔虎右旗、满洲里市外的呼伦贝尔市其他各旗、市、区。

柳叶风毛菊 *Saussurea salicifolia* (L.) DC.

蒙名 乌达力格—哈拉特日干那

形态特征 植株高 15～40cm。根粗壮，扭曲，外皮纵裂为纤维状。茎多数丛生，直立，具纵沟棱，被蛛丝状毛或短柔毛，不分枝或由基部分枝。叶多数，条形或条状披针形，长 2～10cm，宽 3～5mm，先端渐尖，基部渐狭，具短柄或无柄，全缘，稀基部边缘具疏齿，常反卷，上面绿色，无毛或疏被短柔毛，下面被白色毡毛。头状花序在枝端排列成伞房状；总苞筒状钟形，长 8～12mm，直径 4～7mm；总苞片 4～5 层，红紫色，疏被蛛丝状毛，外层者卵形，顶端锐尖，内层者条状披针形，顶端渐尖或稍钝；花冠粉红色，长约 15mm，狭管部长 6～7mm，檐部长 6～7mm。瘦果圆柱形，褐色，长约 4mm；冠毛 2 层，白色，内层者长约 10mm。花果期 8～9 月。

生境 多年生半灌木状中旱生草本。典型草原及山地草原地带常见伴生种。

产海拉尔区、满洲里市、牙克石市、扎兰屯市、鄂温克族自治旗、陈巴尔虎旗、新巴尔虎左旗、新巴尔虎右旗。

硬叶风毛菊 *Saussurea firma* (Kitag.) Kitam.

别名 硬叶乌苏里风毛菊

蒙名 希如棍—哈拉特日干那

形态特征 植株高 50～80cm。根状茎倾斜，颈部具黑褐色纤维状残叶柄。茎直立，具纵沟棱，中上部疏被短柔毛或近无毛，下部疏被蛛丝状毛，不分枝。叶质厚硬，基生叶与茎下部叶卵形、矩圆状卵形以至宽卵形，长 3～12cm，宽 2～6cm，先端渐尖或锐尖，基部心形或截形，边缘有波状具短刺尖的牙齿，上面绿色，近无毛，有腺点，沿边缘有短硬毛，下面灰白色，疏被或密被蛛丝状毛或无毛，叶柄长 3～10cm，基部扩大半抱茎；中部叶与上部叶渐变小，矩圆状卵形、披针形以至条形，先端渐尖，基部楔形，边缘具小齿或全缘，具短柄或无柄。头状花序多数，在茎顶排列成伞房状，花序梗短或近无梗，疏被蛛丝状毛；总苞筒状钟形，长 8～10mm，直径 4～7mm；总苞片 5～7 层，边缘及先端通常紫红色，疏被蛛丝状毛或无毛，外层者短小，卵形，先端锐尖，内层者条形，先端钝尖；花冠 10～12mm，紫红色，狭管部长 5～6mm，檐部与之等长。瘦果长 4～9mm，无毛；冠毛白色，2 层，白色，内层长约 1cm。花果期 7～9 月。$2n=26$。

生境 多年生中生植物。生于山坡草地或沟谷。产满洲里市、牙克石市、扎兰屯市、额尔古纳市、根河市、莫力达瓦达斡尔族自治旗、鄂伦春自治旗、鄂温克族自治旗、陈巴尔虎旗。

折苞风毛菊 *Saussurea recurvata* (Maxim.) Lipsch.

别名　长叶风毛菊、弯苞风毛菊

蒙名　洪古日—哈拉特日干那

形态特征　植株高40～80cm。根状茎粗短，颈部被黑褐色残叶柄包围。茎直立，具纵沟棱，无毛或被疏柔毛，不分枝。叶质较厚，基生叶与茎下部叶卵状三角形、长三角状卵形或长卵形，长（3）10～15cm，宽（2）2.5～6cm，不分裂或羽状半裂，稀深裂，先端渐尖或锐尖，基部截形、心形或戟形，侧裂片多数，不规则，通常具大小不等的缺刻状疏齿或小裂片，有的全缘，上面绿色，疏被糙硬毛，下面灰绿色稍光滑，疏被皱曲柔毛或无毛，中脉凸起，叶具长柄，有狭翅，基部扩大抱茎或半抱茎；中部叶具短柄，有时不分裂，边缘具不规则缺刻状牙齿，稀全缘，基部常为楔形；上部叶小，披针形或条状披针形，先端渐尖，基部楔形，无柄，全缘或具牙齿。头状花序数个在茎端密集成伞房状，具短梗；总苞钟状，长10～15mm，直径约10（15）mm；总苞片5～7层，先端通常暗紫色，背部被柔毛或无毛，外层者宽卵形，具缘毛，先端有马刀形附片或无附片而呈长尖头，通常反折，内层者条形，先端稍钝或尖；花冠紫色，长12～15mm，狭管部与檐部近等长。瘦果圆柱形，长约5mm；冠毛2层，淡褐色，内层者长约1cm。花果期7～9月。2*n*=26。

生境　多年生耐寒中生草本。生于森林带及森林草原带的山地林缘、灌丛、草甸。

产牙克石市、莫力达瓦达斡尔族自治旗、陈巴尔虎旗、新巴尔虎左旗。

达乌里风毛菊 *Saussurea davurica* Adam.

别名 毛苞风毛菊

蒙名 兴安乃—哈拉特日干那

形态特征 植株高4～15cm，全体灰绿色。根细长，黑褐色。茎单一或2～3个，具纵沟棱，无毛或疏被短柔毛。基生叶披针形或长椭圆形，长2～10cm，宽0.5～2cm，先端渐尖，基部楔形或宽楔形，具长柄，全缘或具不规则波状牙齿或小裂片；茎生叶2～5，无柄或具短柄，半抱茎，矩圆形，有波状小齿或全缘；全部叶近无毛或被微毛，密布腺点，边缘有糙硬毛。头状花序少数或多数，在茎顶密集排列成半球状或球状伞房状；总苞狭筒状，长10～12mm，直径(3)5～6mm；总苞片6～7层，外层者卵形，顶端稍尖，内层者矩圆形，顶端钝尖，背部近无毛，边缘被短柔毛，上部带紫红色；花冠粉红色，长约15mm，狭管部长约8mm，檐部长约7mm。瘦果圆柱状，长2～3mm，顶端有短的小冠；冠毛2层，白色，内层长11～12mm。花果期8～9月。$2n=28$。

生境 多年生耐盐中生草本。生于草原带和荒漠草原地带芨芨草滩，沿着盐渍化低湿地可深入森林草原带的盐渍化草甸。

产扎兰屯市、新巴尔虎左旗、新巴尔虎右旗。

盐地风毛菊 *Saussurea salsa* (Pall.) Spreng.

蒙名 高比音—哈拉特日干那

形态特征 植株高 10～40cm。根粗壮，颈部有褐色残叶柄。茎单一或数个，具纵沟棱，有短柔毛或无毛，具由叶柄下延而成的窄翅，上部或中部分枝。叶质较厚，基生叶与茎下部叶较大，卵形或宽椭圆形，长 5～20cm，宽 3～5cm，大头羽状深裂或全裂，顶裂片大，箭头状，具波状浅齿、缺刻状裂片或全缘，侧裂片较小、三角形、披针形、菱形或卵形，全缘或具小齿及小裂片，上面疏被短糙毛或无毛，下面有腺点，叶柄长，基部扩大成鞘；茎生叶向上渐变小，无柄、矩圆形、披针形至条状披针形，全缘或有疏齿。头状花序多数，在茎顶排列成伞房状或复伞房状，有短梗；总苞狭筒状，长 10～12mm，直径 4～5mm；总苞片 5～7 层，粉紫色，无毛或有疏蛛丝状毛，外层者卵形，顶端钝，内层者矩圆状条形，顶端钝或稍尖；花冠粉紫色，长约 14mm，狭管部长约 8mm，檐部长约 6mm。瘦果圆柱形，长约 3mm；冠毛 2 层，白色，内层者长约 13mm。花果期 8～9 月。2*n*=28。

生境 多年生耐盐中生草本。生于草原地带和荒漠地带的盐渍化低地，是常见的伴生种。

产新巴尔虎左旗、新巴尔虎右旗。

蝟菊属 Olgaea Iljin

1 茎翅极狭窄，宽 1～2mm，边缘有针刺；总苞稍见灰白色，被蛛丝状毛 ·················· **1 蝟菊 O. lomonosowii**
1 茎翅较宽，宽 1～2cm，边缘有刺齿；总苞绿色，无蛛丝状毛或疏被蛛丝状毛；叶长椭圆形或椭圆状披针形，宽
　2～4cm ·· **2 鳍蓟 O. leucophylla**

蝟菊 *Olgaea lomonosowii* (Trautv.) Iljin

蒙名　扎日阿嘎拉吉

形态特征　植株高 15～30cm。根粗壮，木质，暗褐色。茎直立，具纵沟棱，密被灰白色绵毛，不分枝或基部与下部分枝，枝细，毛较稀疏。叶近革质，基生叶矩圆状倒披针形，长 10～15cm，宽 3～4cm，先端钝尖，基部渐狭成柄，羽状浅裂或深裂，裂片三角形、卵形或卵状矩圆形，裂片边缘具不等长小刺齿，上面浓绿色，有光泽，无毛，叶脉凹陷，下面密被灰白色毡毛，脉隆起；茎生叶矩圆形或矩圆状倒披针形，向上渐小，羽状分裂或具齿缺，有小刺尖，基部沿茎下延成窄翅；最上部叶条状披针形，全缘或具小刺齿。头状花序较大，单生于茎顶或枝端，总苞碗形或宽钟形，长 2.5～4cm，直径 3～5cm；总苞片多层，条状披针形，先端具硬长刺尖，暗紫色，具中脉 1 条，背部被蛛丝状毛与微毛，边缘有短刺状缘毛，外层者短狭管部长 6～9mm，檐部长 14～16mm；管状花两性，紫红色。瘦果矩圆形；冠毛污黄色，不等长，基部结合。花果期 8～9 月。

生境　多年生中旱生草本。生于草原沙质壤、砾质栗钙土及山地阳坡草原石质土上，是典型草原地带较为常见的伴生种。

产新巴尔虎右旗。

经济价值　全草入药，能清热燥湿、凉血止血、软坚散结，用于治疗湿热火毒、痈疽疮疖、理疮瘙痒及各种血热妄行之出血症、瘰疬痰核、瘿瘤积聚。

鳍蓟 *Olgaea leucophylla* (Turcz.) Iljin

别名 白山蓟、白背、火媒草

蒙名 洪古日朱拉

形态特征 植株高15～70cm。根粗壮，暗褐色。茎粗壮，坚硬，具纵沟棱，密被白色绵毛，基部被褐色枯叶柄纤维，不分枝或少分枝。叶长椭圆形或椭圆状披针形，长5～25cm，宽2～4cm，先端锐尖或渐尖，具长针刺，基部沿茎下延成或宽或窄的翅，边缘具不规则的疏牙齿，或为羽状浅裂，裂片和齿端及叶缘均具不等长的针刺，上面绿色，无毛或疏被蛛丝状毛，叶脉明显，下面密被灰白色毡毛，基生叶具长柄，向上逐渐变短，以至无柄。头状花序较大，直径3～5cm，结果后可达10cm，单生于枝端，有时在枝端具侧生的头状花序1～2，较小；总苞钟状或卵状钟形，长2～3.5cm，宽2～3cm；总苞片多层，条状披针形，先端具长刺尖，背部无毛或被微毛或疏被蛛丝状毛，边缘有短刺状缘毛，外层者较短，绿色，质硬而外弯，内层者较长，紫红色，开展或直立；管状花粉红色，稀白色，长25～38mm，花冠裂片长约5mm，无毛，花药无毛，附片长约1.5mm。瘦果矩圆形，长约1cm，苍白色，稍扁，具隆起的纵纹与褐斑；冠毛黄褐色，长达25mm。花果期6～9月。

生境 多年生沙生旱生草本。生于草原带和草原化荒漠带的沙质、沙壤栗钙土、棕钙土及固定沙地，为常见的伴生种。

产新巴尔虎右旗。

蓟属 Cirsium Mill emend. Scop.

1 无茎草本；头状花序集生于莲座状叶丛中 ·· **1 莲座蓟 C. esculentum**
1 直立有茎草本 ·· **2**
2 头状花序下垂，直径 3～4cm；叶二回羽状深裂，秆中空 ····························· **2 烟管蓟 C. pendulum**
2 头状花序直径小于 3cm，不明显下垂；叶全缘、边缘齿裂或羽状浅裂 ··· **3**
3 叶全缘，两面异色，上面绿色，被多细胞长节毛，下面灰白色，密被蛛丝状丛卷毛；雌雄同株，头状花序同形，花两性 ·· **3 绒背蓟 C. vlassovianum**
3 叶全缘或有齿裂或羽状浅裂，叶无毛或被蛛丝状毛，无多细胞长节毛，下面灰绿色；雌雄异株，雌头状花序较大，雄头状花序较小，两性花自花不育；花冠下筒部长为上筒部的 2～5 倍 ·· **4**
4 叶全缘或波状缘；植株高 20～70cm ··· **4 刺儿菜 C. segetum**
4 叶边缘具羽状缺刻状牙齿或羽状浅裂；植株高达 2m ··· **5 大刺儿菜 C. setosum**

莲座蓟 *Cirsium esculentum* (Sievers) C. A. Mey.

别名 食用蓟

蒙名 呼呼斯根讷

形态特征 根状茎短，粗壮，具多数褐色须根。基生叶簇生，矩圆状倒披针形，长 7～20cm，宽 2～6cm，先端钝或尖，有刺，基部渐狭成具翅的柄，羽状深裂，裂片卵状三角形，钝头，全部边缘有钝齿与或长或短的针刺，刺长 3～5mm，两面被皱曲多细胞长柔毛，下面沿叶脉较密。头状花序数个密集于莲座状的叶丛中，无梗或有短梗，长椭圆形，长 3～5cm，宽 2～3.5cm；总苞长达 25mm，无毛，基部有 1～3 个披针形或条形苞叶；总苞片 6 层，外层者条状披针形，刺尖头，稍有睫毛；中层者矩圆状披针形，先端具长尖头；内层者长条形，长渐尖；花冠红紫色，长 25～33mm，狭管部长 15～20mm。瘦果矩圆形，长约 3mm，褐色，有毛；冠毛白色而下部带淡褐色，与花冠近等长。花果期 7～9 月。2n=34。

生境 多年生无茎或近无茎湿中生草本。生于潮湿而通气良好的典型草原上。

产牙克石市、额尔古纳市、根河市、莫力达瓦达斡尔族自治旗、鄂伦春自治旗、鄂温克族自治旗、陈巴尔虎旗、新巴尔虎左旗。

经济价值 根入蒙药（蒙药名：塔卜长图—阿吉日嘎纳），能排脓止血、止咳消痰，主治肺脓肿、支气管炎、疮痈肿毒、皮肤病。

烟管蓟 *Cirsium pendulum* Fisch. ex DC.

蒙名 温吉格日—阿扎日干那

形态特征 植株高 1m 左右。茎直立，具纵沟棱，疏被蛛丝状毛，上部有分枝。基生叶与茎下部叶花期凋萎，宽椭圆形以至宽披针形，长 15～30cm，宽 2～8cm，先端尾状渐尖，基部渐狭成具翅的短柄，二回羽状深裂，裂片披针形或卵形，上侧边缘具长尖的小裂片和齿，裂片和齿端及边缘均有刺，两面被短柔毛和腺点；茎中部叶椭圆形，长 10～20cm，无柄，稍抱茎或不抱茎；上部叶渐小，裂片条形。头状花序直径 3～4cm，下垂，多数在茎上部排列成总状，有长梗或短梗，梗长达 15cm，密被蛛丝状毛；总苞卵形，长约 2cm，宽 1.5～4cm，基部凹形；总苞片 8 层，条状披针形，先端具刺尖，常向外反曲，中肋暗紫色，背部多少有蛛丝状毛，边缘有短睫毛，外层者较短，内层者较长；花冠紫色，长 17～23mm，狭管部丝状，长 14～16mm，檐部长 3～7mm。瘦果矩圆形，长 3～3.5mm，稍扁，灰褐色；冠毛长 20～28mm，淡褐色。花果期 7～9 月。$2n=34$。

生境 二年生或多年生中生草本。生于森林草原带和草原带的河漫滩草甸、湖滨草甸、沟谷及林缘草甸，为较常见的大型杂类草。

产海拉尔区、牙克石市、扎兰屯市、额尔古纳市、根河市、阿荣旗、莫力达瓦达斡尔族自治旗、鄂伦春自治旗、鄂温克族自治旗、陈巴尔虎旗、新巴尔虎左旗。

经济价值 可作大蓟入药。

绒背蓟 *Cirsium vlassovianum* Fisch.

蒙名 宝古日乐—阿扎日干那

形态特征 植株高30～100cm。具块根，呈指状。茎直立，有多细胞长节毛，上部分枝。叶不分裂，基生叶与茎下部叶花期凋萎；茎中部叶矩圆状披针形或卵状披针形，边缘密生细刺或有刺尖齿，上面绿色，疏被多细胞长节毛，下面密被灰白色蛛丝状丛卷毛，有时无毛；上部叶渐变小。头状花序直径2～2.5（3.5）cm，单生于枝端，直立；总苞钟状球形，疏被蛛丝状毛；总苞片6层，披针状条形，先端长渐尖，有刺尖头，内层者先端渐尖，干膜质，全部总苞片外面有黑色黏腺；花冠紫红色，狭管部比檐部短。瘦果矩圆形，扁，麦秆黄色，有紫色条斑；冠毛淡褐色。

生境 多年生中生草本。生于森林带和森林草原带的山地林缘、山坡草地、河岸、草甸、湖滨草甸、沟谷及林缘草甸，为常见的大型杂类草。

产满洲里市、牙克石市、扎兰屯市、额尔古纳市、根河市、莫力达瓦达斡尔族自治旗、鄂伦春自治旗、鄂温克族自治旗。

经济价值 块根入药，能祛风、除湿、止痛，主治风湿性关节炎、四肢麻木。

刺儿菜 *Cirsium segetum* Bunge

别名 小蓟、刺蓟

蒙名 巴嘎—阿扎日干那

形态特征 植株高20～60cm。具长的根状茎。茎直立，具纵沟棱，无毛或疏被蛛丝状毛，不分枝或上部有分枝。基生叶花期枯萎；茎下部叶及中部叶椭圆形或长椭圆状披针形，长5～10cm，宽（0.5）1.5～2.5cm，先端钝或尖，基部稍狭或钝圆，无柄，全缘或疏具波状齿裂，边缘及齿端有刺，两面被疏或密的蛛丝状毛；上部叶变小。雌雄异株，头状花序通常单生或数个生于茎顶或枝端，直立；总苞钟形；总苞片8层，外层者较短，长椭圆状披针形，先端有刺尖，内层者较长，披针状条形，先端长渐尖，干膜质，两者背部均被微毛，边缘及上部有蛛丝状毛；雄株头状花序较小，总苞长约18mm，雄花花冠紫红色，长17～25mm，下部狭管部长为檐部的2～3倍；雌株头状花序较大，总苞长约23mm，雌花花冠紫红色，长26～28mm，狭管部长为檐部的4倍。瘦果椭圆形或长卵形，略扁平，长约3mm，无毛；冠毛淡褐色，先端稍粗而弯曲，初比花冠短，果熟时稍较花冠长或与之近等长。花果期7～9月。

生境 多年生中生草本。生于田间、荒地和路旁，为杂草。

产呼伦贝尔市各旗、市、区。

经济价值 嫩枝叶可作养猪饲料。全草入药（药材名：小蓟），能凉血止血、祛瘀消肿，主治吐血、衄血、尿血、崩漏、痈疮、肝炎、肾炎。

大刺儿菜 *Cirsium setosum* (Willd.) MB.

别名 大蓟、刺蓟、刺儿菜、刻叶刺儿菜

蒙名 阿古拉音—阿扎日干那

形态特征 植株高50～100cm。具长的根状茎。茎直立，具纵沟棱，近无毛或疏被蛛丝状毛，上部有分枝。基生叶花期枯萎；茎下部叶及中部叶矩圆形或长椭圆状披针形，长5～12cm，宽2～5cm，先端钝，具刺尖，基部渐狭，边缘有缺刻状粗锯齿或羽状浅裂，有细刺，上面绿色，下面浅绿色，两面无毛或疏被蛛丝状毛，有时下面被稠密的绵毛，无柄或有短柄；上部渐变小，矩圆形或披针形，全缘或有齿。雌雄异株，头状花序多数集生于茎的上部，排列成疏松的伞房状；总苞钟形；总苞片8层，外层者较短，卵状披针形，先端有刺尖，内层者较长，条状披针形，先端略扩大而外曲，干膜质，边缘常细裂并具尖头，两者均为暗紫色，背部被微毛，边缘有睫毛；雄株头状花序较小，总苞长约13mm；雌株头状花序较大，总苞长16～20mm，雌花花冠紫红色，长17～19mm，狭管部长为檐部的4～5倍，花冠裂片深裂至檐部的基部。瘦果倒卵形或矩圆形，长2.5～3.5mm，浅褐色，无色；冠毛白色或基部带褐色，初期长11～13mm，果熟时长达30mm。花果期7～9月。$2n=34$。

生境 多年生中生草本。生于森林草原带和草原带的退耕撂荒地上，是最先出现的先锋植物之一，也生于严重退化的放牧场和耕作粗放的各类农田，往往可形成较密集的群聚。

产牙克石市、扎兰屯市、阿荣旗、莫力达瓦达斡尔族自治旗、鄂温克族自治旗、陈巴尔虎旗、新巴尔虎左旗。

经济价值 全草入药，能凉血止血、消散痈肿，主治咯血、衄血、尿血、痈肿疮毒等。

飞廉属 Carduus L.

飞廉 Carduus crispus L.

蒙名 侵瓦音—乌日格苏

形态特征 植株高70～90cm。茎直立，具绿色纵向下延的翅，翅有齿刺，疏被多细胞皱缩的长柔毛，上部有分枝。茎下部叶椭圆状披针形，羽状半裂或深裂，裂片卵形或三角形，边缘具缺刻状牙齿，齿端叶缘有不等长的细刺，上面绿色，无毛或疏被皱缩柔毛，下面浅绿色，被皱缩长柔毛，沿中脉较密；中部叶与上部叶渐变小，羽状深裂，边缘具刺齿。头状花序常2～3个聚生于枝端，直径1.5～2.5cm；总苞钟形；总苞片7～8层，外层者披针形，较短，中层者先端长渐尖成刺状，向外反曲，内层者条形，先端近膜质，稍带紫色，三者背部均被微毛，边缘具小刺状缘毛；管状花花冠紫红色，稀白色。瘦果长椭圆形，褐色；冠毛白色或灰白色。花果期6～8月。2n=16。

生境 二年生中生草本。生于路旁、田边。

产海拉尔区、牙克石市、额尔古纳市、根河市、阿荣旗、莫力达瓦达斡尔族自治旗、鄂温克族自治旗、陈巴尔虎旗、新巴尔虎左旗。

经济价值 地上部分入药，能清热解毒、消肿、凉血止血，主治无名肿毒、痔疮、外伤肿痛、各种出血。

漏芦属 Stemmacantha Cass.

漏芦 *Stemmacantha uniflora* (L.) Dittrich

别名 祁州漏芦、和尚头、大口袋花、牛馒头

蒙名 洪古乐朱日

形态特征 植株高 20～60cm。茎直立，单一，被白色绵毛或短柔毛。基生叶与茎下部叶长椭圆形，羽状深裂至全裂，裂片矩圆形、卵状披针形或条状披针形，边缘具不规则牙齿，或再分出少数深裂或浅裂片，两面被或疏或密的蛛丝状毛与粗糙的短毛，叶柄较长，密被绵毛；中部叶及上部叶较小，有短柄或无柄。头状花序直径 3～6cm；总苞宽钟状，基部凹入；总苞片上部干膜质，外层与中层者卵形或宽卵形，呈掌状撕裂，内层者披针形或条形；管状花花冠淡紫红色。瘦果棕褐色；冠毛淡褐色，具羽状短毛。花果期 6～8 月。2n=22，26。

生境 多年生中旱生草本。生于山地草原、山地森林草原地带石质干草原、草甸草原，是较为常见的伴生种。

产海拉尔区、牙克石市、扎兰屯市、额尔古纳市、根河市、莫力达瓦达斡尔族自治旗、鄂伦春自治旗、鄂温克族自治旗、陈巴尔虎旗、新巴尔虎左旗。

经济价值 根入药(药材名：漏芦)，能清热解毒、消痈肿、通乳。花入蒙药(蒙药名：洪古尔—珠尔)，能清热解毒、止痛，主治感冒、心热、痢疾、血热、传染性热症。

山牛蒡属 Synurus Iljin

山牛蒡 *Synurus deltoides* (Ait.) Nakai

别名 老鼠愁

蒙名 汗达盖—乌拉

形态特征 植株高 50～100cm。根状茎短，具多数黑褐色须根。茎直立，单一，粗壮，具纵沟棱，多少被蛛丝状毛，上部暗紫色，稍有分枝。基生叶花期枯萎；茎下部叶卵形、卵状矩圆形或三角形，叶长达 20cm，宽达 15cm，先端尖，基部稍呈戟形，边缘具不规则的缺刻状牙齿或羽状浅裂，齿端和叶缘均有短刺，上面疏被短毛，下面密被灰白色毡毛，具长柄；上部叶小，矩圆状披针形或卵状披针形，先端渐尖，基部楔形，有短柄。头状花序单生于枝端或茎顶，直径 3～5cm；总苞钟形；总苞片多层，条状披针形，宽约 1.5mm，先端渐狭成长刺尖，带暗紫色，有蛛丝状毛，外层者短，常开展，内层者长而直伸；管状花深紫色，长约 25mm，狭管部长 6～7mm，远比具裂片的檐部短。瘦果长约 7mm；冠毛淡黄色，长 12～17mm。花果期 8～9 月。$2n=26$。

生境 多年生大型中生草本。生于草原地带和森林草原地带的山地林缘、灌丛、山坡草地，是常见的伴生种。

产牙克石市、扎兰屯市、额尔古纳市、根河市、莫力达瓦达斡尔族自治旗、鄂伦春自治旗、鄂温克族自治旗、陈巴尔虎旗、新巴尔虎左旗。

麻花头属 Serratula L.

1 叶羽状全裂，裂片边缘有不规则锯齿；总苞片黑褐色，密被褐色短毛；头状花序异形，边花雌性，中央花两性 ··· **1 伪泥胡菜 S. coronata**
1 叶不分裂或羽状浅裂至深裂，裂片全缘或偶有疏齿；总苞片绿色或黄绿色，不被褐色短柔毛；头状花序同形，全部小花两性 ··· 2
2 基生叶全缘或具缺刻，植株不分枝；头状花序单生于茎顶 ···················· **2 球苞麻花头 S. marginata**
2 基生叶羽状深裂或大头羽裂 ·· 3
3 头状花序多数，排列成伞房状，总苞筒状钟形，直径 1～1.5cm，花紫色 ·········· **3 多花麻花头 S. polycephala**
3 头状花序少数，排列成不明显的伞房状，总苞直径 1.5～2cm ······················ **4 麻花头 S. centauroides**

伪泥胡菜 *Serratula coronata* L.

蒙名 地特木图—洪古日—扎拉

形态特征 植株高 50～100cm。茎直立，无毛或下部被短毛，不分枝或上部有分枝。叶卵形或椭圆形，羽状深裂或羽状全裂，裂片披针形或狭椭圆形，边缘有不规则缺刻状疏齿及糙硬毛，有时具披针形尖裂片，两面无毛或沿叶脉有短毛；最上部叶小，羽状分裂或全缘。头状花序 1～3，单生于枝端，具短梗；总苞钟形或筒状钟形；总苞片 6～7 层，紫褐色，密被褐色贴伏短毛；管状花紫红色，缘花 4 裂，雌性，盘花 5 裂，两性。瘦果矩圆形，淡褐色，无毛；冠毛淡褐色。花果期 7～9 月。2n=22。

生境 多年生中生草本。广布于森林带、森林草原带和草原带的山地，为杂类草草甸、林缘草甸伴生种。

产牙克石市、扎兰屯市、额尔古纳市、根河市、阿荣旗、莫力达瓦达斡尔族自治旗、鄂伦春自治旗、鄂温克族自治旗、陈巴尔虎旗、新巴尔虎左旗。

经济价值 可作为饲用植物，青鲜状态各种家畜均乐食，主要利用其上部的嫩枝，牛乐食其花和嫩叶。根入药，能解毒透疹，主治麻疹初期透发不畅、风疹瘙痒。地上部分入药，可治喉炎、呼吸道感染、贫血等。

球苞麻花头 *Serratula marginata* Tausch.

别名 地丁叶麻花头、薄叶麻花头

蒙名 布木布日根—洪古日—扎拉

形态特征 植株高 15～75cm。根状茎短，黑褐色，具多数须根，细绳状。茎直立，单一，具纵沟棱，近无毛或被极疏的短毛，上部无叶。叶灰绿色，无毛；基生叶与茎下部叶矩圆形、椭圆形、宽椭圆形或卵形，叶长 3～6cm，宽 2～3cm，先端钝或稍尖，有小刺尖，基部渐狭，具短或长柄，全缘或具波状齿与短裂片，或为大头羽裂，边缘具短缘毛或疏生小短刺；中部叶披针形，长 4～9cm，宽 4～15mm，先端渐尖或锐尖，基部无柄，羽状深裂，或具缺刻状锯齿，有时全缘不分裂；上部叶变小，条形。头状花序单生于茎顶；总苞钟状，长 1～2cm，直径 1.5～2cm，被蛛丝状毛与短柔毛；总苞片 5～6 层，外层者卵形或卵状披针形，顶部暗褐色或黑色，具刺尖头，内层者矩圆形，顶部具膜质而边缘具齿与流苏状睫毛的附片；管状花红紫色，长约 2cm，狭管部长约 1cm，与具裂片的檐部等长。瘦果矩圆形，长约 4mm；冠毛黄色，长约 15mm。花期 7～8 月。$2n=24$。

生境 多年生中生草本。生于森林草原带的山坡或丘陵坡地，为草原化草甸群落伴生种。

产海拉尔区、满洲里市、鄂温克族自治旗、陈巴尔虎旗、新巴尔虎左旗、新巴尔虎右旗。

多头麻花头 *Serratula polycephala* Iljin

别名 多花麻花头

蒙名 萨格拉嘎日—洪古日—扎拉

形态特征 植株高40～80cm。根粗壮，直伸，黑褐色。茎直立，具黄色纵条棱，无毛或下部疏被皱曲柔毛，基部带红紫色，有褐色枯叶柄纤维，上部多分枝。基生叶长椭圆形，较大，羽状深裂，有柄，花期常凋萎；茎下部叶与中部叶有柄或无柄，卵形至长椭圆形，长5～15cm，宽4～6cm，羽状深裂或羽状全裂，裂片披针形或条状披针形，先端渐尖，全缘或有不规则缺刻状疏齿，两面无毛，边缘有短糙毛；上部叶渐小，裂片条形。头状花序多数（10～50），在茎顶排列成伞房状；总苞长卵形，长1.5～2.5cm，宽1～1.5cm，上部渐收缩，基部近圆形；总苞片8～9层，外层者短，卵形，顶端黑绿色，具刺尖头，内层者较长，披针状条形，顶端渐变成直立而呈淡紫色干膜质的附片，背部有微毛；管状花红紫色，长1.8～2.3cm，狭管部比具裂片的檐部短。瘦果倒长卵形，长约3.5mm；冠毛淡黄色或淡褐色，不等长，长达7mm。花果期7～9月。

生境 多年生中旱生草本。生于森林草原带和草原带的山坡、干燥草地。

产海拉尔区、陈巴尔虎旗、新巴尔虎左旗。

麻花头 *Serratula centauroides* L.

别名 花儿柴

蒙名 洪古日—扎拉

形态特征 植株高 30～60cm。茎直立，被皱曲柔毛，下部较密，不分枝或上部有分枝。基生叶与茎下部叶椭圆形，羽状深裂或羽状全裂，稀羽状浅裂，裂片矩圆形至条形，全缘或有疏齿，两面无毛或仅下面脉上及边缘被疏皱曲柔毛；中部叶及上部叶渐变小，裂片狭窄。头状花序数个单生于枝端；总苞卵形或长卵形，上部稍收缩，基部宽楔形或圆形；总苞片 10～12 层，黄绿色，无毛或被微毛，顶部暗绿色，具刺尖头，有 5 脉纹，并被蛛丝状毛，外层者较短，卵形，中层者卵状披针形，内层者披针状条形，顶端渐变成直立而呈皱曲干膜质的附片；管状花淡紫色或白色。瘦果矩圆形，褐色；冠毛淡黄色。花果期 6～8 月。$2n=30，60$。

生境 多年生中旱生草本。生于典型草原带、山地森林草原地带和夏绿阔叶林带，是较为常见的伴生种。

产海拉尔区、牙克石市、扎兰屯市、额尔古纳市、阿荣旗、莫力达瓦达斡尔族自治旗、陈巴尔虎旗、新巴尔虎左旗、新巴尔虎右旗。

经济价值 可作为饲用植物，早春返青后的基生叶牛、马、羊均喜食。随着植株的生长，其适口性逐渐下降，加之其他优良牧草增多，到夏季放牧时家畜基本不采食。秋季刈割调制干草后，各种家畜均喜食。

大丁草属 Gerbera Cass.

大丁草 *Gerbera anandria* (L.) Sch.-Bip.

蒙名 哈达嘎存—额布斯

形态特征 多年生草本。有春秋二型：春型者植株较矮小，高 5 ~ 15cm，花葶纤细，直立，初被白色蛛丝状绵毛，后渐脱落，具条形苞叶数个，基生叶具柄，呈莲座状，卵形或椭圆状卵形，提琴状羽状分裂，上面绿色，下面密被白色绵毛；秋型者植株高达 30cm，叶倒披针状长椭圆形或椭圆状宽卵形，裂片形状与春型者相似，但顶裂片先端短渐尖，下面无毛或疏被蛛丝状毛。春型的头状花序较小，直径 6 ~ 10mm，秋型者较大，直径 1.5 ~ 2.5cm；总苞钟状，外层总苞片较短，条形，内层者条状披针形，先端钝尖，边缘带紫红色，多少被蛛丝状毛或短柔毛；舌状花花冠紫红色、白色；管状花黄色。瘦果冠毛淡棕色，春型者花期 5 ~ 6 月，秋型者为 7 ~ 9 月。2*n*=46。

生境 多年生春秋二型中生草本。生于森林带和草原带的山地、林缘、草甸、林下。

产海拉尔区、牙克石市、扎兰屯市、额尔古纳市、根河市、莫力达瓦达斡尔族自治旗、鄂温克族自治旗、陈巴尔虎旗、新巴尔虎左旗。

经济价值 全草入药，能祛风湿、止咳、解毒，主治风湿麻木、咳喘、疔疮。

菊 科

婆罗门参属 Tragopogon L.

东方婆罗门参 *Tragopogon orientalis* L.

蒙名 伊麻干—萨哈拉

形态特征 植株高达30cm，全株无毛。根圆柱形，褐色。茎直立，具纵条纹，单一或有分枝。叶灰绿色，条形或条状披针形，长5～15cm，宽3～8mm，先端长渐尖，基部扩大而抱茎；茎上部叶渐变短小，披针形，叶的中上部长条形。总苞矩圆状圆柱形，长15～30mm，宽5～15mm；总苞片1层，8～10片，披针形或条状披针形，先端长渐尖；舌状花黄色。瘦果长纺锤形，长15～20mm，褐色，稍弯，具长喙；冠毛长10～15mm，污黄色。花果期6～9月。$2n=12$。

生境 二年生中生草本。生于森林带的林下、山地草甸。

产呼伦贝尔市（大兴安岭山地）。

毛连菜属 Picris L.

毛连菜 *Picris davurica* Fisch.

别名 枪刀菜

蒙名 查希巴—其其格

形态特征 植株高 30～80cm。茎直立，有钩状分叉的硬毛，上部有分枝。茎下部叶矩圆状披针形或矩圆状倒披针形，边缘有微牙齿，两面被具钩状分叉的硬毛；中部叶披针形；上部叶小，条状披针形。头状花序多数在茎顶排列成伞房圆锥花序总苞筒状钟形；总苞片 3 层，黑绿色，先端渐尖，背面被硬毛和短柔毛；舌状花淡黄色，舌片基部疏生柔毛。瘦果稍弯曲，红褐色；冠毛污白色。花果期 7～8 月。$2n=10$。

生境 二年生中生草本。生于森林带和草原带的山野路旁、林缘、林下、沟谷。

产海拉尔区、牙克石市、扎兰屯市、额尔古纳市、根河市、莫力达瓦达斡尔族自治旗、鄂伦春自治旗、鄂温克族自治旗、陈巴尔虎旗、新巴尔虎左旗。

经济价值 全草入蒙药（蒙药名：希拉—明站），能清热、消肿、止痛，主治流感、乳痈、阵刺。

猫儿菊属 Hypochaeris L. (= Achyrophorus Adans.)

猫儿菊 Hypochaeris ciliata (Thunb.) Makino [= Achyrophorus ciliatus (Thunb.) Sch.-Bip.]

别名 黄金菊

蒙名 车格车黑

形态特征 植株高15～60cm。茎直立，全部或仅下部被较密的硬毛，不分枝。基生叶与茎下部叶匙状矩圆形或长椭圆形，边缘具不规则的小尖齿，两面疏被短硬毛或刚毛，下面中脉上毛较密；中部叶与上部叶矩圆形、椭圆形、宽椭圆形以至卵形或长卵形，基部耳状抱茎，边缘具尖齿，两面被硬毛。头状花序单生于茎顶；总苞半球形，直径2.5～3cm；总苞片3～4层，外层者卵形或矩圆状卵形，背部被硬毛，边缘紫红色，有睫毛，内层者披针形，边缘膜质；舌状花橘黄色，长达3cm。瘦果淡黄褐色，无喙；冠毛黄褐色。花果期7～8月。$2n=10$。

生境 多年生中生草本。生于森林带和森林草原带的山地林缘、草甸。

产牙克石市、扎兰屯市、根河市、额尔古纳市、阿荣旗、莫力达瓦达斡尔族自治旗、鄂伦春自治旗、鄂温克族自治旗、陈巴尔虎旗。

经济价值 根入药，能清热、利水、消肿，主治痈疮肿毒、水肿胀满。

菊 科

鸦葱属 Scorzonera L.

1 茎有分枝，高 50～100cm，直立，绿色，被白色绵毛；头状花序数个，在茎顶和侧生花序梗顶端形成伞房状或伞形 ·· **1 笔管草 S. albicaulis**
1 茎不分枝；头状花序单生于茎顶 ·· **2**
2 根颈部被鞘状残叶；叶条形或条状披针形 ·· **2 毛梗鸦葱 S. radiata**
2 根颈部被纤维状残叶，里面无绵毛；叶革质 ·· **3**
3 植株矮小，高 3～9cm；叶丝状，宽 1～1.5mm ·· **3 丝叶鸦葱 S. curvata**
3 植株较高；叶条形、披针形至长椭圆状卵形 ··· **4**
4 叶缘显著呈波状皱曲 ··· **4 桃叶鸦葱 S. sinensis**
4 叶缘平展或稍呈波状皱曲 ·· **5 鸦葱 S. austriaca**

笔管草 *Scorzonera albicaulis* Bunge

别名 华北鸦葱、白茎鸦葱、细叶鸦葱

蒙名 查干—哈比斯干那

形态特征 植株高 20～90cm。茎直立，中空，被蛛丝状毛或绵毛，后脱落近无毛，单一，多不分枝或上部有分枝。叶条形或宽条形，边缘平展，具 5～7 脉，无毛或疏被蛛丝状毛，上部叶渐小。头状花序数个，在茎顶和侧生花梗顶端排成伞房状，有时呈长伞形；总苞钟状筒形；总苞片 5 层，先端锐尖，边缘膜质，被霉状蛛丝状毛或近无毛；舌状花黄色，干后变红紫色。瘦果圆柱形，黄褐色，稍弯，上部狭窄成喙，具多数纵肋；冠毛黄褐色。花果期 7～8 月。$2n=14$。

生境 多年生中生草本。生于森林带和草原带的山地林下、林缘、灌丛、草甸、路旁。

产海拉尔区、牙克石市、扎兰屯市、额尔古纳市、根河市、莫力达瓦达斡尔族自治旗、鄂伦春自治旗、鄂温克族自治旗、陈巴尔虎旗、新巴尔虎左旗。

经济价值 根入药，能清热解毒、消炎、通乳，主治疔毒恶疮、乳痈、外感风热。

毛梗鸦葱 *Scorzonera radiata* Fisch.

别名 狭叶鸦葱

蒙名 那林—哈比斯干那

形态特征 植株高 10～30cm。根粗壮，圆柱形，深褐色，垂直或斜伸，主根发达或分出侧根。根颈部被黑褐色或褐色膜质鳞片状残叶。茎单一，稀 2～3，直立，具纵沟棱，疏被蛛丝状短柔毛，顶部密被蛛丝状绵毛，后稍脱落。基生叶条形、条状披针形或披针形，有时倒披针形，长 5～30cm，宽 3～12mm，先端渐尖，基部渐狭成有翅的叶柄，柄基扩大成鞘状，边缘平展，具 3～5 脉，两面无毛或疏被蛛丝状毛；茎生叶 1～3，条形或披针形，较基生叶短而狭，顶部叶鳞片状，无柄。头状花序单生于茎顶，大，长 2.5～4cm；总苞筒状，宽 1～1.5cm；总苞片 5 层，先端尖或稍钝，常带红褐色，边缘膜质，无毛或被蛛丝状短柔毛，外层者卵状披针形，较小，内层者条形；舌状花黄色，长 25～37mm。瘦果圆柱形，黄褐色，长 7～10mm，无毛；冠毛污白色，长达 17mm。花果期 5～7 月。$2n=14$。

生境 多年生中生草本。生于森林带的山地林下、林缘、草甸、河滩砾石地。

产牙克石市、扎兰屯市、阿荣旗、莫力达瓦达斡尔族自治旗、鄂伦春自治旗、鄂温克族自治旗、陈巴尔虎旗。

丝叶鸦葱 *Scorzonera curvata* (Popl.) Lipsch.

蒙名 好您—哈比斯干那

形态特征 植株高 3～9cm。根粗壮，圆柱状，褐色。根颈部被稠密而厚实的纤维状撕裂的鞘状残遗物，鞘内有稠密的厚绵毛。茎极短，具纵条棱，疏被短柔毛。基生叶丝状，灰绿色，直立或平展，与植株等高或超出，常呈蜿蜒状扭转，长 2～10cm，宽 1～1.5mm，先端尖，基部扩展或扩大成鞘状，两面近无毛，但下部边缘及背面疏被蛛丝状毛或短柔毛；茎生叶 1～2，较短小，条状披针形，基部半抱茎。头状花序单生于茎顶；总苞宽圆筒状，长 1.5～2.5cm，宽 7～10mm；总苞片 4 层，顶端钝或稍尖，边缘膜质，无毛或被微毛；外层者三角状披针形，内层者矩圆状披针形；舌状花黄色，干后带红紫色，长 17～20mm。瘦果圆柱状，有多数纵肋，沿肋有脊瘤或无脊瘤，无毛。冠毛淡褐色或淡白色，长约 10mm，基部连合成环，整体脱落。花果期 5～6 月。

生境 多年生旱生草本。生于草原带的丘陵坡地、沙质与卵石盐渍化湖岸。

产新巴尔虎右旗。

桃叶鸦葱　*Scorzonera sinensis* Lipsch. et Krasch. ex Lipsch.

别名　老虎嘴

蒙名　矛日音—哈比斯干那

形态特征　植株高 5～10cm。茎单生或 3～4 个聚生，无毛，有白粉。基生叶灰绿色，常呈镰状弯曲，披针形或宽披针形，边缘显著呈波状皱曲，两面无毛，有白粉，具弧状脉，中脉隆起，白色；茎生叶小，长椭圆状披针形，鳞片状。头状花序单生于茎顶；总苞筒形；总苞片 4～5 层，先端钝，边缘膜质，无毛或被微毛；舌状花黄色，外面玫瑰色。瘦果圆柱状，暗黄色或白色，稍弯曲，无毛，无缘；冠毛白色。花果期 5～6 月。

生境　多年生中旱生草本。生于草原地带的石质山坡、丘陵坡地、沟谷、沙丘，是常见的草原伴生种。

产牙克石市、鄂温克族自治旗、陈巴尔虎旗、新巴尔虎左旗、新巴尔虎右旗。

经济价值　根入药，能清热解毒、消炎、通乳，主治疔毒恶疮、乳痈、外感风热。

鸦葱 *Scorzonera austriaca* Willd.

别名 奥国鸦葱

蒙名 塔拉音—哈比斯干那

形态特征 植株高5～35cm。茎直立，无毛。基生叶灰绿色，条形、条状披针形、披针形以至长椭圆状卵形，边缘平展或稍呈波状皱曲，两面无毛或基部边缘有蛛丝状柔毛；茎生叶2～4，较小，条形或披针形，基部扩大而抱茎。头状花序单生于茎顶；总苞宽圆柱形；总苞片4～5层，无毛或顶端被微毛及缘毛，边缘膜质，外层者卵形或三角状卵形，内层者长椭圆形或披针形；舌状花黄色，干后紫红色。瘦果圆柱形，黄褐色，稍弯曲，无毛或仅在顶端被疏柔毛，具纵肋，肋棱有瘤状凸起或光滑；冠毛淡白色至淡褐色。花果期5～7月。$2n=14$。

生境 多年生中旱生草本。生于草原群落及草原带的丘陵坡地、石质山坡、平原、河岸。

产牙克石市、扎兰屯市、莫力达瓦达斡尔族自治旗、鄂伦春自治旗、陈巴尔虎旗。

经济价值 根入药，能清热解毒、消炎、通乳，主治疔毒恶疮、乳痈、外感风热。

菊 科

蒲公英属 Taraxacum Weber

1 花白色，稀淡黄色，外层总苞片具明显角状凸起；叶大头羽裂或倒向羽裂；瘦果喙长，长 10～15mm ……………
…………………………………………………………………………………………… **1 白花蒲公英 T. pseudo-albidum**
1 花黄色或鲜黄色，稀淡黄色 …………………………………………………………………………………………… 2
2 叶裂片间夹生小裂片，外层总苞片狭卵状披针形，先端渐尖，边缘白色膜质，直立或翻卷，背部先端具胼胝体或短
  角状凸起，叶顶裂片三角状戟形；瘦果上部具小刺状凸起 ……………………………………… **2 亚洲蒲公英 T. asiaticum**
2 叶裂片间不夹生小裂片或齿 ……………………………………………………………………………………… 3
3 外层总苞片卵状披针形，先端具较大的角状凸起；瘦果上部具小刺状凸起，喙长 6～10mm，叶长圆状倒披针形 …
…………………………………………………………………………………………… **3 蒲公英 T. mongolicum**
3 内外层总苞片先端无角状凸起或有不明显的角状凸起 ……………………………………………………………… 4
4 外层总苞片广卵形，全缘，叶羽状深裂，裂片开展或稍倒向；瘦果喙长 6～7mm ……… **4 兴安蒲公英 T. falcilobum**
4 外层总苞片卵状披针形，植株外层叶倒卵形，具波状齿或羽状浅裂，内层叶倒向大头羽裂；瘦果喙长 3～5mm ……
…………………………………………………………………………………………… **5 华蒲公英 T. borealisinense**

白花蒲公英 *Taraxacum pseudo-albidum* Kitag.

蒙名 查干—巴格巴盖—其其格

形态特征 植株高 20～30cm。根倒圆锥形，暗褐色。基生叶倒披针形或线状披针形，具翼状柄，连柄长 10～25cm，宽 1.5～5cm，绿色或带紫色，大头羽裂或倒向羽状深裂，顶裂片三角形或三角状戟形，先端尖，侧裂片三角形或狭三角形，疏生或密生，或裂片间夹生小裂片，开展或稍下向，先端渐尖或稍钝，边缘疏具尖齿。花葶疏被白色绵毛，上部密被蛛丝状绵毛；头状花序单生；总苞广卵形，直径 1.5～2cm；总苞片 3～4 层，外、中层披针形或卵状披针形，背部先端具明显角状凸起，内层狭披针形，先端渐尖，背部具角状凸起；舌状花白色，具淡紫色条纹，长 1.5～3cm，先端 5 齿裂。瘦果长圆形，长 6mm，宽 1mm，稍压扁，具纵肋，中下部以上具刺瘤状凸起,靠近先端瘤状凸起较大，喙长 10～15mm；冠毛带黄色，长 5～6mm。花果期 4～6 月。

生境 多年生中生草本。生于草原带的原野或路旁。

产海拉尔区、满洲里市、新巴尔虎右旗。

亚洲蒲公英 *Taraxacum asiaticum* Dahlst.

形态特征 多年生草本。无茎。叶基生,线形或狭披针形,长4～20cm,宽3～9mm,具波状齿,羽状浅裂至羽状深裂,顶裂片较大,戟形或狭戟形,两侧的小裂片狭尖,侧裂片三角状披针形至线形,裂片间常有缺刻或小裂片,无毛或被疏柔毛。花葶数个,与叶等长或长于叶;头状花序总苞长10～12mm;外层总苞片先端有紫红色凸起或较短的小角,内层总苞片线形或披针形,先端有紫色略钝凸起或不明显的小角;舌状花黄色,稀白色。瘦果长3～4mm,上部有短刺状小瘤,下部近光滑,喙长5～9mm;冠毛污白色。花果期4～9月。

生境 多年生中生草本。生于河滩、草甸、村舍附近。

产扎兰屯市、莫力达瓦达斡尔族自治旗、鄂温克族自治旗、陈巴尔虎旗、新巴尔虎左旗。

经济价值 全草入药,能清热解毒、通利小便、凉血散结,主治流行性腮腺炎、扁桃体炎、咽喉炎、气管炎、淋巴腺炎、乳腺炎;也可用于治疗淋病、泌尿系统感染;以及治疗恶疮疔毒。

蒲公英 *Taraxacum mongolicum* Hand.-Mazz.

别名 蒙古蒲公英、婆婆丁、姑姑英

蒙名 巴格巴盖—其其格

形态特征 多年生草本。无茎。叶基生，长椭圆状倒披针形或倒披针形，外层全缘或边缘波状，内层边缘具不整齐牙齿或倒向羽状分裂，两面疏被蛛丝状毛或无毛。花葶数个，与叶近等长，中下部疏被柔毛或无毛，上部密被蛛丝状绵毛；总苞片3层，外层卵状披针形或披针形，背部密被白色长柔毛，先端具大角状凸起，内层线形或线状披针形，背部先端具小角状凸起；舌状花黄色。瘦果长圆形，长约4mm，上部具刺瘤状凸起，喙长6～8mm；冠毛白色，花果期5～7月。$2n=24$。

生境 多年生中生草本。广泛生于山坡草地、路边、田野、河岸砂质地。

产海拉尔区、满洲里市、扎兰屯市、根河市、莫力达瓦达斡尔族自治旗、鄂伦春自治旗、鄂温克族自治旗、陈巴尔虎旗、新巴尔虎左旗、新巴尔虎右旗。

经济价值 全草入药，能清热解毒、利尿散结，主治急性乳腺炎、淋巴腺炎、瘰疬、疔毒疮肿、急性结膜炎、感冒发热、急性扁桃体炎、急性支气管炎、胃炎、肝炎、胆囊炎、尿路感染。全草也入蒙药（蒙药名：巴格巴盖—其其格），能清热解毒，主治乳痈、淋巴腺炎、胃热等。也可作生菜食用。

兴安蒲公英 *Taraxacum falcilobum* Kitag.

形态特征 植株矮小。根圆柱状，黑褐色。叶具柄；叶质薄，宽线状长圆形，羽状深裂，顶裂片小，3裂，顶生小裂片长圆状披针形，先端渐尖，侧生小裂片水平开展或稍下向呈镰刀形，侧裂片5～7对，稍疏生，狭三角形或披针形，常下向呈镰刀形，先端锐尖，全缘或边缘具锐尖小齿，表面绿色，疏被蛛丝状毛，背面色淡，微被毛或近无毛。花葶花期超出叶，稍被蛛丝状毛或近无毛；总苞钟形，长13mm；总苞片3～4层，外层短，卵形或广卵形，上部边缘紫色，全缘，边缘白色膜质，并具缘毛，背部被白色蛛丝状毛，先端具胼胝，内层线状钻形，先端黑紫色，背部先端稍具胼胝；舌状花黄色。瘦果上部具刺状凸起，下部微具小瘤状凸起，近平滑；冠毛白色。花果期6～7月。

生境 多年生中生草本。生于森林带和草原带的沙质地。

产海拉尔区、牙克石市、莫力达瓦达斡尔族自治旗、鄂温克族自治旗、新巴尔虎右旗。

华蒲公英 *Taraxacum borealisinense* Kitam.

别名 碱地蒲公英、扑灯儿

蒙名 胡吉日色格—巴格巴盖—其其格

形态特征 多年生草本。根颈部有褐色残存叶基。叶倒卵状披针形或狭披针形，稀线状披针形，长4～12cm，宽6～20mm，边缘叶羽状浅裂或全缘，具波状齿，内层叶倒向羽状深裂，顶裂片较大，长三角形或戟状三角形，每侧裂片3-7片，狭披针形或线状披针形，全缘或具小齿，平展或倒向，两面无毛，叶柄和下面叶脉常紫色。花葶1至数个，高5～20cm，长于叶，顶端被蛛丝状毛或近无毛；头状花序直径约20～25mm；总苞小，长8～12mm，淡绿色；总苞片3层，先端淡紫色，无增厚，亦无角状凸起，或有时有轻微增厚；外层总苞片卵状披针形，有窄或宽的白色膜质边缘；内层总苞片披针形，长于外层总苞片的2倍；舌状花黄色，稀白色，边缘花舌片背面有紫色条纹，舌片长约8mm，宽约1～1.5mm。瘦果倒卵状披针形，淡褐色，长约3～4mm，上部有刺状凸起，下部有稀疏的钝小瘤，顶端逐渐收缩为长约1mm的圆锥至圆柱形喙基，喙长3～4.5mm；冠毛白色，长5～6mm。花果期6～8月。$2n=24$。

生境 多年生耐盐中生草本。盐渍化草地的常见伴生种。

产呼伦贝尔市各旗、市、区。

苦荬菜属 Ixeris Cass.

1 茎生叶多，抱茎，耳明显，叶最宽处在叶基部，先端锐尖或钝，喙与瘦果不同色 ········ **1 抱茎苦荬菜 I. sonchifolia**
1 茎生叶少，稍抱茎，耳不明显 ··· **2**
2 基生叶很窄，丝状条形，通常全缘，稀具羽裂片 ····················· **2a 丝叶山苦荬 I. chinensis** var. **graminifolia**
2 基生叶条状披针形、倒披针形、条形、狭矩圆形或狭条形，全缘或羽状浅裂或深裂 ············ **2 山苦荬 I. chinensis**

抱茎苦荬菜 *Ixeris sonchifolia* (Bunge) Hance

别名 苦荬菜、苦碟子

蒙名 陶日格—陶来音—伊达日阿

形态特征 植株高 30～50cm，无毛。茎直立，上部多少分枝。基生叶多数，铺散，矩圆形，边缘有锯齿或缺刻状牙齿，或为不规则的羽状深裂，上面有微毛；茎生叶较狭小，卵状矩圆形或矩圆形，基部扩大成耳形或戟形而抱茎，羽状浅裂或深裂或具不规则缺刻状牙齿。头状花序多数，排列成密集或疏散的伞房状；总苞圆筒形；总苞片无毛，外层者 5，短小，卵形，内层者 8～9 片，较长，条状披针形；舌状花黄色。瘦果纺锤形，黑褐色，喙短，约为果身的 1/4，通常为黄白色；冠毛白色。花果期 6～7 月。

生境 多年生中生草本。生于森林带和草原带的草甸、山野、路旁、撂荒地。

产牙克石市、扎兰屯市、额尔古纳市、根河市、阿荣旗、莫力达瓦达斡尔族自治旗、鄂伦春自治旗、鄂温克族自治旗。

经济价值 嫩茎叶可作鸡鸭饲料，全株可为猪饲料。全草可入药，能清热解毒、消肿，主治头痛、牙痛、胃肠痛，还可治阑尾炎、肠炎、肺脓肿、痈肿疮疖。

山苦荬 *Ixeris chinensis* (Thunb.) Nakai in Bot. Mag.

别名 苦菜、燕儿尾

蒙名 陶来音—伊达日阿

形态特征 高10～30cm，全体无毛。茎少数或多数簇生，直立或斜升，有时斜倚。基生叶莲座状，条状披针形、倒披针形或条形，长2～15cm，宽（0.2）0.5～1cm，先端尖或钝，基部渐狭成柄，柄基扩大，全缘或具疏小牙齿或呈不规则羽状浅裂与深裂，两面灰绿色；茎生叶1～3，与基生叶相似，但无柄，基部稍抱茎。头状花序多数，排列成稀疏的伞房状，梗细；总苞圆筒状或长卵形，长7～9mm，宽2～3mm；总苞片无毛，先端尖；外层者6～8，短小，三角形或宽卵形，内层者7～8，较长，条状披针形，舌状花20～25，花冠黄色、白色或变淡紫色，长10～12mm。瘦果狭披针形，稍扁，长

4～6mm，红棕色，喙长约2mm；冠毛白色，长4～5mm。花果期6～7月。

生境 多年生旱生草本。生于山野、田间、撂荒地，路旁。

产呼伦贝尔市各旗、市、区。

经济价值 为田间杂草，枝叶可作养猪与养兔饲料。全草入药，能清热解毒、凉血、活血排脓，主治阑尾炎、肠炎、痢疾、疮疖痈肿、吐血、衄血。

丝叶山苦荬 Ixeris chinensis (Thunb.) Nakai var. graminifolia (Ledeb.) H. C. Fu

别名 丝叶苦菜

形态特征 本变种与正种的区别在于：基生叶很窄，丝状条形，通常全缘，稀具羽状裂片。

生境 多年生中旱生草本。生于沙质草原、石质山坡、沙质地、田野、路旁。

产牙克石市、扎兰屯市、莫力达瓦达斡尔族自治旗。

莴苣属 Lactuca L.

1 舌状花黄色；瘦果黑色，边缘加宽变薄成薄翅，顶端通常锐尖成粗而短的喙；叶不分裂，叶条形、条状披针形或长椭圆形 ·· **1 翅果菊 L. indica**
1 舌状花蓝紫色或淡紫色 ·· **2**
2 瘦果椭圆形，灰色，顶端无喙 ··· **2 山莴苣 L. sibirica**
2 瘦果纺锤形，灰色至黑色，顶端渐尖成喙 ·· **3 乳苣 L. tatarica**

翅果菊 *Lactuca indica* (L.) [= *Pterocypsela indica* (L.) Shih]

别名 山莴苣、鸭子食

蒙名 伊达日阿

形态特征 植株高 20～100cm。根数个，纺锤形。茎单生，直立，无毛或疏被毛。叶互生，中部叶无柄，条形、条状披针形或长椭圆形，全缘或具少数长而尖的裂齿。舌状花黄色。瘦果椭圆形，长 3～4.5mm，黑色，压扁，边缘加宽变为薄翅，每面有 1 条细脉纹，顶端喙粗短，长约 0.5mm；冠毛白色。花果期 7～10 月。2n=18。

生境 一年生或二年生中生草本。生于阔叶林带的山地林下、沟谷。

产额尔古纳市。

山莴苣 *Lactuca sibirica* (L.) Benth. ex Maxim. [= *Lagedium sibiricum* (L.) Sojak]

别名 北山莴苣、山苦菜、西伯利亚山莴苣、鸭子食

蒙名 西伯日—伊达日阿

形态特征 植株高20～90cm。茎直立，通常单一，红紫色，无毛，上部有分枝。叶披针形、长椭圆状披针形或条状披针形，全缘或有浅牙齿或缺刻，上面绿色，下面灰绿色，无毛。头状花序少数或多数，在茎顶或枝端排列成疏伞房状或伞房圆锥状；总苞片紫红色，背部有短柔毛或微毛；舌状花蓝紫色。瘦果椭圆形，压扁，边缘加宽加厚，灰色，每面有4～7条细脉纹，上部极短收窄，但不成喙；冠毛淡白色。花果期7～8月。2n=18。

生境 多年生中生草本。生于森林带和草原带的山地林下、林缘、草甸、河边、湖边。

产呼伦贝尔市各旗、市、区。

乳苣 Lactuca tatarica (L.) C. A. Mey. [= Mulgedium tataricum (L.) DC.]

别名 紫花山莴苣、苦菜、蒙山莴苣

蒙名 嘎鲁棍—伊达日阿

形态特征 植株高（10）30～70cm。具垂直或稍弯曲的长根状茎。茎直立，具纵沟棱，无毛，不分枝或有分枝。茎下部叶稍肉质，灰绿色，长椭圆形、矩圆形或披针形，长3～14cm，宽0.5～3cm，先端锐尖或渐尖，有小尖头，基部渐狭成具狭翅的短柄，柄基扩大而半抱茎，羽状或倒向羽状深裂或浅裂，侧裂片三角形或披针形，边缘具浅刺状小齿，上面绿色，下面灰绿色，无毛；中部叶与下部叶同形，少分裂或全缘，先端渐尖，基部具短柄或无柄而抱茎，边缘具刺状小齿；上部叶小，披针形或条状披针形；有时叶全部全缘而不分裂。头状花序多数，在茎顶排列成开展的圆锥状，梗不等长，纤细；总苞长10～15mm，宽3～5mm；总苞片4层，紫红色，先端稍钝，背部有微毛，外层者卵形，内层者条状披针形，边缘膜质；舌状花蓝紫色或淡紫色，长15～20mm。瘦果矩圆形或长椭圆形，长约5mm，稍压扁，灰色至黑色，无边缘或具不明显的狭窄边缘，有5～7条纵肋，果喙长约1mm，灰白色；冠毛白色，长8～12mm。花果期6～9月。$2n=18$。

生境 多年生中生草本。常见于河滩、湖边、盐渍化草甸、田边、固定沙丘。

产阿荣旗、鄂温克族自治旗、新巴尔虎左旗、新巴尔虎右旗。

黄鹌菜属 Youngia Cass.

1 茎不分枝，直立；基生叶全缘或有微牙齿；头状花序在茎顶排列成总状或狭圆锥状 ············ **1 碱黄鹌菜 Y. stenoma**
1 茎少数簇生或单一，有分枝，开展；基生叶羽状分裂；头状花序在茎顶排列成聚伞圆锥状，基生叶鞘基部稍扩大，
  里面密被褐色绵毛 ·· **2 细叶黄鹌菜 Y. tenuifolia**

碱黄鹌菜 *Youngia stenoma* (Turcz.) Ledeb.

蒙名 好吉日苏格—杨给日干那

形态特征 植株高 10～40cm。茎单一或数个簇生，直立，具纵沟棱，无毛，有时基部淡红紫色。叶质厚，灰绿色，基生叶与茎下部叶条形或条状倒披针形，长 3～10cm（连叶柄），宽 0.2～0.5cm，先端渐尖或钝，基部渐狭成具窄翅的长柄，全缘或有微牙齿，两面无毛；中部叶与上部叶较小，条形或狭条形，先端渐尖，全缘，中部叶具短柄，上部叶无柄。头状花序具 8～12 小花，多数在茎顶排列成总状或狭圆锥状，梗细，长 0.5～2cm；总苞圆筒状，长 9～11mm，宽 2.5～3.5mm；总苞片无毛，顶端鸡冠状，背面近顶端有角状凸起，外层者 5～6，短小，卵形或矩圆状披针形，先端尖；内层者 8，较长，矩圆状条形，先端钝，有缘毛，边缘宽膜质；舌状花的舌片顶端的齿紫色，长 11～12.5mm。瘦果纺锤形，长 4～5.5mm，暗褐色，具 11～14 条不等形的纵肋，沿肋密被小刺毛，向上收缩成喙状；冠毛白色，长 6～7mm。花果期 7～9 月。$2n=16$。

生境 多年生耐盐中生草本。生于湖盆盐碱低湿地或沿湖边。

产陈巴尔虎旗、新巴尔虎左旗、新巴尔虎右旗。

经济价值 全草入药，能清热解毒、消肿止痛，主治疔疮肿毒。

细叶黄鹌菜 *Youngia tenuifolia* (Willd.) Babc. et Stebb.

别名 蒲公幌

蒙名 杨给日干那

形态特征 植株高10～45cm。根粗壮而伸长，木质，黑褐色，颈部被覆枯叶柄及褐色绵毛。茎数个簇生或单一，直立，上部有分枝。基生叶多数，丛生，羽状全裂或羽状深裂，侧裂片6～12对，条状披针形或条形，有时为三角状披针形，稀条状丝形；茎下部叶及中部叶与基生叶相似，但较小；上部叶不分裂或羽状分裂，或具不整齐锯齿，有时疏被皱曲柔毛。头状花序具（5）8～15小花，多数在茎上排列成聚伞圆锥状；总苞圆柱形；总苞片有或密或疏的皱曲柔毛或无毛，顶端鸡冠状，背面近顶端有角状凸起，外层者5～8，短小，内层者较长，有缘毛，边缘宽膜质；舌状花黄色。瘦果纺锤形，黑色，具10～12条粗细不等的纵肋，有向上的小刺毛，向上收缩成喙状；冠毛白色。花果期7～9月。$2n=10，12$。

生境 多年生中生草本。生于山坡草甸、灌丛。

产海拉尔区、满洲里市、牙克石市、扎兰屯市、莫力达瓦达斡尔族自治旗、鄂温克族自治旗、陈巴尔虎旗、新巴尔虎左旗、新巴尔虎右旗。

经济价值 可入药，有消肿止痛、清热利湿、凉血解毒之功效，主治感冒、痢疾等。也可作为饲用植物。

菊 科

还阳参属 Crepis L.

1 一年生草本，植株高 30～90cm；叶倒披针形或披针状条形，中部叶无柄，抱茎，基部有小尖耳 ·· **1 屋根草 C. tectorum**

1 多年生草本，茎直立，疏被腺毛；叶倒披针形；头状花序大，单生于枝端或少数在茎顶排列成疏伞房状 ·· **2 还阳参 C. crocea**

屋根草 *Crepis tectorum* L.

蒙名 得格古日—宝黑—额布斯

形态特征 植株高 30～90cm。茎直立，具纵沟棱，基部常带紫红色，被伏柔毛，上部混生腺毛，有时下部无毛或近无毛，不分枝或有分枝。基生叶与茎下部叶倒披针形或披针状条形，长 2～15cm，宽 0.3～1（2）cm，先端尖，基部渐狭成具窄翅的短柄，边缘有不规则牙齿，或羽状浅裂，稀羽状全裂，裂片披针形或条形，两面疏被柔毛或无毛；中部叶与下部叶相似，但无柄，抱茎，基部有小尖耳，边缘具小牙齿或全缘；上部叶披针状条形或条形，全缘。头状花序在茎顶排列成伞房圆锥状，梗细长，苞叶丝状；总苞狭钟状，长 7～9mm，宽 3～5mm，被蛛丝状毛并混生腺毛；总苞片 2 层，外层者短小，8～10，条形，内层者较长，12～16，矩圆状披针形，先端尖，边缘膜质；舌状花黄色，长 10～13mm，下部狭管疏被短柔毛。瘦果纺锤形，长 3mm，黑褐色，顶端狭窄，具 10 条纵肋；冠毛白色，长 4～6mm。花果期 6～8 月。2n=8，12。

生境 一年生中生草本。生于森林带和森林草原带的山地草原或农田。

产海拉尔区、满洲里市、鄂伦春自治旗、鄂温克族自治旗、陈巴尔虎旗、新巴尔虎左旗、新巴尔虎右旗。

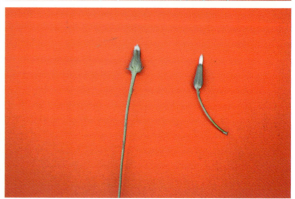

还阳参 *Crepis crocea* (Lam.) Babc.

别名 屠还阳参、驴打滚儿、还羊参

蒙名 宝黑—额布斯

形态特征 植株高5～30cm，全体灰绿色。根直伸或倾斜，木质化，深褐色，颈部被覆多数褐色枯叶柄。茎直立，具不明显沟棱，疏被腺毛，混生短柔毛，不分枝或分枝。基生叶丛生，倒披针形，长2～17cm，宽0.8～2cm，先端锐尖或尾状渐尖，基部渐狭成具窄翅的长柄或短柄，边缘具波状齿，或倒向锯齿至羽状半裂，裂片条形或三角形，全缘或有小尖齿，两面疏被皱曲柔毛或近无毛，有时边缘疏被硬毛；茎上部叶披针形或条形，全缘或羽状分裂，无柄；最上部叶小，苞叶状。头状花序单生于枝端，或2～4在茎顶排列成疏伞房状；总苞钟状，长10～15mm，宽4～10mm，混生蛛丝状毛、长硬毛及腺毛；外层总苞片6～8，不等长，条状披针形，先端尖，内层者13，较长，矩圆状披针形，边缘膜质，先端钝或尖；舌状花黄色，长12～18mm。瘦果纺锤形，长5～6mm，暗紫色或黑色，直或稍弯，具10～12条纵肋，上部有小刺；冠毛白色，长7～8mm。花果期6～7月。$2n=16$。

生境 多年生中生草本。生于典型草原带和荒漠草原带的丘陵沙砾质坡地、田边、路旁。

产莫力达瓦达斡尔族自治旗、鄂温克族自治旗、新巴尔虎右旗。

经济价值 全草入药，能益气、止嗽平喘、清热降火，主治支气管炎、肺结核。

苣荬菜属 Sonchus L.

1 多年生草本；叶具稀疏的波状牙齿或羽状浅裂 ················· **1 苣荬菜 S. arvensis**
1 一年生或二年生草本；叶羽状深裂、大头羽状全裂或羽状半全裂 ················· **2 苦苣菜 S. oleraceus**

苣荬菜 *Sonchus arvensis* L.

别名 取麻菜、甜苣、苦菜

蒙名 嘎希棍—诺高

形态特征 植株高 20～80cm。茎直立，具纵沟棱，无毛，下部常带紫红色，通常不分枝。叶灰绿色，基生叶与茎下部叶宽披针形、矩圆状披针形或长椭圆形，长 4～20cm，宽 1～3cm，先端钝或锐尖，具小尖头，基部渐狭成柄状，柄基稍扩大，半抱茎，具稀疏的波状牙齿或羽状浅裂，裂片三角形，边缘有小刺尖齿，两面无毛；中部叶与基生叶相似，但无柄，基部多少呈耳状，抱茎；上部叶小，披针形或条状披针形。头状花序多数或少数在茎顶排列成伞房状，有时单生，直径 2～4cm；总苞钟状，长 1.5～2cm，宽 10～15mm；总苞片 3 层，先端钝，背部被短柔毛或微毛，外层者较短，长卵形，内层者较长，披针形；舌状花黄色，长约 2cm。瘦果矩圆形，长约 3mm，褐色，稍扁，两面各有 3～5 条

纵肋，微粗糙；冠毛白色，长达12mm。花果期6～9月。2n=18，36，54，60，64。

生境 多年生中生草本。生于村舍附近、农田、路边。

产呼伦贝尔市各旗、市、区。

经济价值 田间杂草。其嫩茎叶可供食用。全草入药（药材名：败酱），能清热解毒、消肿排脓、祛瘀止痛，主治肠痈、疮疖肿毒、肠炎、痢疾、带下、产后瘀血腹痛、痔疮。

苦苣菜 *Sonchus oleraceus* L.

别名 苦菜、滇苦菜

蒙名 嘎希棍—诺高

形态特征 植株高30～80cm。茎单一或上部分枝，无毛或上部疏被腺毛。基生叶及茎下部叶广椭圆形，羽状分裂，基部下延成翼状柄，先端圆形，边缘具尖齿状刺尖；中部叶大头羽裂，无柄，基部扩展呈戟状抱茎，先端锐尖或钝尖，边缘具不整齐齿状刺尖，两面无毛。头状花序排列成聚伞状；总苞钟状，长10～12mm，宽10～15mm，背部被腺毛及微毛；总苞片3层，外层卵状披针形，长2.5mm，宽1.5mm，内层披针形，长2cm，宽3mm，先端渐尖；舌状花黄色。瘦果长圆状倒卵形，长2.5～3mm，宽1mm，边缘有微齿，压扁，淡褐色，每面具3条纵肋，肋间具横纹；冠毛毛状，白色，柔软，长7～8mm。花果期5～8月。

生境 一年生或二年生中生草本。生于田野、路旁、村舍附近。

产呼伦贝尔市各旗、市、区。

经济价值 全草、根、花及种子入药。全草味苦，性寒，入心、脾、胃三经，有消热解毒、凉血止血的功能。

山柳菊属 Hieracium L.

1 花期具基生叶，茎生叶条状披针形，全缘 ·· **1 全缘山柳菊 H. hololeion**
1 花期基生叶枯萎，茎生叶矩圆状披针形、披针形或条形，疏生锯齿或全缘 ····································· **2**
2 叶披针形、条状披针形或条形，宽 0.5～1.5cm，基部楔形至近圆形；茎及叶无毛或疏被短糙硬毛 ···············
 ·· **2 山柳菊 H. umbellatum**
2 叶矩圆状披针形或披针形，宽 1.5～2cm，基部浅心形或圆形；茎及叶疏被长刚毛 ········ **3 粗毛山柳菊 H. virosum**

全缘山柳菊 *Hieracium hololeion* Maxim.

别名 全光菊

蒙名 布吞—哈日查干那

形态特征 植株高 30～100cm。具根状茎，匍匐。茎直立，具纵沟棱，无毛，上部有分枝。基生叶条状披针形或长倒披针形，长 15～30cm，宽 5～20mm，先端渐尖，基部渐狭成具翅的长柄。头状花序多数，在茎顶排列成疏伞房状，梗长 1～3.5cm，纤细，无毛；总苞圆筒形，长 10～14mm，宽约 5mm；总苞片 3～4 层，外层者较短，卵形至卵状披针形，先端钝，带紫色，被疏缘毛，中层与内层者较长，条状披针形，先端钝或尖，被微毛和缘毛；舌状花淡黄色，长约 20mm，下部狭管长约 4mm。瘦果圆柱形，稍扁，具 4 棱，长 4～6mm，浅棕色；冠毛棕色，长约 7mm。花果期 7～9 月。

生境 多年生湿中生草本。生于草甸、沼泽草甸、溪流附近的低湿地。

产满洲里市、牙克石市、扎兰屯市、莫力达瓦达斡尔族自治旗、鄂伦春自治旗、新巴尔虎右旗。

山柳菊 *Hieracium umbellatum* L.

别名 伞花山柳菊、柳叶蒲公英

蒙名 哈日查干那

形态特征 植株高40～100cm。茎直立，无毛或被短柔毛，不分枝。基生叶花期枯萎；茎生叶披针形、条状披针形或条形，宽0.5～1.5cm，具疏锯齿，稀全缘，上面绿色，有短糙硬毛，下面淡绿色，沿脉也被糙硬毛；上部叶变小，披针形至狭条形，全缘或有齿。头状花序多数，在茎顶排列成伞房状，梗常密被短柔毛，混生短糙硬毛；总苞宽钟状或倒圆锥形；总苞片3～4层，黑绿色，有微毛；舌状花黄色，下部有长柔毛。瘦果五棱状圆柱体，黑紫色，具光泽，有10条棱，无毛；冠毛浅棕色。花果期8～9月。

生境 多年生中生草本。生于森林带和草原带的山地草甸、林缘、林下、河边草甸。

产海拉尔区、牙克石市、扎兰屯市、额尔古纳市、根河市、莫力达瓦达斡尔族自治旗、阿荣旗、鄂伦春自治旗、鄂温克族自治旗、陈巴尔虎旗、新巴尔虎左旗。

经济价值 根及全草入药，能清热解毒、利湿消积，主治痈肿疮疖、尿路感染、腹痛积块、痢疾。

粗毛山柳菊 *Hieracium virosum* Pall.

蒙名 稀如棍—哈日查干那

形态特征 植株高30～100cm。根状茎具多数须根。茎直立，粗壮，上部绿色，无毛或有短硬毛，下部紫红色，有瘤状凸起及长刚毛。基生叶与茎下部叶花期枯萎；茎生叶矩圆状披针形或披针形，长3～5cm，宽15～20mm，先端锐尖，基部浅心形或圆形，抱茎，具疏尖牙齿或全缘，上面绿色，下面淡绿色，主脉隆起，边缘及两面沿脉疏生长刚毛；上部叶较短小。头状花序在茎顶或枝端排列成伞房状，梗无毛或被短柔毛以至短硬毛；总苞宽钟状或倒圆锥形，长8～10mm；总苞片3～4层，暗绿色以至黑色，先端尖，条状披针形或条形，有微毛；舌状花黄色，长约13mm，下部有长柔毛。瘦果五棱状圆柱体，长2.5～3.5mm，紫褐色，无毛；冠毛浅棕色，长5～6mm。花果期8～9月。

生境 多年生中生草本。生于森林带和森林草原带的山地林缘、草甸。

产海拉尔区、牙克石市、扎兰屯市、额尔古纳市、根河市、鄂伦春自治旗、鄂温克族自治旗、陈巴尔虎旗、新巴尔虎左旗。

水麦冬科 Juncaginaceae

水麦冬属 Triglochin L.

1 根状茎粗，无匍匐茎；果实椭圆形或卵形，成熟后呈6瓣裂 ············ **1 海韭菜 T. maritimum**
1 有匍匐茎；果实棒状条形，成熟后由下方呈3瓣裂 ············ **2 水麦冬 T. palustris**

海韭菜 *Triglochin maritimum* L.

别名 圆果水麦冬

蒙名 马日查—西乐—额布苏

形态特征 多年生草本，高20～50cm。根状茎粗壮，斜生或横生，被棕色残叶鞘，有多数须根。叶基生，条形，横切面半圆形，长7～30cm，宽1～2mm，较花序短，稍肉质，光滑，生于花葶两侧，基部具宽叶鞘，叶舌长3～5mm。花葶直立，圆柱形，光滑，中上部着生多数花；总状花序，花梗长约1mm，果熟后可延长为2～4mm；花小，直径约2mm；花被片6，两轮排列，卵形，内轮较狭，绿色；雄蕊6，心皮6；柱头毛刷状。蒴果椭圆形或卵形，长3～5mm，宽约2mm，具6棱。花期6月，果期7～8月。$2n=12, 24, 30, 36, 48$。

生境 多年生耐盐湿生草本。生于河、湖边盐渍化草甸。

产呼伦贝尔市各旗、市、区。

水麦冬 *Triglochin palustris* L.

蒙名　西乐—额布苏

形态特征　多年生草本。根状茎缩短，秋季增粗，有密而细的须根。叶基生，条形，一般较花葶短，长10～40cm，宽约1.5mm，基部具宽叶鞘，叶鞘边缘膜质，宿存叶鞘纤维状，叶舌膜质，叶光滑。花葶直立，高20～60cm，圆柱形，光滑；总状花序顶生，花多数，排列疏散，花梗长2～4mm；花小，直径约2mm；花被片6，鳞片状，宽卵形，绿色；雄蕊6，花药2室，花丝很短；心皮3，柱头毛刷状。果实棒状条形，长6～10mm，宽约1.5mm。花期6月，果期7～8月。$2n=24，26$。

生境　多年生耐盐湿生草本。生于河、湖边盐渍化草甸及林缘草甸。

产呼伦贝尔市各旗、市、区。

禾本科 Gramineae

1 小穗含 1 至多数小花，大都两侧压扁，通常脱节于颖之上，小穗轴大都延伸至最上方小花的内稃之后而成细柄状或刚毛状；小穗的 2 颖或 1 片通常明显 ··· **2**

1 小穗含 2 小花，下部小花常不发育而为雄性，甚至退化仅余外稃，则此时小穗仅含 1 小花，背腹扁或为圆筒形，稀可两侧扁，脱节于颖之下，稀可脱节于颖之上；小穗轴从不延伸于顶端成熟小穗内稃之后 ············· **37**

2 成熟小花外稃具多脉至 5 脉（稀为 3 脉），或其脉不明显；叶舌通常无纤毛（芦苇属例外） ··············· **3**

2 成熟小花外稃具 3 或 1 脉，亦有具 5～9 脉者；叶舌通常具纤毛，或为一圈毛所代替（外稃虽具多脉，但叶舌具毛而可与上项"2"区别） ·· **31**

3 小穗无柄或几无柄，排成穗状花序 ·· **4**

3 小穗具柄，稀可无柄，排列为开展或紧缩的圆锥花序，或近于无柄，形成穗形总状花序；若无柄时，则小穗覆瓦状排列于穗轴一侧，再形成圆锥花序 ·· **9**

4 小穗单生于穗轴的各节；外稃有显著基盘；颖果通常与内外稃相贴着 ··· **5**

4 小穗常以 2 至数枚生于穗轴之各节，或在花序之上、下两端可为单生 ··· **7**

5 颖及外稃两侧压扁，背部显著具脊；顶生小穗不孕或退化 ································ **2 冰草属 Agropyron**

5 颖及外稃的背部扁平或呈圆形；顶生小穗大都正常发育 ·· **6**

6 植株通常无地下茎，或仅具短根头；小穗脱节于颖之上；小穗轴于诸小花间断落 ······ **10 鹅观草属 Roegneria**

6 植株具地下茎或匍匐茎；小穗脱节于颖之下；小穗轴不于诸小花间断落 ············· **11 偃麦草属 Elytrigia**

7 小穗含 1 小花，以 3 枚生于穗轴各节，居中者无柄而为孕性，两侧小穗常不孕而呈芒状且大多具柄 ··· **15 大麦属 Hordeum**

7 小穗含 2 至数小花，以 2 至数枚（有时上、下两端为 1 枚）生于穗轴之各节 ·· **8**

8 植株不具根状茎，基部从不为碎裂成纤维状的叶鞘所包围，颖矩圆状披针形，具 3～5 脉；小穗轴不扭转，颖包于外稃的外面 ·· **13 披碱草属 Elymus**

8 植株具下伸或横走的根状茎，基部常为枯老碎裂成纤维状的叶鞘所包围，颖细长呈锥形，具 1～3 脉；外稃常因小穗轴扭转而与颖交叉排列，使外稃背部露出 ···································· **14 赖草属 Leymus**

9 小穗含 2 至多数小花，如为 1 小花时，则外稃有 5 条以上的脉 ·· **10**

9 小穗通常仅含 1 小花；外稃具 5 脉或稀可更少 ·· **24**

10 小穗的两性小花 1 或多数，但位于不孕花的下方，稀可位于小穗中部（即两性小花的上下方均有不孕小花）··· **11**

10 小穗含 3 小花，其中两性小花仅 1 朵，位于 2 不孕小花的上方，或因不孕小花退化而使小穗仅含 1 小花；成熟外稃质硬，无芒 ··· **23**

11 第二颖通常较短于第一小花；芒如存在时劲直（或稀可反曲）而不扭转，通常自外稃顶端伸出，有时可在外稃顶端 2 裂齿间或裂缝的下方伸出 ··· **12**

11 第二颖大都等长或长于第一小花；芒若存在时膝曲而有扭转的芒柱，通常位于外稃的背部或由其先端的 2 裂片间伸出 ·· **19**

12 外稃基盘延伸如细柄状，其上方有长丝状柔毛；叶舌具纤毛；高大禾草 ············ **1 芦苇属 Phragmites**

12 外稃基盘通常无毛，如有毛时，从不为长丝状柔毛，且其毛大都短于外稃；叶舌通常膜质，无纤毛；一般为中小型禾草；颖果顶端不具锥状的喙 ··· **13**

13 外稃通常有 7 至更多的脉，亦可具 5 或 3 脉；叶鞘全部闭合，或下部闭合，亦可不闭合 …………… 14

13 外稃具（3）5 脉；叶鞘通常不闭合，或边缘互相覆盖 …………… 16

14 子房顶端有糙毛；内稃脊上有硬纤毛或短纤毛；颖果顶端有生毛的附属物；叶鞘闭合；花序为开展或收缩的圆锥花序；花柱生于子房前下方 …………… **9 雀麦属 Bromus**

14 房顶端无毛或偶可有短柔毛；内稃脊上无毛或具短纤毛或柔纤毛；颖果顶端无附属物或喙；有时有无毛的短喙；外稃无芒 …………… 15

15 小穗柄具关节而使小穗整个脱落；第一颖具 3 脉，第二颖具 5 脉。外稃无芒；基盘无毛；小穗顶端有不孕外稃形成的小球 …………… **3 臭草属 Melica**

15 小穗柄无关节，脱节于颖之上；小穗顶端不具上述小球；外稃顶端通常钝圆，基盘无毛 …… **4 甜茅属 Glyceria**

16 外稃背部圆形 …………… 17

16 外稃背部具脊 …………… 18

17 外稃顶端钝，具细齿，诸脉平行，不于顶端汇合 …………… **8 碱茅属 Puccinellia**

17 外稃顶端尖，诸脉在顶端汇合 …………… **5 羊茅属 Festuca**

18 小花单性，雌雄异株；外稃具贴生微毛；子房顶端有短毛 …………… **6 银穗草属 Leucopoa**

18 小花两性；外稃脊和边缘有柔毛，基盘常有绵毛或可全部无毛；子房通常无毛 …………… **7 早熟禾属 Poa**

19 外稃无芒或顶端具小尖头或具短芒，具 3～5 脉；小穗轴无毛或具细毛，圆锥花序紧密呈穗状，常为圆柱形 …………… **16 溚草属 Koeleria**

19 外稃显著具芒，如无芒时则圆锥花序不呈穗状 …………… 20

20 小穗长不及 1cm；子房无毛；颖果不具腹沟，与内稃互相分离 …………… 21

20 小穗长大于 1cm；子房上部或全部有毛；颖果具腹沟，通常与内稃互相附着 …………… 22

21 外稃背部有脊，顶端 2 齿裂，芒自其背部的中部以上伸出 …………… **17 三毛草属 Trisetum**

21 外稃背部圆形，顶端截形或有不规则细齿，芒自其背部的中部以下伸出 …………… **20 发草属 Deschampsia**

22 多年生；小穗直立或开展；2 颖不等大，具 1～7 脉 …………… **18 异燕麦属 Helictotrichon**

22 一年生；小穗下垂；2 颖近于相等，具 7～11 脉 …………… **19 燕麦属 Avena**

23 小穗下部 2 不孕小花的外稃内含 3 雄蕊，与顶生成熟小花等长或较之长；小穗棕色而有光泽；两性小花含 2 雄蕊；植株干后仍有香味 …………… **21 茅香属 Hierochloe**

23 小穗下部 2 不孕小花的外稃空虚，退化为小鳞片状而无芒，远较其顶生成熟小花为短；小穗灰绿色而无光泽；两性小花含 3 雄蕊；植株干后无香味 …………… **22 虉草属 Phalaris**

24 外稃大部为膜质，通常短于颖，也可略与颖等长，如长于颖时，则质地稍坚硬，成熟时疏松包裹着颖果或几不包裹 …………… 25

24 外稃质地厚于颖，至少在背部较颖坚硬，成熟后与内稃一起紧包颖果；外稃有芒；基盘尖锐或钝圆；外稃芒宿存，大都粗壮而下部常扭转；通常无延伸的小穗轴 …………… 30

25 圆锥花序极紧密呈穗状，圆柱形或矩圆形 …………… 26

25 圆锥花序开展或紧密，但不呈穗状柱形 …………… 27

26 小穗脱节于颖之上；颖及外稃的边缘均不连合；外稃无芒，稍长于内稃 …………… **23 梯牧草属 Phleum**

26 小穗脱节于颖之下；颖及外稃在下部的边缘彼此连合；外稃背部的中部或中部以下有芒；内稃缺 …………… **24 看麦娘属 Alopecurus**

27 小穗无柄，几呈圆形，复瓦状排列于穗轴之一侧，而后再排列成圆锥花序 ……	**28 茵草属 Beckmannia**
27 小穗多少具柄，长形，排列为开展或紧密的圆锥花序；小穗脱节于颖之上 ……………	28
28 外稃基盘无毛或仅有微毛 ………………………………………………………………	**27 翦股颖属 Agrostis**
28 外稃基盘有柔毛 …………………………………………………………………………	29
29 小穗轴不延伸于内稃之后，或稀有极短的延伸，常无毛或具疏柔毛 ……………	**25 拂子茅属 Calamagrostis**
29 小穗轴延伸于内稃之后，常具丝状柔毛 ……………………………………………	**26 野青茅属 Deyeuxia**
30 芒下部扭转，且与外稃顶端成关节，外稃细瘦呈圆筒形，常具排列成纵行的短柔毛，基盘大都长而尖锐；内稃背部在结实时不外露，通常无毛 ………………………………………………………	**29 针茅属 Stipa**
30 芒下部无毛或具微毛，扭转或几不扭转，不与外稃顶端成关节，外稃背部有散生柔毛；内稃背部在结实时裸露，脊间无毛；小穗柄较粗，大都短于小穗 …………………………………………	**30 芨芨草属 Achnatherum**
31 外稃具 9 或更多脉，于顶端呈羽状的芒 …………………………………………	**31 冠芒草属 Enneapogon**
31 外稃（1）3（5）脉 ……………………………………………………………………	32
32 小穗具（2）3 至多数结实小花；小穗排列为开展或紧缩的圆锥花序，稀可为总状花序，亦可几无柄成 2 行排列于纤细穗轴的一侧，形成 1 枚穗状花序单生秆顶；颖果 …………………………	33
32 小穗含 1 结实小花 ………………………………………………………………………	35
33 小穗两侧压扁，背部明显具脊；小穗轴大都不逐节断落；外稃顶端大都完整无芒，平滑无毛，基盘无毛 …… ……………………………………………………………………………………………	**32 画眉草属 Eragrostis**
33 小穗背部呈圆形；小穗轴于成熟时与小花一起逐节断落；外稃多少生有柔毛，顶端大都具或与其 2 裂齿间生 1 小尖头，稀无芒，基盘多少生有短柔毛 ……………………………………………………	34
34 圆锥花序狭窄，由数枚单纯的或具有分枝的总状花序所组成；叶鞘内有隐藏的小穗 …	**33 隐子草属 Cleistogenes**
34 穗状花序 1 枚，单生茎顶；叶鞘内不具隐藏的小穗 ………………………………	**34 草沙蚕属 Tripogon**
35 小穗无柄或近无柄，排列于穗轴一侧形成穗状花序，数枚穗状花序再形成指状或近于指状排列于穗轴先端，组成复合花序 …………………………………………………………………………	**35 虎尾草属 Chloris**
35 小穗通常具柄，如无柄或近无柄时，也不排列于穗轴一侧，不呈指状排列的花序 ………	36
36 圆锥花序紧缩成头状或穗状，位于宽广苞片之腋中；第一颖存在；小穗脱节于颖之下；外稃顶端无芒 …… ……………………………………………………………………………………………	**36 扎股草属 Crypsis**
36 圆锥花序疏展；外稃成熟时质地变硬，圆筒形，顶端有 3 裂的芒或具 3 芒 ………	**2 三芒草属 Aristida**
37 第二小花的外稃及内稃为膜质或透明膜质，质比颖薄；圆锥花序矩圆形，成对小穗，1 无柄，1 有柄，或均有柄；穗轴节间及小穗柄的先端膨大而成棒状；基盘无毛 …………………………	**43 大油芒属 Spodiopogon**
37 第二小花的外稃及内稃通常质地坚韧，比颖质厚 ……………………………………	38
38 小穗成对或稀可单生，脱节于颖之上，成熟小花的外稃大都具芒，其基盘亦常有毛 …	**37 野古草属 Arundinella**
38 小穗单生或成对，脱节于颖之下，成熟小花的外稃通常无芒，其基盘无毛 ……………	39
39 花序中有不育的小枝（或由穗轴延伸）所组成的刚毛；小穗脱落时附于其下的刚毛仍宿存花序上 ……… ……………………………………………………………………………………………	**42 狗尾草属 Setaria**
39 花序中无不育的小枝，不具刚毛；其穗轴不延伸至上端小穗的后方 ……………………	40
40 小穗排列为开展的圆锥花序；小穗柄长，不排列在穗轴的一侧 …………………	**38 黍属 Panicum**
40 小穗无柄或几无柄，排列于穗轴的一侧而为穗状花序或穗形总状花序，此花序再排列呈指状或圆锥花序 …	41

41 穗形总状花序再作指状排列或近于指状；第二外稃在成熟时为软骨质，不具芒或芒状小尖头，边缘膜质透明，不内卷 ··· **41 马唐属 Digitaria**

41 穗形总状花序或总状花序再组成圆锥花序；第二外稃在成熟时为骨质或革质，多少有些坚硬，通常有狭窄而内卷的边缘，故其内稃露出较多 ·· **42**

42 小穗基部具1环状或珠状的基盘（系由微小的第一颖及第二颖下的小穗轴愈合膨大而成）；第一颖常缺；第一外稃无芒；叶舌存在 ·· **39 野黍属 Eriochloa**

42 小穗基部无上述基盘；第一颖虽小但存在；第一外稃具芒或芒状小尖头；叶舌缺 ········· **40 稗属 Echinochloa**

芦苇属 Phragmites Adans.

芦苇 *Phragmites australis* (Cav.) Trin. ex Steud.

别名 芦草、苇子

蒙名 呼勒斯—好鲁苏

形态特征 秆直立，坚硬，高0.5～2.5m，直径2～10mm，节下通常被白粉。叶鞘无毛或被细毛；叶舌短，类似横的线痕，密生短毛；叶扁平，长15～35cm，宽1～3.5cm，光滑或边缘粗糙。圆锥花序稠密，开展，微下垂，长8～30cm，分枝及小枝粗糙；小穗长12～16mm，通常含3～5小花；两颖均具3脉，第一颖长4～6mm，第二颖长6～9mm；外稃具3脉，第一小花常为雄花，其外稃长披针形，长10～14.5mm，内稃长3～4mm；第二外稃长10～15mm，先端长渐尖，基盘细长，有长6～12mm的柔毛；内稃长约3.5mm，脊上粗糙。花果期7～9月。$2n$=36，48，54，84，96。

生境 多年生广幅湿生草本。生于池塘、河边、湖泊水中，常形成大片芦苇荡，在沼泽化放牧地往往也形成单纯的芦苇群落，同样在盐碱地、干旱沙丘及多石的坡地上也能生长。

产呼伦贝尔市各旗、市、区。

经济价值 芦苇是我国当前主要造纸原料之一，茎秆纤维不仅可造纸，还可作人造棉和人造丝的原料，茎秆也可供编制和盖房用。芦苇的根状茎、茎秆、叶及花序均可入药。根状茎（药材名：芦根）能清热生津、止呕、利尿，主治热病频渴、胃热呕逆、肺热咳嗽、肺痈、小便不利、热淋等；茎秆（药材名：苇茎）能清热排脓，主治肺痈、吐脓血；叶能清肺止呕、止血、解毒；花序能止血、解毒。芦苇根状茎富含淀粉和蛋白质，可供熬糖和酿酒用。因根状茎粗壮，蔓延力强，又是优良固堤和使沼泽变干的植物。芦苇是一种优等饲用禾草，叶量大，营养价值较高，在抽穗期以前，由于含糖分较多，有甜味，各种家畜均喜食。抽穗以后，草质逐渐粗糙，适口性下降，但调制成干草，仍为各种家畜所喜食。其再生性特别强，平均每天长高1cm，有很强的繁殖能力。

三芒草属 Aristida L.

三芒草 *Aristida adscenionis* L.

蒙名 布呼台

形态特征 基部具分枝。秆直立或斜倾，常膝曲，高12～37cm。叶鞘光滑；叶舌膜质，具长约0.5mm的纤毛；叶纵卷如针状，长3～16cm，宽1～1.5mm，上面脉上密被微刺毛，下面粗糙或也被微刺毛。圆锥花序通常较紧密，长6～14cm，分枝单生，细弱；小穗灰绿色或带紫色，长6.5～12mm（芒除外）；颖膜质，具1脉，脊上粗糙，第一颖长5～8mm，第二颖长6～10mm；外稃长6.5～12mm，中脉被微小刺毛，芒粗糙而无毛，主芒长11～18mm，侧芒较短，基盘长0.4～0.7mm，被上向的细毛；内稃透明膜质，微小，长1mm左右，为外稃所包卷。花果期6～9月。$2n=22$。

生境 一年生旱生草本。生于荒漠草原带和荒漠带及草原带的干燥山坡、丘陵坡地、浅沟、干河床和沙土上。

产新巴尔虎右旗。

经济价值 良等饲用禾草。它是荒漠化草原上的重要牧草。适口性好，羊喜食，马和骆驼也乐食。

臭草属 Melica L.

大臭草 *Melica turczaninowiana* Ohwi

蒙名 陶木—少格书日格

形态特征 秆直立，丛生，高70～130cm。叶鞘无毛，闭合达鞘口；叶舌透明膜质，长2～4mm，顶端呈撕裂状；叶扁平，长7～18cm，宽3～6mm，上面被柔毛，下面粗糙。圆锥花序开展，长10～20cm，每节具分枝2～3，分枝细弱，上升或开展，基部主枝长9cm左右；小穗柄弯曲，顶端稍膨大被微毛，侧生者长3～7mm；小穗紫色，具2～3枚能育小花，长8～13mm；颖卵状矩圆形，两颖几等长，先端钝或稍尖，具5～7脉，长9～11mm；外稃先端稍钝，边缘宽膜质，具7～9脉或在基部具11脉，中部以下在脉上被糙毛，长8～9mm；内稃倒卵状矩圆形，长为外稃的2/3，先端变窄成短钝头，脊上无毛；花药长1.5～2mm。花果期6～8月。$2n=18$。

生境 多年生中生草本。生于森林带和草原带的山地林缘、针叶林及白桦林下、山地灌丛、草甸。

产牙克石市、扎兰屯市、额尔古纳市、根河市、莫力达瓦达斡尔族自治旗、鄂伦春自治旗、鄂温克族自治旗、陈巴尔虎旗、新巴尔虎左旗。

甜茅属 Glyceria R. Br.

1 雄蕊 2，花药长 0.5～0.8mm，第二颖长 1.5～2.5mm，叶舌长 2～4mm，顶端截形 …… **1 两蕊甜茅 G. lithuanica**
1 雄蕊 3，花药长 1～1.5mm，第二颖长 2～3mm，叶舌长 1～3mm，顶端具突尖 ………… **2 水甜茅 G. triflora**

两蕊甜茅 *Glyceria lithuanica* (Gorski) Gorski

形态特征 根状茎匍匐，疏丛。秆直立或基部横卧，高 50～150cm，直径 3～5mm，光滑，具 6～8 节。叶鞘闭合近鞘口，微粗糙，下部者长于或上部者短于节间；叶舌膜质，长 2～3mm，顶端圆形，常呈齿牙状；叶柔软质薄，扁平，长达 30cm，宽 4～9mm，两面均粗糙。圆锥花序大，疏松开展，长 15～30cm，每节具 2～4 分枝；穗轴粗壮，分枝纤细，粗糙，长达 8cm，伸展，有时下垂；小穗长圆形，常带紫色，含 3～6 小花，长 5～10mm；小穗轴节间长约 0.6mm，光滑；颖膜质，卵形至长卵形，顶端钝，具 1 脉，第一颖长 1.2～1.5mm，第二颖长 1.8～2.5mm；外稃草质，长圆状披针形，顶端钝或稍尖，膜质，具明显 5～7 脉，脉上粗糙，第一外稃长 3～4mm；内稃等长或稍长于外稃，脊上粗糙，不具狭翼；雄蕊 2，花药长 0.5～0.8mm。花期 6～8 月。$2n=20$。

生境 多年生湿生草本，生于林下、林缘或溪流边。

产鄂温克族自治旗。

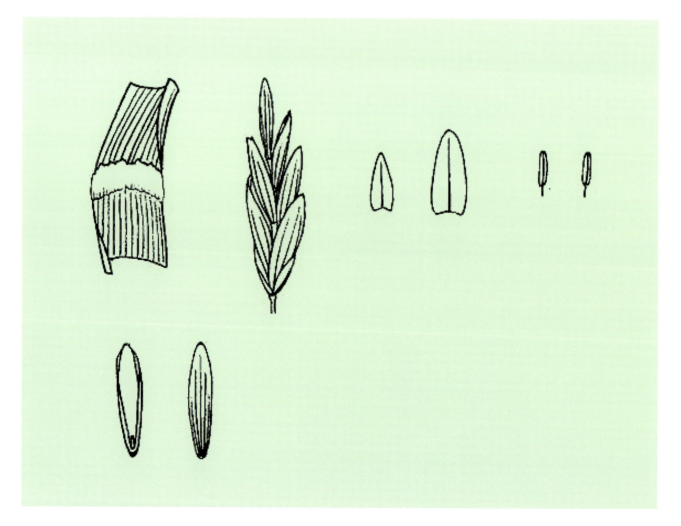

水甜茅 *Glyceria triflora* (Korsh.) Kom.

蒙名 黑木达格

形态特征 秆单生，直立，粗壮，高50～80cm，基部直径达6～8mm。叶鞘无毛，具横脉纹，闭合几达顶端；叶舌膜质透明，稍硬，先端钝圆，长2～4mm；叶宽7～10mm。圆锥花序开展，长达25cm；小穗卵形或长圆形，长5～7mm，含5～7小花，淡绿色或成熟后带紫色；第一颖长1.5～2mm，第二颖长2～3mm；外稃顶端钝圆，长2.5～3mm；内稃较短或等长于外稃，先端截平，有时凹陷；雄蕊3，花药长1～1.5mm。花期7～8月，果期8～9月。

生境 多年生湿生草本。生于森林带和森林草原带的河流、小溪、湖泊河岸、泥潭及低湿地。

产额尔古纳市、根河市、鄂伦春自治旗。

羊茅属 Festuca L.

1 外稃无芒或仅具 1mm 以下的短芒 ······ 2
1 外稃具 1mm 以上的长芒 ······ 3
2 叶宽（0.6）0.8～1mm；花序长 6～8cm，外稃长 5～6mm，背部具细短柔毛或粗糙；花药长 2.5～3mm；生于沙地 ······ **1 达乌里羊茅 F. dahurica**
2 叶宽 0.6mm 以下；花序长 3～5cm，外稃长 4～5mm，光滑或粗糙；花药长 2mm；生于丘陵坡地 ······ **2 蒙古羊茅 F. dahurica** subsp. **mongolica**
3 颖及外稃具纤毛或柔毛，花序下秆具柔毛；叶脆涩，常具稀而短的刺毛；花序长 2～12cm，小穗绿色、苍白色或带紫色，长 5～6mm，花药长 1.5～2mm；外稃芒长 1.5～2mm ······ **3 羊茅 F. ovina**
3 颖及外稃无毛或具微毛，花序下秆光滑或多少粗糙；叶软；花序长 3cm，小穗长 10cm；外稃长约 6mm ······ **4 沟叶羊茅 F. valesiaca** subsp. **sulcata**

达乌里羊茅 *Festuca dahurica* (St.-Yves) Krecz. et Bobr.

蒙名 兴安—宝体乌乐

形态特征 秆直立，高 30～60cm，光滑，基部具残存叶鞘。叶长 20～30cm，宽（0.6）0.8～1mm，坚韧，光滑，横切面圆形，具较粗的 3 束厚壁组织。圆锥花序较紧缩，长 6～8cm，花序轴及分枝被短柔毛，近小穗处毛较密；小穗矩圆状椭圆形，长 7～8.5mm，具 4～6 小花，绿色，有时淡紫色；颖披针形，先端尖锐，光滑；外稃披针形，长 5～5.5mm，被细短柔毛或粗糙，先端尖锐，无芒；内稃等于或稍短于外稃，光滑；花药 2.5～3mm。花果期 6～7 月。

生境 多年生密丛生旱生禾草。生于典型草原带的沙地及沙丘上。

产满洲里市、扎兰屯市、额尔古纳市、鄂温克族自治旗、新巴尔虎左旗。

经济价值 优等牧草，为各种家畜四季喜食。返青早，冬季株丛保存良好，因此为冬春重要饲用植物。

蒙古羊茅 Festuca dahurica (St.-Yves) Krecz. et Bobr. subsp. *monoglica* (Chang et Skv.) Sh. R. Liou et Ma

蒙名 蒙古—宝体乌乐

形态特征 本亚种与正种的区别在于：植株较矮小。叶较狭（宽 0.6mm 以下）。花序较短（长 3～5cm）；外稃长 4～5mm；花药长 2mm。

生境 多年生密丛生中旱生禾草。生于典型草原带的砾石质丘陵坡地及丘顶。

产海拉尔区、满洲里市、扎兰屯市、莫力达瓦达斡尔族自治旗、陈巴尔虎旗、新巴尔虎左旗。

经济价值 优良牧草。

羊茅 *Festuca ovina* L.

蒙名 宝体乌乐

形态特征 秆具条棱,高30～60cm,光滑,仅近花序处具柔毛。叶鞘光滑,基部具残存叶鞘;叶丝状,脆涩,宽约0.3mm,常具稀而短的刺毛,横切面圆形,厚壁组织不呈束状,为一完整的马蹄形。圆锥花序穗状,长2～5cm,分枝常偏向一侧;小穗椭圆形,长4～6mm,具3～6小花,淡绿色,有时淡紫色;颖披针形,先端渐尖,光滑,边缘常具稀疏细睫毛,第一颖长2～2.5cm,第二颖长3～3.5mm;外稃披针形,长3～4mm,光滑或顶部具短柔毛,芒长1.5～2mm;花药长约2mm。花果期6～7月。2n=14,28。

生境 多年生密丛生旱中生禾草。生于森林带和草原带的山地林缘草甸。

产呼伦贝尔市各旗、市、区。

经济价值 优等饲用禾草。草质柔软,适口性好,青鲜时羊和马最喜食,牛采食较少;晒制成干草,各种家畜均喜食。牧民认为它是夏秋季节的抓膘牧草,对小畜有催肥的效果,因此被称为"细草"。

沟叶羊茅 *Festuca valesiaca* Schleich. ex Gaudin subsp. *sulcata* (Hackel) Schinz et R. Keller

别名 假沟羊茅

形态特征 秆直立，密丛，上部粗糙，高20～50cm。叶鞘平滑或稍粗糙；叶舌长约1mm，顶端具纤毛；叶片细弱，常对折，长10～20cm，宽0.6～0.8mm；叶横切面具维管束5，厚壁组织3，稀5，较粗。圆锥花序较狭窄但疏松不紧密，长4.5～8mm，分枝直立，粗糙；小穗淡绿色或带绿色，或黄褐色，长7～8mm，含3～5小花；颖片背部平滑，边缘具窄膜质，顶端尖，第一颖披针形，具1脉，长2～2.5mm，第二颖卵状披针形，边缘具纤毛，具3脉，长3～4.5mm；外稃背部平滑或上部微粗糙，顶端具芒，芒长2～3mm，第一外稃长4～5mm；内稃两脊粗糙；花药长约2mm；子房顶端平滑。花果期6～9月。$2n=42$。

生境 多年生密丛生中生草本。生于草原带的山地草甸、山坡草地。

产扎兰屯市、莫力达瓦达斡尔族自治旗、陈巴尔虎旗、新巴尔虎左旗。

银穗草属 Leucopoa Griseb.

银穗草 Leucopoa albida (Turcz. ex Trin.) Krecz. et Bobr.

别名 白莓

蒙名 孟根—图如图—额布苏

形态特征 须根较坚韧。秆直立，高 25 ~ 60cm，基部具密集的残存叶鞘。叶鞘松弛；叶舌几不存在；叶质地较硬，内卷，多向上直伸，常无毛或微粗糙。圆锥花序紧缩，长 2.5 ~ 6cm，仅具 5 ~ 15 个小穗，分枝极短；小穗长 7 ~ 12mm，含 3 ~ 6 小花，且为单性（但雌花中具不育雄蕊，雄花中具不育雌蕊），银灰绿色；颖光滑，第一颖长 5 ~ 7mm，具 1 脉，第二颖长 4 ~ 5mm，具 3 脉（侧脉极不明显）；外稃卵状矩圆形，先端具钝而不规则的裂齿，边缘宽膜质，脊和边脉明显，背部微毛状粗糙，脊具短刺毛，第一外稃长 5 ~ 7mm；内稃等长或稍长于外稃，脊具刺状纤毛；花药黄棕色，长约 3.5mm。颖果长达 4mm，具腹沟。花期 6 ~ 7 月，果期 7 ~ 8 月。$2n=28$。

生境 多年生中旱生禾草。生于森林草原带和草原带的山地顶部和阳坡。

产满洲里市、扎兰屯市、额尔古纳市。

经济价值 中等饲用禾草。适口性一般，在春季羊喜食。

早熟禾属 Poa L.

1 一年生草本，内稃脊上具长柔毛 ··· **1 早熟禾 P. annua**
1 多年生草本，内稃脊上具短纤毛或粗糙 ··· **2**
2 外稃与基盘无毛 ··· **3**
2 外稃与基盘均有毛 ··· **4**
3 植株具长的地下根茎；圆锥花序长为其秆的1/3以上；小穗含3～6小花，长6～10mm；花药长3～3.5mm ······
·· **2 散穗早熟禾 P. subfastigiata**
3 植株具短的根茎；圆锥花序长远不及秆的1/3；小穗含2～3小花，长4～6mm；外稃间脉明显；花药长
1.5～2mm ··· **3 西伯利亚早熟禾 P. sibirica**
4 植株具长的地下根茎；小穗含2～5小花，长3.5～6mm；外稃先端具较窄膜质，脉间无毛；花药长1.5～2mm；
叶舌先端截平 ··· **5**
4 植株不具根茎或稀具下伸之短根茎 ··· **6**
5 植株疏丛生，基生叶比秆短得多；叶扁平或具沟，叶舌在叶鞘边缘下延；圆锥花序开展 ····················
·· **4 草地早熟禾 P. pratensis**
5 植株密丛生，基生叶与秆近等长；叶狭，常呈刚毛状，叶舌不下延；圆锥花序较紧缩 ························
··· **5 细叶早熟禾 P. angustifolia**
6 叶舌长不及1mm，圆锥花序开展，外稃脊下部2/3与边脉基部1/2具柔毛，小穗轴无毛 ·······················
·· **6 蒙古早熟禾 P. mongolica**
6 叶舌长1.5～5mm，圆锥花序较紧缩 ··· **7**
7 叶舌长3～5mm，外稃脊下部2/3与边脉基部1/2具柔毛 ························· **7 硬质早熟禾 P. sphondylodes**
7 叶舌长1.5～3mm，外稃脊下部1/2与边脉基部1/4具柔毛；植株较坚硬，小穗粉绿色，先端稍带紫色 ······
··· **8 渐狭早熟禾 P. attenuata**

早熟禾 *Poa annua* L.

蒙名 伯页力格—额布苏

形态特征 须根纤细。秆直立或基部稍倾斜，丛生，平滑无毛，高5～30cm。叶鞘中部以下闭合，短于节间，平滑无毛；叶舌膜质，圆钝，长1～2mm；叶狭条形，柔软，扁平，两面无毛，先端边缘粗糙，长3～11cm，宽1～3mm。圆锥花序卵形或金字塔形，开展，长3～7cm，每节具1～2分枝；小穗绿色或有时稍带紫色，长4～5mm，含3～5小花；颖质薄，先端钝，具较宽的膜质边缘，第一颖长1.5～2mm，第二颖长2～2.5mm；外稃卵圆形，先端钝，边缘宽膜质，具明显5脉，脊下部2/3与边脉基部1/2具长柔毛，基盘不具绵毛，第一外稃长约3mm；内稃稍短于或等长于外稃，脊上具长柔毛；花药长0.5～0.8mm。花期6～7月。$2n=28$。

生境 一年生或二年生中生草本。生于森林带和森林草原带的草甸。

产牙克石市、额尔古纳市、根河市、莫力达瓦达斡尔族自治旗。

经济价值 中等饲用禾草。地上部分入药，能清热解毒、利尿、止痛，主治小便淋涩、黄水疮。

禾本科

散穗早熟禾 *Poa subfastigiata* Trin.

蒙名 萨日巴嘎日—伯页力格—额布苏

形态特征 具粗壮根状茎。秆直立，高30～60cm，多单生，粗壮，光滑。叶鞘松弛裹茎，光滑无毛；叶舌纸质，长0.5～3mm；叶扁平，长3～21cm，宽2～5mm。圆锥花序大型开展，金字塔形，长10～25cm，花序占秆的1/3以上，宽10～23cm，每节具2～3分枝，粗糙，近中部或中部以上再行分枝；小穗卵形，稍带紫色，长7～9mm，含3～5小花；颖宽披针形，脊上稍粗糙，第一颖长3～4.5mm，具1脉，第二颖长4～5.5mm，具3脉；外稃宽披针形，全部无毛，第一外稃长4～6mm；内稃等长或稍短于外稃，上部者也可稍长，先端微凹，脊上具纤毛；花药长3～3.5mm。花果期6～7月。$2n=42$。

生境 多年生湿中生草本。生于森林草原带的河谷滩地草甸，常能成为建群种或优势种。

产呼伦贝尔市各旗、市、区。

经济价值 良等饲用禾草，青鲜时牛乐食，在抽穗期其粗蛋白的含量占干物质的12.68%。地上部分入药，功能主治同硬质早熟禾。

西伯利亚早熟禾 *Poa sibirica* Roshev.

蒙名 西伯日音—伯页力格—额布苏

形态特征 具根状茎。秆直立，高90～110cm，质较柔软，光滑。叶鞘松弛裹茎，无毛；叶舌膜质，顶端截平或急尖，长0.5～1.5mm；叶扁平，长6～11cm，宽2～4mm，无毛。圆锥花序开展，长10～15cm，金字塔形，每节具2～5分枝，分枝纤细；小穗卵状披针形，长3.5～4mm，绿色或带黑紫色，通常含2～5小花；颖披针形，顶端锐尖，上部及脉上稍粗糙，第一颖长1.5～2mm，第二颖长2～2.5mm；外稃披针形，先端急尖且为狭膜质，5脉，全部无毛，基盘无绵毛，仅上部稍粗糙，第一外稃长约3mm；内稃稍短或等长于外稃，上部小花的内稃可稍长于外稃，先端微凹，脊上具微纤毛，脊间粗糙或稍具微毛；花药长1.5～2mm。花果期7～8月。2n=14。

生境 多年生中生草本。生于森林带和森林草原带的草甸、沼泽草甸、林缘、林下及灌丛。

产牙克石市、额尔古纳市、根河市、鄂伦春自治旗。

经济价值 良等饲用禾草，牛喜食。

草地早熟禾 *Poa pratensis* L.

蒙名 塔拉音—伯页力格—额布苏

形态特征 具根状茎。秆单生或疏丛生，直立，高30～75cm。叶鞘疏松裹茎，具纵条纹，光滑；叶舌膜质，先端截平，长1.5～3mm；叶条形，扁平或有时内卷，上面微粗糙，下面光滑，长6～10cm，蘖生者长可超过40cm，宽2～5mm。圆锥花序卵圆形或金字塔形，开展，长10～20cm，宽2～5cm，每节具3～5分枝；小穗卵圆形，绿色或罕稍带紫色，成熟后呈草黄色，长4～6mm，含2～5小花；颖卵状披针形，先端渐尖，脊上稍粗糙，第一颖长2.5～3mm，第二颖长3～3.5mm；外稃披针形，先端尖且略膜质，脊下部2/3或1/2与边脉基部1/2或1/3具长柔毛，基盘具稠密而长的白色绵毛，第一外稃长3～4mm；内稃稍短或最上者等长于外稃，脊具微纤毛；花药长1.5～2mm。花期6～7月，果期7～8月。$2n=28$，58。

生境 多年生中生草本。生于森林带和草原带的草甸、草甸化草原、山地林缘及林下。

产海拉尔区、牙克石市、扎兰屯市、额尔古纳市、根河市、阿荣旗、莫力达瓦达斡尔族自治旗、鄂伦春自治旗、鄂温克族自治旗、陈巴尔虎旗、新巴尔虎左旗。

经济价值 优等饲用禾草。各种家畜均喜食，牛尤其喜食。其秆、叶、穗比例是37.5∶25∶375，叶量占全株重的1/4；在开花期其粗蛋白的含量占干物质的11.99%，粗脂肪占3.1%；有引入前景，可在人工草场上进行试种。本种也是北方温带地区主要的坪用绿化植物。根状茎入药，有治疗糖尿病的功效。

细叶早熟禾 *Poa angustifolia* L.

蒙名 那林—伯页力格—额布苏

形态特征 具根状茎。秆直立,丛生,高30～60cm,光滑。叶鞘短于节间,无毛;叶舌膜质,先端截平,长0.5～1mm;叶条形,秆生者对折或扁平,长2～11cm,宽达2mm,基生者常内卷。圆锥花序较紧缩,矩圆形,长2～10cm,宽1～3cm,每节具3～5分枝,微粗糙;小穗卵圆形,长3.5～5mm,绿色或稍带紫色,含2～5小花;颖近于相等或第一颖稍短,先端尖,长2～3mm,脊上部微粗糙;外稃先端尖而具狭膜质,脊下部2/3及边脉基部1/2具长柔毛,脉间无毛,基盘密生长绵毛,第一外稃长约3mm;内稃等长或上部小花者较长于其外稃,脊上具短纤毛;花药长约1.2mm。花期7～8月,果期8月。$2n=46,72$。

生境 多年生中生草本。生于森林带和草原带的山地林缘草甸、沟谷河滩草甸,可成为优势种。

产海拉尔区、额尔古纳市、根河市、阿荣旗、鄂温克族自治旗、陈巴尔虎旗、新巴尔虎左旗。

经济价值 良等饲用禾草,牲畜乐食。

蒙古早熟禾 *Poa mongolica* (Rendle) Keng

蒙名 蒙古乐—伯页力格—额布苏

形态特征 须根纤细。秆直立,疏丛生,高70～120cm,柔软,基部有时稍膝曲。叶鞘短于节间,无毛;叶舌膜质,长0.3～0.5mm,先端截平且细裂;叶条形,长3～15cm,宽2～3mm,扁平,上面稍粗糙以至近叶舌部分具微毛,下面无毛。圆锥花序开展,长10～20cm;小穗绿色或先端稍带紫色,长4～5mm,含2～3小花,小穗轴无毛;颖先端锐尖,脊上稍粗糙,第一颖长2.5～3mm,第二颖长3～3.5mm;外稃披针形,先端尖,顶端狭膜质,成熟后带黄铜色或紫色,脊下部2/3与边脉基部1/2具柔毛,基盘具中量绵毛,第一外稃长3～3.5mm;内稃稍短或顶生小花者可稍长于外稃,先端微凹,脊上具微纤毛,脊间有时具微毛;花药长1～1.5mm。花期6～7月,果期7～8月。

生境 多年生中生草本。生于森林带和森林草原带的山地林缘、草甸。

产额尔古纳市、鄂伦春自治旗。

经济价值 良等饲用禾草。各种家畜喜食。

硬质早熟禾 *Poa sphondylodes* Trin.

别名 龙须草

蒙名 疏如棍—伯页力格—额布苏

形态特征 须根纤细,根外常具砂套。秆直立,密丛生,高20～60cm,近花序下稍粗糙。叶鞘长于节间,无毛,基部者常呈淡紫色;叶舌膜质,先端锐尖,易撕裂,长3～5mm;叶扁平,长2～9cm,宽1～1.5mm,稍粗糙。圆锥花序紧缩,长3～10cm,宽约1cm,每节具2～5分枝,粗糙;小穗绿色,成熟后呈草黄色,长5～7mm,含3～6小花;颖披针形,先端锐尖,稍粗糙,第一颖长约2.5mm,第二颖长约3mm;外稃披针形,先端狭膜质,脊下部2/3与边脉基部1/2具较长柔毛,基盘具中量的长绵毛,第一外稃长约3mm;内稃稍短或上部小花者稍长于外稃,先端微凹,脊上粗糙以至具极短纤毛;花药长1～1.5mm。花期6月,果期7月。$2n=28, 42$。

生境 多年生旱生草本。生于森林带和草原带及荒漠带的山地、沙地、草原、草甸、盐渍化草甸。

产呼伦贝尔市各旗、市、区。

经济价值 良等饲用禾草,马、羊喜食。地上部分入药,主治功能同早熟禾。

渐狭早熟禾 *Poa attenuata* Trin.

别名 葡系早熟禾

蒙名 胡日查—伯页力格—额布苏

形态特征 须根纤细。秆直立，坚硬，高 8～60cm，近花序部分稍粗糙。叶鞘无毛，微粗糙，基部者常带紫色；叶舌膜质，微钝，长 1.5～3mm；叶狭条形，内卷、扁平或对折，上面微粗糙，下面近于平滑，长 1.5～7.5cm，宽 0.5～2mm。圆锥花序紧缩，长 2～7cm，宽 0.5～1.5cm，分枝粗糙；小穗披针形至狭卵圆形，粉绿色，先端微带紫色，长 3～5mm，含 2～5 小花；颖狭披针形至狭卵圆形，先端尖，近相等，微粗糙，长 2.5～3.5mm；外稃披针形至卵圆形，先端狭膜质，具不明显 5 脉，脉间点状粗糙，脊下部 1/2 与边脉基部 1/4 被微柔毛，基盘具少量绵毛以至具极稀疏绵毛或完全简化，第一外稃长 3～3.5mm；花药长 1～1.5mm。花期 6～7 月。$2n=28，42$。

生境 多年生旱生草本。生于典型草原带和森林草原带及山地砾石质山坡。

产牙克石市、额尔古纳市、鄂伦春自治旗、新巴尔虎左旗、新巴尔虎右旗。

经济价值 良等饲用禾草。各种家畜乐食。在其抽穗期粗蛋白的含量占干物质的 10.29%，粗脂肪占 2.61%。

碱茅属 Puccinellia Parl.

1 外稃无毛,小穗具 2～4 小花,长 2.5～4mm,外稃长 1.5～2mm ·················· **1 星星草 P. tenuiflora**
1 外稃被毛,稃体下部脉与脉间或基部两侧具短柔毛 ·················· **2**
2 花药长 0.3～0.8mm ·················· **3**
2 花药长 1～1.2mm;小穗长 4～7mm,含 3～7 小花,外稃长 1.6～2mm;植株高 50～70cm;圆锥花序长大;叶扁平,宽 2～3mm ·················· **4 朝鲜碱茅 P. chinampoensis**
3 第一颖微小,长 0.6～1mm,第二颖长 1.2～1.5mm,外稃先端钝圆;花药长 0.3～0.5mm ·················· **2 鹤甫碱茅 P. hauptiana**
3 第一颖长 1～1.5mm,第二颖长 1.5～2mm,外稃先端钝或截平;花药长 0.5～0.8mm ·················· **3 碱茅 P. distans**

星星草 *Puccinellia tenuiflora* (Griseb.) Scribn et Merr.

别名 小花碱茅
蒙名 萨日巴嘎日—乌龙

形态特征 秆直立或基部膝曲,灰绿色,高 30～40cm,具 3～4 节。叶鞘光滑无毛,通常短于

节间；叶舌干膜质，长约 1mm，顶端半圆形；叶常内卷，长 3～8cm，宽 1～2（3）mm，上面微粗糙，下面光滑。圆锥花序开展，长 8～15cm，主轴平滑，分枝细弱，多平展，微粗糙；小穗长 3.2～4.2mm，含 3～4 小花，紫色，稀为绿色；第一颖长约 0.6mm，先端较尖，具 1 脉，第二颖长约 1.2mm，具 3 脉，先端钝；外稃先端钝，基部光滑或略被微毛，第一外稃长 1.5～2mm；内稃平滑或脊上部微粗糙；花药条形，长 1～1.2mm。花果期 6-8 月。2n=14。

生境 多年生耐盐中生草本。生于草原带和荒漠带的盐渍化草甸，可成为建群种，组成星星草草甸群落，也可见于草原区盐渍低地的盐生植被中。

产满洲里市、扎兰屯市、额尔古纳市、鄂温克族自治旗、新巴尔虎左旗。

经济价值 各类家畜喜食，有些地区牧民利用它作为过冬前的抓膘饲料，交替利用它时，山羊、绵羊、骆驼特别喜食。开花期粗蛋白含量高，据资料可达 13.3%。

鹤甫碱茅 *Puccinellia hauptiana* (Trin.) Krecz.

蒙名 色日特格日—乌龙

形态特征 秆疏丛生，绿色，直立或基部膝曲，高 15～40cm。叶鞘无毛；叶舌干膜质，长 1～1.5mm，先端截平或三角形；叶条形，内卷或部分平展，长 1～6cm，宽 1～2mm，上面及边缘微粗糙，下面近平滑。圆锥花序长 10～20cm，花后开展，分枝细长，平展或下伸，分枝及小穗柄微粗糙；小穗长 3～5mm，含 3～7 小花，绿色或带紫色；第一颖长 0.6～1mm，具 1 脉，第二颖长约 1.2mm，具 3 脉；外稃长 1.5～1.9mm，先端钝圆形，基部有短毛；内稃等长于外稃，脊上部微粗糙，其余部分光滑无毛；花药长 0.3～0.5mm。花果期 5～7 月。2n=28。

生境 多年生盐生中生草本。生于森林带、草原带及荒漠带的河边、湖畔低湿地、盐渍化草甸，也见于田边、路旁，为农田杂草。

产满洲里市、牙克石市、额尔古纳市、莫力达瓦达斡尔族自治旗、鄂伦春自治旗。

经济价值 各类家畜喜食。但开花后粗老，适口性降低。

碱茅 *Puccinellia distans* (Jacq.) Parl.

蒙名 乌龙

形态特征 秆丛生，直立或基部膝曲，高15～50cm，基部常膨大。叶鞘平滑无毛；叶舌干膜质，长1～1.5mm，先端半圆形；叶扁平或内卷，长2～7cm，宽1～3mm，上面微粗糙，下面近于平滑。圆锥花序开展，长10～15cm，分枝及小穗柄微粗糙；小穗长3～5mm，含3～6小花；第一颖长约1mm，具1脉，第二颖长约1.4mm，具3脉；外稃先端钝或截平，其边缘及先端均具不整齐的细裂齿，具5脉，基部被短毛，长1.5～2mm；内稃等长或稍长于外稃，脊上微粗糙；花药长0.5～0.8mm。$2n=28$，42。

生境 多年生盐生中生草本。生于草原带和荒漠带的盐湿低地。

产满洲里市、鄂温克族自治旗、陈巴尔虎旗、新巴尔虎左旗、新巴尔虎右旗。

经济价值 各类家畜喜食。但开花后粗老，适口性降低。

朝鲜碱茅 *Puccinellia chinampoensis* Ohwi

形态特征　须根密集发达，秆高 60～80cm。叶鞘灰绿色，无毛；叶舌干膜质，长约 1mm；叶线形，长 4～9cm，宽 1.5～3mm。圆锥花序疏松，金字塔形，长 10～15cm，宽 5～8cm，每节具 3～5 分枝，分枝斜上；小穗含 5～7 小花，长 5～6mm；颖先端与边缘具纤毛状细齿裂，第一颖长约 1mm，第二颖长约 1.4mm，先端钝；外稃长 1.6～2mm，近基部沿脉生短毛，先端截平，具不整齐细齿裂，膜质，其下黄色，后带紫色；内稃等长或稍长于外稃；花药线形，长 1.2cm，花果期 6～8 月。

生境　多年生盐生中生草本。生于盐渍化草甸或草原区盐渍低地的盐渍化植被中。

产海拉尔区、满洲里市、扎兰屯市、鄂温克族自治旗。

经济价值　优良牧草，种植可改良盐碱地。

雀麦属 Bromus L.

1 外稃无毛或基部疏被短柔毛，顶端无芒或仅具长 1～2mm 的短芒，秆节通常无毛 ············ **1 无芒雀麦 B. inermis**
1 外稃边缘中部以下或稀至先端被柔毛，先端芒显著，长 2mm 以上，秆节常被倒柔毛 ············ **2 缘毛雀麦 B. ciliatus**

无芒雀麦 *Bromus inermis* Leyss.

别名 禾萱草、无芒草

蒙名 苏日归—扫高布日

形态特征 具短横走根状茎。秆直立，高 50～100cm，节无毛或稀于节下具倒毛。叶鞘通常无毛，近鞘口处开展；叶舌长 1～2mm；叶扁平，长 5～25cm，宽 5～10cm，通常无毛。圆锥花序开展，长 10～20cm，每节具 2～5 分枝，分枝细长，微粗糙，着生 1～5 枚小穗；小穗长（10）15～30（35）mm，含（5）7～10 小花，小穗轴节间长 2～3mm，具小刺毛；颖披针形，先端渐尖，边缘膜质，第一颖长（4）5～7mm，具 1 脉，第二颖长（5）6～9mm，具 3 脉；外稃宽披针形，具 5～7 脉，无毛或基部疏生短毛，通常无芒或稀具长 1～2mm 的短芒，第一外稃长（6）8～11mm；内稃稍短于外稃，膜质，脊具纤毛；花药长 3～4.5mm。花期 7～8 月，果期 8～9 月。2n=28，42。

生境 多年生中生草本。生于林缘、草甸、山间谷地、河边、路边、沙丘间草地。

产呼伦贝尔市各旗、市、区。

经济价值 优等饲用禾草，是世界上著名的优良牧草之一。草质柔软，叶量较大，适口性好，为各种家畜所喜食，尤以牛最喜食。营养价值较高，一年四季均可利用。它是一种建立人工草地的优良牧草。在草甸草原、典型草原地带及温带较温润的地区可以推广种植。

缘毛雀麦 *Bromus ciliatus* L.

蒙名 西伯日—扫高布日

形态特征 具地下根状茎。秆直立或基部斜升，高60～120cm，节常被倒柔毛，基部具宿存的枯萎叶鞘。叶鞘长于或稍短于节间，基部者常被倒柔毛；叶舌膜质，长约1mm；叶扁平，长10～20cm，宽5～10mm，无毛或稀被疏柔毛。圆锥花序长10～25cm，于花期开展，分枝常弯曲，较长，长达15cm，着生1～3枚小穗；小穗长15～25（30）mm，含3～7（10）小花，小穗轴节间长1～2mm，被疏毛；颖披针形，无毛或仅脊粗糙，第一颖长5～7（8）mm，具1脉，第二颖长8～10mm，具3脉；外稃披针形，长9～12（14）mm，边缘膜质，具5～7脉，边缘中部以下或稀至先端被柔毛，中脉下部1/3被短柔毛或粗糙，背部无毛，先端具1直芒，芒长2～6mm；内稃膜质，长9～12mm，脊具纤毛；花药橙黄色或褐色，长3～7mm。花期7～8月，果期8～9月。$2n=14, 28, 56$。

生境 多年生中生草本。生于森林草原带的林缘草甸、路旁、沟边。

产牙克石市、额尔古纳市、根河市。

经济价值 良等饲用禾草。草质较柔软，适口性良好，春末夏初为家畜所喜食。结实后草质粗老，营养价值下降，适口性较差，是一种放牧和打草兼用的牧草，现已引种栽培。

鹅观草属 Roegneria C. Koch

1 小穗结实期外稃先端的芒劲直或稍屈曲，外稃背部平滑无毛，边缘处显著有较长的纤毛；秆与叶鞘平滑无毛，节上密生白色倒毛 ················· **1 缘毛鹅观草 R. pendulina** var. **pubinodis**
1 小穗结实期其外稃先端的芒常显著向外反曲，颖近长于第一外稃 ················· **2**
2 内稃长为外稃的 2/3，外稃背部被粗毛，边缘具长而硬的纤毛；叶两面及边缘均无毛 ········ **2 纤毛鹅观草 R. ciliaris**
2 内稃与外稃近等长，外稃背部遍生微小硬毛，穗状花序直立，较粗壮，两颖不相等长，均短于第一外稃 ················· **3 直穗鹅观草 R. turczaninovii**

缘毛鹅观草 *Roegneria pendulina* Nevski var. *pubinodis* Keng

别名 毛节缘毛草

蒙名 苏日古—苏日木斯图—黑雅嘎拉吉

形态特征 秆高 30～45cm，节上密生白色倒毛。叶鞘无毛或基部有时可具倒毛；叶舌极短，长约 0.5mm；叶扁平，质薄，长 8～21cm，宽 1.5～6mm，无毛或上面粗糙。穗状花序长 9.5～16cm，直立，或先端稍垂头，穗轴棱边具纤毛；小穗长 15～19mm（芒除外），含 5～7 小花，小穗轴密生短毛；颖矩圆状披针形，先端具芒尖，脉 5～7 条，明显，第一颖长 8～9mm，第二颖长 9～10.5mm；外稃椭圆状披针形，边缘具纤毛，背部平滑无毛或于近顶处疏生短小硬毛，基盘具短毛，其两侧的毛长 0.4～0.7mm，第一稃长 10～11mm，芒长 10～20mm；内稃与外稃等长，脊上具纤毛，脊间也被短毛，顶端截平或微凹。花果期 6～9 月。$2n=28$。

生境 多年生疏丛生旱中生禾草。生于森林草原带和草原带的山坡、丘陵、沙地、草地。

产鄂温克族自治旗、陈巴尔虎旗、新巴尔虎左旗、新巴尔虎右旗。

纤毛鹅观草 *Roegneria ciliaris* (Trin.) Nevski

蒙名 陶日干—黑雅嘎拉吉

形态特征 秆单生或成疏丛，高 37～68cm，无毛，基部常膝曲。叶鞘无毛，很少在基部叶鞘接近边缘处具柔毛；叶舌干膜质，短，长约 0.5mm；叶扁平，长 5～13cm，宽 2～9mm，两面均无毛，边缘粗糙。穗状花序多少下垂，长 5～16cm，穗轴棱边粗糙；小穗通常绿色，长 12～21mm（芒除外），含 5～11 小花，小穗轴贴生短毛；颖椭圆状披针形，先端常具短尖头，两侧或一侧常具齿，具明显而强壮的 5～7 脉，边缘及边脉上具纤毛，第一颖长 6～7mm，第二颖长 7～8mm；外稃矩圆状披针形，背部被粗毛，边缘具长而硬的纤毛，上部有明显的 5 脉，基盘两侧及腹面具极短的毛，第一外稃长 8～9mm，顶端具长为（7）10～22mm 反曲的芒，芒的两侧或一侧常具齿；内稃矩圆状倒卵形，长为外稃的 2/3，先端钝头，脊上部具长纤毛。花果期 6～8 月。2n=28。

生境 多年生疏丛生旱中生禾草。生于森林草原带和草原带的山坡、潮湿草地及路边。

产新巴尔虎右旗。

直穗鹅观草 *Roegneria turczaninovii* (Drob.) Nevski

蒙名 宝苏嘎—黑雅嘎拉吉

形态特征 秆疏丛生，细瘦，高70～105cm，基部直径1.5～2mm。叶鞘上部者无毛，下部者常具倒毛；叶舌短，长0.2～0.5cm，有时可缺；叶质软而扁平，长11～20cm，宽3.5～5（10）cm，上面被细纤毛，下面无毛。穗状花序直立，长8.5～13.5cm，穗轴棱边粗糙；小穗常偏于一侧，黄绿色或微带青紫色，长14～17mm（芒除外），含5～7小花，小穗轴微被毛；颖披针形，先端尖，具3～5粗壮的脉及1～2细而短的脉，脉上粗糙或具短纤毛，第一颖长8～10mm，第二颖长10～12mm；外稃披针形，全体被较硬的细毛，上部具明显的5脉，基盘具短毛，两侧毛较长，第一外稃长9～11mm，先端具粗糙反曲的芒，芒长16～40mm；内稃与外稃几等长或稍短，先端钝圆或微下凹，脊上部具短硬纤毛，脊间上部微被短硬毛；花药深黄色。花果期7～9月。2n=28。

生境 多年生疏丛生中生禾草。生于森林带和草原带的山地林缘、林下、沟谷草甸。

产呼伦贝尔市各旗、市、区。

经济价值 可作为饲用植物。

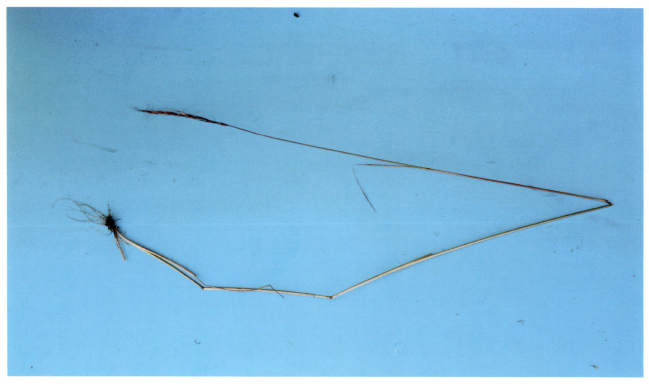

偃麦草属 Elytrigia Desv.

偃麦草 *Elytrigia repens* (L.) Nevski

别名 速生草

蒙名 查干—苏乐

形态特征 秆疏丛生,直立或基部倾斜,光滑,高40～60cm。叶鞘无毛或分蘖叶鞘具毛;叶耳膜质,长约1mm;叶舌长约0.5mm,撕裂,或缺;叶长(4.5)9～14cm,宽3.5～6cm,上面疏被柔毛,下面粗糙。穗状花序长8～18cm,宽约1cm,棱边具短纤毛;小穗单生于穗轴各节,长1.1～1.5cm,含(3)4～6(10)小花,小穗轴无毛;颖披针形,边缘宽膜质,具5～7脉,长7～8.5mm,先端具短尖头;外稃顶端具长1～1.2mm的芒尖,第一外稃长约9.5mm;内稃比外稃短1mm左右,先端凹缺,脊上具纤毛,脊间先端具微毛。花果期7～9月。$2n=28,42,56$。

生境 多年生根状茎中生禾草。生于寒温带针叶林带的沟谷草甸,也常生于河岸、滩地及湿润草地。

产海拉尔区、牙克石市、扎兰屯市、额尔古纳市、根河市、阿荣旗、莫力达瓦达斡尔族自治旗、鄂伦春自治旗、鄂温克族自治旗、陈巴尔虎旗、新巴尔虎左旗。

经济价值 优良牧草,适口性好,各种牲畜均喜食,青鲜时为牛最喜食。呼伦贝尔市、锡林郭勒盟均有引种栽培,是一种有栽培前景的优良牧草。

冰草属 Agropyron Gaertn.

1 植株具多分枝的匍匐根茎，穗状花序宽扁，小穗紧密地呈覆瓦状排列，近呈篦齿状 ············ **1 根茎冰草 A. michnoi**
1 植株不具根茎 ·· 2
2 小穗粗壮、宽扁，在穗轴上整齐排列成篦齿状的 2 行，穗轴节间不超过 2mm，颖通常不超过外稃的一半，先端显著有短芒 ·· **2 冰草 A. cristatum**
2 小穗排列疏松，穗轴节间长 3～5mm，颖先端具芒尖 ·· **3 沙芦草 A. mongolicum**

根茎冰草 *Agropyron michnoi* Roshev.

别名 米氏冰草

蒙名 摸乐呼摸乐—优日呼格

形态特征 植株具多分枝的根状茎。秆丛生，直立，节常膝曲，平滑无毛，高 42～68cm。叶鞘无毛；叶舌干膜质，截平，顶端具细毛，长 1mm 左右；叶扁平或边缘内卷，先端呈刺毛状，长 3～9cm，宽 2～4mm，上面被微小短毛，并稀疏生有长柔毛，下面无毛，边缘有时也具长柔毛。穗状花序宽扁，矩圆形或矩圆状披针形，长 5～10cm，宽 9～14mm，穗轴被毛；小穗紧密地呈覆瓦状排列，篦齿状不明显，灰白色或灰绿色，长 3～5.5mm，含 5～7（9）小花；颖背部脊上被长毛，先端具长 2～3mm 的芒尖，第一颖长 2.5～3.5mm，第二颖长 3～4mm；外稃披针形，全体被绵毛，稀具短刺毛，先端具芒，长 2mm 左右，第一外稃长 5～7mm；内稃与外稃等长，脊上被毛。花果期 7～9 月。2n=28。

生境 多年生旱生草本。生于草原带的沙地、坡地。

产海拉尔区、陈巴尔虎旗、新巴尔虎左旗、新巴尔虎右旗。

经济价值 优良牧草，马和羊喜食。本种也可作为固沙植物。

冰草 *Agropyron cristatum* (L.) Gaertn.

别名 野麦子、扁穗冰草、羽状小麦草

蒙名 优日呼格

形态特征 须根稠密，外具沙套。秆疏丛生或密丛生，直立或基部节微膝曲，上部被短柔毛，高15～75cm。叶鞘紧密裹茎，粗糙或边缘微具短毛；叶舌膜质，顶端截平而微有细齿，长0.5～1mm；叶质较硬而粗糙，边缘常内卷，长4～18cm，宽2～5mm。穗状花序较粗壮，矩圆形或两端微窄，长(1.5)2～7cm，宽(7)8～15mm，穗轴生短毛，节间短，长0.5～1mm；小穗紧密平行排列成2行，整齐呈篦齿状，含(3)5～7小花；颖舟形，脊上或连同背部脉间被密或疏的长柔毛，第一颖长2～4mm，第二颖长4～4.5mm，具略短或稍长于颖体之芒；外稃舟形，被有稠密的长柔毛或显著地被有稀疏柔毛，边缘狭膜质，被断刺毛，第一外稃长4.5～6mm，顶端芒长2～4mm；内稃与外稃略等长，先端尖且2裂，脊具短小刺毛。花果期7～9月。2n=14，28，42。

生境 多年生旱生草本。生于干燥草原、山坡、丘陵及沙地。

产牙克石市、阿荣旗。

经济价值 优良饲草。性耐寒、耐旱和耐盐，但不耐涝，适于沙壤土和黏质土的干燥地。适口性好，一年四季为各种家畜所喜食，营养价值很好，是良等催肥饲料。根可以作蒙药（蒙药名：优日呼格），能止血、利尿，主治尿血、肾盂肾炎、功能性子宫出血、月经不调、咯血、吐血、外伤出血。

沙芦草 *Agropyron mongolicum* Keng

别名 蒙古冰草

蒙名 额乐存乃—优日呼格

形态特征 基部节常膝曲，高25～58cm。叶鞘紧密裹茎，无毛；叶舌截平，具小纤毛，长约0.5mm；叶常内卷成针状，长5～15cm，宽1.5～3.5mm，光滑无毛。穗状花序长5.5～8cm，宽4～6mm，穗轴节间长3～5（10）mm，光滑或生微毛；小穗疏松排列，向上斜升，长5.5～9mm，含（2）3～8小花，小穗轴无毛或有微毛；颖两侧常不对称，具3～5脉，第一颖长3～4mm，第二颖长4～6mm；外稃无毛或具微毛，边缘膜质，先端具短芒尖，长1～1.5mm，第一外稃长5～8mm（连同短芒尖在内）；内稃略短于外稃或与之等长或略超出，脊具短纤毛，脊间无毛或先端具微毛。花果期7～9月。$2n=14$。

生境 多年生旱生草本。生于草原带的干燥草原、沙地、石砾质地。

产新巴尔虎右旗。

经济价值 极耐旱和抗风寒丛生草种，经引种试验，越冬情况良好，是一种优良牧草，马、牛、羊均喜食。根作蒙药（蒙药名：蒙高勒—优日呼格），功能主治同冰草。

披碱草属 Elymus L.

1 颖（芒除外）显著短于第一小花，花序下垂 ·· 2
1 颖（芒除外）约等长于第一小花，花序直立或微弯曲；小穗不扁一侧排列 ·· 3
2 植株较粗大，叶长 9.5～23cm，宽可达 9mm；穗状花序长 12～18cm，小穗排列疏松，不偏于一侧，含（3）4～5
　小花，全部发育 ·· **1 老芒麦 E. sibiricus**
2 植株较细弱，叶长（3）7～11.5cm，宽不超过 5mm；穗状花序长 5～9（12）cm，小穗较紧密地多少偏于一侧排列，
　含（2）3～4 小花，通常仅 2～3 小花发育 ·· **2 垂穗披碱草 E. nutans**
3 外稃背部全部密生微毛或小短糙毛；植株高 70～85cm ··· **3 披碱草 E. dahuricus**
3 外稃无毛或仅上半部被微小短毛 ·· **4 肥披碱草 E. excelsus**

老芒麦 *Elymus sibiricus* L.

蒙名 西伯日音—扎巴干—黑雅嘎

形态特征 秆直立或基部的节膝曲而稍倾斜，全株粉绿色，高 50～75cm。叶鞘光滑无毛；叶舌膜质，长 0.5～1.5mm；叶扁平，上面粗糙或疏被微柔毛，下面平滑，长 9.5～23cm，宽 2～9mm。穗状花序弯曲而下垂，长 12～18cm，穗轴边缘粗糙或具小纤毛；小穗疏松排列，不偏于一侧，灰绿色或稍带紫色，长 13～19mm，含 3～5 小花，小穗轴密生微毛；颖披针形或条状披针形，长 4～6mm，脉明显而粗糙，先端尖或具长 3～5mm 的短芒；外稃披针形，背部粗糙，无毛至全部密生微毛，上部具明显的 5 脉，脉粗糙，顶端芒粗糙，反曲，长 8～18mm，第一外稃长 10～12mm；内稃与外稃几等长，先端 2 裂，脊上全部具有小纤毛，脊间被稀少而微小的短毛。花果期 6～9 月。2n=28。

生境 多年生中生疏丛生禾草。生于路边、山坡、丘陵、山地林缘及草甸草原。

产海拉尔区、牙克石市、扎兰屯市、额尔古纳市、根河市、莫力达瓦达斡尔族自治旗、鄂温克族自治旗、陈巴尔虎旗。

经济价值 良等饲用禾草，适口性较好，牛和马喜食，羊乐食。营养价值也较高，是一种有引入前景的优良牧草，现已广泛种植。

垂穗披碱草 *Elymus nutans* Griseb.

蒙名 温吉给日—扎巴干—黑雅嘎

形态特征 秆直立，基部稍膝曲，高40~70cm。叶鞘无毛，或基部的和根出叶鞘可被微毛；叶舌膜质，长约0.5mm；叶扁平或内卷，上面粗糙或疏生柔毛，下面平滑或有时粗糙，长（3）7~11.5cm，宽2~5mm。穗状花序曲折而下垂，长5~9（12）cm，穗轴边缘粗糙或具小纤毛；小穗在穗轴上排列较紧密且多少偏于一侧，绿色，熟后带紫色，长12~15mm，含（2）3~4小花，通常仅2~3小花发育；颖矩圆形，长3~4（5）mm，几等长，但显著短于第一小花，脉明显而粗糙，先端渐尖，或具长2~5mm的短芒；外稃矩圆状披针形，脉在基部不明显，背部全体被微小短毛，先端芒粗糙，向外反曲，长10~20mm，第一外稃长7~10mm；内稃与外稃等长或稍长，先端钝圆或截平，脊上的纤毛向基部渐少而不显，脊间被稀少微小短毛；花药熟后变为黑色。花果期6~8月。$2n=42$。

生境 多年生中生疏丛生禾草。生于山地森林草原带的林下、林缘、草甸、路旁。

产扎兰屯市、阿荣旗。

经济价值 优良牧草，饲用价值与披碱草相似。

披碱草 *Elymus dahuricus* Turcz.

别名 直穗大麦草

蒙名 扎巴干—黑雅嘎

形态特征 秆直立，基部常膝曲，高70～85（140）cm。叶鞘无毛；叶舌截平，长约1mm；叶扁平或干后内卷，上面粗糙，下面光滑，有时呈粉绿色，10～20cm，宽3.5～7mm。穗状花序直立，长10～18.5cm，宽6～10mm，穗轴边缘具小纤毛，中部各节具2小穗而接近顶端或基部各节只具1小穗；小穗绿色，熟后变为草黄色，长12～15mm，含3～5小花，小穗轴密生微毛；颖披针形或条状披针形，具3～5脉，脉明显而粗糙或稀被短纤毛，长7～11mm（2颖几不等长），先端具短芒，长3～6mm；外稃披针形，脉在上部明显，全部密生短小糙毛，顶端芒粗糙，熟后向外展开，长9～21mm，第一外稃长9～10mm；内稃与外稃等长，先端截平，脊上具纤毛，毛向基部渐少而不明，脊间被稀少短毛。花果期7～9月。$2n=28$，42。

生境 多年生中生大型疏丛生禾草。生于河谷草甸、沼泽草甸、轻度盐渍化草甸、芨芨草盐渍化草甸及田野、山坡、路边。

产呼伦贝尔市各旗、市、区。

经济价值 优良牧草。性耐旱、耐碱、耐寒、耐风沙，产草量高，结实性好，适口性强，品质优良，经引入驯化以后（与野生状态下相比较），其蛋白质含量有较大的提高，而纤维素的含量则显著下降。

肥披碱草 *Elymus excelsus* Turcz. ex Griseb.

蒙名 套日格—扎巴干—黑雅嘎

形态特征 秆高大粗壮，高65～155cm，直径可达6mm。叶鞘无毛或有时下部的叶鞘具短柔毛；叶舌截平或撕裂，长1～1.5mm；叶扁平，常带粉绿色，长19～35cm，宽7～11cm，两面粗糙或下面平滑。穗状花序粗壮，直立，长10～15cm，宽11～14（16）mm，穗轴边缘具小纤毛，每节具2～3（4）小穗；小穗有时具短柄，长12～15（19）mm（芒除外），含4～5（7）小花，小穗轴密生微小短毛；颖狭披针形，脉明显而粗糙，先端具长4～8mm的芒；外稃矩圆状披针形，背部无毛或粗糙，上部脉明显，先端、脉上和边缘被有微小短毛，顶端芒粗糙，反曲，长15～30（40）mm，第一外稃长10～12mm；内稃稍短于外稃或与之等长，脊上具纤毛，脊间被稀少短毛。花果期6～9月。$2n=42$。

生境 多年生中生大型疏丛生禾草。生于森林带和草原带的山坡草甸、草甸草原、路旁。

产海拉尔区、牙克石市、扎兰屯市、额尔古纳市、根河市、阿荣旗、莫力达瓦达斡尔族自治旗、鄂伦春自治旗、鄂温克族自治旗、陈巴尔虎旗、新巴尔虎左旗。

经济价值 优良牧草，牛、马、羊等家畜均喜食。

赖草属 Leymus Hochst.

1 穗轴边缘疏生纤毛，小穗轴节间、外稃及基盘均光滑无毛 ·············· **1 羊草 L. chinensis**
1 穗轴被短柔毛，节与边缘均被长柔毛，小穗轴节间贴生短毛，外稃与基盘明显被毛 ·············· **2 赖草 L. secalinus**

羊草 *Leymus chinensis* (Trin.) Tzvel.

别名 碱草

蒙名 黑雅嘎

形态特征 秆成疏丛或单生，直立，无毛，高 45～85cm。叶鞘光滑，有叶耳，长 1.5～3mm；叶舌纸质，截平，长 0.5～1mm；叶质厚而硬，扁平或干后内卷，长 6～20cm，宽 2～6mm，上面粗糙或有长柔毛，下面光滑。穗状花序劲直，长 7.5～16.5（26）cm，穗轴强壮，边缘疏生长纤毛；小穗粉绿色，熟后呈黄色，通常在每节孪生或在花序上端及基部者为单生，长 8～15（25）mm，含 4～10 小花，小穗轴节间光滑；颖锥状，质厚而硬，具 1 脉，上部粗糙，边缘具微细纤毛，其余部分光滑，第一颖长（3）5～7mm，第二颖长 6～8mm；外稃披针形，光滑，边缘具狭膜质，顶端渐尖或形成芒状尖头，基盘光滑，第一外稃长 7～10mm；内稃与外稃等长，先端微 2 裂，脊上半部具微细纤毛或近于无毛。花果期 6～8 月。$2n=28$。

生境 多年生旱生 - 中旱生根茎型禾草。生于开阔草原、起伏的低山丘陵及河滩和盐渍低地。

产呼伦贝尔市各旗、市、区。

经济价值 优等饲用禾草，适口性好，一年四季为各种家畜所喜食。营养物质丰富，在夏秋季节是家畜抓膘牧草，为内蒙古草原主要牧草资源，也为秋季收割干草的重要饲草。本种植物耐碱、耐寒、耐旱，在平原、山坡、沙壤土中均能适应生长。现已广泛种植。

赖草 *Leymus secalinus* (Georgi) Tzvel.

别名 老披碱、厚穗碱草

蒙名 乌伦—黑雅嘎

形态特征 秆单生或成疏丛，质硬，直立，高 45～90cm，上部密生柔毛，尤以花序以下部分更多。叶鞘大都光滑，或在幼嫩时上部边缘具纤毛；叶耳长约 1.5mm；叶扁平或干时内卷，长 6～25cm，宽 2～6mm，上面及边缘粗糙或生短柔毛，下面光滑或微糙涩，或两面均被微毛。穗状花序直立，灰绿色，长 7～16cm，穗轴被短柔毛，每节着生小穗 2～4 枚；小穗长 10～17mm，含 5～7 小花，小穗轴贴生微柔毛；颖锥形，短于小穗，先端尖如芒状，具 1 脉，上半部粗糙，边缘具纤毛，第一颖长 8～10（13）mm，第二颖长 11～14（17）mm；外稃披针形，背部被短柔毛，边缘的毛尤长且密，先端渐尖或具长 1～4mm 的短芒，脉在中部以上明显，基盘具长约 1mm 的毛，第一外稃长 8～11（14）mm；内稃与外稃等长，先端微 2 裂，脊的上半部具纤毛。花果期 6～9 月。2n=28，42。

生境 多年生旱中生根状茎禾草。在草原带常生于芨芨草盐渍化草甸和马蔺盐渍化草甸群落中，此外，也生于沙地、丘陵地、山坡、田间、路旁。

产扎兰屯市、阿荣旗、莫力达瓦达斡尔族自治旗。

经济价值 良等饲用禾草。在青鲜状态下为牛和马所喜食，而羊采食较差；抽穗后迅速粗老，适口性下降。根状茎及须根入药，能清热、止血、利尿，主治感冒、鼻出血、哮喘、肾炎。

大麦属 Hordeum L.

1 有柄与无柄小穗之颖均退化为细软长芒，芒长 5～6cm	**1 芒颖大麦草 H. jubatum**
1 有柄与无柄小穗之颖呈针状或基部稍宽，但较粗硬，长不超过 1.5cm	2
2 颖常短于中间小花的外稃，外稃顶端的芒长 1～2mm	**2 短芒大麦草 H. brevisubulatum**
2 颖常稍长于中间小花的外稃，外稃背部光滑无毛，顶端芒长 3～5mm，穗状花序常呈紫色	**3 小药大麦草 H. roshevitzii**

芒颖大麦草 *Hordeum jubatum* L.

形态特征 秆丛生，直立或基部稍倾斜，平滑无毛，高 30～45cm，直径约 2mm，具 3～5 节。叶鞘下部者长于而中部以上者短于节间；叶舌干膜质，截平，长约 0.5mm；叶扁平，粗糙，长 6～12cm，宽 1.5～3.5mm。穗状花序柔软，绿色或稍带紫色，长约 10cm（包括芒），穗轴成熟时逐节断落，节间长约 1mm，棱边具短硬纤毛；三联小穗两侧者各具长约 1mm 的柄，两颖为长 5～6cm 弯软细芒状，其小花通常退化为芒状，稀为雄性，中间无柄小穗的颖长 4.5～6.5cm，细而弯；外稃披针形，具 5 脉，长 5～6mm，先端具长达 7cm 的细芒；内稃与外稃等长。花果期 5～8 月。

生境 多年生中生禾草。生于庭院草坪，外来种。产鄂温克族自治旗、陈巴尔虎旗。

短芒大麦草 *Hordeum brevisubulatum* (Trin.) Link

别名 野黑麦

蒙名 哲日力格—阿日白

形态特征 常具根状茎。秆成疏丛，直立或下部节常膝曲，高 25～70cm，光滑。叶鞘无毛或基部疏生短柔毛；叶舌膜质，截平，长 0.5～1mm；叶绿色或灰绿色，长 2～12cm，宽 2～5mm。穗状花序顶生，长 3～9cm，宽 2.5～5mm，绿色或成熟后带紫褐色；穗轴节间长 2～6mm；三联小穗两侧者不育，具长约 1mm 的柄，颖针状，长 4～5mm，外稃长约 5mm，无芒，中间小穗无柄，颖长 4～6mm；外稃长 6～7mm，平滑或具微刺毛，先端具长 1～2mm 的短芒；内稃与外稃近等长。花果期 7～9 月。$2n=28$。

生境 多年生中生禾草。生于盐碱滩、河岸低湿地。

产海拉尔区、满洲里市、扎兰屯市、莫力达瓦达斡尔族自治旗、鄂伦春自治旗、鄂温克族自治旗、陈巴尔虎旗、新巴尔虎左旗。

经济价值 优等饲用禾草。草质柔软，适口性好，青鲜时牛和马喜食、羊乐食。结实后适口性有所下降，但调制成干草后，仍为各种家畜所乐食。营养价值较高。抗盐碱的能力强，是改良盐渍化和碱化草场的优良草种之一。

小药大麦草 *Hordeum roshevitzii* Bowden

别名 紫大麦草，紫野麦草

蒙名 吉吉格—阿日白

形态特征 具短根状茎。秆直，丛生，细弱，高30～60cm，直径1～1.5mm。叶鞘光滑；叶舌膜质，长0.5～1mm，叶扁平，长2～12cm，宽2～4mm。穗状花序顶生，长3～6mm；三联小穗两侧者具长约1mm的柄，不育，颖与外稃均为芒刺状，中间小穗无柄，可育，颖长5～8mm，刺芒状；外稃披针形，长5～6mm，背部光滑，先端芒长3～5mm；内稃与外稃近等长。花果期6～9月。$2n=14$。

生境 多年生中生禾草。生于森林草原带和草原带的河边盐生草甸、河边沙地。

产海拉尔区、牙克石市、额尔古纳市、鄂温克族自治旗、陈巴尔虎旗。

落草属 Koeleria Pers.

落草 *Koeleria cristata* (L.) Pers. [= *Koeleria macrantha* (Ledebour) Schult.]

蒙名 根达—苏乐

形态特征 秆直立，高20～60cm，具2～3节，花序下密生短柔毛，秆基部密集枯叶鞘。叶鞘无毛或被短柔毛；叶舌膜质，长0.5～2mm；叶扁平或内卷，灰绿色，长1.5～7cm，宽1～2mm，蘖生叶密集，长5～20（30）cm，宽约1mm，被短柔毛或上面无毛，上部叶近于无毛。圆锥花序紧缩呈穗状，下部间断，长5～12cm，宽7～13（18）mm，有光泽，草黄色或黄褐色，分枝长0.5～1cm；小穗长4～5mm，含2～3小花，小穗轴被微毛或近于无毛；颖长圆状披针形，边缘膜质，先端尖；外稃披针形，第一外稃长约4mm，背部微粗糙，无芒，先端尖或稀具短尖头；内稃稍短于外稃。花果期6～7月。2n=14，28，42。

生境 多年生旱生草本。生于典型草原带和森林草原及草原或草甸群落的恒有种，广泛生长在壤质、沙壤的黑钙土、栗钙土及固定沙丘上，在荒漠草原棕钙土上少见。

产牙克石市、扎兰屯市、阿荣旗、莫力达瓦达斡尔族自治旗、鄂伦春自治旗。

经济价值 本种春季返青较早，6月开花，7月上旬结实，为优等饲用禾草。草质柔软，适口性好，羊最喜食，牛和骆驼乐食。到深秋仍有鲜绿的基生叶丛，因此被利用的时间长。营养价值较高，对家畜抓膘有良好效果，牧民称之为"细草"。并且适应性强，是改良天然草场的优良草种。

三毛草属 Trisetum Pers.

西伯利亚三毛草 *Trisetum sibiricum* Rupr.

蒙名 西伯日音—乌日音—苏乐

形态特征 植株具短的根状茎。秆直立，高60～100cm，直径2～4mm。叶鞘无毛或粗糙；叶舌膜质，长1～2mm；叶扁平，长7～20（30）cm，宽4～8mm。圆锥花序顶生，狭窄，稍开展，长10～20cm；小穗长6～9mm，含2～4小花，黄绿色，有光泽；颖披针形，先端渐尖，第一颖长4～6mm，具1脉，第二颖长5～7mm，具3脉；外稃披针形，第一外稃长5～7mm，背面中部稍上方伸出1芒，长7～9mm，膝曲，下部稍扭转；内稃稍短于外稃。花果期7～9月。$2n=14$。

生境 多年生中生草本。生于山地森林地带、森林草原地带的林缘、林下，为山地针叶林、针阔混交林和杂木林草本层及山地草甸的常见伴生种。

产海拉尔区、根河市、额尔古纳市、鄂温克族自治旗、陈巴尔虎旗。

经济价值 良等饲用禾草。在青鲜状态时，为各种家畜所乐食，结实后适口性有所下降。

异燕麦属 Helictotrichon Bess.

1 叶宽 2～4mm；小穗长达 15mm；秆光滑，植株丛生 ……………………………………… **1 异燕麦 H. schellianum**
1 叶宽 6～12mm；小穗长达 25mm；秆粗糙，植株非丛生 ………………………………… **2 大穗异燕麦 H. dahuricum**

异燕麦 *Helictotrichon schellianum* (Hack.) Kitag.

蒙名 宝如格

形态特征 具较短或不明显的地下茎。秆少数丛生，高 50～75cm，直径 1.5～2mm，常具 2 节。叶鞘松弛；叶舌膜质，长 3～6mm；叶扁平或稍内卷，长 5～12cm（分蘖叶长 20～35cm），宽 2～3.5mm，两面粗糙。圆锥花序紧缩或稍开展，长 7～15cm，宽 1～2cm；小穗淡褐色，有光泽，长 11～15mm，含 3～5 小花；颖披针形，上部及边缘膜质，第一颖长 9～11mm，第二颖长 10～13mm；外稃具 7 脉，基盘有短毛，第一外稃长 10～13mm，芒生于稃体背面中部稍上方，长 12～15mm；内稃显著短于外稃。花果期 7～9 月。$2n=14$。

生境 多年生旱生草本。生于山地草原、林间及林缘草甸。

产呼伦贝尔市各旗、市、区。

经济价值 良等饲用禾草。适口性良好，为各种家畜所喜食，特别在青鲜时，马和羊均喜食。营养价值较高，耐干旱的能力较强，是一种有引入前景的牧草。

大穗异燕麦 *Helictotrichon dahuricum* (Kom.) Kitag.

蒙名 兴安乃—宝如格

形态特征 具根状茎。秆常单生，高60～90cm，基部直径3～4mm。叶鞘无毛；叶舌膜质，长3～8mm；叶扁平，长3～15cm，宽6～7mm。圆锥花序顶生，开展，每节着生1～2分枝；小穗黄褐色或成熟后带紫色，长18～22mm，含3～5小花；颖宽披针形，长11～15mm，边缘膜质，第一颖具3脉，第二颖具3～5脉；第一外稃矩圆状披针形，长约20mm，上部与边缘膜质，下部黄褐色，具7脉，芒生于稃体中部稍上方，长15～17mm；内稃短于外稃。花果期7～9月。

生境 多年生中生草本。生于森林带和森林草原带的草甸化草原群落、山地林缘草甸。

产牙克石市、额尔古纳市、根河市、阿荣旗、鄂伦春自治旗、陈巴尔虎旗。

经济价值 可作为饲用植物。

燕麦属 Avena L.

野燕麦 *Avena fatua* L.

蒙名 哲日力格—胡西古—希达

形态特征 秆直立,光滑,高 60～120cm,具 2～4 节。叶鞘光滑或基部被微毛;叶舌膜质,长 1～5mm;叶扁平,长 7～20cm,宽 5～10mm。圆锥花序开展,长达 20cm,宽约 10cm;小穗长 18～25mm,具 2～3 小花,小穗轴易脱节;颖卵状或短圆状披针形,长 2～2.5cm,长于第一小花,具白膜质边缘,先端长渐尖;外稃质坚硬,具 5 脉,背面中部以下具淡棕色或白色硬毛,芒自外稃中部或稍下方伸出,长约 3cm;内稃与外稃近等长。颖果黄褐色,长 6～8mm,腹面具纵沟,不易与稃片分离。花果期 6～9 月。$2n=42$。

生境 一年生中生草本。生于山地林缘、田间、路旁。

经济价值 可作家畜饲草,也可作造纸原料。产除新巴尔虎右旗的其他旗、市、区。

发草属 Deschampsia Beauv.

发草 *Deschampsia caespitosa* (L.) Beauv.

蒙名 扎拉图—额布苏

形态特征 须根柔韧。秆直立或基部稍膝曲，丛生，高 30～150cm，具 2～3 节。叶鞘上部者常短于节间，无毛；叶舌膜质，先端渐尖或 2 裂，长 5～7mm；叶质韧，常纵卷或扁平，长 3～7mm，宽 1～3mm，上面具明显凸出的脉，粗糙，分蘖者长达 23cm，宽 1～2.5mm。圆锥花序疏松，开展，塔形，长 15～25cm，分枝细弱，平滑或微粗糙，中部以下裸露，上部疏生少数小穗；小穗草绿色，常带紫褐色，含 2（3）小花，长 4～4.5mm，小穗轴节间长约 1mm，被柔毛；颖不等，第一颖具 1 脉，长 3.5～4.5mm，第二颖具 3 脉，等于或稍长于第一颖；第一外稃长 2.5～3mm，顶端啮蚀状，基盘两侧毛长达稃体的 1/3，芒自稃体基部 1/5～1/4 处伸出，稍短或略长于稃体；内稃等长或略短于外稃；花药长约 2mm。花果期 7～9 月。$2n=24, 26, 28$。

生境 多年生沼生草本。生于沼泽化草甸、草本沼泽、泉溪边，为喜潮湿、嗜酸性的丛生植物，有时可成为优势种，形成发草群落。

产牙克石市、额尔古纳市、根河市。

经济价值 结实前为牲畜所喜吃，但营养价值不高。秆细长柔韧，适于编织草帽。

茅香属 Hierochloe R. Br.

1 两性花外稃背部光滑,边缘具纤毛;雄花外稃顶端钝,不具尖头 ························· **1 光稃茅香 H. glabra**
1 两性花外稃背部被短毛,边缘具纤毛;雄花外稃顶端明显具小尖头,长约 0.5mm ············· **2 茅香 H. odorata**

光稃茅香 *Hierochloe glabra* Trin.

蒙名 给鲁给日—搔日乃

形态特征 植株较低矮,具细弱根状茎。秆高 12～25cm。叶鞘密生微毛至平滑无毛;叶舌透明膜质,长 1～1.5mm,先端钝;叶扁平,两面无毛或略粗糙,边缘具微小刺状纤毛。圆锥花序卵形至三角状卵形,长 3～4.5cm,宽 1.5～2cm,分枝细,无毛;小穗黄褐色,有光泽,长约 3mm;颖膜质,具 1 脉,第一颖长约 2.5mm,第二颖较宽,长约 3mm;雄花外稃长于颖或与第二颖等长,先端具膜质而钝,背部平滑至粗糙,向上渐被微毛,边缘具密生粗纤毛,孕花外稃披针形,先端渐尖,较密地被有纤毛,其余部分光滑无毛;内稃与外稃等长或较短,具 1 脉,脊上部疏生微纤毛。花果期 7～9 月。2n=28。

生境 多年生中生草本。生于草原带和森林草原带的河谷草甸、湿润草地、田野。

产呼伦贝尔市各旗、市、区。

经济价值 适口性较高,青草马、牛等大家畜喜食,春末或夏初齐地面割下,稍折断,即可用来饲喂役畜,给早春放牧提供可贵的青饲草。光稃茅香开花后约一个月内,基生叶仍保持柔软性,且耐残踏,适作为放牧场的草种,与其他禾本科牧草混播,不仅生长无影响,而且因有光稃茅香混生,可提高其他牧草的适口性。光稃茅香的青草含有少量的香豆素。

茅香 *Hierochloe odorata* (L.) Beauv. [= *Anthoxanthum nitens* (Weber) Y. Schouten et Veldkamp]

蒙名 搔日乃

形态特征 植株具黄色细长根状茎。秆直立，无毛，高（20）30～50cm。叶鞘无毛，或鞘口边缘具柔毛至全部密生微毛；叶舌膜质，长2.5～4mm，先端不规则齿裂，边缘有时疏生纤毛；叶扁平，长3.5～10cm（分蘖叶可达20cm），宽2～6mm，上面被微毛或无毛，下面无毛，有时在基部与叶鞘连接处密生微毛，边缘具微刺毛。圆锥花序长3～7cm，宽1.5～3.5cm，分枝细弱，斜生或几平展，无毛，常2～3枝簇生；小穗淡黄褐色，有光泽，长3.5～5mm；颖具1～3脉，等长或第一颖稍短；雄花外稃顶具小尖头（长约0.5mm），背部被微毛，向下渐稀少；两性小花外稃长2.5～3mm，先端锐尖，上部被短毛。花果期7～9月。2n=28，42。

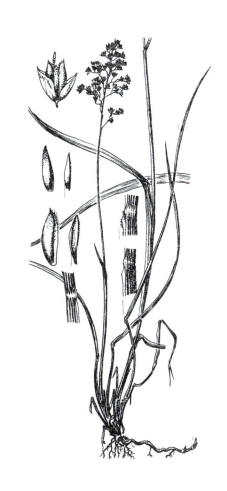

生境 多年生中生草本。生于草原带和森林草原带的河谷草甸、荫蔽山坡、沙地。

产扎兰屯市、鄂温克旗自治旗、陈巴尔虎旗。

经济价值 花序及根状茎入药，花序能温胃、止呕吐，主治心腹冷痛、呕吐；根状茎能凉血止血、清热利尿，主治吐血、尿血、急慢性肾炎、浮肿、热淋。

虉草属 Phalaris L.

虉草 *Phalaris arundinacea* L.

别名 草芦、马羊草

蒙名 宝拉格—额布苏

形态特征 具根状茎。秆单生或少数丛生，直立，高 70～150cm。叶鞘无毛；叶舌薄膜质，长 2～3mm；叶扁平，灰绿色，长 4.5～31cm，宽 3.5～13.5mm，两面粗糙或贴生细微毛。圆锥花序紧密狭窄，长 5～16cm，宽 6～15mm，分枝向上斜升，长 10～25mm，密生小穗；小穗长 4～5mm，无毛或被极细小之微毛；颖脊上粗糙，上部具狭翼，孕花外稃宽披针形，长 3～4mm，上部具柔毛；内稃披针形，质薄，短于外稃，2 脉不明显，具 1 脊，脊两旁疏生柔毛；不孕外稃条形，具柔毛。

生境 多年湿中生草本。生于森林草原带的河滩草甸、沼泽草甸、水湿地。

产牙克石市、扎兰屯市、额尔古纳市、莫力达瓦达斡尔族自治旗、鄂温克族自治旗、陈巴尔虎旗。

经济价值 中等饲用禾草。草质柔嫩，适口性好，为各种家畜所喜食。可作为在草甸草原地带建立人工草地的优良草种。其茎秆也可编织用具或造纸用。全草可入药，能调经、止带，可治月经不调、赤白带下。

梯牧草属 Phleum L.

假梯牧草 *Phleum pratense* L.

蒙名 好努嘎拉吉

形态特征 具短根状茎。秆疏丛生，直立，高可达80cm或更高。叶鞘无毛；叶舌干膜质，先端钝圆，长约5mm；叶扁平或有时卷折，灰绿色，长2～7cm，宽可达4mm，两面微粗糙，边缘具微小刺毛。圆锥花序紧密呈穗状，狭圆柱形，长4cm左右，宽约7mm；小穗矩圆形，长3～3.5mm；颖膜质，被微柔毛，脊上被长纤毛，先端短芒长1～1.5mm；外稃背部主脉成脊，于先端延伸成小芒尖，边脉形成细齿，长2.5～2.7mm，脊上及两侧被微毛；内稃稍短于外稃，透明膜质，脊上微粗糙。花果期7～9月。$2n=14, 28$。

生境 多年生中生草本。生于森林带的山地草甸化草原、林缘。

产新巴尔虎左旗。

经济价值 良等饲用禾草。适口性好，为各种家畜所喜食。

看麦娘属 Alopecurus L.

1 一年生草本；圆锥花序细圆柱状；小穗长 1.5～2.5mm，芒长 2～3mm ·················· **1 看麦娘 A. aequalis**
1 多年生草本；圆锥花序较粗，呈宽圆柱形或宽椭圆形；小穗长 3.5～6mm ·················· **2**
2 穗状花序椭圆形或短圆柱形，长 1～4cm，颖两侧脉间具密的长柔毛 ·················· **2 短穗看麦娘 A. brachystachyus**
2 穗状花序圆柱形或长圆柱形，长（3）4～8cm，颖两侧无毛或疏生短毛 ·················· **3**
3 颖的顶端不向外反折，沿边缘具短纤毛；芒膝曲，长 6～8mm，生于外稃的下部 ·················· **3 大看麦娘 A. pratensis**
3 颖的顶端向外反折，沿脊具长柔毛；芒直立，长 1～5mm，生于外稃的中部 ·················· **4 苇状看麦娘 A. arundinaceus**

看麦娘 *Alopecurus aequalis* Sobol.

别名 山高粱、道旁谷、牛头猛

蒙名 乌纳根—苏乐

形态特征 秆细弱，基部节处常膝曲，高 25～45cm。叶鞘无毛；叶舌薄膜质，先端渐尖，长 3～6mm；叶扁平，长 3.5～11cm，宽 1～3mm，上面脉上疏被微刺毛，下面粗糙。圆锥花序细条状圆柱形，长 3.5～6cm，宽 3～5mm；小穗长 2～2.5mm；颖于近基部连合，脊上生柔毛，侧脉或有时连同边缘生细微纤毛；外稃膜质，稍长于颖或与之等长，芒自基部 1/3 处伸出，长 2～2.5mm，隐藏或稍伸出颖外。花果期 7～9 月。$2n=14$。

生境 一年生湿中生草本。生于森林带和草原带的河滩草甸、潮湿低地草甸、田边。

产牙克石市、扎兰屯市、额尔古纳市、根河市、阿荣旗、莫力达瓦达斡尔族自治旗、鄂伦春自治旗、鄂温克族自治旗、陈巴尔虎旗。

经济价值 全草入药，能利水消肿、解毒，主治水肿、水痘。全草也为良等饲草，适口性良好，各种家畜均乐食。

短穗看麦娘 *Alopecurus brachystachyus* Bieb.

蒙名 宝古尼—乌纳根—苏乐

形态特征 多年生草本。具根状茎。秆直立，单生或少数丛生，基部节有膝曲，高 45～55cm。叶鞘光滑无毛；叶舌膜质，长 1.5～2.5mm，先端钝圆或有微裂；叶斜向上升，长 8～19cm，宽 1～4.5mm，上面粗糙，脉上疏被微刺毛，下面平滑。圆锥花序矩圆状卵形或圆柱形，长 1.5～3cm，宽（6）7～10mm；小穗长 3～5mm；颖基部 1/4 连合，脊上具长 1.5～2mm 的柔毛，两侧密生长柔毛；外稃与颖等长或稍短，边缘膜质，先端边缘具微毛，芒膝曲，长 5～8mm，自稃体近基部 1/4 处伸出。花果期 7～9 月。

生境 多年生湿中生草本。生于森林带和草原带的河滩草甸、潮湿草原、山沟湿地。

产呼伦贝尔市各旗、市、区。

经济价值 优等饲用禾草。适口性良好，无论是鲜草或是调制成干草，一年四季均为各种家畜所喜食。尤以牛最喜食。

大看麦娘 *Alopecurus pratensis* L.

别名 草原看麦娘

蒙名 套木—乌纳根—苏乐

形态特征 具短根状茎。秆少数丛生,直立或基部的节稍膝曲,高50～80cm。叶鞘松弛,光滑无毛;叶舌膜质,先端钝圆,背部被微毛,长3.5～4.5mm;叶扁平,长19～31cm,宽9～12mm,上面粗糙,下面平滑。圆锥花序圆柱状,长4～8cm,宽6～10mm,灰绿色;小穗长3～5mm;颖下部1/3连合,脊上具长纤毛,两侧被短毛或微毛,侧脉上及脉间有时也疏生长柔毛;外稃与颖等长或稍短,顶端被微毛,芒自稃体中部以下伸出,膝曲,长4～5mm,显著伸出颖外,上部粗糙。花果期7～9月。2n=28,42。

生境 多年生湿中生草本。生于森林带和草原带的河滩草甸、潮湿草地。

产牙克石市、扎兰屯市、额尔古纳市、根河市、莫力达瓦达斡尔族自治旗、鄂温克族自治旗、陈巴尔虎旗。

苇状看麦娘 *Alopecurus arundinaceus* Poir.

蒙名 呼鲁苏乐格—乌纳根—苏乐

形态特征 具根状茎。秆常单生，直立，高 60～75cm。叶鞘平滑无毛；叶舌膜质，先端渐尖，撕裂，长 5～7mm；叶长 10～20cm，宽 4～7mm，上面粗糙，下面平滑。圆锥花序圆柱状，长 3.5～7.5cm，宽 8～9mm，灰绿色；小穗长 3.5～4.5mm；颖基部 1/4 连合，顶端尖，向外曲张，脊上具长 1～2mm 的纤毛，两侧及边缘疏生长纤毛或微毛；外稃稍短于颖，先端及脊上具微毛，芒直，自稃体中部伸出，近于光滑，长 1.5～4mm，隐藏于颖内或稍外露。花果期 7～9 月。$2n=28$。

生境 多年生湿中生草本。生于森林带和草原带的河滩草甸、潮湿草甸、山坡草地。

产呼伦贝尔市各旗、市、区。

经济价值 优等饲用禾草。适口性良好，无论是鲜草或是调制成干草，一年四季均为各种家畜所喜食。尤以牛最喜食。

拂子茅属 Calamagrostis Adans.

1 圆锥花序开展，两颖不等长，外稃的芒自近顶端处伸出	**1 假苇拂子茅 C. pseudophragmites**
1 圆锥花序紧缩，外稃的芒自其背部中间或稍上处伸出	**2**
2 小穗长 5～7mm，颖几等长	**2 拂子茅 C. epigeios**
2 小穗长 8～10mm，第二颖较第一颖短 1～1.5mm	**3 大拂子茅 C. macrolepis**

假苇拂子茅 *Calamagrostis pseudophragmites* (Hall. f.) Koeler

蒙名 呼鲁苏乐格—哈布它钙—查干

形态特征 秆直立，高 30～60cm，平滑无毛。叶鞘平滑无毛；叶舌膜质，背部粗糙，先端 2 裂或多撕裂，长 5～8mm；叶常内卷，长 8～16cm，宽 1～3mm，上面及边缘点状粗糙，下面较粗糙。圆锥花序开展，长 10～19cm，主轴无毛，分枝簇生，细弱，斜升，稍粗糙；小穗熟后带紫色，长 5～7mm；颖条状锥形，具 1～3 脉，粗糙，第二颖较第一颖短 2～3mm，成熟后 2 颖张开；外稃透明膜质，长 3～3.5mm，先端微齿裂，基盘的长柔毛与小穗近等长或稍短，芒自近顶端处伸出，细直，长约 3mm；内稃膜质透明，长为外稃的 2/5～2/3。花果期 7～9 月。$2n=28$。

生境 多年生中生草本。生于河滩、沟谷、低地、沙地、山坡草地或阴湿之处。

产海拉尔区、牙克石市、扎兰屯市、额尔古纳市、莫力达瓦达斡尔族自治旗、鄂温克族自治旗、陈巴尔虎旗、新巴尔虎左旗、新巴尔虎右旗。

经济价值 中等饲用禾草。仅在开花前为牛所乐食。其根状茎发达，抗盐碱土壤，耐湿，并能固定泥沙。

拂子茅 *Calamagrostis epigeios* (L.) Roth.

别名 怀绒草、狼尾草、山拂草

蒙名 哈布它钙—查干

形态特征 植株具根状茎。秆直立，高75～135cm，直径可达3mm，平滑无毛。叶鞘平滑无毛；叶舌膜质，长5～6mm，先端尖或2裂；叶扁平或内卷，长10～29cm，宽2～5mm，上面及边缘糙涩，下面较平滑。圆锥花序直立，有间断，长10.5～17cm，宽2～2.5cm，分枝直立或斜上，粗糙；小穗条状锥形，长6～7.5mm，黄绿色或带紫色，2颖近于相等或第二颖稍短，先端长渐尖，具1～3脉；外稃透明膜质，长约为颖体的1/2（或稍超出1/2），先端齿裂，基盘的长柔毛几与颖等长或较之略短，背部中部附近伸出1细直芒，芒长2.5～3mm；内稃透明膜质，长为外稃的2/3，先端微齿裂。花果期7～9月。2n=28，42，56。

生境 多年生中生草本。生于森林草原带、草

原带和半荒漠带的河滩草甸、山地草甸、沟谷、低地、沙地。

产呼伦贝尔市各旗、市、区。

经济价值 中等饲用禾草。仅在开花前为牛所乐食。其根状茎发达，抗盐碱土壤，耐湿，并能固定泥沙。

大拂子茅 Calamagrostis macrolepis Litv.

蒙名 套日格—哈布它钙—查干

形态特征 植株高大粗壮，具根状茎。秆直立，高 75～95cm，直径 3～4mm，平滑无毛。叶鞘无毛；叶舌膜质或较厚，先端尖，易撕裂，长（3.5）5～7mm；叶长 13～30cm 或更长，宽 5～7mm，扁平，两面及边缘糙涩。圆锥花序劲直，紧密，狭披针形，有间断，长 17～22cm，最宽处可达 3cm，分枝直立斜上，被微小短刺毛；小穗长 7～10mm；颖披针状锥形，脊上及先端粗糙，第一颖具 1 脉，第二颖较第一颖短 1～1.5mm，具 1 脉或有时下部具 2～3 脉；外稃质较薄，长 3.5～4mm，先端 2 裂，背部被微细刺毛，中部以上或近裂齿间伸出 1 细直芒，芒长 3～3.5mm，基盘的长柔毛长 5～7mm；内稃长约为外稃的 2/3。花果期 7～9 月。

生境 多年生大型中生草本。生于森林草原带和草原带的山地沟谷草甸、沙丘间草甸、路边。

产扎兰屯市、鄂伦春自治旗、鄂温克族自治旗。

野青茅属 Deyeuxia Clarion

1 基盘两侧的柔毛甚短，远短于稃体，长为其 1/3 以下，外稃背部芒膝曲；小穗较大，长 5.5～7mm；颖不等长；叶宽 3～10mm，表面光滑无毛 ·· **1 兴安野青茅 D. turczaninowii**
1 基盘两侧的柔毛至少长为稃体的 1/2 以上，背部芒细直 ·· **2**
2 圆锥花序开展，疏松，基盘两侧的柔毛与稃体等长 ·· **2 大叶章 D. purpurea**
2 圆锥花序紧缩成穗状，小穗长 2.5～3.5mm；颖几等长，顶端短渐尖，基盘毛长为外稃的 2/3～3/4；叶舌长 1～2mm ·· **3 小花野青茅 D. neglecta**

兴安野青茅 Deyeuxia turczaninowii (Litv.) Y. L. Chang [= Deyeuxia korotkyi (Litv.) S. M. Phillips et Wen L. Chen]

蒙名 兴安乃—哈布它钙—查干

形态特征 具短根状茎。秆密丛生，高 50～75cm，平滑无毛。叶鞘无毛或粗糙；叶舌膜质，先端钝尖，常撕裂，长 5～7.5mm；叶扁平，条状披针形，长 7～21cm，宽 3～8mm，无毛，上面逆向粗糙，下面较平滑。圆锥花序紧密略呈穗状，直立，长 7.5～11cm，分枝直立簇生，粗糙；小穗长（4.5）5～7mm；颖披针形，具 1～3 脉，脉上粗糙，其余部分平滑或边缘粗糙或全体粗糙，第二颖略短；外稃长 4～5mm，微粗糙，先端微齿裂，基盘两侧毛长 0.5～1.5mm（可达稃体的 1/4），芒自近基部伸出，长 7～9mm，中部以下膝曲，下部扭转；内稃与外稃近等长，先端微齿裂；延伸小穗轴长 1～1.5mm，连同其上柔毛共长（1.5）2.5～3mm。花果期 7～9 月。$2n=42$。

生境 多年生中生草本。生于森林带的山地针叶林林缘草甸或山地草甸。

产牙克石市、扎兰屯市、鄂伦春自治旗、鄂温克族自治旗。

大叶章 *Deyeuxia purpurea* (Trin.) Kunth

蒙名 套木—额乐伯乐

形态特征 植株具横走根状茎。秆直立，高 75～110cm，平滑无毛。叶鞘平滑无毛；叶舌膜质，先端深 2 裂或不规则撕裂，长 5～10mm；叶扁平，长 12～26cm，宽 1.5～6mm，平滑无毛或稍糙涩。圆锥花序开展，长 10～16cm，分枝细弱，粗糙，簇生，斜升；小穗棕黄色或带紫色，长 3.5～4mm；颖近等长，狭卵状披针形，先端尖，边缘膜质，点状粗糙并被短纤毛，具 1～3 脉；外稃膜质，长 2.5～3mm，先端 2 裂，自背部中部附近伸出 1 细直芒，芒长 2～2.5mm，基盘具与稃体等长的丝状柔毛；内稃通常长为外稃的 2/3，膜质透明，先端细齿裂；延伸小穗轴长 0.5mm 左右，与其上柔毛共长约 3mm。花果期 6～9 月。$2n=28$，42，56。

生境 多年生中生草本。生于森林带和草原带的山地林缘草甸、沼泽草甸、河谷及潮湿草甸。

产呼伦贝尔市各旗、市、区。

经济价值 抽穗前刈割可作饲料，是中等饲用禾草。在青鲜状态时，为牛、马和羊所嗜食，调制成干草后适口性更好。

小花野青茅 *Deyeuxia neglecta* (Ehrh.) Kunth

别名 忽略野青茅

蒙名 闹古音—额乐伯乐

形态特征 植株具细短根状茎。秆直立，高40～80cm，平滑无毛或微粗糙。叶鞘平滑无毛；叶舌干膜质，先端平截或钝圆，长1～1.5mm；叶扁平或内卷，长（3）6～14cm，宽1.5～3mm，上面脉上及边缘均贴生微刺毛，下面较平滑。圆锥花序紧缩，长6.5～12cm，主轴平滑无毛或粗糙，分枝短，簇生，被短刺毛；小穗长2.5～3mm；颖等长或第二颖略短，具1～3脉，侧脉有时向上渐不显，先端常染有紫色，渐尖，脊上及两侧粗糙或被微刺毛；外稃稍短于颖，膜质，先端钝而具细齿，背部时常带有紫色，粗糙，基盘两侧的柔毛长约2mm，为稃体的2/3或略超出2/3；芒自稃体基部的1/4～1/3处伸出，细直，粗糙，长1.5～2mm；内稃短于外稃，膜质，先端钝而具细齿；延伸小穗轴长不及1mm，与其上柔毛共长可达2～2.5mm。花期7～8月。2n=28。

生境 多年生湿中生草本。生于森林带、草原带和荒漠带的沼泽草甸、草甸。

产扎兰屯市、鄂伦春自治旗、鄂温克族自治旗、陈巴尔虎旗、新巴尔虎左旗。

经济价值 中等饲用禾草。适口性同大叶章。

剪股颖属 Agrostis L.

1 内稃微小，长不及外稃的1/4或缺，外稃具膝曲的长芒，生于外稃的近基部，芒长3～3.5mm，常显著露出小穗外，叶舌长1～3mm，先端钝 ··· **1 芒剪股颖 A. trinii**
1 内稃显著，长为外稃的3/5～2/3，叶舌长1.5～6mm ·· **2**
2 花序舒展程度较小，花序分枝基部即着生小穗，小穗长2～3mm，外稃无芒，花药长1～1.5mm，叶舌长3～6mm ··· **2 巨序剪股颖 A. gigantea**
2 花序广舒展，具长而粗糙的分枝，下部常裸露，小穗长2～2.5mm，暗紫色，外稃的裂齿下方有时具1微细直芒，叶舌长1.5～3mm ·· **3 歧序剪股颖 A. divaricatissima**

芒剪股颖 *Agrostis trinii* Turcz (= *Agrostis vinealis* Schreber)

蒙名 搔日特—乌兰—陶鲁钙

形态特征 秆细弱，疏丛生，基部节微膝曲，高40～60（90）cm。叶鞘具膜质边缘；叶舌膜质，钝头或渐尖，全缘或具微齿，长1～2mm；叶扁平或内卷呈刺毛状，长（3）5～12cm，宽1～3mm，无毛或上面脉上具微小刺毛，下面粗糙。圆锥花序长5.5～18cm，每节2～3分枝，分枝纤细，下部波状或蜿蜒曲卷，平滑；小穗带紫色，长2～2.5（3.5）mm，柄长1.5～3mm；颖膜质，背部较厚，具1脉；外稃膜质透明，具1～3脉，长1.6～2（2.5）mm，背部中部以下近基部具芒，芒膝曲，芒柱扭转，长3～4（4.5）mm；内稃缺。花果期7～9月。2n=14，28。

生境 多年生中生草本。生于森林带和草原带的山地林缘、山地草甸、草甸化草原、沟谷、河滩草地。产鄂伦春自治旗、新巴尔虎左旗。

经济价值 良等饲用禾草。各种家畜均喜食。

巨序翦股颖 *Agrostis gigantea* Roth.

别名 小糠草、红顶草

蒙名 套木—乌兰—陶鲁钙

形态特征 植株具匍匐根状茎。秆丛生，直立或下部的节膝曲而斜升，高60～115cm。叶鞘无毛；叶舌膜质，长5～6mm，先端具缺刻状齿裂，背部微粗糙；叶扁平，长5～16（22）cm，宽3～5（6）mm，上面微粗糙，边缘及下面具微小刺毛。圆锥花序开展，长9～17cm，宽3.5～8cm，每节具（3）4～6分枝，分枝微粗糙，基部也可具小穗；小穗长2～2.5mm，柄长1～2.5mm，先端膨大；两颖近于等长，脊上部及先端微粗糙；外稃长约2mm，无毛，不具芒；内稃长1.5～1.6mm，长为外稃的3/4，具2脉，先端全缘或微有齿。花期6～7月。2n=28，42。

生境 多年生中生草本。生于森林带和草原带的林缘、沟谷、山谷溪边、路旁，为河滩、谷地草甸的建群种或伴生种。

产呼伦贝尔市各旗、市、区。

经济价值 优等饲用禾草。草质柔软，适口性好，为各种家畜所喜食，是一种有栽培前景的优良牧草。

歧序翦股颖 *Agrostis divaricatissima* Mez

别名 蒙古翦股颖

蒙名 蒙古乐—乌兰—陶鲁钙

形态特征 具短根状茎。秆直立，基部节常膝曲，高 42～70cm，平滑无毛。叶鞘平滑无毛或微粗糙，常染有紫色；叶舌膜质，背面被微毛，长 1.5～2.5mm；叶条形，扁平，长 4～8（15）cm，宽 1～2.5mm，两面脉上及边缘粗糙。圆锥花序开展，长 11～17cm，宽可达 11cm，分枝斜升，细毛发状，粗糙，基部不着生小穗，长 6～12cm；小穗长 2～2.5mm，深紫色；颖几等长或第二颖稍短，脊上粗糙；外稃透明膜质，长 1.5～1.8mm，先端微齿裂，裂齿下方有时具 1 微细直芒，长约 0.5mm；内稃长为外稃的 3/5～2/3，先端钝，细齿裂；花药长约 1.2mm。花果期 7～9 月。

生境 多年生中生草本。生于森林带和草原带的河滩、谷地、低地草甸，为其建种群、优势种或伴生种。

产牙克石市、扎兰屯市、额尔古纳市、根河市、阿荣旗、鄂伦春自治旗、鄂温克族自治旗、陈巴尔虎旗、新巴尔虎右旗。

菵草属 Beckmannia Host

菵草 *Beckmannia syzigachne* (Steud.) Fernald.

蒙名 没乐黑音—萨木白

形态特征 秆基部节微膝曲，高 45～65cm，平滑。叶鞘无毛；叶舌透明膜质，背部具微毛，先端尖或撕裂，长 4～7mm；叶扁平，长 6～13cm，宽 2～7mm，两面无毛或粗糙或被微细丝状毛。圆锥花序狭窄，长 15～25cm，分枝直立或斜上；小穗压扁，倒卵圆形至圆形，长 2.5～3mm；颖背部较厚，灰绿色，边缘近膜质，绿白色，全体被微刺毛，近基部疏生微细纤毛；外稃略超出颖体，质薄，全体疏被微毛，先端具芒尖，长约 0.5mm；内稃等长于外稃或稍短。花果期 6～9 月。2n=14，28。

生境 一年生湿中生草本。生于水边、潮湿之处。产呼伦贝尔市各旗、市、区。

经济价值 中等饲用禾草。各种家畜均采食。

针茅属 Stipa L.

1 叶舌边缘具长纤毛，芒一回膝曲，芒柱光滑，芒针弧状弯曲，被毛，外稃长约 10mm …………… **1 小针茅 S. klemenzii**
1 叶舌膜质，边缘不具缘毛，芒二回膝曲，光滑或粗糙，无毛 ………………………………………… **2**
2 外稃长 15～17mm ……………………………………………………………………… **2 大针茅 S. grandis**
2 外稃长 9～14.5mm ………………………………………………………………………………………… **3**
3 外稃长 12～14.5mm ……………………………………………………………… **3 贝加尔针茅 S. baicalensis**
3 外稃长 9～11.5mm ………………………………………………………………… **4 克氏针茅 S. krylovii**

小针茅 *Stipa klemenzii* Roshev.

别名 克里门茨针茅

蒙名 吉吉格—黑拉干那

形态特征 秆斜升或直立，基部节处膝曲，高（10）20～40cm。叶鞘光滑或微粗糙；叶舌膜质，长约 1mm，边缘具长纤毛；叶上面光滑，下面脉上被短刺毛，秆生叶长 2～4cm，基生叶长可达 20cm。圆锥花序被膨大的顶生叶鞘包裹，顶生叶鞘常超出圆锥花序，分枝细弱，粗糙，直伸，单生或孪生；小穗稀疏；颖狭披针形，长 25～35mm，绿色，上部及边缘宽膜质，顶端延伸成丝状尾尖，两颖近等长，第一颖具 3 脉，第二颖具 3～4 脉；外稃长约 10mm，顶端关节处光滑或具稀疏短毛，基盘尖锐，长 2～3mm，密被柔毛；芒一回膝曲，芒柱扭转，光滑，长 2～2.5cm，芒针弧状弯曲，长 10～13cm，着生长 3～6mm 的柔毛，芒针顶端的柔毛较短。花果期 6～7 月。

生境 多年生旱生丛生小型草本。亚洲中部荒漠化草原植被的主要建群种，组成中温型荒漠化草原带的地带性群落，也是草原化荒漠群落的伴生植物。生于克鲁伦河流域阶地及湖盆周围，在盐渍化栗钙土上常形成小针茅群落片段。

产新巴尔虎左旗、新巴尔虎右旗。

经济价值 优等饲用植物。全年为各种牲畜最喜吃，颖果无危害。全株营养丰富，有抓膘作用，萌发早，枯草可长期保存，常与无芒隐子草、葱属植物等优良牧草组成小针茅草原。小针茅草原是绵羊最理想的放牧场。在小针茅草原牧场上饲养的绵羊肉味格外鲜美，驰名各地。

大针茅 *Stipa grandis* P. Smirn.

蒙名 黑拉干那

形态特征 秆直立，高 50～100cm。叶鞘粗糙；叶舌披针形，白色膜质，长 3～5mm；叶上面光滑，下面密生短刺毛，秆生叶较短，基生叶长可达 50cm 以上。圆锥花序基部包于叶鞘内，长 20～50cm，分枝细弱，2～4 枝簇生，向上伸展，被短刺毛；小穗稀疏；颖披针形，成熟后淡紫色，中上部白色膜质，顶端延伸成长尾尖，长（27）30～40（45）mm，第一颖略长，具 3 脉，第二颖略短，具 5 脉；外稃长（14.5）15～17mm，顶端关节处被短毛，基盘长约 4mm，密生白色柔毛；芒二回膝曲，光滑或微粗糙，第一芒柱长 6～10cm，第二芒柱长 2～2.5cm，芒针丝状卷曲，长 10～18cm。花果期 7～8 月。

生境 多年生旱生丛生草本。为亚洲中部草原区特有的典型草原建群种，在温带的典型草原地带大针茅草原是主要的气候顶级群落。

产满洲里市、牙克石市、扎兰屯市、根河市、鄂伦春自治旗、新巴尔虎左旗。

经济价值 良好饲用植物。各种牲畜四季都乐食，基生叶丰富并能较完整地保存至冬春，可为牲畜提供大量有价值的饲草。生殖枝营养价值较差，特别是带芒的颖果能刺伤绵羊的皮肤而造成伤亡。

贝加尔针茅 *Stipa baicalensis* Roshev.

别名 狼针茅

蒙名 白嘎拉—黑拉干那

形态特征 秆直立，高 50～80cm。叶鞘粗糙，先端具细小刺毛；叶舌披针形，白色膜质，长 1.5～3mm；叶上面被短刺毛或粗糙，下面脉上被密集的短刺毛，秆生叶长 20～30cm，基生叶长达 40cm。圆锥花序基部包于叶鞘内，长 20～40cm，分枝细弱，2～4枝簇生，向上伸展，被短刺毛；小穗稀疏；颖披针形，长 23～30mm，淡紫色，光滑，边缘膜质，顶端延伸成尾尖，第一颖略长，具 3 脉，第二颖稍短，具 5 脉；外稃长 12～14mm，顶端关节处被短毛，基盘长约 4mm，密生白色柔毛；芒二回膝曲，粗糙，第一芒柱扭转，长 3～4cm，第二芒柱长 1.5～2cm，芒针丝状卷曲，长 8～13cm。花果期 7～8 月。$2n=48$。

生境 多年生中旱生丛生草本。为亚洲中部草原区草甸草原植被的重要建群种。

产呼伦贝尔市各旗、市、区。

经济价值 良好饲用植物。为针茅属偏冷、偏中生的类型。生殖枝营养价值较差，特别是带芒的颖果能刺伤绵羊的皮肤而造成伤亡。

克氏针茅 *Stipa krylovii* Roshev.

别名 西北针茅

蒙名 塔拉音—黑拉干那

形态特征 秆直立，高30～60cm。叶鞘光滑；叶舌披针形，白色膜质，长1～3mm；叶上面光滑，下面粗糙，秆生叶长10～20cm，基生叶长达30cm。圆锥花序基部包于叶鞘内，长10～30cm，分枝细弱，2～4枝簇生，向上伸展，被短刺毛；小穗稀疏；颖披针形，草绿色，成熟后淡紫色，光滑，先端白色膜质，长（17）20～28mm，第一颖略长，具3脉，第二颖稍短，具4～5脉；外稃长9～11.5mm，顶端关节处被短毛，基盘长约3mm，密生白色柔毛；芒二回膝曲，光滑，第一芒柱扭转，长2～2.5cm，第二芒柱长约1cm，芒针丝状弯曲，长7～12cm。花果期7～8月。$2n=44$。

生境 多年生旱生丛生草本。为亚洲中部草原区典型草原植被的建群种。

产满洲里市、额尔古纳市、陈巴尔虎旗、新巴尔虎左旗、新巴尔虎右旗。

经济价值 饲用价值大体与大针茅相同，为良好饲用植物。

芨芨草属 Achnatherum Beauv.

1 叶舌先端渐尖，长5～15mm，芒直或微弯，但不膝曲，无毛或微粗糙，第一颖显著短于第二颖，小穗长 4.5～6.5mm ··· **1 芨芨草 A. splendens**
1 叶舌先端截平，长2mm以下，圆锥花序分枝成熟后斜向上开展，小穗长8～10mm，外稃长约7mm ··· **2 羽茅 A. sibiricum**

芨芨草 *Achnatherum splendens* (Trin.) Nevski

别名 积机草

蒙名 德日苏

形态特征 秆密丛生，直立或斜升，坚硬，高80～200cm，通常光滑无毛。叶鞘无毛或微粗糙，边缘膜质；叶舌披针形，长5～15mm，先端渐尖；叶坚韧，长30～60cm，宽3～7mm，纵向内卷或有时扁平，上面脉纹凸起，微粗糙，下面光滑无毛。圆锥花序开展，长30～60cm，开花时呈金字塔形，主轴平滑或具纵棱而微粗糙，分枝数枚簇生，细弱，长达19cm，基部裸露；小穗披针形，长4.5～6.5mm，具短柄，灰绿色、紫褐色或草黄色；颖披针形或矩圆状披针形，膜质，顶端尖或锐尖，具1～3脉，第一颖显著短于第二颖，具微毛，基部常呈紫褐色；外稃长4～5mm，具5脉，密被柔毛，顶端具2微齿，基盘钝圆，长约0.5mm，有柔毛；芒长5～10mm，自外稃齿间伸出，直立或微曲，但不膝曲扭转，微粗糙，易断落；内稃脉间有柔毛，成熟后背部多少露出外稃之外；花药条形，长2.5～3mm，顶端具毫毛。花果期6～9月。2n=42，48。

生境 多年生高大旱中生密丛生耐盐草本。生于草原带和荒漠带的盐渍化低地、湖盆边缘、丘间谷地、干河床、阶地、侵蚀洼地、低山丘坡等地。

产海拉尔区、满洲里市、扎兰屯市、鄂温克族自治旗、陈巴尔虎旗、新巴尔虎左旗、新巴尔虎右旗。

经济价值 良等饲用禾草。在春末和夏初，骆驼和牛乐食，羊和马采食较少；在冬季，植株残存良好，各种家畜均采食，在西部地区对家畜度过寒冬季节有一定的价值。为一种优良的造纸原料及人造丝原料。秆生叶坚韧，长而光滑，可作扫帚及编织草帘子、筐、篓等。又可作改良碱地、保护渠道、保持水土的植物。茎、颖果、花序及根入药，能清热、利尿，主治尿路感染、小便不利、尿闭；花序能止血。

羽茅 *Achnatherum sibiricum* (L.) Keng

别名 西伯利亚羽茅、光颖芨芨草

蒙名 哈日巴古乐—额布苏

形态特征 秆直立，疏丛生或有时少数丛生，较坚硬，高50～150cm，光滑无毛。叶鞘松弛，光滑无毛，较坚韧，边缘膜质；叶舌截平，顶端具不整齐齿裂，长0.5～1.5mm；叶通常卷折，有时扁平，长20～60cm，宽3～7mm，质地比较坚硬，直立或斜向上升，上面和边缘粗糙，下面光滑。圆锥花序较紧缩，狭长，有时稍疏松，但从不形成开展状态，长15～30cm，每节具（2）3～5分枝，分枝直立或稍弯曲斜向上升，基部着生小穗，有时基部裸露；小穗草绿色或灰绿色，成熟时变紫色，矩圆状披针形，长8～10mm，具光滑而较粗的柄；颖近等长或第一颖稍短，矩圆状披针形，膜质，先端尖而透明，具3～4脉，光滑无毛或脉上疏生细小刺毛；外稃长6～7.5mm，背部密生较长的柔毛，具3脉，脉于先端汇合，基盘锐尖，长0.8～1mm，密生白色柔毛；芒长约2.5cm，一回或不明显的二回膝曲，中部以下扭转，具较密的细小刺毛或微毛；内稃近等长或稍短于外稃，脉上具较长的柔毛；花药条形，长约4mm，顶端具毫毛。花果期6～9月。

生境 多年生中旱生疏丛生草本。生于森林带和草原带的草原、草甸草原、山地草原、草原化草甸、山地林缘、灌丛群落中，为其伴生种，有时可以成为优势种。

产呼伦贝尔市各旗、市、区。

经济价值 全草可作造纸原料。春夏季节青鲜时为牲畜所喜食饲料。

冠芒草属 Enneapogon Desv. ex Beauv.

冠芒草 Enneapogon borealis (Griseb.) Honda

蒙名 奥古图那音—苏乐

形态特征 植株基部鞘内常具隐藏小穗。秆节常膝曲，高5～25cm，被柔毛。叶鞘密被短柔毛，鞘内常有分枝；叶舌极短，顶端具纤毛；叶长2.5～10cm，宽1～2mm，多内卷，密生短柔毛，基生叶呈刺毛状。圆锥花序短穗状，紧缩呈圆柱形，长1～3.5cm，宽5～15mm，铅灰色或熟后呈草黄色；小穗通常含2～3小花，顶端小花明显退化，小穗轴节间无毛；颖披针形，质薄，边缘膜质，先端尖，背部被短柔毛，具3～5脉，中脉形成脊，第一颖长3～3.5mm，第二颖长4～5mm；第一外稃长2～2.5mm，被柔毛，尤以边缘更显，基盘也被柔毛，顶端具9条直立羽毛状芒，芒不等长，长2.5～4mm；内稃与外稃等长或稍长，脊上具纤毛。花果期7～9月。

生境 一年生中生草本。生于沙砾质草原群落中，以及河滩地、经流线等低湿地中。

产新巴尔虎右旗。

经济价值 优等饲用禾草。适口性良好，在青鲜时，羊、马和骆驼喜食。牧民认为，在夏秋季它是一种良好的催肥牧草。

画眉草属 Eragrostis Beauv.

1 叶鞘脉上、叶边缘及小穗柄均具腺点，颖与外稃的脊上有时也有腺点，小穗宽1.2～2mm，外稃长1.4～2.2mm
 ··· **1 小画眉草 E. minor**
1 叶鞘脉上、叶边缘及小穗柄及颖与外稃的脊上均无腺点，花序分枝腋间具柔毛 ·············· **2 画眉草 E. pilosa**

小画眉草 *Eragrostis minor* Host

蒙名 吉吉格—呼日嘎拉吉

形态特征 秆直立或自基部向四周扩展而斜升，节常膝曲，高10～20(35)cm。叶鞘脉上具腺点，鞘口具长柔毛，脉间也疏被长柔毛；叶舌为一圈细纤毛，长0.5～1mm；叶扁平，长3～11.5cm，宽2～5.5mm，上面粗糙，背面平滑，脉上及边缘具腺体。圆锥花序疏松而开展，长5～20cm，宽4～12cm，分枝单生，腋间无毛；小穗卵状披针形至条状矩圆形，绿色或带紫色，长4～9mm，宽1.2～2mm，含4至多数小花，小穗柄具腺体；颖卵形或卵状披针形，先端尖，第一颖长1～1.4mm，第二颖长1.4～2mm，通常具1脉，脉上常具腺体；外稃宽卵圆形，先端钝，第一外稃长1.4～2.2mm；内稃稍短于外稃，宿存，脊上具极短的纤毛。花果期7～9月。$2n=20$。

生境 一年生中生杂草。生于田野、撂荒地、路边。

产海拉尔区、牙克石市、扎兰屯市、额尔古纳市、莫力达瓦达斡尔族自治旗、鄂温克族自治旗、陈巴尔虎旗、新巴尔虎左旗、新巴尔虎右旗。

经济价值 优等饲用禾草。草质柔软，适口性良好，羊喜食，马和午乐食，在夏秋季骆驼也乐食。牧民认为它是羊和马的抓膘牧草。全草入药，能疏风清热、利尿，主治尿路感染、肾盂肾炎、肾炎、膀胱炎、膀胱结石、肾结石、结膜炎、角膜炎等；花序入药，能解毒、止痒，用于治黄水疮。

画眉草 *Eragrostis pilosa* (L.) Beauv.

别名 星星草

蒙名 呼日嘎拉吉

形态特征 秆较细弱，直立、斜升或基部铺散，节常膝曲，高10～30（45）cm。叶鞘疏松裹茎，多少压扁，具脊，鞘口常具长柔毛，其余部分光滑；叶舌短，为一圈长约0.5mm的细纤毛；叶扁平或内卷，长5～15cm，宽1.5～3.5mm，两面平滑无毛。圆锥花序开展，长7～15cm，分枝平展或斜上，基部分枝近于轮生，枝腋具长柔毛；小穗熟后带紫色，长2.5～6mm，宽约1.2mm，含4～8小花；颖膜质，先端钝或尖，第一颖常无脉，长0.4～0.6（0.8）mm，第二颖具1脉，长1～1.2（1.4）mm；外稃先端尖或钝，第一外稃长1.4～2mm；内稃弓形弯曲，短于外稃，常宿存，脊上粗糙。花果期7～9月。**生境** 一年生中生杂草。生于田野、撂荒地、路边。

产海拉尔区、牙克石市、扎兰屯市、额尔古纳市、莫力达瓦达斡尔族自治旗、鄂温克族自治旗、陈巴尔虎旗、新巴尔虎左旗、新巴尔虎右旗。

经济价值 全草入药，功能主治同小画眉草。也可作为饲用植物。

隐子草属 Cleistogenes Keng

1 外稃无芒，秆基部具密集的枯叶鞘，第一外稃长 3～4mm，圆锥花序开展，分枝近于平展，叶扁平 ……………………………………………………………………………………………… **1 无芒隐子草 C. songorica**
1 外稃有芒，秆基部常具鳞芽，枯叶鞘较少 ……………………………………………………………… **2**
2 植株常铺散，秋后常呈红褐色，秆干后呈蜿蜒状弯曲；小穗含 2～3 小花，外稃先端具较稃体为短的芒 ……………………………………………………………………………………………… **2 糙隐子草 C. squarrosa**
2 植株直立或稍倾斜，秋后草黄色或灰褐色，秆干后不呈蜿蜒状弯曲 ………………………………… **3**
3 秆较粗壮，径 1～2.5mm，叶多，叶鞘具疣毛，层层包裹直达花序基部，叶质坚硬，斜上 ……………………………………………………………………………………………… **3 多叶隐子草 C. polyphylla**
3 秆纤细，径 0.5～1mm，叶鞘除鞘口外均平滑无毛 …………………………………………………… **4**
4 叶宽 2～4mm，颖具 1 脉，第一颖长 1～2mm，第二颖长 2～3.5mm，外稃芒长 0.5～1mm ……………………………………………………………………………………………… **4 丛生隐子草 C. caespitosa**
4 叶宽 1～2mm，颖具 1～3 脉，第一颖长 1.5～4.5mm，第二颖长 3.5～6mm，外稃芒长 1～3mm ……… **5**
5 圆锥花序较紧缩，基部为叶鞘所包 …………………………………………………… **5 包鞘隐子草 C. kitagawai**
5 圆锥花序开展，伸出鞘外，小穗含 3～5 小花，第一外稃长 5～6mm ………… **6 中华隐子草 C. chinensis**

无芒隐子草 *Cleistogenes songorica* (Roshev.) Ohwi

蒙名 搔日归—哈扎嘎日—额布苏

形态特征 秆丛生，直立或稍倾斜，高 15～50cm，基部具密集枯叶鞘。叶鞘无毛，仅鞘口有长柔毛；叶舌长约 0.5mm，具短纤毛；叶条形，长 2～6cm，宽 1.5～2.5mm，上面粗糙，扁平或边缘稍内卷。圆锥花序开展，长 2～8cm，宽 4～7cm，分枝平展或稍斜上，分枝腋间具柔毛；小穗长 4～8mm，含 3～6 小花，绿色或带紫褐色；颖卵状披针形，先端尖，具 1 脉，第一颖长 2～3mm，第二颖长 3～4mm；外稃卵状披针形，边缘膜质，第一外稃长 3～4mm，5 脉，先端无芒或具短尖头；内稃短于外稃；花药黄色或紫色，长 1.2～1.6mm。花果期 7～9 月。

生境 多年生疏丛生旱生草本。生于荒漠草原带的壤质土、沙壤土、砾质土壤。

产新巴尔虎右旗典型草原和荒漠草原。

经济价值 优等饲用禾草。一年四季为各种家畜所喜食，在夏秋季羊和马最喜食。牧民称之为"细草"。

糙隐子草 *Cleistogenes squarrosa* (Trin.) Keng

蒙名 得日伯根—哈扎嘎日—额布苏

形态特征 植株通常绿色，秋后常呈红褐色。秆密丛生，直立或铺散，纤细，高10～30cm，干后常呈蜿蜒状或螺旋状弯曲。叶鞘层层包裹，直达花序基部；叶舌具短纤毛；叶狭条形，长3～6cm，宽1～2mm，扁平或内卷，粗糙。圆锥花序狭窄，长4～7cm，宽5～10mm；小穗长5～7mm，含2～3小花，绿色或带紫色；颖具1脉，边缘膜质，第一颖长1～2mm，第二颖长3～5mm；外稃披针形，5脉，第一外稃长5～6mm，先端常具较稃体为短的芒；内稃狭窄，与外稃近等长；花药长约2mm。花果期7～9月。$2n=40$。

生境 多年生丛生旱生草本。生于草甸草原群落中，常常是小禾草层片的优势种之一。

产海拉尔区、满洲里市、牙克石市、鄂伦春自治旗、鄂温克族自治旗、陈巴尔虎旗、新巴尔虎左旗、新巴尔虎右旗。

经济价值 优等饲用禾草。在青鲜时为家畜所喜食，特别是羊和马最喜食。牧民认为，在秋季家畜采食后上膘快，是一种抓膘的宝草。

多叶隐子草 *Cleistogenes polyphylla* Keng ex P. C. Keng et L. Liu

蒙名 萨格拉嘎日—哈扎嘎日—额布苏

形态特征 秆较粗壮，直立，高15～40cm，直径1～2.5mm，具多节，节间较短，干后叶常自叶鞘口处脱落，上部左右弯曲，与叶鞘近于叉状分离。叶鞘多少具疣毛，层层包裹直达花序基部；叶舌平截，长约5mm，具短纤毛；叶披针形至条状披针形，长2～6.5cm，宽2～4mm，多直立上升，扁平或内卷，质厚，较硬。圆锥花序狭窄，基部常为叶鞘所包，长4～7cm，宽1～3cm；小穗长8～13mm，绿色或带紫色，含3～7小花；颖披针形或矩圆形，具1～3（5）脉，第一颖1.5～2（4）mm，第二颖长3～4（5）mm；外稃披针形，5脉，第一外稃长4～5mm，先端具长0.5～1.5mm的短芒；内稃与外稃近等长；花药长约2mm。花果期7～10月。

生境 多年生中旱生草本。生于森林草原带和草原带的山地阳坡、丘陵、砾石质草原。

产牙克石市、扎兰屯市、额尔古纳市、莫力达瓦达斡尔族自治旗、鄂伦春自治旗。

经济价值 可作为饲用植物。

丛生隐子草 *Cleistogenes caespitosa* Keng

蒙名 宝日拉格—哈扎嘎日—额布苏

形态特征 秆纤细，高20～45cm，直径约1mm，黄绿色或紫褐色，基部常具短小鳞芽。叶鞘仅鞘口具长柔毛；叶舌具短纤毛；叶条形，长3～6cm，宽2～4mm，扁平或内卷。圆锥花序长7～12cm，宽2～4cm；分枝常斜上，长1～3cm；小穗长5～11mm，含（1）3～5小花；颖卵状披针形，先端钝，具1脉，第一颖长1～2mm，第二颖长2～2.5mm；外稃披针形，5脉，边缘具柔毛，第一外稃长4～5.5mm，先端具长0.5～1mm的短芒；内稃与外稃近等长；花药长约3mm。花果期7～9月。

生境 多年生中旱生丛生草本。生于草原带的山坡草地、灌丛。

产牙克石市、扎兰屯市、额尔古纳市、根河市、阿荣旗、鄂温克族自治旗、陈巴尔虎旗、新巴尔虎左旗。

经济价值 可作为饲用植物。

包鞘隐子草 *Cleistogenes kitagawai* Honda

别名 长花隐子草

蒙名 套格推图—哈扎嘎日—额布苏

形态特征 秆纤细，密丛生，直立，基部具鳞芽，高20～50cm，直径约1mm，常为叶鞘所包裹。叶鞘无毛，或仅鞘口有毛；叶舌很短，为一圈纤毛；叶条形，长3～6cm，宽1.5～2mm，扁平或内卷。圆锥花序狭窄，长4～7cm，下部为叶鞘所包，分枝单生；小穗长6～7mm，含3～4小花，黄褐色或稍带紫色；颖卵状披针形，先端尖，具1脉，第一颖长1.5～3mm，第二颖长3.5～4.5mm；外稃披针形，边缘具疏柔毛，5脉，第一外稃长约6mm，先端具长0.5～3mm的短芒；内稃与外稃近等长。花果期7～10月。$2n=40$。

生境 多年生中旱生丛生草本。生于森林带和草原带的山地草原、林缘、灌丛，为山地草原的伴生种。

产牙克石市。

中华隐子草 *Cleistogenes chinensis* (Maxim.) Keng

蒙名 哈扎嘎日—额布苏

形态特征 多年生草本。秆丛生，纤细，直立，高 15～50cm，直径 0.5～1mm，基部密生短小鳞芽。叶鞘鞘口常具柔毛；叶舌短，边缘具纤毛；叶长 3～7cm，宽 1～2mm，扁平或内卷。圆锥花序疏展，长 5～10cm，具 3～5 分枝，具多数小穗，分枝斜上，平展或下垂；小穗黄绿色或稍带紫色，长 7～9mm，含 3～5 小花；颖披针形，先端渐尖，第一颖长 3～4.5mm，第二颖长 4～5mm；外稃披针形，边缘具长柔毛，5 脉，第一外稃长 5～6mm，先端芒长 1～2（3）mm；内稃与外稃近等长。花果期 7～10 月。

生境 多年生中旱生草本。生于山地丘陵、灌丛、草原。

产呼伦贝尔市各旗、市、区。

经济价值 可作为饲用植物。

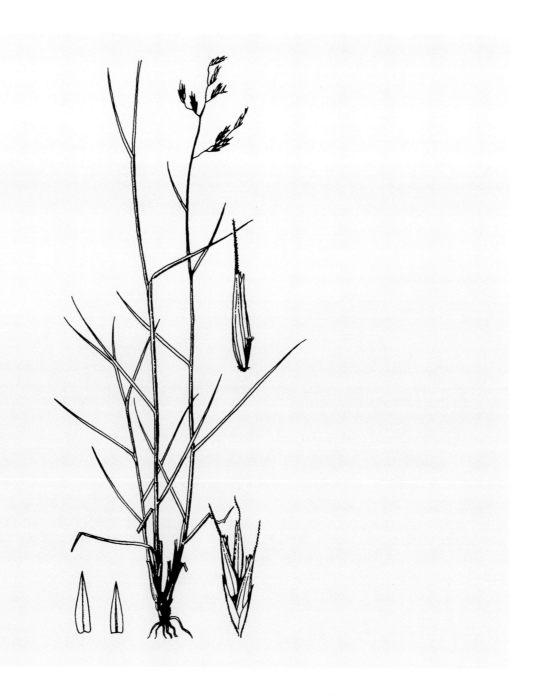

草沙蚕属 Tripogon Roem. et Schult.

中华草沙蚕 Tripogon chinensis (Franch.) Hack.

蒙名 古日巴存—额布苏

形态特征 须根纤细而稠密。秆直立，高10～30cm，细弱，光滑无毛。叶鞘通常仅于鞘口处有白色长柔毛；叶舌膜质，长约0.5mm，具纤毛；叶狭条形，常内卷成刺毛状，上面微粗糙且向基部疏生柔毛，下面平滑无毛，长5～15cm，宽约1mm。穗状花序细弱，长8～11（15）cm，穗轴三棱形，多平滑无毛，宽约0.5mm；小穗条状披针形，铅绿色，长5～8（10）mm，含3～5小花；颖具宽而透明的膜质边缘，第一颖长1.5～2mm，第二颖长2.5～3.5mm；外稃质薄似膜质，先端2裂，具3脉，主脉延伸成短且直的芒，芒长1～2mm，侧脉可延伸成长0.2～0.5mm的芒状小尖头，第一外稃长3～4mm，基盘被长约1mm的柔毛；内稃膜质，等长或稍短于外稃，脊上粗糙，具微小纤毛；花药长1～1.5mm。花果期7～9月。

生境 多年生砾石生旱生密丛生禾草。生于山地中山带的石质及砾石质陡壁和坡地。可在局部形成小面积的草沙蚕石生群落片段，也可散生于石隙积土中。

产扎兰屯市、阿荣旗、陈巴尔虎旗。

经济价值 中等饲用禾草。为羊和马所乐食。

虎尾草属 Chloris Swartz

虎尾草 *Chloris virgata* Sw.

蒙名 宝拉根—苏乐

形态特征 秆无毛，斜升、铺散或直立，基部节处常膝曲，高 10～35cm。叶鞘背部具脊，上部叶鞘常膨大而包藏花序；叶舌膜质，长 0.5～1mm，顶端截平，具微齿；叶长 2～15cm，宽 1.5～5mm，平滑无毛或上面及边缘粗糙。穗状花序长 2～5cm，数枚簇生于秆顶；小穗灰白色或黄褐色，长 2.5～4mm（芒除外）；颖膜质，第一颖长 1.5～2mm，第二颖长 2.5～3mm，先端具长 0.5～2mm 的芒；第一外稃长 2.5～3.5mm，具 3 脉，脊上微曲，边缘近顶处具长柔毛，背部主脉两侧及边缘下部也被柔毛，芒自顶端稍下处伸出，长 5～12mm；内稃稍短于外稃，脊上具微纤毛；不孕外稃狭窄，顶端截平，芒长 4.5～9mm。花果期 6～9 月。$2n=14, 20, 26, 30$。

生境 一年生中生农田杂草。生于农田、撂荒地、路边。

产海拉尔区、满洲里市、阿荣旗、莫力达瓦达斡尔族自治旗、鄂温克族自治旗、陈巴尔虎旗、新巴尔虎左旗、新巴尔虎右旗。

经济价值 可作饲用植物。

扎股草属 Crypsis Ait.

扎股草 Crypsis aculeata (L.) Ait.

别名 隐花草

蒙名 闹格图灰

形态特征 秆铺散、平卧或斜升，无毛，长5～20（40）cm。叶鞘疏松，上部者膨大，包住花序；叶舌短小，具纤毛；叶条状披针形，先端锐尖，多少内卷呈针刺状，长1.2～7.5cm，宽2～4mm。圆锥花序紧密，短缩呈头状，压扁，长6～13mm，宽3～7mm，下托以2枚苞片状叶鞘；小穗披针形，淡白色，长2～3.8mm；颖狭窄，第一颖长2～3mm，第二颖长2.5～3.5mm，脊上具短毛；外稃长2.5～3.8mm；内稃具1脊；雄蕊2。花果期7～9月。$2n=16$，18，54。

生境 一年生耐盐中生草本。生于森林带和草原带的河滩、沟谷、盐渍化低地，为盐渍化草甸的伴生成分。

产新巴尔虎左旗。

经济价值 可作为饲用植物。

野古草属 Arundinella Raddi

毛秆野古草 *Arundinella hirta* (Thunb.) Tanaka

别名 野枯草、硬骨草、马牙草、红眼巴

蒙名 沙格苏日干那

形态特征 具密被鳞片的横走根状茎。秆常单生，高50～75cm，无毛或仅于节上密被髯毛。叶鞘无毛或粗糙，有时边缘具纤毛或生有疣毛；叶舌甚短，长约1mm，干膜质，撕裂，先端被毛；叶扁平或边缘稍内卷，长6～19cm，宽2～8mm，无毛或边缘及两面均生有疣毛，上面基部被长硬毛，近鞘口处更密。圆锥花序长6.5～19cm，主轴粗糙或疏生小刺毛，分枝斜升，长1～6cm；小穗长3～4mm，灰绿色或带深紫色；颖卵状披针形，具3～5显明的脉，无毛或脉上粗糙，第一颖长2.2～2.5mm，为小穗的1/3～1/2，第二颖长3.5～4mm；第一外稃具3～5脉，长3～3.5mm，先端无芒，基盘无毛，内稃较短，含3雄蕊；第二外稃具不明显5脉，长2.5～3mm，无芒或由主脉延伸成长约1mm的小尖头，基盘两侧及腹面的毛长为稃体的1/3～1/2，内稃稍短。花果期7～9月。$2n$=28，56。

生境 多年生中生草本。生于森林带和草原带的河滩、山地草甸、草甸草原。

产牙克石市、扎兰屯市、根河市、阿荣旗、莫力达瓦达斡尔族自治旗、鄂伦春自治旗、鄂温克族自治旗、陈巴尔虎旗、新巴尔虎左旗。

经济价值 劣等饲用禾草。草质粗糙，适口性差，家畜只在饥饿状态时才采食。

黍属 Panicum L.

野稷 *Panicum miliaceum* L. var. *ruderale* Kitag.

别名 豪糜

形态特征 一年生禾草。秆直立或有时基部稍倾斜，高50～120cm，可生分枝，节密生须毛，节下具疣毛。叶鞘疏松，被疣毛；叶舌短而厚，长约1mm，具长1～2mm的纤毛；叶披针状条形，长10～30cm，宽10～15mm，疏生长柔毛或无毛，边缘常粗糙。圆锥花序直立而不下垂，分枝硬挺而开展。小穗卵状椭圆形，长3.5～5mm。第一颖长为小穗的1/2～2/3，具5～7凸起脉；第二颖常具11脉，其脉于顶端会合成喙状。第一外稃多具1号脉，第一内稃如存在，膜质，先端常凹或呈不整齐状；第二外稃乳白色、褐色或棕黑色。颖果圆形或椭圆形，长3～3.5mm，栗色。花果期7～9月。

生境 生于农田、地边、路旁。

产陈巴尔虎旗、海拉尔区、额尔古纳市。

经济价值 可作饲草料。

野黍属 Eriochloa H. B. K.

野黍 *Eriochloa villosa* (Thunb.) Kunth

别名 唤猪草

蒙名 额力也格乐吉

形态特征 秆丛生，直立或基部斜升，有分枝，下部节有时膝曲，高50～100cm。叶鞘无毛或被微毛，节部具须毛；叶舌短小，具较多纤毛，其毛长0.5～1mm；叶披针状条形，长2～25cm，宽5～15mm，疏被短柔毛，边缘粗糙。圆锥花序狭窄，顶生，长达15cm，总状花序少数或多数，长1.5～4.5cm，密生白色长柔毛，常排列于主轴的一侧；小穗卵形或卵状披针形，单生，成2行排列于穗轴的一侧，长4～5mm；第二颖与第一外稃具膜质，和小穗等长，均被短柔毛，先端微尖，无芒；第二外稃以腹面对向穗轴。颖果卵状椭圆形，稍短于小穗，先端钝或微凸尖，细点状粗糙。花果期7～10月。$2n=54$。

生境 一年生湿生草本。生于森林带和草原带的路边、田野、山坡、耕地和潮湿地。

产除新巴尔虎右旗外的其他各旗、市、区。

稗属 Echinochloa Beauv.

1 圆锥花序柔软，下垂或弓形弯曲，小穗卵状椭圆形，长 2.5～4mm，外稃芒较粗壮，长 1.5～5cm ··· **1 长芒稗 E. caudata**
1 圆锥花序直立或稍下垂，较疏展，小穗卵形，具短芒或无芒 ··· **2**
2 外稃芒长 0.5～1.5cm，花序分枝所形成的总状花序分枝柔软 ··· **2 稗 E. crusgalli**
2 外稃无芒或其芒不超过 3mm，花序分枝所形成的总状花序挺直 ··· **2a 无芒稗 E. crusgalli var. mitis**

长芒稗 *Echinochloa caudata* Roshev.

别名 长芒野稗

蒙名 搔日特—奥存—好努格

形态特征 秆疏丛生，直立或基部倾斜，有时膝曲，高 1～2m，直径 4～7mm，光滑无毛。叶鞘疏松，无毛或常具疣基毛，有时仅有粗糙毛或仅边缘有毛，上部边缘膜质；叶条形或宽条形，长 10～45cm，宽 10～20mm，边缘增厚而粗糙，呈绿白色，两面无毛或上面微粗糙。圆锥花序稍紧密，柔软而下垂，长 10～25cm，宽 1.5～4cm，穗轴粗壮，粗糙，有棱，具疏生疣基毛，分枝密集，不弯曲，常再分小枝；小穗密集排列于穗轴的一侧，单生或不规则簇生，卵状椭圆形，长 2.5～4mm，常带紫色，具极短的柄；第一颖三角形，长为小穗的 1/3～2/5，先端尖，基部包卷小穗，具 3 脉，第二颖与小穗等长，草质，顶端具长 0.1～0.2mm 的芒，具 5 脉；第一外稃草质，具 5 脉，先端延伸成一较粗壮的芒，芒长 1.5～5cm，内稃与其外稃几等长；第二外稃草质，顶端具小尖头，光亮，边缘包着同质的内稃；鳞被楔形，具 5 脉。谷粒易脱落，椭圆形，白色或淡黄色，长 2～3mm，宽 1～2mm。花果期 6～9 月。

生境 一年生湿生田间杂草。生于田野、耕地、宅旁、路边、渠沟边水湿地、沼泽地、水稻田中。

产海拉尔区、满洲里市、鄂温克族自治旗、陈巴尔虎旗、新巴尔虎左旗、新巴尔虎右旗。

经济价值 谷粒供食用或酿酒。良等饲用禾草。青鲜时为牛、马和羊喜食。根及幼苗入药，能止血，主治创伤出血不止。茎叶纤维可作造纸原料。全草可作绿肥。

稗 *Echinochloa crusgalli* (L.) Beauv.

别名 稗子、水稗、野稗

蒙名 奥存—好努格

形态特征 秆丛生，直立或基部倾斜，有时膝曲，高50～150cm，直径2～5mm，光滑无毛。叶鞘疏松，微粗糙或平滑无毛，上部具窄膜质边缘；叶条形或宽条形，长20～50cm，宽5～15mm，边缘粗糙，无毛或上面微粗糙。圆锥花序较疏松，常带紫色，呈不规则的塔形，长9～20cm，穗轴较粗壮，粗糙，基部具硬刺疣毛，分枝柔软、斜上或贴生，具小分枝；小穗密集排列于穗轴的一侧，单生或成不规则簇生，卵形，长3～4mm，近无柄或具极短的柄，柄粗糙或具硬刺疣毛；第一颖长为小穗的1/3～1/2，基部包卷小穗，具5脉，边脉仅于基部较明显，具较多的短硬毛或硬刺疣毛，第二颖与小穗等长，草质，先端渐尖成小尖头，具5脉，脉上具硬刺疣毛，脉间被短硬毛；第一外稃草质，上部具7脉，脉上具硬刺疣毛，脉间被短硬毛，先端延伸成一粗壮的芒，芒长5～15(30)mm，粗糙，内稃与其外稃几等长，薄膜质，具2脊，脊上微粗糙；第二外稃外凸内平，革质，上部边缘常平展，内稃先端外露。谷粒椭圆形，易脱落，白色、淡黄色或棕色，长2.5～3mm，宽1.5～2mm，先端具粗糙的小尖头。花果期6～9月。$2n$=36，54，48，72。

生境 一年生湿生田间杂草。生于田野、耕地、宅旁、路旁、渠沟边水湿地、沼泽地、水稻田中。产呼伦贝尔市各旗、市、区。

经济价值 用途同长芒稗。

无芒稗 *Echinochloa crusgalli* (L.) P. Beauv. var. *mitis* (Pursh) Peterm.

别名 落地稗

蒙名 搔日归—奥存—好努格

形态特征 本变种与正种的区别在于：小穗卵状椭圆形，长约3mm，无芒或具极短的芒，如有芒，其芒长不超过0.5mm。圆锥花序稍疏松，直立，其分枝不作弓形弯曲，挺直，常再分枝。第二颖比谷粒长。花果期7～8月。

生境 一年生湿生田间杂草。生于田野、耕地、宅旁、路旁、渠沟边水湿地、沼泽地、水稻田中。产呼伦贝尔市各旗、市、区。

经济价值 用途同正种。

马唐属 Digitaria Heist.

止血马唐 *Digitaria ischaemum* (Schreb.) ex Muhl.

蒙名 哈日—西巴棍—塔布格

形态特征 秆直立或倾斜，基部常膝曲，高15～45cm，细弱。叶鞘疏松裹茎，具脊，有时带紫色，无毛或疏生细软毛，鞘口常具长柔毛；叶舌干膜质，先端钝圆，不规则撕裂，长0.5～1.5mm；叶扁平，长3～12cm，宽2～8mm，先端渐尖，基部圆形，两面均贴生微细毛，有时上面疏生细弱柔毛。总状花序2～4枚于秆顶彼此接近或最下1枚较远离，长3.5～8（11.5）cm，穗轴边缘稍呈波状，具微小刺毛；小穗长2～2.8mm，灰绿色或带紫色，每节生2～3枚，小穗柄无毛，稀可被细微毛；第一颖微小或几不存在，透明膜质，第二颖稍短于小穗或近等长，具3脉，脉间及边缘密被柔毛；第一外稃具5脉，全部被柔毛。谷粒成熟后呈黑褐色。花果期7～9月。$2n=36$。

生境 一年生中生杂草。生于田野、路边、沙地。产扎兰屯市、莫力达瓦达斡尔族自治旗、鄂温克族自治旗、陈巴尔虎旗。

经济价值 中等饲用禾草。在秋后牛和马采食。

禾本科

狗尾草属 Setaria Beauv.

1 小穗和刚毛金黄色，花序主轴上每簇含小穗1枚 ··· **1 金色狗尾草 S. glauca**
1 刚毛绿色或紫色，花序主轴密生粗毛，其上每簇通常含小穗3枚以上 ·· **2**
2 花序狭细，条状圆柱形，明显有间断 ·· **2 断穗狗尾草 S. arenaria**
2 花序较宽，圆柱状，不间断，或仅下部偶有间断，刚毛绿色或紫色 ················· **3 狗尾草 S. viridis**

金色狗尾草 *Setaria glauca* (L.) Beauv.

蒙名 阿拉担—西日—达日

形态特征 秆直立或基部稍膝曲，高20～80cm，光滑无毛，或仅在花序基部粗糙。叶鞘下部扁压具脊；叶舌退化为一圈长约1mm的纤毛；叶条状披针形或狭披针形，长5～15cm，宽4～7mm，上面粗糙或在基部有长柔毛，下面光滑无毛。圆锥花序密集呈圆柱状，长2～6(8)cm，宽1cm左右（包括刚毛），直立，主轴具短柔毛，刚毛金黄色，粗糙，长6～8mm，5～20根为一丛；小穗长3mm，椭圆形，先端尖，通常在一簇中仅有1枚发育；第一颖广卵形，先端尖，具3脉；第一外稃与小穗等长，具5脉，内稃膜质，短于小穗或与之几等长，并且与小穗几等宽；第二外稃骨质。谷粒先端尖，成熟时具有明显的横皱纹，背部极隆起。花果期7～9月。$2n=18$，36。

生境 一年生中生杂草。生于田野、路边、荒地、山坡。

产呼伦贝尔市各旗、市、区。

经济价值 在青苗时节是牲畜的优良饲料。种子可食，或可喂养家禽。还可蒸馏酒精。

断穗狗尾草 *Setaria arenaria* Kitg.

蒙名 宝古尾—西日—达日

形态特征 秆直立，细，丛生或近于丛生，高15～45cm，光滑无毛。叶鞘鞘口边缘具纤毛，基部叶鞘上常具瘤或瘤毛；叶舌由一圈长约1mm的纤毛组成；叶狭条形，稍粗糙，长6～12cm，宽2～6mm。圆锥花序紧密呈细圆柱形，直立，其下部常有疏隔间断现象，花序长1～8cm，宽2～7mm（刚毛除外），刚毛较短，且数目较少（与其他种相比），长4～7mm，上举，粗糙；小穗狭卵形，长约2mm；第一颖卵形，长约为小穗的1/3，先端稍尖，第二颖卵形，与小穗等长；第一外稃与小穗等长，其内稃膜质狭窄；第二外稃狭椭圆形，先端微尖，有轻微的横皱纹。花果期7～9月。

生境 一年生中生杂草。生于森林带和草原带的沙地、沙丘、阳坡。

产陈巴尔虎旗。

经济价值 良等饲用禾草。为马、牛和羊所喜食，骆驼乐食。

狗尾草 *Setaria viridis* (L.) Beauv.

别名 毛莠莠

蒙名 西日—达日

形态特征 秆高 20～60cm，直立或基部稍膝曲，单生或疏丛生，通常较细弱，于花序下方多少粗糙。叶鞘较松弛，无毛或具柔毛；叶舌由一圈长 1～2mm 的纤毛组成；叶扁平，条形或披针形，长 10～30cm，宽 2～10（15）mm，绿色，先端极尖，基部略呈钝圆形或渐窄，上面极粗糙，下面稍粗糙，边缘粗糙。圆锥花序紧密呈圆柱状，直立，有时下垂，长 2～8cm，宽 4～8mm（刚毛除外），刚毛粗糙，绿色、黄色或稍带紫色；小穗椭圆形，先端钝，长 2～2.5mm；第一颖卵形，长约为小穗的 1/3，具 3 脉，第二颖与小穗几等长，具 5 脉；第一外稃与小穗等长，具 5 脉，内稃狭窄；第二外稃具有细点皱纹。谷粒长圆形，顶端钝，成熟时稍肿胀。花期 7～9 月。$2n=18$。

生境 一年生中生杂草。生于荒地、田野、河边、坡地。

产呼伦贝尔市各旗、市、区。

经济价值 幼嫩时是家畜的优良饲料，为各种家畜所喜食，但开花后，由于植物体变粗，刚毛变得很硬，对动物口腔黏膜有损害作用。此外，其种子可食用，也可喂养家禽及蒸馏酒精。全草入药，能清热明目、利尿、消肿排脓，主治目翳、沙眼、目赤肿痛、黄疸性肝炎、小便不利、淋巴结核（已溃）、骨结核等。颖果作蒙药（蒙药名：乌仁素勒），能止泻涩肠，主治肠痧、痢疾、腹泻、肠刺痛。

大油芒属 Spodiopogon Trin.

大油芒 *Spodiopogon sibiricus* Trin.

别名 大荻、山黄菅

蒙名 阿古拉音—乌拉乐吉

形态特征 植株具长根状茎且密被覆瓦状鳞片。秆直立，高 60～100（150）cm。叶鞘无毛或边缘密被微毛；叶舌干膜质，长 1～1.5mm；叶宽条形至披针形，先端渐尖，基部渐窄，长 7～18cm，宽 4～10mm，无毛或密被微毛并疏生长柔毛，有时近基部尚疏生长硬毛。圆锥花序狭窄，长 11～18cm，宽 2～4cm，主轴无毛或分枝腋处具髯毛；总状分枝近于轮生，小枝具 2～4 节，节具髯毛，每节小穗孪生，1 有柄，1 无柄，成熟后穗轴逐节断落，穗轴节间及小穗柄的两侧具较长的纤毛且先端膨大；小穗灰绿色、草黄色或略带紫色，长 5～6.5mm，基部具长 1～2.5mm 的短毛；颖几等长，具 5～9（11）脉，遍体被长柔毛（无柄小穗第二颖仅脊上部及边缘具长柔毛），先端尖或具小尖头，第二颖背具脊；第一小花雄性，具 3 雄蕊，外稃卵状披针形，先端尖，具 1～3 脉，上部生微毛，与小穗几等长，内稃稍短；第二小花两性，外稃狭披针形，稍短于小穗，顶端深裂达稃体的 2/3，裂齿间芒长 9～12.5mm，中部膝曲，内稃稍短于外稃；雄蕊 3；子房光滑无毛，柱头紫色。花果期 7～9 月。$2n=40, 42$。

生境 多年生中旱生草本。生于森林带和草原带的山地阳坡、砾石质草原、山地灌丛、草甸草原，可成为山地草原优势种。

产牙克石市、扎兰屯市、额尔古纳市、莫力达瓦达斡尔族自治旗、鄂温克族自治旗、陈巴尔虎旗、新巴尔虎左旗。

经济价值 全草入药，能止血、催产，主治月经过多、难产、胸闷、气胀。又为中等饲用禾草。适口性较差，在青鲜状态仅为牛乐食。

莎草科 Cyperaceae

1 花单性，雌花先出叶全部愈合成果囊 ·· **1 薹草属 Carex**
1 花两性或单性，无先出叶形成的果囊 ·· **2**
2 鳞片螺旋状排列；有下位刚毛，极少因退化而几无下位刚毛 ·· **3**
2 鳞片 2 列；无下位刚毛 ·· **6**
3 花柱基部膨大成帽状，宿存于小坚果之上，下位刚毛 3～8 条，偶有退化而无，小穗单一；叶退化仅具叶鞘
　 ··· **2 荸荠属 Eleocharis**
3 花柱基不膨大，其与小坚果连接处无明显界限 ·· **4**
4 小穗排列成 2 列 ·· **5 扁穗草属 Blysmus**
4 小穗不排列成 2 列 ·· **5**
5 下位刚毛 6 条，有时稍多或少，粗短，呈刚毛状，极少无下位刚毛 ············· **3 藨草属 Scirpus**
5 下位刚毛极多数，细长，丝状 ·· **4 羊胡子草属 Eriophorum**
6 柱头 3，小坚果三棱形 ·· **6 莎草属 Cyperus**
6 柱头 2，稀 3，小坚果双凸状、平凹状或凹凸状 ·· **7**
7 小坚果背腹压扁，面向小穗轴 ·· **7 水莎草属 Juncellus**
7 小坚果两侧压扁，棱向小穗轴 ·· **8 扁莎属 Pycreus**

薹草属 Carex L.

1 小穗单一，顶生，雄雌顺序，雌花鳞片宿存，先端钝圆，果囊近膜质，倒卵状椭圆形，无光泽，根状茎短 ·······
　 ·· **1 额尔古纳薹草 C. argunensis**
1 小穗 2 枚以上 ·· **2**
2 小穗两性，雄雌顺序，枝先出叶通常不发育，根状茎长而匍匐，秆散生，果囊通常平凸状，边缘成锐角，无翅，喙口斜裂或浅裂 ··· **3**
2 小穗单性，上部为雄小穗，下部为雌小穗，枝先出叶通常发达 ·· **6**
3 果囊近膜质，匍匐根状茎粗壮，直径 2.5～5mm，秆常 1～3 株散生 ·· **4**
3 果囊近革质，匍匐根状茎细，直径 0.8～1.5（2）mm，秆呈束状丛生 ······································ **5**
4 喙平滑，果囊具细脉至不明显脉，近双凸状，叶细，内卷成针状 ·············· **2 走茎薹草 C. reptabunda**
4 喙粗糙，果囊具不明显脉至无脉，平凸状，叶通常扁平 ···························· **3 无脉薹草 C. enervis**
5 果囊宽卵形至近圆形，长 2.5～3.2mm，无脉，顶端急缩为短喙 ················ **4 寸草薹 C. duriuscula**
5 果囊卵形或卵状椭圆形，长 3.5～4.5mm，具脉，顶端渐狭为较长喙 ······ **5 砾薹草 C. stenophylloides**
6 柱头 3，小坚果三棱状 ·· **7**
6 柱头 2，小坚果平凹状或双凸状，顶生 1～3 枚雄小穗，根状茎短缩，不匍匐，秆密丛生，形成塔头，果囊无紫红色线点状斑纹，喙短或无喙，喙口全缘或微凹 ·· **13**
7 果囊背腹压扁，平凸状，不呈三棱状，边缘具齿状翼，小穗远离生，几达秆之基部 ······ **6 离穗薹草 C. eremopyroides**
7 果囊三棱状，非背腹压扁 ·· **8**
8 叶具横隔，植株或果囊无毛，果囊膜质膨大，具长喙，喙口明显 2 齿裂 ·································· **9**

8 叶通常无横隔，果囊喙口膜质状，全缘或微 2 齿裂 ··· 10
9 通常在穗轴上水平开展，具短柄，顶端多少急缩为喙；秆锐三棱形；叶宽 8～15mm，鲜绿色，雄小穗 2～7 枚，
 雌小穗宽 10～13mm ·· **7 大穗薹草 C. rhynchophysa**
9 果囊在穗轴上斜开展，顶端渐狭为喙；叶宽 2.5～6mm ·· **8 膜囊薹草 C. vesicaria**
10 苞片无苞鞘，刚毛状或芒状，顶生小穗为雄小穗，其余为雌小穗，雌小穗近球形、卵形或矩圆形，果囊平滑无毛，
 具光泽，金黄色，具脉，喙不长于 0.5mm，雄花鳞片狭长卵形或披针形 ······························ **9 黄囊薹草 C. korshinskyi**
10 苞片具苞鞘，叶长条形或丝状 ·· 11
11 果囊平滑无毛，亦无乳头状凸起，长 5～6mm，喙直长，约 1.5mm，植株大型，根状茎短，密被深褐色细裂成纤
 维状的老叶鞘 ·· **10 麻根薹草 C. arnellii**
11 果囊被短柔毛或糙毛，小穗柄较短 ··· 12
12 苞鞘边缘狭膜质，大部分绿色，顶端具明显的短叶，稀为刚毛状，根状茎短缩，斜升，果囊背面无脉或具不明显脉，
 腹面仅基部具 3～5 条脉 ·· **11 脚薹草 C. pediformis**
12 苞鞘腹侧非绿色，顶端通常无叶，秆高 10～36cm，不隐藏于叶丛基部，果囊具多数明显凸脉；雌花鳞片披针形或
 卵状披针形，先端渐尖，但不突尖 ·· **12 凸脉薹草 C. lanceolata**
13 果囊具明显的脉 ·· **13 灰脉薹草 C. appendiculata**
13 果囊无脉 ··· 14
14 基部叶鞘深紫褐色或红褐色，雌小穗接近生，果囊不膨大，上部边缘长粗糙 ······························ **14 丛薹草 C. caespitosa**
14 基部叶鞘浅褐色至黑褐色，雌小穗远离生，果囊膨大，上部边缘常粗糙 ····························· **15 臌囊薹草 C. schmidtii**

额尔古纳薹草 *Carex argunensis* Turcz. ex Trev.

蒙名 额尔棍—西日黑

形态特征 根状茎长，匍匐或斜升，被深褐色、细裂成纤维状的老叶鞘。秆疏丛生或有时密生，高 9～28cm，平滑。基部叶鞘浅褐色，细裂稍呈纤维状；叶扁平，稍弯曲，黄灰色或带绿色，与秆等长或稍长出，宽 1.5～3mm，上面平滑，下面微粗糙。小穗单一，顶生，雄雌顺序，黄褐色；雄花部分与雌花部分相等或较之略长，宽条状棒形；雌花部分具 5～12 花；雌花鳞片近于矩圆形，先端钝圆，全缘或为不规则浅波状缘，或有时呈撕裂状，常具小尖头，浅黄褐色，边缘宽膜质，长 3～4（5.5）mm；果囊近于膜质，倒卵状椭圆形，略呈三棱形，无光

泽，脉不明显，长（3.5）4～4.5mm，顶端具短喙，长0.25～0.5mm，喙口凹缺。小坚果椭圆形，三棱状，浅褐色，基部具狭条形退化小穗轴；花柱基部短圆锥状，柱头3。果期6～7月。

生境 多年生中生草本。生于森林草原带的石质山地草原、沙地樟子松疏林下、林间。

产海拉尔区、额尔古纳市、鄂温克族自治旗、新巴尔虎左旗。

走茎薹草 Carex reptabunda (Trautv.) V. Krecz.

蒙名 木乐呼格—西日黑

形态特征 根状茎长而匍匐，粗壮，灰褐色。秆1～3株散生，较细，高15～45cm，近三棱形，光滑或上部微粗糙，中部以下生叶。基部叶鞘锈褐色，无光泽，稍细裂成纤维状；叶内卷成针状，有时对折，较硬，灰绿色，短于秆，宽约1.5mm，两面平滑，先端边缘微粗糙。穗状花序矩圆状卵形或卵形，长5～13mm，宽3～5mm，疏松排列，浅褐色；苞片鳞片状，边缘膜质；小穗2～5个，雄雌顺序，卵形或椭圆形，长4～5mm，具少数花；雌花鳞片矩圆状卵形、卵形或卵状披针形，长3～4mm，浅锈色，中脉明显，先端锐尖或钝，边缘白色膜质部分较宽，近等长于果囊；果囊膜质，卵形、矩圆状卵形或椭圆形，长3～3.5（4）mm，宽1.2～1.5mm，近双凸状或平凸状，锈褐色或苍白色而上部带锈色，通常具细脉至不明显脉，边缘无翅，平滑，基部圆楔形，无海绵状组织，具短柄，顶部稍急缩为较长的喙；喙平滑，喙口白色，膜质，2齿裂。小坚果疏松包于果囊中，矩圆形或椭圆形，微双凸状，长约1.5mm；花柱基部不膨大，柱头2。果期6～7月。

生境 多年生湿中生草本。生于森林带和森林草原带的湖边沼泽化草甸、盐渍化草甸。

产海拉尔区、满洲里市、牙克石市、新巴尔虎右旗。

无脉薹草 *Carex enervis* C. A. Mey.

蒙名 苏达乐归—西日黑

形态特征 根状茎长，匍匐，褐色。秆每1～3株散生，较细，三棱形，高15～45cm，下部平滑，上部微粗糙，下部生叶。基部叶鞘无叶片，灰褐色，无光泽；叶片扁平或对折，灰绿色，短于秆，宽2～3mm，先端长渐尖，边缘粗糙。穗状花序矩圆形或矩圆状卵形，长1.5～2.5cm，下方1～2小穗稍疏生；苞片刚毛状，短于小穗；小穗5～10个，雄雌顺序，卵状披针形，长6～7mm；雌花鳞片矩圆状卵形或卵状披针形，长约3.5mm，锈褐色，中脉明显，先端渐尖，边缘白色膜质部分较宽，稍短于果囊；果囊膜质，卵状椭圆形或矩圆状卵形，平凸状，长3～4mm，下部黄绿色，上部及两侧锈色，背腹面具不明显脉至无脉，边缘肥厚，稍向腹侧弯曲，基部无海绵状组织，近圆形或楔形，具短柄，顶端稍急缩为较长喙，喙缘粗糙，喙口白色膜质，短2齿裂。小坚果疏松包于果囊中，矩圆形或椭圆形，稍呈双凸状，长1.2～1.6mm，浅灰色，有光泽；花柱基部不膨大，柱头2。果期6～7月。

生境 多年生中生草本。生于河边沼泽化草甸及盐化草甸。

产海拉尔区、满洲里市、牙克石市、新巴尔虎右旗。

经济价值 可作为饲用植物。

寸草薹 *Carex duriuscula* C. A. Mey.

别名 寸草、卵穗薹草

蒙名 朱乐格—额布苏（西日黑）

形态特征 根状茎细长，匍匐，黑褐色。秆疏丛生，纤细，高5～20cm，近钝三棱形，具纵棱槽，平滑。基部叶鞘无叶，灰褐色，具光泽，细裂成纤维状；叶内卷成针状，刚硬，灰绿色，短于秆，宽1～1.5mm，两面光滑，边缘稍粗糙。穗状花序通常卵形或宽卵形，长7～12mm，宽5～10mm；苞片鳞片状，短于小穗；小穗3～6个，雄雌顺序，密生，卵形，长约5mm，具少数花；雌花鳞片宽卵形或宽椭圆形，锈褐色，先端锐尖，具白色膜质狭边缘，稍短于果囊；果囊革质，宽卵形或近圆形，长2.5～3.2mm，平凸状，褐色或暗褐色，成熟后微有光泽，两面无脉或具1～5不明显脉，边缘无翅，基部近圆形，具海绵状组织及短柄，顶端急收缩为短喙；喙口稍粗糙，喙口斜形，白色，膜质，浅2齿裂。小坚果疏松包于果囊中，宽卵形或宽椭圆形，长1.5～2mm；花柱短，基部稍膨大，柱头2。花果期4～7月。$2n=60$。

生境 多年生中旱生草本。生于森林带和草原带的轻度盐渍低地，在盐渍化草甸和草原的过牧地段可出现寸草薹占优势的群落片段。

产牙克石市、扎兰屯市、阿荣旗、莫力达瓦达斡尔族自治旗。

经济价值 本种是一种很有价值的放牧型植物，牛、马、羊喜食。也可作为园林绿化草坪用草。

砾薹草 *Carex stenophylloides* V. Krecz.

别名 中亚薹草

蒙名 赛衣日音—西日黑

形态特征 根状茎纤细，匍匐，暗褐色。秆呈束状丛生，较细，高5～25cm，钝三棱形，平滑，具纵棱槽，基部生叶。基部叶鞘无叶，灰褐色或暗褐色，稍细裂成纤维状；叶近扁平或内卷成针状，灰绿色，长于或短于秆，宽1～2.5mm，质较硬，两面近于平滑，边缘粗糙。穗状花序卵形或矩圆形，长1～2.5cm，宽5～7mm，淡褐色或淡白色；苞片鳞片状，褐色，短于小穗；小穗3～7个，雄雌顺序，通常卵形，具少数花；雌花鳞片卵形或宽卵形，长3.5～4mm，宽约1.8mm，锈褐色或淡锈色，具1条凸起脉，先端急尖，边缘白色膜质部分较狭或宽，稍短于果囊或稍长；果囊革质，卵形或卵状椭圆形，平凸状，长3.5～4.5mm，宽约2mm，淡褐色或紫褐色，有光泽，两面近基部具10～15脉，上部近无脉，边缘无翅，基部近圆形或宽楔形，具短柄，顶端渐狭为较长的喙；喙微粗糙，喙口浅2齿裂。小坚果稍疏松地包于果囊中，椭圆形，长1.6～2mm，宽1～1.4mm，褐色或黄褐色，稍呈平凸状，基部具短柄，顶端较钝，表面具较密的小凸起；花柱基部不膨大，柱头2。花果期4～7月。

生境 多年生旱生草本。生于沙质及砾石质草原、盐渍化草甸。

产海拉尔区、牙克石市。

离穗薹草 *Carex eremopyroides* V. Krecz.

蒙名 西日嘎拉—西日黑

形态特征 根状茎短。秆密丛生，高5～27cm，平滑，基部叶鞘淡锈褐色，具光泽；叶扁平，长于秆，宽2～3mm，边缘粗糙。苞片叶状，最下1片长于花序，具包鞘，鞘长约8mm；小穗4～5个；上部1～2个为雄小穗，棒状，长0.8～1.2cm，具短柄，超出或半超出相邻次一雌小穗，雄花鳞片矩圆状卵形至披针形，苍白色，具3脉，脉间绿色；其余为雌小穗，远离生，几达秆的基部，长1～1.8cm，宽0.8～1.2mm，基部小穗具藏于包鞘内的柄，柄长达1.5cm，花密生，雄花鳞片卵形，苍白色，具3脉，脉间绿色，先端尖，边缘膜质，长为果囊之半；果囊海绵质，背腹扁，卵状披针形或矩圆状卵形，平凸状，长5～6mm，淡绿色，后变淡褐色，无毛，背面具（2）3～4细脉，腹面无脉或具1脉，边缘具锯齿状狭翼，基部圆形，具短柄，顶端渐狭为长喙；喙扁平，微弯，喙口膜质，深2齿裂。小坚果稍紧包于果囊中，矩圆形，扁三棱状，长约2.9mm，黑褐色，密被细小微粒，顶端具小尖，基部具柄；花柱基部不弯曲，柱头3。果期6～7月。

生境 多年生中生草本。生于草原区的湖边沙地草甸、轻度盐渍化草甸、林间低湿地。

产海拉尔区、新巴尔虎右旗。

大穗薹草 *Carex rhynchophysa* C. A. Mey.

蒙名 冒恩图格日—西日黑

形态特征 具粗而长的匍匐根状茎。秆粗壮，高 60～100cm，锐三棱形，上部微粗糙，着叶达中部以上。基部叶鞘无叶，淡褐色，有时带红紫色，无光泽；叶扁平，质软，鲜绿色，短于秆或近等长，宽（6）8～15mm，与叶鞘均具明显横隔。苞片叶状，最下 1 片长于花序，无苞鞘或稀具短鞘（长 4mm）；小穗 5～9 个；上部 3～6 个为雄小穗，稍接近生，条状圆柱形，长 1～6.5cm；雄花鳞片披针形，锈棕色，边缘宽膜质；下部 2～3 个为雌小穗，远离生，有时顶部具雄花，圆柱形，长（3.5）5～8cm，宽 1～1.3cm，着花极密，基部小穗具短柄，其余近无柄，直立或稍下垂；雌花鳞片披针形，长约 4.6mm，红锈色，具 3 脉，脉间淡绿色，具宽的白色膜质边缘，先端渐尖，短于果囊；果囊膜质，极密，水平开展，球状倒卵形，膨胀三棱状，长约 6mm，宽约 3mm，黄绿色，具光泽，两面各具 3～5 细脉，基部宽楔形，具短柄，顶端骤缩为圆筒状长喙；喙平滑，喙口带锈色，2 齿裂。小坚果疏松包于果囊中，椭圆形或倒卵形，三棱状，长 2～2.5mm；花柱长而屈曲，基部不膨大，柱头 3。果期 6～7 月。$2n=74$，80。

生境 多年生湿生草本。生于森林带和森林草原带的沼泽，在河边积水处可形成大穗薹草群聚。

产牙克石市、扎兰屯市、额尔古纳市、根河市、莫力达瓦达斡尔族自治旗、鄂温克族自治旗、陈巴尔虎旗、新巴尔虎左旗。

经济价值 嫩叶可作牧草。茎叶可造纸。

膜囊薹草 *Carex vesicaria* L.

别名 胀囊薹草

蒙名 哈力苏力格—敖古图特—西日黑

形态特征 根状茎长而匍匐。秆高40～70cm，锐三棱形，上部粗糙或近平滑，中部以下生叶。基部叶鞘无叶，紫红色或红褐色，边缘细裂成网状；叶扁平，绿色或黄绿色，质软，与叶鞘均具明显横隔，短于秆，宽2.5～6mm，边缘粗糙。苞片叶状，最下1片长于花序，无苞鞘或具很短的鞘；小穗4～5（6）个，远离生；上部2～3个为雄小穗，条形，长0.7～3cm；雄花鳞片披针形，淡锈色或锈色，中部色淡，具3脉，先端近急尖，边缘白色膜质；其余为雌小穗，卵形或矩圆形，长1.5～3.6cm，宽7～9mm，密生花，基部小穗具长达2.4cm的细柄，其余具短柄至无柄，直立或稍下倾；雌花鳞片卵状披针形，长约3.2mm，锈色或淡锈色，具3脉，脉间黄绿色，先端渐尖，边缘白色膜质，短于果囊；果囊斜开展，膜质，卵形，成熟时呈圆锥状卵形，稍膨大三棱状，长约5.4mm，淡黄绿色、淡褐色或带紫红色，具光泽，背面具5条明显脉，腹面2～4条，基部圆形，具短柄，顶端渐狭为喙；喙长约1.2mm，扁柱状，喙口锈色或紫红色，深2齿裂。小坚果疏松包于果囊中，宽倒卵形，三棱状；花柱二至三回屈曲，基部不膨大，柱头3。果期6～7月。$2n=74$，82。

生境 多年生湿中生草本。生于森林带和森林草原带的河边草甸、沼泽化草甸、沼泽。

产扎兰屯市、莫力达瓦达斡尔族自治旗、鄂伦春自治旗、鄂温克族自治旗。

经济价值 可作牧草及造纸原料。

黄囊薹草 *Carex korshinskyi* Kom.

蒙名 西日—西日黑

形态特征 具细长匍匐根状茎。秆疏丛生，纤细，高20～36cm，扁三棱形，上部微粗糙，下部生叶。基部叶鞘褐红色，细裂成纤维状及网状；叶狭，扁平或对折，灰绿色，短于秆或近等长，宽1～2mm，边缘粗糙。苞片先端刚毛状或芒状，长于或短于小穗，具极短苞鞘；小穗2～3个；顶生者为雄小穗，棒状条形，长1～2.5cm，与相邻次一雌小穗接近生；雄花鳞片狭长卵形或披针形，淡锈色，先端急尖，具白色膜质宽边缘；侧生1～2个为雌小穗，近球形、卵形或矩圆形，长0.6～1cm，具5～12花，无柄；雌花鳞片卵形，长约3mm，淡棕色，中部色浅，先端急尖，具白色膜质宽边缘，与果囊近等长；果囊革质，倒卵形或椭圆形，钝三棱状，金黄色，长约3mm，背面具多数脉，腹面脉少，平滑，具光泽，基部近楔形，顶端急收缩成短喙；喙平滑，喙口膜质，斜截形。小坚果紧包于果囊中，倒卵形，钝三棱形，长约1.8mm；花柱基部略增大，弯斜，柱头3。果期6～8月。

生境 多年生中旱生草本。生于森林带和草原带的草地、沙丘、石质山坡。可成为沙质草原及羊草草原的伴生种。

产海拉尔区、满洲里市、扎兰屯市、鄂温克族自治旗、陈巴尔虎旗、新巴尔虎左旗、新巴尔虎右旗。

经济价值 可作为饲用植物。

麻根薹草 *Carex arnellii* Christ ex Scheutz

蒙名 照巴乐格—西日黑

形态特征 根状茎长，匍匐而斜升，木质化，密被深褐色细裂成纤维状的残存老叶鞘。秆丛生，高30~60（70）cm，三棱形，平滑，上部纤细，下垂。基部叶鞘褐色，纤维状细裂；叶扁平，柔软，淡绿色，与秆近等长，宽2~4mm，边缘微粗糙。苞片叶状，最下1片与花序近等长，具苞鞘，鞘长0.6~1.7cm；小穗4~5个，上部2~3个为雄小穗，接近生，披针形，长1.2~2.3cm；雄花鳞片倒披针形，淡锈色，具1脉，先端尖，膜质状；其余为雌小穗，圆柱形，长3~5cm，着花稀疏或上部较密，具粗糙细长柄，柄长3.5~6cm；雌花鳞片卵状披针形，长5~6mm，淡锈色，中部具3脉，脉间绿色，先端渐尖并延伸成粗糙芒状尖，与果囊近等长；果囊薄革质，倒卵形至椭圆形，长5~6mm，淡黄绿色，具光泽，具数条不明显脉，基部楔形，顶端稍急收缩为细长喙；喙长约1.5mm，喙缘微粗糙，喙口白色膜质，2齿裂。小坚果疏松包于果囊中，椭圆状倒卵形，淡棕色，三棱状，长约2.4mm；花柱稍弯曲，基部不膨大，柱头3。果期6~7月。$2n=40$。

生境 多年生中生草本。生于森林带和草原带的阴湿山沟、林缘沼泽草甸、林间草甸、山坡石壁下、固定沙丘阴坡林下。

产满洲里市、扎兰屯市、额尔古纳市。

脚薹草 *Carex pediformis* C. A. Mey.

别名 日阴菅、柄状薹草、硬叶薹草

蒙名 照格得日—西日黑（宝棍—西日黑）

形态特征 根状茎短缩，斜升。秆密丛生，高18～40cm，纤细，钝三棱形，平滑，上部微粗糙，下部生叶，老叶基部有时卷曲。基部叶鞘褐色，细裂成纤维状；叶稍硬，扁平或稍对折，灰绿色或绿色，通常短于秆或近等长，宽1.5～2.5mm，边缘粗糙。苞片佛焰苞状，苞鞘边缘狭膜质，鞘口常截形，最下1片先端具明显短叶（长1cm以上）；小穗3～4个，上方2个常接近生，或全部远离生；顶生者为雄小穗，棍棒状或披针形，长0.8～1.8cm，不超出或超出相邻雌小穗；雄花鳞片矩圆形，锈色或淡锈色，长3～4mm，具1脉，边缘白色膜质；侧生2～3个为雌小穗，矩圆状条形，长1～2cm，稍稀疏，具长为1～3.5cm的粗糙柄；穗轴通常直，稀弯曲；雌花鳞片卵形，锈色或淡锈色，长3.5～4mm，中部淡绿色，具1～3脉，先端近圆形，具短尖或芒尖，边缘白色宽膜质，稍长于果囊或近等长；果囊倒卵形，钝三棱状，长3～3.5mm，中部以上密被白色短毛，背面无脉或基部稍有脉，腹面凸起，具数条不明显脉，基部渐狭为斜向的海绵质柄，顶端骤缩为外倾的喙；喙极短，喙口微凹。小坚果紧包于果囊中，倒卵形，三棱状，长约3mm，淡褐色，具短柄；花柱基部膨大，向背侧倾斜，柱头3。花果期5～7月。$2n=70$。

生境 多年生中旱生草本。生于森林带和森林草原带的山地、丘陵坡地、湿润沙地、草原、林下、林缘，为草甸草原、山地草原优势种，山地山杨、白桦林伴生种。

产海拉尔区、满洲里市、牙克石市、扎兰屯市、额尔古纳市、根河市、鄂伦春自治旗、鄂温克族自治旗、新巴尔虎左旗。

经济价值 耐践踏，为一种放牧型牧草。牛、马、羊喜食。

凸脉薹草 *Carex lanceolata* Boott

别名 披针薹草、大披针薹草

蒙名 孟和—西日黑

形态特征 根状茎粗短，斜升。秆密丛生，高13～36cm，纤细，扁三棱形，上部粗糙，下部生叶。基部叶鞘深褐色带红褐色，稍细裂成丝网状；叶扁平，质软，短于秆，花后延伸，宽1.5～2mm。苞片佛焰苞状，锈色，背部淡绿色，具白色膜质宽边缘，先端无或有短尖头；小穗3～5个，远离生；顶生者为雄小穗，与上方雌小穗接近生，条状披针形，长约1cm；雄花鳞片披针形，深锈色，先端渐尖，具宽的白色膜质边缘；其余为雌小穗，矩圆形，长1～1.3cm，着花（4）6～7，稀疏，具细柄，最下1枚长2～3cm，小穗轴通常"之"字形膝曲，稀近直；雌花鳞片披针形或卵状披针形，长约5mm，红锈色，中部具3脉，脉间淡棕色，先端渐尖，但不凸出，具宽的白色膜质边缘，比果囊长1/3～1/2；果囊倒卵形，圆三棱形，长约3mm，淡绿色至淡黄绿色，两面各具8～9条明显凸脉，被短柔毛，基部渐狭为海绵质外弯的长柄，顶端圆形，急缩为极短的喙；喙口微凹，紫褐色。小坚果紧包于果囊中，倒卵形，三棱状，长约2.5mm；花柱基部稍膨大，向背侧倾斜，柱头3。果期6～7月。$2n=26, 68, 70, 72, 74, 76, 78, 80$。

生境 多年生中生草本。生于森林带和草原带的山地林下、林缘草地、山地草甸草原。

产牙克石市、莫力达瓦达斡尔族自治旗、鄂温克族自治旗、新巴尔虎右旗。

经济价值 饲料植物。幼嫩时牛、马喜食，老后适口性降低。茎叶可造纸。

灰脉薹草 *Carex appendiculata* (Trautv.) Kukenth.

蒙名 乌日太—西日黑

形态特征 根状茎短，形成踏头。秆密丛生，高35～75cm，平滑或有时粗糙。基部叶鞘无叶，茶褐色或褐色，稍有光泽，老时细裂成纤维状；叶扁平或有时内卷，淡灰绿色，与秆等长或稍长，宽2～4.5mm，两面平滑，边缘具微细齿。苞叶无鞘，与花序近等长；小穗3～5个；上部1～2（3）为雄小穗，条形，长2～3.5cm；其余为雌小穗（有时部分小穗顶端具少数雄花），条状圆柱形，长1.8～4.5cm，最下部小穗可具长1～1.5cm的短柄；雌花鳞片宽披针形，中部具1～3脉，两侧脉常不显，淡绿色，两侧紫褐色至黑紫色，先端渐尖，边缘白色膜质，短于果囊，且显著较之狭窄；果囊薄革质，椭圆形，长2.2～3.5mm，平凸状，具5～7（10）细脉，顶端具短喙，喙口微凹。小坚果紧包于果囊中，宽倒卵形或近圆形，平凸状，长约2mm；花柱基部不膨大，柱头2。果期6～7月。$2n=76$。

生境 多年生湿生草本。生于森林带和草原带及荒漠带的河岸湿地踏头沼泽。

产扎兰屯市、额尔古纳市、根河市、莫力达瓦达斡尔族自治旗、鄂伦春自治旗、陈巴尔虎旗、新巴尔虎左旗。

丛薹草 *Carex caespitosa* L.

蒙名 宝塔—西日黑

形态特征 根状茎短,形成踏头。秆密丛生,较细,高 35～60cm。基部叶鞘无叶,深紫褐色或红褐色,边缘丝状分裂,微呈网状;叶扁平,绿色,一般短于秆,有时较长,宽 1.5～4mm,两面均密布微小点状凸起,粗糙,边缘稍反卷。苞片无鞘,叶刚毛状,短于或长于小穗;小穗 3～5 个,接近生;顶生者为雄小穗,条形或条状长圆形,长 2～2.8cm;其余为雌小穗,卵状圆柱形至条状圆柱形,长 0.6～2.2cm,宽 3～4.5mm,有时顶端具少数雄花,具短柄,位于下部者较明显;雌花鳞片披针形或卵状披针形,顶端稍钝,紫褐色,具 1(3)脉,有时中部色浅,边缘白色膜质,短于果囊或有时显著长于果囊;果囊卵状披针形、矩圆状椭圆形至卵圆形,近双凸状,长 2～3.2mm,无脉或有时具 1～3 不明显的脉,表面密布小乳头状凸起,灰绿色或淡褐色,基部渐狭成楔形,顶端具不明显的短喙,喙口近全缘。小坚果紧包于果囊中,广倒卵形至狭倒卵形,双凸状,长 1.5～2mm,基部微具短柄,顶端具小尖;花柱基部不膨大,柱头 2。果期 6～7 月。$2n=78,80$。

生境 多年生湿生草本。生于森林带和森林草原带的山地沟谷湿地、踏头沼泽。

产额尔古纳市、鄂伦春自治旗、陈巴尔虎旗。

臌囊薹草 *Carex schmidtii* Meinsh.

别名 瘤囊薹草

蒙名 敖古图特—西日黑

形态特征 根状茎短，形成踏头。秆密丛生，高 45～75cm，三棱形，粗糙。基部叶鞘无叶，浅褐色至黑褐色，有时细裂成纤维状；叶扁平，灰绿色或有时带黄绿色，短于秆，或偶有较秆长者，宽 1.5～2.5（2.8）mm，上面平滑，不明显地被有点状小细微凸起，边缘微外卷，疏具微小刺状锯齿。苞片无鞘，下部者叶长于花序或较花序短；小穗（3）4～5 个；顶生 1（2）为雄小穗，条形或条状长圆形，长 1～3.2cm，紧接生；其余为雌小穗（有时雌小穗顶端生有少数雄花），条状圆柱形，长 1～3.8cm，下部者可具 4～8mm 的短柄，远离生；雌花鳞片披针形至卵状披针形，长 2.5～3mm，中央淡绿色，两侧紫褐色或色较淡，具 1 中脉及 2 条不明显的侧脉，先端渐尖，边缘白色膜质；果囊卵状球形，膨大，长 2～2.5（3.2）mm，无脉，或稀可见 1～2 脉，绿黄色或茶褐色，表面密生细小乳头状凸起，顶端具极短喙，喙口全缘或微缺，边缘微粗糙。小坚果紧包于果囊中，倒卵状圆形或扁圆形，双凸状，顶端具小尖，宽 1.5～1.8mm；花柱基部不膨大，柱头 2。果期 6～7 月。

生境 多年生湿中生草本。生于森林带和森林草原带的沼泽、沼泽化草甸。

产海拉尔区、满洲里市、扎兰屯市、莫力达瓦达斡尔族自治旗、鄂伦春自治旗、鄂温克族自治旗、陈巴尔虎旗、新巴尔虎左旗、新巴尔虎右旗。

莎草科

荸荠属 Eleocharis R. Br.

1 秆毛发状，柱头3，下位刚毛4条 ··· **1 牛毛毡 E. yokoscensis**
1 秆粗壮，柱头2，下位刚毛4条，鳞片先端锐尖，秆无明显纵肋 ························ **2 中间型荸荠 E. intersita**

牛毛毡 *Eleocharis yokoscensis* (Franch. et Savat.) Tang et Wang

蒙名 何比斯—存—温都苏

形态特征 具细长匍匐根状茎。秆密丛生，直立或斜生，高3～12cm，具沟槽，纤细。叶鞘管状膜质，淡红褐色。小穗卵形或卵状披针形，长2～3mm，具花2～4；所有鳞片皆有花，最下方1枚较大，长约等于小穗的1/2，其余较小，淡绿色，中部绿色，边缘白色膜质；下位刚毛4，长于小坚果约1倍，具倒刺；雄蕊3。小坚果矩圆形，长0.7～0.9mm，表面具十几条纵棱及数十条密集的横纹，呈梯状网纹；花柱基乳突状圆锥形，柱头3。花果期6～8月。$2n=20, 36, 38, 50, 58$。

生境 多年生湿生草本。生于森林带的水边沼泽，常呈片状分布，局部可形成建群作用明显的单种或寡种群落片段。

产牙克石市、额尔古纳市。

中间型荸荠 *Eleocharis intersita* Zinserl.

别名 中间型针蔺

蒙名 扎布苏日音—存—温都苏

形态特征 具匍匐根状茎。秆丛生，直立，高20～40cm，直径1～3mm，具纵沟。叶鞘长筒形，紧贴秆，长可达7cm，基部红褐色，鞘口截平。小穗矩圆状卵形或卵状披针形，长5～15cm，宽3～5mm，红褐色；花两性，多数；鳞片矩圆状卵形，先端急尖，长约3.2mm，宽约1mm，具红褐色纵条纹，中间黄绿色，边缘白色宽膜质，上部和基部膜质较宽；下位刚毛通常4，长于小坚果，具细倒刺；雄蕊3。小坚果倒卵形或宽倒卵形，长约1.2mm，宽约0.8mm，光滑；花柱基三角状圆锥形，高约0.3mm，略大于宽度，海绵质，柱头2。花果期6～7月。$2n=16$。

生境 多年生湿生草本。生于森林带和草原带的河边及泉边沼泽、盐渍化草甸。

产海拉尔区、满洲里市、牙克石市、额尔古纳市、新巴尔虎左旗。

藨草属 Scirpus L.

1 苞叶为秆之延长，花序假侧生，茎圆柱形，叶鞘疏松，常无叶 ·· **2 水葱 S. validus**
1 苞叶禾叶状，花序顶生或侧生，植株具发育较好的叶 ·· **2**
2 根状茎顶端具球状块茎，小穗大，长 1～1.5（2）cm，鳞片黄褐色，具较长的芒，小坚果两面微凹，柱头 2 ·· **1 扁秆藨草 S. planiculmis**
2 根状茎短，先端不具块茎，小穗较小，长 4～6mm，下位刚毛与小坚果近等长，伸直，具倒生刺，每 1 小穗柄着生 1～3 枚小穗 ·· **3 东方藨草 S. orientalis**

扁秆藨草 *Scirpus planiculmis* Fr. Schmidt

蒙名 哈布塔盖—塔巴牙

形态特征 根状茎匍匐，其顶端增粗成球形或倒卵形的块茎，长 1～2cm，直径宽 1～1.5cm，黑褐色。秆单一，高 10～85cm，三棱形。基部叶鞘黄褐色，脉间具横隔；叶长条形，扁平，宽 2～4（5）mm。苞片 1～3，叶状，比花序长 1 至数倍；长侧枝聚伞花序短缩成头状或有时具 1 至数枚短的辐射枝，辐射枝常具 1～4（6）小穗；小穗卵形或矩圆状卵形，长 1～1.5（2）cm，宽 4～7mm，黄褐色或深棕褐色，具多数花；鳞片卵状披针形或近椭圆形，长 5～7mm，先端微凹或撕裂，深棕色，背部绿色，具 1 脉，顶端延伸成 1～2mm 的外反曲的短芒；下位刚毛 2～4 条，等于或短于小坚果的一半，具倒刺；雄蕊 3，花药长约 4mm，黄色。小坚果倒卵形，长 3～3.5mm，扁平或中部微凹，有光泽；柱头 2。花果期 7～9 月。

生境 多年生湿生草本。生于河边盐渍化草甸及沼泽中。

产呼伦贝尔市各旗、市、区。

经济价值 可作牧草，家畜采食。茎也可作编织及造纸原料，块茎可药用。

水葱 *Scirpus validus* Vahl [= *Schoenoplectus tabernaemontani* (Gmel.) Palla]

蒙名 奥存—塔巴牙

形态特征 根状茎粗壮，匍匐，褐色。秆高 30～130cm，直径 3～15mm，圆柱形，中空，平滑。叶鞘疏松，淡褐色，脉间具横隔，常无叶，仅上部具短而狭窄的叶。苞片 1～2，其中 1 枚稍长，为秆之延伸，短于花序，直立；长侧枝聚伞花序假侧生，辐射枝 3～8，不等长，常 1～2 次分歧；小穗卵形或矩圆形，长 8mm，宽约 4mm，单生或 2～3 个聚生，红棕色或红褐色；鳞片宽卵形或矩圆形，长 3.5mm，宽 2.2mm，红棕色或红褐色，常具紫红色疣状凸起，背部具 1 淡绿色中脉，边缘近膜质，具缘毛，先端凹缺，其中脉延伸成短尖；下位刚毛 6 条，与小坚果近等长，具倒刺；雄蕊 3。小坚果倒卵形，长 2mm，宽 1.5mm，平凸状，灰褐色，平滑；柱头 2。花果期 7～9 月。$2n=42$，44。

生境 多年生湿生草本。生于浅水沼泽、沼泽化草甸。

产呼伦贝尔市各旗、市、区。

经济价值 可作编织材料，也可作牧草。

东方藨草 *Scirpus orientalis* Ohwi

别名 朔北林生藨草

蒙名 道日那音—塔巴牙

形态特征 具短的根状茎。秆粗壮，高30～90cm，钝三棱形，平滑。叶鞘疏松，脉间具小横隔；叶条形，宽4～10mm。苞片2～3，叶状，下面1～2枚常长于花序1至数倍；长侧枝聚伞花序多次复出，紧密或稍疏展，长3～10cm，宽3.5～13cm，具多数辐射枝，数回分枝，辐射枝及小穗柄均粗糙，每一小穗柄着生1～3小穗；小穗狭卵形或披针形，长4～6mm，宽1.5～2mm，铅灰色；鳞片宽卵形，长1.5mm，宽1.2～1.5mm，具3脉，铅灰色；下位刚毛6条，与小坚果近等长，直伸，具倒刺；雄蕊3。小坚果倒卵形，三棱形，长1.2～1.5mm，宽0.7～0.9mm，浅黄色；柱头3。花果期7～9月。$2n=60$。

生境 多年生湿生草本。生于森林草原区和草原区的浅水沼泽、沼泽草甸。

产牙克石市、扎兰屯市、莫力达瓦达斡尔族自治旗、鄂伦春自治旗、新巴尔虎右旗。

经济价值 可作牧草。茎叶可作编织及造纸原料。

羊胡子草属 Eriophorum L.

羊胡子草 *Eriophorum vaginayum* L.

别名 白毛羊胡子草

蒙名 呼崩—敖日埃特

形态特征 具短的根状茎。秆丛生，高20～40cm，直立，三棱形，平滑基部枯叶鞘密集。基生叶三棱状，狭条形，宽约1mm，质硬，多长于秆或稍较短；秆生叶1～2，退化成鞘状，上部鞘口部分常带黑色。苞片鳞片状，卵形，灰褐色或灰黑色，边缘白色膜质，先端尖；花序顶生，仅具1小穗；小穗花期矩圆形，灰褐色，长约1.5cm，宽8～10mm，果期倒卵形或近球形，长1.5～3cm，宽1～2cm；鳞片卵状披针形，或三角形披针形，长5mm，宽1.5～3mm，灰黑色，边缘白色；下位刚毛多数，白色，花后伸长，长1.5～2.5cm；雄蕊3。小坚果倒卵形，长约2mm，宽1mm，先端具短尖；上部边缘平滑，柱头3。花果期7～9月。2n=58。

生境 多年生湿生草本。生于山地森林区的河边沼泽草甸、沼泽。

产牙克石市、额尔古纳市。

扁穗草属 Blysmus Panz.

内蒙古扁穗草 *Blysmus rufus* (Huds.) Link

别名 布利莎

蒙名 乌兰—阿力乌斯

形态特征 具细的匍匐根状茎。秆近圆柱形，高3～40cm，通常簇生。基部叶鞘褐色或棕褐色，无叶；秆生叶细线形，先端带褐色，钝，短于茎。苞片鳞片状，先端具小尖头，或为叶状，绿色；穗状花序单一，顶生，卵状矩圆形或矩圆形，黑褐色或棕褐色，长12～15mm，宽约5mm，由4～7个小穗组成，排列成2行；小穗矩圆状卵形，长5～6mm，具2～3花；鳞片椭圆状卵形，先端钝，具3纵脉，长约6mm，宽约5mm；下位刚毛无或仅留有残迹；雄蕊3，花药长1～4mm，先端具附属物。小坚果矩圆状卵形或椭圆形，平凸状，长约2.5mm，宽约1mm，黄褐色；柱头2，与花柱近等长。花果期7～9月。2n=40。

生境 多年生湿生草本。生于山地森林带和草原带的水边沼泽、盐渍化草甸。

产满洲里市、扎兰屯市、额尔古纳市、陈巴尔虎旗。

莎草属 Cyperus L.

密穗莎草 *Cyperus fuscus* L.

别名 褐穗莎草

蒙名 伊格其—萨哈拉—额布苏

形态特征 丛生。秆高5～30cm，锐三棱形。叶基生，扁平，宽1～3mm。苞片叶状，2～3枚；长侧枝聚伞花序复出或简单，辐射枝1～6枚，不等长；小穗多数，集生成穗状或头状，棕褐色或有时带黑色，长圆形，长4～7mm，宽约2mm，具15～25花；鳞片卵形，长约1.4mm，顶端具小尖头；雄蕊2；柱头3。小坚果椭圆形或三棱形，长约1mm，淡黄色。花果期7～9月。$2n=72$。

生境 一年生湿生草本。生于森林带和草原带的沼泽、水边、低湿沙地。

产满洲里市、额尔古纳市、新巴尔虎右旗。

水莎草属 Juncellus (Kunth) C. B. Clarke

花穗水莎草 Juncellus pannonicus (Jacq.) C. B. Clarke

蒙名 胡吉日音—少日乃

形态特征 具短的根状茎，须根多数。秆密丛生，高7～20cm，扁三棱形，平滑。基部叶鞘3～4，红褐色，仅上部1枚具叶；叶狭条形，宽0.5～1mm。苞片2，下部者长，上部者较短，下部苞片基部较宽，直立，似秆之延伸；长侧枝聚伞花序短缩成头状，稀仅具1枚小穗，假侧生；小穗1～7（12），长5～10mm，宽3mm，卵状矩圆形或宽披针形，肿胀，含10～20（22）花；鳞片宽卵形，长2～2.5mm，宽约2.5mm，两侧黑褐色，中部淡褐色，具多数脉，先端具短尖；雄蕊3。小坚果平凸状，椭圆形或近圆形，长1.8～2mm，宽1.2～1.5mm，黄褐色，有光泽，具网纹；柱头2。花果期7～9月。

生境 多年生湿生草本。生于草原带的盐渍化沼泽。

产新巴尔虎左旗、新巴尔虎右旗。

扁莎属 Pycreus Beauv.

槽鳞扁莎 *Pycreus sanguinolentus* (Vahl) Nees

别名 红鳞扁莎

蒙名 海日苏特—哈布塔盖—萨哈拉

形态特征 具须根。秆丛生，稀单生，高5～45cm，三棱形，平滑。叶鞘红褐色，具纵肋；叶条形，扁平，短于秆，宽1～2（3）mm。苞片2～3，叶状，不等长，比花序长1～2倍；长侧枝聚伞花序短缩成头状或具1～4个不等长的辐射枝，辐射枝长1～4cm，其上着生多数小穗；小穗长卵形或矩圆形，长5～10mm，宽约3mm，具5～15花；鳞片呈2行排列，卵圆形，长约2.4mm，宽约2mm，背部绿色，具3脉，两侧具淡绿色的宽槽，其外侧紫红色，边缘白色膜质；雄蕊3。小坚果倒卵形，长1.2mm，宽0.7mm，双凸状，灰褐色，具细点；柱头2。花果期7～9月。

生境 一年生湿生草本。生于森林带和草原带的滩地、沟谷的沼泽草甸、河岸沙地。

产牙克石市、扎兰屯市、新巴尔虎右旗。

天南星科 Araceae

菖蒲属 Acorus L.

菖蒲 Acorus calamus L.

别名 石菖蒲、白菖蒲、水菖蒲

蒙名 乌木里—哲格苏

形态特征 根状茎粗壮，横走，直径8～10mm；外皮黄褐色，芳香，其上着生多数肉质须根，土黄色。叶基生，剑形，2行排列，叶向上直伸，长40～70cm，宽1～2cm，先端渐尖，基部宽而对褶，边缘膜质，具明显凸起的中脉。花序柄三棱形，长30～50cm；佛焰苞叶状剑形，长25～40cm，宽5～10mm；肉穗花序斜向上，近圆柱形，长3.5～5cm，直径5～10mm；两性花，黄绿色，花被片倒披针形，长约2.5mm，宽约1mm，上部宽三角形，内弯；雄蕊6，花丝扁平与花被片约等长，花药淡黄色，卵形，稍伸出花被；子房长椭圆形，长约3mm，直径约1.5mm，具2～3室，每室含数个胚珠；花柱短，柱头小。浆果红色，矩圆形，紧密靠合，果序直径可达1.6cm。花果期6～8月。$2n=18, 24, 36, 44, 48$。

生境 多年生水生草本。生于沼泽、河流边、湖泊边。

产牙克石市、扎兰屯市、额尔古纳市、根河市、莫力达瓦达斡尔族自治旗、鄂伦春自治旗、鄂温克族自治旗、陈巴尔虎旗。

经济价值 根状茎入药，能化痰开窍、和中利湿，主治癫痫、神志不清、惊悸健忘、湿滞痞胀、泄泻痢疾、风湿痹痛等。根状茎也入蒙药（蒙药名：乌模黑—吉木苏），能温胃、消积、消炎、止痛、去腐、去黄水，主治胃寒、积食症、化脓性扁桃体炎、炭疽、关节痛、麻风病等。

鸭跖草科 Commelinaceae

鸭跖草属 Commelina L.

鸭跖草 *Commelina communis* L.

蒙名 努古存—塔布格

形态特征 茎基部匍匐，上部斜生，高25～40cm，多分枝，近基部节部生根，上部被短柔毛。叶卵状披针形或披针形，长4～8cm，宽1～2cm，先端渐尖，基部圆形或宽楔形，两面疏被短柔毛或近无毛；叶近无柄，基部具膜质叶鞘；叶鞘长8～12mm，有时具紫纹，下部合生呈筒状，被短柔毛，鞘口部边缘被长柔毛。聚伞花序，生于枝上部者有花3～4，生于枝下部者具花1～2；总苞片佛焰苞状，心形，长1～2cm，宽1.4～2.2cm，先端锐尖，基部心形，背面密被短柔毛；萼片3，膜质，卵形，长约4mm，宽2～3mm；花瓣深蓝色，3片，不等形，1片位于发育雄蕊的一边，较小，倒披针形，长5～8mm，宽1.5～2mm，其余2片较大，位于不育雄蕊的一边，近圆形，长约9mm，基部具短爪；发育雄蕊3，其中1枚花丝长约5mm，花药箭形，长约2.5mm，其余2枚花丝长7mm，花药椭圆形，长约2mm，不育雄蕊3，花丝长约3mm，花药呈蝴蝶状；子房椭圆形，长约3mm；花柱条形，细长，长约8mm。蒴果椭圆形，长6～7mm，2室，每室有种子2粒。种子扁圆形，直径2～3mm，深褐色，表面具网孔。花果期7～9月。2n=36，44，46，48，52，84，88，90。

生境 一年生湿中生草本。生于夏绿阔叶林带的山谷溪边林下、山坡阴湿处、田边。

产牙克石市、扎兰屯市、额尔古纳市、阿荣旗、莫力达瓦达斡尔族自治旗、鄂伦春自治旗、鄂温克族自治旗、陈巴尔虎旗。

经济价值 全草入药，能清热解毒、利水消炎，主治水肿、小便不利、感冒、咽喉肿痛、黄疸性肝炎、丹毒等。

灯心草科 Juncaceae

1 叶鞘闭合，叶缘常具长柔毛，蒴果 1 室，含种子 3 粒 ·············· 1 地杨梅属 Luzula
1 叶鞘开裂，叶缘无毛，蒴果 1 或 3 室，含多数种子 ·············· 2 灯心草属 Juncus

地杨梅属 Luzula DC.

淡花地杨梅 *Luzula pallescens* Swartz

形态特征 植株高 10～36cm。根状茎短。须根褐色。茎直立，丛生，圆柱形，直径 0.8～2mm。叶基生和茎生，禾草状；基生叶线形或线状披针形，扁平，长 4～15cm，宽 1.5～5mm，顶端加厚成胼胝状，边缘具丝状毛，背面淡绿色；茎生叶通常 2～3，比基生叶稍短；叶鞘筒状抱茎，鞘口簇生白色丝状长毛。花序由 5～15 个小头状花簇组成，排列成伞形，花序梗长短不一，只有中央的头状花序近无梗；叶状总苞片线状披针形，通常长于花序；头状花簇长圆形或圆球形，含 7～20 花，花梗极短或几无梗，基部常具 1～2 苞片；每朵花下有 2 枚膜质小苞片，宽卵形或卵状三角形，长 1.5～2mm，宽 0.7～1.5mm，顶端芒尖，边缘具稀疏缘毛或齿裂，淡黄白色；花被片披针形，顶端锐尖，边缘膜质，淡黄褐色或黄白色，外轮的长 2～2.6mm，宽约 1mm，内轮的长 1.6～2mm，宽约 0.8mm；雄蕊 6，花药长圆形，长约 0.8mm，黄色，花丝与花药近等长；子房卵形；花柱长 0.5mm，柱头 3 分叉，长约 1.5mm。蒴果三棱状倒卵形至三棱状椭圆形，长 1.8～2.1mm，顶端钝，常具小尖头，黄褐色。种子卵形，长约 1mm，褐色；种阜黄白色，长约 0.4mm。花期 5～7 月，果期 6～8 月。

生境 多年生湿生草本。生于湿草甸、疏林下。产牙克石市、额尔古纳市、根河市。

灯心草属 Juncus L.

1 一年生草本；花被片披针形，先端锐尖或长渐尖；雄蕊 6；蒴果常短于花被 ················ **1 小灯心草 J. bufonius**
1 多年生草本 ··· **2**
2 花单生，不呈小头状；由多花排列成聚伞或圆锥状花序；花被片卵状披针形，长约 2mm，先端钝圆；雄蕊 6；蒴果明显超出花被片 ·· **2 细灯心草 J. gracillimus**
2 花 2 到数朵聚生成小头状；由多数小头状花序排列成聚伞或圆锥花序；叶无横隔；花被片长 4～5mm；果实长 6～7mm ··· **3 栗花灯心草 J. castaneus**

小灯心草 *Juncus bufonius* L.

蒙名 莫乐黑音—高乐—额布苏

形态特征 植株高 5～25cm。茎丛生，直立或斜升，基部有时红褐色。叶基生和茎生，扁平，狭条形，宽约 1mm；叶鞘边缘膜质，向上渐狭，无明显叶耳。花序呈不规则二歧聚伞状，每分枝上常顶生和侧生 2～4 花；总苞片叶状，较花序短；小苞片 2～3，卵形，膜质；花被片绿白色，背脊部绿色，披针形，外轮明显较长，长 4～5mm，先端长渐尖，内轮较短，长 3.5～4mm，先端长渐尖；雄蕊 6，长 1.5～2mm，花药狭矩圆形，比花丝短。蒴果三棱状矩圆形，褐色，与内轮花被片等长或较短。种子卵形，黄褐色，具纵纹。花果期 6～9 月。2n=30，34，60，80，108，120。

生境 一年生湿生草本。生于沼泽草甸、盐渍化沼泽草甸。

产呼伦贝尔市各旗、市、区。

经济价值 中等饲用植物。仅绵羊、山羊采食一些。

细灯心草 *Juncus gracillimus* (Buch.) Krecz. et Gontsch.

蒙名 那林—高乐—额布苏

形态特征 植株高 30～50cm。根状茎横走，密被褐色鳞片，直径约 3mm。茎丛生，直立，绿色，直径约 1mm。基生叶 2～3，茎生叶 1～2，叶狭条形，长 5～15cm，宽 0.5～1mm；叶鞘长 2.5～6cm，松弛抱茎，其顶部具圆形叶耳。复聚伞花序生茎顶部，具多数花；总苞片叶状，常 1 片，常超出花序；从总苞片腋部发出多个长短不一的花序分枝，其顶部有 1 至数回的聚伞花序；花小，彼此分离；小苞片 2，三角状卵形或卵形，长约 1mm，膜质；花被片近等长，卵状披针形，长约 2mm，先端钝圆，边缘膜质，常稍向内卷成兜状；雄蕊 6，短于花被片，花药狭矩圆形，与花丝近等长；花柱短，柱头 3 分叉。蒴果卵形或近球形，长 2.5～3mm，超出花被片，先端具短尖，褐色，具光泽。种子褐色，斜倒卵形，长约 0.3mm，表面具纵向梯纹。花果期 6～8 月。

生境 多年生湿生草本。生于河边、湖边、沼泽化草甸、沼泽。

产海拉尔区、满洲里市、扎兰屯市、莫力达瓦达斡尔族自治旗、鄂温克族自治旗、陈巴尔虎旗、新巴尔虎左旗、新巴尔虎右旗。

经济价值 良等饲用植物。为马、山羊、绵羊所喜食。

栗花灯心草 *Juncus castaneus* Smith

别名 三头灯心草、栗色灯心草

蒙名 塔日木格—高乐—额布苏

形态特征 植株高 20～50cm。具长的根状茎。茎直立，常单生，圆柱形，直径 1.5～2mm，绿色，具纵沟纹。基生叶 2～4，茎生叶 1～2，叶狭条形，长 8～20cm，宽 1～3mm，先端针状，边缘常内卷呈沟状至圆筒状；叶鞘长 5～10cm，松弛抱茎，无叶耳。顶生聚伞花序由 2～8 个头状花序组成，头状花序梗不等长，长 1～4cm；叶状总苞片 1～2，常超出花序；头状花序含 5～14 花，其基部有 1～2 膜质苞片，苞片条形或条状披针形，长约 1cm；花被片近等长，披针形，长 4～5mm，先端长渐尖，边缘膜质；雄蕊 6，短于花被片，花药黄色，长约 1mm；花柱短，长约 1mm，柱头 3 分叉，长 2～3mm，扭转。蒴果披针状矩圆形，长 6～8mm，栗褐色，具 3 棱角。种子椭圆形或矩圆形，长 0.8～1mm，黄色，两端各有长约 1mm 的白色尾状附属物。花果期 7～9 月。2n=40，60。

生境 多年生湿生草本。生于森林带和草原带的山地湿草甸、山地沼泽地。

产额尔古纳市、根河市。

百合科 Liliaceae

1 植株具鳞茎或稀具短的根状茎 ··· 2
1 植株仅具根状茎而绝无鳞茎 ··· 4
2 伞形花序，基部具白色膜质总苞片，在蕾期包住花序，植株大多数具葱蒜味 ············· **1 葱属 Allium**
2 花序不具白色膜质总苞片，总苞片绿色叶状，植株无葱蒜味 ·· 3
3 鳞茎外面无鳞茎皮包裹，花被片里面有蜜腺但无凹陷的蜜腺窝，果期脱落，花丝着生于花药背面的下部 ······
·· **2 百合属 Lilium**
3 鳞茎外面为鳞茎皮包裹，花被片宿存，果期增大，比蒴果长 0.5～1 倍或更多，花药基生 ··················
·· **3 顶冰花属 Gagea**
4 果实为浆果 ··· 5
4 果实为蒴果，叶不轮生，花 3 基数 ··· 6
5 叶退化成鳞片状，具叶状枝 ··· **4 天门冬属 Asparagus**
5 叶及枝非上述情况，花两性，花被片 6，合生成管状，裂片顶端外面通常具乳突状毛，叶多数，具平行脉 ···
·· **5 黄精属 Polygonatum**
6 雄蕊 3，蒴果室背开裂 ·· **6 知母属 Anemarrhena**
6 雄蕊 6 ··· 7
7 花被片离生 ··· **7 藜芦属 Veratrum**
7 花被片合生 ··· **8 萱草属 Hemerocallis**

葱属 Allium L.

1 叶与花葶圆管状，中空，鳞茎狭卵状圆柱形，鳞茎外皮灰褐色，薄革质，片状破裂，花淡紫色，花丝等长或略短于花被片，花丝全缘 ··· **1 硬皮葱 A. ledebourianum**
1 叶条形、半圆柱形或圆柱形，中空或实心；花葶圆柱状，常实心 ·· 2
2 鳞茎球形，植株无葱蒜气味，花被片基部互相靠合成管状 ··· **2 长梗韭 A. neriniflorum**
2 鳞茎圆柱形或卵状圆柱形 ··· 3
3 鳞茎外皮纤维呈网状或松散纤维状 ··· 4
3 鳞茎外皮膜质、纸质或薄革质，不破裂或破裂成片状或条状，有时仅顶端破裂成纤维状 ·················· 8
4 鳞茎外皮纤维明显呈网状 ··· 5
4 鳞茎外皮纤维呈松散纤维状 ··· 7
5 植株具倾斜横生根状茎，花丝短于或近等长于花被片，内轮花丝不具裂齿，叶三棱状条形，中空，花被片常具红色中脉 ··· **3 野韭 A. ramosum**
5 植株无倾斜横生的根状茎，花丝长于花被片，内轮花丝具裂齿，总苞 2 裂 ······································· 6
6 花淡紫色至淡紫红色，叶狭条形，宽 2～5mm，内轮花丝每侧各具 1 短齿，齿的上部有时又具 2～4 枚不规则的小齿 ··· **4 辉韭 A. strictum**
6 花白色或稍带黄色，叶半圆柱状，中空，上面具沟槽，小花梗基部具小苞片，内轮花丝具狭长尖齿 ···

·· **5 白头韭 A. leucocephalum**

7 内轮花丝具裂齿，总苞2～3裂，小花梗基部具膜质小苞片，花丝近等长或稍长于花被片，花较小，内轮花被片长 3.5～4mm，花期小花不下垂 ·· **6 碱韭 A. polyrhizum**

7 内轮花丝不具裂齿，总苞单侧开裂，小花梗基部无小苞片，花较大，内轮花被片长约8mm，花期小花常下垂 ······ ·· **7 蒙古韭 A. mongolicum**

8 花丝短于花被片，内轮花丝基部无齿或具齿 ··· **9**

8 花丝长于花被片，内轮花丝不具齿 ··· **11**

9 鳞茎外皮薄革质，条状破裂，污黑色，叶明显短于花葶，花被片长4～6mm，内轮花丝基部具齿或全缘 ········ ·· **8 砂韭 A. bidentatum**

9 鳞茎外皮膜质，不破裂或不规则破裂 ··· **10**

10 植株较纤细，叶长于或近等长于花葶，宽0.3～1mm，小花梗近等长，花被片长3～4mm ················· ·· **9 细叶韭 A. tenuissimum**

10 植株较粗壮，叶短于或近等长于花葶，宽1～2mm，小花梗不等长，花被片长4～5mm ··················· ·· **10 矮韭 A. anisopodium**

11 叶条形或狭条形，宽2～10mm，鳞茎具粗壮的横生根状茎，外皮膜质，小花梗基部具小苞片 ··············· ·· **11 山韭 A. senescens**

11 叶半圆柱状或圆柱状 ·· **12**

12 花白色或淡黄色，鳞茎外皮红褐色，具光泽，叶圆柱状或半圆柱状中空，花葶实心 ········ **12 黄花葱 A. condensatum**

12 花紫红色或淡紫色，鳞茎具横生的粗壮根状茎，外皮淡褐色至带黑色，近革质，不破裂或有时顶端条裂，叶半圆柱状，粗0.7～1.5mm ·· **13 蒙古野韭 A. prostratum**

硬皮葱 *Allium ledebourianum* Roem. et Schult.

蒙名 和格日音—松根

形态特征 鳞茎数枚聚生或单生，狭卵状圆柱形，粗0.5～1cm；外皮灰褐色，薄革质，片状破裂。叶1～2，管状，中空，短于花葶，粗3～5mm；叶鞘平滑，有时稍带紫色。花葶圆柱状，高40～70cm，中部以下被叶鞘；总苞2裂，宿存；伞形花序半球状至球状，具多而密集的花；小花梗近等长，长1～1.5cm，基部无小苞片；花淡紫色，有光泽；外轮花被片披针形，内轮花被片卵状披针形，具紫色中脉，先端具短尖，等长或有时外轮稍短，长5～7mm，宽2～3mm；花丝等长，短于或近等长于花被片，基部合生并与花被片贴生，外轮的锥形，内轮的分离部分呈三角形；子房卵球形，基部具凹陷的蜜穴；花柱伸出花被外。花果期7～8月。$2n=16$。

生境 多年生旱中生草本。生于森林带和森林草原带的山地草甸、河谷草甸。

产牙克石市、额尔古纳市、鄂伦春自治旗。

长梗韭 *Allium neriniflorum* (Herb.) Baker

别名 花美韭

蒙名 陶格套来

形态特征 植物体无葱蒜气味。鳞茎单生，球状，粗1.5～2cm；外皮灰黑色，膜质。叶近圆柱状，具纵棱，沿棱具微齿，中空，长5～25cm，宽1～2mm。花葶圆柱状，高15～35cm，近下部被叶鞘；总苞单侧开裂，膜质，宿存；伞形花序疏散，具数朵至十数朵花；小花梗不等长，长3～9cm，基部具膜质小苞片；花红色至紫红色；花被片长7～9mm，宽2～3mm，自基部2～2.5mm处相互靠合成管状，靠合部分尚可见外轮花被片的分离之边缘，分离部分星状开展，卵状矩圆形、狭卵形或倒卵状矩圆形，先端具微尖或钝，内轮的稍长而宽；花丝长约为花被片的一半，自基部2～2.5mm处合生并与靠合的花被管贴生，分离部分锥形；子房圆锥状球形。花果期7～8月。

生境 多年生旱中生草本。生于草原带丘陵山地的砾石质坡地、沙质地。

产扎兰屯市、莫力达瓦达斡尔族自治旗、鄂温克族自治旗。

经济价值 鳞茎可食用。

野韭 *Allium ramosum* L.

蒙名 哲日勒格—高戈得

形态特征 根状茎粗壮，横生，略倾斜。鳞茎近圆柱状，簇生；外皮暗黄色至黄褐色，破裂成纤维状，呈网状。叶三棱状条形，背面纵棱隆起呈龙骨状，叶缘及沿纵棱常具细糙齿，中空，宽1～4mm，短于花葶。花葶圆柱状，具纵棱或有时不明显，高20～55cm，下部被叶鞘；总苞单侧开裂或2裂，白色，膜质，宿存；伞形花序半球状或近球状，具多而较疏的花；小花梗近等长，长1～1.5cm，基部除具膜质小苞片外常在数枚小花梗的基部又为1枚共同的苞片所包围；花白色，稀粉红色；花被片常具红色中脉，外轮花被片矩圆状卵形至矩圆状披针形，先端具短尖头，通常与内轮花被片等长，但较狭窄，宽约2mm，内轮花被片矩圆状倒卵形或矩圆形，先端也具短尖头，长6～7mm，宽2.5～3mm；花丝等长，长为花被片的1/2～3/4，基部合生并与花被片贴生，合生部位高约1mm，分离部分呈狭三角形，内轮的稍宽；子房倒圆锥状球形，具3圆棱，外壁具疣状凸起；花柱不伸出花被外。花果期7～9月。$2n=16$，32。

生境 多年生中旱生草本。生于森林带和草原带的草原砾石质坡地、草甸草原、草原化草甸等群落中。

产海拉尔区、满洲里市、扎兰屯市、莫力达瓦达斡尔族自治旗、鄂伦春自治旗、鄂温克族自治旗、陈巴尔虎旗、新巴尔虎左旗、新巴尔虎右旗。

经济价值 叶可作蔬菜食用，花和花葶可腌渍做"韭菜花"调味佐食。羊和牛喜食，马乐食，为优等饲用植物。

辉韭 *Allium strictum* Schrad.

别名 辉葱、条纹葱

蒙名 乌木黑—松根

形态特征 鳞茎单生或 2 枚聚生，近圆柱状；外皮黄褐色至灰褐色，破裂成纤维状，呈网状。叶狭条形，短于花葶，宽 2～5mm。花葶圆柱状，高 40～70cm，粗 2～3mm，中下部被叶鞘；总苞片 2 裂，淡黄白色，宿存；伞形花序球状或半球形，具多而密集的花；小花梗近等长，长 0.5～1cm，基部具膜质小苞片；花淡紫色至淡紫红色；花被片具暗紫色的中脉，外轮花被片矩圆状卵形，长约 4mm，宽约 1.5mm，内轮花被片矩圆形至椭圆形，长约 5mm，宽约 2mm；花丝等长，略长于花被片，基部合生并与花被片贴生，外部者锥形，内轮的基部扩大，扩大部分常高于其宽，每侧常各具 1 短齿，或齿的上部有时又具 2～4 枚不规则的小齿；子房倒卵状球形，基部具凹陷的蜜穴；花柱稍伸出花被外。花果期 7～8 月。$2n=16, 32, 48$。

生境 多年生中生草本。生于森林带和草原带的山地林下、林缘、沟边、低湿地。

产牙克石市、额尔古纳市、根河市、鄂伦春自治旗、鄂温克族自治旗、新巴尔虎左旗、陈巴尔虎旗。

经济价值 可作为饲用植物，羊和牛乐食。全草及种子入药，全草能发散风寒、止痢，主治感冒头痛、发热无汗、胸胁疼痛、肠炎痢疾。种子壮阳止浊。

白头韭 *Allium leucocephalum* Turcz.

别名 白头葱

蒙名 查干—高戈得

形态特征 鳞茎单生或2～3枚聚生,近圆柱状;外皮暗黄褐色,撕裂成纤维状,呈网状。叶半圆柱状,中空,上面具纵沟,短于花葶,宽1～2mm。花葶圆柱状,高30～50cm,中下部被叶鞘;总苞2裂,膜质,宿存;伞形花序球状,花多而密集;小花梗近等长,长0.5～1.5cm,基部具膜质小苞片;花白色或稍带淡黄色;花被片具不甚明显的绿色或淡紫色的中脉,外轮花被片矩圆状卵形,长4～5mm,宽1.5～1.8mm,内轮花被片矩圆状椭圆形,长5～6mm,宽1.5～2mm;花丝等长,比花被片长出1/3～1/2,基部合生并与花被片贴生,外轮的锥形,内轮的基部扩大,每侧各具1锐齿,有时齿端又分裂为2～4个不规则小齿;子房倒卵形,基部具凹陷的蜜穴;花柱伸出花被外。花果期7～8月。$2n=16$。

生境 多年生中旱生草本。生于森林草原带和草原带的沙地、砾石质坡地。

产海拉尔区、满洲里市、鄂温克族自治旗、陈巴尔虎旗、新巴尔虎左旗、新巴尔虎右旗。

经济价值 绵羊、牛喜食,马乐食。

碱韭 *Allium polyrhizum* Turcz. ex Regel

别名 多根葱、碱葱

蒙名 塔干那

形态特征 鳞茎多枚紧密簇生，圆柱状；外皮黄褐色，撕裂成纤维状。叶半圆柱状，边缘具密的微糙齿，粗0.3～1mm，短于花葶。花葶圆柱状，高10～20cm，近基部被叶鞘；总苞2裂，膜质，宿存；伞形花序半球状，具多而密集的花；小花梗近等长，长5～8mm，基部具膜质小苞片，稀无小苞片；花紫红色至淡紫色，稀粉白色；外轮花被片狭卵形，长2.5～3.5mm，宽1.5～2mm，内轮花被片矩圆形，长3.5～4mm，宽约2mm；花丝等长，稍长于花被片，基部合生并与花被片贴生，外轮的锥形，内轮的基部扩大，扩大部分每侧各具1锐齿，极少无齿；子房卵形，不具凹陷的蜜穴；花柱稍伸出花被外。花果期7～8月。

生境 多年生强旱生草本。生于荒漠带、荒漠草原带、半荒漠及草原带的壤质、沙壤棕钙土、淡栗钙土、石质残丘坡地上，是小针茅草原群落常见的成分，甚至可成为优势种。

产满洲里市、海拉尔区、鄂温克族自治旗、陈巴尔虎旗、新巴尔虎左旗、新巴尔虎右旗。

经济价值 优等饲用植物。各种牲畜喜食。

蒙古韭 *Allium mongolicum* Regel

别名 蒙古葱

蒙名 呼木乐

形态特征 鳞茎数枚紧密丛生，圆柱状；外皮灰褐色，撕裂成松散的纤维状。叶半圆柱状至圆柱状，粗 0.5～1.5mm，短于花葶。花葶圆柱状，高 10～35cm，近基部被叶鞘；总苞单侧开裂，膜质，宿存；伞形花序半球状至球状，通常具多而密集的花；小花梗近等长，长 0.5～1.5cm，基部无小苞片；花较大，淡红色至紫红色；花被片卵状矩圆形，先端钝圆，外轮的长 6mm，宽 3mm，内轮的长 8mm，宽 4mm；花丝近等长，长约为花被片的 2/3，基部合生并与花被片贴生，外轮的锥形，内轮的基部约 1/2 扩大成狭卵形；子房卵状球形；花柱长于子房，但不伸出花被外。花果期 7～9 月。$2n=16$。

生境 多年生旱生草本。生于荒漠草原带及荒漠带的山地、干旱山坡。

产满洲里市、新巴尔虎右旗。

经济价值 叶及花可食用。地上部分入蒙药，能开胃、消食、杀虫，主治消化不良、不思饮食、秃疮、青腿病等。各种牲畜均喜食，为一种优等饲用植物。

砂韭 *Allium bidentatum* Fisch. ex Prokh.

别名 双齿葱

蒙名 阿古拉音—塔干那

形态特征 鳞茎数枚紧密聚生，圆柱状，粗3～5mm；外皮褐色至灰褐色，薄革质，条状撕裂，有时顶端破裂呈纤维状。叶半圆柱状，宽1～1.5mm，边缘具疏微齿，短于花葶。花葶圆柱状，高10～35cm，近基部被叶鞘；总苞2裂，膜质，宿存；伞形花序半球状，具多而密集的花；小花梗近等长，长3～12mm，基部无小苞片；花淡紫红色至淡紫色；外轮花被片矩圆状卵形，长4～5mm，宽2～3mm，内轮花被片椭圆状矩圆形，先端截平，常具不规则小齿，长5～6mm，宽2～3mm；花丝等长，稍短于或近等长于花被片，基部合生并与花被片贴生，外轮的锥形，内轮的基部1/3～4/5扩大成卵状矩圆形，扩大部分每侧各具1钝齿，稀无齿或仅一侧具齿；子房卵状球形，基部无凹陷的蜜穴；花柱略长于子房，但不伸出花被外。花果期7～8月。$2n=32$。

生境 多年生旱生草本。生于草原地带和山地阳坡上，为典型草原的伴生种。

产满洲里市、海拉尔区、额尔古纳市、鄂温克族自治旗、陈巴尔虎旗、新巴尔虎左旗、新巴尔虎右旗。

经济价值 优等饲用植物。羊、马、骆驼喜食，牛乐食。

细叶韭 *Allium tenuissimum* L.

别名 细叶葱、细丝韭、札麻

蒙名 扎芒

形态特征 鳞茎近圆柱状,数枚聚生,多斜生;外皮紫褐色至黑褐色,膜质,不规则破裂。叶半圆柱状至近圆柱状,光滑,粗 0.3～1mm,长于或近等长于花葶。花葶圆柱状,具纵棱,光滑,高 10～40cm,中下部被叶鞘;总苞单侧开裂,膜质,具长约 5mm 的短喙,宿存;伞形花序半球状或近穗状,松散;小花梗近等长,长 5～15mm,基部无小苞片;花白色或淡红色,稀紫红色;外轮花被片卵状矩圆形,先端钝圆,长 3～3.5mm,宽 1.5～2mm,内轮花被片倒卵状矩圆形,先端钝圆状平截,长 3.5～4mm,宽 2～2.5mm;花丝长为花被片的 1/2～2/3,基部合生并与花被片贴生,外轮的稍短而呈锥形,有时基部稍扩大,内轮的下部扩大成卵圆形,扩大部分约为其花丝的 2/3;子房卵球状;花柱不伸出花被外。花果期 5～8 月。$2n=16,32$。

生境 多年生旱生草本。生于草原、山地草原的山坡上、沙地,为草原及荒漠草原的伴生种。

产海拉尔区、满洲里市、牙克石市、扎兰屯市、鄂温克族自治旗、陈巴尔虎旗、新巴尔虎左旗、新巴尔虎右旗。

经济价值 花序与种子可作调味品。各种牲畜均喜食,为一优等饲用植物。

矮韭 *Allium anisopodium* Ledeb.

别名 矮葱

蒙名 那林—冒盖音—好日

形态特征 根状茎横生，外皮黑褐色。鳞茎近圆柱状，数枚聚生；外皮黑褐色，膜质，不规则破裂。叶半圆柱状条形，有时因背面中央的纵棱隆起而呈三棱状狭条形，光滑，或有时叶缘和纵棱具细糙齿，宽 1～2mm，短于或近等长于花葶。花葶圆柱状，具细纵棱，光滑，高 20～50cm，粗 1～2mm，下部被叶鞘；总苞单侧开裂，宿存；伞形花序近寻状，松散；小花梗不等长，长 1～3cm，具纵棱，光滑，稀沿纵棱略具细糙齿，基部无小苞片；花淡紫色至紫红色；外轮花被片卵状矩圆形，先端钝圆，长约 4mm，宽约 2mm，内轮花被片倒卵状矩圆形，先端平截，长约 5mm，宽约 2.5mm；花丝长约为花被片的 2/3，基部合生并与花被片贴生，外轮的锥形，有时基部略扩大，比内轮的稍短，内轮下部扩大成卵圆形，扩大部分约为其花丝长度的 2/3；子房卵球状，基部无凹陷的蜜穴；花柱短于或近等长于子房，不伸出花被外。花果期 6～8 月。$2n=16$。

生境 多年生中旱生草本。生于森林草原带和草原带的山坡、草地、固定沙地，为草原伴生种。

产海拉尔区、满洲里市、牙克石市、扎兰屯市、阿荣旗、莫力达瓦达斡尔族自治旗、鄂伦春自治旗、鄂温克族自治旗、陈巴尔虎旗、新巴尔虎左旗、新巴尔虎右旗。

经济价值 优等饲用植物。羊、马、骆驼喜食。

山韭 *Allium senescens* L.

别名 山葱、岩葱

蒙名 昂给日

形态特征 根状茎粗壮，横生，外皮黑褐色至黑色。鳞茎单生或数枚聚生，近狭卵状圆柱形或近圆锥状，粗 0.5～1.5cm；外皮灰褐色至黑色，膜质，不破裂。叶条形，肥厚，基部近半圆柱状，上部扁平，长 5～25cm，宽 2～10mm，先端钝圆，叶缘和纵脉有时具极微小的糙齿。花葶近圆柱状，常具 2 纵棱，高 20～50cm，粗 2～5mm，近基部被叶鞘；总苞 2 裂，膜质，宿存；伞形花序半球状至近球状，具多而密集的花；小花梗近等长，长 10～20mm，基部通常具小苞片；花紫红色至淡紫色；花被片长 4～6mm，宽 2～3mm，先端具微齿，外轮的舟状，稍短而狭，内轮的矩圆状卵形，稍长而宽；花丝等长，比花被片长可达 1.5 倍，基部合生并与花被片贴生，外轮的锥形，内轮的披针状狭三角形；子房近球状，基部无凹陷的蜜穴；花柱伸出花被外。花果期 7～8 月。$2n=16$。

生境 多年生中旱生草本。生于森林草原带和草原带的草原、草甸、砾石质山坡，为草甸草原及草原伴生种。

产呼伦贝尔市各旗、市、区。

经济价值 嫩叶可作蔬菜食用。羊和牛喜食，是催肥的优等饲用植物。

黄花葱 *Allium condensatum* Turcz.

蒙名 西日—松根

形态特征 鳞茎近圆柱形，粗1～2cm；外皮深红褐色，革质，有光泽，条裂。叶圆柱状或半圆柱状，具纵沟槽，中空，粗1～2mm，短于花葶。花葶圆柱状，实心，高30～60cm，近中下部被以具明显脉纹的膜质叶鞘；总苞2裂，膜质，宿存；伞形花序球状，具多而密集的花；小花梗近等长，长5～15mm，基部具膜质小苞片；花淡黄色至白色，花被片卵状矩圆形，钝头，长4～5mm，宽约2mm，外轮略短；花丝等长，锥形，无齿，比花被片长1/3～1/2，基部合生并与花被片贴生；子房倒卵形，腹缝线基部具短帘的凹陷蜜穴；花柱伸出花被外。花果期7～8月。2*n*=16。

生境 多年生中旱生草本。生于森林草原带和草原带的山地草原、草原、草甸草原及草甸。

产牙克石市、额尔古纳市、鄂温克族自治旗、陈巴尔虎旗、新巴尔虎左旗。

经济价值 可作为饲用植物。

蒙古野韭 *Allium prostratum* Trev.

蒙名 得勒赫—松根—芒格那

形态特征 具横生的根状茎，粗壮。鳞茎单生或2枚聚生，近圆柱形；外皮淡褐色至常黑色，近革质，通常不破裂或有时顶端条状破裂。叶半圆柱状，粗0.7～1.5mm，上面具沟槽，下面隆起，边缘具细糙齿。花葶圆柱形，高10～25cm，粗约1mm，略具棱，下部被叶鞘；总苞膜质，单侧开裂，宿存；伞形花序半球形，松散；小花梗近等长；花淡紫色至紫红色；外轮花被片卵形，长3.2～5mm，内轮花被片矩圆形或矩圆状卵形，钝头，上部边缘和先端具不规则的细钝齿，长4～5.5mm；花丝等长，稍长于或等长于花被片，基部合生并与花被片贴生，外轮的锥形，内轮的狭三角状锥形；子房倒卵形，外壁具细的疣状凸起；花柱伸出花被外。花期7～8月。$2n=16$。

生境 多年生中旱生草本。生于森林草原带的石质坡地。

产满洲里市。

百合属 Lilium L.

1 花下垂，花被片反卷，苞片顶端不增厚，叶密集 ·· **1 山丹 L. pumilum**
1 花直立，花被片不反卷 ··· 2
2 叶基部无白绵毛，花柱稍短于子房，花被片 3～4cm，深红色，有褐色斑点 ······ **2 有斑百合 L. concolor** var. **pulchellum**
2 叶基部有 1 簇白绵毛，花柱长于子房 2 倍以上，花被片 5～7.5cm，橙红色，有紫色斑点 ··· **3 毛百合 L. dauricum**

山丹 *Lilium pumilum* DC.

别名 细叶百合、山丹丹花

蒙名 萨日那

形态特征 鳞茎卵形或圆锥形，高 3～5cm，直径 2～3cm；鳞片矩圆形或长卵形，长 3～4cm，宽 1～1.5cm，白色。茎直立，高 25～66cm，密被小乳头状凸起。叶散生于茎中部，条形，长 3～9.5cm，宽 1.5～3mm，边缘密被小乳头状凸起。花 1 至数朵，生于茎顶部，鲜红色，无斑点，下垂；花被片反卷，长 3～5cm，宽 6～10mm，蜜腺两边有乳头状凸起；花丝长 2.4～3cm，无毛，花药长矩圆形，长 7.5～10mm，黄色，具红色花粉粒；子房圆柱形，长约 10mm；花柱长约 17mm，柱头膨大，直径 3.5～4mm，3 裂。蒴果矩圆形，长约 2cm，直径 0.7～1.5cm。花期 7～8 月，果期 9～10 月。$2n=24$。

生境 多年生中生草本。生于森林带和草原带的山地灌丛、草甸、林缘、草甸草原。

产呼伦贝尔市各旗、市、区。

经济价值 鳞茎入药，能养阴润肺、清心安神，主治阴虚、久咳、痰中带血、虚烦惊悸、神志恍惚。花及鳞茎也入蒙药，能接骨、治伤、去黄水、清热解毒、止咳止血，主治骨折、创伤出血、虚热、铅中毒、毒热、痰中带血、月经过多等。

有斑百合 *Lilium concolor* Salisb. var. *pulchellum* (Fisch.) Regel

蒙名 朝哈日—萨日那

形态特征 鳞茎卵状球形，高1.5～3cm，直径1.5～2cm，白色，鳞茎上方茎上生不定根。茎直立，高28～60cm，有纵棱，有时近基部带紫色。叶散生，条形或条状披针形，长2～7cm，宽2～6mm，脉3～7条，边缘有小乳头状凸起，两面无毛。花1至数朵，生于茎顶端；花梗长1.5～3cm；花直立，呈星状开展，深红色，有褐色斑点；花被片矩圆状披针形，长3～4cm，宽5～8mm，蜜腺两边具乳头状凸起；花丝长1.8～2cm，无毛，花药长矩圆形，长6～7mm；子房圆柱形，长约1cm，直径1.5～2mm；花柱稍短于子房，柱头稍膨大。蒴果矩圆形，长约2.5cm，直径约1cm。花期6～7月，果期8～9月。$2n=24$。

生境 多年生中生草本。生于森林带和草原带的山地草甸、林缘、草甸草原。

产牙克石市、扎兰屯市、额尔古纳市、鄂伦春自治旗。

经济价值 花及鳞茎入蒙药，功能主治同山丹。

毛百合 *Lilium dauricum* Ker-Gawl.

蒙名 乌和日—萨日那

形态特征 鳞茎卵状球形，高约3cm，直径约2.5cm；鳞片卵形，长1～1.4cm，宽5～10mm，肉质，白色。茎直立，高60～77cm，有纵棱。叶散生，茎顶端有4～5叶轮生，叶条形或条状披针形，长7～12cm，宽4～10mm，边缘具白色绵毛，先端渐尖，基部有1簇白绵毛，边缘有小乳头状凸起，有的还有稀疏的白色绵毛。苞片叶状；花1～2(3)顶生，橙红色，有紫红色斑点；外轮花被片倒披针形，长6～7.5cm，宽1.6～2cm，背面有疏绵毛，内轮花被片较窄，蜜腺两边有紫色乳头状凸起；花丝长4.5～5cm，无毛，花药长矩圆形，长约8mm；子房圆柱形；花柱比子房长2倍以上，柱头膨大，3裂。蒴果矩圆形，长4～5.5cm，宽3cm。花期7月，果期8～9月。2n=24。

生境 多年生中生草本。生于森林带和森林草原带的山地灌丛、疏林下、沟谷草甸。

产海拉尔区、牙克石市、扎兰屯市、额尔古纳市、根河市、阿荣旗、莫力达瓦达斡尔族自治旗、鄂伦春自治旗、鄂温克族自治旗、陈巴尔虎旗。

经济价值 可作为观赏植物。

顶冰花属 Gagea Salisb.

1 鳞茎黄褐色，植株除基生叶外，茎上具 2～5 片互生叶，无明显的总苞片 ················ **1 少花顶冰花 G. pauciflora**
1 鳞茎暗棕色，植株只有 1 片基生叶，无茎生叶，仅花序基部具 1～2 枚叶状总苞 ················ **2 小顶冰花 G. hiensis**

少花顶冰花 *Gagea pauciflora* Turcz.

蒙名 楚很其其格图—哈布暗—西日阿

形态特征 植株高 7～25cm。鳞茎球形或卵形，上端延伸成圆筒状，撕裂，抱茎。基生叶 1，长 8～22cm，宽 2～3mm；茎生叶通常 1～3，下部 1 片长，可达 12cm，披针状条形，上部的渐小而成为苞片状。花 1～3，排成近总状花序；花被片披针形，绿黄色，长 4～22mm，宽 1.5～4mm，先端渐尖或锐尖；雄蕊长为花被片的 1/2～2/3，花药条形，长 2～3.5mm；子房矩圆形，长 2.5～3.5mm；花柱与子房近等长或略短，柱头 3 深裂，裂片长度通常超过 1mm。蒴果近倒卵形，长为宿存花被片的 2/3。花期 5～6 月，果期 7 月。

生境 多年生早春类短命中生草本。生于森林草原带和草原带的山地草甸或灌丛。

产海拉尔区、满洲里市、鄂温克族自治旗、陈巴尔虎旗、新巴尔虎左旗、新巴尔虎右旗。

小顶冰花 *Gagea hiensis* Pasch.

蒙名 吉吉格—哈布暗—西日阿

形态特征 植株高 10～13cm。鳞茎卵形，直径 6～8mm；外皮暗棕色。基生叶 1，长达 13cm，宽 2～3mm，扁平，无毛。总苞片条形，约与花序等长，宽 3～5mm；花通常 5～6，排成伞形花序；花梗无毛；花被片条形或条状披针形，长 7～8mm，宽 1～2mm，先端钝圆或锐尖，内面淡黄色，外面黄绿色；雄蕊长为花被片的 1/2～2/3；花药矩圆形，长 0.5～1mm；子房长倒卵形；花柱与子房近等长，柱头微 3 裂。花期 6 月。

生境 多年生早春类短命中生草本。生于森林带和草原带的山地沟谷草甸。

产阿荣旗。

天门冬属 Asparagus L.

1 叶状枝扁平，基部近三棱形，具中脉；花梗极短，长仅约1mm，雄花花丝不贴生于花被片上 ··· **1 龙须菜 A. schoberioides**

1 叶状枝为稍扁的圆柱形，无脉，1～6枚簇生；茎直立，不呈回折状，根状茎粗短；花黄绿色，雄花花梗长3～6mm，关节位于中部，雌花花被长约1.5mm ································· **2 兴安天门冬 A. dauricus**

龙须菜 *Asparagus schoberioides* Kunth

别名 雉隐天冬

蒙名 伊德喜音—和日音—努都

形态特征 根状茎粗短，须根细长，粗2～3mm。茎直立，高40～100cm，光滑，具纵条纹；分枝斜升，具细条纹，有时有极狭的翅。叶状枝2～6簇生，与分枝形成锐角或直角，窄条形，镰刀状，基部近三棱形，上部扁平，长1～2cm，宽0.5～1mm，具中脉；鳞片状叶近披针形，基部无刺。花2～4腋生，钟形，黄绿色；花梗极短，长约1mm或几无梗；雄花花被片长2～3mm，花丝不贴生于花被片上；雌花与雄花近等大。浆果深红色，直径约6mm，通常有种子1～2粒。花期6～7月，果期7～8月。2n=20。

生境 多年生中生草本。生于森林带和草原带的林缘、草甸、阴坡林下、灌丛、山地草原。

产牙克石市、扎兰屯市、额尔古纳市、根河市、鄂伦春自治旗、陈巴尔虎旗、新巴尔虎左旗。

经济价值 全草入药，能滋阴止血，可用于治疗肺络损伤之咯血。

兴安天门冬 *Asparagus dauricus* Fisch. ex Link

别名 山天冬

蒙名 兴安乃—和日音—努都

形态特征 根状茎粗短，须根细长，粗约2mm。茎直立，高20～70cm，具条纹，稍具软骨质齿；分枝斜升，稀与茎交成直角，具条纹，有时具软骨质齿。叶状枝1～6簇生，通常斜立或与分枝交成锐角，稀平展或下倾，稍扁的圆柱形，略有几条不明显的钝棱，长短极不一致，长1～4（5）cm，粗约0.5mm，伸直或稍弧曲，有时具软骨质齿；鳞片状叶基部有极短的距，但无刺。花2朵腋生，黄绿色；雄花的花梗与花被片近等长，长3～6mm，关节位于中部，花丝大部贴生于花被片上，离生部分很短，只有花药的一半长；雌花极小，花被长约1.5mm，短于花梗，花梗的关节位于上部。浆果球形，直径6～7mm，红色或黑色，有种子2～4（6）粒。花期6～7月，果期7～8月。

生境 多年生中旱生草本。草甸草原种。生于草原带的林缘、草甸草原、草原、干燥的石质山坡。

产海拉尔区、满洲里市、牙克石市、扎兰屯市、阿荣旗、莫力达瓦达斡尔族自治旗、鄂伦春自治旗、鄂温克族自治旗、陈巴尔虎旗、新巴尔虎左旗、新巴尔虎右旗。

经济价值 中等饲用植物。幼嫩时绵羊、山羊乐食。

黄精属 Polygonatum Mill.

1 叶轮生，先端拳卷或弯曲呈钩形 ··· **1 黄精 P. sibiricum**
1 叶互生，苞片膜质或近草质，钻形或条状披针形，微小或无 ····················· **2**
2 叶下面具有短糙毛，淡绿色，常具 1 花，花梗明显下弯，植株较矮 ··············· **2 小玉竹 P. humile**
2 叶下面无毛，花序具 1～2 花，总花梗较短，长约 1cm ·························· **3 玉竹 P. odoratum**

黄精 *Polygonatum sibiricum* Delar. ex Redoute

别名 鸡头黄精

蒙名 西伯日—冒呼日—查干

形态特征 根状茎肥厚，横生，圆柱形，一头粗，一头细，直径 0.5～1cm，有少数须根，黄白色。茎高 30～90cm。叶无柄，4～6 轮生，平滑无毛，条状披针形，长 5～10cm，宽 4～14mm，先端拳卷或弯曲呈钩形。花腋生，常有 2～4 花，呈伞形；总花梗长 5～25mm，花梗长 2～9mm，下垂；花梗基部有苞片，膜质，白色，条状披针形，长 2～4mm；花被白色至淡黄色稍带绿色，全长 9～13mm，顶端裂片长约 3mm，花被筒中部稍缢缩；花丝很短，贴生于花被筒上部，花药长 2～2.5mm；子房长约 3mm；花柱长 4～5mm。浆果，直径 3～5mm，成熟时黑色，有种子 2～4 粒。花期 5～6 月，果期 7～8 月。

生境 多年生中生草本。生于森林带和草原带的山地林下、林缘、灌丛、山地草甸。

产呼伦贝尔市各旗、市、区。

经济价值 根状茎入药（药材名：黄精），能补脾润肺、益气养阴，主治体虚乏力、腰膝软弱、心悸气短、肺燥咳嗽、干咳少痰、消渴等。根状茎也入蒙药（蒙药名：查干—胡日），能滋肾、强壮、温胃、排脓、去黄水，主治肾寒、腰腿酸痛、滑精、阳痿、体虚乏力、寒性黄水病、头晕目眩、食积、食泻等。

小玉竹 *Polygonatum humile* Fisch. ex Maxim.

蒙名 那大汉—冒呼日—查干

形态特征 根状茎圆柱形,细长,直径2～3mm,生有多数须根。茎直立,高15～30cm,有纵棱。叶互生,椭圆形、卵状椭圆形至长椭圆形,长5～6cm,宽1.5～2.5cm,先端尖至略顿,基部圆形,下面淡绿色,被短糙毛。花序腋生,常具1花;花梗长9～15mm,明显向下弯曲;花被筒状,白色,顶端带淡绿色,全长14～16mm,裂片长约2mm;花丝长约4mm,稍扁,粗糙,着生在花被筒近中部,花药长3～3.5mm,黄色;子房长约4mm;花柱长10～12mm,不伸出花被之外。浆果球形,成熟时蓝黑色,直径约6mm,有种子2～3粒。花期6月,果期7～8月。$2n=20$。

生境 多年生中生草本。生于森林带和草原带的山地林下、林缘、灌丛、山地草甸、草甸草原。

产扎兰屯市、莫力达瓦达斡尔族自治旗、新巴尔虎左旗。

经济价值 药用同玉竹。根状茎也入蒙药(蒙药名:巴嘎—冒呼日—查干),能强壮、补肾、去黄水、温胃、降气,主治久病体弱、肾寒、腰腿酸痛、滑精、阳痿、寒性黄水病、胃寒、暖气、胃胀、积食、食泻等。

玉竹 *Polygonatum odoratum* (Mill.) Druce

别名 萎蕤

蒙名 冒呼日—查干

形态特征 根状茎粗壮，圆柱形，有节，黄白色，生有须根，直径 4～9mm。茎有纵棱，高 25～60cm，具 7～10 叶。叶互生，椭圆形至卵状矩圆形，长 6～15cm，宽 3～5cm，两面无毛，下面带灰白色或粉白色。花序具 1～3 花，腋生；总花梗长 0.6～1cm，花梗长（包括单花的梗长）0.3～1.6cm，具条状披针形苞片或无；花被白色带黄绿，长 14～20mm，花被筒较直，裂片长约 3.5mm；花丝扁平，近平滑至具乳头状凸起，着生于花筒近中部，花药黄色，长约 4mm；子房长 3～4mm；花柱丝状，内藏，长 6～10mm。浆果球形，熟时蓝黑色，直径 4～7mm，有种子 3～4 粒。花期 6 月，果期 7～8 月。$2n=20$。

生境 多年生中生草本。生于森林带和草原带的山地林下、林缘、灌丛、山地草甸。

产呼伦贝尔市各旗、市、区。

经济价值 根状茎入药（药材名：玉竹），能养阴润燥、生津止渴，主治热病伤阴、口燥咽干、干咳少痰、心烦心悸、消渴等。根状茎也入蒙药（蒙药名：冒呼日—查干），功能主治同小玉竹。

百合科

知母属 Anemarrhena Bunge

知母 *Anemarrhena asphodeloides* Bunge

别名 兔子油草

蒙名 闹米乐嘎那（陶来音—汤乃）

形态特征 具横走根状茎，粗 0.5～1.5cm，为残存的叶鞘所覆盖。须根较粗，黑褐色。叶基生，长 15～60cm，宽 1.5～11mm，向先端渐尖而成近丝状，基部渐宽而成鞘状，具多条平行脉，没有明显的中脉。花葶直立，长于叶；总状花序通常较长，长 20～50cm；苞片小，卵形或卵圆形，先端长渐尖；花 2～3 簇生，紫红色、淡紫色至白色；花被片 6，条形，长 5～10mm，中央具 3 脉，宿存，基部稍合生；雄蕊 3，生于内花被片近中部，花丝短，扁平，花药近基生，内向纵裂；子房小，3 室，每室具 2 胚珠；花柱与子房近等长，柱头小。蒴果狭椭圆形，长 8～13mm，宽约 5mm，顶端有短喙，室背开裂，每室具种子 1～2 粒。种子黑色，具 3～4 纵狭翅。花期 7～8 月，果期 8～9 月。2n=22。

生境 多年生中旱生草本。生于草原、草甸草原、山地砾质草原，可形成草原群落的优势成分。

产海拉尔区、牙克石市、额尔古纳市、根河市、莫力达瓦达斡尔族自治旗、陈巴尔虎旗。

经济价值 根状茎入药（药材名：知母），能清热泻火、滋阴润燥，主治高热烦渴、肺热咳嗽、阴虚燥咳、消渴、午后潮热等。

藜芦属 Veratrum L.

1 包茎的基部叶鞘具横脉，枯死后残留为带网眼的纤维网，叶无柄或仅上部者具短柄，叶椭圆形至卵状披针形，无毛，花被片黑紫色 ··· **1 藜芦 V. nigrum**
1 包茎的基部叶鞘无横脉，枯死后残留为带无网眼的纤维束，叶背面密生银白色的短柔毛，花被片淡黄绿色 ············
·· **2 兴安藜芦 V. dahuricum**

藜芦 *Veratrum nigrum* L.

别名 黑藜芦

蒙名 阿格西日嘎

形态特征 植株高 60～100cm。茎粗壮，基部直径 10～20mm，被具横脉的叶鞘所包，枯死后残留为带黑褐色有网眼的纤维网。叶椭圆形至卵状披针形，通常长 20～25cm，宽 5～10cm，较平展，先端锐尖或渐尖，无柄或仅上部者收缩或短柄，叶无毛。圆锥花序，通常疏生较短的侧生花序；侧生总状花序近直立伸展，长 4～8（10）cm，通常具雄花；顶生总状花序较侧生花序长 2 倍以上，几全部着生两性花；总轴和分枝轴被白色绵毛；小花多数，密生；小苞片披针形，长约 1.5mm，边缘或背部被绵毛；花梗长 1～6mm，被绵毛；花被片黑紫色，矩圆形，长 3～6mm，宽约 3mm，先端钝，基部略收缩，全缘，开展或略反折；雄蕊长为花被片的一半；子房无毛。蒴果长 1.5～2cm，宽约 1cm。花期 7～8 月，果期 8～9 月。2n=16，64。

生境 多年生中生草本。生于森林带和森林草原带的林缘、草甸、山坡林下。

产呼伦贝尔市各旗、市、区。

经济价值 根及根状茎入药（药材名：藜芦），能催吐、祛痰、杀虫，主治中风痰壅、癫痫、喉痹等；外用治疥癣、恶疮，杀虫蛆。根及根状茎也入蒙药（蒙药名：阿格西日嘎），能催吐、峻下。

兴安藜芦 *Veratrum dahuricum* (Turcz.) Loes. f.

蒙名 兴安乃—阿格西日嘎

形态特征 植株高 70～150cm。茎粗壮，基部直径 8～15mm，为仅具纵脉的叶鞘所包，枯死后残留形成无网眼的纤维束。叶椭圆形或卵状椭圆形，长 10～20cm，宽 5～10cm，平展，先端渐尖，基部无柄，抱茎，背面密生银白色柔毛。圆锥花序，近纺锤形，侧生总状花序多数，斜升，最下部者偶有再次分枝，与顶端总状花序近等长；主轴和分枝轴密生短绵毛；小花多数，密生；小苞片近卵形，长约3mm，背面和边缘有毛；花梗较长，长 3～7mm，被绵毛；花被片淡黄绿色，椭圆形或卵状椭圆形，长 7～10mm，宽 3～5mm，近直立或稍开展，先端锐尖或稍钝，基部收缩成柄，边缘啮蚀状，背面具短毛；雄蕊长约为花被片的一半；子房近圆锥形，密生柔毛。花期 7～8 月，果期 8～9 月。

生境 多年生中生草本。生于森林带的山地草甸、草甸草原。

产牙克石市、额尔古纳市、根河市、鄂伦春自治旗、鄂温克族自治旗。

经济价值 药用同藜芦。根及根状茎也入蒙药（查干—阿格西日嘎），功能主治同藜芦。

萱草属 Hemerocallis L.

小黄花菜 *Hemerocallis minor* Mill.

别名 黄花菜

蒙名 哲日利格—西日—其其格

形态特征 须根粗壮，绳索状，粗 1.5～2mm，表面具横皱纹。叶基生，长 20～50cm，宽 5～15mm。花葶长于叶或近等长，花序不分枝或稀为假二歧状的分枝，常具 1～2 花，稀具 3～4 花；花梗长短极不一致；苞片卵状披针形至披针形，长 8～20mm，宽 4～8mm；花被淡黄色，花被管通常长 1～2.5（3）cm；花被裂片长 4～6cm，内 3 片宽 1～2cm。蒴果椭圆形或矩圆形，长 2～3cm，宽 1～1.5cm。花期 6～7 月，果期 7～8 月。$2n=22$。

生境 多年生中生草本。生于森林带和草原带的山地草原、林缘、灌丛，在草甸草原和杂类草草甸中可成为优势种。

产于呼伦贝尔市各旗、市、区。

经济价值 花可供食用。根入药，能清热利尿、凉血止血，主治水肿、小便不利、淋浊、尿血、便血、黄疸等；外用治乳痈。

鸢尾科 Iridaceae

鸢尾属 Iris L.

1 茎上部叉状分枝，聚伞花序；叶剑形，弯曲，排列于一个平面上；种子具翼 …………… **1 射干鸢尾 I. dichotoma**
1 茎上部非叉状分枝，不形成聚伞花序；叶条形或剑形，不排列于一个平面上；种子无翼 …………… **2**
2 花蓝色、蓝紫色或紫色，稀白色 …………… **3**
2 花黄色，外轮花被片中脉上有须毛状附属物 …………… **8**
3 叶狭窄，两面多少凸起，横断面近圆形，宽 1～2mm …………… **2 细叶鸢尾 I. tenuifolia**
3 叶较宽，扁平，宽（1.5）3mm 以上 …………… **4**
4 叶状总苞强烈膨胀，呈纺锤形，纵脉和横脉形成网状 …………… **3 囊花鸢尾 I. ventricosa**
4 叶状总苞不膨胀，不为纺锤形，纵脉和横脉不形成网状 …………… **5**
5 外轮花被片中脉上有须毛状附属物，须根粗壮稍肉质 …………… **4 粗根鸢尾 I. tigridia**
5 外轮花被片无须毛状附属物，植株较高大，蒴果长圆形，根状茎较粗 …………… **6**
6 花葶较短，常短于基生叶；叶剑形；植株形成高大而稠密的草丛 …………… **5 马蔺 I. lactea** var. **chinensis**
6 花葶较长，常长于基生叶；叶条形；植株不形成稠密草丛；叶状总苞近膜质；花不为红紫色 …………… **7**
7 叶狭剑形，宽 2～4mm；花深蓝色，径 6～7cm，花被裂片上有棕色斑点 …………… **6 北陵鸢尾 I. typhifolia**
7 叶线形，宽 5～13mm；花蓝色或蓝紫色，径 6～7cm，花被裂片无棕色斑点 …………… **7 溪荪 I. sanguinea**
8 植株高 5～15cm；叶条形，直，不呈镰形弯曲，花期宽 1.5～4mm，果期宽达 6mm；蒴果先端具不明显的喙 …………… **8 黄花鸢尾 I. flavissima**
8 植株高 20～30cm；叶镰刀状弯曲或中部以上略弯曲，花期宽 6～10mm，果期宽约 15mm；蒴果先端具长喙，喙长近 1cm …………… **9 长白鸢尾 I. mandshurica**

射干鸢尾 *Iris dichotoma* Pall.

别名 歧花鸢尾、白射干、芭蕉扇
蒙名 海其—欧布苏
形态特征 植株高 40～100cm。根状茎粗壮，具多数黄褐色须根。茎直立，多分枝，分枝处具 1 片苞片；苞片披针形，长 3～10cm，绿色，边缘膜质；茎圆柱形，直径 2～5mm，光滑。叶基生，6～8，排列于一个平面上，呈扇状；叶剑形，长 20～30cm，宽 1.5～3cm，绿色，基部鞘状抱茎，

边缘白色膜质，两面光滑，具多数纵脉；总苞干膜质，宽卵形，长1～2cm。聚伞花序，有花3～15；花梗较长，长约4cm；花白色或淡紫红色，具紫褐色斑纹；外轮花被片矩圆形，薄片状，具紫褐色斑点，爪部边缘具黄褐色纵条纹，内轮花被片明显短于外轮，瓣片矩圆形或椭圆形，具紫色网纹，爪部具沟槽；雄蕊3，贴生于外轮花被片基部，花药基底着生；花柱分枝3，花瓣状，卵形，基部连合，柱头具2齿。蒴果圆柱形，长3.5～5cm，具棱。种子暗褐色，椭圆形，两端翅状。花期7月，果期8～9月。$2n=32$。

生境 多年生中旱生草本。生于森林带和草原带的山地林缘、灌丛、草原，为草原、草甸草原及山地草原常见杂类草。

产海拉尔区、满洲里市、牙克石市、扎兰屯市、莫力达瓦达斡尔族自治旗、鄂伦春自治旗、鄂温克族自治旗、陈巴尔虎旗、新巴尔虎左旗、新巴尔虎右旗。

经济价值 中等饲用植物。在秋季霜后牛、羊采食。

细叶鸢尾 *Iris tenuifolia* Pall.

蒙名 敖汗—萨哈拉

形态特征 植株高20～40cm，形成稠密草丛。根状茎匍匐，须根细绳状，黑褐色。植株基部被稠密的宿存叶鞘，丝状或薄片状，棕褐色，坚韧。基生叶丝状条形，纵卷，长达40cm，宽1～1.5mm，极坚韧，光滑，具5～7纵脉。花葶长约10cm；苞叶3～4，披针形，鞘状膨大呈纺锤形，长7～10cm，白色膜质，果期宿存，内有花1～2；花淡蓝色或蓝紫色；花被管细长，可达8cm，花被裂片长4～6cm，外轮花被片倒卵状披针形，基部狭，中上部较宽，上面有时被须毛，无沟纹，内轮花被片倒披针形，比外轮略短；花柱狭条形，顶端2裂。蒴果卵球形，具3棱，长1～2cm。花期5月，果期6～7月。$2n=20$，28。

生境 多年生旱生草本。生于草原带的草原、沙地、石质坡地。

产海拉尔区、满洲里市、牙克石市、扎兰屯市、鄂温克族自治旗、陈巴尔虎旗、新巴尔虎左旗、新巴尔虎右旗。

经济价值 根及种子入药，能安胎养血，主治胎动不安、血崩。花及种子也入蒙药（蒙药名：纳仁—查黑勒德格），能解痉、杀虫、止痛、解毒、利疸退黄、消食、治伤、生肌、排脓、燥黄水，主治霍乱、烧虫病、虫牙、皮肤痒、虫积腹痛、热毒疮疡、烫伤、脓疮、黄疸性肝炎、胁痛、口苦等。

囊花鸢尾 *Iris ventricosa* Pall.

蒙名 楚都古日—查黑乐得格

形态特征 植株高30～60cm，可形成大型稠密草丛。根状茎粗短，具多数黄褐色须根。植株基部具稠密的纤维状或片状宿存叶鞘。基生叶条形，长20～50cm，宽4～5mm，光滑，两面具凸出的纵脉。花葶明显短于基生叶，长约15cm；苞叶鞘状膨大，呈纺锤形，先端尖锐，长6～8cm，光滑，密生纵脉，并具网状横脉；花1～2，蓝紫色；花被管较短，长约2.5cm，外轮花被片狭倒卵形，长4～5cm，顶部具爪，被紫红色斑纹，内轮花被片较短，披针形；花柱狭长，先端2裂。蒴果长圆形，具长喙，3瓣裂。种子卵圆形，红褐色。花期5～6月，果期7～8月。

生境 多年生中旱生草本。生于森林带和草原带的含丰富杂类草的草原、草甸草原、草原化草甸、山地林缘草甸，为草甸草原的伴生种。

产呼伦贝尔市各旗、市、区。

经济价值 可作为观赏植物和中等饲用植物。

粗根鸢尾 *Iris tigridia* Bunge

蒙名 巴嘎—查黑乐得格

形态特征 植株高10～30cm。根状茎短粗，须根多数，粗壮，稍肉质，直径3mm，黄褐色。茎基部具较柔软的黄褐色宿存叶鞘。基生叶条形，先端渐尖，长5～30cm，宽1.5～4mm，光滑，两面叶脉凸出。花葶高7～10cm，短于基生叶；总苞2，椭圆状披针形，长3～5cm，顶端尖锐，膜质，具脉纹；花常单生，蓝紫色或淡紫红色，具深紫色脉纹，外轮花被片倒卵形，边缘稍波状，中部有髯毛，内轮花被片较狭较短，直立，顶端微凹；花柱裂片狭披针形，顶端2裂。蒴果椭圆形，长约3cm，两端尖锐，具喙。花期5月，果期6～7月。$2n=38$。

生境 多年生旱生草本。生于森林带和草原带的丘陵坡地、山地草原、林缘。

产呼伦贝尔市各旗、市、区。

经济价值 中等饲用植物。春季羊采食。

马蔺 *Iris lactea* Pall. var. *chinensis* (Fisch.) Koidz.

别名 马莲

蒙名 查黑乐得格

形态特征 植株基部具稠密的红褐色纤维状宿存叶鞘。根状茎粗壮，着生多数须根。叶基生，多数，剑形，宽4～6mm，呈灰绿色。花葶丛生，高10～30cm，下面被2～3叶所包裹；叶状总苞狭距圆形或披针形，淡绿色，边缘白色宽膜质，长6～7cm；花1～3，浅蓝色、蓝色或蓝紫色；花被上有较深的条纹，花被管短，长1～2cm，外轮花被片倒披针形，稍宽于内轮花被片，内轮花被片披针形，先端锐尖；雄蕊花丝黄色，花药白色；花柱分枝3，扁平，花瓣状，顶端2裂。蒴果长椭圆状柱形，先端有短喙。花期5月，果期6～7月。

生境 多年生中生草本。生于草原带的河滩、盐碱滩地，为盐渍化草甸建群种。

产呼伦贝尔市各旗、市、区。

经济价值 花、种子及根入药，能清热解毒、止血、利尿，主治咽喉肿痛、吐血、衄血、月经过多、小便不利、淋病、白带、肝炎、疮疖痈肿等。花及种子也入蒙药（蒙药名：查黑乐得格），功能主治同细叶鸢尾。中等饲用植物。枯黄后为各种家畜所乐食。也可以作为园林绿化观赏植物。

北陵鸢尾 *Iris typhifolia* Kitag.

蒙名 木格郭乃—查黑乐得格

形态特征 植株高40～60cm。根状茎短，粗壮，着生多数细绳状淡褐色须根。植株基部具红褐色纤维状宿存叶鞘。茎直立，高40～60cm，直径约3mm，光滑，有纵棱，具发育不完全的茎生叶1～2。基生叶狭条形，花期明显短于茎，长20～40cm，宽2～4mm，光滑，具明显凸出的中脉。总苞2～4，长椭圆形，顶端尖锐，长3～4.5cm，光滑，近膜质；花2～3；花被管短于花被裂片，外轮花被片倒卵形，长3～5cm，顶部圆形，下部狭长似柄，上部及下部边缘蓝色或蓝紫色，具深紫色脉纹，中部黄褐色，内轮花被片倒披针形，明显短于外轮花被片，蓝紫色；花柱裂片狭披针形，顶端2裂，蓝紫色。蒴果椭圆形，具棱，顶端无喙或具短钝喙。种子黄绿色。花期6月，果期7～8月。

生境 多年生中生草本。生于森林带和森林草原带的河滩草甸。

产海拉尔区、牙克石市、额尔古纳市、鄂伦春自治旗。

溪荪 *Iris sanguinea* Donn ex Horn.

蒙名 塔拉音—查黑乐得格

形态特征 根状茎粗壮，匍匐，着生淡黄色脆软的须根。植株基部及根状茎被黄褐色纤维状宿存叶鞘。茎直立，圆柱形，高50～70cm，直径约5mm，实心，光滑，具茎生叶1～2。基生叶宽条形，长于或与茎等长，宽（5）8～12mm，光滑，具数条平行的纵脉，主脉不明显。总苞4～6，披针形，顶端较尖锐，长5～7cm，光滑，具多条纵脉，近膜质；花2～3；花被管较短，外轮花被片倒卵形或椭圆形，蓝色或蓝紫色，中部及下部黄褐色，光滑，被深蓝色脉纹，内轮花被片倒披针形，明显短于外轮；花柱裂片较狭，顶端2裂。蒴果矩圆形或长椭圆形，长3～4cm，具棱。花期7月，果期8月。$2n=26，28，34$。

生境 多年生湿中生草本。生于森林带和草原带的山地水边草甸、沼泽化草甸。

产牙克石市、扎兰屯市、额尔古纳市、莫力达瓦达斡尔族自治旗、鄂伦春自治旗、鄂温克族自治旗、陈巴尔虎旗。

黄花鸢尾 *Iris flavissima* Pall.

别名 黄金鸢尾

蒙名 西日—查黑乐得格

形态特征 植株高 10～30cm，丛生。根状茎粗壮，着生多数土黄色细根。植株基部被片状宿存叶鞘。基生叶条形，质薄，较柔软，先端尖锐，长 10～20cm，宽 4～10mm，黄绿色，光滑，被多条纵脉，主脉不明显。花葶直立，花期稍超出基生叶，具茎生叶 2～3，基部为膜质叶鞘所包裹；总苞 3，椭圆形，顶端尖锐，长约 4cm，淡黄绿色，膜质；具花 2～4，花被管顶端较宽，近与子房等长，短于花被片，外轮花被片倒卵形，顶端圆，长 3～4cm，亮黄色，具深褐色脉纹，内轮花被片稍短，黄色；花柱裂片矩圆状卵形，顶端狭，具齿。蒴果椭圆形，长 3～4cm，顶端具喙，基部较狭。花期 5～6月，果期 7月。$2n=22$。

生境 多年生旱中生草本。生于草原带的沙地林缘、灌丛。

产海拉尔区。

长白鸢尾 *Iris mandshurica* Maxim.

形态特征 石生鸢尾

蒙名 哈丹乃—查黑乐得格

形态特征 植株高6～15cm。根状茎粗短，须根多数，土黄色，较粗，直径2～3mm。植株基部着生黄褐色纤维状叶鞘。基生叶条形，长6～15cm，宽1.5～3mm，淡绿色，先端渐尖，粗糙，具多条纵脉，其中1～2条较凸出。花葶较短，花期与基生叶等长或稍短，基部为2～3枚鞘状叶所包裹；总苞2～3，披针形，顶端尖锐，长约2mm，白色膜质；花单生，花被管细长，顶端较宽，长约2cm，外轮花被片椭圆形，顶端圆形，基部渐狭，黄色，具深褐色脉纹，中部淡蓝色，内轮花被片与外轮几等长，顶端尖锐，黄色；花柱矩圆形，顶端2齿。蒴果椭圆形。花期5月，果期6～7月。$2n=22$。

生境 多年生旱生草本。生于草原带和荒漠草原带的干旱山坡。

产新巴尔虎右旗。

兰科 Orchidaceae

1 能育雄蕊2，退化雄蕊1，存在且大，唇瓣呈杓状或囊状 ……………………………………… **1 杓兰属 Cypripedium**
1 能育雄蕊1，退化雄蕊2，存在或否，小，唇瓣非上述情况；植株茎直立，无假鳞茎 ………………………… **2**
2 花序明显呈螺旋状扭转；茎基部簇生数条指状肉质块根 ……………………………………… **3 绶草属 Spiranthes**
2 花序不呈螺旋状扭转；茎基部具肉质块茎，块茎前部分裂成掌状；花紫色或粉红色，少为白色，唇瓣前部3裂，基部距弯曲，细长，为子房长的1.5～2倍，柱头2个，黏盘裸露 ……………………………………… **2 手掌参属 Gymnadenia**

杓兰属 Cypripedium L.

大花杓兰 *Cypripedium macranthos* Sw.

别名 大花囊兰

蒙名 陶木—萨嘎塔干—查合日麻

形态特征 陆生兰，植株高25～50cm。根状茎横走，粗壮，长3～6cm，具多数细长的根。茎直立，被短柔毛或近无毛，基部具棕色叶鞘。叶3～5，椭圆形或卵状椭圆形，长8～16cm，宽3～9cm，先端渐尖或急尖，基部渐狭成鞘抱茎，全缘，两面沿脉被短柔毛，具多数弧曲脉序。花苞片与叶同形而较小；花常1朵，稀2朵，紫红色；中萼片宽卵形，长3.5～5cm，宽2～3.5cm；合萼片卵形，较中萼片短与狭，先端具2齿；花瓣披针形或卵状披针形，长4～6cm，宽1～2cm，先端渐尖，内面基部被长柔毛；唇瓣椭圆状球形，长4～6cm，外面无毛，基部和囊内底部被长柔毛，囊口直径约1.5cm，边缘较狭，内折侧裂片舌状三角形；蕊柱长约2cm；退化雄蕊矩圆状卵形，长10～15mm，宽6～11mm；花药扁球形，直径约3.5mm；花丝的角状凸起长约4mm；柱头近菱形，长约7mm，宽约4mm；子房狭圆柱形，弧曲，长1.5～2cm，上部被短柔毛或几无毛。蒴果纺锤形，长3～5cm。花期6～7月，果期8～9月。$2n=20$。

生境 多年生中生草本。生于森林带和草原带海拔450～850m的林间草甸、林缘草甸。

产牙克石市、根河市、莫力达瓦达斡尔族自治旗、鄂伦春自治旗。

经济价值 花大而艳丽，可作观赏花卉。

手掌参属 Gymnadenia R. Br.

手掌参 *Gymnadenia conopsea* (L.) R. Br.

别名 手参

蒙名 阿拉干—查合日麻

形态特征 植株高20～75cm。块茎1～2，肉质肥厚，两侧压扁，长1～2cm，掌状分裂，裂片细长，颈部生几条细长根。茎直立，基部具2～3枚叶鞘；茎中部以下具3～7叶，叶互生，舌状披针形或狭椭圆形，长7～20cm，宽1～3cm，先端急尖、渐尖或钝，基部收狭成鞘，抱茎，茎上部具披针形苞片状小叶。总状花序密集，具多数花，圆柱状，长6～15cm；花苞片披针形；花多为紫色或粉红色，少为白色；中萼片矩圆状椭圆形或卵状披针形，长3.5～6mm，宽2～3mm，先端钝，略呈兜状；侧萼片斜卵形或矩圆状椭圆形，反折，边缘外卷，通常长于、稀等长于中萼片，先端钝；花瓣较萼片宽，宽2.5～4mm，斜卵状三角形，与中萼片近等长，先端钝，边缘具细锯齿萼片，花瓣均具3～5脉；唇瓣倒宽卵形或菱形，长5～6mm，宽约5mm，前部3裂，中裂片较大，长1.5～2mm，宽约1.5mm，先端钝；距细而长，圆筒状，下垂，前弯，长13～17mm，为子房的1.5～2倍，先端略尖；蕊柱长约2mm；花药椭圆形，先端微凹，长约1.2mm；花粉块柄长约0.6mm；黏盘近于条形；退化雄蕊矩圆形；蕊喙小；柱头2个，隆起，近棒形，从蕊柱凹穴伸出；子房纺锤形，长8～10mm。花期7～8月。2n=20，40，80。

生境 多年生中生草本。生于森林带和草原带的沼泽化灌丛草甸、湿草甸、林缘草甸及海拔1300m的山坡灌丛中、林下。

产牙克石市、扎兰屯市、额尔古纳市、根河市、莫力达瓦达斡尔族自治旗、鄂伦春自治旗呼、鄂温克族自治旗、陈巴尔虎旗、新巴尔虎左旗。

经济价值 块茎入药，能补养气血、生津止渴，主治久病体虚、失眠心悸、肺虚咳嗽、慢性肝炎、久泻、失血、带下、乳少、阳痿等。块茎也入蒙药（蒙药名：额日和藤奴—嘎日），能强壮、生津、固精益气，主治滑精、阳痿、久病体虚、腰腿酸痛、痛风、游痛症等。

绶草属 Spiranthes L. C. Rich.

绶草 *Spiranthes sinensis* (Pers.) Ames.

别名 盘龙参、扭扭兰

蒙名 敖朗黑伯

形态特征 植株高15～40cm。根数条簇生，指状，肉质。茎直立，纤细，上部具苞片状小叶，苞片状小叶先端长渐尖；近基部生叶3～5，叶条状披针形或条形，长2～12cm，宽2～8mm，先端钝、急尖或近渐尖。总状花序具多数密生的花，似穗状，长2～11cm，直径0.5～1cm，螺旋状扭曲，花序轴被腺毛；花苞片卵形；花小，淡红色、紫红色或粉色；中萼片狭椭圆形或卵状披针形，长约5mm，宽约1.5mm，先端钝，具1～3脉；侧萼片披针形，与中萼片近等长但较狭，先端尾状，具脉3～5条；花瓣狭矩圆形，与中萼片近等长但较薄且窄，先端钝；唇瓣矩圆状卵形，略内卷呈舟状，与萼片近等长，宽2.5～3.5mm，先端圆形，基部具爪，长约0.5mm，上部边缘啮齿状，强烈皱波状，中部以下全缘，中部或多或少缢缩，内面中部以上具短柔毛，基部两侧各具1个胼胝体；蕊柱长2～3mm；花药长约1mm，先端急尖；花粉块较大；蕊喙裂片狭长，渐尖，长约1mm；黏盘长纺锤形；柱头较大，呈马蹄形；子房卵形，扭转，长4～5mm，具腺毛。蒴果具3棱，长约5mm。花期6～8月。$2n=30$。

生境 多年生中生—湿中生草本。生于森林带和草原带的沼泽化草甸、林缘草甸。

产牙克石市、扎兰屯市、额尔古纳市、根河市、阿荣旗、莫力达瓦达斡尔族自治旗、鄂伦春自治旗、鄂温克族自治旗、陈巴尔虎旗、新巴尔虎左旗。

经济价值 块根或全草入药，能补脾润肺、清热凉血，主治病后体虚、神经衰弱、咳嗽吐血、咽喉肿痛、小儿夏季热、糖尿病、白带；外用治毒蛇咬伤。

索 引

拉丁名索引

A

Abutilon   341

Abutilon theophrasti   341

Acalypha   338

Acalypha australis   338

Achillea   548

Achillea acuminata   548

Achillea alpina   549

Achillea asiatica   551

Achillea millefolium   552

Achillea ptarmicoides   550

Achnatherum   730

Achnatherum sibiricum   731

Achnatherum splendens   730

Aconitum   150

Aconitum jeholense var. angustium   151

Aconitum kusnezoffii   150

Acorus   780

Acorus calamus   780

Adenophora   508

Adenophora gmelinii   512

Adenophora pereskiifolia   510

Adenophora stenanthina   513

Adenophora stenanthina var. collina   515

Adenophora stenanthina var. crispata   514

Adenophora tetraphylla   508

Adenophora tricuspidata   511

Adonis   138

Adonis sibirica   138

Aegopodium   363

Aegopodium alpestre   363

Agrimonia   206

Agrimonia pilosa   206

Agriophyllum   69

Agriophyllum squarrosum   69

Agropyron   690

Agropyron cristatum   691

Agropyron michnoi   690

Agropyron mongolicum   692

Agrostemma   103

Agrostemma githago   103

Agrostis   722

Agrostis divaricatissima   724

Agrostis gigantea   723

Agrostis trinii   722

Ajania   556

Ajania achilloides   556

Ajuga   430

Ajuga multiflora   430

Aleuritopteris   8

Aleuritopteris argentea   8

Allium   786

Allium anisopodium   796

Allium bidentatum   794

Allium condensatum   798

Allium ledebourianum   787

Allium leucocephalum   791

Allium mongolicum   793

Allium neriniflorum   788

Allium polyrhizum   792

Allium prostratum　799

Allium ramosum　789

Allium senescens　797

Allium strictum　790

Allium tenuissimum　795

Alopecurus　712

Alopecurus aequalis　712

Alopecurus arundinaceus　715

Alopecurus brachystachyus　713

Alopecurus pratensis　714

Alyssum　172

Alyssum lenense　172

Alyssum obovatum　173

Amaranthaceae　84

Amaranthus　84

Amaranthus albus　86

Amaranthus blitoides　85

Amaranthus retroflexus　84

Amaranthus blitum　85

Amblynotus　427

Amblynotus obovatus　427

Amethystea　431

Amethystea coerulea　431

Androsace　377

Androsace filiformis　379

Androsace gmelinii　377

Androsace maxima　378

Androsace septentrionalis　380

Anemarrhena　810

Anemarrhena asphodeloides　810

Anemone　129

Anemone dichotoma　129

Anemone silvestris　130

Angelica　370

Angelica dahurica　370

Aquilegia　120

Aquilegia viridiflora　120

Aquilegia viridiflora f. *atropurpurea*　121

Arabis　188

Arabis hirsuta　188

Arabis pendula　189

Araceae　780

Arctogeron　530

Arctogeron gramineum　530

Arenaria　90

Arenaria capillaris　92

Arenaria juncea　91

Arenaria serpyllifolia　90

Aristida　662

Aristida adscenionis　662

Artemisia　558

Artemisia adamsii　575

Artemisia anethifolia　564

Artemisia anethoides　565

Artemisia annua　561

Artemisia argyi　569

Artemisia brachyloba　584

Artemisia commutata　577

Artemisia desertorum　578

Artemisia dracunculus　566

Artemisia eriopoda　580

Artemisia frigida　581

Artemisia halodendron　585

Artemisia integrifolia　571

Artemisia latifolia　567

Artemisia lavandulaefolia　570

Artemisia manshurica　579

Artemisia mongolica　573

Artemisia oxycephala　586

Artemisia palustris　562

Artemisia pubescens　576

Artemisia rubripes　574

Artemisia sacrorum　582

Artemisia sacrorum var. *messerschmidtiana*　583

Artemisia scoparia　563

Artemisia selengensis　572

Artemisia sieversiana　560

Artemisia tanacetifolia　568

Arundinella　744

Arundinella hirta　744

Asclepiadaceae　401

Asparagus　805

Asparagus dauricus　806

Asparagus schoberioides　805

Aster　526

Aster alpinus　526

Aster maackii　528

Aster tataricus　527

Astragalus　264

Astragalus adsurgens　274

Astragalus chinensis　269

Astragalus dahuricus　265

Astragalus dalaiensis　265

Astragalus galactites　278

Astragalus grubovii　276

Astragalus melilotoides　270

Astragalus melilotoides var. *tenuis*　272

Astragalus membranaceus　268

Astragalus membranaceus var. *mongholicus*　267

Astragalus miniatus　273

Astragalus satoi　270

Astragalus scaberrimus　277

Astragalus uliginosus　275

Astragalus zacharensis　266

Atractylodes　603

Atractylodes lancea　603

Atraphaxis　28

Atraphaxis manshurica　28

Atriplex　75

Atriplex fera　77

Atriplex patens　75

Atriplex sibirica　76

Avena　706

Avena fatua　706

Axyris　67

Axyris amaranthoides　67

Axyris hybrida　68

B

Bassia　57

Bassia dasyphylla　57

Beckmannia　725

Beckmannia syzigachne　725

Bidens　545

Bidens maximovicziana　546

Bidens parviflora　545

Bidens tripartita　547

Bignoniaceae　483

Blysmus　776

Blysmus rufus　776

Boraginaceae　414

Brachyactis　532

Brachyactis ciliata　532

Bromus　684

Bromus ciliatus　685

Bromus inermis　684

Bunias　161

Bunias cochlearoides　161

Bupleurum　355

Bupleurum bicaule　356

Bupleurum scorzonerifolium　357

Bupleurum sibiricum　355

C

Calamagrostis　716

Calamagrostis epigeios　717

Calamagrostis macrolepis　718

Calamagrostis pseudophragmites　716

Caltha　117

Caltha palustris　117

Calystegia　408

Calystegia haderacea　408

Calystegia sepium 409
Camelina 169
Camelina microcarpa 169
Campanula 506
Campanula punctata 506
Campanula punctata subsp. *cephalotes* 507
Campanulaceae 505
Cannabis 18
Cannabis sativa 18
Caprifoliaceae 495
Capsella 174
Capsella bursa-pastoris 174
Caragana 258
Caragana microphylla 259
Caragana stenophylla 258
Cardamine 182
Cardamine lyrata 182
Carduus 619
Carduus crispus 619
Carex 754
Carex appendiculata 767
Carex argunensis 755
Carex arnellii 764
Carex caespitosa 768
Carex duriuscula 758
Carex enervis 757
Carex eremopyroides 760
Carex korshinskyi 763
Carex lanceolata 766
Carex pediformis 765
Carex reptabunda 756
Carex rhynchophysa 761
Carex schmidtii 769
Carex stenophylloides 759
Carex vesicaria 762
Carum 359
Carum buriaticum 360
Carum carvi 359

Caryophyllaceae 88
Caryopteris 428
Caryopteris mongholica 428
Centaurium 389
Centaurium pulchellum 389
Cerastium 100
Cerastium arvense 100
Cerastium arvense 101
Cerastium caespitosum 101
Chamaerhodos 239
Chamaerhodos canescens 240
Chamaerhodos erecta 239
Chamaerhodos trifida 241
Chelidonium 154
Chelidonium majus 154
Chenopodiaceae 51
Chenopodium 78
Chenopodium acuminatum 80
Chenopodium album 83
Chenopodium aristatum 81
Chenopodium bryoniaefolium 79
Chenopodium glaucum 78
Chenopodium hybridum 82
Chenopodium minimum 81
Chloris 742
Chloris virgata 742
Cicuta 358
Cicuta virosa 358
Cirsium 614
Cirsium esculentum 614
Cirsium pendulum 615
Cirsium segetum 617
Cirsium setosum 618
Cirsium vlassovianum 616
Cleistogenes 735
Cleistogenes caespitosa 738
Cleistogenes chinensis 740
Cleistogenes kitagawai 739

Cleistogenes polyphylla 737

Cleistogenes songorica 735

Cleistogenes squarrosa 736

Clematis 146

Clematis aethusifolia 147

Clematis hexapetala 146

Cnidium 366

Cnidium dahuricum 367

Cnidium monnieri 366

Cnidium salinum 368

Commelina 781

Commelina communis 781

Commelinaceae 781

Compositae 516

Convolvulaceae 405

Convolvulus 410

Convolvulus ammannii 410

Convolvulus arvensis 411

Conyza 536

Conyza canadensis 536

Corispermum 70

Corispermum chinganicum 73

Corispermum dilutum 72

Corispermum elongatum 70

Corispermum mongolicum 74

Corispermum puberulum 71

Corydalis 157

Corydalis sibirica 158

Corydalis turtschaninovii 157

Cotoneaster 203

Cotoneaster melanocarpus 203

Crassulaceae 190

Crepis 648

Crepis crocea 649

Crepis tectorum 648

Cruciferae 159

Crypsis 743

Crypsis aculeata 743

Cucurbitaceae 504

Cuscuta 405

Cuscuta chinensis 406

Cuscuta europaea 407

Cuscuta japonica 405

Cymbaria 482

Cymbaria dahurica 482

Cynanchum 401

Cynanchum paniculatum 401

Cynanchum purpureum 402

Cynanchum thesioides 403

Cynoglossum 417

Cynoglossum divaricatum 417

Cyperaceae 754

Cyperus 777

Cyperus fuscus 777

Cypripedium 824

Cypripedium macranthos 824

Czernaevia 371

Czernaevia laevigata 371

D

Datura 453

Datura stramonium 453

Delphinium 148

Delphinium grandiflorum 148

Delphinium korshinskyanum 149

Dendranthema 553

Dendranthema chanetii 553

Dendranthema maximowiczii 555

Dendranthema zawadskii 554

Deschampsia 707

Deschampsia caespitosa 707

Descurainia 183

Descurainia sophia 183

Deyeuxia 719

Deyeuxia neglecta 721

Deyeuxia purpurea 720

Deyeuxia turczaninowii 719
Dianthus 112
Dianthus chinensis 114
Dianthus chinensis var. *veraicolor* 115
Dianthus repens 113
Dianthus superbus 112
Dictamnus 331
Dictamnus dasycarpus 331
Digitaria 749
Digitaria ischaemum 749
Dipsacaceae 501
Doellingeria 525
Doellingeria scaber 525
Dontostemon 178
Dontostemon dentatus 178
Dontostemon eglandulosus 180
Dontostemon integrifolius 179
Dontostemon micranthus 181
Draba 170
Draba nemorosa 170
Draba nemorosa var. *leiocarpa* 171
Dracocephalum 438
Dracocephalum argunense 439
Dracocephalum moldavica 438
Dracocephalum ruyschiana 440

E

Echinochloa 747
Echinochloa caudata 747
Echinochloa crusgalli 748
Echinochloa crusgalli var. *mitis* 748
Echinocystis 504
Echinocystis lobata 504
Echinops 600
Echinops dissectus 602
Echinops gmelini 600
Echinops latifolius 601
Eleocharis 770

Eleocharis intersita 771
Eleocharis yokoscensis 770
Elsholtzia 450
Elsholtzia densa 450
Elymus 693
Elymus dahuricus 695
Elymus excelsus 696
Elymus nutans 694
Elymus sibiricus 693
Elytrigia 689
Elytrigia repens 689
Enneapogon 732
Enneapogon borealis 732
Ephedra 10
Ephedra equisetina 12
Ephedra monosperma 11
Ephedra sinica 10
Ephedraceae 10
Epilobium 352
Epilobium palustre 352
Equisetaceae 7
Equisetum 7
Equisetum arvense 7
Eragrostis 733
Eragrostis minor 733
Eragrostis pilosa 734
Erigeron 533
Erigeron acer 533
Erigeron elongatus 534
Erigeron kamtschaticus 535
Eriochloa 746
Eriochloa villosa 746
Eriophorum 775
Eriophorum vaginayum 775
Eritrichium 422
Eritrichium deflexum 424
Eritrichium mandshuricum 422
Eritrichium pauciflorum 423

Eritrichium thymifolium 425

Erodium 316

Erodium stephanianum 316

Erysimum 184

Erysimum cheiranthoides 185

Erysimum flavum 184

Erysimum hieraciifolium 186

Euphorbia 335

Euphorbia esula 336

Euphorbia fischeriana 337

Euphorbia humifusa 335

Euphorbiaceae 334

Euphrasia 466

Euphrasia amurensis 467

Euphrasia pectinata 466

F

Festuca 666

Festuca dahurica 666

Festuca dahurica 667

Festuca ovina 668

Festuca valesiaca 669

Filifolium 557

Filifolium sibiricum 557

Filipendula 210

Filipendula angustiloba 213

Filipendula intermedia 211

Filipendula nuda 212

Filipendula palmata 210

Flueggea 334

Flueggea suffeuticosa 334

G

Gagea 803

Gagea hiensis 804

Gagea pauciflora 803

Galatella 529

Galatella dahurica 529

Galeopsis 443

Galeopsis bifida 443

Galium 489

Galium aparine var. *tenerum* 492

Galium boreale 490

Galium trifidum 489

Galium verum 491

Gentiana 390

Gentiana dahurica 391

Gentiana macrophylla 392

Gentiana manshurica 394

Gentiana scabra 393

Gentiana squarrosa 390

Gentiana triflora 395

Gentianaceae 389

Gentianopsis 396

Gentianopsis barbata 396

Geraniaceae 316

Geranium 317

Geranium dahuricum 321

Geranium japonicum 322

Geranium maximowiczii 324

Geranium platyanthum 317

Geranium pratense 319

Geranium sibiricum 320

Geranium wlassowianum 323

Gerbera 626

Gerbera anandria 626

Geum 214

Geum aleppicum 214

Glaux 381

Glaux maritima 381

Glyceria 664

Glyceria lithuanica 664

Glyceria triflora 665

Glycine 315

Glycine soja 315

Glycyrrhiza 263

Glycyrrhiza uralensis 263
Gnaphalium 540
Gnaphalium uliginosum 540
Goniolimon 385
Goniolimon speciosum 385
Gramineae 657
Gueldenstaedtia 260
Gueldenstaedtia multiflora 260
Gueldenstaedtia stenophylla 262
Gueldenstaedtia verna 261
Gymnadenia 825
Gymnadenia conopsea 825
Gypsophila 110
Gypsophila davurica 110
Gypsophila davurica 111

H
Halenia 397
Halenia corniculata 397
Halerpestes 139
Halerpestes ruthenica 139
Halerpestes sarmentosa 140
Haplophyllum 330
Haplophyllum dauricum 330
Hedysarum 292
Hedysarum alpinum 293
Hedysarum fruticosum 294
Hedysarum fruticosum var. *lignosum* 295
Hedysarum gmelinii 292
Helictotrichon 704
Helictotrichon dahuricum 705
Helictotrichon schellianum 704
Hemerocallis 813
Hemerocallis minor 813
Heracleum 373
Heracleum moellendorffii 373
Heteropappus 522
Heteropappus altaicus 522

Heteropappus hispidus 523
Heteropappus tataricus 524
Hibiscus 339
Hibiscus trionum 339
Hieracium 652
Hieracium hololeion 652
Hieracium umbellatum 653
Hieracium virosum 654
Hierochloe 708
Hierochloe glabra 708
Hierochloe odorata 709
Hordeum 699
Hordeum brevisubulatum 700
Hordeum jubatum 699
Hordeum roshevitzii 701
Hylotelephium 194
Hylotelephium pallescens 195
Hylotelephium triphyllum 194
Hyoscyamus 455
Hyoscyamus niger 455
Hypecoum 156
Hypecoum erectum 156
Hypericaceae 342
Hypericum 342
Hypericum ascyron 343
Hypericum attenuatum 342
Hypochaeris 629
Hypochaeris ciliata 629

I
Incarvillea 483
Incarvillea sinensis 483
Inula 541
Inula britanica 542
Inula salicina 541
Iridaceae 814
Iris 814
Iris dichotoma 814

Iris flavissima 822

Iris lactea var. *chinensis* 819

Iris mandshurica 823

Iris sanguinea 821

Iris tenuifolia 816

Iris tigridia 818

Iris typhifolia 820

Iris ventricosa 817

Isatis 160

Isatis costata 160

Isodon 451

Isodon japonica 451

Ixeris 640

Ixeris chinensis 641

Ixeris chinensis var. *graminifolia* 642

Ixeris sonchifolia 640

J

Juncaceae 782

Juncaginaceae 655

Juncellus 778

Juncellus pannonicus 778

Juncus 783

Juncus bufonius 783

Juncus castaneus 785

Juncus gracillimus 784

K

Kalidium 52

Kalidium cuspidatum 54

Kalidium foliatum 52

Kalidium gracile 53

Kalimeris 520

Kalimeris integrifolia 520

Kalimeris mongolica 521

Kochia 64

Kochia prostrata 64

Kochia scoparia 65

Kochia scoparia var. *sieversiana* 66

Koeleria 702

Koeleria cristata 702

Krascheninnikovia 55

Krascheninnikovia ceratoides 55

Kummerowia 300

Kummerowia stipulacea 300

L

Labiatae 429

Lactuca 643

Lactuca indica 643

Lactuca sibirica 644

Lactuca tatarica 645

Lagopsis 436

Lagopsis supina 436

Lamium 444

Lamium album 444

Lappula 418

Lappula heteracantha 419

Lappula intermedia 420

Lappula myosotis 418

Lappula stricta 421

Lathyrus 312

Lathyrus humilis 312

Lathyrus palustris var. *pilosus* 314

Lathyrus quinquenervius 313

Leguminosae 244

Leontopodium 537

Leontopodium conglobatum 538

Leontopodium junpeianum 537

Leontopodium leontopodioides 539

Leonurus 445

Leonurus japonicus 445

Leonurus sibiricus 446

Leptopyrum 122

Leptopyrum fumarioides 122

Lepidium 166

Lepidium apetalum　166

Lepidium cartilagineum　167

Lepidium latifolium　168

Lespedeza　296

Lespedeza bicolor　296

Lespedeza davurica　298

Lespedeza juncea　299

Lespedeza tomentosa　297

Leucopoa　670

Leucopoa albida　670

Leymus　697

Leymus chinensis　697

Leymus secalinus　698

Libanotis　365

Libanotis seselioides　365

Ligularia　596

Ligularia fischeri　597

Ligularia mongolica　596

Ligularia sachalinensis　598

Liliaceae　786

Lilium　800

Lilium concolor var. *pulchellum*　801

Lilium dauricum　802

Lilium pumilum　800

Limonium　386

Limonium aureum　386

Limonium bicolor　388

Limonium flexuosum　387

Limosella　457

Limosella aquatica　457

Linaceae　325

Linaria　458

Linaria buriatica　458

Linaria vulgaris subsp. *sinensis*　459

Linum　325

Linum perenne　326

Linum stelleroides　325

Lithospermum　415

Lithospermum erythrorhizon　415

Lomatogonium　398

Lomatogonium rotatum　398

Luzula　782

Luzula pallescens　782

Lychnis　104

Lychnis sibilica　104

Lysimachia　382

Lysimachia barystachys　384

Lysimachia davurica　383

Lysimachia thyrsiflora　382

Lythraceae　351

Lythrum　351

Lythrum salicaria　351

M

Malus　204

Malus baccata　204

Malva　340

Malva verticillata　340

Malvaceae　339

Medicago　248

Medicago falcata　249

Medicago lupulina　248

Medicago sativa　250

Melandrium　105

Melandrium apricum　106

Melandrium brachypetalum　105

Melandrium orientalimongolicum　106

Melica　663

Melica turczaninowiana　663

Melilotoides　247

Melilotoides ruthenica　247

Melilotus　251

Melilotus albus　253

Melilotus dentatus　251

Melilotus officinalis　252

Menispermaceae　153

Menispermum　153

Menispermum dahuricum　153

Mentha　449

Mentha canadensis　449

Merremia　412

Merremia sibirica　412

Metaplexis　404

Metaplexis japonica　404

Micropeplis　63

Micropeplis arachnoidea　63

Minuartia　102

Minuartia laricina　102

Moehringia　93

Moehringia lateriflora　93

Moraceae　18

Myosotis　426

Myosotis suaveolens　426

N

Neopallasia　588

Neopallasia pectinata　588

Neslia　161

Neslia paniculata　161

Nitraria　327

Nitraria sibirica　327

O

Odontites　468

Odontites vugaris　468

Olgaea　612

Olgaea leucophylla　613

Olgaea lomonosowii　612

Onagraceae　352

Orchidaceae　824

Orobanchaceae　484

Orobanche　484

Orobanche coerulescens　484

Orobanche pycnostachya　485

Orobanche pycnostachya var. *amurensis*　485

Orostachys　190

Orostachys cartilaginea　193

Orostachys fimbriatus　191

Orostachys malacophyllus　190

Orostachys spinosus　192

Ostericum　369

Ostericum viridiflorum　369

Oxytropis　279

Oxytropis caespitosa　288

Oxytropis filiformis　291

Oxytropis glabra　284

Oxytropis grandiflora　289

Oxytropis hirta　285

Oxytropis leptophylla　286

Oxytropis mandshurica　290

Oxytropis myriophylla　280

Oxytropis oxyphylla　283

Oxytropis prostrata　281

Oxytropis racemosa　282

Oxytropis squammulosa　287

P

Paeonia　152

Paconia lactiflora　152

Paeoniaceae　152

Panicum　745

Panicum miliaceum　745

Papaver　155

Papaver nudicaule　155

Papaveraceae　154

Parasenecio　599

Parasenecio hastatus　599

Parietaria　22

Parietaria micrantha　22

Parnassia　198

Parnassia palustris　198

Patrinia　497

Patrinia rupestris 498

Patrinia rupestris subsp. *scabra* 499

Patrinia scabiosaefolia 497

Pedicularis 470

Pedicularis flava 473

Pedicularis labradorica 472

Pedicularis palustris subsp. *karoi* 477

Pedicularis resupinata var. *resupinata* 476

Pedicularis rubens 478

Pedicularis sceptrum-carolinum 470

Pedicularis spicata 479

Pedicularis striata 475

Pedicularis venusta 474

Pedicularis verticillata 480

Peganum 329

Peganum nigellastrum 329

Phalaris 710

Phalaris arundinacea 710

Phleum 711

Phleum pratense 711

Phlojodicarpus 372

Phlojodicarpus sibiricus 372

Phlomis 441

Phlomis mongolica 442

Phlomis tuberosa 441

Phragmites 660

Phragmites australis 660

Physochlaina 454

Physochlaina physaloides 454

Picris 628

Picris davurica 628

Pimpinella 361

Pimpinella cnidioides 362

Pimpinella thellungiana 361

Plantaginaceae 486

Plantago 486

Plantago asiatica 488

Plantago depressa 487

Plantago maritima subsp. *ciliata* 486

Platycodon 505

Platycodon grandiflorus 505

Plumbaginaceae 385

Poa 671

Poa angustifolia 676

Poa annua 671

Poa attenuata 679

Poa mongolica 677

Poa pratensis 675

Poa sibirica 674

Poa sphondylodes 678

Poa subfastigiata 673

Polemoniaceae 413

Polemonium 413

Polemonium caeruleum 413

Polygala 332

Polygala sibirica 333

Polygala tenuifolia 332

Polygalaceae 332

Polygonaceae 28

Polygonatum 807

Polygonatum humile 808

Polygonatum odoratum 809

Polygonatum sibiricum 807

Polygonum 37

Polygonum alopecuroides 50

Polygonum alpinum 48

Polygonum amphibium 40

Polygonum angustifolium 46

Polygonum aviculare 37

Polygonum bistorta 49

Polygonum bungeanum 41

Polygonum convolvulus 44

Polygonum divaricatum 47

Polygonum hydropiper 39

Polygonum lapathifolium 42

Polygonum sibiricum 43

Polygonum sieboldii　45

Portulaca　87

Portulaca oleracea　87

Portulaceae　87

Potentilla　215

Potentilla acaulis　218

Potentilla anserina　220

Potentilla betonicifolia　219

Potentilla bifurca　221

Potentilla bifurca var. *major*　222

Potentilla chinensis　234

Potentilla conferta　230

Potentilla discolor　229

Potentilla flagellaris　217

Potentilla fragarioides　225

Potentilla longifolia　226

Potentilla multicaulis　233

Potentilla multifida　235

Potentilla multifida var. *ornithopoda*　236

Potentilla nudicaulis　227

Potentilla parvifolia　216

Potentilla rupestris　224

Potentilla sericea　232

Potentilla strigosa　229

Potentilla supina　223

Potentilla tanacetifolia　228

Potentilla verticillaris　231

Primula　375

Primula farinose　375

Primula nutans　376

Primulaceae　375

Prunus　242

Prunus padus　243

Prunus sibirica　242

Ptilotricum　175

Ptilotricum canescens　175

Ptilotricum tenuifolium　175

Puccinellia　680

Puccinellia chinampoensis　683

Puccinellia distans　682

Puccinellia hauptiana　681

Puccinellia tenuiflora　680

Pulsatilla　131

Pulsatilla ambigua　135

Pulsatilla chinensis　131

Pulsatilla dahurica　133

Pulsatilla hulunensis　135

Pulsatilla patens var. *multifida*　132

Pulsatilla sukaczevii　137

Pulsatilla tenuiloba　136

Pulsatilla turczaninovii　134

Pycreus　779

Pycreus sanguinolentus　779

R

Ranunculaceae　117

Ranunculus　141

Ranunculus japonicus　143

Ranunculus monophyllus　144

Ranunculus repens　142

Ranunculus rigescens　145

Ranunculus sceleratus　141

Reaumuria　344

Reaumuria soongorica　344

Rheum　36

Rheum rhabarbarum　36

Rhinanthus　469

Rhinanthus glaber　469

Ribes　197

Ribes diacanthum　197

Roegneria　686

Roegneria ciliaris　687

Roegneria pendulina var. *pubinodis*　686

Roegneria turczaninovii　688

Rorippa　162

Rorippa barbareifolia　162

Rorippa palustris 163

Rosa 205

Rosa davurica 205

Rosaceae 201

Rubia 493

Rubia cordifolia 493

Rubia cordifolia var. *pratensis* 494

Rubiaceae 489

Rumex 29

Rumex acetosa 30

Rumex acetosella 29

Rumex crispus 32

Rumex gmelinii 33

Rumex maritimus 34

Rumex marschallianus 35

Rumex thyrsiflorus 31

Rutaceae 330

S

Salicaceae 13

Salicornia 56

Salicornia europaea 56

Salix 13

Salix gordejevii 13

Salix microstachya 14

Salsola 61

Salsola collina 61

Salsola tragus 62

Sambucus 495

Sambucus coreana 496

Sambucus foetidissima 495

Sanguisorba 207

Sanguisorba officinalis 208

Sanguisorba officinalis var. *carnea* 209

Sanguisorba officinalis var. *glandulosa* 209

Sanguisorba tenuifolia 207

Sanguisorba tenuifolia var. *alba* 208

Santalaceae 23

Saposhnikovia 374

Saposhnikovia divaricata 374

Saussurea 604

Saussurea amara 604

Saussurea davurica 610

Saussurea firma 608

Saussurea pulchella 606

Saussurea recurvata 609

Saussurea runcinata 605

Saussurea salicifolia 607

Saussurea salsa 611

Saxifraga 199

Saxifraga bronchialis 199

Saxifraga cernua 200

Saxifragaceae 197

Scabiosa 501

Scabiosa comosa 502

Scabiosa comosa f. *albiflora* 503

Scabiosa tschiliensis 501

Schizonepeta 437

Schizonepeta multifida 437

Scirpus 772

Scirpus orientalis 774

Scirpus planiculmis 772

Scirpus validus 773

Scorzonera 630

Scorzonera albicaulis 630

Scorzonera austriaca 634

Scorzonera curvata 632

Scorzonera radiata 631

Scorzonera sinensis 633

Scrophularia 456

Scrophularia incisa 456

Scrophulariaceae 456

Scutellaria 432

Scutellaria baicalensis 432

Scutellaria galericulata 434

Scutellaria regeliana 435

Scutellaria scordifolia　433

Sedum　196

Sedum aizoon　196

Selaginella　6

Selaginella sanguinolenta　6

Selaginella sibirica　6

Selaginellaceae　6

Senecio　589

Senecio arcticus　590

Senecio argunensis　593

Senecio cannabifolius　592

Senecio dubitabilis　589

Senecio nemorensis　591

Senecio vulgaris　589

Seriphidium　587

Seriphidium finitum　587

Serratula　622

Serratula centauroides　625

Serratula coronata　622

Serratula marginata　623

Serratula polycephala　624

Setaria　750

Setaria arenaria　751

Setaria glauca　750

Setaria viridis　752

Sibbaldia　237

Sibbaldia adpressa　237

Sibbaldia sericea　238

Silene　107

Silene jenisseensis　109

Silene repens　108

Silene vulgaris　107

Sinopteridaceae　8

Siphonostegia　481

Siphonostegia chinensis　481

Sisymbrium　176

Sisymbrium heteromallum　176

Sisymbrium polymorphum　177

Sium　364

Sium suave　364

Solanaceae　452

Solanum　452

Solanum nigrum　452

Solidago　519

Solidago virgaurea var. *dahurica*　519

Sonchus　650

Sonchus arvensis　650

Sonchus oleraceus　651

Sophora　245

Sophora flavescens　245

Spergularia　88

Spergularia salina　88

Sphaerophysa　257

Sphaerophysa salsula　257

Sphallerocarpus　354

Sphallerocarpus gracilis　354

Spiraea　202

Spiraea aquilegiifolia　202

Spiranthes　826

Spiranthes sinensis　826

Spodiopogon　753

Spodiopogon sibiricus　753

Stachys　447

Stachys riederi　447

Stellaria　94

Stellaria cherleriae　96

Stellaria dichotoma　97

Stellaria dichotoma　98

Stellaria filicaulis　98

Stellaria media　95

Stellaria palustris　99

Stellaria radians　94

Stellera　350

Stellera chamaejasme　350

Stemmacantha　620

Stemmacantha uniflora　620

Stenosolenium 416

Stenosolenium saxatile 416

Stevenia 187

Stevenia cheiranthoides 187

Stipa 726

Stipa baicalensis 728

Stipa grandis 727

Stipa klemenzii 726

Stipa krylovii 729

Suaeda 58

Suaeda corniculata 59

Suaeda glauca 58

Suaeda salsa 60

Swertia 399

Swertia dichotoma 399

Swertia pseudochinensis 400

Synurus 621

Synurus deltoides 621

T

Tamaricaceae 344

Taraxacum 635

Taraxacum asiaticum 636

Taraxacum borealisinense 639

Taraxacum falcilobum 638

Taraxacum mongolicum 637

Taraxacum pseudo-albidum 635

Tephroseris 594

Tephroseris flammea 594

Tephroseris kirilowii 595

Thalictrum 123

Thalictrum foetidum 123

Thalictrum minus var. *hypoleucum* 128

Thalictrum petaloideum 126

Thalictrum petaloideum var. *supradecompositum* 127

Thalictrum simplex 127

Thalictrum squarrosum 125

Thermopsis 246

Thermopsis lanceolata 246

Thesium 23

Thesium brevibracteatum 27

Thesium chinense 26

Thesium longifolium 23

Thesium refractum 25

Thesium saxatile 27

Thlaspi 164

Thlaspi arvense 164

Thlaspi cochleariforme 165

Thymelaeaceae 350

Thymus 448

Thymus serpyllum 448

Tournefortia 414

Tournefortia sibirica var. *angustior* 414

Tragopogon 627

Tragopogon orientalis 627

Tribulus 328

Tribulus terrestris 328

Trifolium 254

Trifolium lupinaster 254

Trifolium pratense 256

Trifolium repens 255

Triglochin 655

Triglochin maritimum 655

Triglochin palustris 656

Tripogon 741

Tripogon chinensis 741

Tripolium 531

Tripolium vulgare 531

Trisetum 703

Trisetum sibiricum 703

Trollius 119

Trollius ledebouri 119

U

Ulmaceae 15

Ulmus 15

Ulmus davidiana　17

Ulmus macrocarpa　16

Ulmus pumila　15

Umbelliferae　353

Urtica　19

Urtica angustifolia　21

Urtica cannabina　19

Urticaceae　19

V

Vaccaria　116

Vaccaria hispanica　116

Valeriana　500

Valeriana alternifolia　500

Valerianaceae　497

Veratrum　811

Veratrum dahuricum　812

Veratrum nigrum　811

Verbenaceae　428

Veronica　461

Veronica dahuric　464

Veronica incana　463

Veronica linariifolia　461

Veronica linariifolia var. *dilatata*　462

Veronica longifolia　465

Veronicastrum　460

Veronicastrum sibiricum　460

Vicia　301

Vicia amoena　307

Vicia amurensis　311

Vicia cracca　308

Vicia cracca var. *canescens*　309

Vicia japonica　310

Vicia multicaulis　305

Vicia pseudorobus　306

Vicia ramuliflora　303

Vicia unijuga　301

Vicia venosa　304

Viola　345

Viola acuminata　345

Viola dissecta　346

Viola gmeliniana　347

Viola prionantha　349

Viola variegata　348

Violaceae　345

W

Woodsia　9

Woodsia ilvensis　9

Woodsiaceae　9

X

Xanthium　543

Xanthium mongolicum　544

Xanthium sibiricum　543

Y

Youngia　646

Youngia stenoma　646

Youngia tenuifolia　647

Z

Zygophyllaceae　327

中名索引

A

阿尔泰狗娃花　522
矮韭　796
矮藜　81
矮山黧豆　312
艾　569
凹头苋　85

B

八宝属　194
白八宝　195
白车轴草　255
白刺属　327
白饭树属一叶萩属　334
白花草木樨　253
白花丹科　385
白花黄芪　278
白花蒲公英　635
白花窄叶蓝盆花　503
白酒草属　536
白莲蒿　582
白婆婆纳　463
白屈菜　154
白屈菜属　154
白头韭　791
白头翁　131
白头翁属　131
白鲜　331
白鲜属　331
白苋　86
百合科　786
百合属　800
百金花　389
百金花属　389

百里香　448
百里香属　448
百蕊草　26
百蕊草属　23
败酱　497
败酱科　497
败酱属　497
稗　748
稗属　747
斑叶堇菜　348
瓣蕊唐松草　126
包鞘隐子草　739
薄荷　449
薄荷属　449
薄叶棘豆　286
薄叶燥原荠　175
报春花科　375
报春花属　375
抱茎苦荬菜　640
北侧金盏花　138
北点地梅　380
北方拉拉藤　490
北方马兰　521
北方庭荠　172
北陵鸢尾　820
北美苋　85
北千里光　589
北野豌豆　303
北芸香　330
北紫堇　158
贝加尔针茅　728
萆薢属　770
鼻花　469
鼻花属　469

笔管草　630
蒿蓄　37
蝙蝠葛　153
蝙蝠葛属　153
扁秆藨草　772
扁蕾　396
扁蕾属　396
扁莎属　779
扁穗草属　776
扁蓿豆　247
扁蓿豆属　247
变蒿　577
藨草属　772
滨藜　75
滨藜属　75
冰草　691
冰草属　690
并头黄芩　433
波叶大黄　36
播娘蒿　183
播娘蒿属　183
补血草属　386

C

苍耳　543
苍耳属　543
苍术　603
苍术属　603
糙苏属　441
糙叶败酱　499
糙叶黄芪　277
糙隐子草　736
槽鳞扁莎　779
草本威灵仙　460

草地风毛菊 604	车前科 486	**D**
草地糖芥 186	车前属 486	达乌里风毛菊 610
草地早熟禾 675	车轴草属 254	达乌里胡枝子 298
草麻黄 10	柽柳科 344	达乌里黄芪 265
草木樨 252	齿瓣延胡索 157	达乌里龙胆 391
草木樨属 251	齿叶蓍 548	达乌里芯芭 482
草木樨状黄芪 270	齿缘草属 422	达乌里羊茅 666
草沙蚕属 741	翅果菊 643	鞑靼狗娃花 524
草乌头 150	虫实属 70	打碗花 408
草原黄芪 265	稠李 243	打碗花属 408
草原老鹳草 319	臭草属 663	大苞点地梅 378
草原丝石竹 110	川续断科 501	大臭草 663
草原勿忘草 426	垂梗繁缕 94	大刺儿菜 618
侧金盏花属 138	垂果大蒜芥 176	大丁草 626
叉分蓼 47	垂果南芥 189	大丁草属 626
叉歧繁缕 97	垂穗披碱草 694	大豆属 315
茶藨属 197	春榆 17	大萼委陵菜 230
差不嘎蒿 585	唇形科 429	大拂子茅 718
柴胡属 355	唇形科 430	大果琉璃草 417
长白沙参 510	刺儿菜 617	大果榆 16
长白鸢尾 823	刺瓜 504	大花棘豆 289
长刺酸模 34	刺瓜属 504	大花杓兰 824
长萼鸡眼草 300	刺虎耳草 199	大花银莲花 130
长梗韭 788	刺藜 81	大黄属 36
长茎飞蓬 534	刺沙蓬 62	大戟科 334
长芒稗 747	葱属 786	大戟属 335
长穗虫实 70	丛棘豆 288	大看麦娘 714
长叶百蕊草 23	丛生隐子草 738	大麻属 18
长叶火绒草 537	丛薹草 768	大麦属 699
长叶碱毛茛 139	粗根老鹳草 321	大婆婆纳 464
长柱金丝桃 343	粗根鸢尾 818	大蒜芥属 176
长柱沙参 513	粗毛山柳菊 654	大穗薹草 761
菖蒲 780	簇茎石竹 113	大穗异燕麦 705
菖蒲属 780	翠雀 148	大菟丝子 407
朝鲜碱茅 683	翠雀属 148	大叶野豌豆 306
朝鲜接骨木 496	寸草薹 758	大叶章 720
车前 488		大油芒 753

大油芒属 753
大针茅 727
大籽蒿 560
单叶毛茛 144
单子麻黄 11
淡花地杨梅 782
当归属 370
灯心草科 782
灯心草属 783
灯心草蚤缀 91
地肤 65
地肤属 64
地锦 335
地蔷薇 239
地蔷薇属 239
地梢瓜 403
地杨梅属 782
地榆 208
地榆属 207
点地梅属 377
点头虎耳草 200
顶冰花属 803
东北齿缘草 422
东北点地梅 379
东北高翠雀 149
东北棘豆 290
东北绢蒿 587
东北牡蒿 579
东北木蓼 28
东北酸模 31
东北小米草 467
东北羊角芹 363
东方蓬草 774
东方婆罗门参 627
东方野豌豆 310
东风菜 525

东风菜属 525
东亚唐松草 128
豆科 244
毒芹 358
毒芹属 358
独行菜 166
独行菜属 166
独活属 373
短瓣金莲花 119
短瓣蓍 550
短苞百蕊草 27
短柄野芝麻 444
短芒大麦草 700
短毛独活 373
短穗看麦娘 713
短星菊 532
短星菊属 532
断穗狗尾草 751
钝背草 427
钝背草属 427
钝叶瓦松 190
多花筋骨草 430
多茎委陵菜 233
多茎野豌豆 305
多裂委陵菜 235
多裂叶荆芥 437
多头麻花头 624
多型大蒜芥 177
多叶棘豆 280
多叶隐子草 737
多枝柳穿鱼 458

E

鹅观草属 686
鹅绒藤属 401
鹅绒委陵菜 220

额尔古纳薹草 755
额河千里光 593
遏蓝菜 164
遏蓝菜属 164
二裂委陵菜 221
二歧银莲花 129
二色补血草 388

F

发草 707
发草属 707
翻白草 229
翻白蚊子草 211
繁缕 95
繁缕属 94
反折假鹤虱 424
反枝苋 84
返顾马先蒿 476
防风 374
防风属 374
防己科 153
飞廉 619
飞廉属 619
飞蓬 533
飞蓬属 533
肥披碱草 696
费菜 196
粉报春 375
粉背蕨属 8
粉花地榆 209
风花菜 163
风铃草属 506
风毛菊属 604
伏毛山莓草 237
拂子茅 717
拂子茅属 716

腹水草属 460

G

甘草 263

甘草属 263

高二裂委陵菜 222

高山蓼 48

高山漆姑草 102

高山漆姑草属米努草属 102

高山薹 549

高山紫菀 526

葛缕子 359

葛缕子属 359

根茎冰草 690

沟叶羊茅 669

钩齿接骨木 495

狗筋麦瓶草 107

狗舌草 595

狗舌草属 594

狗娃花 523

狗娃花属 522

狗尾草 752

狗尾草属 750

膨囊薹草 769

冠芒草 732

冠芒草属 732

光萼青兰 439

光稃茅香 708

光果葶苈 171

光沙蒿 586

广布野豌豆 308

鬼针草属 545

H

还阳参 649

还阳参属 648

海韭菜 655

海拉尔棘豆 283

海乳草 381

海乳草属 381

蓴菜属 162

旱麦瓶草 109

蒿属 558

禾本科 657

褐毛蓝刺头 602

鹤甫碱茅 681

鹤虱 418

鹤虱属 418

黑果茜草 494

黑果枸子 203

黑蒿 562

黑龙江橐吾 598

黑龙江野豌豆 311

黑水列当 485

红柴胡 357

红车轴草 256

红茎委陵菜 227

红轮狗舌草 594

红色马先蒿 478

红砂 344

红砂属 344

红纹马先蒿 475

红足蒿 574

呼伦白头翁 135

狐尾蓼 50

胡枝子 296

胡枝子属 296

葫芦科 504

虎耳草科 197

虎耳草属 199

虎尾草 742

虎尾草属 742

花锚 397

花锚属 397

花旗杆 178

花旗杆属 178

花葱 413

花葱科 413

花葱属 413

花穗水莎草 778

华北蓝盆花 501

华北乌头 151

华北岩黄芪 292

华黄芪 269

华蒲公英 639

画眉草 734

画眉草属 733

槐属 245

黄鹌菜属 646

黄花白头翁 137

黄花补血草 386

黄花葱 798

黄花蒿 561

黄花列当 485

黄花马先蒿 473

黄花苜蓿 249

黄花瓦松 192

黄花鸢尾 822

黄华属 246

黄精 807

黄精属 807

黄连花 383

黄柳 13

黄囊薹草 763

黄芪 268

黄芪属 264

黄芩 432

黄芩属 432

灰背老鹳草 323

灰绿藜 78

灰脉薹草 767

灰野豌豆　309

辉韭　790

茴芹属　361

火绒草　539

火绒草属　537

J

芨芨草　730

芨芨草属　730

鸡腿堇菜　345

鸡眼草属　300

急折百蕊草　25

棘豆属　279

蒺藜　328

蒺藜科　327

蒺藜属　328

蓟属　614

假鹤虱　425

假梯牧草　711

假苇拂子茅　716

尖头叶藜　80

尖叶胡枝子　299

尖叶盐爪爪　54

剪秋罗属　104

碱地风毛菊　605

碱地肤　66

碱独行菜　167

碱蒿　564

碱黄鹌菜　646

碱韭　792

碱茅　682

碱茅属　680

碱蓬　58

碱蓬属　58

碱蛇床　368

碱菀　531

碱菀属　531

翦股颖属　722

渐狭早熟禾　679

箭头唐松草　127

箭叶蓼　45

角果碱蓬　59

角蒿　483

角蒿属　483

角茴香　156

角茴香属　156

脚薹草　765

接骨木属　495

桔梗　505

桔梗科　505

桔梗属　505

金莲花属　119

金色狗尾草　750

金丝桃科　342

金丝桃属　342

筋骨草属　430

堇菜科　345

堇菜属　345

锦鸡儿属　258

锦葵科　339

锦葵属　340

劲直鹤虱　421

旌节马先蒿　470

景天科　190

景天属　196

菊科　516

菊属　553

菊叶委陵菜　228

巨序翦股颖　723

苣荬菜　650

锯齿沙参　511

聚花风铃草　507

卷柏科　6

卷柏属　6

卷耳　100

卷耳属　100

卷茎蓼　44

卷叶唐松草　127

绢蒿属　587

绢毛山莓草　238

绢毛委陵菜　232

K

卡氏沼生马先蒿　477

堪察加飞蓬　535

看麦娘　712

看麦娘属　712

克氏针茅　729

苦参　245

苦苣菜　651

苦苣菜属　650

苦马豆　257

苦马豆属　257

苦荬菜属　640

块根糙苏　441

宽叶打碗花　409

宽叶独行菜　168

宽叶蒿　567

盔状黄芩　434

L

拉不拉多马先蒿　472

拉拉藤属　489

赖草　698

赖草属　697

兰科　824

蓝刺头属　600

蓝萼香茶菜　451

蓝堇草　122

蓝堇草属　122

蓝盆花属　501

狼毒 350	鳞叶龙胆 390	轮叶沙参 508
狼毒大戟 337	菱叶藜 79	轮叶委陵菜 231
狼毒属 350	琉璃草属 417	萝藦 404
狼杷草 547	瘤毛獐牙菜 400	萝藦科 401
狼尾花 384	柳穿鱼 459	萝藦属 404
狼爪瓦松 193	柳穿鱼属 458	骆驼蓬属 329
老鹳草属 317	柳属 13	驴欺口 601
老芒麦 693	柳叶菜科 352	驴蹄草属 117
肋柱花属 398	柳叶菜属 352	绿花山芹 369
冷蒿 581	柳叶刺蓼 41	绿叶蚊子草 212
离穗薹草 760	柳叶风毛菊 607	
藜 83	柳叶蒿 571	M
藜科 51	柳叶芹 371	麻根薹草 764
藜芦 811	柳叶芹属 371	麻花头 625
藜芦属 811	柳叶旋覆花 541	麻花头属 622
藜属 78	柳叶野豌豆 304	麻黄科 10
李属 242	龙胆 393	麻黄属 10
栗花灯心草 785	龙胆科 389	麻叶千里光 592
砾地百蕊草 27	龙胆属 390	麻叶荨麻 19
砾薹草 759	龙蒿 566	马鞭草科 428
砾玄参 456	龙葵 452	马齿苋 87
莲座蓟 614	龙须菜 805	马齿苋科 87
两栖蓼 40	龙牙草 206	马齿苋属 87
两蕊甜茅 664	龙牙草属 206	马兰属 520
辽西虫实 72	蒌蒿 572	马蔺 819
疗齿草 468	耧斗菜 120	马唐属 749
疗齿草属 468	耧斗菜属 120	马先蒿属 470
蓼科 28	耧斗叶绣线菊 202	麦毒草 103
蓼属 37	漏芦 620	麦毒草属 103
列当 484	漏芦属 620	麦瓶草属 107
列当科 484	芦苇 660	曼陀罗 453
列当属 484	芦苇属 660	曼陀罗属 453
裂叶蒿 568	卵果黄芪 276	芒颖䅟颖 722
裂叶堇菜 346	卵盘鹤虱 420	芒颖大麦草 699
裂叶荆芥属 437	卵叶远志 333	牻牛儿苗 316
林阴千里光 591	卵叶蚤缀 90	牻牛儿苗科 316
鳞萼棘豆 287	轮叶马先蒿 480	牻牛儿苗属 316

猫儿菊 629
猫儿菊属 629
毛百合 802
毛地蔷薇 240
毛萼麦瓶草 108
毛秆野古草 744
毛茛 143
毛茛科 117
毛茛属 141
毛梗鸦葱 631
毛梗蚤缀 92
毛连菜 628
毛连菜属 628
毛脉酸模 33
毛蕊老鹳草 317
毛山黧豆 314
毛水苏 447
毛籽鱼黄草 412
茅香 709
茅香属 708
莓叶委陵菜 225
梅花草 198
梅花草属 198
美花风毛菊 606
蒙古白头翁 135
蒙古苍耳 544
蒙古糙苏 442
蒙古虫实 74
蒙古蒿 573
蒙古黄芪 267
蒙古韭 793
蒙古糖芥 184
蒙古羊茅 667
蒙古野韭 799
蒙古芫 428
蒙古早熟禾 677
迷果芹 354

迷果芹属 354
米口袋 260
米口袋属 260
密花香薷 450
密毛白莲蒿 583
密穗莎草 777
棉团铁线莲 146
膜囊薹草 762
漠蒿 578
木地肤 64
木槿属 339
木蓼属 28
木岩黄芪 295
木贼科 7
木贼麻黄 12
木贼属 7
苜蓿属 248

N

南芥属 188
南牡蒿 580
囊花鸢尾 817
内蒙古扁穗草 776
内蒙古女娄菜 106
拟芸香属 330
牛毛毡 770
牛漆姑草 88
牛漆姑草属 88
女娄菜 106
女娄菜属 105

O

欧亚旋覆花 542
欧洲千里光 589

P

泡囊草 454

泡囊草属 454
蓬子菜 491
披碱草 695
披碱草属 693
披针叶黄华 246
平车前 487
平卧棘豆 281
苹果属 204
婆罗门参属 627
婆婆纳属 461
铺地委陵菜 223
匍根骆驼蓬 329
匍枝毛茛 142
匍枝委陵菜 217
蒲公英 637
蒲公英属 635

Q

歧伞獐牙菜 399
歧序剪股颖 724
荠 174
荠属 174
鳍蓟 613
碱草 702
碱草属 702
千里光属 589
千屈菜 351
千屈菜科 351
千屈菜属 351
荨麻科 19
荨麻属 19
茜草 493
茜草科 489
茜草属 493
墙草属 22
蔷薇科 201
蔷薇属 205

茄科 452	三出委陵菜 219	山野豌豆 307
茄属 452	三花龙胆 395	山竹岩黄芪 294
芹叶铁线莲 147	三角叶驴蹄草 117	芍药 152
秦艽 392	三肋菘蓝 160	芍药科 152
青兰 440	三裂地蔷薇 241	芍药属 152
青兰属 438	三芒草 662	杓兰属 824
苘麻 341	三芒草属 662	少花顶冰花 803
苘麻属 341	三毛草属 703	少花米口袋 261
丘沙参 515	伞形科 353	蛇床 366
球苞麻花头 623	散穗早熟禾 673	蛇床茴芹 362
球果芥 161	桑科 18	蛇床属 366
球果芥属 161	沙参属 508	射干鸢尾 814
球尾花 382	沙芦草 692	湿地黄芪 275
瞿麦 112	沙蓬 69	湿生千里光 590
曲枝补血草 387	沙蓬属 69	湿生鼠麴草 540
全叶马兰 520	砂韭 794	蓍 552
全缘山柳菊 652	砂蓝刺头 600	蓍属 548
全缘橐吾 596	砂珍棘豆 282	蓍状亚菊 556
全缘叶花旗杆 179	山刺玫 205	十字花科 159
拳参 49	山丹 800	石龙芮 141
雀麦属 684	山遏蓝菜 165	石生齿缘草 423
	山蒿 584	石生委陵菜 224
R	山尖子 599	石竹 114
忍冬科 495	山芥叶蔊菜 162	石竹科 88
日本菟丝子 405	山荆子 204	石竹属 112
茸毛委陵菜 229	山韭 797	莳萝蒿 565
绒背蓟 616	山苦荬 641	匙荠 161
绒毛胡枝子 297	山黧豆 313	匙荠属 161
柔毛蒿 576	山黧豆属 312	手掌参 825
乳浆大戟 336	山柳菊 653	手掌参属 825
乳苣 645	山柳菊属 652	绶草 826
乳菀属 529	山莓草属 237	绶草属 826
软毛虫实 71	山牛蒡 621	黍属 745
瑞香科 350	山牛蒡属 621	鼠麴草属 540
	山芹属 369	鼠掌老鹳草 320
	山莴苣 644	曙南芥 187
S		
三瓣猪殃殃 489	山岩黄芪 293	曙南芥属 187

水葱 773
水葫芦苗 140
水葫芦苗属 139
水棘针 431
水棘针属 431
水蓼 39
水麦冬 656
水麦冬科 655
水麦冬属 655
水蔓菁 462
水芒草 457
水芒草属 457
水莎草属 778
水苏属 447
水田碎米荠 182
水甜茅 665
水杨梅 214
水杨梅属 214
丝裂蒿 575
丝石竹属 110
丝叶山苦荬 642
丝叶鸦葱 632
菘蓝属 160
酸模 30
酸模属 29
酸模叶蓼 42
碎米荠属 182
穗花马先蒿 479
莎草科 754
莎草属 777
莎菀 530
莎菀属 530

T

薹草属 754
檀香科 23
唐松草属 123

糖芥属 184
桃叶鸦葱 633
梯牧草属 711
蹄叶橐吾 597
天蓝苜蓿 248
天门冬属 805
天南星科 780
天山报春 376
天仙子 455
天仙子属 455
田葛缕子 360
田旋花 411
甜茅属 664
条叶龙胆 394
铁苋菜 338
铁苋菜属 338
铁线莲属 146
庭荠属 172
葶苈 170
葶苈属 170
凸脉薹草 766
突节老鹳草 322
兔儿尾苗 465
菟丝子 406
菟丝子属 405
团球火绒草 538
驼绒藜 55
驼绒藜属 55
驼舌草 385
驼舌草属 385
橐吾属 596

W

瓦松 191
瓦松属 190
歪头菜 301
王不留行 116

王不留行属 116
茵草 725
茵草属 725
伪泥胡菜 622
苇状看麦娘 715
委陵菜 234
委陵菜属 215
蝟菊 612
蝟菊属 612
蚊子草 210
蚊子草属 210
问荆 7
莴苣属 643
乌头属 150
乌腺金丝桃 342
屋根草 648
无脉薹草 757
无芒稗 748
无芒雀麦 684
无芒隐子草 735
无毛卷耳 101
无腺花旗杆 180
勿忘草属 426
雾冰藜 57
雾冰藜属 57

X

西伯利亚滨藜 76
西伯利亚卷柏 6
西伯利亚蓼 43
西伯利亚三毛草 703
西伯利亚庭荠 173
西伯利亚杏 242
西伯利亚早熟禾 674
溪荪 821
细齿草木樨 251
细灯心草 784

细裂白头翁 136	香青兰 438	星星草 680
细弱黄芪 273	香薷属 450	兴安白头翁 133
细叶白头翁 134	香唐松草 123	兴安白芷 370
细叶地榆 207	小白花地榆 208	兴安柴胡 355
细叶繁缕 98	小灯心草 783	兴安虫实 73
细叶黄鹌菜 647	小点地梅 377	兴安繁缕 96
细叶黄芪 272	小顶冰花 804	兴安堇菜 347
细叶韭 795	小果白刺 327	兴安老鹳草 324
细叶菊 555	小果亚麻荠 169	兴安藜芦 812
细叶蓼 46	小红菊 553	兴安女娄菜 105
细叶婆婆纳 461	小花鬼针草 545	兴安蒲公英 638
细叶蚊子草 213	小花花旗杆 181	兴安乳菀 529
细叶益母草 446	小花棘豆 284	兴安蛇床 367
细叶鸢尾 816	小花肋柱花 398	兴安石竹 115
细叶早熟禾 676	小花墙草 22	兴安天门冬 806
细枝盐爪爪 53	小花糖芥 185	兴安野青茅 719
狭叶草原丝石竹 111	小花野青茅 721	兴安一枝黄花 519
狭叶黄芩 435	小画眉草 733	宿根亚麻 326
狭叶剪秋罗 104	小黄花菜 813	秀丽马先蒿 474
狭叶锦鸡儿 258	小米草 466	绣线菊属 202
狭叶米口袋 262	小米草属 466	徐长卿 401
狭叶沙参 512	小米黄芪 270	萱草属 813
狭叶砂引草 414	小蓬草 536	玄参科 456
狭叶荨麻 21	小酸模 29	玄参属 456
夏至草 436	小穗柳 14	旋覆花属 541
夏至草属 436	小药大麦草 701	旋花科 405
纤毛鹅观草 687	小叶金露梅 216	旋花属 410
苋科 84	小叶锦鸡儿 259	栒子属 203
苋属 84	小玉竹 808	
线棘豆 291	小针茅 726	Y
线叶菊 557	楔叶茶藨 197	鸦葱 634
线叶菊属 557	斜茎黄芪 274	鸦葱属 630
腺地榆 209	缬草 500	鸭跖草 781
腺毛簇生卷耳 101	缬草属 500	鸭跖草科 781
腺毛委陵菜 226	蟹甲草属 599	鸭跖草属 781
香茶菜属 451	芯芭属 482	亚菊属 556
香芹 365	星毛委陵菜 218	亚麻科 325

亚麻荠属 169
亚麻属 325
亚洲蒲公英 636
亚洲菁 551
烟管蓟 615
岩败酱 498
岩风属 365
岩黄芪属 292
岩蕨 9
岩蕨科 9
岩蕨属 9
盐地风毛菊 611
盐地碱蓬 60
盐角草 56
盐角草属 56
盐生车前 486
盐生酸模 35
盐爪爪 52
盐爪爪属 52
偃麦草 689
偃麦草属 689
燕麦属 706
羊草 697
羊红膻 361
羊胡子草 775
羊胡子草属 775
羊角芹属 363
羊茅 668
羊茅属 666
杨柳科 13
野艾蒿 570
野滨藜 77
野大豆 315
野大麻 18
野古草属 744
野火球 254
野樱 745

野韭 789
野葵 340
野青茅属 719
野黍 746
野黍属 746
野豌豆属 301
野西瓜苗 339
野亚麻 325
野燕麦 706
野罂粟 155
野芝麻属 444
一叶萩 334
一枝黄花属 519
异刺鹤虱 419
异燕麦 704
异燕麦属 704
益母草 445
益母草属 445
藨草 710
藨草属 710
阴行草 481
阴行草属 481
银柴胡 98
银粉背蕨 8
银灰旋花 410
银莲花属 129
银穗草 670
银穗草属 670
隐子草属 735
罂粟科 154
罂粟属 155
硬毛棘豆 285
硬毛南芥 188
硬皮葱 787
硬叶风毛菊 608
硬质早熟禾 678
莸属 428

有斑百合 801
鼬瓣花 443
鼬瓣花属 443
鱼黄草属 412
榆 15
榆科 15
榆属 15
羽茅 731
羽叶鬼针草 546
玉竹 809
鸢尾科 814
鸢尾属 814
圆苞紫菀 528
圆枝卷柏 6
缘毛鹅观草 686
缘毛雀麦 685
远志 332
远志科 332
远志属 332
芸香科 330

Z

杂配藜 82
杂配轴藜 68
早开堇菜 349
早熟禾 671
早熟禾属 671
蚤缀属 90
燥原荠 175
燥原荠属 175
泽芹 364
泽芹属 364
扎股草 743
扎股草属 743
窄叶蓝盆花 502
展枝唐松草 125
獐牙菜属 399

掌裂毛茛 145	中华草沙蚕 741	紫八宝 194
掌叶白头翁 132	中华隐子草 740	紫斑风铃草 506
掌叶多裂委陵菜 236	中间型荸荠 771	紫草 415
胀果芹 372	种阜草 93	紫草科 414
胀果芹属 372	种阜草属 93	紫草属 415
沼繁缕 99	轴藜 67	紫丹属砂引草属 414
沼生柳叶菜 352	轴藜属 67	紫花杯冠藤 402
折苞风毛菊 609	皱黄芪 266	紫花耧斗菜 121
针茅属 726	皱叶沙参 514	紫花苜蓿 250
珍珠菜属 382	皱叶酸模 32	紫花野菊 554
知母 810	猪毛菜 61	紫堇属 157
知母属 810	猪毛菜属 61	紫筒草 416
直穗鹅观草 688	猪毛蒿 563	紫筒草属 416
止血马唐 749	猪殃殃 492	紫菀 527
栉叶蒿 588	蛛丝蓬 63	紫菀属 526
栉叶蒿属 588	蛛丝蓬属 63	紫葳科 483
中国蕨科 8	锥叶柴胡 356	走茎薹草 756